V&R

Kritische Studien zur Geschichtswissenschaft

Herausgegeben von
Gunilla Budde, Dieter Gosewinkel, Paul Nolte,
Alexander Nützenadel, Hans-Peter Ullmann

Frühere Herausgeber
Helmut Berding, Hans-Ulrich Wehler (1972–2011)
und Jürgen Kocka (1972–2013)

Band 234

Christian Möller

Umwelt und Herrschaft in der DDR

Politik, Protest und die Grenzen der Partizipation in der Diktatur

Vandenhoeck & Ruprecht

Dieses Buch ist die überarbeitete Fassung einer Dissertation, die 2018 von der Fakultät für Geschichtswissenschaft, Philosophie und Theologie an der Universität Bielefeld angenommen wurde.

Der Druck des Buches wurde durch freundliche Unterstützung der Johannes Rau Gesellschaft e. V. ermöglicht.

MIX
Papier aus verantwortungsvollen Quellen
FSC www.fsc.org FSC® C083411

Bibliografische Information der Deutschen Nationalbibliothek:
Die Deutsche Nationalbibliothek verzeichnet diese Publikation in der Deutschen Nationalbibliografie; detaillierte bibliografische Daten sind im Internet über https://dnb.de abrufbar.

Umschlagabbildung: Ausschnitt aus einem Plakat anlässlich der »Woche der sozialistischen Landeskultur« 1972. (Studienarchiv Umweltgeschichte, Plakatsammlung, StUG 035, Woche der sozialistischen Landeskultur 1972 vom 14. bis 20. Mai.)

Satz: textformart, Göttingen | www.text-form-art.de
Druck und Bindung: CPI buchbücher.de, Birkach
Printed in the EU

Vandenhoeck & Ruprecht Verlage | www.vandenhoeck-ruprecht-verlage.com

ISSN 2198-297X
ISBN 978-3-525-31096-0

Inhalt

Einleitung

Untersuchungsgegenstand

Im September 1988 wurden in der ARD-Sendung »Kontraste« einige Ausschnitte des Dokumentarfilms »Bitteres aus Bitterfeld« gezeigt. Umweltaktivisten der DDR legten darin ökologische Folgen der chemischen Produktion im mitteldeutschen Industrierevier offen und erhoben schwere Vorwürfe gegenüber der ostdeutschen Staats- und Parteiführung, die Umweltprobleme anscheinend ignorierte und den Umweltschutz grob vernachlässigte. Das Filmmaterial musste von den Machern, Mitgliedern des »Grün-ökologischen Netzwerkes Arche« und lokalen Umweltaktivisten, konspirativ zusammengetragen und unter schwierigen Bedingungen aus der DDR geschmuggelt werden. Die Angst vor einer Inhaftierung durch die Staatssicherheit (StaSi) war ein steter Begleiter der Dreharbeiten. Die Dokumentation war ein Höhepunkt der kritischen Berichterstattung westdeutscher Medien über die ostdeutsche Umweltsituation sowie die harten Bedingungen, mit denen Umweltaktivisten in der DDR zu kämpfen hatten.[1] Die Bilder des Silbersees bei Wolfen, in den das gleichnamige Fotochemische Kombinat seine Produktionsabwässer leitete, eine Müllkippe, auf der sich lecke Chemiefässer stapelten oder das triste Panorama einer Neubausiedlung, die am Rande eines ausgekohlten Braunkohletagebaus im Plattenbaustil emporragte, vermitteln auch heute noch eine erdrückende und düstere Stimmung.[2] Der Ort ging nicht zuletzt aufgrund dieser Bilder in den achtziger Jahren als schmutzigste Stadt Europas in die Geschichte ein.[3]

1 Den Auftakt der kritischen Berichterstattung machte ein Spiegel-Artikel aus dem Jahr 1980. Im Laufe der achtziger Jahre gelangten mit Hilfe westdeutscher Unterstützer weitere Berichte über ökologische Verfehlungen und staatliche Repressionen gegen kritisches Umweltengagement in der DDR an die Öffentlichkeit. Vgl. dazu: Schuld ist der Kapitalismus, S. 73–80; *Wensierski u. Büscher*, Beton; *Wensierski*, Von oben. Darüber hinaus wurden ostdeutsche Samisdat-Schriften in der Bundesrepublik veröffentlicht oder zum Gegenstand der Presseberichterstattung, wie beispielsweise die von Michael Beleites verfasste Studie »Pechblende«, die die Umweltauswirkungen des Uranbergbaus der Wismut SDAG kritisch thematisierte. Vgl. *Beleites*, Untergrund, S. 97.

2 *Hällfritzsch u. a.*, Bitterfeld.

3 Die ostdeutsche Journalistin und Autorin Monika Maron urteilte bereits in ihrem 1981 erschienenen Debütroman »Flugasche« so über die Stadt. Ein von der Volkswagen Stiftung und dem Rachel Carson Center for Environment and Society in München gefördertes Onlineprojekt erhob Bitterfeld jüngst in den Rang eines ökologischen Erinnerungsortes, der stellvertretend für verschmutzte Natur im Zeitalter der Moderne steht. Unter der ortsansässigen Bevölkerung dürfte der Dokumentarfilm aus dem Jahr 1988 allerdings kaum Bestürzung

Die Veröffentlichung der Filmausschnitte im westdeutschen Fernsehen war ein Schlüsselmoment der ostdeutschen Umweltgeschichte. Zwar machte man sich im Westen zum Zeitpunkt der Ausstrahlung bereits keine Illusionen mehr darüber, dass es in der DDR massive Umweltprobleme gab, aber die Ausmaße und die Gleichgültigkeit, mit denen man diesen Problemen allem Anschein nach begegnete, waren doch überraschend. Denn knapp zwanzig Jahre zuvor hatte die Situation noch ganz anders ausgesehen: In der DDR setzte Ende der sechziger Jahre ein umweltpolitischer Aufbruch ein, der auf einer langwierigen gesellschaftspolitischen Auseinandersetzung mit Umweltproblemen beruhte und einen umfangreichen Gesetzgebungs- und Institutionalisierungsprozess einleitete. Die markantesten Wegmarken dieses Prozesses waren die Aufnahme des Natur- und Umweltschutzgedankens in Artikel 15 der Verfassung von 1968, die Verabschiedung des Landeskulturgesetzes zwei Jahre darauf und die Gründung eines Ministeriums für Umweltschutz und Wasserwirtschaft (MUW) im Jahr 1972. Auf »Wochen der sozialistischen Landeskultur« brachten Behörden, Staatsmedien und gesellschaftliche Organisationen vorhandene Umweltprobleme verhältnismäßig kritisch zur Sprache und diskutierten mit Politfunktionären und Betriebsleitungen öffentlich eingeschlagene Lösungswege, erzielte Erfolge und vorhandene Missstände. In »Mach mit!«-Wettbewerben der Nationalen Front sowie in Natur- und Umweltschutzgruppen des Kulturbundes engagierten sich bis zum Niedergang der DDR zehntausende Bürgerinnen und Bürger und pflanzten Bäume, beseitigten wilde Müllkippen, hielten Natur- und Landschaftsschutzgebiete in Stand oder kontrollierten die Einhaltung betrieblicher Umweltstandards.[4] Umweltschutz, so schien es, war zu einem politischen Konsensthema geworden und in der Mitte der ostdeutschen Gesellschaft angekommen. In Westdeutschland, wo man diese Entwicklungen genau beobachtete, vertraten namhafte Politiker und Intellektuelle die Ansicht, dass die sozialistische Planwirtschaft besser gerüstet sei, um die moderne Umweltkrise zu bewältigen.[5]

Die Diskrepanz zwischen dem um 1970 einsetzenden umweltpolitischen Aufbruch und der ökologischen Krise, in die die DDR in den achtziger Jahren

ausgelöst haben, da die vorhandenen Umweltprobleme im Chemiedreieck Halle-Leipzig-Bitterfeld augenfällig und lange bekannt waren. Vgl. *Maron*, S. 32; *Zelinger*. Zur Wahrnehmung und Einschätzung durch die Staatssicherheit vgl. beispielsweise Bezirksverwaltung für Staatssicherheit Halle, AKG, Bericht über Umweltbelastungen im Kreis Bitterfeld und weitere Reaktionen der Bevölkerung zur Sendung »Kontraste« der ARD vom 27.9.1988, Halle, 20. Oktober 1988: BStU, MfS, ZAIG, 20654, pag. 5–9, hier 7 f.

4 Vgl. dazu insbes. Kap. 2.6 u. 3.3.2.

5 So zeigten sich beispielsweise Herbert Gruhl und Hans Magnus Enzensberger davon überzeugt, dass die Ostblockstaaten aufgrund der besseren Steuerbarkeit »planwirtschaftlich-zentralistischer Systeme«, der ihnen innewohnenden autarkistischen Grundzüge und eines geringeren Konsumtionsniveaus besser dafür gerüstet gewesen wären, um die globale Ressourcen- und Wachstumskrise zu meistern. Vgl. *Gruhl*, S. 305, 309 ff. u. 327 ff.; Brüggemeier, Schranken, S. 268 f. Zu den von Beginn an skeptischen Stimmen vgl. auch *Höhn u. a.*, S. 129 ff.

geraten war, ist ein zentraler Untersuchungsgegenstand dieser Arbeit. Der Dokumentarfilm »Bitteres aus Bitterfeld« verweist neben der umwelthistorischen allerdings auch noch auf eine weitere Diskrepanz: Während die Filmemacher harte Strafen riskierten und keine Mühen scheuten, die Öffentlichkeit in West und Ost – viele DDR-Bürger schauten regelmäßig »Westfernsehen« – auf die Missstände im mitteldeutschen Chemiedreieck aufmerksam zu machen, erscheint die Haltung der ortsansässigen Bevölkerung demgegenüber merkwürdig passiv. Wieso regte sich angesichts dieser drastischen Bilder in Bitterfeld und anderswo kein Widerstand? Standen die Menschen in der Region den Problemen desinteressiert gegenüber? Akzeptierten sie die Umweltfolgen der chemischen Produktion als ein notwendiges Übel, das es für die Errungenschaften des Sozialismus in Kauf zu nehmen galt? Nahmen sie die Missstände etwa nur deshalb stoisch hin, weil sie infolge einer jahrelangen ideologischen Indoktrination sowie aus Angst vor Repressionen innerlich gebrochen waren? Oder entgehen einer Umweltgeschichte, die einseitig von Westen her blickt, möglicherweise wichtige Ereignisse, Entwicklungen und Prozesse?

Ein weiteres wichtiges Anliegen dieser Untersuchung ist es daher, nicht an einer Aufarbeitung des offenkundigen Missverhältnisses zwischen Aufbruch und Krise halt zu machen, sondern auch die sozialen und ökonomischen Dimensionen der Umweltproblematik in den Blick zu nehmen. Diskrepanzen finden sich in der Rückschau auf vielen Ebenen der DDR und bestimmen bis heute Debatten und Kontroversen über die ostdeutsche Nachkriegsgeschichte. Widersprüchlichkeit scheint ein derart zentrales Charakteristikum der SED-Herrschaft gewesen zu sein, dass sie von einigen Autoren sogar zu einem konstitutiven Gesellschaftselement erhoben wurde.[6] Im Kern ging es bei der historischen Aufarbeitung der DDR bislang meist um die Frage, wie weitreichend die ostdeutsche Diktatur war. Totalitarismustheoretische Ansätze, die nach der Wiedervereinigung eine konjunkturelle Wiederbelebung erfuhren, behaupteten, dass der umfassende Machtanspruch der SED und die Monopolisierung aller »politischen, ökonomischen und sonstigen gesellschaftlichen Ressourcen« in einen Prozess des »Absterbens der Gesellschaft« gemündet hätten.[7] Zahlreiche Kritiker hielten dieser Perspektive hingegen die vielfältigen »Grenzen der Diktatur«[8] entgegen, forderten dazu auf, »Herrschaft als soziale Praxis«[9] zu begreifen und die DDR ebenso als eine moderne Industriegesellschaft zu verstehen, die Prozessen und Zwängen unterlag, die zeitgleich auch in westlichen Industriegesellschaften zu beobachten gewesen waren.[10] Andere Studien nahmen

6 So in einem einflussreichen Aufsatz von *Pollack*, Widersprüchlichkeit, S. 110–131, hier 114.

7 *Meuschel*, Überlegungen, 5–14, hier 5; *Dies.*, Legitimation, S. 10.

8 Vgl. dazu exempl. den Sammelband: *Bessel u. Jessen.*

9 Dazu: *Lindenberger*, Alltagsgeschichte, S. 298–325, hier 312–321. Zu daraus resultierenden Forschungsansätzen und -ergebnissen vgl. exempl. den Sammelband: *Lindenberger*, Herrschaft.

10 *Fulbrook*, Leben, S. 27.

die Langlebigkeit des ostdeutschen Staates in den Blick, die angesichts der vorherrschenden wirtschaftlichen und politischen Missstände erklärungsbedürftig erschien, und kamen zu dem Ergebnis, dass nicht Repressionen allein, sondern die vielfältigen horizontalen und vertikalen gesellschaftlichen Beziehungen die »rätselhafte Stabilität« erzeugten. Demnach zählten nicht (nur) sowjetische Panzer und das Schild und Schwert der Partei, das Ministerium für Staatssicherheit, zu den tragenden Säulen der SED-Herrschaft, sondern ein erzwungener, aber durchaus auf ernsthaften Verhandlungen und Kompromissen beruhender Konsensgedanke, der es möglich machte, langanhaltende und immer wiederkehrende Konflikte weitestgehend friedlich zu regulieren.[11]

Diese übergeordneten Forschungsfragen und Streitthemen, die hier nur kurz umrissenen werden können, berühren zwangsläufig auch eine Umweltgeschichte der DDR, die als Teil einer erweiterten Gesellschaftsgeschichte verstanden werden muss. Im Folgenden gilt es daher auch die unter den Bedingungen der sozialistischen Herrschaftsordnung vorhandenen Möglichkeiten und Grenzen gesellschaftlicher Teilhabe in der sozialistischen Diktatur auszuloten. Daraus ergeben sich einige Folgefragen, die in dieser Arbeit ebenfalls beantwortet werden sollen: Welche Akteure waren an der Aushandlung von Umweltfragen beteiligt? Wie gelang es ihnen, konsensfähige Lösungskonzepte zu entwickeln und diese auch politisch zu implementieren? Welche Motive lagen den vorausgehenden Debatten und den daraus hervorgehenden Reformansätzen zugrunde? Welche äußeren Faktoren beeinflussten diese Aushandlungsprozesse? Wo zeigen sich Kontinuitäten im Umgang mit Umweltproblemen, wo Einschnitte und wo wiederum Parallelen zu Entwicklungen, die zeitgleich in anderen Industriegesellschaften einsetzten? Mary Fulbrook hat zu Recht darauf hingewiesen, dass es »eine falsche Dichotomie« ist »zu behaupten, dass Staaten entweder auf Zwang oder auf Zustimmung beruhen, und dass man den Zwang bestreitet, wenn man auf die Zustimmung hinweist.«[12] In dieser Arbeit gehe ich daher davon aus, dass gesellschaftliche Gruppen in der DDR bis zu einem gewissen Grad über Möglichkeiten verfügten, nicht nur auf politische Entscheidungsprozesse Einfluss zu nehmen, sondern diese auch »von unten« anzustoßen. Es geht im Folgenden aber weder darum, die Schattenseiten der sozialistischen Diktatur zu negieren noch das Bild einer »sozialistischen Demokratie«, wie es die SED-Ideologen gezeichnet haben, naiv zu reproduzieren. Daher werden ebenso die Grenzen dieser Aushandlung und der ihr zugrundeliegenden Kommunikation in den Blick genommen, um die Rückwirkung des Umwelthandelns auf das soziale Zusammenleben und die Herrschaftsordnung in der DDR sichtbar zu machen.

11 *Port*, S. 26 f. u. 355 ff.
12 *Fulbrook*, Leben, S. 310.

Forschungsstand

Zur Umweltgeschichte der DDR liegen einige Studien vor, die sich aus ganz unterschiedlichen Blickwinkeln mit der Thematik befassen. Arbeiten, die vor 1990 erschienen sind, beschäftigten sich überwiegend mit Fragen des Systemvergleichs und versuchten zu eruieren, welches politische »System« besser dazu in der Lage war, mit den Herausforderungen der modernen Umweltkrise umzugehen. Ein weiterer Forschungsschwerpunkt richtete sich auf die oppositionelle – d.h. »systemkritische« – Umweltbewegung, die man in den achtziger Jahren unter dem Dach der evangelischen Kirchen der DDR ausmachte. Die Gruppen wurden von Hubertus Knabe in den Kontext eines systemübergreifenden, postmateriellen Wertewandels gerückt. Knabe stellte die These auf, dass die kirchliche Umweltbewegung in der DDR aufgrund ideeller und habitueller Überschneidungen mit westlichen Bewegungsformen als Teil eines neuen Typus sozialer Bewegungen zu verstehen sei.[13] Die vor 1990 erschienenen Arbeiten müssen heute allerdings schon deshalb als überholt gelten, weil ihnen der Zugang zu den ostdeutschen Archiven verwehrt war. Dennoch weisen einzelne Untersuchungen eine erstaunliche Detailkenntnis auf und kommen alleine auf der Grundlage von Literaturstudien zu beeindruckend robusten Ergebnissen. Eine 1985 von Gerhard Würth vorgelegte Monographie enthält beispielsweise eine umfangreiche Bibliographie zeitgenössischer Beiträge, die als Nachlagewerk für »graue Literatur« auch heute noch einen außerordentlich großen Wert für das bessere Verständnis ostdeutscher Umweltdebatten besitzt.[14]

Nach 1990 dominierten zunächst Studien, die das Ausmaß der ökologischen Katastrophe in den Blick nahmen und nach Gründen für das Scheitern der ostdeutschen Umweltpolitik suchten.[15] Ein weiterer Forschungsschwerpunkt lag außerdem nach wie vor auf den Umweltgruppen unter dem Dach der evangelischen Kirchen. In den Fokus der Untersuchungen rückte nun insbesondere die Aufarbeitung der staatlichen Repressionen gegen kritische Umweltaktivisten, oftmals auch im Rahmen großangelegter Analysen der ostdeutschen Op-

13 Einen Überblick zum älteren Forschungsstand bietet *Würth*, S. 6–11. Vgl. außerdem *Knabe*, Umweltkonflikte, S. 24 ff. Zur Übertragung des Konzeptes der Neuen Sozialen Bewegungen auf ostdeutsche Umweltgruppen vgl. *Ders.*, Neue, S. 551–569.

14 Der von Würth gewählte Ansatz betrachtet das Spannungsverhältnis von »Umweltschutz und Umweltzerstörung« außerdem über einen knapp 40jährigen Untersuchungszeitraum und nimmt eine Vielzahl verschiedener Akteure in den Blick, die nach der Wiedervereinigung aus Gründen der Priorität einer politischen Aufarbeitung der repressiven Seiten der SED-Diktatur in den Hintergrund rückten. Vgl. *Würth*. Ein informativer und sachlicher Überblick ebenfalls in: DDR-Handbuch.

15 Vgl. exempl. *Petschow u. a.*; *Wieczorek*; *Przybylski*, S. 198–205; *Buck*, Umwelt- und Bodenbelastungen, S. 425–449; *Ders.*, Umweltbelastungen, S. 455–497; *Komar*; *Paucke*, Erbe; *Wolle*, Diktatur, S. 210 ff.; *Schroeder*, S. 662–673. Im Kontext einer Analyse des ehemaligen Ostblocks auch: *Manser*.

positionsbewegungen, die nun auf die Unterlagen des Ministeriums für Staatssicherheit und neu entstandene Privatarchive zurückgreifen konnten.[16] Neben politikwissenschaftlichen Studien dominieren auf diesem Feld bis heute Arbeiten, die von ehemaligen Mitgliedern der Gruppen verfasst wurden.[17] Einige frühere Dissidenten nahmen nach 1990 sogar eine rege Publikationstätigkeit auf und prägen seitdem das Bild der ostdeutschen Oppositions- und Umweltbewegungsgeschichte nachhaltig. Je nach Lesart dominieren Ansätze, die ein gesellschaftliches Umweltengagement entweder ausschließlich im Umfeld der evangelischen Kirchen oder innerhalb eines alternativen Milieus verorten, das sich jedoch unter das Schutzdach der Kirchen begeben habe.[18] Ausnahmen im Kanon der Forschungsliteratur stellen Studien zur Geschichte des ostdeutschen Naturschutzes dar, die sich um ein Gegengewicht zu einer einseitig kirchlich geprägten Umweltbewegungsgeschichte bemühen.[19] Andere Arbeiten befassen sich wiederum mit Teilaspekten der ostdeutschen Umweltgeschichte und untersuchen die Umweltfolgen des Braunkohlebergbaus in der Lausitz[20], die ökologischen Auswirkungen einer voranschreitenden Industrialisierung der Landwirtschaft, die sich nach 1945 in beiden deutschen Staaten einstellte,[21] oder das Problem der grenzüberschreitenden Gewässerverschmutzung.[22] Ein ideengeschichtlicher Vergleich der »marxistischen Sozialismuskritik« in den Werken von Rudolf Bahro, Wolfgang Harich und Robert Havemann eröffnet auch anregende Perspektiven auf alternativ-ökologische Ideenwelten und Konzepte, die jenseits der offiziellen Parteilinie in der DDR existierten.[23] Eine jüngst erschienene Studie untersucht außerdem erstmals den Umgang des Ministeriums für

16 Eine Literaturstudie bei *Halbrock*, Umweltgruppen, S. 24–32. Vgl. außerdem exempl.: *Jones*, Greens; *Ders.*, Origins, S. 235–264; *Knabe*, Umweltkonflikte; *Ders.*, Umweltbewegung, S. 355 ff.; *Kuhn*; *Choi*; *Berg*; *von zur Mühlen*; *Schönfelder*; *Nölting*; *Stolzfus*, S. 385–403; *Rühle*; *Brand*, S. 220–244, insbes. 225 f.

17 Zum Einfluss ehemaliger Oppositioneller auf die ostdeutsche Umweltbewegungsgeschichte vgl. exempl.: *Jacobi u. Jelitto*; *Umweltbibliothek Großhennersdorf e. V.*; *Neubert*, Geschichte, S. 445–448; *Nooke*.

18 Vgl. dazu: *Halbrock*, Beginn, S. 43–54; *Ders.*, Störfaktor, S. 13–32; *Ders.*, Freiheit; *Beleites*, Untergrund; *Ders.*, Pflanzzeit; *Ders.*, Forschungsheim, S. 212 f.; *Ders.*, Umweltbewegung, S. 179–224; *Ders.*, Luft; Gensichen, S. 168–189; *Ders.*, Umweltverantwortung, S. 287–304; *Ders.*, Beiträge, S. 149–177.

19 *Knoth*, Naturschutzgesetzgebung, S. 163–172; *Dies.*, Blümeli, S. 439–463; *Behrens u. a.*, Wurzeln; *Ders.*, Jahre, S. 15–86; *Ders.*, Naturschutz, S. 213–271; *Ders.*, Landschaftstage, S. 62–86; *Ders.*, Institut, S. 69–72; *Ders.*, Institut, S. 1–18; *Ders.*, Umweltbewegung, S. 131–148; *Ders.*, Umweltbewegung, S. 317–341; *Auster*; *Oberkrome*, Heimatschutz, S. 419–438; *Ders.*, Heimat; *Ders.*, Kontinuität, S. 23–37; *Dix u. Gudermann*, Naturschutz, S. 535–624; *Gudermann*, Natur, S. 173–198; *Kirchhof*, Überzeugung, S. 190–211; *Dies.*, Mensch, S. 87–91; *Steinmetz*, S. 212–231.

20 Vgl. exempl. *Knoth*, Umwelt, S. 233–244; *Dies.*, Landschaft, S. 61–93; *Bernhardt*, »Mondlandschaft«, S. 301–323; *Bayerl*, Schwarze, S. 271–326.

21 *Bauerkämper*, Ende, S. 151–172.

22 *Bernhardt*, Industrialismus, S. 367–380; *Ders.*, Towards, S. 185–202; *Eckert*, S. 69–99.

23 *Amberger*.

Staatssicherheit mit der bundesdeutschen Partei »Die Grünen«.[24] Ergänzt werden diese Beiträge durch Quellensammlungen, in denen Zeitzeugen jener Politik- und Gesellschaftsbereiche zu Wort kommen, die bislang von der Forschung vernachlässigt wurden.[25] Ehemalige Mitarbeiter der ostdeutschen Umweltverwaltung veröffentlichten überdies Daten zur Entwicklung der Umweltsituation in ökologischen Problemregionen.[26]

Auffällig am vorliegenden Forschungsstand ist, dass bislang kaum Synthesen vorliegen, die die ganze Breite des staatlichen und gesellschaftlichen Umwelthandelns in den Blick nehmen. Jörg Roesler veröffentlichte 2006 eine schmale Studie, der erstmals seit der Wiedervereinigung sowohl ein weiter zeitlicher Untersuchungsrahmen als auch eine heterogene Akteursperspektive zugrunde liegen. Das bei der Landeszentrale für politische Bildung Thüringen erschienene Heft kann aber schon aufgrund des geringen Umfangs nur einen ersten Überblick liefern.[27] Ein im gleichen Jahr veröffentlichter Aufsatz von Jochen Weichold vergleicht sehr kenntnis- und umfangreich die Umweltpolitik der beiden deutschen Staaten.[28] Bereits fünf Jahre zuvor legte Horst Barthel eine Literaturstudie vor, die einen ähnlichen Ansatz verfolgte.[29] Andreas Thüsing kritisierte 2013, dass die ostdeutsche Umweltgeschichte bislang nur ein randständiges Thema sei, das in Überblicksdarstellungen kaum Berücksichtigung fände. In zwei Aufsätzen unterbreitete er Vorschläge, wo eine Gesamtschau ansetzen könnte.[30] Im Jahr 2015 ist schließlich eine Monographie von Tobias Huff erschienen, die sich erstmals auf der Grundlage umfangreicher Archivstudien mit der ostdeutschen Umweltgeschichte befasst und am Beispiel von Waldschäden die Frage untersucht, warum diese »in den beiden deutschen Staaten eine extrem unterschiedliche politische und gesellschaftliche Resonanz erzeugten.«[31] Die Studie schlägt vom Ansatz her eine Schneise in die Forschungslandschaft und kann wichtige neue Erkenntnisse zu Teilaspekten, beispielsweise zur Geschichte der Rauchschadensforschung an der Tharandter Fakultät für Forstwissenschaften, präsentieren. Den selbst gewählten Anspruch, einen Blick auf das Gesamtbild der ostdeutschen Umweltgeschichte zu eröffnen, erfüllt die Untersuchung allerdings nicht. Der engführende Blick auf einzelne wissenschaftliche »Pioniere« des Umweltschutzes und die Führungsebene des Umweltministeriums lassen wichtige Fragen, beispielsweise nach den Hintergründen des umweltpolitischen Aufbruchs in den sechziger Jahren, unbeantwortet. Die für das Verständnis vieler

24 *Gieseke u. Bahr.*

25 *Behrens u. Hoffmann*; Eine Edition mit staatlichen Quellen zur Umweltgeschichte: *Steinecke.* Quellen zur Geschichte der kirchlichen bzw. unabhängigen Umweltbewegung sind u.a. veröffentlicht in: *Rüddenklau*; *Jordan u. Kloth.*

26 Vgl. exempl. *Rieger*, Emissionsentwicklung, S. 163–178; *Enders*, S. 25–30.

27 *Roesler*, Umweltprobleme.

28 *Weichold*, S. 1137–1179.

29 *Barthel*, Umweltpolitik.

30 *Thüsing*, Ökologie im Sozialismus, S. 381–403; *Ders.*, Ökologie in der DDR, S. 147–170.

31 *Huff*, Natur, S. 18; vgl. auch *Ders.*, Über die Umweltpolitik, S. 523–554.

Umweltprobleme bedeutsame Haltung der Industrie wird außerdem, anders, als es der Titel der Studie suggeriert, nicht systematisch untersucht und kommt allenfalls am Rande vor.[32]

Die vorliegenden soziologischen, politologischen und umwelthistorischen Arbeiten verweisen auf eine Reihe von methodischen Problemen, die ein stellenweise stark verzerrtes Bild der ostdeutschen Umweltgeschichte hervorgebracht haben. Zahlreiche nach 1990 erschienene Studien nehmen einseitig die achtziger Jahre, die in diesem Jahrzehnt vorhandenen ökologischen Missstände und die restriktiven bzw. repressiven Elemente der SED-Umweltpolitik in den Blick. Dieser Umstand alleine wäre kein berechtigter Anlass für Kritik, da die vorhandenen Missstände zweifelsohne von einer historisch besonderen Qualität sind und nach einer Aufarbeitung verlangen. Der von Vertretern ehemaliger Umweltgruppen angestoßene Aufarbeitungsprozess verfolgte außerdem völlig zu Recht das Ziel, der Deutungsmacht der staatlichen Archive eine alternative Sicht entgegenzustellen.[33] Das umwelthistorische Urteil dieser Arbeiten über die DDR wurde jedoch sehr stark von der Akteurs- und Themenwahl sowie dem zeitlichen Untersuchungsrahmen beeinflusst. Zahlreiche Studien verbinden das ökologische Scheitern außerdem mit der »Systemfrage« und leiten daraus die These ab, dass Umweltprobleme in staatssozialistischen Gesellschaften per se eine untergeordnete Rolle gespielt hätten und die ökologische Katastrophe daher gewissermaßen vorprogrammiert gewesen sei.[34] Die Teleologie, mit der diese Ansätze mehr oder weniger explizit argumentieren, ist umso problematischer, als dass umfangreiche Quellenstudien für die fünfziger, sechziger und auch siebziger Jahre bislang noch nicht vorliegen.

Viele Arbeiten unterstellen außerdem, dass Partei und Staat als eine homogene Einheit agierten und dem Umweltschutz von vornherein antagonistisch gegenüber eingestellt gewesen wären. Diese Perspektive wurde nach der Wende 1989/90 durch die politische Aufarbeitung der SED-Diktatur bestärkt. Der »Zentrale Runde Tisch« und auch die vom Bundestag einberufene »Enquete-Kommission zur Aufarbeitung der SED-Diktatur« stellten der Staatsführung und jenen Akteuren, die sich im konformen Rahmen der sozialistischen Herrschaftsordnung mit Umweltproblemen befassten, ein vernichtendes Urteil aus. Auf diese Weise wurde ein teleologisches »master narrative« des Niedergangs ge-

32 Methodische Unzulänglichkeiten, wie etwa der stellenweise unkritische Umgang mit Interviewergebnissen, reproduzieren außerdem die in der ostdeutschen Umweltbewegungsgeschichte ohnehin dominante Perspektive von Zeitzeugen. So folgt Huff beispielsweise weitestgehend den Positionen von Umweltminister Reichelt, der seit der »Wende« darum bemüht ist, sich von einer persönlichen Verantwortung für die ökologischen Verfehlungen der DDR freizusprechen. Gleiches gilt für Aussagen von Angehörigen kirchlicher Umweltgruppen, die Huff ebenfalls teils unhinterfragt aufgreift. Zur Rolle Reichelts vgl. demgegenüber die Darstellung in dieser Arbeit, insbesondere Kap. 2.5.1 sowie Kap. 3.2. Zur Kritik an methodischen Unzulänglichkeiten bei Huff vgl. auch: *Möller*, Rezension.

33 Zu diesem Motiv vgl. exempl. *Ahrberg*, S. 5f.

34 Vgl. zu dieser Kritik auch: *Roesler*, Unterschiede, S. 480–488, hier 480f.

prägt, das von weiten Teilen der Forschung übernommen wurde. Im politischen Aufarbeitungsprozess kamen jedoch fast ausnahmslos jene Akteure zu Wort, die in den achtziger Jahren in der oppositionellen Szene aktiv waren und unter den Repressionen des SED-Regimes leiden mussten.[35] Eine Konsequenz dieses menschlich nur allzu verständlichen Vorgehens war, dass das Wissen über Strukturen, Institutionen und Debatten, das Mitte der achtziger Jahre zumindest in Ansätzen auch in Westdeutschland vorhanden gewesen war und nach 1990 einer intensiven archivalischen Aufarbeitung bedurft hätte, verloren ging.

Die totalitarismustheoretisch beeinflussten Arbeiten brachten mitunter sehr eigenwillige historische Deutungen hervor, die sich bis heute hartnäckig halten. Der eingangs skizzierte umweltpolitische Aufbruch, der nicht in das Narrativ eines ökologisch rücksichtslos agierenden SED-Staates passte, reduzierte sich in dieser Lesart auf ein außenpolitisches Kalkül. Peter Wensierski unterstellte 1986 in einer populärwissenschaftlichen Reportage, in der er seine Erfahrungen als Reisekorrespondent in der DDR verarbeitete, dass die Verabschiedung des Landeskulturgesetzes und die Bildung des Umweltministeriums einzig das Ziel verfolgt hätten, »die Überlegenheit des Sozialismus auch auf diesem Terrain« unter Beweis zu stellen und der DDR die Teilnahme an der ersten Umweltkonferenz der Vereinten Nationen 1972 in Stockholm »gleichberechtigt neben der Bundesrepublik« zu ermöglichen.[36] Die daraus abgeleitete »Alibi-These«, wonach die ostdeutsche Umweltpolitik von vornherein eine Farce gewesen sei und einzig dem Zweck gedient habe, ökologische Verfehlungen zu vertuschen und gleichzeitig internationale Anerkennung einzuheimsen, wurde seitdem vielfach unhinterfragt aufgegriffen. Auch in jüngst veröffentlichten Arbeiten wird diese Annahme unkritisch reproduziert, ohne dass die für ein solches Urteil es-

35 Der »Zentrale Runde Tisch« sprach im Januar 1990 von »der bisherigen Nicht-Umweltpolitik der DDR«. Der Abschlussbericht der Enquete-Kommission machte eine »Verursachungs- und Unterlassungspolitik« der SED-Führung als Gründe für die Missstände aus und fällte abschließend ohne ein genaueres Quellenstudium das Urteil: »Das ökologische Desaster des SED-Staates war systembedingt, und zwar im doppelten Sinne: einmal durch die Mißkonstruktion der sozialistischen Planwirtschaft und zum anderen durch die Mängel der totalitären politischen Willensbildung in der Einparteien-Diktatur, die jede pluralistische Konkurrenz um alternative umweltfreundlichere Politikprogramme im Keim zu ersticken versuchte.« Doch während am Prozess der Aufarbeitung durch den »Zentralen Runden Tisch« noch eine breite Akteurspalette beteiligt war, die auch ehemalige Vertreter der staatsnahen »Gesellschaft für Natur und Umwelt« sowie der staatlichen Umweltverwaltungen einschloss, dominierte in der Enquete Kommission des Deutschen Bundestages einseitig der Einfluss oppositioneller Umweltaktivisten, die massiv unter den Repressionen des SED-Staates zu leiden hatten. Vgl. Dokument 1, Zentraler Runder Tisch der DDR, 10. Tagung, 29. Januar 1990: Information zu den Ursachen der bisherigen Nicht-Umweltpolitik der DDR«, in: *Bechmann u. a.*, S. 87 ff.; *Deutscher Bundestag*, Schlußbericht, S. 111–117, 326 u. 332 f., zum Zitat 112. Vgl. auch exempl. die folgenden Protokolle des »Zentralen Runden Tisches«: *Thaysen*, Bd. II, S. 271 ff.; *Ders.*, Bd. III, S. 551–609.

36 *Wensierski*, Von oben, S. 49. In eine ähnliche Richtung argumentierten bereits *Höhmann u. a.*, S. 85.

sentielle Vorgeschichte des umweltpolitischen Aufbruchs bislang näher untersucht wurde.[37] Das Gros der Bevölkerung erscheint in der Lesart dieser Studien analog zum totalitarismustheoretischen Blick auf den Staat ebenfalls homogen und merkwürdig passiv. Die Radikalität dieses Erklärungsansatzes macht es zudem unmöglich, die gesellschaftliche Wahrnehmung der vorhandenen ökologischen Missstände und daraus hervorgehende Transformationsprozesse zu untersuchen. Die Pauschalität der Behauptung verstellt überdies den Blick auf historischen Wandel und verkennt die prinzipielle Offenheit eines jeden Geschichtsverlaufs.

Methodischer Ansatz

Die beschriebenen Grundprobleme des Forschungsstandes mündeten in einen methodologischen Segregationsprozess, der ein verzerrtes Bild der ostdeutschen Umweltgeschichte hervorgebracht hat. Das konforme Umweltengagement von staatlichen Behörden, Wissenschaftlern, gesellschaftlichen Organisationen und Teilen der Bevölkerung wird weitestgehend ausgeblendet. Auch das Umweltengagement der kirchlichen Umweltgruppen, die in diesen Arbeiten als Protagonisten erscheinen, wirkt merkwürdig einförmig und wird im Sinne des »master narratives« unkritisch überhöht. Nur wenige Studien wandten sich überdies der politischen Kommunikation über Umweltprobleme in Eingaben zu[38] – ein Umstand, der angesichts der großen Bedeutung dieses Kommunikationsinstrumentes in staatssozialistischen Diktaturen mehr als verwundert.[39]

Eine Umweltgeschichte der DDR darf nicht vom Ende her, als eine Geschichte des Scheiterns geschrieben werden.[40] Diese Forderung, die einem Zitat des Sozialhistorikers Jürgen Kocka entlehnt ist, mag auf den ersten Blick trivial erscheinen, besitzt für die ostdeutsche Umweltgeschichte aber eine besondere Gültigkeit.[41] Der Blick vom Ende her, der alles Staatliche per se als homogen und antagonistisch und die Bevölkerung als homogen und passiv begreift, verstellt die Sicht auf Akteure, Prozesse, Debatten, Konflikte, Konsens und letztlich auch die Entstehung eines unversöhnlichen Dissenses in der Umweltfrage. Er wird

37 So z. B. bei *Rühle*, S. 77. Auch die jüngst von Huff vorgelegte Arbeit greift diese These auf, ohne jedoch die zugrundeliegenden Annahmen zu belegen: *Huff*, Natur, S. 167 u. allg. 166 ff. Die unreflektierte Übernahme der »Alibi-These« durch Detailuntersuchungen hat zur Folge, dass auch umwelthistorische Synthesen, die sich allerdings naturgemäß auf Literaturstudien stützen müssen, diese Annahme reproduzieren: Vgl. exempl. *Brüggemeier*, Schranken, S. 269.

38 Eine wichtige Ausnahme: *Nölting*.

39 Zur Bedeutung für die DDR vgl. exempl. *Mühlberg*; *Fulbrook*, Leben, S. 286–306. Eine vergleichende Perspektive auf zwei deutsche Diktaturen und die UdSSR bei *Merl*.

40 *Kocka*, Geschichte, S. 9–26, hier 11.

41 So beispielsweise mit Blick auf inhärente Teleologien und eine westdeutsche Erfolgsgeschichte als Meistererzählung bei: *Wirsching*, S. 13–18, hier 14 f.

weder der Sache noch dem Selbstverständnis der Menschen gerecht. Darüber hinaus trägt er dazu bei, die ostdeutsche Nachkriegsgeschichte in jenem separierten Zustand zu halten, der erst jüngst wieder von Vertretern der zeithistorischen Forschung beklagt wurde.[42] Einzelne historische Aspekte auszublenden, nur weil sie einem demokratischen Aufarbeitungsauftrag zuwiderlaufen, der vorsieht, den Schreckensseiten der sozialistischen Diktatur die Vorzüge der freiheitlich-demokratischen Grundordnung gegenüberzustellen, mag zwar politisch opportun sein, hilft aber nicht, die ostdeutsche Gesellschaft in ihrem Inneren zu verstehen und sie in die größeren Zusammenhänge der deutsch-deutschen und europäischen Zeitgeschichte einzuordnen.[43]

Die skeptisch-ablehnende Haltung gegenüber »dem Staat« und »der Wirtschaft«, die in den vorliegenden umwelthistorischen Arbeiten zur DDR dominiert, war lange Zeit auch in der Umweltgeschichte anzutreffen. Joachim Radkau, der bereits früh einer einseitig pessimistischen Sicht auf diese Akteure widersprach[44], mahnte an der Wende zum neuen Jahrtausend zu Recht an, dass sich »eine Umwelthistorie, die auf die ›Umwelt als solche‹ eingeschworen« ist, »zwangsläufig Scheuklappen gegen die anderweitigen Kontexte der historischen Quellen« anlegt und daher der Quellenkritik widerstreben und zur Selbsttäuschung neigen würde.[45] Ebenso wie die Perspektive auf Staat und Wirtschaft, wandelt sich seit einigen Jahren auch der Blick der Umweltgeschichte auf den ehemaligen Ostblock.[46] Die Soziologin Zsuzsa Gille kritisiert beispielsweise, dass der westliche Maßstab, der an das umwelthistorische Urteil über diese Staaten angelegt werde, spezifische Entwicklungen verzerre und deren Erfassung erschwere. Sie fordert daher eine nuanciertere Terminologie, die den Besonderheiten der einzelnen staatssozialistischen Gesellschaften gerecht werden müsse und auf diese Weise neue politik- und sozialhistorische Erkenntnisse liefern könne.[47] Julia Obertreis beklagt ebenfalls ein »master narrativ«, das den Regierungen der Ostblockstaaten ein generelles Desinteresse am Natur- und Umweltschutz sowie einen systematischen und ungehemmten »Raubbau an natürlichen Ressourcen« unterstelle. Sie verweist darauf, dass Diskussionen über Umweltprobleme und

42 So bei *Großbölting*, S. 99–107, hier 100.

43 Diese Forderung beispielsweise bei Horst Möller, der kategorisch für eine politische DDR-Geschichte eintritt, die bestimmte Themen und Vergleichsebenen ausschließt, um die »fundamentale Dichotomie« zwischen Demokratie und Diktatur nicht zu verwischen. *Möller*, Demokratie, S. 3–7, hier 3. Widerspruch gegen diese Prämisse im gleichen Heft: *Sabrow*, Historisierung, S. 19–24, hier 23. Zur allgemeinen Forderung nach einer stärkeren Einordnung der ostdeutschen in die deutsch-deutsche und europäische Zeitgeschichte vgl. exempl.: *Lindenberger*, DDR, S. 27–32, hier 32.

44 *Radkau*, Wald- und Wasserzeiten, S. 139–174, insbes. 145 ff.

45 *Radkau*, Natur, S. 15. Ähnlich: *Uekötter*, Umweltschutz, S. 198–216, hier 198 f.; *Ders.*, Rauchplage, S. 14 f.; *Mutz*, S. 59–87, hier 60 ff.; *Berghoff u. Mutz*, S. 9–22; *Gassner*, S. 31–46, hier 32 f.

46 Einen aktuellen und sehr anschaulichen Überblick dazu bei: *Arndt*, Umweltgeschichte.

47 Zsuzsa Gille exemplifiziert dies sehr anschaulich an einer Abfallgeschichte Ungarns, die auch einen neuen Blick auf die Gesellschaftsgeschichte dieses Landes eröffnet. *Gille*, S. 3, 6 u. 204 ff.

Umweltprotest in staatssozialistischen Gesellschaften deutlich früher aufkamen, als es bislang angenommen wurde. Demnach hätten sich bereits in den sechziger Jahren »nicht-institutionalisierte Koalitionen für den Umweltschutz aus Experten, Naturwissenschaftlern, Schriftstellern und Journalisten« gebildet.[48] Frank Uekötter fordert in diesem Zusammenhang anstelle harter Zäsuren eher einen »Strukturwandel des Ökologischen« in den Blick zu nehmen und die ostdeutschen Umweltbewegungen, die er bewusst in den Plural setzt, als »Teil eines osteuropäisch-sozialistischen Musters« zu verstehen, »das noch nicht hinreichend erforscht ist.«[49] Julia Herzberg fragt danach, ob analog zum Westen auch eine ökologische Erfahrungsgemeinschaft Ostmitteleuropas existiert habe und entdeckt unter anderem im Rat für Gegenseitige Wirtschaftshilfe (RGW) einige Hinweise darauf.[50] Arnošt Štanzel konnte jüngst anhand eines umwelthistorischen Vergleichs der tschechoslowakischen und rumänischen Wasserwirtschaft empirisch herausarbeiten, dass der Umgang mit Wasserbaumaßnahmen und Abwasserproblemen in beiden staatssozialistischen Staaten große Parallelen zu anderen Industriegesellschaften aufwies. In der CSSR setzten demnach in den sechziger Jahren Debatten über eine nachhaltige Wassernutzung ein, die neben den dominierenden wirtschaftlichen auch abweichende Raumnutzungskonzepte aufkommen ließen.[51]

Aus dieser kurzen Skizze bedeutender methodischer Diskussionen der letzten Jahre leitet sich auch eine Reihe von Prämissen für die vorliegende Arbeit ab: *Erstens* muss sich eine Umweltgeschichte der DDR, die nach Aushandlungsprozessen in der staatssozialistischen Gesellschaft fragt, Akteuren öffnen, die bislang weitestgehend ignoriert oder nur oberflächlich betrachtet wurden. Neben den bekannten Figuren des ostdeutschen Umweltschutzes, wie etwa der Staats- und Parteiführung und den Umweltgruppen unter dem Dach der evangelischen Kirchen, rücken daher insbesondere Institutionen und Organisationen der »mittleren Ebene« in das Blickfeld: Parteikontrollorgane und Behörden, wie beispielsweise das Amt für Wasserwirtschaft (AfW) und die Hygieneinspektionen, setzten sich ebenso mit Umweltfragen auseinander wie Naturschutzgruppen im Kulturbund oder Wissenschafts- und Expertennetzwerke in der Deutschen Akademie der Landwirtschaftswissenschaften und im Forschungsrat der DDR.[52]

48 *Obertreis*, S. 115–122, hier 115 u. 118. Zum »master narrative« vgl.: *Feshbach u. Friendly*.

49 *Uekötter*, Eine ökologische Ära, S. 108–114, hier 109ff., zum Zitat 114.

50 *Herzberg*, S. 7–29, hier 24ff.

51 Štanzel, S. 309–312 u. 316–327.

52 Der Blick auf diese Institutionen fächert jene Akteursebene auf, die bislang noch viel zu stark im Lichte der »Nischenthese« betrachtet wird und vorhandenes Umweltengagement vorwiegend auf wenige Protagonisten reduziert, dabei aber übergeordnete Strukturen und größere Zusammenhänge aus den Augen verliert. So konzentriert sich beispielsweise die jüngst von Huff vorgelegte Arbeit vorwiegend auf einzelne Protagonisten, wie etwa den Landschaftsarchitekten Reinhold Lingner, den Forstwissenschaftler Erich Zieger oder den evangelischen Theologen Hans-Peter Gensichen, und reproduziert damit die Vorstellung, das gesellschaftliches Umweltengagement in der DDR lediglich in den »Nischen« Wissenschaft und Kirche

Zweitens muss eine Umweltgeschichte der DDR, die die eingangs skizzierten methodischen Probleme zu beheben versucht, den Blick sowohl nach innen als auch nach außen richten. Die Gründung der DDR im Jahr 1949 war zwar in hohem Maße fremdbestimmt und stellte einen radikalen Eingriff in die politische Verfasstheit Ostdeutschlands dar. In vielerlei Hinsicht knüpfte der neue Staat aber an administrative, ökonomische und soziale Vorläuferstrukturen und Entwicklungen an, die erst im Laufe der fünfziger und sechziger Jahre durch neue Einflüsse verändert, erweitert und umgedeutet wurden.[53] Die Auswirkungen dieses Wechselspiels in den Blick zu nehmen, ist auch ein Anliegen dieser Arbeit. Auf die DDR-spezifischen Probleme des Vergleichens wurde schon vielfach hingewiesen.[54] Als geeignetes Leitbild einer deutsch-deutschen Nachkriegsperspektive hat sich mittlerweile das von Christoph Kleßmann entworfene Konzept einer »asymmetrisch verflochtenen Parallelgeschichte« etabliert.[55] Der Blick nach Westdeutschland ist für eine ostdeutsche Umweltgeschichte daher ebenfalls unerlässlich, weil er veranschaulicht, dass man in der Bundesrepublik durchaus mit gleichen Problemen zu kämpfen hatte und vielfach verblüffend ähnliche Lösungswege einschlug. Der punktuell herangezogene Vergleich eröffnet zudem einen weiten Blick auf historische Kontinuitäten, die bis in das 19. Jahrhundert zurückreichen. Er zeigt außerdem konvergente Entwicklungen auf, die auf »systemübergreifende« Herausforderungen moderner Industriegesellschaften verweisen, vor die sich sowohl staatssozialistische als auch kapitalistische Staaten gestellt sahen. Wo Unterschiede sichtbar werden, zeigt der Vergleich hingegen, dass bestimmte Probleme in der DDR anscheinend anders wahrgenommen wurden, in der Folge gesonderte soziale und politische Interaktionsmechanismen durchliefen und somit auch spezifisch ostdeutsche Debatten, Lösungsansätze und Konflikte hervorbrachten.[56]

Aber nicht nur der Vergleich mit der Bundesrepublik, sondern auch der Blick nach Osten ist essentiell für das Verständnis der ostdeutschen Umweltgeschichte.

möglich gewesen wäre. Obwohl diese Akteure zweifelsohne einen großen Einfluss auf die ostdeutsche Umweltgeschichte ausübten, macht ein solcher Ansatz die Bandbreite des Umweltengagements in der DDR kleiner als sie war und verkennt das Umwelthandeln anderer Akteure und übergeordneter Strukturen. Vgl. Huff, Natur, insbes. S. 38 ff., 67 ff. u. 322 ff. Zur »Nischengesellschaft« vgl. *Gaus*, S. 156–233.

53 Zum Hinweis auf die große Bedeutung von Kontinuitäten jüngst: *Fulbrook*, Mitte, S. 89–97, hier 92 ff.

54 Neben Einzelstudien befassten sich eine ganze Reihe von Sammelbänden und Themenheften mit diesem Thema Vgl. exempl. *Niethammer*, S. 95–115, hier 97 ff.; *Kleßmann*, Spaltung, S. 20–37; *Möller*, Demokratie; *Wirsching*; *Sabrow*, Historisierung; *Wengst u. Wentker*, Einleitung, S. 7–14; *Brunner u. a.*, Einleituung, S. 11–17; *Bösch*, Geteilt, S. 7–37.

55 *Kleßmann*, Spaltung, S. 34.

56 Aus diesen Gründen wird die reichhaltige Forschung zur westdeutschen Umweltgeschichte in dieser Arbeit immer wieder asymmetrisch herangezogen, um spezifische ostdeutsche Entwicklungen zu kontrastieren. Vgl. exempl.: *Uekötter*, Umweltgeschichte, insbes. S. 28 ff.; *Brüggemeier u. Rommelspacher*; *Brüggemeier*, Meer; *Büschenfeld*; *Fuchsloch*; *Hünemörder*, Frühgeschichte; *Uekötter*, Rauchplage; *Engels*; *Hasenöhrl*; *Erhardt*.

Zwar kann es die vorliegende Untersuchung nicht leisten, die bilateralen Beziehungen zwischen den Staaten des Ostblocks auf dem Feld der Umweltpolitik oder das grenzüberschreitende Umweltengagement wissenschaftlicher Netzwerke umfassend aufzuarbeiten. Aber Impulse aus der UdSSR und dem RGW sollen zumindest punktuell berücksichtigt werden, um spezifische ostdeutsche Entwicklungen besser zu verstehen.[57] Umgekehrt verweist der Blick nach Osten aber auch auf die Grenzen einer solchen Vernetzung: An der Gründung des grün-ökologischen Netzwerkes »Greenway« im Jahr 1985 waren ostdeutsche Umweltaktivisten nicht beteiligt. Zahlreiche Hemmnisse, wie die ungleich rigideren Reisebeschränkungen, denen die Staatsbürger der DDR im Unterschied zu denen Polens oder Ungarns unterworfen waren, sowie vorhandene Sprachbarrieren scheinen eine Zusammenarbeit erschwert zu haben.[58] Wie Jens Gieseke und Andrea Bahr herausgearbeitet haben, waren der zivilgesellschaftlichen Vernetzung nach Westen ebenso Grenzen auferlegt, die sowohl auf das Desinteresse einer Mehrheit in der westdeutschen Partei »Die Grünen« als auch nicht zuletzt auf Vorbehalte bei ostdeutschen Umweltaktivisten zurückzuführen waren.[59] Es ist daher keineswegs falsch mit Frank Uekötter zu fragen, ob die DDR zumindest auf der Ebene des zivilgesellschaftlichen Umweltengagements nicht doch ein Spezialfall war, der allerdings nicht als das Produkt eines ostdeutschen Sonderweges, sondern vielmehr als das Ergebnis einer Mischung komplexer und mitunter divergierender Einflüsse nach 1945 verstanden werden sollte.[60]

In dieser Arbeit gehe ich *drittens* von der Annahme aus, dass die ostdeutsche Umweltbewegung vielschichtiger war, als sie bislang von der Forschung dargestellt wird. Meine These lautet, dass das Umweltengagement unter dem Dach der evangelischen Kirchen weder die alleinige Wurzel noch den Kern einer solchen Bewegung darstellte.[61] Die Entstehung alternativer Umweltgruppen war, so wird im Detail auszuführen sein, vielmehr das Ergebnis eines gescheiterten Aushandlungsprozesses, der lange zuvor innerhalb des legalen Rahmens der sozialistischen Herrschaftsordnung eingesetzt hatte und in dem neben einer Verbesserung der Umweltsituation auch Forderungen nach mehr politischer Teilhabe verhandelt wurden. Es ist methodisch nicht ganz einfach dem Umwelthandeln der Bevölkerung in einer Diktatur auf die Spur zu kommen. Eine Quellengruppe, die darüber Auskunft geben kann, sind Eingaben aus der Bevölkerung. Diese Briefe, seltener auch mündliche Stellungnahmen, waren das zentrale politische Kommunikationsinstrument in der DDR. Die methodischen Besonderheiten im Umgang mit dieser Quellengattung und daraus abzuleitende theoretische Implikationen sollen im Folgenden näher erläutert werden. Zuvor gilt es aber noch, die Bedeutung dieses Kommunikationsmittels in einen größeren Kontext

57 Vgl. dazu insbesondere Kap. 2.1 u. 2.2.1.
58 *Jordan*, Greenway, S. 34–44, insbes. 34 ff.
59 *Gieseke u. Bahr*, S. 97 f.
60 Zu dieser Frage vgl. *Uekötter*, Environmentalism, S. 241–254, hier 249 f.
61 So bei *Beleites*, Umweltbewegung, S. 185 f.

zu stellen und die in der sozialistischen Diktatur vorhandenen Möglichkeiten einer gesellschaftlichen Interessensartikulation zu diskutieren.

Jürgen Kocka hat betont, dass »das Leben in der DDR (...) durch diktatorische Herrschaft geprägt« war, »aber nicht in dieser Prägung« aufging.[62] Diese zweifelsohne zutreffende Annahme wirft jedoch die Gegenfrage auf, inwiefern die diktatorische Herrschaft der SED durch das Leben in der DDR geprägt war. Schon Peter Christian Ludz hatte Ende der sechziger Jahre in seiner kontrovers diskutierten Studie »Parteielite im Wandel« das Bild eines autoritären Staates gezeichnet, der nach dem Bau der Mauer und dem Beginn ökonomischer Reformen überkommene Formen einer stalinistischen Herrschaftspraxis hinter sich ließ und Züge eines »konsultativen Autoritarismus« anzunehmen schien. Geleitet vom »Streben nach Status-Sicherheit«, zeigte sich die Führung demnach politisch aufgeschlossener und gestand den Nah- und Fernbereichen der Macht zumindest das formale Recht auf Konsultation im Vorfeld grundlegender politischer Entscheidungen zu. Ludz sah vor dem Hintergrund der zeitgenössischen Ereignisse die Möglichkeit gegeben, dass sich diese Tendenz weiter fortsetzen und der ostdeutsche Staatssozialismus einen gewissen Öffnungsprozess durchlaufen könne. Was Ludz mit dem Begriff des »partizipatorischen Autoritarismus« als möglichen »Bezugspunkt ›nach vorn‹« beschrieben hat, ist bis heute heftig umstritten, obwohl er damit keinesfalls unterstellen wollte, dass sich die DDR bereits an der Schwelle zu dieser gewandelten Form diktatorischer Herrschaft befand.[63]

Das historische Bild der späten Ulbricht-Ära und das Verständnis von der Funktionsweise der sozialistischen Diktatur haben sich seit der Wiedervereinigung deutlich gewandelt. Monika Kaiser kommt in einer Studie zu dem Schluss, dass den Befunden von Ludz in Teilen durchaus zuzustimmen sei. Der Soziologe überschätzte ihrer Ansicht nach jedoch die »Tiefe sowie Dauerhaftigkeit dieser Entwicklungen« und maß den »technisch-wirtschaftlichen Sachzwänge(n) einer modernen Industriegesellschaft«, denen eine Tendenz zu mehr Partizipation inhärent sei, gegenüber dem »Machterhaltungstrieb der SED-Führung« zu viel Gewicht bei.[64] Andere Arbeiten betonen hingegen, dass dem Konsens- und Teilhabegedanken in der DDR auch über die sechziger Jahre hinaus ein größerer historischer Stellenwert zuzuordnen sei. Martin Sabrow verweist beispielsweise auf die »Geltungskraft eines Konsensdiktates«, das kein bloßes propagandistisches Lippenbekenntnis der SED gewesen sei, sondern ein konstitutives Herrschaftselement war, dem sich sowohl die Bevölkerung als auch die Partei- und Staatsführung unterordneten.[65] Wo Sabrow mit Michel Foucault eine diskursive

62 *Kocka*, Gesellschaft, S. 547–553, hier 552.

63 Alle Zitate und Belege: *Ludz*, S. 35 ff. Zur immer noch vehement vorgetragenen Ablehnung dieser Position vgl. exempl. *Möller*, Demokratie, S. 6.

64 *Kaiser*, S. 458 f. Diese Befunde wurden im Großen und Ganzen durch neuere Arbeiten bestätigt. Vgl. *Bergien*, S. 214 f.

65 *Sabrow*, Konsens, S. 191–224, hier 206, 222.

Formation der politischen Kultur der DDR ausmacht, geht Mary Fulbrook einen Schritt weiter und spricht von einer »partizipatorischen Diktatur«. Der diesem Kompositum zugrunde liegende Gegensatz soll betonen, »dass die Menschen durch das sich ständig verändernde soziale und politische System der DDR eingeschränkt und beeinflusst wurden, es gleichzeitig aber auch aktiv und freiwillig trugen.«[66] Die Mehrheit der Ostdeutschen habe die »Spielregeln« der Diktatur in den sechziger und siebziger Jahren infolge eines Prozesses der »Normalisierung« internalisiert und durchaus gelernt, die Institutionen, Strukturen und informellen Machtmechanismen der Diktatur für die Verwirklichung eigener Interessen zu nutzen.[67] Der autoritäre Korporatismus, der diesem Herrschaftsprinzip zugrunde lag, eröffnete der Bevölkerung demnach zumindest begrenzte Ausdrucksformen einer politischen Willensbekundung: Teilhabe war sowohl über die Mitgliedschaft in der SED oder einer Blockpartei, einer gesellschaftlichen Organisation oder einem sozialistischen Kollektiv als auch über das Kommunikationsinstrument der Eingabe möglich, dem die Parteiführung große Aufmerksamkeit schenkte.

Die beschriebenen Ansätze fordern aus unterschiedlichen Perspektiven heraus die in der DDR durchaus vorhandenen Partizipationselemente empirisch ernst zu nehmen und die Bevölkerung nicht nur passiv als Beherrschte oder Opfer, sondern ebenso aktiv als Träger, Unterstützer und Mitgestalter der Diktatur zu begreifen.[68] Diese Forderung birgt auch fast dreißig Jahre nach der Wiedervereinigung immer noch eine Menge Zündstoff.[69] Wie im Folgenden aber gezeigt wird, spielten vorhandene Teilhabemöglichkeiten und der Wunsch nach einer stärkeren politischen Mitsprache bei der Aushandlung von Umweltfragen eine entscheidende Rolle. Beides, so eine weitere These dieser Arbeit, wurde durch die Politik der SED gefördert: Die Proklamation einer neuen Umweltpolitik und die Förderung sozialistischer »Initiativen der Bürger« für den Umweltschutz repräsentierten einen gesellschaftspolitischen Konsens, der für die Herrschenden und die Beherrschten eine herrschaftslegitimierende Funktion übernahm. Das Abrücken der SED von diesem öffentlich proklamierten Konsens und das Scheitern einer sich daran anschließenden Neuaushandlung der Umweltfrage waren daher eng verknüpft mit dem Niedergang der sozialistischen Gesellschaftsordnung. Die Analyse der ostdeutschen Umweltgeschichte

66 *Fulbrook*, Leben, S. 28.

67 Ebd., S. 24 u. 313. Vgl. dazu auch *Fulbbrook*, Concept, S. 1–30.

68 Der diesen Ansätzen zugrundeliegende Perspektivwechsel ist auch in anderen Bereichen der DDR anzufinden. So fordern beispielsweise Medienhistorikerinnen und -historiker, nicht länger nur einseitig die von den Staats- und Parteimedien ausgesandten Ideologiebotschaften und die Instrumentalisierung der Medien, sondern auch deren Rezeption durch die Bevölkerung in den Blick zu nehmen, die durchaus dazu in der Lage gewesen sei, Inhalte unterschiedlicher Qualität auch unterschiedlich zu gewichten und zwischen verschiedenen Informationsangeboten zu wählen. Vgl. dazu exempl.: *Zahlmann*, S. 9–32, hier 26 ff.; *Meyen u. Fiedler*, S. 35–59, hier 57 ff.

69 Vgl. *Hoffmann u. a.*, S. 23–70, hier 26; *Fulbrook*, Mitte, S. 90.

und insbesondere der in Eingaben verhandelten Umweltprobleme veranschaulicht daher auch die Grenzen jenes autoritär-korporatistischen Modells, das der SED-Herrschaft konstitutiv zugrunde lag.

Protest, Partizipation und Bewegung in Eingaben

Das Recht auf Eingaben wurde erstmals in Artikel 3 der Verfassung von 1949 verankert.[70] In den fünfziger Jahren wurde der in der Bevölkerung beliebte Staatspräsident Wilhelm Pieck zu einem wichtigen Adressaten für diese Schreiben. In der Staatskanzlei gingen bis zu seinem Tod im Jahr 1960 jährlich zwischen 50.000 und über 100.000 Briefe ein. Die große Aufmerksamkeit, die die Eingabenflut dem Amt des politisch eigentlich schwachen Staatsoberhauptes bescherte, wird in der Forschung als Motiv für die verstärkte Hinwendung Ulbrichts zu diesem Kommunikationsmittel angeführt.[71] Nach dem Tod des Präsidenten gelang es dem Ersten Sekretär des ZK der SED mit der Bildung des Staatsrates denn auch, erfolgreich an das öffentliche Ansehen Piecks anzuknüpfen und das neu geschaffene »kollektive Staatsoberhaupt« zu einem wichtigen Ansprechpartner für Eingaben aus der Bevölkerung zu machen.[72]

Was eine Eingabe genau ausmachte, war jedoch lange Zeit nicht exakt definiert. Hintergrund für den rechtlich unpräzisen Status dieser Schreiben war die in den fünfziger Jahren schwelende Frage, wie in der DDR künftig eine Kontrolle der Verwaltungsarbeit gewährleistet werden sollte. Nach der Abschaffung der Verwaltungsgerichtsbarkeit im Jahr 1952 wurde das Eingabewesen phasenweise als ein mögliches Ersatzinstrument diskutiert, ehe dieser Ansatz zu Beginn der sechziger Jahre im Geiste des geltenden Prinzips der Gewalteneinheit wieder verworfen wurde.[73] Eine Verordnung aus dem Jahr 1953, die erstmals die rechtlichen Grundlagen des Eingabewesens näher regelte, blieb daher im Hinblick auf eine inhaltliche Festlegung des Begriffs noch schwammig. Erst eine Reihe von Eingabenerlassen des Staatsrates aus den sechziger Jahren und die Verfassung von 1968 brachten begriffliche Klarheit.[74] Mit der Verabschiedung eines Einga-

70 Verfassung, 1949, Art. 3.

71 Vgl. *Mühlberg*, S. 120;

72 Ebd., 27 ff.

73 Zur Entwicklung der politischen Ordnung vgl. *Otto*, S. 46–77, hier 49 f.

74 Erlaß des Staatsrates der Deutschen Demokratischen Republik über die Eingaben der Bürger und die Bearbeitung durch die Staatsorgane vom 27. Februar 1961, in: Gbl. DDR, Teil I, 1961, S. 7–9; Erlaß des Staatsrates der Deutschen Demokratischen Republik über die Änderung des Erlasses vom 27. Februar 1961 über die Eingaben der Bürger und die Bearbeitung durch die Staatsorgane vom 18. Februar 1966, in: GBl. DDR, I, 1966, S. 69–70; Erlaß des Staatsrates der Deutschen Demokratischen Republik über die Bearbeitung der Eingaben der Bürger vom 20. November 1969, in: GBl. DDR, I, 1969, S. 239–244; vgl. auch *Ritter*, S. 29–36; *Hoeck*, S. 217–241; *Lubini*, S. 231 ff. u. 236 ff.

bengesetzes im Jahr 1975 erreichte der rechtliche Institutionalisierungsprozess dieser Form der politischen Kommunikation einen vorläufigen Endpunkt.[75]

Eingaben sollten nach Auffassung des Staatsrates der DDR das »Recht der Bürger auf aktive Mitarbeit bei der Leitung des volksdemokratischen Staates und der sozialistischen Betriebe« gewährleisten und waren demnach ein elementares Grundrecht der sogenannten »sozialistischen Demokratie«.[76] Anders als in der Forschung häufig angenommen, waren diese Schreiben also keineswegs ausschließlich als Beschwerdeinstrument konzipiert, das nur den Zweck verfolgte, individuelle Bedürfnisse zu befriedigen oder persönliche Vorteile durchzusetzen.[77] Bereits die Eingabenverordnung aus dem Jahr 1953 betonte die gestalterischen und gemeinwohlorientierten Impulse, die man sich von Seiten der Partei- und Staatsführung von Eingaben erhoffte.[78] Der erste Eingabenerlass des Staatsrates aus dem Jahr 1961 setzte diesen Ansatz fort: Eingaben waren demnach »Vorschläge, Hinweise, Kritiken, Beschwerden und Anliegen«, die nicht nur durch Einzelpersonen oder Familien, sondern auch »in öffentlichen Versammlungen, Presse, Funk und Fernsehen vorgebracht werden« konnten.[79]

Das ostdeutsche Eingabewesen wird in der Forschung zu Recht als ein wichtiges Herrschaftselement betrachtet, das der Stabilisierung der sozialistischen Diktatur diente, da es half, die in der Bevölkerung vorhandenen Protestpotentiale zu kanalisieren. Gemessen an den demokratischen Institutionen, die beispielsweise Bürgerinnen und Bürgern in der Bundesrepublik zur Verfügung standen, treten die durchaus vorhandenen partizipatorischen Elemente dieses Rechtsinstruments tatsächlich in den Hintergrund. Der in diesem Zusammenhang naheliegende Einwand, dass das Eingabewesen dem ostdeutschen »Unrechtsstaat« den Weg geebnet habe, lässt sich bei näherem Hinsehen allerdings nur bedingt aufrechterhalten.[80] Zweifelsohne war mit der Abschaffung der Verwaltungsgerichtsbarkeit in der DDR ein großer Verlust an Rechtssicherheit verbunden. Die Bearbeitung von Eingaben erfolgte jedoch nicht nach Gutdünken der zuständigen Verwaltungsbeamten, sondern war seit den sechziger Jahren klaren Regeln unterworfen. Die Eingabenerlasse des Staatsrates und das Eingabengesetz von 1975 legten Zuständigkeiten, Bearbeitungsfristen sowie Kontroll- und Berichtspflichten der Verwaltung ebenso penibel fest wie verbindliche Sprechzeiten für Bürger, die ihre Eingaben mündlich vortragen wollten. Verwaltungsmitarbeitern, die Eingaben missachteten oder gegen die Bestimmungen

75 Gesetz über die Bearbeitung der Eingaben der Bürger – Eingabengesetz – vom 19. Juni 1975, in: GBl. der DDR, Teil I, 1975, S. 461–462.

76 Erlaß des Staatsrates, 1961, Präambel.

77 So insbesondere: *Zatlin*, S. 902–917, hier 903; *Staadt*, S. 3. Allerdings heben auch innovative Arbeiten, die in Eingaben mehr als nur ein Herrschaftsinstrument der totalitären Diktatur sehen, den Beschwerdecharakter besonders hervor: *Merkel*, Meckerecke, S. 15; *Fulbrook*, Leben, S. 286 ff.; *Betts*, Politik, S. 286–309, hier 307.

78 *Hoeck*, S. 206.

79 Erlaß des Staatsrates, 1961, § 2 (2).

80 So etwa bei *Zatlin*, S. 902 f. u. 916 f.

des Eingabengesetzes verstießen, drohten Disziplinarstrafen. Die in Eingaben vorgebrachten Fälle durften zudem nicht durch Kader bearbeitet werden, die selbst in die Vorgänge involviert waren.[81] Die Mitarbeiter des Umweltministeriums und der örtlichen Umweltverwaltungen wurden Ende der siebziger Jahre beispielsweise dazu angewiesen, über die Klärung von Eingabenvorgängen detaillierte Protokolle anzufertigen, die von den Petenten unterzeichnet werden mussten. Verweigerte ein Bürger die Unterschrift, etwa weil er mit der Lösung oder dem Vorgehen der Verwaltung nicht einverstanden war, musste die Behörde dies ausführlich begründen.[82] Bei ablehnenden Bescheiden stand den Bürgern darüber hinaus die Möglichkeit offen, die nächst höhere Instanz anzurufen. Die aber wohl wichtigste Regelung im Hinblick auf die Absicherung der Petenten lautete, dass ihnen aus der Wahrnehmung ihres Rechts keine Nachteile entstehen durften.[83] Diese Ansprüche, die zunächst einmal nur auf dem Papier bestanden, gilt es im Folgenden zu überprüfen.

Das aus politik-, sozial- und auch umwelthistorischer Perspektive wohl interessantestes Charakteristikum des ostdeutschen Eingabewesens waren Kollektiveingaben.[84] In diesen von mehreren Petenten gemeinsam verfassten Schreiben wandten sich beispielsweise Ortsgruppen des Kulturbundes oder der Nationalen Front, Hausgemeinschaften, Belegschaften und andere »Gemeinschaften der Bürger« an Parteien, Staatsorgane, VVB/VEB, gesellschaftliche Organisationen und Staatsmedien.[85] Was im juristischen Sinn eine Kollektiveingabe war, wurde durch das Eingabengesetz jedoch nicht exakt definiert. Und so wandten sich seit Mitte der siebziger Jahre auch immer häufiger Bürgerinitiativen an Partei und Staat, die weniger die Zugehörigkeit zu einem im ostdeutschen Rechtsinn konformen »sozialistischen Kollektiv« als vielmehr die persönliche Betroffen-

81 Erlaß des Staatsrates, 1961, § 6 (1); Erlaß des Staatsrates, 1969, § 8 (1); Eingabengesetz, 1975, §§ 6, 13.

82 Abschrift, Stellvertreter des Vorsitzenden des Ministerrates und Minister für Umweltschutz und Wasserwirtschaft, Weisung Nr. 20/78 zur Durchführung des Gesetzes vom 19.6.1975 über die Bearbeitung der Eingaben der Bürger – Eingabengesetz – (GBL. I, Nr. 26, S. 461), Berlin, den 13.9.1978: SHStA, 11430, Bezirkstag/Rat des Bezirkes Dresden, Nr. 48658.

83 Erlaß des Staatsrates, 1961, § 1(2), Erlaß des Staatsrates, 1969, §§ 1 (2), 19; Eingabengesetz, 1975, §§ 1 (2), 8. Vgl. dazu insbesondere Kap. 3.3.1.

84 Auf diese Schreiben ist die Forschung bislang nur kursorisch eingegangen: Felix Mühlberg erwähnt Kollektiveingaben als einen Bestandteil rhetorischer Drohgebärden. Renate Hürtgen stellt fest, dass kollektiv verfasste Schreiben an den Bundesvorstand des FDGB in den achtziger Jahren stark zurückgingen und interpretiert diese Entwicklung als Ausdruck eines Vertrauensverlustes. Anja Schröter macht demgegenüber eine Zunahme dieser Schreiben in der Umbruchsphase 1989/90 aus und wertet diese Entwicklung als Zeichen eines Wandels in der politischen Interaktion. *Mühlberg*, S. 245; *Hürtgen*, S. 289 ff.; *Schröter*, S. 50–59.

85 Während der Staatsrat diese Möglichkeit in seinem Erlass aus dem Jahr 1961 zwar bereits implizit berücksichtigte, blieb er in den Ausführungen dazu allerdings noch recht vage. Erst 1969 räumte der Staatsrat dezidiert ein, dass das Recht auf Eingaben auch den gesellschaftlichen Organisationen und den »Gemeinschaften der Bürger« zustände. Vgl. Erlaß des Staatsrates, 1969, Präambel u. §§ 1, 20.

heit oder ein gemeinsames Interesse am Umweltschutz einte. Diesen Schreiben kam aus Sicht der Partei- und Staatsführung eine besondere Bedeutung zu, da sie die Meinung vieler Menschen bündelten und politisch brisante Themen anzeigten. Verwaltungsbeamte waren bei der Bearbeitung von Kollektiveingaben dazu verpflichtet, zur Klärung der Anliegen (teil)öffentliche Versammlungen einzuberufen und an Aussprachen mit den Petenten bzw. den Sprechern dieser Kollektive persönlich teilzunehmen. Diese Regelung ging so weit, dass auch Minister oder ihre Stellvertreter, Bezirksratsvorsitzende und andere hochrangige Funktionäre auf Einwohnerversammlungen über die Ursachen vorhandener Umweltprobleme Rechenschaft ablegen und erwogene Lösungsansätze vor den anwesenden Bürgerinnen und Bürgern verteidigen mussten.[86]

Analytisch interessant, aber gleichzeitig methodisch problematisch, ist der Entstehungshintergrund dieser Quellen: Die Unterzeichner mussten *erstens* eine Problemlage gemeinsam erkennen, *zweitens* in Treffen darüber beraten und *drittens* eine kollektive Stellungnahme formulieren. *Viertens* bekundeten die Petenten mit ihrer Unterschrift ein gesellschaftspolitisches Anliegen, für dessen Umsetzung sie gegenüber der SED oder dem ostdeutschen Staat als Interessenspartei gemeinsam eintraten.[87] Die Hintergründe des Zustandekommens von Kollektiveingaben sind in den Quellen allerdings nur schwach dokumentiert: Zwar finden sich Hinweise auf die Anzahl der Petenten, die Sprecher der Kollektive und mitunter auch die soziale Zusammensetzung der Gruppen. Außerdem lassen sich Motive, Untergründe und Ängste aus den Schreiben herauslesen. Aber die Aushandlungsprozesse in den Gruppen selbst, kontroverse Diskussionen und möglicherweise ein vorhandener Dissens unter den Petenten über das gemeinsame Vorgehen bleiben weitestgehend im Verborgenen. Nur in seltenen Fällen lassen die Quellen solche Vorgänge erahnen, etwa, wenn sich im Abschlussprotokoll zu einer Kollektiveingabe nur ein Teil der Verfasser mit der getroffenen Regelung einverstanden erklärte oder Unterzeichner ohne Angabe von Gründen einer Aussprache fernblieben. In einigen Fällen gewährt auch der beobachtende Blick des Ministeriums für Staatssicherheit (MfS) eine Einsicht in die Entstehungshintergründe von Eingaben. Hierbei handelt es sich aber gleich in mehrfacher Hinsicht um einen Sonderfall, da die Staatssicherheit in der Regel erst dann aktiv wurde, wenn sich Eingaben in rechtlichen Graubereichen bewegten und Petenten versuchten, die Grenzen der nach den Rechtsnormen der DDR konformen Handlungsmöglichkeiten auszuloten oder gezielt zu überschreiten.

86 Vgl. Eingabengesetz, 1975, § 5 (2).

87 In dieser Hinsicht weisen umweltbezogene Kollektiveingaben in der DDR durchaus Ähnlichkeiten mit frühen Umweltprotesten in der Bundesrepublik auf, die ebenfalls häufig von Bürgervereinen, Anwohnerzusammenschlüssen oder anderen formellen Interessensgemeinschaften getragen wurden, die ihre Anliegen in Petitionen, Protestresolutionen oder Denkschriften vortrugen. Umweltinitiativen in Westdeutschland verfügten jedoch über ein größeres Maß an Rechtssicherheit und waren dazu in der Lage, ihre Anliegen über freie Medien öffentlich vorzutragen. Vgl. *Uekötter*, Rauchplage, S. 404–412, insbes. 411 f.; vgl. auch *Engels*, S. 154–209, insbes. 180–192.

Darüber hinaus beschränken sich Eingriffe der StaSi zeitlich fast ausschließlich auf die achtziger Jahre – jenes Jahrzehnt, in dem sich das MfS verstärkt der Umweltthematik zuwandte und in den entstehenden kirchlichen Umweltgruppen politische Feindbilder ausmachte.[88]

Ein weiteres Blickfenster auf die Entstehungshintergründe von (Kollektiv-) Eingaben eröffnet der politische Samisdat[89] der DDR. Umweltgruppen nutzten die von diesen Druckschriften erzeugte Teilöffentlichkeit, um Inhalte und Forderungen aus Eingaben vorab bekannt zu machen oder die Antwortschreiben der Behörden abzudrucken. Dieses Vorgehen verfolgte das Ziel, auf konkrete Missstände aufmerksam zu machen, Fehlverhalten des Staates aufzuzeigen, Leser zum Verfassen von Eingaben aufzurufen oder die Praxis des Eingabewesens schlichtweg ins Lächerliche zu ziehen. Analytisch ist dieses Verhalten äußerst interessant, da es nicht nur belegt, dass es möglich war, im Graubereich der ostdeutschen Herrschaftsordnung gesellschaftspolitische Interessen jenseits des von der SED kontrollierten Raumes öffentlich zu machen. Diese Praxis verdeutlicht darüber hinaus, dass sich Umweltbewegung und Umweltprotest in der DDR nicht mit den konventionellen Methoden der westdeutschen Protestforschung fassen lassen. Trotz einer starken Annäherung an Habitus und Aktionsformen der Umweltszene in der Bundesrepublik blieben auch die kirchlichen Umweltgruppen der DDR den Wirkmechanismen der sozialistischen Gesellschaftsordnung unterworfen. Die Publikation von Eingaben in Samisdatschriften war somit zwar eine qualitativ aufschlussreiche Fortentwicklung der politischen Kommunikation in der DDR, stellte aber ebenfalls einen Sonderfall dar, der nicht repräsentativ für das Gros der gesellschaftlichen Auseinandersetzung mit Umweltfragen ist.[90]

Der Weg von einem Problem oder Anliegen zu einer Eingabe war in den meisten Fällen sicherlich kein unüberlegter und unvorbereiteter Akt. Vielmehr dürften hinter vielen Schreiben lange Diskussionen in der Familie, im Freundes- oder Kollegenkreis sowie in gesellschaftlichen Kollektiven gestanden haben, die die Petenten darin bestärkten, auf die Bedeutung ihrer Forderung im Namen einer Gruppe oder stellvertretend für weite Teile der Bevölkerung hinzuweisen. Selbst solche Briefe, die auf den ersten Blick spontan verfasst erscheinen, beispielsweise weil sie wütenden Protest infolge einer plötzlich auftretenden Havarie artikulierten, waren häufig das Ergebnis einer langanhaltenden Auseinandersetzung mit den zugrunde liegenden Problemen.[91] Die in den Quellen oft nicht oder nur schwach dokumentierten Interaktionszusammenhänge und Entstehungshintergründe von Eingaben, machen eine kurze Diskussion methodischer Über-

88 Zu den hier erwähnten Fällen vgl. Kapitel IV.3.1.

89 Darunter werden gemeinhin alle inoffiziellen und nicht genehmigten Druckerzeugnisse verstanden, die im Selbstverlag hergestellt wurden. Vgl. dazu *Knabe*, »Samisdat«, S. 299–314, insbes. 300.

90 Vgl. ebd.

91 Vgl. ebd.

legungen erforderlich, die zuvor bereits in der Soziologie angestellt worden sind und den Charakter des Gruppen- und Öffentlichkeitsbegriffs in (sozialistischen) Diktaturen betreffen.

Der Gruppenbegriff wird im DDR-Kontext zumeist auf jene Zusammenschlüsse angewandt, die sich unter dem Dach der Kirche oder in einem ihr nahestehenden alternativen Milieu formierten und infolge eines Politisierungsprozesses in ein besonderes Interaktionsverhältnis mit dem sozialistischen Staat eintraten. Wie anhand des Forschungsstandes gezeigt wurde, sind diese Basisgruppen in der Regel auch gemeint, wenn von der ostdeutschen Umweltbewegung die Rede ist. Der Grad ihrer Institutionalisierung hebt sie deutlich von komplexeren Organisationsformen, wie etwa den im Westen so bedeutsamen Umwelt- und Naturschutzverbänden, ab. Ein wesentliches Konstitutions- und Unterscheidungsmerkmal von Gruppen ist die Möglichkeit der unmittelbaren Kommunikation, die durch die physische Anwesenheit ihrer Mitglieder gewährleistet wird. Während die Abgrenzung nach oben gegenüber staatlichen oder staatsnahen Organisationen theoretisch somit relativ unproblematisch ist, stellt die Abgrenzung solcher sozialen Gebilde nach unten eine methodische Herausforderung dar. Zwischen Gruppen und anderen losen, aber regelmäßig wiederkehrenden Interaktionen außerhalb des familiären Kontextes lässt sich oftmals nur schwer unterscheiden. Friedhelm Neidhardt hat daher den Begriff der Diffusität als ein zentrales Charaktermerkmal von Gruppen in die Diskussion eingeführt. Mit dieser Bezeichnung versucht er der Tatsache Rechnung zu tragen, dass Gruppenzusammenschlüsse nicht starr funktional strukturiert sind, sondern Beziehungen zwischen den Mitgliedern ein hohes Maß an Individualität und eine gewisse Unverbindlichkeit aufweisen.[92] »Man könnte sogar sagen«, wie Detlev Pollack den Ansatz resümierend beschreibt, »daß aus sozialen Beziehungen in dem Maße eine Gruppe wird, in dem sie ihren anfänglich diffusen Charakter verlieren.«[93] Er schlägt daher vor, neben der sozialen Dimension einer Gruppe, die im Wesentlichen auf dem Bewusstsein der Zusammengehörigkeit beruhe, auch die sachliche und zeitliche Dimension der Konstituierung zu beachten. Ein gemeinsames Ziel oder eine Aufgabe und die Dauerhaftigkeit der Interaktion spielen demnach bei der Integration von Individuen in Gruppenzusammenhänge eine ebenso entscheidende Rolle und müssen entsprechend berücksichtigt werden.[94]

Ein wesentliches Motiv für die Bildung von Umweltgruppen unter dem Dach der Kirche war die Herstellung einer von der SED unabhängigen Öffentlichkeit.[95] Umweltprobleme und Informationen über eine alternative, ökologische Lebensweise sollten unabhängig von ideologischer Gängelung durch die Partei diskutiert und verbreitet werden, um die Menschen zu einer Veränderung ihrer individuellen Lebensführung zu bewegen und Druck auf den Staat auszuüben.

92 *Neidhardt*, Themen, S. 12–34, hier 14.

93 *Pollack*, Politischer, S. 51.

94 Ebd., 53–56.

95 Vgl. exemplarisch *von zur Mühlen*, S. 92.

Erst in der zweiten Hälfte der achtziger Jahre scheinen sich diese abgeschotteten, in der Forschung als »zweite Öffentlichkeit« bezeichneten Kommunikationsströme demnach aus ihren spezifischen Kontexten gelöst und die direkte Auseinandersetzung mit der offiziellen SED-Öffentlichkeit gesucht zu haben.[96] Neben dem von der SED kontrollierten öffentlichen Raum und jener alternativen Öffentlichkeit, die durch kirchliche Gruppen geschaffen wurde, existierten nach Ansicht von Neidhardt und Jürgen Gerhards allerdings weitere Formen der öffentlichen Interaktion, die sich empirisch jedoch nur schwer nachweisen lassen. Die beiden Soziologen übertrugen zum besseren Verständnis dieser Zusammenhänge in Anlehnung an Erving Goffman den Begriff der Encounters- oder – zu Deutsch – Begegnungs-Interaktionen auf den DDR-Kontext: »Gespräche im Bus oder in der Eisenbahn, am Arbeitsplatz, an der Pommes-Bude oder in der Schlange an der Kasse des Lebensmittelgeschäfts bilden die elementarste Form einer ›kleinen‹ Öffentlichkeit.«[97] Kommen solche Begegnungen dauerhaft zustande, können sich aus ihnen heraus soziale Gruppen bilden.[98] Der Öffentlichkeitstypus der Encounters zeichnet sich demnach sowohl durch ein hohes Maß an Fragilität und Strukturlosigkeit als auch einen episodenartigen Charakter aus. Dennoch bleiben sie nicht folgenlos. In sozialistischen Herrschaftsordnungen stellten sie oftmals die einzige Form öffentlicher Interaktion dar, die neben der »inszenierten politischen Öffentlichkeit« der herrschenden Parteien bestehen konnte. Encounters bildeten nach Ansicht von Gerhards und Neithardt daher einen wichtigen Ausgangspunkt für Autonomisierungsprozesse und die Herausbildung einer oppositionellen Bewegung.[99]

Aus diesen theoretischen Überlegungen lassen sich wichtige methodische Schlüsse für die vorliegende Untersuchung ableiten. Wie bereits dargelegt wurde, liegt dieser Arbeit die These zugrunde, dass Eingaben den Kern der gesellschaftlichen Auseinandersetzung mit Umweltfragen in der DDR ausmachten. Ausgehend von diesen Quellen können die Wurzeln des Umweltengagements differenzierter und weiter zurückverfolgt werden, als es die bislang dominierende These eines kirchlichen Ursprungs der Umweltbewegung zulässt. Mithilfe von Eingaben ist es zudem möglich, ein facettenreicheres Bild der ostdeutschen Umweltbewegung zu zeichnen, da die ganze Bandbreite gesellschaftlicher Handlungen, von Anpassung und Partizipation über Kritik und Distanz bis hin zu Konfrontation und Dissidenz, in den Blick gerät. Im Folgenden werden Eingaben – insbesondere Kollektiveingaben – daher als gesellschaftliche Initiativen verstanden, die politische Anliegen verfolgten und bereits über einen diffusen Gruppencharakter verfügten oder zumindest alle Voraussetzung dafür mit sich brachten. Aus Eingaben konnten Gruppen hervorgehen, mussten es aber nicht. Es wird daher angenommen, dass solche Schreiben sowohl einen wichtigen Aus-

96 *Rühle*, S. 143.
97 *Gerhards u. Neidhardt*, S. 20.
98 *Pollack*, Politischer, S. 50.
99 *Gerhards u. Neidhardt*, S. 20ff.

gangspunkt für die Entstehung eines kontinuierlichen gesellschaftlichen Umweltengagements als auch eine Vernetzung und eine Verstetigung von Protesten darstellten. Umgekehrt konnten (Kollektiv-)Eingaben bereits das Ergebnis einer vorangegangenen Gruppeninteraktion sein, so dass der Akt des Verfassens der Briefe ebenso ein Ausdruck für jenen Verlust von Diffusität war, der für die Bildung von Gruppen und Bewegungen als notwendig erachtet wird. Die Anliegen, Motive und Strategien der Petenten, die Reaktionen der Staatsorgane und der Einfluss dieser Interaktionen auf umweltpolitische Entscheidungen und gesellschaftlichen Wandel stehen daher im Mittelpunkt dieser Untersuchung.

Begriffsklärung, Quellenlage und Aufbau der Arbeit

Umweltgeschichte untersucht die Wechselbeziehungen zwischen Mensch und Umwelt.[100] Doch so attraktiv diese prägnante und gleichzeitig weitgefasste Definition auch ist, so unscharf ist die Abgrenzung der untersuchungsleitenden Begriffe: Natur, Umwelt und Ökologie verfügen über jeweils eigene Etymologien und Bedeutungsgehalte, werden in umwelthistorischen Arbeiten aber in der Regel synonym verwendet.[101] Versuche, das Fach in terminologischer Hinsicht zu disziplinieren, sind bislang gescheitert.[102] Die meisten umwelthistorischen Arbeiten folgen einem alltäglichen Sprachverständnis und verzichten schon aus pragmatischen Gründen auf eine strikte terminologische Differenzierung.[103] Einigkeit besteht lediglich darin, dass ein ausschließlich materiell-biologisches Begriffsverständnis, wie es von einigen Umwelthistorikern gefordert wurde, nicht zielführend ist. Denn Zeugnisse, die Auskunft über die Beziehungsebene »Mensch-Umwelt« geben, haben immer auch eine politische, ökonomische oder soziokulturelle Dimension.[104]

Die Mehrdimensionalität der Quellen sowie der in ihnen dokumentierten Wahrnehmungen, Interaktionen und Konflikte veranschaulicht den relationalen Charakter der Umweltgeschichte.[105] In diesem Sinne ist Umwelt, verstanden als analytischer Leit- und Quellenbegriff, auch dazu geeignet, den Kanon geschichtswissenschaftlicher Grundkategorien zu erweitern einen neuen Gesamtblick auf historische Zusammenhänge zu eröffnen.[106] Eine allzu scharfe

100 *Uekötter*, Umweltgeschichte, S. 2 ff.; *Arndt.*

101 Vgl. *Trepl*; *Uekötter*, Umweltgeschichte, S. 88–92; *Hasenöhrl*, S. 35–37; *Arndt.* Ein Versuch der begrifflichen Differenzierung bei: *Hermann*, Umweltgeschichte, insbes. S. 27–43.

102 Arndt, Umweltgeschichte, 2015.

103 Vgl. exempl. *Hasenöhrl*, S. 37.

104 Dazu: *Radkau*, Natur, S. 15.

105 Dies entspricht auch der ursprünglichen Bedeutung, die der Biologe und Philosoph Jakob von Uexküll dem Umwelt- in Abgrenzung zum Umgebungsbegriff zugedacht hatte. Vgl. *Herrmann*, Umweltgeschichte, S. 28.

106 Diese Forderung bei: *Siemann u. Freytag*, S. 13–20.

Begriffsabgrenzung erscheint daher methodisch nicht sinnvoll. Im Folgenden werden Natur, Umwelt und Ökologie deshalb – und nicht zuletzt auch aus Gründen einer besseren Lesbarkeit – ebenfalls weitestgehend synonym gebraucht. Zur besseren Unterscheidung wird dort, wo dezidiert die Ziele und Interessen des Naturschutzes thematisiert werden, außerdem von Naturpolitik die Rede sein.[107] Der Bedeutungswandel zeitgenössischer Termini, mit denen Umweltfragen verhandelt wurden, ist darüber hinaus Gegenstand dieser Arbeit und wird ausführlich am Beispiel des Landeskulturbegriffes behandelt.[108]

Für die vorliegende Untersuchung wurden umfangreiche Quellenbestände staatlicher und privater Provenienz ausgewertet. Eingaben bilden eine wichtige Quellengrundlage und finden sich in nahezu allen herangezogenen Archivbeständen. Ferner wurden unter anderem die Überlieferungen des Ministerrates der DDR, der Ministerien für Umweltschutz und Wasserwirtschaft sowie für Gesundheitswesen und der Deutschen Akademie für Landwirtschaftswissenschaften im Bundesarchiv systematisch ausgewertet. Die Stiftung Archiv der Parteien und Massenorganisationen der DDR im Bundesarchiv (SAPMO) hält neben Akten aus der SED-Führungsebene außerdem wichtige Unterlagen zur Geschichte der »Natur- und Heimatfreunde der DDR« bzw. der »Gesellschaft für Natur und Umwelt im Kulturbund« bereit. Die Unterlagen des Ministeriums für Staatssicherheit dokumentieren nicht nur die Ausmaße der staatlichen Repressionen gegenüber gesellschaftlichen Umweltaktivisten, sondern enthalten ebenso Analysen der ostdeutschen Umweltsituation, Stimmungsberichte aus der Bevölkerung, eine systematische Rezeption der westlichen Medienberichterstattung und Vorgänge, in denen die StaSi aufgrund vorliegender Umweltdelikte gegen VEB und ihre Mitarbeiter ermittelte.

Zur Analyse des staatlichen und gesellschaftlichen Umwelthandelns der »mittleren Ebene« wurden außerdem Akten des Sächsischen Hauptstaatsarchives in Dresden, des Brandenburgischen Landeshauptarchives, des Landesarchives Sachsen-Anhalt und des Kreisarchives Pirna gesichtet und ausgewertet. Die vorliegenden Befunde wurden weiterhin durch Quellen aus dem Studienarchiv Umweltgeschichte des Institutes für Umweltgeschichte und Regionalentwicklung e. V. an der Hochschule Neubrandenburg ergänzt. Der im Haus der Natur in Potsdam gesammelte Nachlass der Juristin Ellenor Oehler konnte ebenfalls Lücken in der Überlieferung der staatlichen Archive schließen und überdies wichtige inhaltliche Anregungen liefern. Des Weiteren wurden zahlreiche (populär) wissenschaftliche und publizistische Beiträge ausgewertet, die heute als »graue Literatur« weitestgehend vergessen und nur schwer zugänglich sind. Zu spezifischen Themenkomplexen und umweltrelevanten Schlagwörtern konnten außerdem die staatlich kontrollierten Printmedien »Neues Deutschland«, »Neue

107 Jens Ivo Engels versteht unter Naturpolitik demgegenüber einen Obergbegriff zur gleichrangigen Untersuchung von Natur- und Umweltschutz als politische Praxis in der Bundesrepublik Deutschland. Vgl. dazu *Engels*, S. 12.

108 Vgl. dazu Kap. 1.5.2.

Zeit« und »Berliner Zeitung« systematisch ausgewertet werden.[109] Für das bessere Verständnis einzelner Sachthemen, Zusammenhänge und Hintergründe, über die die vorliegenden schriftlichen Quellen keine Auskunft geben, wurden ausgewählte Zeitzeugen telefonisch befragt.

Die Gliederung der vorliegenden Untersuchung ist chronologisch angelegt und folgt entscheidenden Wendepunkten der ostdeutschen Umweltgeschichte. Einzelne Kapitel verlassen jedoch diesen Rahmen und sind analytisch ausgerichtet, um zeitlich übergeordnete Strukturen und Prozesse in den Blick nehmen sowie langfristige Entwicklungen aufzeigen zu können. Die Arbeit ist inhaltlich in drei größere Abschnitte unterteilt: Im ersten Teil treten Akteure in den Vordergrund, die in den fünfziger und frühen sechziger Jahren darum bemüht waren, Reformdebatten über Umweltprobleme anzustoßen und einen politischen Konsens für ihre unterschiedlich motivierten Anliegen zu erzeugen. Diese Debatten standen noch weitestgehend isoliert nebeneinander und vermochten es nicht, ihre fachspezifischen Interessen zu überwinden. Einzelnen Akteuren gelang es jedoch, konsensfähige Konzeptionen zu entwickeln, die in der sich anschließenden Phase des umweltpolitischen Aufbruchs eine entscheidende Rolle spielen sollten. Der zweite Teil nimmt eben diesen Prozess in den Blick und fragt nach den Gründen für die Formierung einer sozialistischen Umweltpolitik sowie danach, wie es den Akteuren gelang, die unterschiedlichen Motive und Ziele miteinander in Einklang zu bringen und bei der Partei- und Staatsführung politische Legitimation für ihre Anliegen zu erzeugen. In diesem Abschnitt werden unter anderem Einflüsse aus der UdSSR und dem RGW, neue Impulse aus dem Forschungsrat der DDR und ein durch Eingabenproteste erzeugter politischer Druck, der in den sechziger Jahren erstmals signifikant zunahm, berücksichtigt. Des Weiteren werden hier sowohl die Ideenwelt der sich daraufhin formierenden politischen Ökologie als auch der sich in den siebziger Jahren anschließende Aufbau neuer institutioneller Strukturen analysiert. Im dritten Teil der Arbeit steht abschließend die Frage nach den Ursachen der ökologischen Krise, die sich in den achtziger Jahren einstellte, und den Gründen für das Abrücken der SED vom einstmals getroffenen Umweltkonsens im Mittelpunkt des Erkenntnisinteresses. Dieser Abschnitt behandelt außerdem die Entfaltung der ostdeutschen Umweltbewegung und das Scheitern jenes autoritär-korporatistischen Partizipationsmodells, das der SED-Herrschaft konstitutiv zugrunde lag. Die Untersuchung endet mit der Analyse eines Fallbeispiels: Entlang der Auseinandersetzung um ein geplantes Reinstsiliziumwerk in Dresden-Gittersee, die im Sommer 1988 einsetzte, sollen zentrale Elemente des gesellschaftlichen Umwelthandelns in der DDR im unmittelbaren Vorfeld des politischen Umbruchs 1989/90 veranschaulicht werden.

109 Diese Zeitungen sind in digitalisierter Form über das Zeitungsinformationssystem »ZEFYS« der Staatsbibliothek zu Berlin online zugänglich. Vgl. Zeitungsinformationssystem »ZEFYS«, URL: http://zefys.staatsbibliothek-berlin.de/ddr-presse/?no_cache=1 [letzter Zugriff: 25.3.2016].

1. Auf der Suche nach Teilhabe und Konsens: Akteure und Motive früher Reformdebatten über Umwelt

1.1 Das »Wirtschaftsterritorium« der DDR und die ökologischen Ausgangsbedingungen

Obwohl die Niederlage des Zweiten Weltkrieges zunächst überall in Deutschland eine »Zusammenbruchgesellschaft« (Kleßmann)[1] hervorbrachte, waren die Folgen des Krieges in Ost und West unterschiedlich spürbar. Während die Ausmaße der Kriegszerstörungen auf dem Gebiet der sowjetischen Besatzungszone (SBZ) geringer als in den Westzonen ausfielen, litt der Osten ungleich stärker unter der Besatzung. Zahlreiche Betriebe auf dem Gebiet der SBZ wurden nach Kriegsende und in den darauffolgenden Jahren demontiert. Erst 1947 leitete die Sowjetische Militäradministration in Deutschland (SMAD) eine geordnete Phase der Reparationspolitik ein, die vorsah, Entschädigungsleistungen aus der laufenden Produktion zu entnehmen. Zu diesem Zweck wandelte die Besatzungsmacht zahlreiche ostdeutsche Schlüsselunternehmen in sowjetische Aktiengesellschaften (SAG) um, deren Gewinne an die UdSSR abgeführt wurden.[2] Die Wiedergutmachungsleistung, die die SBZ/DDR bis Mitte der fünfziger Jahre in Form von Demontagen, Produktionsentnahmen, Reparationslieferungen und Besatzungskosten leistete, belief sich auf mehr als 14 Milliarden Dollar und entsprach etwa einem Viertel des jährlichen Bruttosozialproduktes. Gemessen am Volksvermögen lagen die Substanzverluste, die die ostdeutsche Wirtschaft verkraften musste, deutlich höher als im Westen. Zahlreiche Schlüsselbranchen verloren bis zu achtzig Prozent ihrer bei Kriegsende noch vorhandenen Kapazitäten. Mindestens ebenso gravierend wie die sowjetischen Reparationsforderungen wirkte sich die deutsche Teilung aus: Die Kappung der traditionellen Wirtschaftsbeziehungen zwischen den mitteldeutschen Industrierevieren und den industriellen Zentren an Rhein, Ruhr und in Schlesien traf die ostdeutsche Wirtschaft besonders hart.[3] Der Wirtschaftshistoriker Rainer Karlsch schätzt daher, dass der wirtschaftliche Wiederaufbau in Ostdeutschland unter diesen Voraussetzungen etwa 7 bis 10 Jahre später als in der

1 *Kleßmann*, Staatsgründung. *Ders.*, »Stunde Null«.
2 Zu den Phasen der Reparationspolitik: *Karlsch*, Allein, S. 55 ff., 147 ff., 225 f.
3 *Steiner*, Plan, S. 29–39.

Bundesrepublik abgeschlossen war[4] – eine Erschwernis, die auch die ostdeutsche Umweltgeschichte nachhaltig beeinflusste.

Nach dem Aufstand vom 17. Juni 1953 änderte die sowjetische Führung ihre Besatzungspolitik, verzichtete auf weitere Reparationsforderungen und gab zum Jahreswechsel 1953/54 die meisten der bis dahin der noch verbliebenen SAG-Betriebe an die DDR zurück.[5] Die SED hatte zu diesem Zeitpunkt den sozialistischen Umbau Ostdeutschlands, der unter anderem die Kollektivierung der Landwirtschaft, eine Verstaatlichung der Industrie und den Aufbau einer Zentralverwaltungswirtschaft vorsah, bereits energisch vorangetrieben.[6] Trotz der Radikalität dieser politischen Umwälzung und einer stalinistischen Strukturpolitik, die den Ausbau der Schwerindustrie förderte, blieb der ostdeutsche Wirtschaftsraum in seinen Grundstrukturen zunächst jedoch nahezu unverändert. Das Gebiet der DDR war nach wie vor von einem starken Nord-Süd-Gefälle geprägt: Während die Nordbezirke bis auf einige »industrielle Inseln« überwiegend agrarisch strukturiert waren, konzentrierte sich die Industrie vornehmlich in den Südbezirken.[7] Ein industrielles Schwerpunktgebiet bildete der zu Beginn der sechziger Jahre fast zwei Millionen Einwohner zählende Bezirk Halle: Die Braunkohlevorkommen und die Nähe zu den Kali- und Steinsalzabbaugebieten hatten hier seit dem ausgehenden 19. Jahrhundert die Entstehung einer chemischen Industrie begünstigt, die mit über vierzig Prozent den größten Anteil an der Bruttoproduktion dieses Wirtschaftszweiges in der DDR aufwies. Mit dem Beginn des Chemieprogramms im Jahr 1957, das erstmals größere Investitionsmittel in diesem Bereich bereitstellte, schlug die ostdeutsche Chemieindustrie einen zweigleisigen Entwicklungspfad ein: Auf der einen Seite wurden Chemiewerke in Zeitz, Böhlen und Lützkendorf auf erdölverarbeitende Produktionsprozesse umgestellt. In Leuna und im ostbrandenburgischen Schwedt plante man den Bau neuer petrochemischer Anlagen. Die DDR versuchte damit Anschluss an eine internationale Entwicklung zu halten, wonach sich erdölbasierte Verfahren in Folge einer günstigen Rohstoffsituation und neuer technologischer Möglichkeiten immer stärker durchsetzten. Auf der anderen Seite hielten die ostdeutschen Wirtschaftsplaner an der etablierten Kohlechemie fest,

4 *Karlsch*, Allein, S. 240.

5 Von der Rückgabe der SAG-Betriebe ausgenommen blieb der Uranbergbaubetrieb Wismut, der für die Sowjetunion von großer strategischer und militärischer Bedeutung war. Das Unternehmen wurde 1954 in eine sowjetisch-deutsche Aktiengesellschaft umgewandelt und entzog sich so weitgehend der Kontrolle durch die DDR-Behörden, mit ökologisch und gesundheitlich weitreichenden Folgen für Mensch und Umwelt. Vgl. *Steiner*, Plan, S. 85, 90; *Karlsch*, Allein, S. 136 ff. Zu den ökologischen Folgen des Uranbergbaus vgl. *Beleites*, Pechblende, S. 98–171; *Karlsch*, Uran, S. 135 ff., 181 ff. u. 231 ff.

6 Zu den Hintergründen vgl. Weber, S. 5–21 u. 30 f., 35 f. u. 39 f.; *Hoffmann*, Ulbricht, S. 18; *Malycha u. Winters*, S. 77 ff.

7 *Karlsch*, Allein, S. 35 f.; *Steiner*, Beständigkeit, S. 101–118, hier 118; *Ders.*, Plan, S. 21 f., 115 f.; *Roesler*, Momente, S. 37 f. Zur Wirtschaftsstruktur der DDR und einzelner Bezirke vgl. auch: *Schmidt-Renner u. a.*, insbes. S. 63–161, 249–274; *Mitzscherling u. a.*, S. 27–30; *Schäfer*, S. 29–47 u. 245–262; *Roesler*, Rolle, S. 19–30; *Wilke*, S. 9–11.

die aufgrund eines hohen Ressourcen- und Energiebedarfs allerdings gravierende Umweltprobleme verursachte.[8]

Der wirtschaftliche Wiederaufbau in der DDR verlangte nach gewaltigen Energiemengen: Alleine zwischen 1950 und 1960 verdoppelte sich die ostdeutsche Elektroenergieproduktion, die bereits 1948 das Vorkriegsniveau (1936) übertraf, von knapp zwanzig auf über vierzig Milliarden kWh pro Jahr. Der wichtigste Energieträger in der DDR war die Braunkohle, aus der 1960 fast neunzig Prozent der Elektroenergie und mehr als siebzig Prozent des produzierten Stadtgases gewonnen wurden.[9] Trotz der starken Zuwächse im Energiesektor kam es aufgrund des hohen Energiebedarfs der Industrie und politischer Fehlentscheidungen aber immer wieder zu Engpässen in der Stromversorgung und temporären Stromabschaltungen. Neue Großkraftwerke, die über Leistungen von bis zu 1800 Megawatt verfügten, sollten diese Probleme beheben. Das südöstlich von Spremberg gelegene Kombinat »Schwarze Pumpe«, dessen erster Betriebsabschnitt 1959 angefahren wurde, vereinte mit dem Abbau, der Verkokung, Vergasung und Energieerzeugung alle Arbeitsgänge der Braunkohleverarbeitung und stellte mit einer Investitionssumme von 3,8 Milliarden DM eines der größten Bauprojekte der fünfziger und sechziger Jahre dar. Gleichzeitig verursachte der Betrieb bis zum Niedergang der DDR gewaltige ökologische Folgekosten, die durch die Auskohlung großer Flächen, Eingriffe in den Grundwasserhaushalt und die Emission von Schwefeldioxid, das bei der Verbrennung der Braunkohle anfiel, verursacht wurden.[10]

Die ostdeutsche Wirtschaft begann sich nach dem Ende der sowjetischen Reparationsforderungen langsam zu erholen und schwenkte auf einen ökonomischen Wachstumskurs ein, der allerdings immer wieder von Krisen erschüttert wurde.[11] Die aus diesem wirtschaftlichen Wachstum hervorgehenden Umweltprobleme waren denen anderer Industriegesellschaften vergleichbar, wiesen jedoch einige Besonderheiten auf, die vor allen Dingen auf die Verwendung von Braunkohle als primären Energieträger und bedeutenden Rohstoff in der Chemieindustrie zurückzuführen waren. Die größten Verursacher von Um-

8 *Schmidt-Renner u. a.*, S. 349–363; *Schröter*, S. 109–138, hier 112–126; *Karlsch u. Stokes*, Chemie, S. 28–43; *Sattler*, S. 122 f., 124–129 u. 135–144; vgl. auch: *Holz*, S. 5–11.

9 *Schmidt-Renner u. a.*, S. 106–108, 113 u. 324–336; *DIW*, Entwicklung, S. 14.

10 *Schönherr*, S. 91–101; *Steiner*, Plan, S. 98 f.; *Roesler*, Schwarze Pumpe, S. 105–110 u.116.

11 Sowohl die Höhe als auch die Bewertung des Wirtschaftswachstums sind in der Forschung umstritten: Unterschiedlichen Berechnungen zufolge betrug das Wachstum in den fünfziger und sechziger Jahren zwischen 5,7 und 8,5 Prozent. Christoph Buchheim betonte allerdings, dass die Zuwachsraten schnell abnahmen und einen negativen Trend aufwiesen. Auf der Grundlage verschiedener Indizien zog er zudem Angaben, die die durchschnittliche jährliche Zuwachsrate des Sozialprodukts höher als die vergleichbare westdeutsche Entwicklung einstuften, grundsätzlich in Frage. André Steiner folgt dieser Einschätzung, spricht aber unter Anerkennung des dennoch vorhandenen Wachstums von einer Phase der »Planung zwischen Wachstum und Mangel«. Vgl. dazu: *Buchheim*, Wirtschaftsordnung, S. 194–210, hier 196 f.; *Maier*, S. 152; *Roesler*, Momente, S. 70; *Steiner*, Plan, S. 93 ff.; *Heske*, S. 52, Tabelle 2.

weltproblemen waren auch in der DDR die Industrie, gefolgt von Hausbrand und Verkehr. Die Emissionsschwerpunkte lagen daher in den industriellen Ballungsgebieten im Süden, insbesondere in den Industrierevieren Halle-Bitterfeld und Leipzig-Espenhain-Borna, der Niederlausitz, sowie außerdem in Berlin und Stalinstadt (ab 1961 Eisenhüttenstadt). Untersuchungen der fünfziger Jahre machten zudem im Erzgebirge ein großflächiges Rauchschadensgebiet aus, das zusätzlich durch Emissionen aus dem nordböhmischen Braunkohlebecken belastet wurde.[12] Die Verbrennung ballastreicher Braunkohle stellte den technischen Umweltschutz vor große Herausforderungen und sorgte dafür, dass die Luftverschmutzung sehr hohe Werte erreichte, wie punktuelle Erhebungen zeigen: So beliefen sich alleine die Staubemissionen der Kraftwerke im Raum Bitterfeld-Wolfen in den Jahren 1951–1960 auf über 1,5 Millionen Tonnen und stiegen im darauffolgenden Jahrzehnt bis 1970 auf über 2,6 Millionen Tonnen an.[13] Messungen der Bezirkshygieneinspektion Halle ergaben 1961 Spitzenwerte von mehr als 2000 g Staub, die innerhalb eines Monats auf einem Quadratmeter Boden niedergehen konnten.[14]

Industriestaub, der sich in einigen ostdeutschen Regionen zentimeterdick über alle Oberflächen legte, war sehr unterschiedlich beschaffen und verursachte verschiedenartige Probleme. Die kalkhaltige Flugasche aus Kraftwerken führte in den betroffenen Immissionsgebieten zu einer Aufkalkung des Bodens und hatte negative Folgen für den Anbau von Nadelhölzern, Roggen, Kartoffeln und anderen Gemüsearten. Die arsen- und fluorhaltigen Stäube der Buntmetallindustrie waren ebenso wie die chlor- und bromhaltigen Stäube der Kaliindustrie stark ätzend und konnten bei Arbeitern und Anwohnern schwerwiegende gesundheitliche Probleme hervorrufen.[15] Fluorstäube führten beispielsweise in Abhängigkeit von Höhe und Dauer der Exposition bei Menschen, Tieren und Pflanzen zu akuten Vergiftungserscheinungen. Produktionsarbeiter, die diesen Emissionen über einen längeren Zeitraum ausgesetzt waren, konnten an der gefürchteten Skelettfluorose erkranken, die im Endstadium zu einer völligen Versteifung von Wirbelsäule und Thorax führte. Diese Berufskrankheit, die in Deutschland erstmals 1941 in einer Flusssäurefabrik im südöstlich von Dresden

12 BArch DQ 1/3492, Anlage zur Verordnung Reinhaltung der Luft o. D. [5.6.1964]: Bericht über die gegenwärtige Situation der Luftverunreinigung in der DDR, pag. 5 f.

13 *Enders*, Entwicklung, S. 26, Tabelle 1.

14 Die Staatliche Hygieneinspektion der DDR empfahl Mitte der sechziger Jahre in Anlehnung an sowjetische Normen einen Grenzwert von maximal 15 g/m² in dreißig Tagen. Die Staubemissionen im Ruhrgebiet, einer sehr stark durch Luftverschmutzung belasteten Region, lagen zur selben Zeit bei ebenfalls überhöhten, aber vergleichsweise moderaten 15 g/m² je Monat in Essen und 44 g/m² je Monat in Oberhausen. Anlage zur Verordnung Reinhaltung der Luft o. D. [5.6.1964]: Bericht über die gegenwärtige Situation der Luftverunreinigung in der DDR: BArch DQ 1/3492, pag. 3 f.; Zu den Werten für das Ruhrgebiet vgl. *Jung*, S. 8, Tabelle 1.

15 *Ebd.*, S. 5 f.; *Lux*, S. 112; auch: Anlage zur Verordnung Reinhaltung der Luft o. D. [5.6.1964]: Bericht über die gegenwärtige Situation der Luftverunreinigung in der DDR: BArch DQ 1/3492, pag. 2 f., 7.

gelegenen Dohna festgestellt wurde, trat statistisch betrachtet allerdings relativ selten auf. Weit häufiger hatten Fluoremissionen ein lokal begrenztes Absterben der Vegetation, die sogenannte Phytofluorose, oder ein Viehsterben und somit allgemein Ertragsminderungen in der Landwirtschaft zur Folge.[16]

Auch bei den Schwefeldioxidemissionen erreichten die Industriebezirke Spitzenwerte. Der S02-Ausstoß im Raum Bitterfeld-Wolfen hatte beispielsweise bereits in den dreißiger Jahren stark zugenommen. Während sich der Wert zwischen 1951–1960 auf fast 3 Millionen Tonnen SO2 belief, emittierten die Kraftwerke im darauffolgenden Jahrzehnt insgesamt über 3,8 Millionen Tonnen SO2.[17] Vereinzelt wurden auch außerhalb der industriellen Ballungsgebiete Spitzenemissionswerte gemessen, wie etwa im thüringischen Schwarza, wo 1962 über 3 mg/m^3 im zweitägigen Mittel erreicht wurden.[18] Dieses Beispiel veranschaulicht jedoch auch, wie komplex sich das Wechselverhältnis von Emission und Immission gestalten konnte: In der im Thüringer Wald gelegenen Stadt produzierte seit Mitte der dreißiger Jahre ein Kunstfaserwerk. Die Anlage lag in einer Höhe auf 220 Meter ü. NN. im Saaletal, einer Region, die insgesamt nur relativ schwach mit Luftschadstoffen belastet war. Die bis zu neunzig Meter hohen Schornsteine des Werkes stießen neben großen Mengen an Staub täglich auch etwa 28 Tonnen Schwefeldioxid aus, wobei die Emissionen in den fünfziger Jahren stark zunahmen. Die enge Tallage und die sich unmittelbar daran anschließenden, bis auf 650 Meter ansteigenden Höhenzüge, nahmen großen Einfluss auf die Verteilung der Emissionen und hatten zeitweise zu einem Immissionsstau geführt: Während ein klar abgegrenztes Gebiet in unmittelbarer Werksnähe extrem hohen SO2-Emissionen ausgesetzt war, wurden die dahinterliegenden Regionen zunächst durch die Höhenlage relativ gut geschützt. Bis in die Mitte der fünfziger Jahre, als erstmals Waldschäden in Schwarza kartiert wurden, blieb die geschädigte Waldfläche mit 450 ha daher verhältnismäßig gering. Erst als die Emissionen in Folge einer Produktionsausweitung ein kritisches Maß erreichten, nahm auch der Immissionsradius zu, so dass sich die Schadensfläche innerhalb von nur fünf Jahren mehr als verdoppelte.[19] Das Beispiel Schwarza verdeutlicht, dass ein linearer Zusammenhang zwischen der Emissionshöhe und den Ausmaßen der Schäden

16 Fischer, S. 1 f., 5 u. 54–62; *Däßler u. Lux*, S. 252 f.; *Schmidt u. Franke*, S. 611–615, hier 611.

17 *Enders*, Entwicklung, S. 26, Tabelle 1.

18 Die Staatliche Hygieneinspektion der DDR sprach sich für die Einhaltung eines hygienisch zulässigen Höchstwertes von 0,5 mg/m^3 in einem Zeitraum von 24 Stunden, ab dessen Überschreitung gesichert vermehrt Bronchitiserkrankungen auftraten. In den Heizperioden 1962/63 und 1963/64 wurde dieser Wert beispielsweise in der Stadt Halle in 77 Prozent der Messungen überschritten. Die festgestellten SO2-Werte lagen in diesem Zeitraum bei durchschnittlich 1 mg/m^3, wobei Spitzenwerte von knapp 2,5 bis fast 4 mg/m^3 erreicht wurden. Anlage zur Verordnung Reinhaltung der Luft o. D. [5.6.1964]: Bericht über die gegenwärtige Situation der Luftverunreinigung in der DDR: BArch DQ 1/3492, pag. 3 f.

19 Dr. H. Enderlein, Tharandt, Das Ausmaß der Schäden industrieller Immissionen auf den Wald im Raum Schwarza und im Gebiet um Espenhain, in: Konferenz zur »Beseitigung von Schwefeldioxid aus Rauchgasen« am 29.9.1961 in Leipzig: BArch DF 4/3007, pag. 2–4.

nicht einfach hergestellt werden kann. Lufthygienische Untersuchungen mussten letztlich immer die lokalen Gegebenheiten berücksichtigen, was eine aussagekräftige, flächendeckende Erfassung der Schäden erheblich erschwerte.

Die gesundheitlichen Folgen der Emissionen konnten ebenfalls nur schwer erfasst werden, da sie sich in einzelnen Fällen oft nicht eindeutig von anderen Faktoren, wie beispielsweise Lebens- und Konsumgewohnheiten, unterscheiden ließen. Unbestritten war jedoch bereits in den fünfziger Jahren, dass hohe Schwefeldioxidkonzentrationen zu chronischen Erkrankungen bei Menschen führten und Assimilationsschäden in der Vegetation hervorriefen, die in der DDR vielerorts mit dem bloßen Auge wahrnehmbar waren. In Nadelwäldern, die aufgrund ihrer ganzjährigen Begrünung besonders anfällig für die Aufnahme von Schadstoffen waren, kam es zu großflächigen Verlichtungen der Baumkronen, Wachstumsstörungen und einem Absterben vieler Bäume. In den industriellen Ballungsgebieten des Südens war außerdem ein Anstieg von Bronchitis- und Herzkreislauferkrankungen zu verzeichnen. Da Schwefeldioxidemissionen überwiegend durch Heizkraftwerke und den Hausbrand verursacht wurden, nahmen die Belastungen in den Wintermonaten stark zu. Eine ostdeutsche Überblicksdarstellung bemerkte dazu Mitte der sechziger Jahre lakonisch: »Die oft gerühmte, gesunde kalte Winterluft ist an vielen Orten viel schlechter als im Sommer und daher gerade nicht als gesund zu bezeichnen.«[20] Im Jahr 1961 belief sich die durchschnittliche Dauer der Arbeitsunfähigkeit infolge von Bronchitis-Erkrankungen in der DDR auf mehr als zwanzig Tage. Eine weitere Folge der starken Luftverunreinigungen war die Zunahme von Nebeltagen: Staub- und Gaspartikel bildeten in der Luft Kerne, an denen Wasserdampf kondensierte. Die dabei entstandenen nebelartigen Wolken legten sich wie Dunstglocken über Städte und Industriezentren und verhinderten ein Abziehen der belasteten Luft, so dass dieser Effekt und die schädliche Wirkung der Emissionen verstärkt wurden. Die starke Konzentration von Schadstoffen konnte lebensbedrohlich sein und zu einem sprunghaften Anstieg von Vergiftungs-, Erkrankungs- und Sterbefällen führen, wie das wohl bekannteste Beispiel, die Londoner Smogkatastrophe vom Dezember 1952, belegt.[21]

Die Staubabscheidung stellte in den sechziger Jahren kein technisches Problem mehr dar. Die Anwendung dieser Umwelttechnologie war ausschließlich eine Kostenfrage, wie etwa ein Teilnehmer einer »Konferenz zur Beseitigung von Schwefeldioxyd aus Rauchgasen«, die 1961 in Leipzig stattfand, lapidar festhielt.[22] Zur Bekämpfung von industriellen Emissionen standen der Industrie

20 Jung, Luftverunreinigung, 1965, 6. Vgl. Anlage zur Verordnung Reinhaltung der Luft o. D. [5.6.1964], Bericht über die gegenwärtige Situation der Luftverunreinigung in der DDR: BArch DQ 1/3492, pag. 2 f. Vgl. auch *Lingner u. Carl*, S. 40.

21 Auf dieses Ereignis, dem mehrere tausend Menschen zum Opfer fielen, verwiesen auch Forscher in der DDR. Vgl. dazu exemplarisch *Symon*, S. 225–234, hier 226.

22 Dr. H. Enderlein, Tharandt, Das Ausmaß der Schäden industrieller Immissionen auf den Wald im Raum Schwarza und im Gebiet um Espenhain, in: Konferenz zur »Beseitigung von Schwefeldioxid aus Rauchgasen« am 29.9.1961 in Leipzig: BArch DF 4/3007, pag. 10.

nach dem damaligen »Stand der Technik« mechanische und elektronische Staubfilter mit Wirkungsgraden von bis zu 99 Prozent zur Verfügung. Die in der DDR vorhandenen Entstaubungsanlagen waren jedoch häufig veraltet und teilweise bereits seit Jahrzehnten unverändert in Betrieb.[23] Die Leuna-Werke verfügten beispielsweise über Abscheider, die zwischen 1926 und 1941 installiert wurden und lediglich Wirkungsgrade von 70–95 Prozent erreichten.[24] Ende der sechziger Jahre waren die Werke der Chemieindustrie zu 85 Prozent, die Kraftwerke der Grundstoffindustrie zu 76 Prozent und die Industrieanlagen aus dem Verantwortungsbereich des Ministeriums für Erzbergbau, Metallurgie und Kali sogar nur zu 44 Prozent mit Staubfiltern ausgerüstet. Der Zustand dieser Reinigungsanlagen, von denen in der Chemieindustrie beispielsweise nur ein Zehntel Wirkungsgrade von 60–95 Prozent erreichte, war außerdem desolat. Das Gros der Anlagen entsprach nicht mehr den technischen Anforderungen und war regelrecht schrottreif. Die Ursachen für dieses Defizit lagen zum einen in hohen Investitions- und Betriebskosten. Zum anderen wurde der Aufbau ausreichender Produktionskapazitäten für Umwelttechnologien in Ostdeutschland lange Zeit vernachlässigt, so dass die DDR international in Rückstand geraten und auf Importe aus dem westlichen Ausland angewiesen war. Diese Abhängigkeit stellte jedoch angesichts einer latenten Devisenknappheit und der politischen Instrumentalisierung des Außenhandels ein großes Problem für den Umweltschutz dar.[25]

Demgegenüber galt die Rauchgasentschwefelung in den sechziger Jahren als ein weltweit technisch wie ökonomisch noch unbefriedigend gelöstes Problem. Zwar wurden in den USA, der UdSSR, Japan und der Bundesrepublik verschiedene Verfahren mit hohen Abscheidegraden von 90–95 Prozent erprobt. Die Kosten für den Bau dieser Anlagen, die nach ostdeutschen Schätzungen bis zu zwanzig Prozent der Gesamtinvestitionssumme eines Kraftwerkes ausmachten, waren allerdings sehr hoch. Die einzelnen technischen Verfahren wiesen zudem mitunter noch erhebliche Mängel auf und verbrauchten beispielsweise zu viel Wasser oder erzielten nur geringe Wirkungsgrade.[26] Als Schwefeldioxidemissionen in den späten siebziger Jahren auf die Agenda der internationalen

23 Anlage zur Verordnung Reinhaltung der Luft o. D. [5.6.1964]: Bericht über die gegenwärtige Situation der Luftverunreinigung in der DDR: BArch DQ 1/3492, pag. 8 f.

24 *Dienemann*, S. 21. Ich danke Regine Auster, Haus der Natur Potsdam, für die freundliche Unterstützung und die Zusendung der Arbeit.

25 Prognosegruppe »Abprodukte und sozialistische Landeskultur«, Prognose Industrielle Abprodukte und planmäßige Gestaltung einer sozialistischen Landeskultur in der DDR, Berlin, September 1968: BArch DC 20-I/3/715, pag. 56, 72 ff. Zu den Problemen des Außenhandels vgl.: *Ahrens*, S. 322–340; *Abelshauser*, S. 368 ff.; *Fäßler*, Durch den »Eisernen Vorhang«, S. 288–305, insbes. 304 f.

26 Anlage zur Verordnung Reinhaltung der Luft o. D. [5.6.1964]: Bericht über die gegenwärtige Situation der Luftverunreinigung in der DDR: BArch DQ 1/3492, pag. 9 f.; Auch: Prognosegruppe »Abprodukte und sozialistische Landeskultur«, Prognose Industrielle Abprodukte und planmäßige Gestaltung einer sozialistischen Landeskultur in der DDR, Berlin, September 1968: BArch DC 20-I/3/715, pag. 29 f.

Umweltdiplomatie rückten, zeigte sich außerdem, dass die DDR aufgrund der Abhängigkeit von der heimischen Braunkohle nicht einfach auf Technologieimporte aus dem Westen zurückgreifen konnte, da sich die Rauchgasentschwefelung in Braunkohlekraftwerken sehr viel anspruchsvoller gestaltete als in anderen Kraftwerkstypen. In der DDR fehlte es zudem an Grundlagenforschung, da man zulange auf eine Verdünnung der Schadstoffe mittels Hochessen und eine baldige Besserung infolge einer Energieträgerumstellung von Braunkohle auf Erdöl und Erdgas gesetzt hatte.[27]

Das Beispiel der Schwefeldioxidemissionen veranschaulicht, dass die Anwendung gängiger Erklärungskonzepte einer vom Westen her blickenden Umweltgeschichte auf die DDR nicht einfach möglich ist. Der von Christian Pfister geprägte Begriff des »1950er Syndroms«, wonach die massenhafte und kostengünstige Verfügbarkeit von Erdöl nach dem Zweiten Weltkrieg nicht nur ein quantitativ und qualitativ neuartiges Wirtschaftswachstum, sondern auch eine sprunghafte Zunahme von Umweltproblemen nach sich zog, erscheint vor dem ostdeutschen Hintergrund in einem ganz anderen Licht.[28] Zwar nahmen Umweltschäden auch in der DDR infolge des Wirtschaftswachstums und eines steigenden Energiekonsums zu, so dass dem Befund Pfisters, der Zeitraum der »langen fünfziger Jahre« stelle eine umwelthistorisch bedeutende Zäsur dar, grundsätzlich auch für die DDR zuzustimmen ist. Die Abhängigkeit von der heimischen Braunkohle, von der man sich in den sechziger Jahren zu lösen versuchte, verursachte jedoch ungleich größere Umweltprobleme. Wäre es der politischen Führung der DDR wie geplant gelungen, die Energieträgerstruktur in einem dem westdeutschen Niveau vergleichbaren Maße auf Erdöl, Erdgas und Steinkohle umzustellen, hätte die historische Umweltbilanz Ostdeutschlands nach der Wende 1989/90 sicherlich ganz anders ausgesehen. Was von Pfister und anderen als das moderne Umweltübel schlechthin identifiziert wurde, wäre für die DDR zweifelsohne ein Segen gewesen.[29]

Nicht nur die Belastung der Luft, sondern auch der schlechte Zustand der Gewässer erregte in den frühen fünfziger Jahren ein hohes Maß an Aufmerksamkeit.[30] Das hatte naheliegende Gründe: Wasser war nicht nur ein unmittelbar lebensnotwendiges Gut, sondern auch ein wichtiger technischer Grund- und Hilfsstoff, der in vielen industriellen Produktionsprozessen und in der Landwirtschaft gebraucht wurde, wie Ökonomen, Wasserwirtschaftler und Hygieneärzte übereinstimmend betonten.[31] Wasser war auf dem Gebiet der DDR

27 Zu den besonderen Schwierigkeiten der Rauchgasentschwefelung Kap. 3.2.1.

28 Zur These vgl.: *Pfister*, Syndrom, S. 1–4; *Ders.*, Energiepreis, S. 13–28; *Ders.*, Energiepreis und Umweltbelastung, S. 61–86. Zur Einordnung vgl. auch: *Arndt*.

29 Zur These vgl. den Sammelband: *Pfister*, Syndrom. Zur Kritik daran vgl. exempl. *Radkau*, Natur, S. 286f.; *Uekötter*, Rauchplage, S. 404f.; *Engels*, S. 33f.; *Uekötter*, Umweltgeschichte, S. 57.

30 Vgl. dazu im Folgenden Kap. 1.3.

31 *Schönherr*, S. 59; *Musterle*, Einflüsse, S. 13–24, hier 14.

außerdem aufgrund der geographischen Gegebenheiten ein besonders knappes Gut. Der Osten Deutschlands verfügt, mit Ausnahme der Elbe, über keine größeren Flüsse. Die Fließgewässer der Norddeutschen Tiefebene weisen zudem nur schwache Fließgeschwindigkeiten mit geringen Abflussmengen auf. Darüber hinaus erstrecken sich im östlichen Harzvorland sowie in Teilen Sachsen-Anhalts und Thüringens ausgedehnte Trockenzonen mit vergleichsweise niedrigen Niederschlagsmengen.[32]

Die Knappheit des Lebens- und Rohstoffes Wasser wurde aber erst vor dem Hintergrund seiner intensiven Nutzung spürbar: Das ostdeutsche Wasserdargebot betrug Berechnungen von Wasserwirtschaftlern zufolge jährlich etwa 15 Milliarden Kubikmeter, konnte in Trockenjahren aber auch bei nur rund 6 Milliarden Kubikmeter liegen. Der Wasserbedarf von Bevölkerung und Wirtschaft nahm demgegenüber seit den fünfziger Jahren stetig zu und belief sich 1960 auf jährlich etwa 5,3 Milliarden Kubikmeter. Etwa 78 Prozent dieses rechnerischen Bedarfs wurden von der Industrie genutzt, auf Landwirtschaft und Bevölkerung entfielen jeweils 11 Prozent. Alleine der Bedarf der Chemieindustrie überstieg mit jährlich etwa einer Milliarde Kubikmetern den Trink- und Brauchwasserbedarf der Bevölkerung bei weitem.[33] Die Konzentration dieser Betriebe im besonders niederschlagsarmen Mitteldeutschland stellte die ostdeutsche Wasserwirtschaft vor große Herausforderungen. Ein weitaus größeres Problem, als die natürliche Wasserknappheit, war aber die Belastung der Gewässer durch menschliche Eingriffe.[34] Die Elbe bei Dresden galt Mitte der fünfziger Jahre in der internationalen Fachpresse als der schmutzigste Fluss Deutschlands – ein Umstand, der wohl hauptsächlich vom Bekanntheitsgrad des Stromes herrührte, denn um seine Nebenflüsse und zahlreiche kleinere Fließgewässer in Sachsen und Sachsen-Anhalt war es nicht besser bestellt. Ein Bericht der Deutschen Akademie für Landwirtschaftswissenschaften aus dem Jahr 1954 hielt fest, dass in »Pleiße, Mulde, Weiße Elster und Bode in den Niedrigwasserzeiten auf weiten Strecken nahezu nur Abwasser« fließe, »das schon durch seine dunkelbraune oder grauschwarze Farbe die Verunreinigung anzeigt«.[35] Aber auch in der öffentlichen Diskussion sprach man ganz freimütig davon, dass viele Flüsse streckenweise Abwasserkanälen gleichen würden.[36]

32 *Schmidt-Renner u. a.*, S. 46 f. u. 239 f.; *Musterle*, Einflüsse, S. 13 f., 16; vgl. auch *Bernhardt*, Industrialismus, S. 370 f.

33 *Rochlitzer*, Aufgaben, S. 627–635, hier 628.

34 Vgl. *Schmidt-Renner u. a.*, S. 234; *Hübner*, Wasserversorgung, S. 138–145, hier 140.

35 Denkschrift der Deutschen Akademie der Landwirtschaftswissenschaften zu Berlin über den derzeitigen Verschmutzungszustand unserer Wasserläufe, o. D. [um 1954]: BArch DK 107, 8340, pag. 2.

36 In der von der SED kontrollierten Medienöffentlichkeit erschienen immer wieder Beiträge, die die Wasserverschmutzung kritisch thematisierten, wenn auch häufig mit einem Verweis darauf, dass die Ursachen dafür im »kapitalistischen Erbe« lägen. Vgl. exempl.: Lebenselexier in der Krise, in: NZ, 22. November 1949, 3; Gesteigerter Wasserbedarf, vernachlässigte Abwässerreinigung und die Aufgaben der Wasserwirtschaft, in: ND, 26. Juni 1954, 6;

Verantwortlich für diese Situation waren ebenfalls die gewachsenen Industriestrukturen und insbesondere das in den fünfziger Jahren wiedereinsetzende Wirtschaftswachstum. Das Nord-Süd-Gefälle war in der Gewässerverschmutzung allerdings, anders als im Fall der Luftverunreinigungen, nicht so stark ausgeprägt. Denn nahezu alle Gewässer der DDR – vielerorts auch das Grundwasser – wiesen Belastungen, wie beispielsweise einen durchweg erhöhten Nitratgehalt, auf. Der Abwasseranfall in der DDR betrug Ende der fünfziger Jahre etwa 4,2 Milliarden Kubikmeter und stieg mit der Zunahme des Wasserverbrauchs stetig an. Davon entfielen 88 Prozent auf die Industrie und lediglich 12 Prozent auf die Bevölkerung. Große abwasserverursachende Industriezweige waren die Energiewirtschaft mit einem Anteil von fast 43 Prozent, die chemische Industrie mit einem Anteil von über zwanzig Prozent, der Bergbau mit 14,5 Prozent sowie die Zellstoff- und Papierindustrie mit etwas mehr als 5 Prozent.[37] Hinzu kamen noch temporäre Belastungen, wie beispielsweise die Abwässer der Zuckerfabriken, die während der Erntekampagnen über Helme, Selke und andere kleinere Flüsse aus dem ländlichen Raum in Unstrut, Bode, Saale und Elbe gelangten. Alleine diese Abwässer, die überwiegend mit organischen Stoffen belastet waren, entsprachen ihrem Volumen nach beinahe der Abwassermenge, die von der gesamten Wohnbevölkerung erzeugt wurde.[38] Unter den industriellen Abwassereinleitern nahmen die großen Kombinate Spitzenpositionen ein: Die Buna- und Leuna-Werke leiteten eine ungereinigte Abwasserlast in die Saale, die insgesamt fast 2,6 Millionen Einwohnergleichwerten (EGW), also den Abwässern einer Millionenmetropole, entsprach. Dennoch wurden von den in die Vorfluter eingeleiteten Abwässern im Jahr 1958 zuvor nur 27 Prozent – von den industriellen Abwässern sogar nur rund zwanzig Prozent – einer Reinigung unterzogen.[39] Auch wenn entsprechende statistische Angaben fehlen, kann man davon ausgehen, dass die meisten der ohnehin unzureichend vorhandenen Kläranlagen in den fünfziger Jahren lediglich über mechanische Abwasserbehandlungsstufen verfügten. Dieser Missstand, wie überhaupt ein im internationalen Vergleich geringer Anschlussgrad an die Kanalisation, blieb trotz einer positiven Entwicklung in den siebziger Jahren bis zum Ende der DDR bestehen.[40]

Lehrreiche Wasserbilanz, in: ND, Beilage, 15. Juli 1962, 4; Noch deutlicher erfolgte die Kritik in populärwissenschaftlichen Beiträgen. Vgl. exempl.: *Ortleb*, Warum ist das Wasser (I), S. 268–271; *Ders.*, Warum ist das Wasser (II), S. 312 ff.; *Gilsenbach*, Wasser, S. 317–318; *Schmidt-Renner u. a.*, S. 233.

37 *Rochlitzer*, Aufgaben, S. 630; *Ders.*, Grundfragen, S. 389.

38 *Schmidt-Renner u. a.*, Wirtschaftsterritorium, S. 242; *Lingner u. Carl*, S. 100 f.; Denkschrift der Deutschen Akademie der Landwirtschaftswissenschaften zu Berlin über den derzeitigen Verschmutzungszustand unserer Wasserläufe, o. D. [um 1954]: BArch DK 107, 8340, pag. 3.

39 *Rochlitzer*, Aufgaben, S. 630; *Ders.*, Grundfragen, S. 389.

40 Vgl. *Thürnagel*, S. 198, Tabelle 14.

1.2 Die SED und industrielle Emissionen

Die SED-Führung äußerte sich in den fünfziger Jahren trotz ihrer starken Verbreitung allenfalls vage zu den vorhandenen Umweltproblemen. Von Walter Ulbricht, Otto Grotewohl, Wilhelm Pieck, Fritz Selbmann oder Heinrich Rau sind keine Reden oder andere Beiträge überliefert, die die Umweltsituation problematisierten. Diese im ausgehenden 19. Jahrhundert geborenen Männer begriffen Umweltverschmutzung noch als eine selbstverständliche Begleiterscheinung der industriellen Produktion. Daraus ein generelles Desinteresse der Staats- und Parteiführung an einer Bekämpfung von Umweltproblemen abzuleiten, wäre allerdings voreilig.[41] Die »Chemisierung« der Luft gehörte für Ulbricht zwar zu den natürlichen Standortgegebenheiten der mitteldeutschen Industriebezirke. Die Folgen für die Bevölkerung waren ihm aber dennoch nicht gleichgültig, wie er beispielsweise 1968 in einer Rede rückblickend darlegte: »Vor 10 Jahren zum Beispiel hatte ich Streit mit der Werkleitung in Leuna über den Wohnungsbau. Die Stadt Leuna ist direkt unter den Schornsteinen des Werkes gebaut. Ich sagte: Ihr könnt nicht noch weitere Häuser in dieser Gegend der chemisierten Luft bauen, das ist doch unmöglich. Die Genossen sagten: Na gut, bauen wir weiter westlich. Sie bauten die Häuser in den Windschatten der Schornsteine. Vielleicht glaubten sie, daß die Luft dort besser sei. Dieselbe Frage stand in Buna. Man wollte direkt in Schkopau Wohnungen errichten. Aber in dieser Atmosphäre konnte man keine Wohnungen bauen. Die Bunaer Genossen waren gescheit und haben das nicht gemacht.«[42]

Die Probleme, die aus industriellen Emissionen hervorgingen, stellten für Ulbricht keine neuartige politische Herausforderung dar, sondern waren eine technische Frage und sollten auf administrative Weise, beispielsweise im Rahmen einer umsichtigen Bauplanung, gelöst werden. Die Zuständigkeit für die Bekämpfung von Umweltproblemen lag in seinen Augen daher bei der Regierung, den Bezirks- und Kreisräten, bei den Betriebsleitungen und der Wissenschaft. In einem Referat auf der 5. Tagung des ZK der SED im Februar 1964, betonte er zwar, dass »in dem vor uns liegenden Zeitraum ... u. a. wichtige Forschungsarbeiten und Entwicklungen auf dem Gebiet der Abwasserreinigung und Wasserversorgung« sowie »zur Reinhaltung der Luft« verwirklicht werden müssten.[43] Forderungen nach einem umfassenden Umweltprogramm oder gar einem eigenständigen Politikfeld »Umweltschutz« finden sich bis zum Ende der sechziger Jahre indes weder in den Reden des Staatsratsvorsitzenden noch bei anderen SED-Führungskadern.

41 So z. B. bei: *Behrens*, Jahre, S. 81 f.; *Bernhardt*, Mondlandschaft, S. 304; *Roesler*, Umweltprobleme, S. 14.

42 *Ulbricht*, System, Bd. 2, S. 681.

43 *Ulbricht*, System, Bd. 1, S. 439.

Dieses Schweigen der politischen Führung diente nach der Wiedervereinigung als Beleg für die Annahme, dass Umweltprobleme in der Phase des nachholenden Wirtschaftswachstums der fünfziger und sechziger Jahre grundsätzlich auf Desinteresse gestoßen seien.[44] Dennoch vorhandene Initiativen wurden bislang hingegen als »Pionierleistungen« einzelner »Visionäre« betrachtet, die nur in gesellschaftlichen Nischen wie der Wissenschaft möglich waren, wo Akteure relativ frei von Restriktionen und Repressionen durch die SED-Herrschaft agieren konnten.[45] Das wohl am häufigsten zitierte Beispiel für dieses »Nischenengagement« ist die »Landschaftsdiagnose der DDR«. An diesem interdisziplinären Forschungsprojekt, das zu Beginn der fünfziger Jahre erstmals eine systematische Kartierung von regionalen Umweltschäden vornahm und von den Landschaftsarchitekten Reinhold Lingner und Frank Erich Carl geleitet wurde, waren fast neunzig Wissenschaftler beteiligt. Lingner entwickelte auf der Grundlage der Forschungsergebnisse einen »Plan zur Durchführung der Umgestaltung der Natur in Deutschland«, der im Sommer 1953 auf einer Sitzung des Sekretariates des ZK der SED beraten, infolge von Unstimmigkeiten allerdings schnell verworfen wurde. Das von Lingner entworfene Konzept basierte auf einer ökologisch motivierten, »integrierten Sichtweise« auf Umweltprobleme[46], forderte aber im Wesentlichen nur punktuelle Maßnahmen, wie beispielsweise die gezielte Rekultivierung von Braunkohletagebauen, die Anlage von Hecken und Waldstreifen in der Landwirtschaft oder Aktionspläne zur Luftreinhaltung in Problemregionen.[47]

Das Scheitern der Initiative scheint jedoch weniger auf ein Desinteresse an den vorhandenen Umweltproblemen als vielmehr die schwache institutionelle Rückendeckung Lingners zurückzuführen zu sein.[48] Denn in den fünfziger Jahren nahm die Auseinandersetzung mit den ökologischen Folgen der industriellen Produktion in Politik, Wirtschaft und Wissenschaft langsam aber stetig zu. Der Aufstand vom 17. Juni 1953 stellte in diesem Zusammenhang eine erste Zäsur dar. Die SED-Führung hatte bereits im Vorfeld eigene Fehler offen eingeräumt und versuchte die aufgebrachte Bevölkerung durch die Rücknahme von Beschlüssen sowie eine stärkere Förderung der Lebensmittel- und Konsumgüterindustrie zu besänftigen.[49] Der im Juni beschlossene »Neue Kurs« schenkte aber auch den Arbeits- und Lebensbedingungen der Menschen größere politische Aufmerksamkeit, so dass sich die SED in der Folge an der Basis verstärkt mit vorhandenen Umweltproblemen und daraus hervorgehenden sozialen Konflikten auseinandersetzte.[50] Parteikontrollorgane, wie die Zentrale Kommission für

44 *Roesler*, Umweltprobleme, S. 12 f.
45 Diese Lesart z. B. bei *Huff*, Natur, S. 37, 38 ff.
46 *Würth*, S. 24.
47 *Lingner u. Carl*, Landschaftsdiagnose. Zur historischen Aufarbeitung vgl.: *Würth*, S. 23 ff. u. 73–84; *Knoth u. Nowak*, S. 72–79; *Hiller*; *Dix u. Gudermann*, S. 543 ff.; *Huff*, Natur, S. 38–66.
48 *Knoth u. Nowak*, S. 75; *Huff*, Natur, S. 60 f. u. 64 f.
49 *Steiner*, Plan, S. 81–87; *Roesler*, Geschichte, S. 30 ff. u. 37 ff.
50 Huff kommt demgegenüber zu dem Ergebnis, der Volksaufstand habe zu einer ideologischen »Einigelung« geführt und das Aus für frühe naturpolitische Initiativen bedeutet. Diese An-

Staatliche Kontrolle (ZKSK)[51], untersuchten immer häufiger lokale Konflikte, die durch Emissionen volkseigener Betriebe ausgelöst wurden. Anlass für die Kontrollen waren politisch brisante Vorwürfe gegen Betriebsdirektionen, die Geschädigten die Auszahlung von Schadensersatz verweigerten, oder akute gesundheitliche Gefahren, die von den Verschmutzungen ausgingen. Der von der SED vorangetriebene sozialistische Umbau der ostdeutschen Gesellschaft veränderte zudem die strukturellen Rahmenbedingungen dieser Konflikte. Infolge der umfangreichen Verstaatlichungs- und Kollektivierungswellen in Industrie und Landwirtschaft waren in die Auseinandersetzungen um emissionsbedingte Schäden nun immer häufiger Akteure verwickelt, denen man zumindest theoretisch eine größere Bereitschaft zur Beilegung der Konflikte unterstellen könnte. Doch auch die Ausschaltung des vermeintlich egoistischen und gemeinwohlgefährdenden Profitstrebens, dass die SED-Ideologen dem Kapitalismus unterstellten, führte zu keiner Verbesserung der Lage.

Im Frühjahr 1953 führte die ZKSK Ermittlungen gegen einen Mitarbeiter des Leipziger Ingenieurbüros für Agro-Kultur-Technik durch, der im Auftrag des VEB Kombinat »Otto Grotewohl« Rauchschäden in der Gemeinde Trachenau[52] untersucht hatte. Der Industriekomplex in Böhlen wurde nach der Gründung der Braunkohle-Benzin AG, einer von Wirtschaftsminister Hjalmar Schacht im Jahr 1934 verordneten Zwangsgemeinschaft der führenden deutschen Kohle- und Mineralölunternehmen, errichtet.[53] Das Hydrierwerk produzierte synthetischen Treibstoff aus Braunkohle und nahm in der nationalsozialistischen Autarkie- und Kriegspolitik einen wichtigen Stellenwert ein. Die Schwelerei und das Kraftwerk riefen eine ganze Reihe von Umweltproblemen hervor, die bereits während des Zweiten Weltkriegs dokumentiert wurden. Der erste und gleichzeitig bleibende Eindruck, den ein Besucher von der Region erhielt, war der Geruch, wie der ehemalige Leiter der Forschungsstelle für Rauchschäden an der Freiberger Bergakademie, Erich Krüger, berichtete. Schwefelwasserstoff, Schwefeldioxid, Merkaptan und Phenole dominierten die Luft im südlich von Leipzig gelegenen Braunkohlerevier Böhlen-Espenhain. Ein großes Problem war die Staubbelastung, die in den vierziger Jahren in der Nähe des Kesselhauses

nahme, die er ausschließlich auf das Scheitern des naturpolitischen Vorstoßes Lingners zurückführt, wird durch die Quellenlage allerdings bestätigt, wie im Folgenden gezeigt wird. Vgl. *Huff*, Natur, S. 60 f. Zu den Folgen des Volksaufstandes vgl. *Steiner*, Plan, S. 81–87; *Roesler*, Geschichte, S. 30 ff. u. 37 ff.

51 Die ZKSK wurde 1963 dem sowjetischen Vorbild folgend in Arbeiter- und Bauerninspektion umbenannt. Ihre Rolle in der Aushandlung von Umweltkonflikten wurde bislang noch nicht untersucht. Zur Entstehung und Arbeitsweise der Parteikontrollkommission vgl.: *Braun*, S. 169–184, hier 177, insbes. Anm. 32; *Horstmann*, insbes. S. 26 ff. u. 262 ff.; *Mummert*.

52 Die Gemeinde Trachenau musste zwischen 1962 und 1965 dem Braunkohlebergbau weichen. Das Gebiet der Kommune wurde 1964 nach Böhlen eingemeindet. Vgl. den Eintrag »Trachenau« in Digitales Historisches Ortsverzeichnis von Sachsen, URL: http://hov.isgv.de/Trachenau [letzter Zugriff: 27.08.2015].

53 *Eichholtz*, S. 496 f.; *Karlsch u. Stokes*, Faktor, S. 184 ff.; *Hönsch*, S. 55–64.

etwa 200 mg/m^2 in der Stunde betrug. Diese außerordentlich hohe Belastung führte zu zahlreichen Schadensersatzforderungen und machte Anpassungsmaßnahmen in der Landwirtschaft, wie beispielsweise den Anbau rauchresistenter Kulturen und eine besonders intensive Düngung, erforderlich.[54] Nach dem Zweiten Weltkrieg wurde das Böhlener Hydrierwerk infolge der sowjetischen Reparationspolitik zunächst in eine SAG umgewandelt, ehe es im Zuge der zweiten Rückgabewelle von SAG-Betrieben 1952 in volkseigenen Besitz überging.[55]

Mit der Übernahme der SAG-Betriebe wurden die ostdeutschen Staatsorgane auch mit Schadensersatzforderungen konfrontiert, die bereits in den Jahren zuvor regelmäßig erhoben wurden. Die Begutachtung der Schäden durch das Leipziger Ingenieurbüro knüpfte also an eine lange etablierte Praxis an. Die Einbeziehung der ZKSK belegt hingegen, dass diese Form der Konfliktbewältigung nun an Grenzen stieß. Hintergrund der Untersuchung im Frühjahr 1953 war ein Beschwerdeschreiben, in dem Landwirte aus Trachenau dem Gutachter vorwarfen, einzelne Privatbauern begünstigt zu haben. Hier lag aus Sicht der SED-Kontrollkommission die politische Brisanz des Falls, denn ein solches Fehlverhalten widersprach nicht nur sozialistischen Moralvorstellungen, sondern beschädigte auch das Ansehen der Staats- und Parteiführung.

Die Untersuchung ergab jedoch, dass die Vorwürfe unbegründet waren. Zwei hinzugezogene Gutachter bescheinigten dem Agraringenieur, richtig gehandelt zu haben. Die Abweichungen bei den ausgezahlten Geldern ergaben sich, wie die Untersuchung zeigte, aus der unterschiedlich starken Belastung der landwirtschaftlichen Flächen durch die Rauchgase. Insgesamt beliefen sich die Ernteausfälle in Trachenau im Untersuchungszeitraum 1952 auf 20–80 Prozent und wiesen damit tatsächlich große Schwankungen auf. Die ZKSK kam daraufhin zu dem Schluss, dass der Protest der Bauern zwei Ursachen hatte: Zum einen herrschte nach der Rückgabe des Kombinats an die DDR große Verunsicherung bei den Landwirten, ob die neue ostdeutsche Betriebsleitung die Ernteausfälle erstatten würde. Die sowjetischen Betriebsdirektionen hatten sich in den ersten Nachkriegsjahren zunächst grundsätzlich geweigert, Schadensersatz zu zahlen. Erst die Anerkennung der von den Landwirten vorgetragenen Ansprüche durch die sowjetische Schwarzmeer-Ostsee-Versicherung im Jahr 1951 führte zu einem Einlenken der SAG-Betriebsleitungen, die daraufhin zumindest einen Teil der entstandenen Rauchschäden ersetzten. Auch die Direktion des nun in volkseigentum befindlichen Böhlener Werkes erkannte nur die Hälfte der an sie gerichteten Forderungen an, da eine Begutachtung ergeben hatte, dass zahlreiche Landwirte trotz der hohen »ortsüblichen« Luftbelastung rauchempfindliche Kulturen anbauten und somit nach Auffassung der Betriebsleitung zumindest einen Teil des Schadens selbst tragen sollten. Erst nachdem die meisten Bauern der Gemeinde einen Kulturwechsel auf ihren Feldern vollzogen hatten, erklärte sich die Werksleitung des VEB »Otto Grotewohl« dazu bereit, die vollen An-

54 *Lingner u. Carl*, S. 135–138.
55 *Karlsch u. Stokes*, Chemie, S. 16, 24.

sprüche zu begleichen. Mit dieser Haltung stieß die Kombinatsdirektion jedoch auf Widerstand im zuständigen Staatssekretariat des Chemieministeriums, dass die Etablierung einer kontinuierlichen Entschädigungspraxis zu verhindern versuchte. Dieses hin und her in der Entschädigungsfrage wurde durch die neuen sozialistischen Produktionsbedingungen verschärft, da die in Trachenau wirtschaftenden Einzelbauern jährlichen Plansollverpflichtungen zustimmen und festgelegte Ertragsvorgaben beim Rat des Kreises Borna abliefern mussten. Eine Nichterstattung von Ernteausfällen, wie von Seiten des Staatssekretariates gefordert, hätte die Landwirte somit doppelt belastet, da sie nicht nur auf den Ausfällen infolge der Rauchschäden sitzen geblieben wären, sondern auch den Planverpflichtungen nicht hätten nachkommen können.[56]

Zum anderen wurde das Misstrauen der Landwirte durch die Art der Schadensersatzzahlungen geschürt, wie die Kontrollkommission feststellte. Die Bauern erhielten individuelle Entschädigungen, deren Höhe geheim gehalten wurde. Der ZKSK-Bericht hob diesen Punkt besonders kritisch hervor, da die Kombinatsleitung nach Ansicht der Parteikontrolleure auf diese Weise nicht nur Gerüchte über eine Ungleichbehandlung der Landwirte befeuerte, sondern auch den Bürgermeister der Gemeinde – immerhin der Vertreter der sozialistischen Staatsmacht vor Ort – umging. Die Kontrollkommission empfahl daher, zukünftig eine öffentliche Aussprache mit den Bewohnern Trachenaus über die Entschädigungszahlungen zu führen und die Praxis der geheimen Direktzahlungen einzustellen. Außerdem sprach sich die ZKSK dafür aus, das landwirtschaftliche Plansoll für rauch- und rußgeschädigte Gebiete generell zu senken. Das zuständige Staatssekretariat sollte darüber hinaus die volle Schadenssumme anerkennen und umgehend erstatten.[57]

Das Ministerium lehnte eine volle Anerkennung der Schäden jedoch weiterhin ab. Zwar räumte die Rechts- und Vertragsschiedsstelle ein, dass die Forderungen nach den Bestimmungen des Bürgerlichen Gesetzbuches (BGB) voll zu ersetzen wären. »Diese auf damalige Verhältnisse abgestellten Bestimmungen werden aber nicht den Erfordernissen einer Gross-Industrie, insbesondere nicht denen der volkseigenen Wirtschaft gerecht.«[58] Das Staatssekretariat argumentierte, dass die volle Anerkennung der Schadensersatzforderungen eine Erhöhung der Produktionskosten nach sich ziehen würde. Zudem sei der entstandene Schaden nicht vermeidbar gewesen und die Alternative – eine Einstellung der Produktion – nicht vertretbar. Die Funktionäre des sozialistischen Chemieministeriums beriefen sich daher auf ein im Dezember 1933 verabschiedetes

56 Zentrale Kommission für Staatliche Kontrolle – Gruppe Landwirtschaft –, Bericht über die Überprüfung des Genossen E. S., Halle, wegen Gas- und Rußschäden auf landwirtschaftlichen Kulturen in der Gemeinde Trachenau Kreis Borna Bezirk Leipzig, Berlin, den 23.3.1953, in: BArch, DC 1/678.

57 Ebd.

58 Staatssekretariat für Chemie, Rechts- und Vertragsschiedsstelle an die Zentrale Kommission für Staatl. Kontrolle, Betreff: Gas- und Rußschäden bei landwirtschaftlichen Kulturen in der Gemeinde Trachenau, durch das Kombinat Böhlen: BArch, DC 1/678.

Gesetz[59], mit dem das nationalsozialistische Regime versucht hatte, Schadensersatzansprüche gegenüber kriegswichtigen Industriezweigen einzudämmen. Da im Staatssekretariat jedoch Unklarheit darüber herrschte, ob dieses Gesetz aufgrund der NS-Formulierungen politisch noch legitim war, hatte man sich bereits mit einem Schreiben an die Ministerien für Justiz und Inneres gewandt und um Klärung gebeten.

Im Umgang mit den Schadensersatzforderungen der Privatbauern folgten die Funktionäre der Strategie der SAG-Betriebsleitung und beharrten darauf, nur die Hälfte der entstandenen Schäden zu ersetzen. Da die Privatbauern allerdings mittlerweile Umstellungsmaßnahmen im Feldfruchtanbau vorgenommen hatten, führte das Staatssekretariat eine neue Argumentation an: »Dies ist deshalb gerechtfertigt, weil ein Schaden, der von keinem der Beteiligten vermieden werden kann und mit Rücksicht auf die volkswirtschaftliche Wichtigkeit der den Schaden verursachenden Produktion notwendiger Weise entstehen muss, dann auch je zur Hälfte zu tragen ist.«[60] In diesem salomonischen Lösungsansatz, der in der Vorstellungswelt der Funktionäre auch den Prinzipien einer sozialistischen Wirtschaftsweise entsprach, hatte sich die Umwelt noch ganz den Erfordernissen der Produktion anzupassen. Zwar waren in Böhlen bereits in den vierziger Jahren Staubfilter installiert worden. Diese waren jedoch nur in etwa zwanzig Prozent der Anlagen im Einsatz.[61] Noch in den sechziger Jahren rieselten in der Nähe der Kesselhäuser jeden Monat bis zu 900 g/m^2 Sedimentationsstaub nieder. Hinzu kamen etwa 13 t/h Flugasche, die aus den Schornsteinen des Altkraftwerkes wehten.[62] Möglichkeiten für eine Minderung der Schäden, die durch diese Emissionen verursacht wurden, sah das Staatssekretariat für Chemie nur in einer Beschränkung der Landwirtschaft.[63] Investitionen in technische Maßnahmen lehnte es mit Verweis auf den »Grundsatz der maximalsten Sparsamkeit« ab. Die Beamten versuchten sich jedoch moderat zu geben, in dem sie darauf aufmerksam machten, dass eine abschließende Entscheidung über die Höhe der anzuerkennenden Schadensersatzforderungen im Innenministerium getroffen werden müsse. Der Vertreter der Privatbauern erklärte sich daraufhin dazu bereit, bis dahin die Teilzahlungen zu akzeptieren.[64]

59 Gesetz über die Beschränkung der Nachbarrechte gegenüber Betrieben, die für die Volksertüchtigung von besonderer Bedeutung sind vom 13. Dezember 1933, in: RGBl. Teil I (1933), S. 1058–1059.

60 Staatssekretariat für Chemie, Rechts- und Vertragsschiedsstelle an die Zentrale Kommission für Staatl. Kontrolle, Betreff: Gas- und Rußschäden bei landwirtschaftlichen Kulturen in der Gemeinde Trachenau, durch das Kombinat Böhlen: BArch, DC 1/678.

61 *Lingner u. Carl*, S. 136.

62 Ein Kraftwerksneubau sollte immerhin mit Elektrofiltern ausgestattet werden. Dazu: *Hönsch*, S. 102 f.

63 Rechts- und Vertragsschiedsstelle an das Ministerium für Land- und Forstwirtschaft, Immissionsschäden, 25.3.1953: BArch, DC 1/678.

64 Staatssekretariat für Chemie, Rechts- und Vertragsschiedsstelle an die Zentrale Kommission für Staatl. Kontrolle, Betreff: Gas- und Rußschäden bei landwirtschaftlichen Kulturen in der Gemeinde Trachenau, durch das Kombinat Böhlen: BArch, DC 1/678.

Aus der Haltung des Staatssekretariats ein generelles Desinteresse der für Wirtschaftsfragen verantwortlichen Staatsorgane abzuleiten, wäre allerdings falsch: Zum einen dokumentiert die Untersuchung der ZKSK in Trachenau in erster Linie einen Rechtsstreit, in dem die Rechtsabteilung des Chemieministeriums versuchte ein aus der volkswirtschaftlichen Gesamtperspektive der Chemieindustrie heraus möglichst günstiges Ergebnis zu erzielen und die Schaffung eines Präzedenzfalles zu vermeiden. Es wäre eher ungewöhnlich und in besonderem Maße erklärungsbedürftig, wenn die Juristen die Zahlungsforderungen widerspruchslos hingenommen hätten. Zum anderen gab es auf Seiten der Wirtschaftsfunktionäre durchaus Verständnis für die vorhandenen Probleme. Der Direktor der Buna-Werke sicherte dem Naturschützer und Präsidenten der Deutschen Akademie der Landwirtschaftswissenschaften, Hans Stubbe, beispielweise 1958 in einem Schreiben seine Unterstützung im Kampf gegen industrielle Emissionen zu: »Ich bin völlig Ihrer Meinung, daß bei der Durchführung des Chemieprogramms den Fragen der Wasser- und Rauchgasschäden größte Aufmerksamkeit zugewendet werden muß, da die Verunreinigungen einerseits und die Rauchgasschäden andererseits die Grenzen des Erträglichen bereits überschritten haben. … Ich darf Ihnen versichern, daß ich selbst von der Wichtigkeit dieses Komplexes überzeugt bin und mich nach besten Kräften für die Besserung der bestehenden Verhältnisse, insbesondere auch im Rahmen des Chemieprogramms einsetzen werde.«[65] Zeitzeugen, wie der Justitiar Gerhard Costa, der in den fünfziger Jahren im VEB Mansfeld Kombinat »Wilhelm Pieck«, im Ministerium für Schwerindustrie und in der VVB Stahl- und Walzwerke Berlin tätig war, bemühen sich in der Rückschau ebenfalls um ein ausgewogeneres Bild. Umweltverschmutzungskonflikte, die zu zahlreichen Eingaben aus der Bevölkerung führten, sensibilisierten demnach durchaus die verantwortlichen Akteure und leiteten ein vorsichtiges Umdenken ein, auch wenn »ökonomische Sachzwänge« weiterhin handlungsbestimmend blieben.[66] Das hinhaltende Agieren vieler Betriebe in der Entschädigungsfrage ging oftmals Hand in Hand mit ersten Initiativen zur Begrenzung von Umweltschäden.[67]

65 VEB Chemische Werke [Buna] an Herrn Prof. Dr. Stubbe, Präsident der Deutschen Akademie der Landwirtschaftswissenschaften zu Berlin, 30.12.1958: BArch, DK 107/8434.

66 Der 1924 geborene Costa wechselte 1960 an ein Forschungsinstitut in Jena, promovierte dort mit einer juristischen Arbeit über Rauchschäden und setzte sich in den sechziger Jahren, u. a. als Mitglied der Kommission »Reinhaltung der Luft« des Forschungsrates der DDR, für die Verabschiedung eines Luftreinhaltungsgesetzes ein. Costa, der sich bereits in den fünfziger Jahren mehrfach weigerte der SED oder einer Blockpartei beizutreten, geriet im Zuge seiner wissenschaftlichen Tätigkeit allerdings zunehmend mit der Parteilinie in Konflikt und musste vermutlich deswegen die Kommission im Jahr 1965 verlassen. Vgl. Telefongespräch mit Dr. Gerhard Costa, 10.06.2014; vgl. auch *Costa*.

67 So verwies der Direktor der Buna-Werke in dem Schreiben an Stubbe beispielsweise auf die Vielzahl der Maßnahmen, die in seinem Betrieb bereits ergriffen wurden und berichtete freimütig von noch vorhandenen Problemen. Abschließend betonte er: »Es wird an der Frage der Abwassereinigung und Rauchgasschäden von vielen Seiten her gearbeitet. Nach meiner Meinung wäre hier eine Koordinierung durchaus am Platze. Ich schlage vor, die Frage einer

Die ZKSK setzte sich ein Jahr nach den Untersuchungen in Trachenau auch mit der zunehmenden Verschmutzung der Oberflächengewässer in der DDR auseinander. Die Kontrollen standen ganz im Zeichen der politisch aufgeladenen Zeit nach dem Volksaufstand vom 17. Juni 1953. Obwohl sich die Kontrollen der ZKSK vor diesem Hintergrund auch als ein Beitrag zur Verbesserung der Arbeits- und Lebensbedingungen der Arbeiter verstanden, verfolgten sie in erster Linie das Ziel, die Produktionsbedingungen zu verbessern und volkswirtschaftliche Reserven zu mobilisieren. Allerdings waren auch die Verärgerung »hunderttausender Sport- und Erholungssuchender« und die von der Wasserverschmutzung ausgehenden Gesundheitsgefahren wichtige Motive für die Untersuchung, wie eine »Arbeits-Anweisung« hervorhob, denn »zweifellos werden viele Werktätige durch diese Zustände in Widerspruch zu unserer Arbeiter- und Bauernmacht gebracht und sind unzufrieden.«[68]

Die ZKSK-Gruppe Land-, Forst- und Wasserwirtschaft überprüfte daher im Jahr 1954 die Gewässersituation in den Bezirken Gera, Halle und Magdeburg und legte insbesondere die Ursachen sowie die volkswirtschaftlichen Auswirkungen der Verschmutzungen offen. Der umfangreiche Bericht kam zu dem Ergebnis, dass die Einleitung von belasteten Abwässern zwar durch verschiedene rechtliche Bestimmungen, unter anderem das preußische Wassergesetz von 1913, untersagt wurde. Zahlreiche abwassereinleitende Betriebe ignorierten diese Regelungen allerdings schlicht.[69] Die SED-Kontrolleure machten als Ursachen für die Missstände aber nicht nur die Vernachlässigung von Kläranlagen im »monopolistischen Deutschland« aus, wie es in der offiziellen Rhetorik der fünfziger Jahre üblich war, sondern kritisierten ebenso die ungenügende Bereitstellung von Investitionsmitteln in der Zeit nach 1945. »Derartige Anlagen wurden bisher zurückgestellt«, wie der Bericht hervorhob, »da sie nicht unmittelbar zur Erweiterung der Kapazität erforderlich waren.«[70] Die Kontrollkommission verwies auf Fehlleistungen der sozialistischen Wirtschaftspolitik: Die einseitig auf die Bruttoproduktion ausgerichtete und ohne nennenswerte ökonomische Anreiz- und Sanktionsmittel ausgestattete Wirtschaftsstrategie

Kommission für Raumplanung im Zusammenhang mit dem Chemieprogramm im Plenum des Forschungsrates zu diskutieren, um einen möglichst hohen Wirkungsgrad für die Arbeit einer solchen Kommission zu erreichen.« VEB Chemische Werke [Buna] an Herrn Prof. Dr. Stubbe, Präsident der Deutschen Akademie der Landwirtschaftswissenschaften zu Berlin, 30.12.1958: BArch, DK 107/8434. Vgl. dazu auch im Folgenden und in Kap. 1.3 die Debatte um die Gewässerreinhaltung, die das Interesse einzelner Industriezweige an der Abwasserreinigung dokumentiert.

68 Alle Zitate aus: Zentrale Kommission für Staatliche Kontrolle, Arbeits-Anweisung, Berlin, am 5.4.1954: BArch, DC 1/636, Teil 1 von 2.

69 Zum preußischen Wassergesetz vgl.: *Büschenfeld*, S. 243 ff.

70 Zentrale Kommission für Staatliche Kontrolle – Gruppe Land-, Forst- und Wasserwirtschaft – Bericht über die Überprüfung der Ursachen der übermässigen chemischen Verseuchung der Gewässer und der hierdurch entstehenden volkswirtschaftlichen Verluste, Berlin, den 12. August 1954: BArch, DC 1/636, Teil 1.

der SED bot einen denkbar schlechten Rahmen für die Implementierung umweltpolitischer Zielstellungen.

Die Haltung der Betriebe in der Frage der Wasserverschmutzung war allerdings alles andere als eindeutig und im Einzelfall durchaus widersprüchlich. Der VVB Kali und Salz mit Sitz in Halle argumentierte etwa gegenüber den Parteikontrolleuren, dass »der außerordentliche Aufwand zum Bau einer Kläranlage ... volkswirtschaftlich nicht zu vertreten« sei. »Durch den Bau einer Reinigungsanlage der Grube »Einheit« (eine Schwefelkiesgrube südöstlich von Elbingerode, CM) gehen der Grundstoffindustrie Mittel verloren und ihre Produktion wird nicht gesteigert. Das Wasser der Bode würde nicht besser, da andere Anlieger ja weiterhin durch ihre Abwässer die Bode verschmutzen.«[71] Der nachgeschobene Verweis auf Einleitungen Dritter als Argument für die Vernachlässigung eigener Schutzmaßnahmen ist eine bei den Direktionen häufig anzutreffende Strategie, deren Wurzeln bis in das 19 Jahrhundert zurückreichen. Von Staat und Behörden wurde dieses Verhalten über Jahrzehnte toleriert und de facto durch die in Paragraph 906 des Bürgerlichen Gesetzbuches verankerte »Ortsüblichkeitsklausel« juristisch gedeckt.[72] In der DDR setzte sich diese Haltung nach 1945 – ähnlich wie in der Bundesrepublik – ungebrochen fort.[73]

Industriebetriebe waren allerdings nicht nur als Verursacher, sondern auch Geschädigte von Gewässerverschmutzung. Zahlreiche VEB und Wirtschaftszweige beklagten steigende Produktionskosten in Folge einer kostenintensiven Wasseraufbereitung und Ertragsausfälle durch abwasserbedingte Schäden. Der VEB Bergbau- und Hüttenkombinat Maxhütte, ein im thüringischen Unterwellenborn gelegenes Stahl- und Walzwerk, musste für die Aufbereitung des aus der Saale entnommenen Brauchwassers zwischen 1951 und 1953 insgesamt 275.000 DM aufwenden. Alleine die Kosten für den Austausch der durch das Wasser verschlissenen Rohrleitungen beliefen sich im Werk jährlich auf etwa 75.000 DM.[74] Dieser Fall hatte überdies eine besondere politische Brisanz, da

71 Ebd.

72 Das Prinzip der Orts- oder Gemeinüblichkeit wurde im späten 19. Jahrhundert zu einem bestimmenden Instrument in der Aushandlung von Umweltkonflikten und wurde beispielsweise auch im preußischen Wassergesetz von 1913 verankert. §906 des BGB legte fest, dass für die Entscheidung über nachbarrechtliche Ausgleichsansprüche die »Wesentlichkeit« und »Ortsüblichkeit« der Belastungen ausschlaggebend sein sollten. Diese Formulierung erschwerte die Beilegung von Entschädigungskonflikten, da die Frage, welche Umweltbelastungen als »ortsüblich« anzusehen seien, von Fall zu Fall entschieden werden musste und fast zwangsläufig zum Streitgegenstand wurde. Vgl. dazu *Uekötter*, S. 60 f.; *Büschenfeld*, S. 256 f.

73 Die in der Zellstoffindustrie für das Jahr 1953 eingeplanten Investitionen für Abwasserreinigung wurden von der SPK mit dem Vermerk »Mittel ... nur für kapazitätserhöhende Anlagen bereitgestellt« gestrichen. Zentrale Kommission für Staatliche Kontrolle – Gruppe Land-, Forst- und Wasserwirtschaft – Bericht über die Überprüfung der Ursachen der übermässigen chemischen Verseuchung der Gewässer und der hierdurch entstehenden volkswirtschaftlichen Verluste, Berlin, den 12. August 1954: BArch, DC 1/636, Teil 1.

74 Ebd.

für das 1948 in Volkseigentum übergegangene Werk unter großem propagandistischen Aufwand von der Freien Deutschen Jugend (FDJ) eigens eine fünf Kilometer lange Fernwasserleitung zur Versorgung der Produktion mit Saalewasser gebaut wurde.[75]

Zahlreiche Saaletalsperren in der sogenannten Region »Thüringer Meer« und die dort errichteten Kraftwerke, etwa an Bleiloch- und Wisentatalsperre, wiesen Schäden an Maschinen und Bauwerken auf. Die Auswirkungen der Umweltbelastungen beschränkten sich aber nicht alleine auf die Ökologie der Gewässer und die Maschinen der Kraftwerke: Aus der Bleilochtalsperre aufsteigende Schwefelwasserstoffgase sorgten ständig für krankheitsbedingte Ausfälle in den Belegschaften ortsansässiger Betriebe. In einem Zweigwerk des VEB Pappenfabrik »Ernst Thälmann« in Burgkhammer waren 1954 etwa acht Arbeiter in Folge des Kontakts mit dem Gas an eitrigen Augenentzündungen erkrankt. Kraftwerksmitarbeiter klagten darüber hinaus ständig über Kopfschmerzen, Hautausschläge und Übelkeit. Auch der Tourismus in der beliebten Ferienregion war betroffen: Der Bericht der Kontrollkommission hob hervor, dass »die Stadt Saalburg besonders unter der Verunreinigung des Wassers der Bleilochtalsperre« litt. »Der Gestank macht es teilweise unmöglich die Fenster zur Lüftung zu öffnen. ... Bei zahlreichen Urlaubern, die in der Saaletalsperre gebadet hatten, wurden hinterher Binde- und Schleimhauterkrankungen in Mund und Nase festgestellt.«[76] Der Ferienort, der jährlich von mehreren Tausend FDGB-Urlaubern und in der Saison von bis zu 6.000 Tagestouristen besucht wurde, verzeichnete einen Einbruch der Besucherzahlen. Viele Urlauber reisten im April 1954 bereits nach wenigen Tagen wieder ab und die Kinderferienlager – der Ort beherbergte jährlich etwa 20.000 Jugendliche und Kinder – mussten ganz abgesagt werden.[77]

75 Maxhütte weiter ausgebaut. 5 Kilometer lange Leitung von der Saale geplant/Aufruf zur Hilfsaktion, in: BZ, 21. Dezember 1948, 2; Wasser für »unseren Max«. Fritz Selbmann ruft die Aktivisten, in: ND, 22. Dezember, 3.

76 Zentrale Kommission für Staatliche Kontrolle – Gruppe Land-, Forst- und Wasserwirtschaft – Bericht über die Überprüfung der Ursachen der übermässigen chemischen Verseuchung der Gewässer und der hierdurch entstehenden volkswirtschaftlichen Verluste, Berlin, den 12. August 1954: BArch, DC 1/636, Teil 1.

77 Die Fischereiwirtschaft in den untersuchten Bezirken klagte – wie auch andernorts in der DDR – über hohe Verluste durch regelmäßig auftretende Fischsterben und einen in Folge der Wasserverschmutzung allgemein zurückgehenden Fischbestand. In der Bleilochtalsperre hatte man vor Baubeginn noch mit einem Ertrag von jährlich etwa 27 t Fisch gerechnet, infolge der starken Belastung des Stauwassers musste der Fischfang dort jedoch ganz eingestellt werden. Wo die Fische noch nicht verschwunden waren, beispielsweise in einzelnen Abschnitten der Elbe, war ein Verkauf der Fänge oftmals aufgrund von Geschmackbeeinträchtigungen durch phenolhaltige Abwässer oftmals unmöglich. Der Rat des Kreises Burg sperrte aufgrund solcher Beinträchtigungen, die durch die Abwässer einer Großgaserei in Magdeburg verursacht wurden, beispielsweise zu Beginn der fünfziger Jahre die Elbe im Kreisgebiet für den Fischfang. Zentrale Kommission für Staatliche Kontrolle – Gruppe Land-, Forst- und Wasserwirtschaft – Bericht über die Überprüfung der Ursachen der übermässigen chemischen Verseuchung der Gewässer und der hierdurch entstehenden volkswirtschaftlichen Verluste, Berlin, den 12. August 1954: BArch, DC 1/636, Teil 1.

Die widersprüchliche Rolle der VEB verdeutlicht das Beispiel der Zellstoffindustrie. Denn die Betriebe dieses Wirtschaftszweiges waren gleichermaßen Verursacher und Geschädigte von Wasserverschmutzung. Der VEB Papier- und Zellstofffabrik Rosenthal in Blankenstein, der sein Wasser aus Saale und Selbitz entnahm, musste beispielsweise im Mai 1953 trotz einer vorhandenen Aufbereitungsanlage die Zellstoffproduktion für Fotopapier einstellen. Das Wasser der aus Bayern in die thüringische Grenzstadt fließenden Gewässer war für die sensible Produktion ungeeignet. Gleichzeitig entließ der Betrieb aber hochgradig mit organischen Substanzen belasteten Produktionsabwässer ungeklärt in die Saale. Die Verschmutzung der Bleilochtalsperre ging ganz wesentlich auf dieses Werk zurück. Aufgrund des hohen Zucker- und Ligningehaltes der Abwässer boten sich verschiedene technische Reinigungsverfahren an, wobei man im zuständigen Ministerium für Leichtindustrie solche mit einer anschließenden Weiterverwertungsmöglichkeit präferierte. Eine Eindampfung der Abwässer mit anschließender Verbrennung lehnte man ab, da hierdurch organische Bestandteile vernichtet und die Anlagen verkrustet wurden. Daher galten Verfahren zur Vergärung der Sulfitabwässer zu Spiritus und zur Eiweißgewinnung in Hefeanlagen unter Experten schon lange als wichtige Bestandteile einer mehrstufigen Reinigungsstrategie. Für das im Abwasser enthaltene Lignin gestaltete sich die Situation allerdings schwierig: Ein Vertreter des zuständigen Leichtindustrieministeriums hob hervor, dass die Entwicklung in diesem Bereich zwischen 1939 und 1950 stagnierte und die Forschung erst zu Beginn der fünfziger Jahre wieder angelaufen war. Versuche, das Lignin als Pressmasse, Gerbmittel, Dünger oder auch als Rußersatz in der Gummiherstellung zu verwerten, waren immer wieder gescheitert, da es an der nötigen Nachfrage fehlte.[78]

Die chronische Investitionsmittelknappheit der DDR stellte ein weiteres Hemmnis dar. Ein Funktionär des Ministeriums klagte beispielsweise, dass sich sowohl die Fachabteilung für Zellstoff als auch die übergeordnete Hauptverwaltung für Polygraphische Industrie[79] darum bemüht hätten, entsprechende Baumaßnahmen in die Jahrespläne aufzunehmen. Die Planvorschläge wären jedoch von der Leitung des Ministeriums mit dem Verweis gestrichen worden, das zunächst nur solche Objekte Priorität erhalten sollten, die bereits begonnen worden waren, einen produktionssichernden Charakter besaßen, besondere Genehmigungs- und Sicherheitsauflagen erfüllten oder einem gesonderten Ministerratsbeschuss folgten. Der Planvorschlag des Ministeriums für den Bereich der Zellstoff- und Papierindustrie im Volkswirtschaftsplan 1954 sah beispielsweise

78 Fehlende Absatzmöglichkeiten waren auch ein Grund für Rückschläge bei der Verhefung von organischen Bestandteilen der Abwässer. In der Fachabteilung für Zellstoff setzte man dennoch weiterhin auf dieses Konzept, da es im Verbund mit anderen Reinigungsstufen eine höhere Wirkung versprach. HV Polygraphische Industrie, FA Zellstoff, Aktennotiz, Betr.: Abwasser in der Zellstoff- und Papierfabrik Rosenthal, Berlin, den 2.6.1954: BArch, DC 1/636, Teil 1.

79 Die Fachabteilung für Zellstoff war innerhalb des Ministeriums für Leichtindustrie der Hauptverwaltung für Polygraphische Industrie zugeordnet.

Investitionen im Wertumfang von insgesamt 82 Millionen DM vor – bewilligt wurden allerdings zunächst nur 42 Millionen DM, mit der Konsequenz, dass sämtliche Investitionen in Abwasserreinigungsanlagen gestrichen wurden. Erst Nachverhandlungen der SPK-Abteilung für Wasserwirtschaft mit der Ministeriumsleitung sowie ein Ministerratsbeschluss vom Februar 1954, der den Bau von Futterhefeanlagen in sämtlichen Sulfitzellstoffwerken festlegte, veränderten die Lage. Der Beschluss des Ministerrates räumte den Planvorhaben einen neuen, höheren Stellenwert ein, so dass die Mittel für den Bau der Anlagen, wenn auch über zwei Jahre verteilt, doch noch genehmigt wurden. Zwischen 1952 und 1954 konnte schließlich mit dem Bau von Spiritus- und Hefeanlagen im VEB Papier- und Zellstofffabrik Rosenthal sowie an anderen Standorten der Zellstoffindustrie in Gröditz, Crossen, Heidenau und Weißenborn begonnen werden.[80]

Die Errichtung dieser Anlagen alleine löste zwar nicht das Abwasserproblem der Zellstoffindustrie, stellte aber eine wichtige Komponente des betrieblichen Umweltschutzes dar und entsprach dem damaligen »Stand der Technik«. Das Beispiel verdeutlicht, dass es durchaus ein ernsthaftes Interesse vieler Wirtschaftszweige und der dort handelnden Akteure an einer effektiven Abwasserreinigung gab. Das Dilemma bestand jedoch darin, dass Maßnahmen zur Reinhaltung der Gewässer – ebenso wie solche zur Luftreinhaltung – in Konkurrenz zu übergeordneten Produktionszielen standen, die durch die Knappheit der Investitionsmittel befeuert wurde. Zahlreiche ostdeutsche Industriebetriebe sahen sich in den fünfziger Jahren vor die schwer lösbare Aufgabe gestellt, den Wiederaufbau abzuschließen, die von der SED geforderten Produktionszuwächse zu erzielen und gleichzeitig technische Umweltschutzmaßnahmen umzusetzen. Sicherlich räumten viele Betriebsleitungen den erstgenannten Anforderungen nicht nur aufgrund ökonomischer Sachzwänge einen Vorrang ein, sondern auch, weil sie den Belangen des Umweltschutzes grundsätzlich einen geringeren Stellenwert beimaßen. Daraus allerdings den Schluss zu ziehen, dass Umweltprobleme in den fünfziger Jahren von den Akteuren durchweg negiert und vernachlässigt worden seien, ist problematisch. Zum einen ließe sich eine solche Aussage empirisch nicht belegen, da die überlieferte Quellenlage zu dünn ist, als dass man generalisierende Schlüsse ableiten könnte. Zum anderen verweisen schon die oben genannten Gegenbeispiele darauf, dass bei Wirtschaftsfunktionären und Betriebsleitungen durchaus ein Umdenken einsetzte und dem sektoralen betrieblichen Umweltschutz eine größere Bedeutung beigemessen wurde.

80 HV Polygraphische Industrie, FA Zellstoff, Aktennotiz, Betr.: Abwasser in der Zellstoff- und Papierfabrik Rosenthal, Berlin, den 2.6.1954: BArch, DC 1/636, Teil 1; Ministerium für Leichtindustrie, HV Polygraphische Industrie, – Investitionen –, Betr.: Stellungnahme über die Möglichkeit der Durchführung von Abwasserreinigungsanlagen in der Zellstoff- und Papierindustrie, Berlin, den 2. Juni 1954.

1.3 Umwelt- als Ressourcenschutz: Das Amt für Wasserwirtschaft und die Gewässerreinhaltung

In den fünfziger Jahren befasste sich neben der ZKSK auch eine ganze Reihe von Behörden mit Fragen des technischen Umweltschutzes. Aus diesem Kanon staatlicher Akteure stachen zwei hervor: Das Amt für Wasserwirtschaft und die Staatliche Hygieneinspektion (StHI) beim Gesundheitsministerium der DDR.[81] Diese Institutionen repräsentierten mit dem Ressourcen- und dem Gesundheitsschutz zwei unterschiedliche Stränge des staatlichen Umweltschutzes und übten durch ihre spezifischen Herangehensweisen an Umweltprobleme einen nachhaltigen Einfluss auf die Formierung der ostdeutschen Umweltpolitik in der zweiten Hälfte der sechziger Jahre aus. Beide Behörden sind unterschiedlich gut erforscht: Während zur Geschichte der ostdeutschen Wasserwirtschaft mittlerweile eine ganze Reihe von Studien vorliegt, ist die Geschichte des ostdeutschen Hygienewesens demgegenüber bislang noch nicht eingehend untersucht worden.[82] Im Kern soll es daher im Folgenden darum gehen, wie die beiden institutionellen Akteure Umweltprobleme thematisierten, welche Motive ihrem Handeln zu Grunde lagen und welche Lösungsstrategien sie entwickelten. Ferner wird danach gefragt, wie die Behörden versuchten ihre spezifischen Interessen politisch und administrativ durchzusetzen und welche Erfolge sie dabei erzielen konnten.

Die Wasserwirtschaft war in zweifacher Hinsicht ein Vorläufer der späteren ostdeutschen Umweltpolitik. Zum einen entwickelten sich aus ihren Strukturen heraus nach 1972 sowohl das Ministerium für Umweltschutz und Wasserwirtschaft als auch die entsprechenden Fachabteilungen bei den Räten der Bezirke und Kreise. Zum anderen ähnelten sich beide Arbeitsfelder sehr stark: Als Querschnittbereiche, die bei der Erfüllung ihrer Aufgaben in besonderem Maße auf die Unterstützung von Ministerrat und SPK sowie die Zusammenarbeit mit den Industrieministerien angewiesen waren, verfügten sie auf der Zentralstaatsebene nur über schwache eigene Kompetenzen. Auf regionaler und lokaler Ebene konnten die Wasserwirtschaftsbehörden hingegen

81 Daneben waren weitere Behörden auf dem Gebiet des Umweltschutzes aktiv: Das Amt für Technische Überwachung der DDR war beispielsweise als Gewerbeaufsichtsbehörde u. a. für die Kontrolle des ordnungsgemäßen Betriebes von Dampfkesseln und die Genehmigung von Industrieanlagen zuständig. Die im Dezember 1955 gebildete Inspektion für Arbeitsschutz und technische Sicherheit koordinierte und kontrollierte jeweils in den zuständigen Industrieministerien den betrieblichen Arbeitsschutz. Vgl. *Hollenbach u. Anderle*, S. 51–68; Verordnung über die Bildung von Inspektionen für Arbeitsschutz und technische Sicherheit vom 22. Dezember 1955, in: GBl. DDR, I, 1956, S. 9–10. Anordnung über den Aufbau und die Aufgaben der Inspektionen für Arbeitsschutz und technische Sicherheit im Bereich des Ministeriums für Chemische Industrie vom 24. April 1957, in: GBl. DDR, II, 1957, S. 181–184.

82 *Würth*, S. 210–319; *Komar u. a.*, S. 26–60; *Apolinarski*, S. 47–87; *Bernhardt*, Industrialismus, S. 367–380; *Simon*, S. 187–213; *Bayerl*, Technologie, S. 9–27, insbes.15–19.

einen verhältnismäßig starken Einfluss ausüben, etwa als Begutachtungsinstanzen in Standortgenehmigungsverfahren für neue Industrieanlagen oder als Kontrollorgane bei der Überwachung von Umweltnormen.[83] Der Umsetzung dieser zumindest theoretisch vorhandenen Handlungsmacht waren aufgrund einer fehlenden gesetzlichen Verankerung des Gewässerschutzes allerdings enge Grenzen gesetzt.

Die prekäre Stellung der Wasserwirtschaft im Institutionengefüge der DDR spiegelte sich in den Aufbaujahren in einer ganzen Reihe von Eingriffen in die Organisationsstrukturen wider, die die Arbeit der Behörde behinderten und erst zu Beginn der sechziger Jahre ein Ende fanden. Fragen der Wassernutzung waren in Deutschland bis in die vierziger Jahre durch ältere Landesgesetze sowie ein gewachsenes Geflecht von lokalen und regionalen Boden- und Wasserverbänden geregelt.[84] Die Verwaltung der SBZ und die Regierung der DDR versuchten diese dezentralen, überwiegend kommunalen Interessen folgenden Strukturen zu erneuern und einer zentraleren Kontrolle zu unterwerfen. Bereits 1947 erließ die DWK eine verpflichtende Mustersatzung für die Boden- und Wasserverbände, ließ diese jedoch zunächst bestehen. Auf zentralstaatlicher Ebene wurden wasserwirtschaftliche Fragen ab 1948 von einer Hauptabteilung innerhalb der DWK-Hauptverwaltung für Land- und Forstwirtschaft koordiniert. Nach der Staatsgründung übernahm das Ministerium für Land- und Forstwirtschaft (MfLF) diese Zuständigkeit. Aber schon 1951 wurde die Abteilung wieder aus dem Ministerium ausgegliedert und in die SPK überführt, wo ein eigenes Plangebiet für Wasserwirtschaft eingerichtet wurde.[85]

Parallel zur Verwaltungsreform des Jahres 1952, im Zuge derer die ostdeutschen Länder aufgelöst wurden, erfolgte ein weiterer tiefgreifender Einschnitt. Die Gründung des AfW, das als zentralstaatliche Behörde direkt dem Ministerpräsidenten unterstellt war, und die Auflösung der Wasser- und Bodenverbände gaben der Wasserwirtschaft eine zentralistische Struktur. Auf der Ebene der Bezirksräte entstanden Fachabteilungen für Wasserwirtschaft. Der Ministerrat beschloss außerdem die Bildung eines Instituts für Wasserwirtschaft (IfW), das die technisch-administrative Arbeit der Behörde wissenschaftlich unterstützen sollte. Diese Neuordnung war jedoch nur von kurzer Dauer: Im Jahr 1954 wurde das AfW aufgelöst und abermals in das MfLF eingegliedert.[86] Das Politbüro machte diese Umbildung allerdings bereits ein Jahr darauf rückgängig und legte fest, die Wasserwirtschaft erneut als eigenständiges Amt beim Ministerrat anzusiedeln, um ihren Aufgaben ein stärkeres Gewicht zu verleihen.[87] Umgesetzt wurde dieser Beschluss jedoch erst vier Jahre darauf. Im Jahre 1958 beschloss der

83 Zum Standortgenehmigungsverfahren vgl. Kap. 1.4.

84 Vgl. *Würth*, S. 289 ff.; *Wall u. Kramer*, S. 7 ff., 16 f.; *Büschenfeld*, S. 237–262.

85 *Wall u. Kramer*, S. 7 ff.; *Simon*, S. 187 f.

86 *Wall u. Kramer*, S. 16 ff.; *Simon*, S. 187–191; *Thürnagel*, S. 28 ff.

87 Anlage Nr. 3 zum Protokoll Nr. 36/55 vom 2. August 1955: Die Organisation der Wasserwirtschaft: SAPMO, DY 30/J IV 2/2/433, pag. 19–31.

Ministerrat außerdem die Bildung von sieben Wasserwirtschaftsdirektionen, die nach Flusseinzugsgebieten gegliedert waren. Die Kreisräte wurden dazu angehalten analog zu den Strukturen auf der Bezirksebene ebenfalls Fachabteilungen für Wasserwirtschaft zu bilden. Die Eingriffe in die Organisationsstrukturen der Wasserwirtschaft, die von nun an sowohl den Prinzipien des »demokratischen Zentralismus« als auch modernen hydrologischen Anforderungen folgten, fanden 1964 mit der Bildung von 15 VEB Wasserversorgung und Abwasserbehandlung (WAB), die auf der Bezirksebene angesiedelt waren, sowie der Zusammenfassung kommunaler Wasserwirtschaftsbetriebe ein Ende.[88]

Die zahlreichen, auf den Betrachter unstet und wenig durchdacht wirkenden Struktureingriffe zeigten sich auch auf personeller Ebene. Die Leitung der Behörde wechselte zwischen 1952 und 1958 dreimal: Der erste Direktor des AfW, Kulturbaumeister Otto Möller, stand der Behörde drei Jahre vor. Auf ihn folgte der Wasserbauingenieur Theodor Musterle, der das Amt nur für zwei Jahre leitete. Erst mit Johann Rochlitzer, der die Behörde von 1958 bis zu dessen Auflösung im Jahr 1971 führte und im Anschluss daran noch bis 1982 das Amt eines Staatssekretärs im Umweltministerium bekleidete, kehrte auch personelle Kontinuität auf der Führungsebene ein. Die um die Jahrhundertwende geborenen Direktoren einte zwar ihre praxisnahe Ausbildung und die Tatsache, dass das Gebiet der späteren DDR erst nach dem Ersten Weltkrieg zu ihrer Wahlheimat wurde. Im Hinblick auf ihr politisches Agieren unterschieden sie sich aber deutlich voneinander: Möller absolvierte eine wasserwirtschaftliche Fachschulausbildung und trat danach in die Beamtenlaufbahn der preußischen und mecklenburgischen Agrarverwaltung ein. Im Jahr 1946 wurde er mecklenburgischer Minister für Landwirtschaft und Forst, musste dieses Amt jedoch zwei Jahre darauf »auf Druck der demokratischen Presse und Öffentlichkeit« niederlegen, wie ein Bericht der Kontrollabteilung des Ministerrates festhielt.[89] Der Kulturbaumeister erhielt daraufhin einen Lehrstuhl an der Universität Rostock, wurde aber bereits 1950 reaktiviert und mit der Leitung der neu geschaffenen Hauptabteilung »Wasserwirtschaft« im Landwirtschaftsministerium betraut, ehe er im darauffolgenden Jahr in die SPK wechselte.[90] Obwohl es dem Meliorationsexperten nach 1945 zunächst gelungen war, sich den neuen Herrschaftsstrukturen anzupassen, geriet er als Leiter der Wasserwirtschaftsbehörde zunehmend mit der Staatsführung in Konflikt. Zwar arbeitete Möller nach außen hin weitestgehend geräuschlos, doch innerhalb der Behörde knirschte es: Die Kontrollabteilung des Ministerrates übte 1954 heftige Kritik am Führungsstil Möllers, der zwar »ein ausgezeichneter Fachmann in Fragen der landwirtschaftlichen Meliorationen« war, dessen überheblicher und autoritärer Führungsstil aber zu zahlreichen Spannungen mit Mitarbeitern und anderen Wasserwirtschaftsexperten führte. Ferner warf die

88 *Wall u. Kramer*, S. 50 f.; *Simon*, S. 191 ff.

89 Kontrollabteilung beim Präsidium des Ministerrates, Gruppe Land-, Forst- und Wasserwirtschaft, Analyse, Berlin, den 11. November 1954: BArch, DC 20/1818, pag. 251.

90 Vgl. Möller, Heinrich Otto, in: *Grewolls*, S. 293; *Melis*, S. 54 f.

Kontrollgruppe dem Direktor ein Verharren »in bürgerlichen Anschauungen« vor und kritisierte, dass seine mangelnde Bereitschaft zu kollektiver Zusammenarbeit dazu führte, dass zahlreiche Aufgaben liegen geblieben waren.[91]

Die Zusammenarbeit in der Wasserwirtschaftsbehörde wurde darüber hinaus durch »ständige unterirdische Machtpositionskämpfe« zwischen Möller und seinem Stellvertreter überschattet, dem die Kontrollgruppe des Ministerrates jedoch ebenfalls kein gutes Zeugnis ausstellte. Das Politbüro beschloss daher im August 1955 den Direktor »mit Rücksicht auf seine fachlichen und politischen Fähigkeiten und auf seinen Gesundheitszustand« von der Leitung zu entbinden.[92] Sein Nachfolger, Theodor Musterle, zählte zu jenen Wasserwirtschaftsexperten, mit denen Möller zuvor fachlich aneinandergeraten war. Der Wasserbauingenieur leitete bis 1951 die Hohenwartetalsperre in Thüringen, wo er sich in den letzten Kriegstagen darum verdient gemacht hatte, die Sprengung der Anlage durch ein Kommando der Wehrmacht verhindert zu haben.[93] Im Anschluss an diese Tätigkeit wechselte er in die SPK. Von 1954 bis 1961 bekleidete Musterle außerdem das Amt des Rektors der neu gegründeten Hochschule für Bauwesen in Cottbus. In diese Amtszeit fiel auch seine Berufung als Direktor des AfW. Im Gegensatz zu seinem Vorgänger äußerte sich Musterle rege in der Öffentlichkeit zu wasserwirtschaftlichen Fragen und vorhandenen Umweltproblemen. Im Mai 1958 sorgte er durch seinen Austritt aus der SED, der vermutlich in engem Zusammenhang mit seinem Ausscheiden als Leiter des AfW stand, für einen politischen Eklat, blieb aber auch danach ein gefragter Experte.[94]

Sein Nachfolger, Johann Rochlitzer, repräsentierte einen anderen Direktorentypus, der sowohl den politischen Ansprüchen der SED genügte als auch das richtige Maß zwischen strategischem Agieren hinter den Kulissen und öffentlicher Kritik fand. Der 1904 geborene Sudetendeutsche übte seit 1928 verschiedene leitende Funktionen als Wasserbauingenieur aus, trat 1938 der NSDAP bei und wurde während des Zweiten Weltkriegs als Bauleiter der »Organisation Todt« in Serbien, Ungarn und Österreich eingesetzt. Nach Kriegsende rehabilitierte er sich politisch durch die Teilnahme an einem ideologischen Lehrgang in der Sowjetunion und machte anschließend Karriere in der kasernierten Volkspolizei bzw. Nationalen Volksarmee. Rochlitzer trat bereits 1946 der KPD bei. Der Wasserbauingenieur gehörte damit zu jener Gruppe von Männern, die es trotz einer nationalsozialistischen Vergangenheit schafften, ihre vor 1945 begonnenen Karrierewege in der DDR erfolgreich fortzusetzen.[95]

91 Kontrollabteilung beim Präsidium des Ministerrates, Gruppe Land-, Forst- und Wasserwirtschaft, Analyse, Berlin, den 11. November 1954: BArch, DC 20/1818, pag. 251.

92 Anlage Nr. 3 zum Protokoll Nr. 36/55 vom 2. August 1955: Die Organisation der Wasserwirtschaft: SAPMO, DY 30/J IV 2/2/433, pag. 30.

93 Mittelsdorf, Saale-Talsperren, 2007, 173 f. u. 206, Anm. 617.

94 *Möbius*, S. 81.

95 Personalakte Johann Rochlitzer, geb. am 7.1.1904: BArch, DC 20/8334; vgl. auch den Eintrag in *Barth u. a.*, S. 724.

1.3.1 Zwischen Versorgungssauftrag und aufrechter Sorge um die Natur: Die befangene Haltung der Wasserwirtschaft in der Abwasserfrage

Die häufigen Umstrukturierungen und die personellen Wechsel an der Spitze der Wasserwirtschaftsbehörde spiegelten die großen Probleme wider, die den Direktoren bei der Umsetzung der wasserwirtschaftlichen Ziele begegneten.[96] Zu den zentralen Aufgabenfeldern der neugeschaffenen Behörde zählten die Bereitstellung ausreichender Mengen an Trink- und Brauchwasser sowie die Gewässerreinhaltung. Das Dilemma der Wasserwirtschaft, keinen direkten Einfluss auf die Investitionstätigkeit der Industrieministerien ausüben zu können, blieb jedoch unabhängig vom institutionellen Status der Behörde bestehen: Ohne eine gesetzliche Verankerung oder einen konkreten Ministerratsbeschluss hatten Maßnahmen zur Gewässereinhaltung in den Investitionsplänen der Ministerien in den fünfziger Jahren häufig das Nachsehen. Daran konnte auch der erste Fünfjahrplan nichts ändern, der zwar einzelne Großbauprojekte und regionale Abwasserreinigungsschwerpunkte, wie z. B. die Industriegebiete Plauen, Zeitz und Borna, auswies, in seinen Bestimmungen aber zu ungenau blieb.[97]

Bei der Umsetzung des Perspektivplanes zeigte sich zudem, dass die wasserwirtschaftlichen Planvorgaben unterschiedlich gewichtet wurden: Während der Talsperrenbau und der Ausbau der Trinkwasserversorgung in den fünfziger Jahren große Fortschritte machten, war die Verankerung abwassertechnischer Maßnahmen in den Plänen alles andere als ein Garant dafür, dass sich die Gewässersituation auch tatsächlich verbesserte. Im VEB Kombinat »Otto Grotewohl« gelang es beispielsweise nicht, die Vorgaben des ersten Fünfjahrplanes vollständig umsetzen, obwohl der Betrieb zu den dort genannten Abwasserreinigungsschwerpunkten zählte.[98] Die auf mehrere Jahre ausgelegten Perspektivpläne waren nicht nur deshalb ungeeignet, eine allgemein verbindliche Wassergesetzgebung zu ersetzen, weil sie lediglich einzelne Schwerpunkte in den Blick nahmen. Ebenso nachteilig wirkte sich aus, dass sie auf einem Istzustand beruhten, der die Auswirkungen der zukünftigen Wirtschaftsentwicklung auf das Abwasseraufkommen nur unzureichend berücksichtige. Neben die allgemeine

96 So erhob beispielsweise das Ministerium für Leichtindustrie im Zusammenhang mit der oben beschriebenen Untersuchung der ZKSK im Jahr 1954 scharfe Kritik am AfW: Da Mittel für Abwasserreinigungsanlagen knapp waren, machte ein Mitarbeiter der Fachabteilung Zellstoff darauf aufmerksam, »daß sich nicht einmal die Abteilung Wasserwirtschaft bei der Staatl. Plankommission, und später das Amt für Wasserwirtschaft in dieser so wichtigen Frage durchsetzen konnten. Diese Stellen, die an sich für das gesamte Abwasserproblem federführend sind, wurden laufend durch vorliegende Schreiben über den Stand der Angelegenheiten und mit der Bitte, sich verstärkt einzuschalten, unterrichtet.« HV Polygraphische Industrie, FA Zellstoff, Aktennotiz, Betr.: Abwasser in der Zellstoff- und Papierfabrik Rosenthal, Berlin, den 2.6.1954: BArch, DC 1/636, Teil 1.

97 *Thürnagel*, S. 26f.

98 Lediglich bei der Entphenolung der Abwässer erzielte die Betriebsleitung erste Fortschritte. Vgl. *Hönsch*, S. 104ff.

Investitionsträgheit der Betriebe und Industrieministerien trat daher auch das Problem, dass kurzfristig beschlossene, punktuelle Maßnahmen oft aufgrund der stetigen Zunahme der Abwassermengen wirkungslos verpufften. Ohne allgemeinverbindliche Gesetzesvorgaben sowie darin festgeschriebene Grenzwerte und Sanktionsinstrumente konnte die Industrie nur über schwächere Anreize, wie etwa in Aussicht gestellte Nutzeffekte durch eine Verwertung von einzelnen Bestandteilen der Abwässer sowie Einsparungen durch geringere Wasseraufbereitungskosten oder die Vermeidung von Schäden zu einem Entgegenkommen bewegt werden.

Dieses Dilemma war den Wasserwirtschaftlern durchaus bewusst. Ein Mitarbeiter des IfW kritisierte beispielsweise 1953 offen das Fehlen einer »klaren Linie« in der Wasserwirtschaft und forderte ein härteres Vorgehen gegen Umweltsünder.[99] Der Direktor des Instituts für Stadtbauwesen und Straßenbau der TU Dresden, Walter Ortleb, warnte im gleichen Jahr in deutlich drastischeren Worten: »Die bisherige Gleichgültigkeit, die man (in) der Frage der Abfallbeseitigung gezeigt hat, ist nicht mehr vertretbar. Wir müssen Volk und Landschaft gesund erhalten, sonst wird es zum biologischen Zusammenbruch und nicht zum Aufbau kommen.«[100] Und auch Musterle, der schon 1951 einschätzte, dass zwischen dem Ausbau der Wasserwirtschaft und der Entwicklung der Industrie eine Lücke von gut 30–40 Jahren klaffte, kritisierte noch über zehn Jahre danach, dass es »nur dort, wo leicht gewinnbare Wertstoffe im Abwasser enthalten sind«, bisher gelungen sei, »die Industrie zu eigener Initiative in der Reinigung der Abwässer anzuregen.«[101]

Die Kritik an einer einseitig auf Verwertungseffekte ausgerichteten Haltung der Industrie war nicht unbegründet, wurde aber durch die Politik der Wasserwirtschaftsbehörde ebenso gefördert. Denn die im Laufe der fünfziger Jahre immer selbstbewusster vorgetragenen Stellungnahmen von Wasserwirtschaftlern zeigten bei aller Kritik fast immer auch ein großes Verständnis für die Interessen der Industrie. Der oben zitierte Wasserwirtschaftsexperte des IfW räumte beispielsweise unumwunden ein, dass »eine gewisse Belastung der Vorfluter mit Abwasser … unabdingbar mit der Entwicklung der modernen Volkswirtschaft verbunden« sei.[102] Rochlitzer gab 1960 zu bedenken, dass die Abwasserlast weiter steigen werde und dass auch eine höchstmögliche Abwasserreinigung niemals eine hundertprozentige Wirkung entfalten könnte.[103] Mit Blick auf eine vermeintliche westdeutsche Hysterie in der Frage der Gewässerverschmutzung beruhigte er vor heimischem Fachpublikum, dass »in der Deutschen Demokratischen Republik … keine Veranlassung« bestehe, »in derartige Depressionen zu verfallen. Die sozialistischen Produktionsverhältnisse, die stürmische Ent-

99 *Kalweit*, Verunreinigung der Gewässer, S. 3–14, hier 12 f.
100 *Ortleb*, Möglichkeiten, 1954, 32.
101 *Würth*, S. 287; *Musterle*, Einflüsse, S. 15.
102 *Kalweit*, Verunreinigung der Gewässer, S. 3.
103 *Rochlitzer*, Aufgaben, S. 634.

wicklung der Produktivkräfte ... versetzen uns in die Lage diese schwierigen und komplizierten Probleme erfolgreich zu lösen!«[104] Und selbst Musterle, der die wohl kritischste Haltung unter den Wasserwirtschaftlern einnahm und in eindringlichen Worten vor einer düsteren Zukunft warnte, in der die Enkel den Begriff der Naturlandschaft nicht mehr kennen würden, sprach Wasser dennoch ganz selbstverständlich den Charakter eines industriellen Hilfsstoffes zu.[105] Eine Reinhaltung der Gewässer um der Natur willen war nicht das Ziel der ostdeutschen Wasserwirtschaft. Die pragmatische Haltung der Wasserwirtschaftler entsprach ganz dem politischen Auftrag des AfW, der die Versorgung von Bevölkerung und Industrie mit Trink- und Brauchwasser und nicht den Schutz des Naturraumes Wasser zum Ziel machte.

1.3.2 Das mühsame Ringen um Rechtsnormen: Die Abwasserverordnung und das vorläufige Scheitern der wasserwirtschaftlichen Reforminitiative

In diesem Sinn zeigte sich die Wasserwirtschaftsbehörde dennoch um eine Verbesserung der Abwassersituation bemüht und strebte eine gesetzliche Neuregelung an, die die Betriebe nicht nur zum Einbau von Reinigungsanlagen verpflichten, sondern auch Sanktionsmöglichkeiten bereithalten sollte. Im August 1953 machte Otto Möller in einer »Denkschrift über die Gesundung der Gewässer in der DDR« einen ersten Vorstoß, der auch viel Zuspruch von Seiten der wirtschaftsleitenden Behörden erhielt.[106] Die Denkschrift zog eine Reihe von Verordnungsentwürfen nach sich und sorgte dafür, dass man sich in den Industrieministerien sytematisch mit Fragen der Gewässereinhaltung befasste. Der Minister für Schwerindustrie, Fritz Selbmann, veranlasste im Januar 1954 die Bildung einer wissenschaftlichen Expertenkommission, die technisch wirksame Verfahren zur Rückgewinnung von Wertstoffen aus Industrieabwässern erproben und zur Anwendung bringen sollte. In der Kommission, die unter der Leitung der Ingenieurtechnischen Zentralstelle des VEB Kombinat »Otto Grotewohl« in Böhlen stand, waren Vertreter wissenschaftlicher Forschungseinrichtungen, großer kohleverarbeitender Betriebe und der Wasserwirtschaft versammelt.[107]

104 *Rochlitzer*, Aufgaben, S. 627.

105 *Musterle*, Einflüsse, S. 14f.

106 Die Denkschrift wurde von der bereits erwähnten Fachabteilung Zellstoff als Durchbruch in der Frage der Gesundung der Gewässer bezeichnet: HV Polygraphische Industrie, FA Zellstoff, Aktennotiz, Betr.: Abwasser in der Zellstoff- und Papierfabrik Rosenthal, Berlin, den 2.6.1954: BArch, DC 1/636, Teil 1.

107 Sonderkommission des Ministeriums für Schwerindustrie, Denkschrift Rückgewinnung von Wertstoffen (Phenole und Phenolderivate) aus den Abwässern der Werke der kohleveredelnden Industrie verbunden mit besonderen Maßnahmen zur Abwasserreinigung, o.D. [um 1954]: Studienarchiv Umweltgeschichte [künftig StUG] 327-1, Bestand Ulrich Stottmeister.

Aus der Arbeit der Sonderkommission ging noch im gleichen Jahr eine weitere Denkschrift hervor, die als Grundlage für die Planung weiterer Maßnahmen im Bereich des Ministeriums für Schwerindustrie dienen sollte. Darin kamen die Experten zu dem Schluss, dass zwar zahlreiche wissenschaftliche Ansätze vorhanden waren, die alleinige Konzentration auf solche Reinigungstechnologien, die eine Verwertung von Abfallstoffen versprachen, aber einen falschen Weg darstellte. Zwar gab es den Experten zufolge effektive, großtechnisch erprobte Anlagen zur Rückgewinnung von Phenolen. Aus wasserwirtschaftlicher Perspektive konnten diese Technologien jedoch nicht überzeugen, da sie der Prämisse folgten, »daß eine Abwasserreinigung nur dann wirtschaftlich zu vertreten sei, wenn sie sich durch den Erlös der hierbei gewonnenen Reststoffe selbst trägt.« Die Sonderkommission vollzog daher erstmals einen Perspektivwechsel und forderte ein Umdenken im Umgang mit der Abwasserproblematik: »Es ist zu begrüßen, daß die in der DDR in Aussicht genommene Gesetzgebung eine radikale Sanierung unserer Flußläufe erzwingen wird. Das Motto des Fachgremiums für seine Arbeit lautete daher, die höchsten Wasserreinigungseffekte mit den minimalsten Verlusten an Abwasserwertstoffen zu verbinden.«[108] Mit der Konzentration auf eine industrielle Abwasserreinigung, die zwar weiterhin das Ziel verfolgte, möglichst viele Reststoffe zu verwerten, in erster Linie aber die Reinhaltung der Gewässer im Blick hatte, bildete die Denkschrift eine Gegenposition zu ökonomischen Leitlinien, die in der nationalsozialistischen Autarkiepolitik wurzelten und nach 1945 nahezu ungebrochen fortgesetzt wurden. Vom Prinzip der »maximalsten Sparsamkeit«, das beispielsweise vom Chemieministerium zeitgleich in der Auseinandersetzung über Rauchschäden in Trachenau als Argument ins Feld geführt wurde, um unterlassene Investitionen in den betrieblichen Umweltschutz zu rechtfertigen und Entschädigungsforderungen abzuweisen, war im Denkansatz der Expertenkommission nicht viel zu spüren. Das Gremium begrüßte im Gegenteil die durch den Vorstoß des AfW-Direktors in Aussicht gestellte rechtliche Neuregelung. Allerdings zeigten sich im Ergebnis der Untersuchung auch schwer zu vereinende Widersprüche: Während die Expertenkommission aus wissenschaftlicher Perspektive die zügige Einleitung intensiver Forschungs- und Entwicklungsarbeiten anmahnte, fiel ihre Gesamtprognose doch nüchtern aus. Angesichts des Umfangs der durchzuführenden Maßnahmen sei eine Realisierung nur auf lange Sicht zu erreichen, so dass zunächst lediglich Schwerpunkte, nicht aber eine umfassende Regelung in Angriff genommen werden sollten.

Trotz des Zuspruchs, den Möller durch die Sonderkommission erhielt, geriet seine Initiative im Laufe des Jahre 1954 ins Stocken. Die Ursachen dafür werden in den Quellen allerdings unterschiedlich dargestellt. Die Kontrollabteilung des Ministerrates machte die Gründe für die Verzögerungen in der Unfähigkeit der Wasserwirtschaftsbehörde aus und warf der Direktion des AfW vor, zulange der Einschätzung gefolgt zu sein, dass »die früheren, in der Zeit des Kapitalis-

108 Beide Zitate: Ebd.

mus entstandenen Landeswassergesetze völlig ausreichend« seien und nur einer konsequenten Anwendung bedurften. Darüber hinaus kritisierte die Kontrollgruppe, dass das AfW die Chance auf ein umfassendes Wassergesetz verstreichen lassen würde und stattdessen nur eine »Verordnung über Maßnahmen zur Gesundung der Gewässer« vorbereite, die demgegenüber schon wegen ihres schwächeren Rechtsstatus nur Teilprobleme behandeln könnte.[109]

Für diese Einschätzung spricht, dass das AfW die Ausarbeitung eines Verordnungstextes anscheinend tatsächlich erst auf Druck der Parteiführung voranbrachte: Die Kontrollgruppe des Ministerrates wandte sich im Juni 1954 mit einem kritischen Bericht an das ZK der SED, dass daraufhin die Bildung einer »Regierungskommission zur Förderung der Wasserwirtschaft« in die Wege leitete. Dieses Expertengremium unter der Führung des stellvertretenen Vorsitzenden der SPK, Paul Strassenberger, erarbeitete bis zum Frühjahr 1955 einen »Bericht über die Lage in der Wasserwirtschaft«, der im August des Jahres vom Politbüro beraten wurde und eine Reihe von Beschlussvorlagen für das Präsidium des Ministerrates beinhaltete. Die Experten – darunter auch Theodor Musterle – kamen darin zu dem Schluss, dass die Industrie angesichts des steigenden Wasserbedarfes mindestens achtzig Prozent ihrer Abwässer einer Reinigung unterziehen müsse. Die von der Regierungskommission berechneten Investitionskosten beliefen sich auf knapp 2,4 Milliarden DM. Angesichts solcher Dimensionen schlugen die Experten vor, die erforderlichen Maßnahmen in einem langfristigen, auf 30 Jahre ausgelegten Plan zu verwirklichen, dessen einzelne Etappen in die Fünfjahrpläne eingeordnet werden sollten.[110]

Erst auf Druck der Regierungskommission setzten im AfW intensive Vorarbeiten an einem Verordnungstext ein. Die offensichtlich vorhandenen Differenzen über die inhaltliche Ausgestaltung dieser Verordnung verweisen jedoch auch darauf, dass die Schuld für die Verzögerungen nicht alleine bei der Wasserwirtschaftsbehörde zu suchen ist. Denn der von der »Regierungskommission zur Förderung der Wasserwirtschaft« zügig erarbeitete Bericht verfolgte erneut das Ziel, in erster Linie einzelne Schwerpunkte der Gewässerverschmutzung – die Abwässer der kohleverarbeitenden Betriebe, der Zellstoffindustrie und des Kalibergbaus – in den Griff zu bekommen. Aus der Sicht des Gewässerschutzes stellte das Papier konzeptionell gegenüber den Vorarbeiten der Sonderkommission des Ministeriums für Schwerindustrie daher einen Rückschritt dar, weil das Ziel einer Verwertung von Schadstoffen erneut über die systematische Reinigung der Abwässer gestellt wurde. Darüber hinaus zeigte sich, dass für eine Reihe von Problemen, wie beispielsweise die Kaliendlaugen, keine technischen

109 Diese Einschätzung ging auf den ehemaligen Leiter der Rechtsabteilung des AfW zurück, der 1955 allerdings bereits »republikflüchtig« war, wie der Bericht vermerkt. Büro des Präsidiums des Ministerrates, Betrifft: Verordnung über Maßnahmen zur Gesundung der Gewässer, Berlin, den 13. August 1955: BArch, DC 20/1818, pag. 248.

110 Bericht über die Lage der Wasserwirtschaft (Auszug aus d. Bericht der Kommission z. Förderung d. Wasserwirtschaft), o. D. [1955]: BArch, DC 20-I/4/166.

Lösungen bereitstanden. Von Sanktionsmöglichkeiten zur Durchsetzung der abwasserwirtschaftlichen Forderungen gegenüber renitenten Industriebetrieben und Wirtschaftszweigen – bis dahin das größte Problem der Wasserwirtschaft – war in dem Bericht überdies keine Rede.[111]

Innerhalb des AfW entstanden daraufhin einige Verordnungsentwürfe, die allerdings im Laufe des Frühjahres 1955 inhaltlich immer weiter zusammenschrumpften. Im Juni 1955 – etwa einen Monat vor der Entlassung Möllers – gelang es der Behörde dennoch einen Verordnungstext vorzulegen, der von nahezu allen Ministerien akzeptiert wurde.[112] Der Entwurf wies eine ganze Reihe von Vorteilen gegenüber den älteren Landeswassergesetzen auf, wie auch die Kontrollgruppe des Ministerrates eingestehen musste: Die Industrie wurde darin ohne Ausnahme dazu verpflichtet, Anlagen zur Reinigung ihrer Abwässer zu errichten. Durch die Verankerung der Abwasserreinigung in den Betriebsplänen und die Ausarbeitung eines langfristigen Wasserwirtschaftsplanes zog zudem erstmals eine Systematik in die Wasserwirtschaft ein, die dem bis dahin üblichen fallweisen, von Ausnahmen gespickten Vorgehen ein Ende machen sollte. Der wichtigste Fortschritt war jedoch, dass die geplante Verordnung zusammen mit einer Neuregelung der Wasserpreise Inkrafttreten sollte, die auch Verschmutzungszuschläge vorsah. Damit hätte der ostdeutschen Wasserwirtschaft erstmals ein modernes Sanktionsinstrument zur Verfügung gestanden. Die Behörde wäre folglich dazu in die Lage gewesen, renitente Betriebe auch ohne den Umweg über einen gesonderten Ministerratsbeschluss zum Einlenken zu bewegen.[113]

Die schärfsten Widersacher des Entwurfes waren das Ministerium für Leichtindustrie und das Ministerium für Bergbau und Hüttenwesen. Die Betriebe dieser Wirtschaftszweige setzten sich dagegen zu Wehr, die auf sie zukommenden Investitionen ohne zusätzliche Haushaltsmittel bestreiten zu müssen. Zwar war es den Ministerien nicht möglich, ihre Einwände gegenüber der Abwasser-Verordnung vollumfänglich geltend zu machen.[114] Es gelang ihnen aber anscheinend, die Verankerung von Abwassergebühren zu verhindern. Das Präsidium des Ministerrates beschloss im März 1956 ein ganzes Bündel an Maßnahmen – die vom AfW geforderte Neuregelung der Wasserpreise war jedoch nicht darunter. Der Ministerratsbeschluss stellte offenkundig einen Kompromiss dar, der deutlich macht, dass die Suche nach Schuldigen in der Umweltgeschichte oft ein schwieriges Unterfangen ist. Die Regierung beauftragte darin den neuen Direktor des AfW, Musterle, und den Vorsitzenden der SPK, wie von den Experten zuvor gefordert mit der Ausarbeitung eines langfristigen, dreißig Jahre

111 Ebd.

112 Amt für Wasserwirtschaft an die Kommission für Staatliche Kontrolle, Betreff: Verordnung über Maßnahmen zur Gesundung der Gewässer, Berlin, den 7. Juni 1955: BArch, DC 1/636, Teil 1 von 2.

113 Büro des Präsidiums des Ministerrates, Betrifft: Verordnung über Maßnahmen zur Gesundung der Gewässer, Berlin, den 13. August 1955: BArch, DC 20/1818, pag. 248.

114 Gruppe III, Betrifft: Bericht über die Lage der Wasserwirtschaft, Berlin, den 13. März 1956: BArch, DC 20-I/166.

umspannenden Perspektivplanes, der (in dieser Reihenfolge) den Brauchwasserbedarf der Industrie stillen und die Bevölkerung mit ausreichend Trinkwasser versorgen sollte. Erst an dritter Stelle stand die Forderung, auch einen Maßnahmenplan zur wirksamen Reinigung von Industrieabwässern auszuarbeiten. Der Ministerrat legte außerdem fest, dass eine Reihe von Wirtschaftszweigen dazu verpflichtet werden sollte, nachträglich Anlagen zur Abwasserreinigung zu errichten. Darüber hinaus verabschiedete das Präsidium eine »Verordnung über die Errichtung und den Betrieb von Abwasserreinigungsanlagen«, die gewährleisten sollte, dass neue Industrieanlagen künftig nicht ohne eine Abwasserreinigung nach dem »Stand der Technik« in Betrieb gehen sollten.[115]

Auf der einen Seiten kam der Ministerrat mit dieser Entscheidung zwar zentralen Forderungen der Wasserwirtschaft entgegen. Auf der anderen Seite folgte er aber auch dem etablierten und von der Industrie favorisierten Prinzip, die maximale Wertstoffausbeute vor eine effektive Abwasserreinigung zu stellen. Die neue Abwasserverordnung gab der Wasserwirtschaft zudem nur ein schwaches rechtliches Instrumentarium an die Hand, das ohne Abwassergebühren zahnlos blieb. Das AfW war somit in Auseinandersetzungen mit der Industrie weiterhin machtlos und konnte renitente Betriebe nur mühsam über die Anstrengung eines gesonderten Ministerratsbeschlusses zur Umsetzung der rechtlichen Vorgaben bewegen. Dieser Weg hing jedoch immer von tagespolitischen Gegebenheiten ab und schaffte alles andere als Handlungssicherheit für den Gewässerschutz. Die Verankerung ökonomischer Sanktionsmöglichkeiten blieb daher auch in den folgenden Jahren eine der drängendsten Forderungen der Wasserwirtschaft, die jedoch immer wieder verschoben wurde.[116] Erst das Wassergesetz aus dem Jahr 1963 stellte die Erhebung von Gebühren und Abgaben für die Nutzung von Gewässern und Einleitung von Abwässern in Aussicht. Eine Gebührenordnung ließ allerdings auch dann noch weitere sieben Jahre auf sich warten und stand bei ihrer Verabschiedung bereits ganz im Zeichen des umweltpolitischen Aufbruchs der späten sechziger Jahre.[117]

Das Beispiel der Abwasserverordnung veranschaulicht dennoch, dass die SED das Problem der Wasserverschmutzung weder ignorierte noch als Bremser in dieser Frage auftrat. Ganz im Gegenteil, erst die Einbeziehung des ZK im Sommer 1954 brachte Bewegung in die Sache. Wie groß die Einflussmöglichkeiten des Parteiapparates zu Beginn der fünfziger Jahre tatsächlich waren, ist allerdings schwer einzuschätzen. Eine jüngst veröffentlichte Studie belegt, dass

115 Protokoll der 30. Sitzung des Ministerrates vom 15. März 1956, Anlagen 1 u. 2: BArch, DC 20-I/4/166.

116 Vgl. exemplarisch *Kalweit*, Verunreinigung der Gewässer, S. 12 f.

117 Vgl. Gesetz über den Schutz, die Nutzung und die Instandhaltung der Gewässer und den Schutz vor Hochwassergefahren – Wassergesetz – vom 17. April 1963, in: GBl. 1, 1963, S. 77–87, hier § 19, S. 80 sowie Zweite Durchführungsverordnung zum Wassergesetz – Anwendung ökonomischer Regelungen für die Reinhaltung der Gewässer und zur rationellen Nutzung des Grund- und Oberflächenwassers vom 16. Dezember 1970, in: Gesetzblatt DDR, II, 1971, S. 25–29.

das ZK und seine Abteilungen in den ersten beiden Jahrzehnten oftmals noch das Nachsehen gegenüber den mächtigeren Industrieministerien hatten. Der Erfolg von politischen Interventionen des Parteiapparates war vom Wohlwollen der Minister abhängig. Rüdiger Bergien kommt zu dem Schluss, dass ein ZK-Abteilungsleiter noch nicht über die Amtsautorität verfügte, um mit einem Staatssekretär auf Augenhöhe zu interagieren.[118] Will man den Hintergründen umweltpolitischer Entscheidungen auf die Spur kommen, muss man daher zumindest für dieses Jahrzehnt die Einflussmöglichkeiten der Industrieministerien und des Ministerrates anders gewichten, wie auch das Beispiel der Luftreinhaltung zeigen wird.

Die Ursachen für das vorläufige Scheitern der wasserwirtschaftlichen Reformziele waren vielfältig: Die zahlreichen strukturellen Eingriffe in die Wasserwirtschaft hemmten die Arbeit der Behörde genau in jenem Moment, als die Staats- und Parteiführung im Zusammenhang mit der Verkündung des »Neuen Kurses« vorsichtig Bereitschaft für ein Umdenken in der Abwasserfrage signalisierte. Konflikte und Intrigen in der Behörde taten ein Übriges. Das größte Hindernis blieb aber die Kostenfrage, die in der ökonomisch angespannten Zeit des Wiederaufbaus häufig dafür sorgte, dass die Gewässerreinhaltung auch trotz einer Verankerung in den Plänen gegenüber anderen Interessen das Nachsehen hatte. Hinzu kamen Hemmnisse, die aus der sozialistischen Wirtschaftsordnung resultierten: Die Fixierung der Planwirtschaft auf die Bruttoproduktion wies Abwasserreinigungsanlagen ungewollt den Charakter »unproduktiver Investitionen« zu und hatte zur Folge, dass diesen Posten von den Betrieben und den Industrieministerien schon bei der Vorbereitung der Planunterlagen zu wenig Aufmerksamkeit geschenkt wurde.

Insofern unterschieden sich die Rahmenbedingungen der Gewässerreinhaltung im ostdeutschen Staatsozialismus nur wenig von denen in der marktwirtschaftlich verfassten Bundesrepublik. Der vergleichende Blick auf beide deutsche Staaten zwingt zudem dazu, das Urteil über das vorläufige Scheitern der wasserwirtschaftlichen Reforminitiative in der DDR zu relativieren. Auch die westdeutsche Wasserwirtschaft verfolgte in den fünfziger Jahren in erster Linie das Ziel, ausreichende Mengen an Brauch- und Trinkwasser für Industrie und Bevölkerung bereitzustellen. Die Abwassereinigung hatte demgegenüber lange das Nachsehen. Die älteren Landeswassergesetze wurden in der Bundesrepublik ebenfalls erst zu Beginn der sechziger Jahre durch ein neues Wasserhaushaltsgesetz abgelöst, das aber keine Trendwende in der Gewässerreinhaltung brachte. Die Mengensicherung blieb auch danach die Kernaufgabe der westdeutschen Wasserwirtschaft. Die Abwasserlast zahlreicher Flüsse, insbesondere von Rhein, Ruhr und Emscher, stieg in der Folge weiter an, ohne dass die Bemühungen um eine Abwasserreinigung dieser Entwicklung nachkommen konnten. Ein vorsichtiges Umdenken setzte erst im darauffolgenden Jahrzehnt ein, als das 1976 verabschiedete Abwasserabgabengesetz die Einleitung von industriellen Abwäs-

118 *Bergien*, S. 161 ff.

sern erstmals mit Gebühren belegte. Doch obwohl die westdeutschen Gewässer seitdem von Milliardeninvestitionen profitierten, änderte sich auch danach am Denkansatz in der Gewässerreinhaltung wenig, wie verschiedene Autoren übereinstimmend hervorheben. Die Erhebung von Abgaben auf die Einleitung von Abwässern, die nach Ansicht von Experten von Beginn an zu niedrig angesetzt waren, hatte zur Folge, dass Gewässerverschmutzung de facto weiterhin behördlich toleriert wurde. Ausschlaggebende Kriterien für die Regelung der Gewässerreinhaltung waren in der Bundesrepublik ebenso wenig wie in der DDR die Gewässergüte oder der Zustand der aquatischen Ökosysteme, sondern wirtschaftliche Bewertungskriterien.[119]

1.4 Umwelt- als Gesundheitsschutz: Die Hygiene und der Kampf um die Luftreinhaltung

Im Jahr 1952, nur wenige Monate nach der Gründung des AfW, verabschiedete der Ministerrat die »Verordnung über die Hygieneinspektion« und schuf eine neue Gesundheitsbehörde, die bis in die achtziger Jahre hinein großen Einfluss auf den ostdeutschen Umweltschutz ausübte.[120] Innerhalb dieser Behörde formierte sich in den fünfziger Jahren eine Reformdebatte über den Umgang mit den gesundheitlichen Folgen von Luftverschmutzung, deren Wurzeln bis in das 19. Jahrhundert zurückreichten.[121] Das Hygienewesen befasste sich generell mit dem »Einfluß der Lebensbedingungen auf die Gesundheit der Menschen«, wie ein führendes Lehrbuch im Jahr 1964 festhielt, und sollte »Normative und praktische Maßnahmen« erarbeiten, die der »Verbesserung der Lebensbedingungen des Menschen und zur Gesunderhaltung der Bevölkerung« dienten.[122] Dieser auf schädliche Umwelteinflüsse gerichtete Blick setzte einen konzeptionellen Ansatz fort, der zuvor bereits von der Preußischen Landesanstalt für Wasser-, Boden- und Lufthygiene und dem Reichsgesundheitsamt verfolgt wurde.[123] Im Unterschied zu diesen Vorläuferinstitutionen waren die neuen ostdeutschen Hygieneinspektionen jedoch sehr viel stärker operativ ausgerichtet und verfügten zudem über exekutive Befugnisse. Organisatorisch folgte das Hygienewesen der DDR einem sowjetischen Vorbild und orientierte sich am Aufbau der Staatlichen Sanitätsinspektion des Gesundheitsministeriums der UdSSR. Die SMAD hatte 1945 die Bildung »Zentraler Sanitätsstationen« in der SBZ veranlasst, die es zur Aufgabe hatten, die seit Kriegsende grassierenden Seuchen zu bekämpfen

119 *Brüggemeier*, Himmel, S. 108 ff.; *Büschenfeld*, S. 262.

120 Verordnung über die Hygieneinspektion vom 4. Dezember 1952, in: GBl. DDR, I, 1952, S. 1271–1273.

121 Vgl. dazu *Brüggemeier*, Meer, S. 252 ff.; *Fuchsloch*, S. 7–14; *Uekötter*, Rauchplage, S. 77–82; Zur Geschichte der Hygiene im Kaiserreich vgl. auch: *Büschenfeld*, S. 102–113.

122 *Horn*, Allgemeine, S. 11.

123 Zur Geschichte dieser beiden Institutionen vgl. *Fuchsloch*; *Hüntelmann*.

und die vielerorts schlechten hygienischen Zustände zu verbessern. Die Bezeichnung war aus dem russischen Sprachgebrauch entlehnt und wurde ab 1947 wieder durch den deutschen Hygienebegriff ersetzt.[124] Das ostdeutsche Hygienewesen folgte seit 1952 den Prinzipien des »demokratischen Zentralismus«: Die neu geschaffene Staatliche Hygieneinspektion im Gesundheitsministerium koordinierte die Arbeit von Bezirks- und Kreishygieneinspektionen (BHI/KHI), die sowohl den für Gesundheitsfragen zuständigen Ratsbereichen der Bezirke und Kreise als auch direkt dem Ministerium unterstellt waren.[125]

Das Kernstück des ostdeutschen Hygienewesens waren die Hygieneinstitute, die auf der Bezirksebene angesiedelt waren und die Inspektionen in ihrer Arbeit wissenschaftlich unterstützten, wie einer der führenden Hygieniker der DDR, Karlwilhelm Horn, betonte.[126] Diese Forschungseinrichtungen verfügten über Laborausrüstungen und Fachpersonal, dessen gutachterliche Expertise großen Einfluss auf den Umgang mit lokalen Umweltproblemen ausübte und ebenso gesetzgeberische Prozesse anstieß. Die Doppelunterstellung des Hygienewesens ermöglichte es den Direktoren zudem die hierarchische Nomenklatura in Konfliktfällen zu umgehen und sich direkt an das Gesundheitsministerium zu wenden. Zu den Aufgaben der Institute zählten die wissenschaftliche Überwachung des Seuchen- und Gesundheitsschutzes, die Lebensmittel- und Ernährungshygiene sowie die Industrie- und Ortshygiene, die Belange des modernen Umweltschutzes behandelten. Darüber hinaus waren die Behörden wichtige Adressaten für Eingaben aus der Bevölkerung, die dort im Laufe der sechziger Jahre immer zahlreicher eingingen.[127]

Die Industriehygiene befasste sich mit Fragen des Arbeitsschutzes und stellte historisch betrachtet eine wichtige Triebfeder des modernen Umweltschutzes dar.[128] In der DDR gelang es beispielsweise bereits 1957 im Rahmen einer Arbeitsschutzanordnung einen verbindlichen Grenzwert für Staubemissionen am Arbeitsplatz festzuschreiben, die von Kesselanlagen ausgingen.[129] Die Zuständigkeiten auf diesem Gebiet waren jedoch stark zersplittert. Während innerhalb des Hygienewesens die Arbeitssanitätsinspektionen (ASanI) mit Fragen der Industriehygiene betraut waren, befassten sich auch gewerkschaftliche Inspektionen, das Amt für Technische Überwachung und die Inspektionen für

124 Vgl. *Harmsen*, S. 21 f.

125 *Horn*, Hygiene, S. 429–437; *Grahneis u. Horn*, S. 64–86; *Meißner*, S. 224–243, hier 226 f. u. 229–234.

126 *Horn*, Hygiene, S. 432 f.

127 Vgl. dazu ausführlich Kap. 2.3 u. 3.3.1.

128 *Radkau*, Technik, S. 210–215. Zur allgemeinen Geschichte von Arbeitsmedizin bzw. -schutz in Deutschland vgl.: *Wulf*; *Kleinöder*.

129 Dampfkessel mit einer Leistung von mehr als sechzig t/h sollten laut Verordnung maximal 1 g/m^3 emittieren dürfen. Vgl. Technische Grundsätze zur Arbeitsschutzanordnung 800 – Dampfkessel – vom 3. Januar 1957, in: GBl. DDR, 1957, Sonderdruck Nr. 233, Anlage 8: Grundsätze für den Bau und die Überwachung von Entstaubungsanlagen in feststehenden Kesselanlagen, S. 99–100, hier 99.

Arbeitsschutz und technische Sicherheit bei den Industrieministerien mit diesen Aufgaben.[130] Das Arbeitsfeld der Ortshygiene, für das in den sechziger Jahren immer häufiger der Begriff der Kommunalhygiene verwendet wurde, umfasste demgegenüber eine ganze Reihe umweltrelevanter Aufgaben, die weit über den betrieblichen Gesundheitsschutz hinausreichten und auch gesamtgesellschaftliche Umweltfragen behandelten. In den fünfziger Jahren befasste sich die Ortshygiene zunächst überwiegend mit hygienische Fragen der Trinkwasserversorgung sowie der Müll- und Abwasserbeseitigung. Im Laufe des Jahrzehnts kamen allerdings neue Kompetenz- und Aufgabenbereiche, wie die Lufthygiene und der Lärmschutz, hinzu. Die Hygieneinspektionen nahmen somit bereits lange vor der Verabschiedung des Landeskulturgesetzes und der Gründung des Umweltministeriums eine zentrale Funktion im behördlichen Umweltschutz ein, der in der Praxis allerdings unter zahlreichen Hemmnissen und Einschränkungen zu leiden hatte.

Das staatliche Hygienewesen musste zwar – im Gegensatz zur Wasserwirtschaft – in den fünfziger Jahren keine allzu großen Struktureingriffe mehr über sich ergehen lassen. Dafür war die Arbeit der Gesundheitsbehörden aber durch eine ganze Reihe substantieller Defizite geprägt. Die Struktur und die Ausstattung der Institute wichen mitunter stark voneinander ab, etwa, weil verschiedene Abteilungen zusammengefasst oder aufgrund von Personalmangel gar nicht erst ausgebildet werden konnten. Der Aufbau neuer Abteilungen, erfolgte außerdem in einem sehr unterschiedlichen Tempo. Die Hygiene litt, wie das gesamte Gesundheitswesen der DDR, unter einer starken Abwanderung von Ärzten in die Bundesrepublik. Zahlreiche Planstellen konnten daher nicht besetzt werden, so dass diese Aufgaben von fachlich nicht ausreichend qualifiziertem Personal übernommen werden mussten. Zwischen den dicht besiedelten, hochindustrialisierten Südbezirken und den ländlichen Nordbezirken klaffte zudem eine große Lücke. Der ehemalige Leiter der Abteilung für Hygiene und Epidemiologie des Bezirkshygieneinstitutes Potsdam, Wolfgang Meyer-Oschatz, der 1958 in die Bundesrepublik übergesiedelt war, berichtete beispielsweise über diese Probleme: Der Anteil der unbesetzten Planstellen für Hygieneinspektoren ging in Potsdam zwischen 1954 und 1958 nur langsam von vierzig auf etwa zwanzig Prozent zurück. Für die Kontrolle der Trinkwasserqualität des 1,1 Millionen Einwohner zählenden Bezirkes stand Ende der fünfziger Jahre nur eine Fachkraft zur Verfügung, so dass eine effektive Überwachung unter diesen Umständen kaum möglich war.[131]

Noch prekärer sah die Situation auf der Kreisebene aus: Die Anzahl der Mitarbeiter in der KHI Anklam im Bezirk Neubrandenburg passte sich beispielsweise nur langsam den an sie gestellten Aufgaben an und stieg bis zu Beginn der sechziger Jahre von fünf auf acht Kader an. Das Personal setzte sich überwiegend aus Hygiene-Inspektoren und Hilfskräften zusammen, die in sechswöchi-

130 *Kreibich u. a.*, S. 7 ff.; *Hollenbach u. Anderle*, S. 51–68; *Wienhold*, S. 161–169.
131 *Meyer-Oschatz*, S. 11–14.

gen Lehrgängen hastig ausgebildet wurden und kaum über vertiefte technische oder naturwissenschaftliche Kenntnisse verfügten. Ein akademisch ausgebildeter Mitarbeiter nahm erst 1974 seine Tätigkeit auf. Die Leitung der Anklamer Hygieneinspektion wurde bis 1964 zudem vom zuständigen Kreisarzt in Personalunion ausgeübt, was aufgrund des Mangels an Fachkräften eine in der DDR weitverbreitete Praxis darstellte.[132] Im Bezirk Potsdam konnten Ende der fünfziger Jahre allerdings sogar sechs von 17 Kreisarztstellen nicht besetzt werden. Meyer-Oschatz klagte außerdem, dass diese Funktionen oftmals von älteren Medizinern übernommen wurden, die wenig Verständnis für die Belange einer modernen Hygiene zeigten und diese Aufgabe meist den zuständigen Ratsstrukturen der Kreise überließen, die dadurch weitreichende Befugnisse erhielten.[133] In der KHI Anklam fehlte es auch noch in den siebziger Jahren »an hygienisch vorgebildeten oder wenigstens interessierten Persönlichkeiten« im Bereich der Orts- bzw. Kommunalhygiene, wie eine Studie aus dem Jahr 1990 festhielt. Als die Leitung versuchte Personallücken mit ehrenamtlichen Helfern aus der Bevölkerung zu schließen, kam es zwischenzeitig sogar zu einem vollständigen Erlahmen der kommunalhygienischen Aktivitäten im Kreis.[134] Die Situation im Hygienewesen besserte sich zwar im Laufe der sechziger Jahre, blieb aber vielerorts prekär. Die KHI fungierten daher oftmals nur als verlängerter Arm der Bezirkshygiene, entnahmen Wasser- und Luftproben oder waren ortskundige Ansprechpartner für die Bezirkshygieniker. Den Hygieneinspektionen und -instituten auf der Bezirksebene kam somit eine zentrale Bedeutung im Bereich der Kommunalhygiene zu. Zum einen verfügten nur sie über die notwendigen Kapazitäten und das »Know How« zur Umsetzung der an das Hygienewesen herangetragenen Umweltschutzaufgaben. Zum anderen waren sie ein wichtiges Bindeglied zwischen der operativen Arbeit in den Kommunen und der zentralstaatlichen Koordinierung im Gesundheitsministerium.

Die prekäre personelle und auch materielle Ausstattung der Hygieneinspektionen wurde durch schwache rechtliche Befugnisse verschärft: Die BHI verfügten zwar über weitgehende Kontrollrechte und konnten auch Strafmaßnahmen verhängen. Juristisch fußten diese Sanktionsmöglichkeiten aber auf dem Ordnungsstrafrecht, so dass die Abschreckungswirkung gering blieb. Denn diese Rechtsnormen ließen nur verhältnismäßig geringe Strafen zu. Die Hygieneinspektionen konnten bei Rechtsüberschreitungen oder Zuwiderhandlungen lediglich Ordnungsstrafen und Zwangsgelder verhängen, die sich in den fünfziger und sechziger Jahren auf maximal 1.000 DM beliefen. Die äußerste Zwangsmaßnahme, die Schließung eines Betriebes, war hingegen aus politischen Gründen nicht gewollt und daher auch keine reale Option, wie ein juristischer Kom-

132 Erst 1964 übernahm eine hauptamtlich beschäftigte Kreis-Hygieneärztin die Leitung der Inspektion. Bis dahin erfolgte die fachliche Anleitung durch das Hygieneinstitut Greifswald. Vgl. *Wessel*, S. 41 u. 46.

133 *Meyer-Oschatz*, S. 15

134 *Wessel*, S. 75 f.

mentar 1972 festhielt: »Die Tätigkeit der HI [Hygieneinspektion, d. Verf.] hat sich im Rahmen der jeweils gegebenen gesellschaftlichen Möglichkeiten und Notwendigkeiten zu bewegen. … Es ist nicht möglich, die Industrieproduktion in Ballungsgebieten stillzulegen, obwohl dadurch hygienewidrige Zustände (Luft- und Wasserverunreinigung) gegeben sein können. Hier ist langfristig und geplant zu hygienisch einwandfreien Verhältnissen überzugehen.«[135] Ohne entsprechende gesetzliche Bestimmungen, die weitergehende Sanktionsinstrumente bereitstellten, waren die Ziele der Hygiene allerdings auch langfristig nur schwer durchsetzbar.

1.4.1 Die Standortplanung und der Aufstieg der Lufthygiene

Die umweltpolitischen Gestaltungsmöglichkeiten der staatlichen Hygiene scheinen unter diesen Voraussetzungen allenfalls gering gewesen zu sein. Im Gegensatz zur Wasserwirtschaft finden sich denn auch keine Hinweise darauf, dass in den Anfangsjahren politisch intendierte Debatten über spezifische Umweltprobleme einsetzten, die – etwa vergleichbar mit den Bemühungen um eine Regelung in der Gewässerreinhaltung – einen gesetzgeberischen Prozess zum Ziel hatten. Den Leitern der Hygieneinspektionen und den Vertretern der Kommunalhygiene an den Universitäten gelang es am Ende des Jahrzehnts aber dennoch, das Themenfeld der Luftreinhaltung, das bis dahin überwiegend durch eine Debatte über Rauchschäden in der Land- und Forstwirtschaft dominiert wurde, neu zu besetzen und darüber eine breite gesundheitspolitisch motivierte Reformdebatte anzustoßen. Die Bezirkshygieneinstitute begannen parallel dazu, trotz der prekären Rechtslage selbstbewusst neue Kompetenzen und Handlungsspielräume auszuloten.

Anstoß für diese Wende war die Verabschiedung einer Verordnung im August 1959, in der das Genehmigungsverfahren für die Errichtung von Industrieanlagen neu geregelt wurde. Der von der SPK ausgearbeitete Rechtstext verfolgte das Ziel, den Bezirks- und Kreisräten durch die veränderte Genehmigungspraxis ein stärkeres Mitspracherecht bei strukturpolitischen Entscheidungen zu übertragen. Betroffen waren Investitionsobjekte mit einem Volumen von mehr als einer Millionen DM und sogenannte »Unterlimitvorhaben«, wenn von ihnen eine »Gefährdung, Schädigung oder Belästigung der Umwelt – beispielsweise durch Brand- und Explosionsgefahr, Rauch, Staub, Lärm, Abgase, Abwässer, Verkippung von Rückständen oder durch Anlagen in den Vorländern der Wasserläufe« ausging.[136] Verantwortlich für die Genehmigung der Standorte waren die Wirtschaftsräte der Bezirke. Für volkswirtschaftlich wichtige Projekte be-

135 *Franke*, S. 64–86, hier 69.

136 Verordnung über die Erteilung von Standortgenehmigungen vom 6. August 1959, in: GBl. DDR, I, 1959, S. 795–797.

hielt sich die SPK allerdings das Recht vor, über die Genehmigungserteilung abschließend eine eigene zentrale Standortkommission entscheiden zu lassen. Von der Regelung ausgenommen waren außerdem Bauvorhaben der Deutschen Reichsbahn.[137]

Der genaue Verfahrensablauf der Standortgenehmigung wurde in einer Durchführungsbestimmung geregelt: Danach mussten die Projektträger vorab zahlreiche Einzelgenehmigungen, Gutachten und zustimmende Erklärungen von Behörden einholen, darunter auch solche, die die Auswirkungen des Bauvorhabens auf die Umwelt darlegen sollten.[138] Die Genehmigungspraxis wurde im Februar 1963 präzisiert und verschärft: Während die Durchführungsbestimmungen der ursprünglichen Verordnung im Hinblick auf den Detaillierungsgrad der Anforderungen noch relativ unkonkret blieben, forderte der neue Rechtstext, dass die Dokumentation der Umweltauswirkungen klare Wertangaben enthalten mussten. Die Planer waren nun außerdem dazu angehalten, Aussagen darüber zu machen, wie zu erwartende Umweltschäden vermieden, beseitigt oder reduziert werden sollten.[139]

In der neuen Standortgenehmigungsregelung zeigte sich eine Parallele zu Entwicklungen in der Bundesrepublik. Der Bundestag verabschiedete im Dezember 1959 eine Gesetzesänderung, mit denen die bis dahin gültigen Bestimmungen der Gewerbeordnung abgeändert und im Hinblick auf zu erwartende Umwelteinflüsse ebenfalls verschärft wurden.[140] In der umwelthistorischen Forschung wird diese Änderung als ein wichtiger Schritt auf dem Weg zu einer bundesdeutschen Immissionsschutzgesetzgebung gewertet. Uekötter hebt den damit verbundenen mentalen Wandel hervor und erkennt darin den Beginn eines langsamen, aber stetigen Aufstiegs des Vorsorgeprinzips in der Bundesrepublik, der sich zum einen in der Bereitschaft der Behörden zeigte, Grenzwerte

137 Ebd. S. 795 f.

138 Neben wasserwirtschaftlichen Gutachten, Stellungnahmen der Naturschutzbehörden sowie Gutachten des Meteorologischen und Hydrologischen Dienstes der DDR mussten den Anträgen auch Stellungnahmen der Hygiene beigefügt werden. Dazu: Erste Durchführungsbestimmung zur Verordnung über die Erteilung von Standortgenehmigungen. Vom 12. Oktober 1959, in: DDR GBL. I, 1960, S. 797–800.

139 Anordnung über die Erteilung von Standortgenehmigungen vom 20. Februar 1963, in: DDR GBl. DDR, II, 1963, S. 147–153.

140 Während die ostdeutschen Bestimmungen zur Standortgenehmigung bereits detaillierte Angaben zum Genehmigungsverfahrens enthielten und die Hinzuziehung »betroffener Kreise«, wie beispielsweise der Naturschutzorgane, geregelt war, sollten diese Angaben in der Bundesrepublik nachträglich durch eine Technische Anleitung und die Arbeit eines beratenden Ausschusses erstellt werden. Demgegenüber fehlte im ostdeutschen Regelungsansatz eine Aufzählung genehmigungspflichtiger Anlagen, da Bauvorhaben unabhängig von der Anlagenart grundsätzlich genehmigungspflichtig waren. Vgl. Gesetz zur Änderung der Gewerbeordnung und des Bürgerlichen Gesetzbuchs. Vom 22. Dezember 1959, in: BGBL I, 1959, 781–783. Zur Einordnung des Gesetzes vgl. außerdem Staats, Entstehung, 2009, 66.

überhaupt festzulegen und diese im Zweifelsfall zu Gunsten einer höheren Sicherheit auszulegen. Zum anderen drückte sich dieser Wandel in der Abkehr von einer lange etablierten Entschädigungspraxis aus, die durch eine bessere Vorsorge vermieden werden sollte. Die neue Maxime der Immissionsvermeidung hatte zur Folge, dass die Behörden verstärkt darum bemüht waren, den eigenen Kenntnisstand mittels kostspieliger Messprogramme zu erweitern.[141] In der DDR wie in der Bundesrepublik setzten somit nahezu gleichzeitig Entwicklungen ein, die darauf abzielten, die Entstehung industrieller Emissionen über den Genehmigungsprozess für neue Anlagen zu regulieren. Beiden Ansätzen war gemein, dass Emissionsprobleme, die aus dem Betrieb bereits bestehender Anlagen hervorgingen, zunächst weiter zurückgestellt wurden. Dennoch markierten die Standortgenehmigungsverordnung und die Änderung der Gewerbeordnung einen Wandel, der konstitutiv für die Formierung von Umweltpolitiken in beiden deutschen Staaten war.

Die neue Regelung brachte aber zunächst eine Reihe von Folgeproblemen hervor. Die Praxis der lufthygienischen Begutachtung und die Zusammenarbeit zwischen den Hygieneinspektionen und dem Meteorologischen und Hydrologischen Dienst der DDR (MHD), die für diese Aufgabe zuständig waren, mussten neu geregelt werden. Darüber hinaus verschärfte die Verordnung letztlich die prekäre Situation, in der sich die Hygienebehörden befanden: Die Inspektionen und Institute waren zwar nun dazu aufgefordert, gutachterlich Stellung zu geplanten Bauvorhaben zu beziehen und konnten ihre Zustimmung in begründeten Fällen verweigern. Welche lufthygienischen Anforderungen neue Industrieanlagen aber erfüllen mussten und welche Grenzwerte bei der Genehmigung angewendet werden sollten, war gesetzlich jedoch nicht geregelt. Die Hygiene und der MHD bewegten sich daher zunächst in einer rechtlichen Grauzone und wählten infolge dessen eine Doppelstrategie. Zum einen betrieben die Hygieneinstitute und die Vertreter der Hygiene an den Universitäten wissenschaftliche Grundlagenforschung und setzten sich für die Festlegung verbindlicher Grenzwerte ein, um ihre Position gegenüber der Wirtschaft, den Industrieministerien und den Planungsbehörden zu stärken. Zum anderen wählten die Hygieneinspektionen in der Aushandlung mit diesen Akteuren eine korporative Strategie, die sich durch eine Mischung aus taktierendem Drohen und pragmatischem Entgegenkommen gegenüber wirtschaftlichen Interessen auszeichnete.

Obwohl sich der MHD und die Hygieneinspektionen zu Beginn der sechziger Jahre formal über das Vorgehen bei der Begutachtung einigten, gerieten die Behörden in der Praxis zunächst in Konflikt miteinander.[142] Dem MHD fiel im

141 *Uekötter*, Rauchplage, S. 466–470. In der Bewertung kritischer, auf die Lücken der Gesetzesänderung hinweisend: *Hünemörder*, Frühgeschichte, S. 64, 67 f.

142 Vereinbarung zwischen dem Ministerium für Gesundheitswesen, Abteilung Hygiene und Staatliche Hygiene-Inspektion, und dem Meteorologischen und Hydrologischen Dienst der DDR über die Erteilung von meteorologischen und meteorologisch-lufthygienischen Gutachten, Berlin, d. 29. März 1962: BArch, DQ 1/3490, 2, pag. 133–135

Genehmigungsverfahren ausschließlich die Rolle zu, Verbrennungsanlagen mit einer hohen Leistung wissenschaftlich zu begutachten. Kleinere Anlagen wurden von den Hygieneinspektionen in Eigenregie bewertet.[143] Zu den vordringlichsten Aufgaben des MHD zählte in den sechziger Jahren die Begutachtung von Schwefeldioxidimmissionen aus Industrieschornsteinen, die aufgrund des eilig vorangetriebenen Ausbaus der Energiewirtschaft sehr stark nachgefragt wurden. Mangels großtechnisch erprobter Entschwefelungsverfahren war die »Verdünnung« dieser Emissionen über Hochessen bis in die achtziger Jahre eine international gängige Praxis.[144] Das Ziel der Behörden war es daher, beim Bau der Großkraftwerke möglichst große Schornsteinhöhen durchzusetzen. Doch während die Hygiene in der Auseinandersetzung mit den Bauträgern eine konsensorientierte Handlungsstrategie wählte und als federführendes Begutachtungsorgan dazu gezwungen war, die Stellungnahmen mit verbindlichen, nicht angreifbaren Aussagen zu begründen, verfolgten die Gutachter des MHD ausschließlich einen an wissenschaftlichen Maßstäben orientierten Ansatz, der Genauigkeit vor Praktikabilität stellte und die Hygieneinstitute dadurch mitunter in argumentative Bedrängnis brachte. Die Leiterin des BHI Cottbus, Ingeburg Siegmund, wandte sich beispielsweise 1965 an ihre vorgesetzte Dienststelle im Gesundheitsministerium, um über Probleme im Zusammenhang mit den Gutachten des MHD zu klagen. Demnach übten die Bezirksplankommission (BPK) und andere Planungsbehörden immer häufiger Kritik an den Stellungnahmen der Hygiene und stellten die Aussagekraft der Gutachten grundsätzlich in Frage. Im Zusammenhang mit der Planung der Kraftwerke Vetschau und Peitz musste das Cottbuser Hygieneinstitut die gutachterliche Stellungnahme des Hauptamtes für Klimatologie zurückweisen, da bei der Berechnung falsche Emissionsdaten zugrunde gelegt wurden und somit auch falsche Immissionswerte in das Standortgenehmigungsverfahren eingeflossen waren. Die planenden Behörden und Projektträger bemängelten zudem, dass die Errechnung der Immissionen oftmals nur theoretisch erfolgte und dass diese Angaben nachträglich nicht messtechnisch überprüft wurden. Wo das doch der Fall war, sorgten methodische Unzulänglichkeiten für Probleme. Das Forschungsinstitut für Bioklimatologie führte beispielsweise seit 1958 in der Nähe des Kraftwerkes Lübbenau lufthygienische Messungen durch. Der vom Institut gewählte Messpunkt in 850 Meter Entfernung nördlich des Kraftwerkes war allerdings, wie Siegmund bemängelte, falsch gewählt und konnte aufgrund der Standortgegebenheiten nur zu niedrige Messwerte ermitteln, die das BHI daher ablehnte. Das Institut für Kraftwerke, das maßgeblich am Kraftwerksausbau in der Niederlausitz beteiligt war, nutzte indes diese niedrigeren Angaben, um daraus günstigere Kennziffern

143 Rat des Bezirkes Dresden an verschiedene Behörden, Betr.: Kommunalhygiene – Wahrung hygienischer Belange bei der Beurteilung von Bauvorhaben, Anlagen usw.; hier: Reinhaltung der Luft, o. D. [1964]: BArch, DQ 1/3490, 1.

144 *Uekötter*, Rauchplage, S. 218 ff.

für die Planung des Kraftwerkes Thierbach abzuleiten und die Auflagen der Hygieneinspektion als übertrieben abzutun.[145]

Darüber hinaus machte Siegmund deutlich, dass die MHD-Gutachten auch in anderer Hinsicht unzureichend waren. In einer Expertise zum Großkraftwerk Peitz untersuchte der Leiter des Hauptamtes für Klimatologie, Wolfgang Böer[146], die möglichen Immissionswerte der drei geplanten, jeweils 250 Meter hohen Schornsteine und verwies in diesem Zusammenhang auf zahlreiche Unwägbarkeiten und methodische Probleme, die ihm bei der Errechnung der Werte begegneten. »Da aus der internationalen Literatur nicht zu entnehmen ist, inwieweit die genannten Formeln für Großkraftwerke der angegebenen Größenordnung [3.000 Megawatt mit einer Dampfleistung von 7850 t/h, d. Verf.] und bei den angegebenen Schornsteinhöhen die bei Betrieb zu erwartenden Immissionswerte richtig wiedergegeben werden, wird dringend darauf hingewiesen, daß durch Messungen an bestehenden vergleichbaren Anlagen … überprüft werden sollte, welcher Grad von Wahrscheinlichkeit den Immissionswerten der rechnerischen Abschätzung zukommt.«[147] Böer, der sich in den sechziger Jahren für ein Gesetz zur Luftreinhaltung einsetzte und dessen Gutachten im Grundtenor eine durchweg kritische Haltung gegenüber den Emissionen des geplanten Kraftwerkes einnahm, wollte mit diesem relativierenden Verweis vermutlich hervorheben, dass auch größere Immissionswerte möglich waren und somit eine Verschärfung der lufthygienischen Anforderungen angebracht gewesen wäre. Tatsächlich tat er dem BHI mit der wissenschaftlich korrekten, aber unkronkreten Formulierung jedoch einen Bärendienst, da die von ihm dargelegten Unwägbarkeiten den Projektanten einen hervorragenden Ansatzpunkt boten, um die Aussagen des Gutachtens anzuzweifeln. Siegmund kritisierte darüber hinaus, dass die von Böer angegebenen Schwankungen des zu erwartenden Immissionswertes zwischen 1–2 mg $SO2/m^3$ Luft zwar von einem wissenschaftlichen Standpunkt aus betrachtet korrekt waren, »für uns stellen sie jedoch einen Streubereich dar, der eine Festlegung der Schornsteinhöhe zu einer spekulativen Abschätzung werden lässt. Der angegebene Streubereich bedeutet in der praktischen Bauausführung einen Wertunterschied von einigen Millionen MDN, den wir begründen müssen.«[148]

145 RdB Cottbus, Bezirks-Hygiene-Institut Cottbus an Ministerium für Gesundheitswesen, Herrn OMR Dr. Erler, Betr.: Lufthygienische Gutachten, Cottbus, den 26.10.65: BArch, DQ 1/3490, 2, pag. 338 f.

146 Böer war in den sechziger Jahren maßgeblich am Aufbau einer Abteilung »Technische Meteorologie« beteiligt, die bereits Themenfelder der modernen Umweltmeteorologie behandelte und übte daher großen Einfluss auf diese wissenschaftliche Disziplin aus. Vgl. dazu: *Helbig*, S. 9 f.

147 Böer, Meteorologisch-lufthygienisches Gutachten, Potsdam, den 10. August 1965: BArch, DQ 1/3490, 2, pag. 340 f.

148 RdB Cottbus, Bezirks-Hygiene-Institut Cottbus an Ministerium für Gesundheitswesen, Herrn OMR Dr. Erler, Betr.: Lufthygienische Gutachten, Cottbus, den 26.10.65: BArch, DQ 1/3490, 2, pag. 338 f.

Ein hypothetisches »so oder auch so« war in der konkreten Genehmigungspraxis keine Option und ging im Zweifelsfall zu Lasten der Hygiene.

Der innere Drang, die Gutachten wissenschaftlich abzusichern und die auf den außenstehenden Beobachter tatsächlich »verkopft« wirkenden Formulierungen erschwerten die Arbeit der Hygieneinspektionen. Für Projektanten boten die Unstimmigkeiten zwischen dem MHD und der Hygiene die Möglichkeit, einen Keil zwischen diese eigentlich an einem Strang ziehenden Behörden zu treiben und deren Einflussmöglichkeiten auf Bauvorhaben zu schwächen. Allerdings wäre es unzulässig, einzig den Gutachtern des MHD eine Schuld an den vorhandenen Problemen vorzuwerfen. Denn ohne gesetzlich festgeschriebene Grenzwerte stand die Akzeptanz lufthygienischer Einwände ohnehin auf wackeligen Füßen. Eine nachträgliche Überprüfung der von der BHI Cottbus als falsch zurückgewiesenen Immissionswerte für die geplanten Kraftwerke Vetschau und Peitz ergab außerdem, dass dem Hauptamt für Klimatologie von den Projektanten zuvor falsche Ausgangswerte mitgeteilt wurden.[149] Zwar lässt sich nicht mehr rekonstruieren, inwieweit die Planer wissentlich oder versehentlich falsche Angaben an die Genehmigungsbehörden weitergegeben haben – der hektisch betriebene Aufbau von Großkraftwerken mit Leistungen von mehreren tausend Megawatt stellte schließlich alle Beteiligten vor große Herausforderungen. Es hätte einigen der an der Planung beteiligten Behörden aber sicherlich gut ins Kalkül gepasst, Gutachter und Genehmigungsbehörde gegeneinander auszuspielen und dadurch Kosten in Millionenhöhe einzusparen.

Ein weiteres grundlegendes Problem war der von allen Beteiligten als mangelhaft angesehene Stand der Forschung: Die Klagen Böers über die Schwierigkeiten bei der Berechnung der Emissionen waren keine fadenscheinige Entschuldigung, sondern tatsächlich ein großes Problem, vor das sich alle Gutachter gestellt sahen. Das Fehlen flächendeckender Messwerte erschwerte es, punktuell erhobene Daten in einen repräsentativen Kontext zu setzen. Den Emittenten bot dieser Missstand zahlreiche Gelegenheiten zur Trickserei: So konnten die Projektanten die tatsächliche Höhe der örtlichen Immissionen in Zweifel zu ziehen, auf Emissionen anderer Betriebe und eine allgemein hohe Belastungssituation verweisen. Die Verabschiedung der Standortgenehmigungsverordnung stellte dennoch eine wichtige umwelthistorische Zäsur in der DDR dar, da sie eine Phase systematischer Staub- und Schwefeldioxidmessungen einleitete und eine Initiative für ein Luftreinhaltegesetz nach sich zog. An die Stelle der punktuellen Erhebungen, wie sie bis dahin beispielsweise von einzelnen wissenschaftlichen Forschungsprojekten, beispielsweise der Landschaftsdiagnose, vorgenommen worden war, traten kontinuierliche Mess- und Forschungsprogramme, die das Augenmerk auf die Ballungsgebiete und den Gesundheitsschutz legten.

149 Ebd.

1.4.2 Messen und Eingrenzen: Der Aufbau der Fachabteilungen für Lufthygiene

Eine wichtige Voraussetzung dafür war der Aufbau von Fachabteilungen für Lufthygiene. Vorreiter auf diesem Gebiet war der Bezirk Halle, der sich in den sechziger Jahren ohnehin am profiliertesten in Fragen des technisch-administrativen Umweltschutzes hervortat. Hierin eine Analogie zur Bundesrepublik zu sehen, wo sich das Ruhrgebiet im gleichen Zeitraum zum »Musterland« der Luftreinhaltung[150] entwickelte, wäre allerdings übertrieben, da die Erfolge im mitteldeutschen »Chemiebezirk« qualitativ und quantitativ deutlich hinter denen Nordrhein-Westfalens zurück blieben. Ein solcher Vergleich wäre auch schon alleine deshalb schief, weil die Ausgangsbedingungen, wirtschaftliche Prosperität und weitergehende Länderkompetenzen im Westen, »demokratischer Zentralismus«, Braunkohleabhängigkeit und verspäteter Wiederaufbau im Osten, stark voneinander abwichen. Parallelen in der Entwicklung waren aber in Ansätzen durchaus vorhanden. Zwar gelang es in den sechziger Jahren nicht, in der DDR eine dem nordrhein-westfälischen Landesimmissionsschutzgesetz vergleichbare Regelung auf den Weg zu bringen. Der Hallenser Bezirkstag verabschiedete aber im Jahr 1968 erstmals ein Programm zur Reinhaltung von Wasser und Luft, das für die Umweltpolitik einen konstitutiven Charakter hatte. Der Ministerrat bestätigte zudem etwa zeitgleich eine »Anordnung zur Begrenzung und Ermittlung von Luftverunreinigungen« des Gesundheitsministeriums, die erstmals systematisch Grenzwerte für eine Reihe von Luftschadstoffen festlegte.[151]

Im Mai 1961 begannen am Bezirkshygieneinstitut in Halle die Arbeiten zum Aufbau einer Abteilung für Lufthygiene. Verantwortlich dafür war Klaus Hammje, der zunächst Chemie studiert hatte und nur durch einen Zufall zur Hygiene kam. Als Assistent von Karlwilhelm Horn an der Hallenser Universitätsklinik hatte er sich auf Fragen der Lufthygiene spezialisiert und als Experte auf diesem Gebiet profiliert. Die Initiative für den Aufbau der Abteilung ging von Horn aus, der kurz darauf nach Berlin wechselte, wo er am Hygiene Institut der Charité maßgeblich an der Errichtung eines DDR-weiten Überwachungssystems mitwirkte. Die Institute der übrigen Bezirke folgten dem Hallenser Vorbild, allerdings mit unterschiedlichem Tempo.[152] Die Staatliche Hygiene-

150 Vgl. *Uekötter*, Rauchplage, S. 431–450.

151 Anordnung zur Begrenzung und Ermittlung von Luftverunreinigungen (Immissionen) vom 28. Juni 1968, in: GBl. DDR, II, 1968, S. 640–642. Vgl. auch Kapitel III.2.1.

152 Etwa parallel zum Hygieneinstitut in Halle begannen auch die Bezirke Berlin und Karl-Marx-Stadt – die ebenfalls Brennpunkte waren – mit dem Aufbau entsprechender Abteilungen; ab 1963/64 folgten die Bezirke Cottbus und Frankfurt (Oder). Andere Hygieneinstitute, wie etwa im Bezirk Rostock, richteten erst in den siebziger Jahren eigenständige Fachgebiete für Lufthygiene und Lärmschutz ein und mussten bei der Umsetzung dieser an sie gestellten Aufgaben über einen längeren Zeitraum improvisieren. Vgl. dazu: *Hammje*, Messungen, S. 310–312, hier 310. Vgl. auch: Telefongespräch mit Dr. Klaus Hammje am

inspektion im Gesundheitsministerium, die den Aufbau der Abteilungen für Lufthygiene koordinierte, verfolgte dabei eine progressive Strategie. Auf Bezirksebene stieß dieses Vorgehen jedoch auf wenig Verständnis. Die BHI Cottbus geriet beispielsweise im Laufe des Jahres 1963 immer stärker in Bedrängnis, weil die Bezirksplankommission die Behörde dazu aufforderte, endlich den aus der Standortgenehmigungsverordnung hervorgehenden Verpflichtungen nach zu kommen. Siegmund wandte sich daher im Sommer mit der Bitte an die StHI, mehr Mittel für Personal, Räume und Laborausrüstungen zur Verfügung zu stellen. Die Hygienikerin schlug außerdem vor, die notwendigen lufthygienischen Untersuchungen bis zum Aufbau der notwendigen Kapazitäten vom Hygieneinstitut des Bezirkes Halle durchführen zu lassen.[153] Die StHI stimmte den Forderungen zwar prinzipiell zu, musste aber darauf verweisen, dass finanzielle Mittel und Baukapazitäten erst ab 1965 zur Verfügung stehen würden. Die ebenfalls noch im Aufbau befindliche Hallenser Abteilung für Lufthygiene war überdies nicht in der Lage, die BHI Cottbus bei der Begutachtung neuer Industrieanlagen zu unterstützen. Der langsame Ausbau der Lufthygiene zog somit fast zwangsläufig ein Implementationsdefizit der Standortgenehmigungsverordnung nach sich und erschwerte die Arbeit der Gesundheitsbehörden in den sechziger Jahren.

Dem Hallenser Hygieneinstitut kam in der Aufbauphase trotz der prekären Ausgangslage eine zentrale Rolle zu, da es Mitarbeiter anderer Institute ausbildete und vierteljährlich Tagungen über den Stand der Lufthygiene abhielt.[154] Schwierigkeiten beim Aufbau zeigten sich aber auch in Halle. So fehlte es beispielsweise noch 1964 an der notwendigen Laborausrüstung. Der mit dem Aufbau beauftragte VEB Laborbau konnte aufgrund fehlender Bau- und Personalkapazitäten die ursprünglichen Vertragsvereinbarungen nicht einhalten. Weder die Interventionen des Forschungsrates der DDR und des Gesundheitsministeriums noch die Einschaltung des Volkswirtschaftsrates konnten diesen Missstand beheben. Angesichts eines auf Ende April 1966 verschobenen Montagetermins hielt Horn in einem Schreiben an den Leiter der StHI, Wilhelm Spengler,

25.9.2015; *Hahn u. a.*, S. 38 ff.; *Ockert u. Borneff-Lipp*. Staatliche Hygieneinspektion an das Bezirks-Hygiene-Institut Cottbus, Lufthygienische Untersuchungen im Bezirk Cottbus, 8.8.63: BArch DQ 1/3490, 1, pag. 297; BHI Frankfurt/Oder an StHI, Betr.: »Schwefelverunreinigung durch das Kalkwerk Rüdersdorf«, Frankfurt/Oder, den 28.1.65: BArch DQ 1/3490, 1, pag. 224; *Riemer*, Anhang zur Dissertation (gekürzte Fassung), Tabelle 6: Strukturelle Entwicklung des Hygieneinstituts Greifswald.

153 Bezirks-Hygiene-Institut Cottbus an Ministerium für Gesundheitswesen – Staatliche Hygieneinspektion –, Betr.: Anordnung über die Schaffung einer lufthygienischen Abteilung beim Bezirks-Hygiene-Institut Cottbus, Cottbus, den 6.7.1963: BArch DQ 1/3490, 1, 298.

154 Staatliche Hygieneinspektion an das Bezirks-Hygiene-Institut Cottbus, Lufthygienische Untersuchungen im Bezirk Cottbus, 8.8.63: BArch DQ 1/3490, 1, 297; vgl. auch Telefongespräch mit Dr. Klaus Hammje am 25.9.2015.

resignierend fest, dass »durch diese Situation die Anfertigung von Gutachten« leider »sehr erschwert und zum Teil unmöglich« gemacht würde.[155]

Die schlechte, teilweise desolate Ausstattung der für die Umweltkontrolle zuständigen Akteure blieb eine Konstante in der ostdeutschen Umweltgeschichte. Die Gründe dafür lagen zum einen in organisatorischen Fehlleistungen und den Defiziten der planwirtschaftlichen Mittelbereitstellung. Zum anderen zeigten sich aber auch die prekäre außenwirtschaftliche Lage der DDR und die Embargobestimmungen des Westens dafür verantwortlich.[156] Indizien dafür, dass hinter der schlechten technischen Ausstattung der Hygiene das Kalkül steckte, die eigenen Kontrollbehörden schwach zu halten, um eine Industriepolitik mit ökologisch fatalen Folgen widerstandslos durchsetzen zu können, lassen sich indes nicht finden. Im Gegenteil: Die Kritik des Institutes für Kraftwerke an der mathematischen Ermittlung von Immissionsdaten durch den MHD passen ebenso wenig in ein solches Bild, wie beispielsweise die Mahnung der Cottbuser Bezirksplankommission an das Bezirkshygieneinstitut, den Aufbau einer Abteilung für Lufthygiene zügig voranzutreiben, um den Anforderungen der Standortgenehmigungsverordnung nachkommen zu können. Die Protagonisten der Hygiene gingen mit diesen Missständen pragmatisch um und versuchten Engpässe mit einem für die DDR typischen Improvisationstalent zu umschiffen: Horn finanzierte beispielsweise die Anschaffung neuer Staubmessgeräte für sein Institut an der HU Berlin 1964 trickreich über einen Forschungsauftrag und bat den technischen Leiter des VEB Labortechnik Ilmenau vorsorglich darum, künftige Korrespondenz nur direkt an ihn zu richten, um so den Vorwurf einer »Zweckentfremdung« von Forschungsgeldern zu vermeiden. Messgeräte wurden zudem oftmals in Eigenregie hergestellt. Der Leiter der Hallenser Fachabteilung für Lufthygiene, Klaus Hammje, berichtete beispielsweise in einem Gespräch darüber, dass er und sein Team in den Aufbaujahren unter anderem Martinshörner ausrangierter Feuerwehrfahrzeuge als Ansaugpumpen in Messwagen verwendet hätten.[157]

Die Hygiene weitete ihre Aktivitäten auf dem Gebiet der Luftreinhaltung trotz dieser Widrigkeiten stetig aus. In Zwickau führte das zuständige Hygieneinstitut bereits im Herbst 1958 erste Staubmessungen im Stadtgebiet durch und

155 Horn an Herrn Dr. W. Spengler, Vermerk, Betrifft: Laborausrüstung des Fachgebietes Lufthygiene am BHI Halle, 1. September 1968: BArch, DQ 1/3490.

156 Der Erfolg des Cocom-Embargos und die Folgen für den Ostblock werden von der Forschung unterschiedlich bewertet. Während neuere Beiträge betonen, dass die Haltung des Westens bereits in den frühen fünfziger Jahren alles andere als einheitlich war und die Cocom-Liste von einzelnen Staaten immer wieder umgangen oder offen infragegestellt wurde, lassen sich demgegenüber die Folgen für die (Hoch)Technologieentwicklung in den Ostblockstaaten nur schwer abschätzen. Vgl. dazu und zum Außenhandel der DDR: *Schrader*, 203–206; *Fäßler*, Bonn, S. 698–700; *Cain*, S. 455 f.; *DIW*, Handbuch, S. 298–303.

157 Vgl. Lehrstuhl Allgemeine und Kommunale Hygiene an VEB Labortechnik Ilmenau, Betr. Gerät zur Messung der Staubsedimentation, 31.1.1964: BArch, DQ 1/3490, 59; Telefongespräch mit Dr. Klaus Hammje vom 25.9.2015.

richtete eine Dauermessstelle ein.[158] In Ost-Berlin wurden ab 1960 umfangreiche Staub- und Schwefeldioxidmessungen durchgeführt.[159] Im Stadtgebiet von Halle begann man im gleichen Jahr mit einer systematischen Erhebung der Schwefeldioxidwerte und richtete im darauffolgenden Jahr ebenfalls ein Staubmessnetz ein.[160] Das Bezirkshygieneinstitut Rostock folgte diesen Vorbildern im Spätsommer 1962 und begann mit dem Aufbau von Staubmesspunkten, denen Messstellen zur Erhebung der Schwefeldioxidwerte folgen sollten.[161] Diese zunächst auf innerstädtische Gebiete beschränkten Messungen wurden in den folgenden Jahren stark ausgeweitet, so dass erstmals flächendeckende Immissionswerte und eine Kartierung der Luftbelastungen vorlagen.[162]

1.4.3 Alltag zwischen Improvisation und Aufbruch: Hygieneinspektionen und industrielle Emissionen

Die Bezirkshygieneinspektionen waren zu Beginn der sechziger Jahre kaum dazu im Stande, präventiv auf dem Gebiet der Lufthygiene tätig zu werden. Und anders, als in der Wasserwirtschaft, wo die 1956 erlassene Abwasserverordnung die Betriebe unter anderem dazu anhielt, spezielle Abwasserbeauftragte zu benennen, fehlten der Hygiene solche Ansprechpartner.[163] Die operative Tätigkeit der Behörden konzentrierte sich daher einerseits auf ihre Rolle in Genehmigungsverfahren und andererseits auf solche Fälle, die durch Beschwerden aus der Bevölkerung an sie herangetragen wurden. Die Arbeit der Hygieneinspektionen folgte damit auch in den sechziger Jahren dem Prinzip eines »von Fall zu Fall«, das für das Handeln deutscher Behörden bei der Bekämpfung von Luftverschmutzung seit dem ausgehenden 19. Jahrhundert typisch war. Insofern zeigte sich in der Auseinandersetzung über Luftverunreinigungen eine weitere Parallele zur Bundesrepublik, wo eine Abkehr von dieser Praxis ebenfalls nur langsam einsetzte.[164] Ein deutlicher Unterschied bestand hingegen in den Akteurskonstellationen, die an der Aushandlung von Konflikten über zunehmende Luftverunreinigungen beteiligt waren: Während in Westdeutschland Gewerbeordnungsämter, Unternehmen, Betroffene und Gerichte in einem Kontext interagierten, in den sich im Laufe der fünfziger Jahre immer häufiger auch demokratische Parteien, Bürgervereine und freie Medien einmischten, wurden

158 *Sändig*, S. 314–315.
159 *Kahl u. a.*, S. 318 f.
160 *Knauer*, S. 305–310; *Hammje*, S. 310–312.
161 *Wetzel*, S. 312–313.
162 Vgl. beispielsweise den Aufbau eines Systems der Immissionskontrolle im Bezirk Halle: *Hammje u. a.*, insbes. S. 9.
163 Vgl. § 3 (1) der Verordnung über die Errichtung und den Betrieb von Abwasserreinigungsanlagen vom 15. März 1956, in: GBl. DDR, I, 1956, S. 285–286.
164 *Brüggemeier u. Rommelspacher*, S. 72 f.; *Uekötter*, Rauchplage, S. 404–412; *Hünemörder*, Frühgeschichte, S. 49 ff.; *Engels*, S. 276–279.

diese Konflikte in der DDR vorwiegend nicht öffentlich und ohne die Kontrolle einer unabhängigen Verwaltungsgerichtsbarkeit ausgetragen. Die Bevölkerung meldete sich über das Mittel der Eingabe zwar ebenfalls zu Wort und übte teils heftigen Protest. Der politischen Meinungsäußerung und einer Vernetzung der Proteste waren dadurch aber ungleich engere Grenzen gesetzt.[165] Die dynamisierende Wirkung einer kritischen Medienberichterstattung, die im Westen einen großen Anteil an der Formierung einer nationalen und internationalen Umweltdebatte hatte, kam in der DDR zudem nicht zum Tragen.

Der Umweltschutz stand deshalb aber nicht zwangsläufig auf verlorenem Posten, sondern hatte als Gegenstand behördlicher Interaktionen durchaus Aussicht auf Erfolg. Deutlich wird dies an Beispielen aus der Standortgenehmigungspraxis, die aufgrund ihrer politischen und ökonomischen Bedeutung von vornherein eine geringe Relevanz lufthygienischer Argumente erwarten ließen. Die von der SED-Führung in der zweiten Hälfte der fünfziger Jahre beschlossenen Investitionen in den Ausbau der Chemieindustrie und der Energieerzeugung lösten eine rege Bautätigkeit aus, in die auch die Hygieneinspektionen in ihrer Funktion als Genehmigungsbehörden involviert wurden. Aus umwelthistorischer Perspektive boten diese Investitionsprogramme zunächst eine Chance, weil sie eine Modernisierung überalterter, nach 1945 oftmals hastig rekonstruierter Betriebe und die Abschaltung unrentabler Anlagen versprachen. Die etwa zeitgleich anlaufenden Programme überforderten allerdings die Leistungsfähigkeit der ostdeutschen Volkswirtschaft. Das Chemieprogramm musste bereits zu Beginn der sechziger Jahre bereits modifiziert werden.[166] In Berichten an Ulbricht und den Vorsitzenden der SPK, Erich Apel, überschlugen sich Meldungen über Planrückstände und auch der Bau der Braunkohlegroßkraftwerke in der Niederlausitz, bei dem es immer wieder zu schweren Havarien kam, bereitete große Probleme.[167] Als die Umsetzung der strukturpolitischen Investitionsprogramme ins Stocken geriet, stand es daher zu befürchten, dass der technische Umweltschutz dem Rotstift zum Opfer fallen würde. Die Hygienebehörden zeigten sich von diesen Widrigkeiten allerdings unbeeindruckt und waren weiterhin darum bemüht, lufthygienische Verbesserungen in den Planungen durchzusetzen.

Die BHI Halle forderte zu Beginn der sechziger Jahre immer offensiver die Einhaltung lufthygienischer Standards und erhielt dabei Rückendeckung vom Wirtschaftsrat des Bezirkes. Im Zusammenhang mit der Planung eines neuen Salzkohlekraftwerkes, dass die Wärme- und Energieversorgung der Leu-

165 Zu Eingabenprotesten gegen Luftverunreinigungen vor der Verabschiedung des Landeskulturgesetzes vgl. Kap. 2.3.

166 *Hackenholz u. Karlsch*, S. 117 f.; *Karlsch u. Stokes*, S. 30 ff.; *Sattler*, S. 150 f.; *Steiner*, Plan, S. 99 f.

167 Vgl. exempl.: Die weitere Entwicklung der chemischen Industrie der DDR, Berlin, den 1. Juni 1962: BArch, DY 30/3305; Arbeitsgruppe Forschung und technische Entwicklung, Stellungnahme zur Vorlage für den Forschungsrat »Grundsätze zur Perspektive der Energiewirtschaft der DDR«, Berlin, den 10. November 1962: BArch, DY 3023/523 sowie Abteilung Grundstoffindustrie an Gen. Dr. Apel, 23.2.62: BArch, DY 3023/523.

na-Werke langfristig sichern sollte, hielt der zuständige Bezirkshygieniker 1964 fest, dass »unter Berücksichtigung der vorhandenen außerordentlich hohen Grundbelastung im Raume Leuna ... lufthygienischerseits nur mit gewissen Bedenken und unter den Bedingungen zugestimmt werden« kann, »daß ein 250 m hoher Schornstein errichtet wird und daß zur Abscheidung des Flugstaubes solche modernen Filteranlagen eingesetzt werden, die einen Staubgehalt im Abgas von 0,5 g/Nm³ [Normkubikmeter, d. Verf.] gewährleisten und so betrieben und gewartet werden, daß dieser Staubgehalt auch nach längerer Betriebszeit garantiert werden kann.«[168] Die BHI konnte sich im konkreten Fall auf eine frühere Standortgenehmigung des Wirtschaftsrates berufen, die bereits relativ strenge Auflagen verhängt hatte und »eine wesentliche Verminderung der Luft- und Geruchsverunreinigungen entsprechend dem derzeitigen Erkenntnisstand« forderte.[169] Obwohl für die Genehmigung dieser Anlage eigentlich noch die Bestimmungen der Arbeitsschutzanordnung 800 galten, die lediglich einen Höchstwert von einem g/Nm³ Staub forderten, wandte die BHI bereits einen neuen, deutlich schärferen Grenzwert an, der sich an sowjetischen und tschechoslowakischen Vorgaben orientierte und dem internationalen Stand der hygienischen Forschung entsprach, in der DDR allerdings erst 1968 gesetzlich festgeschrieben werden sollte.[170]

Der für die Planung zuständige VEB Energieprojektierung reagierte auf die Stellungnahme jedoch nicht grundsätzlich ablehnend, wie man angesichts des zu erwartenden Mehraufwandes annehmen könnte, sondern kam der BHI sogar entgegen. Während man dem beauflagten Höchststaubgehalt ohne Beanstandungen zustimmte und mittels des Einsatzes von Elektrofiltern einen Emissionswert von 0,5 g/Nm³ oder weniger zusicherte, lehnte der Projektant die Forderung nach einem 250 m hohen Schornstein ab. Diese Haltung beruhte aber nicht auf einer prinzipiellen Uneinsichtigkeit gegenüber den Forderungen der Luftreinhaltung, sondern war in erster Linie den spezifischen Bedingungen der Kraftwerksplanung geschuldet. Die Projektierung verlief anscheinend von Beginn an unter hohem Zeitdruck und ließ komplexe, die Bauausführung des Vorhabens nachträglich verändernde Auflagen nicht zu. Da die Umsetzung des Chemieprogramms in Leuna eine zügige Steigerung der Energieversorgung erforderte und die Kessel des neuen Kraftwerkes spätestens 1968 in Betrieb genommen werden

168 Rat des Bezirkes Hall, Bezirkshygieneinspektion an VEB Energieprojektierung, Betriebsteil Halle, Aufgabenstellung VEB Leuna-Werke »Walter Ulbricht« Salz-Kohle-Kraftwerk, Bau 990, Halle, Saale, den 9. Juni 1964: BArch, DQ 1, 3490, 2, pag. 439. Vgl. dazu auch Amt für Meteorologie an VEB Energieprojektierung, Meteorologisch-lufthygienisches Gutachten, Halle/S., 24.3.1964: BArch, DQ 1/3490, 2, pag. 442 sowie Amt für Meteorologie und Hydrologie an VEB Energieprojektierung, Meteorologisch-lufthygienisches Gutachten (Ergänzung), Halle/Saale, d. 4.4.1964: BArch, DQ 1/3490, 2, pag. 444f.

169 Rat des Bezirkes Hall, Bezirkshygieneinspektion an VEB Energieprojektierung, Betriebsteil Halle, Aufgabenstellung VEB Leuna-Werke »Walter Ulbricht« Salz-Kohle-Kraftwerk, Bau 990, Halle, Saale, den 9. Juni 1964: BArch, DQ 1, 3490, 2, pag. 438.

170 Vgl. dazu und zur Festlegung von Grenzwerten auch Kap. 2.2.1.

sollten, plante der VEB Energieprojektierung die neue Anlage unter Ausnutzung eines bereits vorhandenen Schornsteinstumpfes zu errichten. Dieser Sockel ließ jedoch statisch nur eine Aufstockung auf maximal 150 m zu. »Abbrucharbeiten für den Schornsteinstumpf«, so der Projektant, »wären in dem dicht belegten Werksgelände nur unter äußerst erschwerten Bedingungen und mit großem Kostenaufwand möglich.« Entscheidender als die Frage der Mehrkosten war jedoch der Zeitplan, der dadurch völlig aus dem Takt geraten wäre, da »mit der einen in der DDR vorhandenen Gleitfertigeranlage für derartige Schornsteine der Bau überhaupt erst 1967/68 begonnen werden könnte.«[171]

Der VEB Energieprojektierung beantragte daher bei der Staatlichen Hygieneinspektion eine Ausnahmegenehmigung und versuchte den Vertretern der Hygiene entgegenzukommen: »Wir bitten Sie dabei zu berücksichtigen, daß in der weiteren Perspektive bei der Errichtung des 2400 t/h-Kraftwerkes Nord auf Salzkohlebasis alle lufthygienischen Forderungen von vornherein in Anwendung gebracht werden und die gesamten z.Zt. betriebenen Normalkohlekessel im Leuna-Werk stillgelegt werden, so daß auch auf lufthygienischem Gebiet eine Verbesserung eintreten wird.«[172] Diese Begründung wirkt auf den ersten Blick zwar durchaus fadenscheinig, da man allem Anschein nach lufthygienische Verfehlungen der Gegenwart mit Versprechungen auf eine Besserung in der Zukunft zu erkaufen versuchte. Vor dem zeithistorischen Hintergrund – den noch relativ jungen, nicht gesetzlich verankerten Anforderungen der Lufthygiene einerseits und dem Kontext des überhasteten, bereits nach wenigen Jahren große Probleme bereitenden Chemie- und Energieprogramms andererseits – muss ein umwelthistorisches Urteil über das Verhalten des Projektanten jedoch vorsichtiger ausfallen. Die Vertreter der Hygiene durchschauten jedenfalls das Grundproblem der Industrieplanung und zeigten sich für künftige Auseinandersetzungen gewappnet, wie ein Schreiben von Böer an den Leiter der StHI, Spengler, veranschaulicht: »Der Grundmangel bei diesem Projekt besteht nach meiner Meinung darin, daß seitens des VEB Leuna-Werke ›Walter Ulbricht‹ bzw. anderer Stellen der Wirtschaftsverwaltung eine Konzeption allen Arbeiten zugrunde gelegt wurde, die von vornherein unzureichend war, wobei jetzt, nachdem schon umfangreiche Investitionen und auch Folgeinvestitionen getätigt worden sind, eine Änderung nicht oder nur schwer möglich ist. Es wäre vielleicht zweckmäßig, diesen Vorgang zum Anlaß zu nehmen, bei den entsprechenden staatlichen Stellen auf die rechtzeitige Abstimmung derartiger Vorhaben mit dem Ministerium für Gesundheitswesen zu drängen.«[173]

171 VEB Energieprojektierung an Staatliche Hygieneinspektion, Betrifft: Aufgabenstellung VEB Leuna-Werke »Walter Ulbricht« Salzkohle-Kraftwerk Bau 990 – Neubau eines Schornsteines, Berlin, den 7.8.1964: BArch, DQ 1/3490, 2, pag. 435 f.

172 Ebd., pag. 437.

173 Meteorologischer Dienst der DDR an Staatliche Hygiene-Inspektion, Herrn Obermedizinalrat Dr. Spengler, Betr.: Schornsteinbau für Salzkraftwerk im VEB Leuna-Werke »Walter Ulbricht«, Potsdam, den 18. August 1964: BArch, DQ 1/3490, 2, pag. 432.

Die StHI gab dem Ersuchen des VEB Energieprojektierung um eine Ausnahmegenehmigung schließlich nach, ohne dabei jedoch den Anschein zu erwecken, dass dieses Entgegenkommen der Hygiene zukünftig gängige Praxis werden sollte. Ausschlaggebend für Böer und Spengler war insbesondere der bereits fortgeschrittene Stand der Planung. Fehlende Erfahrungswerte im Umgang mit Emissionen aus Salzkohlekraftwerken, die erst durch systematische Immissionsmessungen gewonnen werden sollten, bereiteten der Behörde aber durchaus Sorgen. Eine wichtige Bedingung für den Bau eines nur 150 m hohen Schornsteines war daher die ständige Überwachung der Immissionssituation, die vom VEB Leuna-Werke finanziert, aber von unabhängiger Stelle durchgeführt werden sollte. Darüber hinaus behielt sich die BHI das Recht vor, den Schornstein außer Betrieb zu nehmen, sobald die vom Werk verursachten Immissionen eine unmittelbare Gefahr für die Bevölkerung darstellten. Die Vertreter der Leuna-Werke und des VEB Energieprojektierung zeigten sich mit diesen Auflagen einverstanden.[174]

Die Haltung von Planungsbehörden und Industrie war keineswegs homogen und durchweg antagonistisch gegenüber Umweltschutzforderungen eingestellt, wie es von der Forschung bislang suggeriert wurde.[175] Schon alleine die große Anzahl der beteiligten Stellen macht eine solche Annahme unglaubwürdig. An der bereits erwähnten Schornsteinplanung für das Kraftwerk Thierbach waren beispielsweise neben der Betriebsleitung die Bezirksplankommission Leipzig, das Institut für Kraftwerke (IfK), der VEB Energieprojektierung Berlin, der VEB Industrieprojektierung Berlin I, das Staatliche Büro für Begutachtung der Investitionen (SBBI), das Ministerium für Bauwesen (MfB), das Institut für Energetik (IfE), das BHI Leipzig, der MHD, das Forschungsinstitut für Bioklimatologie sowie die StHI beteiligt. Diese Vielzahl unterschiedlicher Akteure verfolgte durchaus auch unterschiedliche Interessen, wie das Protokoll einer gemeinsamen Beratung belegt: Während das IfE und der MHD in der Planung eine Schornsteinhöhe von 300 m durchsetzen konnten, versuchten das IfK und das SBBI noch in letzter Minute eine Reduzierung auf 250 m zu erreichen. Die Institutionen, die vornehmlich die Projektierungskosten im Blick hatten, argumentierten, dass die Berechnung der zu erwartenden Immissionen zu unsicher sei und stellten die lufthygienischen Forderungen mit Verweis auf noch fehlende exakte Messdaten in Frage. Der ebenfalls auf Seiten der wirtschaftsleitenden Behörden stehende VEB Energieprojektierung lehnte eine nachträgliche Reduzierung der Schornsteinhöhe jedoch ab, da mit der Änderung der Projektierungsunterlagen ein Zeitverlust von etwa neun Monaten verbunden

174 VEB Energieprojektierung, Protokoll über die Besprechung am 25.9.1964 im Hause EP-Berlin, Berlin, den 5.10.1964: BArch, DQ 1/3490, 2, pag. 427 f.; Staatliche Hygiene-Inspektion – Der Leiter – an VEB Energieprojektierung, Aufgabenstellung VEB Leuna-Werke »Walter Ulbricht« Salzkohle-Kraftwerk Bau 990 – Neubau eines Schornsteines, 26.8.1964: BArch, DQ 1/3490, 2, pag. 431.

175 Vgl. dazu ausführlich den Abschnitt »Forschungsstand« in der Einleitung.

gewesen wäre. Der Vertreter des Energieprojektierungsbetriebes verwies zudem auf die Planung des Kraftwerkes Lippendorf, bei der man den Forderungen der Lufthygiene nach einem 300-Meter-Schornstein ebenfalls ohne vorhandene Untersuchungsergebnisse nachgekommen war. Der Vorstoß von IfK und SBBI, die wohl auch fürchteten, mit der Festlegung in Thierbach eine allgemeine Mindesthöhe für Schornsteine festzuschreiben, war zu diesem Zeitpunkt allerdings bereits vergebens, da das Bauministerium wenige Tage vor der Sitzung einen Bauvertrag mit der Volksrepublik Polen abgeschlossen hatte, der die 300-Meter-Ausführung umfasste.[176]

Es zeigt sich also, dass die Reihen der staatlichen Planer alles andere als geschlossen waren. Die unterschiedlichen Akteure verfolgten vielmehr spezifische Interessen, für deren Verwirklichung sie bereit waren, bestimmte Bedingungen zu akzeptieren. Während IfK und SBBI vornehmlich Kostenfragen im Blick behielten und es in Kauf nahmen, dafür bereits festgelegte Projektierungen wieder in Frage zu stellen, war der VEB Energieprojektierung, wie schon in Leuna, an einer zügigen und möglichst reibungslosen Durchführung von Planung und Bauausführung interessiert. Das gleiche galt in diesem Fall wohl auch für das Bauministerium, das die beiden Gegner der 300-Meter-Lösung anscheinend nicht rechtzeitig über den bereits abgeschlossenen Bauvertrag informiert hatte. Insofern war es nur konsequent, wenn sich auch die Bezirkshygiene in der Standortgenehmigungspraxis und bei Kontrollen kompromissbereit zeigte, so lange dadurch nicht Grundsätze der Luftreinhaltung in Frage gestellt wurden.[177]

Natürlich finden sich auch Fälle, die das Gegenteil belegen und auf eine blockierende Haltung der Industrie im Umgang mit Umweltproblemen verweisen. Im Zusammenhang mit der Verlegung des VEB Leuchtstoffwerk Bad Liebenstein, der aus dem Stadtzentrum des gleichmaligen Kurortes im Westen Thüringens ausgesiedelt werden musste, um den Kurbetrieb nicht weiter zu beeinträchtigen, zeigte sich die für die Planung zuständige VVB Allgemeine Chemie Halle wenig kompromissbereit. Die Abteilung Kur- und Bäderwesen des RdB Suhl wandte sich im September 1963, nachdem für den Betrieb ein Gelände auf dem knapp zwei Kilometer vom Ortskern entfernt liegenden Stephansberg gefunden worden war, mit einer Liste von Kritikpunkten an die Bezirksplankommission, um den neuen Standort zu bemängeln. Aufgrund der Tallage Bad Liebensteins sah die Kurverwaltung durch die Verlegung keine Aussicht auf eine langfristige Verbesserung der lufthygienischen Situation gegeben. Vielmehr schloss man

176 VEB Kraftwerke Thierbach-Elbe, Kraftwerk Thierbach, Protokoll über die Festlegung der endgültigen Schornsteinhöhe für Kraftwerk Thierbach am 5.11.1965 im Kraftwerk Vockerode: BArch, DQ 1/3490, 1, pag. 327–330.

177 Dieses Bild wird im Übrigen auch von Zeitzeugen bestätigt: Klaus Hammje schätzt die Zusammenarbeit zwischen der BHI und anderen Staats- und Wirtschaftsorganen in der Rückschau auch unter den gegebenen Einschränkungen als durchaus konstruktiv ein. Vgl. Telefongespräch mit Dr. Klaus Hammje, ehem. Leiter der Abteilung Lufthygiene, BHI Halle, 25.9.2015.

sich einer Empfehlung der Abteilung Bezirksgeologie an, die vorsah, das Werk aus wasserwirtschaftlichen Gründen in den Raum Immelborn an das andere Ufer der Werra zu verlegen.[178] Der VVB verwies in einem Schreiben an das Gesundheitsministerium, das in Folge dessen eingeschaltet wurde, jedoch daraufhin, dass die Planung bereits abgeschlossen und die »ökonomischste Lösung« gefunden worden sei.[179] Der Direktor des in Gotha ansässigen Bezirkshygieneinstituts unterstützte in dieser Auseinandersetzung nicht die Position der Kurverwaltung, sondern schlug sich auf die Seite des VVB. Zwar bemängelte auch er den Standortfindungsprozess, in den die Hygiene viel zu spät einbezogen worden sei. Gestützt auf ein positives Gutachten des MHD und entsprechende Zusagen der Werksleitung, geplante technische Anlagen zur Abwasser- und Luftreinhaltung rechtzeitig in Betrieb zu nehmen, sah er jedoch von Einwänden gegen die Lage auf dem Stephansberg ab. Der Bezirkshygieniker verfolgte das Ziel, den Betrieb möglichst schnell aus dem Kurort zu entfernen, da die Suche nach einem neuen Standort erneut viel Zeit in Anspruch genommen hätte. Um zügig eine Verbesserung der lufthygienischen Verhältnisse im Ortskern herbeizuführen war er außerdem dazu bereit, auf scharfe Auflagen für die Übergangsphase zu verzichten.[180] Das Beispiel Bad Liebenstein zeigt, dass auch entgegengesetzt ausgerichtete Interessen von Hygiene und wirtschaftsleitenden Akteuren zur Bildung einer gemeinsamen Interessenskoalition führen konnten, gegenüber der andere Stimmen, die ebenfalls um die Reinhaltung der Luft bemüht waren, das Nachsehen hatten.

Der Widerstand gegenüber den Forderungen der Hygiene war auf Seiten der Wirtschaft in der Regel dann am stärksten, wenn es sich nicht um Fragen der Standortgenehmigung, sondern um Eingriffe in die laufende Produktion handelte. Nachträgliche Auflagen konnten dann verhängt werden, wenn Kontrollen in Folge von Beschwerden lufthygienische Missstände offenlegten. Im thüringischen Zeulenroda kam es zu Beginn der sechziger Jahre zu einer Reihe von Beschwerden, die durch Staubemissionen des VEB Ostthüringer Möbelwerke hervorgerufen wurden. Die zuständige Kreishygieneinspektion verhängte bereits 1960 Auflagen gegen den Möbelbetrieb, die allerdings nur eine leichte Verbesserung der Situation mit sich brachten. Vier Jahre darauf kam es erneut zu einer Häufung von Eingaben, nach dem der Betrieb im Zuge von Umstrukturierungsmaßnahmen die Hobel- und Schleifarbeiten in einem Werksteil konzentriert und die Produktionskapazität um das Dreifache gesteigert hatte.

178 Mitteilung von [RdB Suhl,] Abteilung Kur- und Bäderwesen an [Bezirksplankommission], Betrifft: Verlegung des VEB Leuchtstoffwerk Bad Liebenstein, 3.9.1963: BArch, DQ 1/3490, 1, pag. 257 f.

179 VVB Allgemeine Chemie – Abt. Planung – an Ministerium für Gesundheitswesen, Betreff: Verlagerung unseres Betriebes VEB Leuchtstoffwerk Bad Liebenstein, Halle/Saale, 5.7.1963: BArch, DQ 1/3490, 1, pag. 261 u. 268.

180 Direktor an Rat des Bezirkes Suhl, Abt. Gesundheits- und Sozialwesen, Ref. Kur- u. Bäderwesen, Wasserversorgung Bad Liebenstein, 20.6.1963: BArch, DQ 1/3490, 1, pag. 265 sowie 263 ff.

Neben der ortsansässigen Bevölkerung waren auch eine nahegelegene Molkerei und ein Altstoffhandel von den Staubemissionen betroffen. Bei einer unangekündigten Betriebsbegehung durch die BHI Gera und die zuständige Arbeiter- und Bauerninspektion (ABI) stellten die Kontrolleure fest, dass die 1960 angebrachten Zyklone in der Schleifstaubsauganlage viel zu klein und völlig ungeeignet waren, da sie eigentlich für den Einsatz in der Textilbranche konstruiert worden waren. Es zeigte sich außerdem, dass der in der Werkshalle gesammelte Staub an zwei Verladeeinrichtungen ungehindert in die Umgebung entweichen konnte.[181]

Nachdem mehrere Versuche mit dem Betriebsdirektor eine Aussprache zu führen gescheitert waren, verhängte die BHI im Oktober 1964 eine Anordnung, wonach der Betrieb die Missstände innerhalb von sechs Monaten beheben sollte und andernfalls ein Zwangsgeld zahlen musste. Die bewusst kurz gehaltene Frist sollte zum einen als Warnung wirken, wie die BHI gegenüber der StHI mitteilte. Zum anderen spiegelte das relativ brüske Vorgehen der Behörde aber auch die Verärgerung über das Verhalten der Betriebsleitung wider, die sich über einen längeren Zeitraum angestaut hatte: »Es sind zwar in den letzten Jahren rein planerisch Versuche zur Abstellung gemacht worden. Man hat aber Streichungen widerspruchslos hingenommen und berief sich immer wieder auf fehlende, in Wirklichkeit aber gar nicht notwendige Baukapazität, ist also ausgewichen und hat nicht ernstlich an der Abstellung der Mängel gearbeitet.«[182] Abgesehen von der Anschaffung neuer leistungsstarker Zyklone, war die Behebung der Missstände tatsächlich verhältnismäßig einfach durch die Aufstellung von Stahlbunkern an den Verladevorrichtungen realisierbar, wie aus einem Schreiben der BHI hervorgeht. Die Werksleitung legte dennoch zunächst Einspruch gegen die verhängte Anordnung ein und übte starke Kritik an der Vorgehensweise der Behörde: Man bemängelte nicht nur, dass die Begehung weder von der Hygieneinspektion noch von der ABI angekündigt worden sei, sondern auch, dass eine derartige Handlungsweise »unseren sozialistischen Leistungsprinzipien« widerspreche und »in keiner Weise einer kontinuierlichen Entwicklung unserer Industrie« diene.[183] Die Klagen des Betriebsdirektors belegen auf den ersten Blick ein arrogantes, hygienischen Anforderungen gegenüber ignorantes Verhalten, waren aber tatsächlich auch Teil einer Verhandlungsstrategie. Denn letztlich

181 Bezirks-Hygiene-Institut Gera an Staatliche Hygiene-Inspektion, Betr.: Einspruch der VEB Östthüringer Möbelwerke, Zeulenroda vom 17.10.1964 gegen die am 8.10.1964 ausgesprochene Anordnung, Gera, den 11.11.1964: BArch, DQ 1/3490, 2, pag. 229–231; Staatliche Hygiene-Inspektion – der Leiter – an VEB Ostthüringer Möbelwerke, Ihren Einspruch gegen die von der Bezirks-Hygiene-Inspektion Gera am 8.10.1964 getroffene Anordnung, 24.11.1964.

182 Bezirks-Hygiene-Institut Gera an Staatliche Hygiene-Inspektion, Betr.: Einspruch der VEB Östthüringer Möbelwerke, Zeulenroda vom 17.10.1964 gegen die am 8.10.1964 ausgesprochene Anordnung, Gera, den 11.11.1964: BArch, DQ 1/3490, 2, pag. 229 f.

183 VEB Ostthüringer Möbelwerke Zeulenroda-Triebes, Zeulenroda an Staatliche Hygiene-Inspektion, Betr.: Einspruch, 17.10.1964: BArch, DQ 1/3490, 2, pag. 236.

hatte man die Auflagen der Hygiene anscheinend längst akzeptiert. Die Kritik verfolgte lediglich das Ziel, eine Verlängerung der knapp gesetzten Frist zu erreichen. Das Kalkül der BHI ging in diesem Fall auf: Das Möbelwerk trat in Verhandlungen mit Zulieferbetrieben und erhielt nach der Angabe von Lieferterminen die gewünschte Fristverlängerung.[184]

Der Fall Zeulenroda belegt einerseits, dass natürlich auch in der DDR viele Betriebsleitungen versuchten, Umweltauflagen zu umgehen oder so lange wie möglich hinauszuzögern, sich letztlich also wenig kooperativ verhielten. Andererseits zeigt sich an diesem Beispiel jedoch ebenso, dass die Hygieneinspektionen alles andere als hilflos waren. Im Einspruch des Zeulenrodaer Möbelwerkes wird allerdings erneut auch ein strukturelles Defizit deutlich, das den ostdeutschen Umweltschutz in den fünfziger und frühen sechziger Jahren hemmte. Die Werksleitung führte in ihrer Stellungnahme gegenüber der StHI an, dass die Zuweisung von Investitionsmittel durch den VVB Möbel zwischen 1961 und 1964 rückläufig war, so dass es nicht einmal möglich gewesen sei, die Reproduktion zu gewährleisten und Produktionserweiterungen lediglich mithilfe von Krediten finanziert werden konnten. Und genau hier lag eine große Schwachstelle der ostdeutschen Wirtschaftsordnung, denn »nach den gesetzlichen Bestimmungen ist es jedoch nicht möglich«, wie die Direktion beklagte, »derartige Absauganlagen, die ja keinen unmittelbar ausweisbaren Nutzen bringen, durch Kredit zu finanzieren.«[185] Ohne eine gesetzliche Verankerung, die industrielle Emissionen sanktionierte und ihnen so einen materiellen Wert zuschrieb, wurden Umweltprobleme von einer auf die Bruttoproduktion ausgerichteten Zentralverwaltungswirtschaft nicht als Problem identifiziert und Investitionen in den Umweltschutz folglich nicht als gleichwertige Plankennziffern anerkannt. Für Betriebe stellten behördliche Auflagen, wie etwa im Fall Zeulenroda, daher eine besonders empfindliche Belastung dar. Denn nach der Erteilung der Standort- und Betriebsgenehmigung war es ohne die gezielte Aufnahme von Rekonstruktionsmaßnahmen in die Volkswirtschaftspläne oder einen besonderen Ministerratsbeschluss kaum möglich, die notwendigen Investitionsmittel und Baukapazitäten für die Verwirklichung nachträglicher Umweltschutzmaßnahmen zu beschaffen.

184 Bezirks-Hygiene-Institut Gera an Staatliche Hygiene-Inspektion, Betr.: Einspruch der VEB Östthüringer Möbelwerke, Zeulenroda vom 17.10.1964 gegen die am 8.10.1964 ausgesprochene Anordnung, Gera, den 11.11.1964: BArch, DQ 1/3490, 2, pag. 230.

185 VEB Ostthüringer Möbelwerke Zeulenroda-Triebes, Zeulenroda an Staatliche Hygiene-Inspektion, Betr.: Einspruch, 17.10.1964: BArch, DQ 1/3490, 2, pag. 235.

1.5 Gestalter, Netzwerker und Querdenker: Der Naturschutz zwischen Dissens, Anpassung und Teilhabe

Der Naturschutz gehört zu den am ausgiebigsten untersuchten Bereichen der ostdeutschen Umweltgeschichte. Doch obwohl seit der Wende eine ganze Reihe von Studien zu dessen Organisationsstrukturen und dem ehrenamtlichen Engagement der »Natur und Heimatfreunde« im Kulturbund der DDR erschienen sind, bestehen weiterhin einige offene Forschungsfragen. So ist bislang etwa noch unzureichend geklärt, wie es Naturschützern gelang, die eigenen Interessen in Politik und Gesellschaft zu verankern. Denn obwohl in den vorliegenden Publikationen grundsätzlich Einigkeit darüber herrscht, dass der Naturschutz in der DDR ein Nischendasein fristete und permanent dazu gezwungen war, der »realen« politischen und ökonomischen Entwicklung hinterherzulaufen, stellten das Naturschutzgesetz von 1954, Artikel 15 der Verfassung von 1968 und das Landeskulturgesetz von 1970 dennoch beeindruckende Erfolge dar.[186] Im Folgenden sollen daher die politischen Strategien und Konzepte des Naturschutzes untersucht werden, um dessen Handlungsmöglichkeiten näher zu beleuchten. Entlang der Entstehungsgeschichte des Begriffs der »sozialistischen Landeskultur« wird gezeigt, wie es Naturschützern möglich war, politische Legitimation für die Verwirklichung eigener Interessen zu erhalten und die Formierung eines neuen Politikfeldes entscheidend zu beeinflussen. Der Landeskulturbegriff ist für die weitere Untersuchung des umweltpolitischen Aufbruchs in der DDR zudem von großer Bedeutung, da er in den sechziger Jahren eine wichtige Scharnierfunktion einnahm und es ermöglichte, bis dahin voneinander getrennte Reformansätze mit wirtschaftspolitischen Wachstumszielen und dem Herrschaftsanspruch der SED in Einklang zu bringen.[187]

Im Januar 1948, drei Jahre nach Kriegsende und noch vor der Gründung der beiden deutschen Staaten, entwarf der Direktor des Instituts für Kulturpflanzenforschung in Gatersleben, Hans Stubbe, Vorstellungen zur Reorganisation des Naturschutzes in der SBZ. Während die vor Kriegsende in die Lüneburger Heide verlagerte Reichsstelle für Naturschutz nach 1945 den Wiederaufbau der Organisationsstrukturen in den westlichen Besatzungszonen vorangetrieben hatte, fehlte ein solches Engagement auf dem Gebiet der späteren DDR bisher. Der Agrarwissenschaftler und Biologe befürchtete, »daß, wenn nicht schnellstens gehandelt wird, viele der wertvollen Naturschutzgebiete der sowjetischen Zone der Vernichtung oder zumindest einer starken Beschädigung anheimfallen.«[188]

186 So z.B. *Dix u. Gudermann*, S. 611 f.; zum Forschungsstand vgl. ausführlich oben die Einleitung.

187 Vgl. dazu auch *Möller*, Wissen, S. 377–387.

188 Entwurf, Denkschrift über die Reorganisation des Naturschutzes in der Sowjetischen Besatzungszone Deutschlands (Januar 1948) zitiert nach Stubbe, Hans, 2002, 113. Vgl. dazu auch: *Käding*, S. 150 f.

Stubbe fügte seiner Denkschrift eine detaillierte Liste anerkannter Naturschutzgebiete in der SBZ bei und empfahl, den Naturschutz in der Deutschen Wirtschaftskommission institutionell zu verankern. Der Züchtungsforscher avancierte in den fünfziger und sechziger Jahren zu einer zentralen Figur des Natur- und Umweltschutzes. Die Arbeit und auch die Erfolge anderer »Pioniere« auf diesem Gebiet, wie sie beispielsweise von Huff in Reinhold Lingner und Erich Zieger ausgemacht werden, wäre ohne Stubbe und die von ihm entscheidend mitgestalteten und um naturpolitische Interessen erweiterten Strukturen der ostdeutschen Agrarforschung nicht möglich gewesen.[189]

Aspekte des Naturschutzes wurden zu Beginn der fünfziger Jahre in der DDR ebenso wie in der Bundesrepublik durch das Reichsnaturschutzgesetz (RNG) von 1935 geregelt. Doch während die nationalsozialistische Rechtsprechung in Westdeutschland infolge eines Verfassungsgerichtsurteils aus dem Jahr 1958 unverändert in Länderrecht überführt wurde, verabschiedete die Volkskammer bereits 1954 ein neues, in seinen Bestimmungen über das RNG hinausgehendes »Gesetz zur Erhaltung und Pflege der heimatlichen Natur (Naturschutzgesetz)«.[190] Der Gesetzestext regelte institutionelle Hierarchien sowie administrative Zuständigkeiten neu und brachte langfristig zumindest formal stabile Handlungsstrukturen für die Arbeit der Naturschützer hervor: Die zentrale Naturschutzverwaltung wurde dem Ministerium für Land- und Forstwirtschaft übertragen und untergliederte sich auf den unteren Hierarchieebenen, den Prinzipien des »demokratischen Zentralismus« folgend, in Bezirks- und Kreisnaturschutzbehörden.[191] Diese Verwaltungsebenen klagten allerdings noch weit über die fünfziger Jahre hinaus über eine personelle Unterbesetzung und fehlende Mittel, so dass sie ihre Tätigkeit zunächst nur eingeschränkt aufnehmen konnten.[192]

Eine große Bedeutung kam daher dem im Naturschutzgesetz geregelten Einsatz von ehrenamtlichen Naturschützern zu. Gerade auf lokaler Ebene übernahmen diese – per Durchführungsbestimmung auch mit eingeschränkten Exekutivrechten ausgestatteten – Männer und Frauen praktische Arbeiten, wie etwa die Pflege und Kontrolle der Natur- und Landschaftsschutzgebiete. Die ehrenamtlichen Naturschützer rekrutierten sich aus den Mitgliedern der früheren Naturschutz- und Heimatvereine auf dem Gebiet der DDR und bildeten neben der staatlichen Naturschutzverwaltung eine weitere zentrale Säule des ostdeutschen Naturschutzes. In den Augen der SED stellten die mehrheitlich bürgerlich geprägten Vereine allerdings ein politisches Risiko dar. Die Naturschutzvereine mussten sich daher den Prinzipien des »demokratischen Zentralismus« unter-

189 Zur Kritik daran vgl. dazu den Abschnitt »Forschungsstand« in der Einleitung.

190 Gesetz zur Erhaltung und Pflege der heimatlichen Natur (Naturschutzgesetz), in: GBl. DDR, I, 1954, S. 695–698. Zur Entwicklung in Westdeutschland vgl. *Engels*, S. 46.

191 O. A., Organisation des Naturschutzes in der Deutschen Demokratischen Republik, o. D. (Handschriftlich: 13.10.62): BArch, DK 107/7658; *Bauer u. Weinitschke*, S. 243 ff.

192 *Behrens*, Jahre, S. 52.

werfen und wurden im Jahr 1950 unter dem Dach des »Kulturbundes zur demokratischen Erneuerung Deutschlands« zwangsvereinigt, wo ihre Aktivitäten von einer »Zentralen Kommission für Natur- und Heimatfreunde« koordiniert wurden. Bereits im Vorfeld waren zahlreiche Naturschützer und Wanderfreunde allerdings freiwillig dem Kulturbund beigetreten und hatten erste Ortsgruppen gebildet. Die Zahl der im Kulturbund vertretenen Natur- und Heimatschützer stieg in den folgenden Jahren an: Während es 1951 erst knapp über 20.000 Männer und Frauen waren, belief sich ihre Zahl 1958 bereits auf 45.000. In den achtziger Jahren, als die Organisation nach einer inhaltlichen Neuausrichtung und Umbenennung in »Gesellschaft für Natur und Umwelt« erneut eine starke Beitrittszunahme verzeichnete, stieg die Mitgliederzahl noch einmal auf etwa 60.000 an.[193]

Das Engagement der »Natur- und Heimatfreunde« war nicht nur tragend für die Naturschutzarbeit in Ostdeutschland, sondern übte ebenso einen gewissen, wenn auch begrenzten gesellschaftspolitischen Druck auf die Staats- und Parteiführung aus. Entscheidender für das relativ erfolgreiche Agieren des ostdeutschen Naturschutzes war allerdings die Arbeit einer dritten Säule, die in der Deutschen Akademie der Landwirtschaftswissenschaften (DAL) und dem ihr angeschlossenen Institut für Landesforschung und Naturschutz (ILN) in Halle verankert war. In diesen Institutionen bündelten sich sowohl die notwendige fachliche Expertise als auch der Zugang zu politischen Netzwerken und Institutionen – Voraussetzungen, die von den Führungsfiguren für ein reges und erfolgreiches Naturschutzengagement genutzt wurden. Der wissenschaftliche Naturschutz nahm in der Naturschutzkonzeption der DDR formal zwar nur eine beratende Funktion war, konnte in dieser Hinsicht allerdings einen relativ großen Einfluss ausüben.

Die DAL war eine von vier Forschungsakademien in der DDR und wurde 1951 als Ausgliederung aus der Deutschen Akademie der Wissenschaften gegründet.[194] Die dem Landwirtschaftsministerium unterstellte Zweigakademie koordinierte agrarwissenschaftliche Forschungsarbeiten und bereitete agrarpolitische Entscheidungen wissenschaftlich vor.[195] Die Akademie beriet das Ministerium außerdem in seiner Funktion als oberste Naturschutzbehörde in naturpolitischen Fragen. Innerhalb der DAL war die 1952 gebildete Sektion »Landeskultur und Naturschutz« für diese Aufgabe zuständig. Sekretär der Sektion wurde Hermann Meusel. Die starke Stellung des Naturschutzes in der Akademie, die dem Einfluss Stubbes zu verdanken war, erhielt zu Beginn der sechziger Jahre allerdings einen Dämpfer.[196] Im September 1960 beschloss das

193 *Würth*, S. 84–88; *Behrens u. a.*, S. 44; *Behrens*, Jahre, S. 37–43 u. 47.

194 Zur Geschichte der Forschungsakademien und der begrifflichen Bedeutung vgl. *Laitko*, S. 15–36, hier 15–20.

195 Zur Geschichte der DAL: *Wagemann*, Landwirtschaftswissenschaften, Bd. 1/1, S. 19–28, 38 f.; *Kuntsche*, S. 335–379, hier 336 f., 345 ff.

196 *Wagemann*, Landwirtschaftswissenschaften, Bd. 1/1, S. 38–40; *Reichhoff*, S. 27–37, hier 27. Zum Einfluss Stubbes auf die Akademiegründung, bei der er sich auch gegen das SED-Sekretariat durchsetzte, vgl. Kuntsche, S. 347.

Akademieplenum die Umbenennung der bisher für den Naturschutz zuständigen Sektion in »Landeskultur und Grünland« und folgte damit dem agrarpolitischen Druck, der vom 7. und 8. Plenum des Zentralkomitees der SED ausging. Angesichts der großen Bedeutung der Grünlandforschung für die Futterbauprogramme und das politisch dringend gebotene Ziel, die Fleischproduktion zu steigern, war die schwache Stellung dieses Forschungszweiges in den Strukturen der Akademie nicht länger vermittelbar. Die naturpolitischen Interessen sollten zukünftig von einer »Ständigen Kommission für Landschaftspflege und Naturschutz« unter dem Vorsitz Meusels vertreten werden. Diese Umstrukturierung ausschließlich als Degradierung des Naturschutzes zu begreifen, wäre allerdings voreilig. Denn wie im Folgenden gezeigt wird, war es dem Naturschutz und insbesondere seiner Führungsriege dennoch möglich, politisches Gehör zu finden. Zwischen der Sektion und der Ständigen Kommission bestanden zudem weiterhin enge personelle Verflechtungen.[197]

Der Naturschutz musste sich innerhalb der DAL von Beginn an mit übergreifenden landwirtschaftlichen Fragen auseinandersetzen und gegen agrarpolitische Interessen behaupten. Daher vollzog er im Umfeld der Forschungsakademie zunehmend eine Abkehr von traditionell-musealen, auf die Konservierung bedrohter Naturareale sowie Tier- und Pflanzenarten fokussierten Naturschutzkonzepten. Der Motor für diesen inneren Wandel war das 1953 gegründete ILN. Das bis 1963 ehrenamtlich von Hermann Meusel geführte Akademie-Institut befasste sich mit Fragen der Landes- und Naturschutzforschung, der wissenschaftlichen Politikberatung und leitete ehrenamtliche Naturschutzbeauftragten an. Neben der Zentrale in Halle existierten Zweigstellen in Potsdam, Jena, Greifswald und Dresden. Nach dem Ausscheiden Meusels und der Berufung des Hydrologen und Ökologen Ludwig Bauer[198] zum neuen Direktor wurde die Leitung des Institutes und seiner Zweigstellen in ein hauptamtliches Tätigkeitsfeld umgewandelt.[199] Die Arbeit des ILN erfuhr dadurch einen Professionalisierungsschub, der sich bereits kurz nach dem Führungswechsel bemerkbar machte.

197 Nach der offiziellen Abschaffung der Lebensmittelkarten 1958 gelang es nicht, die landwirtschaftliche Produktion ausreichend zu steigern, so dass es bereits nach kurzer Zeit zu neuen Rationierungen kam. Vgl. *Wolle*, Plan, S. 374–385. Zur Umbenennung der Sektion und den politischen Hintergründen vgl.: DAL, Sektion Landeskultur und Grünland, Jahresbericht 1960 der Sektion Landeskultur und Grünland, Berlin, den 19.1.1961: BArch, DK 107/5397, pag. 170 f.; *Schöne*, S. 194–198.

198 Zur Biographie vgl. den Eintrag in: *Wagemann*, Landwirtschaftswissenschaften, Bd. II, S. 28–30.

199 Zu Beginn der siebziger Jahre erfuhr das Institut erneut eine Umstrukturierung und wurde in Institut für Landschaftsforschung und Naturschutz umbenannt. Zur strukturellen Geschichte des ILN vgl.: *Behrens*, Institut, S. 69–72; *Reichhoff*, S. 28–30, 31 f.

1.5.1 Typen und Handlungsrepertoire

Das Verhältnis des Naturschutzes zum neuen sozialistischen Staat war ambivalent: Auf der einen Seite rekrutierte sich die Mehrzahl der Naturschützer in Ostdeutschland – ähnlich wie in der Bundesrepublik – aus dem bürgerlichen Milieu, dass einer Indoktrinierung und Vereinnahmung durch die SED ablehnend gegenüberstand. Das galt für die ehrenamtlichen Naturschützer ebenso wie für die Mehrzahl der Vertreter des wissenschaftlichen Naturschutzes. Führungsfiguren wie Hans Stubbe[200] oder auch Hermann Meusel[201], die ihre Karrieren in den 30 Jahren begonnen hatten, vermochten es zwar, sich in die neuen Herrschaftsverhältnisse einzufügen. Der sozialistischen Ideologie standen sie jedoch skeptisch gegenüber.[202] Auf der anderen Seite erkannten viele Naturschützer in der Neuordnung der staatlichen und gesellschaftlichen Strukturen allerdings auch eine große Chance und versuchten auf die gesellschaftspolitischen Umwälzungen jener Jahre Einfluss zu nehmen. Eine zurückhaltende, untertänig-konformistische Grundhaltung, wie sie von der Forschung unterstellt wurde, findet sich indes in den überlieferten Quellen nicht.[203] Die Führungskräfte des Naturschutzes waren in den fünfziger und frühen sechziger Jahren permanent darum bemüht, die richtige Balance zwischen Unterordnung unter die neuen Herrschafts- und Gesellschaftsverhältnisse sowie dem Öffentlich-machen ökologischer Missstände und, damit verbunden, der Auslotung eigener Handlungsspielräume zu finden. Den wissenschaftlichen Naturschützern in DAL und ILN kamen in diesem Zusammenhang auch die besonderen wissenschaftspolitischen Rahmenbedingungen der Aufbaujahre zu Gute. Selbst in einem Zwiespalt gefangen, der darin bestand, die Wissenschaft auf der einen Seite möglichst weitestgehend unter den eigenen Einfluss zu zwingen, auf der anderen Seite aber nicht ihr für die Realisierung der politischen Ziele unverzichtbares Potential zu verspielen, zeigte sich die SED-Führung allgemein sehr entgegenkommend und gewährte ostdeutschen Wissenschaftlern vor dem Bau der Mauer ein relativ großes Maß an Handlungsfreiheit.[204]

Dieses teils konstruktive, teils angespanntes Verhältnis zeigte sich bereits im Gründungsakt der DAL. Als Stubbe im Januar 1948 die eingangs erwähnte Denkschrift verfasste, war es ihm bereits gelungen seine wissenschaftliche Arbeit wiederaufzunehmen und mit dem Aufbau des Instituts für Kulturpflanzenforschung in Gatersleben zu beginnen, das den Grundstein für seine spätere

200 Biographische Datenbanken, Stubbe, Hans: http://www.bundesstiftung-aufarbeitung.de/wer-war-wer-in-der-ddr-%2363%3B-1424.html?ID=3463 [letzter Zugriff: 04.03.2016].

201 Biographische Datenbanken, Meusel, Hermann: http://bundesstiftung-aufarbeitung.de/wer-war-wer-in-der-ddr-%2363%3B-1424.html?ID=2306 [letzter Zugriff: 03.03.2016].

202 Für die »Natur- und Heimatfreunde« legt Oberkrome eine solche innere Haltung nahe, ohne dies jedoch explizit zu machen. *Oberkrome*, Heimat, S. 369–375; Ähnlich für die Plenarmitglieder der DAL und damit auch die dort versammelten Naturschützer: *Kuntsche*, S. 349.

203 So z. B. bei *Dix u. Gudermann*, S. 612 f.

204 Vgl. dazu ausführlich *Möller*, Wissen, S. 371–377.

Karriere in der DDR legte. Zu Gute kamen ihm dabei die Beziehungen, die er zur sowjetischen Kreiskommandantur in Quedlinburg knüpfen konnte, sowie ein Kontakt zu einem hochrangigen sowjetischen Offizier, den er auf einem wissenschaftlichen Kongress im Jahr 1929 kennen gelernt hatte.[205] Stubbe war ein ausgezeichneter Netzwerker und scheint sich sehr schnell mit den neuen sowjetischen bzw. sozialistischen Machthabern arrangiert zu haben.[206] Doch so sehr er es auch verstand, sich den politischen Herrschaftsverhältnissen anzupassen und die Schattenseiten der beiden deutschen Diktaturen auszublenden, vertrat er in fachlichen Fragen auch eine klare und unnachgiebige Haltung, die mitunter zu Konflikten mit den Herrschenden führte.[207]

Der Aufbau der DAL sollte sich aus Sicht der SED an den Strukturen und Erfahrungen der sowjetischen W. I. Lenin-Akademie der Landwirtschaftswissenschaften orientieren. Zu diesem Zweck reisten führende Agrarwissenschaftler der DDR, darunter auch Stubbe, 1951 nach Moskau, um sich einen Eindruck über den Stand der agrarwissenschaftlichen Forschung in der UdSSR zu verschaffen. Der Präsident der Akademie, der Biologe und Agronom Trofim Denissowitsch Lyssenko, führte dort seit Ende der vierziger Jahre erfolgreich einen wissenschaftspolitischen Kampf gegen die Lehren der Genetik und setzte die von ihm geprägte »moderne Agrarbiologie«[208] als paradigmatische Lehrmeinung durch. Stubbe, der als renommierter Verfechter der modernen Genetik dieser Lehre von Beginn an skeptisch gegenüberstand, hatte die von Lyssenko vertretenen Thesen von der Vererbung erworbener Eigenschaften seit 1949 in Gatersleben überprüft und wissenschaftlich entkräftet. Er schwang sich zu Beginn der fünfziger Jahre zum Wortführer der Lyssenko-Gegner in der DDR auf. Das Politbüro drängte aus politischen Gründen jedoch darauf, den sowjetischen Akademiepräsidenten zum Ehrenmitglied der DAL zu ernennen und den führenden Vertreter der »modernen Agrarbiologie« in der DDR, den Jenaer Biologen Georg Schneider, in das Plenum der DAL aufzunehmen. Insbesondere die

205 *Heim*, S. 240; *Gudermann*, S. 176 f.

206 Vgl. dazu *Käding*, S. 150.

207 Stubbes Karriere erfuhr bereits Mitte der dreißiger Jahre einen Dämpfer, als er sich, seiner eigenen Darstellung zu Folge, für einen jüdischen Kollegen am Kaiser-Wilhelm-Institut für Züchtungsforschung in Müncheberg eingesetzt hatte. Dieses Engagement, das ihm nach 1945 als Leumund für seine antifaschistische Gesinnung diente, darf aber nicht darüber hinwegtäuschen, dass er in vielerlei Hinsicht auch eine unbekümmerte Nähe zum Nationalsozialismus zeigte. Der Konflikt am KWI drehte sich nämlich tatsächlich um einen internen Führungsstreit, der aufflammte, als nationalsozialistisch gesinnte Wissenschaftler nach dem Tod des ersten Direktors, Erwin Baur, erfolgreich versuchten, ihren Einfluss auszuweiten. Die teilweise fragwürdige Nähe Stubbes zum NS untermauern nicht nur sein noch in den sechziger Jahren öffentlich vorgetragenes Engagement für eine »freiwillige Eugenik«, sondern auch einzelne Episoden, wie etwa der Einsatz für einen Freund und Kollegen, der als Mitglied der Waffen-SS im Konzentrationslager Auschwitz tätig war und von Stubbe im Verfahren vor einem polnischen Gericht einen »Persilschein« erhielt. Dazu: *Käding*, S. 36–47; *Heim*, S. 209 ff. sowie 217 f.; vgl. auch: *Gudermann*, S. 175 f.

208 *Regelmann*, S. 1–22. Vgl. auch *Lyssenko*.

Personalie Schneider führte zu einem offenen Konflikt, der letztlich in einer Kampfkandidatur Stubbes um das Präsidentenamt der DAL mündete, mit dem Ziel, die Etablierung des »Lyssenkoismus« in der DDR zu verhindern. Obwohl er zwischenzeitlich aufgrund des großen politischen Drucks erwog, einem der zahlreichen Berufsangebote aus der Bundesrepublik zu folgen, konnte Stubbe sich in dieser Frage doch durchsetzen, Schneider als Plenarmitglied verhindern und die DDR vor einem fatalen agrarwissenschaftlichen Irrweg bewahren. Dabei kamen ihm seine guten Kontakte zu Ulbricht und anderen SED-Führungskräften mindestens ebenso zu Gute wie sein wissenschaftliches Renommee und seine Beharrlichkeit.[209]

Möglicherweise erklären diese Erfahrungen auch, warum er in naturpolitischen Fragen ein anderes Vorgehen wählte und eher im Hintergrund als Förderer und Fürsprecher, seltener aber als öffentlicher Mahner auftrat.[210] Die Lyssenko-Kontroverse belegt jedoch sehr anschaulich, dass er politisches Durchsetzungsvermögen besaß und auch ohne ein SED-Parteibuch über relativ große Handlungsfreiräume verfügte. Stubbe nutzte zur Verwirklichung seiner Ziele ein persönliches Netzwerk und seine politischen Ämter: In seiner Funktion als Präsident der DAL war er auch Mitglied im Vorstand des 1957 gebildeten Forschungsrates der DDR, eines wissenschaftspolitischen Führungsgremiums, das im Vorfeld der Chemiekonferenz gegründet wurde und in der ersten Hälfte der sechziger Jahre starken Einfluss auf politische Entscheidungen ausübte.[211] Darüber hinaus war Stubbe außerdem von 1963 bis 1986 Volkskammerabgeordneter für die Fraktion des Kulturbundes – eine Position, die er ebenfalls für die Interessen des Naturschutzes zu nutzen wusste.[212]

Der Netzwerker und Wissenschaftspolitiker Stubbe war bei der Vermittlung der Forderungen des Naturschutzes in die Politik auf eine naturpolitische Wissenschaftscommunity angewiesen. Zu den führenden Vertretern dieser Gruppe zählten die Direktoren des ILN, allen voran Hermann Meusel. Der 1909 in Coburg geborene Pflanzengeograph promovierte 1935 in Halle, nahm dort 1951 einen Ruf auf den Lehrstuhl für Botanik an und wurde ein Jahr darauf zum Direktor des neu geschaffenen Institutes für Systematische Botanik und Pflanzengeographie ernannt. Obwohl das spätere SED-Mitglied 1933 der SA beigetreten war und vier Jahre darauf in die NSDAP aufgenommen wurde, gelang es ihm nach 1945 seine Karriere nahezu ungebrochen in der SBZ/DDR fortzusetzen. In der naturpolitischen Arbeit setzte er sich vor allen Dingen für die Vermittlung zwischen einem älteren, museal-konservierenden Naturschutz und neueren Forderungen nach einer Öffnung für gestalterische Ansätze der Landespflege ein.

209 *Käding*, S. 105–116; *Kuntsche*, S. 341–344. Vgl. auch *Gudermann*, S. 177 f.

210 Vgl. zu den persönlichen Folgen der Auseinandersetzung für Stubbe noch einmal die sehr quellennahe und reichhaltig mit Zitaten versehene Studie von: *Käding*, S. 112 f.

211 Vgl. dazu ausführlich Kap. 2.2.

212 Biographische Datenbanken, Stubbe, Hans: http://www.bundesstiftung-aufarbeitung.de/wer-war-wer-in-der-ddr-%2363%3B-1424.html?ID=3463 [letzter Zugriff: 04.03.2016].

Dieses Engagement spiegelte sich auch in seinen Forschungsarbeiten wider, in denen er sich vornehmlich mit der vergleichenden Arealkunde und landschaftsökologischen Fragen befasste.[213]

Im Unterschied zu Stubbe, der publizistisch kaum Stellung zu naturpolitischen Themen bezog, beteiligte sich Meusel in zahlreichen wissenschaftlichen und populärwissenschaftlichen Beiträgen an der Debatte über Probleme und die Neuausrichtung des ostdeutschen Naturschutzes. Darüber hinaus war er ebenfalls als Netzwerker tätig: Die DDR war – seit 1956 mit einem Gaststatus, ab 1965 als formales Mitglied – in der »International Union for Conservation of Nature and Natural Resources« (IUCN) vertreten. Meusel wirkte dort in seiner Funktion als ILN-Direktor in Komitees der Kommissionen für Erziehung und für Ökologie mit.[214] Die 1948 vom britischen Biologen und erstem Generaldirektor der UNESCO, Julian Huxley, gegründete Weltnaturschutzunion war ein Elitennetzwerk, dass sich sowohl dem Schutz seltener Arten und Naturschönheiten als auch der Verbreitung von Ideen und Konzepten der wissenschaftlichen Ökologie verschrieben hatte. Huxley forderte bereits in den dreißiger Jahren zusammen mit anderen Mitstreitern die Einführung staatlicher Steuerungsinstrumente, mit deren Hilfe eine gezielte Bevölkerungs- und Raumplanung ermöglicht werden sollte. Das Erstarken gestalterischer Naturschutzkonzepte in der DDR fand also in gewisser Hinsicht eine Entsprechung in der Programmatik des IUCN und wurde von globalen Entwicklungen beeinflusst.[215]

Der dritte Typus von Führungsfiguren des ostdeutschen Naturschutzes ist gleichsam der schillerndste, weil er den größten Spagat zwischen ideologischer Nähe zum Regime und kritischem Eigen-Sinn – zwischen Konformität und konsequentem Querdenkertum – vollzog, ohne jedoch offen mit der SED zu brechen. Zu dieser Gruppe gehörten das Ehepaar Kretschmann und insbesondere der Redakteur der Zeitschrift »Natur und Heimat«, Reimar Gilsenbach. Diesen Protagonisten war gemein, dass sie nach 1945 als überzeugte Kommunisten der SED beitraten, aber im Laufe der fünfziger und frühen sechziger Jahre mit der politischen Linie der Partei zu hadern begannen. Dabei hatten sich diese Akteure zunächst in die neuen Herrschaftsstrukturen eingefügt: So nutzte Kurt Kretschmann Anfang der fünfziger Jahre eine Tätigkeit als Kreisnaturschutzbeauftragter in Ostbrandenburg recht eigenmächtig und trickreich, um die Belange des Naturschutzes vor Ort durchzusetzen.[216] Nach einer Zwischenstation als Referent für Naturschutzfragen in der DAL leitete er zusammen mit

213 *Wagemann*, Landwirtschaftswissenschaften, Bd. II, S. 302 ff.; In memoriam Prof. Dr. Hermann Meusel, S. 381–384, insbes. 381 f.; vgl. auch Biographische Datenbanken, Meusel, Hermann: http://bundesstiftung-aufarbeitung.de/wer-war-wer-in-der-ddr-%2363 %3B-1424.html?ID=2306 [letzter Zugriff: 03.03.2016].

214 O. A., Organisation des Naturschutzes in der Deutschen Demokratischen Republik, o. D. (Handschriftlich: 13.10.62): BArch, DK 107/7658. Vgl. auch: Behrens, Institut, 2011, 1–18, insbes. 10, Anm. 18.

215 *Radkau*, Ära, S. 104–108; *Wöbse*, S. 278–287, insbes. 282 f.

216 *Radkau*, Ära, S. 524.

seiner Frau Erna von 1954 bis 1960 die Lehrstätte für Naturschutz Müritzhof. Hier betrieb das Ehepaar eine ganz eigene Art von Lobbyarbeit, lud ranghohe politische Funktionäre ein und versuchte mit diesem »Naturtourismus« staatliche Autoritäten von den Zielen und Ideen des Naturschutzes zu überzeugen, wie Astrid Mignon Kirchhof herausgearbeitet hat.[217] Schon als Kreisnaturschutzbeauftragter gerieten die Kretschmanns allerdings auch immer wieder mit Behörden in Konflikt und zeigten sich zunehmend enttäuscht von der unzureichenden Unterstützung durch den Staat. Der Rückzug aus der offiziellen Naturschutzarbeit ab 1960 und der Umzug nach Bad Ferienwalde, wo das Ehepaar ein Natur- und Kulturzentrum betrieb, war wohl einer Mischung aus persönlichen Motiven und der zunehmenden Ernüchterung über die Haltung eines Staates geschuldet, dessen politische Weltanschauung sie eigentlich unterstützten.[218]

Die andere schillernde Figur unter den ostdeutschen Naturschutzaktivisten, Reimar Gilsenbach, übte zunächst ebenfalls als Redakteur der Zeitschrift »Natur und Heimat« eine offizielle Funktion aus, ehe er Anfang der sechziger Jahre mit dem Staatsapparat in Konflikt geriet und fortan als freier Publizist großen Einfluss auf den Natur- und Umweltschutzschutz in der DDR ausübte.[219] Zwar scheute Gilsenbach keineswegs vor Konflikten mit staatlichen Instanzen zurück, er trat aber ebenso überzeugt dafür ein, den Naturschutz in das »Aufbauprojekt des Sozialismus« zu integrieren. So kommentierte er im Jahr 1958 die in der Zeitschrift »Natur und Heimat« abgedruckten Forderungen des »1. Internationalen Symposiums über Fragen des Naturschutzes«[220] linientreu und bemängelte die fehlende Verortung der Konferenz im Ost-West-Dualismus. Der überzeugte »Anarchosozialist«, wie Radkau ihn treffend charakterisiert[221], war der Meinung, dass der Naturschutz nur in einer sozialistischen Gesellschaft verwirklicht werden könne. In seinen Beiträgen in »Natur und Heimat«, aber auch in späteren Publikationen, versuchte er immer wieder die von ihm angemahnten Umweltprobleme als Folge der kapitalistischen Produktionsweise zu entlarven und die Überlegenheit des Sozialismus bei deren Lösung zu demonstrieren.[222]

217 *Kirchhof*, Nestoren, S. 87–91 sowie *Dies.*, Überzeugung, S. 190–211, hier 192–198.

218 *Kirchhof*, Nestoren, S. 90 f.

219 Gilsenbach selbst betitelte diesen Lebensabschnitt in seiner Autobiographie mit der Überschrift »Redakteur und Funktionär«: *Gilsenbach*, Gleichschritt, S. 180 ff.

220 Das von der DAL veranstaltete Symposium fand vom 1.–5. Juli 1957 in Berlin statt. Teilnehmer waren u. a. Vertreter des wissenschaftlichen Naturschutzes aus der Bundesrepublik, Finnland, der Volksrepublik China und der UdSSR. Vgl. *Bericht von dem internationalen Symposium*, o.A.

221 *Radkau*, Ära, S. 524.

222 Diese leidenschaftlichen Plädoyers waren keinesfalls allein seiner offiziellen Funktion als Redakteur oder der Zensur geschuldet, sondern entsprachen vermutlich seiner inneren Grundüberzeugung, wie seine posthum erschienene Autobiographie unterstreicht. Dass es auch anders, ohne übertriebenes sozialistisches Pathos ging, beweisen zahlreiche andere Publikationen, die etwa zeitgleich im Umfeld von DAL und ILN erschienen sind. Vgl. Naturschutz im Sozialismus, 1958, 134 f.; Gilsenbach, Wohin, 3. Teil, 1961, 350–353. Diese

Gilsenbach war allerdings ebenso ein kritischer Sozialist, der es für verhängnisvoll hielt anzunehmen, dass der Sozialismus frei von Widersprüchen sei. Aus den Lehren der marxistischen Dialektik hatte er den Schluss gezogen, dass es notwendig sei, den Gegensätzen im Verhältnis des Menschen zu seiner Natur vorausschauend zu begegnen. Diese Überzeugung ließ den Redakteur von »Natur und Heimat« immer wieder auch gegen staatliche Instanzen aufbegehren. In der Aprilausgabe des Jahrgangs 1959 beklagte er beispielsweise das Erlahmen der Aufbruchsstimmung, die nach der Verabschiedung des Naturschutzgesetzes fünf Jahre zuvor aufgekommen war, und kritisierte die oberste Naturschutzbehörde, das Ministerium für Land- und Forstwirtschaft, offen für eine seiner Meinung nach konzeptlose und restriktive Naturschutzpolitik. Anlass war ein Papier, das vom Ministerium einige Wochen zuvor herausgegeben worden war und die Aufgaben des Naturschutzes vornehmlich auf kleinteilige und konservative Handlungsfelder – eine Reihe von »Lächerlichkeiten«, wie Gilsenbach polemisch anmerkte – beschränkte. Der in »Natur und Heimat« abgedruckte Schlagabtausch zwischen Gilsenbach und dem zuständigen Abteilungsleiter des Ministeriums, Fritz Weißhaupt, belegt sehr anschaulich das politische Selbstbewusstsein des Naturschützers. Gilsenbach nutzte seine redaktionelle und publizistische Arbeit offensiv und trickreich, um »immer bis an die Grenzen des Möglichen« zu gehen, wie er in der Rückschau auch selbst betonte. Das Ministerium erschien ihm und vielen anderen Naturschützern zunehmend nicht mehr geeignet, um die Interessen des Naturschutzes politisch zu vertreten. Die Erwiderung Weißhaupts auf seine Polemik rahmte der Redakteur in der Juliausgabe der Zeitschrift geschickt mit einer Reihe von Leserbriefen, die Gilsenbachs Position unterstützten, sowie einem Zitat aus einer Rede des kurz zuvor verstorbenen Chefredakteurs und »väterlichen Freundes«, Karl Kneschke, anlässlich der Verabschiedung des Naturschutzgesetzes im Jahr 1954.

Die kritisch-widerständige Haltung, die der Naturschützer auch in seiner posthum erschienenen Autobiographie immer wieder hervorhob, nahm allerdings erst nach seinem Ausscheiden aus der Redaktion von »Natur und Heimat« und einigen Kulturbundämtern spürbar zu.[223] Als die Zeitschrift im Jahr 1962 auf Beschluss der SED mit der Zeitschrift »Wissen und Leben« zusammengelegt werden sollte – vordergründig um begrenzte Ressourcen für die illustrierte Frauenzeitschrift »Für Dich« zur Verfügung zu stellen, aber wohl auch, um die Handlungs- und Redefreiheit des Naturschutzes einzuschränken – schlug Gilsenbach, der die Vereinigung als »Staatsbegräbnis« begriff, das Angebot aus, für die aus der Zusammenlegung neu hervorgegangene Zeitschrift »Urania« tätig zu werden. Fortan betätigte er sich als freier Publizist. Auf diesem Feld hatte er bereits ein Jahr zuvor mit der Veröffentlichung der Mahnschrift »Die

Haltung zieht sich mal mehr, mal weniger direkt auch durch sein publizistisches Meisterstück: *Gilsenbach*, Erde, insbesondere S. 277.

223 Vgl. *Gilsenbach*, Widerstreit, S. 163–164; *Weißhaupt*, S. 7, 323–325; Zur Selbstwahrnehmung vgl. *Gilsenbach*, Gleichschritt, S. 187 f., 198–202, 202 ff.

Erde dürstet« einen ersten großen Erfolg gefeiert. Das in einer Erstauflage von 10.000 Exemplaren erschienene Sachbuch erhielt im Frühjahr 1962 den Hauptpreis im »Wettbewerb zur Förderung der populärwissenschaftlichen Literatur der DDR« und machte Gilsenbach auf einen Schlag zu einem der bekanntesten ostdeutschen Publizisten über Natur- und Umweltthemen.[224]

1.5.2 Anpassung als Schlüssel zur Teilhabe: Das naturpolitische Konzept der »planmäßigen Gestaltung einer sozialistischen Landeskultur«

Der ostdeutsche Naturschutz und seine durchsetzungsstarken Führungsfiguren avancierten in den fünfziger und sechziger Jahren zu den bedeutendsten Fürsprechern eines modernen Umweltschutzes in der DDR. Ausschlaggebend dafür war ein Umdenken der akademisch ausgebildeten Führungsebene, das bereits in den dreißiger Jahren eingesetzt hatte und zur Folge hatte, dass sich ein nutzenorientierter und gestalterischer Ansatz gegenüber der bis dahin dominierenden museal-konservierenden Naturschutzkonzeption nach Hugo Conwentz durchsetzte.[225] Dieser ideenweltliche Wandel, der sich in der Karriere des Landeskulturbegriffes widerspiegelte, ist für das Verständnis der ostdeutschen Umweltgeschichte von zentraler Bedeutung, wie nicht zuletzt das Landeskulturgesetz und zahlreiche wissenschaftliche und populärwissenschaftliche Publikationen veranschaulichen.[226] Die Genese dieses Begriffes, der zumeist in der etwas um-

224 *Gilsenbach*, Erde. Zu den Hintergründen vgl. *Gilsenbach*, Gleichschritt, S. 195 f.; *Wächter*, S. 57 f.

225 Dieser Wandel wurde u.a. in den ambitionierten, in der Praxis aber nur bedingt umgesetzten Konzepten der sog. »Landschaftsanwälte« um den Landschaftsarchitekten Alwin Seifert deutlich: *Zeller*, S. 273–307, hier 275–281; Zum konzeptionellen Wandel in den dreißiger Jahren vgl. *Oberkrome*, Kontinuität, S. 23–37, hier 29–34. Andere Autoren verorten diesen Wandel stärker in den fünfziger Jahren: Vgl. *Würth*, S. 91 f.; *Rösler u. a.*, S. 7; *Hasenöhrl*, S. 71 f.

226 Trotz seiner zentralen Bedeutung für den Natur- und Umweltschutz in der DDR ist der Begriff bislang kaum untersucht worden und wird in den gängigen Überblicksdarstellungen nicht eingehend diskutiert. Huff verweist nur kursorisch auf die Vorgeschichte des Begriffs ein, ohne dabei jedoch den Bedeutungswandel tiefergreifend zu analysieren, und verortet den Aufstieg des Landeskultur-Konzeptes in der zweiten Hälfte der sechziger Jahre. Oberkrome thematisiert zwar die gesteigerte Bedeutung, die der Landschaftsplanung und -gestaltung in der DDR in den fünfziger Jahren zukam und verweist darauf, dass sich in diesem inneren Wandlungsprozess »die späteren Imperative der ostdeutschen Umweltpolitik« bereits erkennen lassen, verfolgt diesen Ansatz jedoch nicht weiter. Vgl. *Huff*, Industrie, S. 158 f., 171; *Oberkrome*, Heimat, insbesondere S. 337 f. Zum Stellenwert des Begriffes in der wissenschaftlichen und öffentlichen Diskussion vgl. beispielsweise die zwischen 1960 und 1970 von der DAL herausgegebene »Zeitschrift für Landeskultur: Arbeiten aus d. Fachgebieten Meliorationswesen, Grünlandkunde u. Landschaftsplanung« sowie das Mitte der fünfziger Jahre kurzzeitig vom Kulturbund herausgebene »Jahrbuch für Naturschutz und Landeskultur«. In Artikeln der Printmedien »Neues Deutschland«, »Neue Zeit« und »Berli-

ständlich klingenden Formel von der »planmäßigen Gestaltung einer sozialistischen Landeskultur« verwendet wurde, eignet sich zudem sehr gut, um jene Ansätze der historischen DDR-Forschung zu überprüfen, die konsensuale und partizipatorische Elemente der SED-Herrschaft als Erklärung für die innere Stabilität der ostdeutschen Gesellschaft anführen.[227] Denn wie im Folgenden gezeigt wird, war es auch gesellschaftlichen Akteuren jenseits des zentralen Machtapparates der SED möglich, durch Anpassung und Hartnäckigkeit eine neue Politik von unten zu »proklamieren«.

Schon bei Reinhold Lingner, der erste Ergebnisse der eingangs erwähnten Landschaftsdiagnose[228] 1952 in einem schmalen populärwissenschaftlichen Buch im Ost-Berliner Aufbau-Verlag veröffentlicht hatte, zeigte sich der ökologische Charakter des Landschaftsbegriffes: »Wir müssen uns die Landschaft als einen Komplex verschiedenartiger Gebilde und Prozesse vorstellen, die so eng in Wechselwirkung stehen, daß man von einem organischen Zusammenhang sprechen kann.« Die einzelnen Bestandteile dieses Komplexes – für den Landschaftsarchitekten die Umweltmedien Wasser, Boden und Luft sowie die Pflanzendecke – standen demnach in einem ständigen Stoffwechsel, »von dessen Ausgeglichenheit der ganze Zustand der Landschaft abhängt.«[229] Doch trotz dieses umfassenden, an ökologischen Prämissen ausgerichteten Landschaftsbildes war Lingners Vorstellung von Landschaftsgestaltung noch sehr stark agrarisch geprägt. Die größte Gefahr für den in Kultur genommenen Boden sah er in der Erosion, die durch verschiedene moderne »Krankheitssymptome« der industriellen Produktionsweise begünstigt würde.[230] Der agrarische Boden war zu Beginn der fünfziger Jahre noch der entscheidende Konnex innerhalb der Landeskultur, wie auch andere Veröffentlichungen belegen. Der CDU-Funktionär und Volkskammerabgeordnete Fritz Brauer[231] hob diesen Zusammenhang beispielsweise in einem sehr ausdruckstarken Beitrag, bei dem es sich vermutlich um den Abdruck einer Rede am Institut für Gartenbau in Dresden-Pillnitz handelte, hervor: »Aber die Grundlage aller Wirtschaft und aller Kultur ist der **Boden;** [im Original hervorgehoben, d. Verf.] seine Gesunderhaltung ist deshalb Grundbedingung unseres Aufbaues. Ein Ziel, der höchsten Mühe wert. Zeit ist nicht zu verlieren.« Brauer betrachtete es als das Kernproblem der Landeskultur, Bauern,

ner Zeitung« taucht der Landeskulturbegriff bis 1989 über 1400 Mal als Schlagwort auf. Ein früher Beitrag zur Begriffsbestimmung außerdem bei *Meusel*, Landeskultur, S. 323–326.

227 Vgl. dazu ausführlich den Abschnitt »Methodischer Ansatz« in der Einleitung.

228 Vgl. dazu den Abschnitt »Forschungsstand« in der Einleitung.

229 Beide Zitate aus: Lingner, S. 7.

230 *Ebd.*, S. 13 ff., 22 f.

231 Brauer war u. a. 1946 Leiter des Ausschusses für Forstwirtschaft, Landeskultur und Naturschutz des brandenburgischen CDU-Landesverbandes, 1949 Mitglied des Volksrates und von 1947–51 einziges »bürgerliches« Vorstandsmitglied in der ansonsten von der SED dominierten »Vereinigung für gegenseitige Bauernhilfe«. Biographische Datenbanken, Brauer, Fritz: http://bundesstiftung-aufarbeitung.de/wer-war-wer-in-der-ddr-%2363%3B-1424.html?ID=397 [letzter Zugriff: 25.02.2016].

Behörden und andere Verantwortliche zu einem vereinten und ernst gemeinten Schutz der Landschaft zu bewegen und forderte, bei der »Wiederherstellung der Nachhaltigkeit« nicht in der Forstwirtschaft halt zu machen, sondern dieses Konzept wirtschaftlichen Handelns auch auf die Landeskultur zu übertragen.[232]

Während Brauer das museale Bewahren-wollen, das in seinen Augen jeden morschen Baum und jede noch so »abgetakelte Windmühle« für schützenswert hielt, scharf kritisierte, sah er in der Landeskultur grundsätzlich keinen Gegensatz zum Naturschutz. Er verklärte geradezu die vielfältigen Möglichkeiten der Gestaltung, die es dem Menschen erlaubten das Antlitz der Erde zu verändern und sogar einer »höheren Gewalt«, wie sie sich etwa in Naturkatastrophen zeige, zu widerstehen.[233] Der Gartenbau- und Landschaftsarchitekt Georg Pniower war der Auffassung, »daß Landeskultur im wesentlichen nichts anderes bedeutet als Potenzierung der Natur« und in diesem Sinn keine »Gefühlssache« sei, sondern alleine »auf wissenschaftlicher Erkenntnis« beruhe.[234] Pniower kritisierte damit »rückwärtsgewandte ideologische Vorstellungen über Landschaft«, die in der Zeit des Nationalsozialismus fussten, und das ältere, immer noch dominierende museal-konservierende Element des Naturschutzes. Das von ihm entwickelte Konzept einer »dynamischen Landeskultur« sah vor, sowohl die Kultur- als auch die Naturlandschaft ganz in den Dienst menschlicher Bedürfnisbefriedigung zu stellen.[235] Nur der »Aufbau des Sozialismus« könne, so der Gartenbauarchitekt in einem Beitrag in »Natur und Heimat«, »alle schöpferischen und schützerischen Kräfte in brüderlicher Zusammenarbeit für [eine] fortschrittliche Landeskultur« vereinen.[236]

Dieser gestaltungs- und nutzenorientierte Naturschutzansatz setzte sich im Laufe der fünfziger Jahre immer stärker durch. Doch während es den Vertretern einer neuen sozialistischen Agrarpolitik vornehmlich um die Steigerung der »Erzeugungskraft« des Bodens ging, versuchten Naturschützer die Landeskulturmaßnahmen von einer allzu engen Fixierung auf die Landwirtschaft zu befreien und einen mittleren Weg zwischen Nutzenorientierung und Bewahrung zu gehen. Meusel, der noch zu Beginn der fünfziger Jahre ein eher konservatives Verständnis von Naturschutz und Landeskultur vertrat[237], führte 1958 eine begriffliche Unterscheidung zwischen der »Landeskultur im engeren Sinne«, worunter er Aufgaben des klassischen Meliorationswesens verstand, und einer »umfassenden Landeskultur« in die Debatte ein: »Als das Ziel einer umfas-

232 Alle Belege und Zitate aus: *Brauer.*
233 Alle Zitate und Belege: Ebd.
234 *Pniower,* S. 110.
235 *Wolschke-Buhlmahn u. Fibich,* S. 135–142, Zitate: 135; vgl. auch *Behrens,* Jahre, S. 30–35
236 *Pniower,* S. 110.
237 Meusel zählte zu den Aufgaben des Naturschutzes vornehmlich die Identifizierung von Naturdenkmalen und die Einrichtung von Schutzgebieten, betrachtete diese Aufgaben aber bereits als feste Bestandteile einer »fortschrittlichen Landeskultur«, deren Wirkung über den Selbstzweck des Landschafts- und Artenerhalts hinausging: *Meusel,* Landeskultur, S. 323–326.

senden Landeskultur betrachten wir die Sorge um die Erhaltung und Steigerung der Bodenfruchtbarkeit ebenso wie die Sorge um die Gesundheit des Menschen, die sich in einer günstigen Beeinflussung des Gesamthaushaltes der uns umgebenden und ernährenden Natur auswirken müssen.«[238] Dieses Verständnis, das zwischen einem gestalterisch-nutzenorientierten und einem konservierenden Naturschutz zu vermitteln versuchte, schlug gleichzeitig eine Brücke zu gesundheitspolitisch motivierten Umweltreformdebatten, wie sie zeitgleich etwa von Hygieneärzten geführt wurden.[239]

Doch anders als bei Lingner finden sich bei Meusel, der die Landeskultur in das »Zeitalter der Technik« einzubetten versuchte, keine technikkritischen Ansätze. Ganz im Gegenteil: Die öffentlichen Beiträge aus den Reihen des wissenschaftlichen Naturschutzes waren, ähnlich wie die mahnenden Stimmen aus der Wasserwirtschaft, von einem Pathos der Machbarkeit und einem schier unbändigen Zukunftsoptimismus durchzogen – trotz und gerade wegen der großen Umweltprobleme, die im Laufe der fünfziger Jahre identifiziert wurden, wie Meusel betonte: »Das Zeitalter der Atomtechnik wird der Zivilisation ungeheure Entwicklungsmöglichkeiten geben, es stellt andererseits den Menschen erstmals vor die Frage nach der Erhaltung des Lebens auf der Erde, ja, nach der Erhaltung unseres Planeten überhaupt. So fühlen wir uns gezwungen, vorwärts schauend, die Möglichkeiten einer gesunden Landeskultur unter dem allgemeinen Gesichtspunkt der Erhaltung und Förderung des Lebens zu betrachten.«[240] Für Naturschützer wie Meusel war nicht die voranschreitende Technik das Problem, sondern die mangelnde Berücksichtigung der negativen Folgen ihres Einsatzes und die ungenügende Beachtung ökologischer Zusammenhänge im ökonomischen Denken. Moderne Technik war vielmehr gleichzeitig auch ein Schlüssel zur Bewältigung zahlreicher Umweltprobleme.[241] Die Forderung lautete daher nicht nach Verzicht auf Wachstum und Fortschritt oder Rückkehr in ein vermeintlich idyllisches, agrarisches Zeitalter, sondern zielte auf eine effektivere und verbesserte Koordination der verschiedenen Interessen von Industrie, Landwirtschaft, Hygiene und Landeskultur in und an der Landschaft ab – kurz:

238 Meusel ergänzte dieses erweiterte Begriffsverständnis außerdem um die gedankliche Kategorie der Zukunft, die er als Gegengewicht gegen kurzsichtige ökonomische Ziele ins Feld führte. Man könne »landeskulturelle Maßnahmen erst dann beurteilen …, wenn man nicht nur eine kurzfristige Planung, sondern das Wohl zukünftiger Geschlechter vor sich sieht.« Und weiter forderte er: »Mehr als bisher müssen wir nicht nur für den Augenblick, sondern für die Zukunft sorgen. Landeskultur ist die Sparkasse einer weitsichtigen Wirtschaft.« *Meusel*, Probleme, S. 87–100, hier 87 u. 97.

239 Zu diesem Zusammenhang vgl. auch exemplarisch: *Grimm*, S. 44ff.; *Heinze*, S. 284–287.

240 *Meusel*, Probleme, 88.

241 Diese Denkweise wird insbesondere auch bei Gilsenbach deutlich, der am Ende seiner populärwissenschaftlichen Mahnschrift »Die Erde dürstet« voller Bewunderung und Optimismus auf die großen sowjetischen Wasserbauprojekte in Sibirien – den sog. »Dawydow-Plan« – und die Vision Hermann Sörgels, der in den zwanziger Jahren vorschlug, an der Straße von Gibraltar einen gigantischen Staudamm zu errichten, hinwies. Vgl. *Gilsenbach*, Erde, S. 287–294.

eine ausgewogene und möglichst umfassende Raumplanung. Während der Staat die Wirtschaftszweige in diese Richtung lenken und den Rahmen für die wissenschaftliche Forschung vorgeben sollte, kam der Wissenschaft als Aufgabe die Bereitstellung von Methoden und Informationen für eine verbesserte Standortplanung zu.[242] Der Glaube an die Plan- und Steuerbarkeit umweltbeeinflussender Maßnahmen war eine wichtige Triebfeder sowohl für die innere Wandlung des Naturschutzes als auch dessen Integration in die neue sozialistische Herrschaftsordnung, die grundlegend auf der Idee einer umfassenden Planung fußte.

Innerhalb der DAL versuchte man daher bereits zu Beginn der fünfziger Jahre, die Interessen des Naturschutzes in der Planwirtschaft zu verankern. Im Jahr 1954 entstand – vermutlich im Umfeld der Sektion »Landeskultur und Naturschutz« – eine Denkschrift, die Mängel in der Raumplanung thematisierte. Das in Stubbes Namen verfasste Papier verwies »auf eine Reihe bedenklicher raumwirtschaftlicher Missstände«, aus denen nicht nur eine große Unausgewogenheit in der Verteilung von Produktionsmitteln und der Ausnutzung der natürlichen Ressourcen resultieren, sondern auch »der gesamten Bevölkerung und den Werktätigen … erhebliche materielle und gesundheitliche Belastungen« erwachsen würden. Die Verfasser sahen durch diese Defizite die im Zuge des »Neuen Kurses« von der SED verkündeten politischen Ziele – die Steigerung der Produktion und die Verbesserung der Lebensbedingungen der Menschen – in Frage gestellt. Sie forderten daher den Aufbau eines Zentralinstitutes für Raumplanung und die stärkere Verankerung einer systematischen Standortplanung bei den Industriezweigen, in der Landwirtschaft und bei den Bezirksverwaltungen. In den Vorstellungen der Naturschützer sollte die Staatsführung auf der Grundlage wissenschaftlicher Forschungsergebnisse umfassende Raumordnungspläne erstellen, mit deren Hilfe ideale Industrie- und Siedlungsstandorte erfasst und Umweltprobleme reduziert oder von vornherein verhindert werden sollten.[243]

Mit dieser Forderung knüpfte die DAL an eine Debatte an, die etwa parallel auch von Ökonomen und Wirtschaftsgeographen geführt und in den sechziger Jahren ebenso von Vertretern der Hygiene aufgegriffen wurde.[244] In der DDR herrschte zu Beginn der fünfziger Jahre ein »Verwaltungsvakuum« in der regionalen Planung vor, wie Hermann Behrens unterstreicht. Während im Zuge des sozialistischen Aufbaus volkswirtschaftliche Planungs- und Steuerungsinstrumente eine starke Aufwertung erfuhren, stagnierte demgegenüber die Entwicklung raumplanerischer Methoden. Auch nach der Gebiets- und Verwaltungsreform von 1952 fehlten Akteure, die die Koordination dieser Aufgaben

242 *Meusel*, Probleme, S. 94–97. Ähnlich bei: *Lingner*, S. 75 f.; *Brauer*. Kritischer bei: *Gilsenbach*, Widerstreit, S. 163 f.

243 Alle o.g. Zitate und Belege aus: Denkschrift der Deutschen Akademie der Landwirtschaftswissenschaften zu Berlin über Mängel in der Raumplanung und deren Beseitigung, o. D. [1954]: BArch, DK 107/8340.

244 Vgl. dazu Kap. 2.2.1.

Abb. 1: Das gewandelte Selbstverständnis des Naturschutzes wird auch am Einband der Zeitschrift »Natur und Heimat« deutlich, der die Nutzung der Natur in den Vordergrund stellte. (Quelle: NuH 10 (1961).)

auf regionaler Ebene hätten übernehmen können. Der Wirtschaftsgeograph Hans Roos klagte beispielsweise Mitte der fünfziger Jahre, dass sich bis dahin nur wenige wissenschaftliche Werke mit den theoretischen Problemen der Regionalplanung befassten. Zwar nahm die Anzahl entsprechender Publikationen ab 1955 spürbar zu, die strukturellen Defizite blieben aber zunächst weiterhin bestehen: Bis zu Beginn der sechziger Jahre, so Behrens, herrschte bei der räumlichen Umsetzung der volkswirtschaftlichen Perspektivplanung eine »vorhabenbezogene selektive Planung« vor.[245] Diese Art der »Inselplanung«, die etwa beim Aufbau des Eisenhüttenkombinates Ost und der dazugehörigen Arbeitersiedlung Eisenhüttenstadt Anwendung fand und Umweltbelastungen nicht genügend berücksichtigte, wurde auch von Naturschützern und Landschaftsgestaltern innerhalb der DAL kritisiert. Analog zur wirtschaftsgeographischen Debatte über die Verbesserung der regionalen Planungsmechanismen forderten diese Akteure daher den Aufbau einer Landeskulturplanung, die bei der industriellen und agrarischen Umgestaltung der Landschaft auch den Schutz der Natur berücksichtigen sollte.[246]

245 *Behrens*, Landesplanung, S. 99 ff., 112 ff., 141 ff.

246 Die aus Sicht der Naturschützer zu Beginn der fünfziger Jahre vorherrschenden Missstände bestanden unter leicht veränderten Vorzeichen im Prinzip bis zum Ende des Jahrzehnts fort, wie eine Sitzung der Sektion Landeskultur und Naturschutz vom 12.11.1959 veranschaulicht: Während aus ihrer Sicht das größte Problem zunächst in der fehlenden behörd-

Diese Forderungen spiegelten den beschriebenen inneren Wandel des Naturschutzes, der sich nun auch in der Selbstdarstellung der Zeitschrift »Natur und Heimat« zeigte, wie Abbildung 1 veranschaulicht. Gilsenbach, der sich in der Debatte über die inhaltliche Neuausrichtung klar auf die Seite der Gestalter stellte, forderte dort beispielsweise 1961: »Mit Winzigkeiten ist nichts mehr getan. ... Jede Landschaft muß heute vielerlei Zwecken zugleich dienen. Nur eine richtige, wohlüberlegte Nutzung und Pflege der Naturreichtümer im weitesten Sinne kann gewährleisten, dass diese massierte Ausbeutung der Natur nicht zum Raub wird. Der Schutz der Natur ist heute nur möglich innerhalb einer gleichmäßigen, allseitigen Erschließung der natürlichen Ressourcen.«[247] Diese Haltung fand in Leserbriefen an »Natur und Heimat« weitestgehend Zustimmung. Ein Kreisnaturschutzbeauftragter aus dem Bezirk Halle beklagte beispielsweise, dass die fachlichen Anliegen des Naturschutzes bei Industrieleitern, Ingenieuren und Funktionären bislang zu wenig Berücksichtigung gefunden hätten. »Solange man an die oben erwähnten Leute nicht unmittelbar und mit Beharrlichkeit herantritt, können nur Generationen die Schwierigkeiten lösen.«[248] Er verlangte daher nach einem neuen Typus von Naturschützern, der die weitgefassten Aufgaben des prophylaktischen Naturschutzes auch tatsächlich wahrnehmen könne. Ein »Natur- und Heimatfreund« der DKB-Kreiskommission Bitterfeld ging bereits einen Schritt weiter und knüpfte an die in den fünfziger und sechziger Jahren immer wieder aufflammende Debatte über ein neues Landeskulturgesetz an, in dem er forderte: »Wirklich wirksam wird alles aber erst, wenn die gegenseitige Abgrenzung überwunden wird, wenn eine Zusammenfassung aller in Frage kommender Belange in einem großen Gesetz ›Mensch und Natur‹ erfolgt.«[249]

Eine wichtige Voraussetzung für die Verwirklichung dieses Ziels war die Integration des Naturschutzes in das »sozialistische Aufbauwerk«. Wie der Begriff der »partizipatorischen Diktatur« betont, war es Menschen und gesellschaftlichen Akteuren in der DDR durchaus möglich, Einfluss auf die sich ständig verändernde soziale und politische Ordnung zu nehmen, solange ihr Engagement für Veränderung zumindest formal in der marxistisch-leninistischen Ideenwelt der herrschenden SED fußte. Der Naturschutz befand sich zu Beginn der sechziger Jahre am Anfang dessen, was Mary Fulbrook als »Periode der Normalisierung« bezeichnet hat.[250] Der Weg dahin, der auch mit einem Generationenwechsel an der Führungsspitze einherging, wurde allerdings von teils heftigen Auseinandersetzungen begleitet: Neben der internen Debatte über die inhaltliche Neuausrichtung galt es für die Naturschützer in Kulturbund und DAL bzw.

lichen und wissenschaftlichen Verankerung bestand, verkehrte sich diese Situation Ende der fünfziger Jahre: Jetzt beklagten Naturschützer und Landschaftsgestalter die mangelnde Koordination einer Vielzahl an der landeskulturellen Planung beteiligter Behörden. Vgl. Thesen zur Landeskulturplanung, Berlin, den 20. Januar 1960: BArch, DK 107/7657.

247 *Gilsenbach*, Wohin gehst du, S. 350.

248 *Wohin gehst du, Naturschutz*, S. 530.

249 *Ebd.*, 532.

250 *Fulbrook*, Leben, S. 24, 26–30.

ILN außerdem einen politischen Führungsstreit mit der obersten Naturschutzbehörde, dem Landwirtschaftsministerium, beizulegen.[251]

Die eingangs erwähnte Auseinandersetzung zwischen Gilsenbach und dem Abteilungsleiter des MfLF, Fritz Weißhaupt, ging auf den Versuch zurück, das in den Augen der Naturschutzbehörde zu eigenmächtige Handeln der Naturschützer einzuschränken und die naturpolitische Führung wieder stärker in die Hände des Ministeriums zu legen. In einem von Gilsenbach öffentlich verrissenen und aufs Schärfste zurückgewiesenen Entwurf einer Grundsatzerklärung »Über die Einbeziehung des Naturschutzes in den Aufbau des Sozialismus« übte die oberste Naturschutzbehörde gleich auf mehreren Ebenen Kritik an den Naturschützern. Insbesondere Meusels internationales Engagement im IUCN und die Debatte um die inhaltliche Erweiterung des Naturschutzes, die ohne Rücksprache mit dem Ministerium auf der 2. Naturschutzwoche 1958 an die Öffentlichkeit getragen wurde, stießen innerhalb des Ministeriums auf Unmut. Darüber hinaus bemängelte man dort die innere Haltung der ehrenamtlichen Naturschützer, die mehrheitlich »kleinbürgerlichen Ideologien« anhängen würden.[252] Das scharf formulierte Papier des Ministeriums, das nur an wenigen Stellen auch selbstkritische Töne durchklingen ließ, sowie die öffentliche Erwiderung Gilsenbachs ließen eine konsensuale Lösung des Konfliktes, bei der beide Seiten ihr Gesicht wahren konnten, zunächst in weite Ferne rücken. Erst nachdem sich Landwirtschaftsminister Hans Reichelt und DAL-Präsident Stubbe in die Auseinandersetzung eingeschaltet hatten, konnte im April 1959 eine Einigung zwischen den Konfliktparteien erzielt werden.[253] Die Sektion »Landeskultur und Naturschutz« erarbeitete daraufhin eine Denkschrift, die den Naturschutz zwar vor allen Dingen sprachlich sehr viel stärker in die sozialistische Ideologie einpasste und darüber hinaus die formale Führungsrolle des Landwirtschaftsministeriums anerkannte. Inhaltlich trug das Papier jedoch deutlich die Handschrift der Naturschützer.[254]

Der zwei Jahre währende Streit zwischen der obersten Naturschutzbehörde und den untergeordneten Institutionen des Naturschutzes bleibt in der Gesamtschau der ostdeutschen Umweltgeschichte zwar letztlich nur eine Episode. Die Auseinandersetzung verdeutlicht aber, dass gesellschaftliche Akteure außerhalb der Parteistrukturen durchaus über Handlungs- und Einflussmöglichkeiten verfügten. Naturschützer wie Gilsenbach oder Meusel ließen sich nicht einfach

251 Vgl. dazu auch *Möller*, Wissen, S. 383–386.

252 Dokument Nr. 2: Der Naturschutz und der »Aufbau des Sozialismus«, aus: *Behrens*, Jahre, hier S. 72–79.

253 *Weißhaupt*, S. 1959, 325.

254 Das wurde insbesondere bei der Auflistung der »Aufgaben zur Erhaltung und Pflege der heimatlichen Natur« deutlich, die stellenweise eher den Charakter programmatischer Forderungen annahmen: Grundsätze des Naturschutzes in der Deutschen Demokratischen Republik und ihre Verwirklichung, Berlin, den 5.1.1960: BArch, DK 107/7658. Vgl. auch Stubbe an den Vorsitzenden des Forschungsrates, Herrn Professor Dr. Thiessen vom 15. Januar 1960: BArch, DK 107/7658.

mundtot machen – ein Ansinnen, das in einer totalitären Diktatur sicherlich ein leichtes gewesen wäre, letztlich aber gar nicht im Interesse des SED-Regimes lag. Bei genauerer Betrachtung waren die Versuche, ein Machtwort zu sprechen und die kritischen Stimmen innerhalb des Naturschutzes zu zügeln, keine Niederlage, sondern stellten – ganz im Gegenteil – eine große Chance dar. Denn Naturschützern innerhalb der DAL bzw. des ILN war es möglich, die erzielte Einigung dazu zu nutzen, um den eigenen Zielen ein stärkeres politisches Gewicht zu verleihen. Auf der Grundlage ihres klar formulierten Bekenntnisses zum Sozialismus, postulierten die Naturschützer nun umgekehrt auch eine Verpflichtung des »Arbeiter-und-Bauern-Staates« zum Naturschutz. Dabei griffen sie geschickt das Partizipationsangebot der SED auf: »Die Verwirklichung der Aufgaben des Naturschutzes ist eine wichtige gesellschaftliche und ökonomische Arbeit beim Aufbau des Sozialismus, die von einem hohen Verantwortungsbewußtsein gegenüber unserer Natur und unserem Volke bestimmt sein muß und der sich niemand entziehen darf. Auch hier gilt die Losung ›Plane mit – arbeite mit – regiere mit‹.«[255]

Diesen Weg zwischen Zwang, Anpassung und Mitgestaltung setzten Stubbe, Meusel und eine neue Generation von Naturschützern in den folgenden Jahren fort. Das Ziel war es, den Naturschutz zu einem elementaren Bestandteil des Sozialismus zu machen. Der Naturschutz profitierte dabei von Entwicklungen in der UdSSR: Im Oktober 1960 erließ der Oberste Sowjet erstmals ein zentrales Naturschutzgesetz, dass von ostdeutschen Naturschützern mit großer Aufmerksamkeit rezipiert und auch mit einer gewissen Genugtuung begrüßt wurde.[256] Reden und Diskussionen auf dem XXII. Parteitag der KPdSU ein Jahr darauf, in denen Fragen eines erweiterten, ökonomische Belange berücksichtigenden Naturschutzes erörtert wurden, verhalfen auch Debatten in der DDR zu einer neuen Dynamik.[257] Die Ständige Kommission für Landschaftspflege und Naturschutz arbeitete daraufhin im Auftrag Stubbes an einer Zusammenfassung der bisherigen Diskussionen, auf deren Grundlage die Rolle des Naturschutzes in der DDR nochmals exakt definiert werden sollte, um dessen politische Bedeutung zu untermauern und so letztlich auch dem Ziel eines neuen Landeskulturgesetzes

255 Ebd.

256 Vgl. *Weinitschke*, Naturschutz, S. 72 ff.; *Würth*, S. 96; Zur Wahrnehmung vgl.: Das neue Naturschutzgesetz in der Sowjetunion, von Dr. H. Hiebsch: BArch, DK 107/7658; DAL, Ständige Kommission für Landschaftspflege und Naturschutz, Grundsätze für eine der sozialistischen Gesellschaftsordnung entsprechende Gebietsplanung und Landeskultur, Berlin, d. 5. Dez. 1963: BArch, DK 107/5398, pag. 83; *Gilsenbach*, Wohin gehst du, S. 352 f. Hinweise auf eine frühe Orientierung am sowjetischen Naturschutz bei: *Eckhardt*, S. 137–143.

257 Die Hintergründe der Verabschiedung des neuen Naturschutzgesetzes und der Diskussionen auf dem XXII. Parteitag der KPdSU werden im Hinblick auf die Haltung der politischen Führungsebene um Chruschtschow zum Naturschutz von der Forschung bislang allerdings eher pessimistisch eingeschätzt: Vgl. *Gestwa*, Großbauten, S. 508–510.

näher zu kommen.[258] Nach einer Abstimmung innerhalb des Plenums der DAL legte die Kommission Ende 1963 »Richtlinien für eine sozialistische Landeskultur« vor, die als Leitgedanken des ostdeutschen Umweltschutzes im Kern bis zum Niedergang der DDR bestand haben sollten. Darin forderte sie: »Oberstes Prinzip muß … die Erhaltung und Mehrung der in der Natur vorhandenen Reichtümer sein, um die Kulturlandschaft heute und für die Zukunft produktionskräftig, gesund und schön zu erhalten und zu gestalten. Diese als Landeskultur bezeichnete umfassende Aufgabe ist ein System staatlicher und gesellschaftlicher Maßnahmen zum Schutz, zur rationellen Nutzung und zur erweiterten Reproduktion der natürlichen Ressourcen der Kulturlandschaft zum Wohle des Menschen.«[259]

Die ganz im Sprachduktus der SED gehaltene Definition, die ein Jahr darauf auch in einem populärwissenschaftlichen Lehrbuch veröffentlicht wurde[260], knüpfte rhetorisch und inhaltlich an die Beschlüsse des VI. Parteitages vom Frühjahr 1963 an. Die Naturschützer zitierten Passagen aus dem Parteiprogramm, das sich die SED dort erstmals gegeben hatte, und deuteten die eher vage gehaltenen Aussagen zum Naturschutz zur Untermauerung der eigenen Forderungen um. Die wissenschaftliche Führungsriege in DAL und ILN versuchte damit von der politischen Aufbruchsstimmung, die vom Parteitag ausging, zu profitieren: Nicht nur, dass die SED dort die eigene Führungsebene deutlich verjüngte und mit einer Veränderung der innerparteilichen Organisationsstrukturen dem wirtschaftspolitischen Reformflügel um Erich Apel und Günter Mittag deutlich mehr Macht zugestand. Auch neue politische Grundlinien, wie beispielsweise die sich konzeptionell schon andeutenden ökonomischen Reformen und eine generelle Aufwertung des Einflusses wissenschaftlicher Expertise, gaben dem Naturschutz auftrieb.[261] Weite Teile der SED und insbesondere der Erste Sekretär des ZK, Walter Ulbricht, schienen sich im Umfeld des Parteitages von Bremsern zu Reformern gewandelt zu haben und beflügelten damit einen über mehrere Jahre anhaltenden »Reformschwung« (Jörg Roesler), der auch jenseits der Partei- und Funktionseliten öffentlich spürbar war.[262]

Stubbe nutzte den frisch gefundenen Konsens mit dem Landwirtschaftsministerium bereits im Frühjahr 1960, um in einem Schreiben an den Vorsitzenden des Forschungsrates der DDR, Peter Adolf Thiessen, auf die neuformulierten

258 DAL an alle Mitarbeiter der Sektion Landeskultur und Grünland und an alle Mitglieder der Ständ. Kommission für Landschaftspflege u. Naturschutz vom 3.5.1962 sowie Gesichtspunkte zur Ausarbeitung von »Richtlinien für eine sozialistische Landeskultur«, 3.5.1962: BArch, DK 107/7658.

259 DAL, Ständ. Kommission für Landschaftspflege und Naturschutz, Grundsätze für eine der sozialistischen Gesellschaftsordnung entsprechende Gebietsplanung und Landeskultur, Berlin, d. 5. Dez. 1963: BArch, DK 107/5398, pag. 83.

260 *Bauer u. Weinitschke*, S. 242.

261 Vgl. dazu auch Kap. 2.1.

262 *Weber*, S. 63 f.; *Malycha u. Winters*, S. 158, 164 f., 170–174; *Roesler*, DDR, S. 61 f. Zum Parteitag vgl. auch *Hoffmann*, DDR, S. 98–111. Zum Wandel Ulbrichts vom Bremser zum Reformer vgl. insbesondere *Kaiser*, S. 57–132.

Ziele der Naturschützer aufmerksam zu machen. Darin beklagte er allerdings auch offen, dass »unsere vielfachen mahnenden und beschwörenden Darlegungen zu den genannten Problemen ... bisher praktisch ungehört verhallt« seien und kritisierte weiter freimütig: »Es fehlt in der Spitze des Staatsapparates ein Mann, der den Ernst der Situation erkennt und mit allem Nachdruck an der Verwirklichung der Aufgaben von Landesforschung und Naturschutz arbeitet.«[263] Stubbe wandte sich auf der Suche nach einem neuen Fürsprecher an den Forschungsratsvorsitzenden, da er in diesem Wissenschaftsgremium anscheinend ein geeignetes Instrument ausgemacht hatte, um naturpolitische Interessen auf zentraler Ebene verankern zu können. Der DAL-Präsident sah im interdisziplinär arbeitenden Forschungsrat die Möglichkeit gegeben, das in der Grundsatzerklärung aus dem Jahr 1960 festgeschriebene Ziel »eine(r) umsichtige(n) und verantwortungsbewußte(n) Abstimmung sämtlicher in die Landschaft eingreifender Vorhaben« verwirklichen zu können.[264] Mit seinem Schreiben umging er jedoch auch ganz offensichtlich das zuständige Landwirtschaftsministerium und ignorierte einen zentralen Kritikpunkt, den Weißhaupt in der publizistischen Auseinandersetzung mit Gilsenbach formuliert hatte. Der unverhohlene Seitenhieb Stubbes auf den Landwirtschaftsminister und sein Haus ist aus historischer Perspektive besonders aufschlussreich, da Reichelt nach einer politischen Zwangspause im Jahr 1972 die Leitung des neugeschaffenen Umweltministeriums übernehmen sollte.[265] Stubbe stand mit seiner kritischen Haltung jedoch nicht allein: Etwa ein Jahr darauf, im Januar 1961, wandte sich der wissenschaftliche Direktor der DAL, Erwin Plachy, mit einem Schreiben an den DBD-Funktionär und stellvertretenen Ministerratsvorsitzenden Paul Scholz und beklagte ebenfalls »das Fehlen einer straffen, zentral ausgeübten Regionalplanung«, wodurch »z. T. empfindliche Landschaftsschäden und Produktionsstörungen« verursacht würden. Er setzte sich daher für die Schaffung eines neuen Gremiums ein, das – mit Experten verschiedener Fachrichtungen besetzt und »mit ausreichenden Vollmachten des Ministerrates ausgestattet« – diese Lücke schließen sollte.[266] Plachy, der als Mitglied der SED und der Agrarkommission beim Politbüro dem Anliegen des Naturschutzes zusätzliches Gewicht verlieh, umging mit seinem Schreiben an den innerparteilichen Konkurrenten ebenfalls den eigentlich zuständigen Reichelt.[267]

263 Beide Zitate aus: Stubbe an den Vorsitzenden des Forschungsrates, Herrn Professor Dr. Thiessen vom 15. Januar 1960: BArch, DK 107/7658.

264 Grundsätze des Naturschutzes in der Deutschen Demokratischen Republik und ihre Verwirklichung, Berlin, den 5.1.1960: BArch, DK 107/7658.

265 Vgl. dazu ausführlich Kap. 2.5.1.

266 Alle Zitate aus: Prof. Dr. Plachy an den Stellvertreter des Vorsitzenden des Ministerrates, Herrn Paul Scholz, 14.1.1961: BArch, DK 107/5397.

267 Scholz und Reichelt bekleideten in den fünfziger Jahren mehrmals abwechselnd das Amt des Landwirtschaftsministers. Doch während es Scholz gelang, seine innerparteiliche Machtposition stärker auszubauen, ist es Reichelt anscheinend gelungen, sich gegenüber der

Die Initiativen der beiden hochrangigen Funktionsträger veranschaulichen abermals das anhaltend gestörte Verhältnis des Naturschutzes zur obersten Naturschutzbehörde. Darüber hinaus belegen sie, dass Naturschützer innerhalb der DAL zu Beginn der sechziger Jahre starke Aktivitäten entfalteten und über geeignete Kanäle verfügten, um ihren Forderungen nach einem umfassenden Naturschutz politische Aufmerksamkeit zu verschaffen. Zwei Jahre nach dem Schreiben Plachys gelang es Mitarbeitern des ILN die Volkskammer als Plattform für ihre naturpolitischen Interessen zu gewinnen. Auf Vermittlung von Volkskammerpräsident Johannes Dieckmann war es Meusel und seinem wissenschaftlichen Mitarbeiter Hugo Weinitschke möglich, die Abgeordneten in einer Sitzung über die »Aufgaben der Landeskultur beim Aufbau des Sozialismus« und das Forschungsprogramm des ILN zu informieren.[268] Die Vorträge der beiden Wissenschaftler sollten die Parlamentarier für die Probleme und die Interessen des Naturschutzes sensibilisieren. Darüber hinaus war es das Ziel der Vortragenden, das Parlament zu einer Resolution zu bewegen, in der der Staatsrat dazu aufgefordert werden sollte, die entworfene »Richtlinie für eine sozialistische Landeskultur« formal zu verabschieden. Weinitschke vermied es in seinem rhetorisch eindringlich formulierten Hauptbeitrag allerdings geschickt, die bereits seit längerer Zeit im Raum stehende Forderung nach einem neuen Landeskulturgesetz in den Vordergrund zu drängen, bettete seine Forderungen in das Parteiprogramm der SED ein und verwies auf die Erfolge des Naturschutzes in der UdSSR. Der bereits vorliegende Richtlinienentwurf sollte allerdings, so Weinitschke, »die Leitgedanken für ein künftiges Landeskulturgesetz, ähnlich dem der RSFSR, beinhalten.«[269]

In der anschließenden Debatte erhielten die Beiträge der Naturschützer viel Zustimmung: Der SED-Abgeordnete Hans Schneidereit sah es als eine Pflicht an, beim Aufbau des Sozialismus nicht nur die Bedürfnisse der Produktion im

SED als geeigneterer Ministerkandidat zu präsentieren. Theresia Bauer kommt in einer Studie zur Geschichte der DBD zu dem Schluss, dass Scholz aufgrund seiner starken Stellung in der DBD von der für Landwirtschaftsfragen zuständigen ZK-Abteilung der SED gezielt übergangen wurde. Vgl. dazu *Bauer*, S. 271 f. Zur Biographie Plachys vgl.: Biographische Datenbanken, Plachy, Erwin: http://bundesstiftung-aufarbeitung.de/wer-war-wer-in-der-ddr-%2363%3B-1424.html?ID=2667 [letzter Zugriff: 19.03.2016].

268 *Weinitschke*, Naturschutzprobleme, S. 33–35, hier 33.

269 Volkskammer der DDR, Sekretariat – Abgeordnetenkabinett – Vortrag des Herr Dr. H. Weinitschke, wissenschaftlicher Mitarbeiter am Institut für Landesforschung und Naturschutz Halle der Deutschen Akademie der Landwirtschaftswissenschaften zu Berlin, zum Thema »Die Aufgaben der Landeskultur beim umfassenden Aufbau des Sozialismus in unserer Republik (Pflege, sinnvolle Nutzung, Wiederherstellung und Mehrung der natürlichen Reichtümer unseres Landes, wie Boden, Gewässer, Pflanzendecke und Tierwelt« und Vortrag des Herrn Prof. Dr. H. Meusel, Direktor des Instituts für Landesforschung und Naturschutz Halle der Deutschen Akademie der Landwirtschaftswissenschaften zu Berlin zum Thema »Naturwissenschaftliche Landesforschung und Naturschutz im Dienst der Landeskultur« im Abgeordnetenkabinett der Volkskammer der DDR am 21.5.1963: BArch, DA 1/3066, pag. 2–46, hier 30.

Blick zu behalten, sondern auch den Schutz von Umwelt und Natur als »Schönheiten des Lebens« ausreichend zu berücksichtigen.[270] Der CDU-Abgeordnete Edelfried Schoppe verwies auf den schlechten Zustand der Elbe und beklagte, »daß es nicht mehr oder nur noch mit größter Überwindung möglich ist, in denselben Fluß zu gehen, in dem uns früher das Baden großen Spaß machte.«[271] Ludwig Bauer, der sich in der anschließenden Debatte zu einem Koreferat aufschwang, verwies auf die UdSSR, wo es bereits möglich gewesen sei, Betriebsleiter für die Einleitung von Abwässern zu bestrafen. Auf seinen einschränkenden Hinweis, dass eine solche Regelung in der DDR wohl noch nicht möglich wäre, schallte es umgehend aus dem Plenum zurück: »Daran hindert uns niemand!«[272]

Doch obwohl die lebhafte Debatte den Eindruck vermittelte, dass die von den Naturschützern geforderte Empfehlung an den Staatsrat und sogar die Verabschiedung eines Landekulturgesetzes nur noch eine Formfrage gewesen wären, ist die Volkskammer-Initiative insgesamt ambivalent zu bewerten: Von 469 Abgeordneten nahmen lediglich vierzig an der Sitzung teil. Nur zehn Volksvertreter entschuldigten ihr Fehlen, darunter auch Volkskammerpräsident Dieckmann, der die Sitzung überhaupt erst ermöglicht hatte. Die scharfe Kritik der anwesenden Abgeordneten an der geringen Teilnahme ihrer Kollegen konnte über das Desinteresse einer Mehrheit der Parlamentarier nicht hinwegtäuschen. Ein Abgeordneter der LDPD entschuldigte sein Fernbleiben damit, dass er bereits im Zuge der Vorbereitung des Wassergesetzes, das einen Monat zuvor von der Volkskammer verabschiedet wurde, eine Aussprache mit Weinitschke geführt hatte und sich bereits »über eine ganze Reihe von Fragen informieren konnte.«[273] Auch das eigentliche Ziel ihrer Volkskammer-Initiative, eine Resolution an den Staatsrat zu erwirken, erreichten die Naturschützer letztlich nicht. Die Sitzung endete am Nachmittag, ohne dass es zur Verabschiedung einer entsprechenden Beschlussfassung kam.

Trotz dieses Misserfolges blieb das Auftreten der Naturschützer nicht folgenlos.[274] Bereits ein Jahr darauf gelang es ihnen, vermutlich dank des Einflusses Stubbes, doch noch ein Treffen zwischen dem DAL-Präsidenten, dem Präsidenten der Deutschen Akademie der Wissenschaften (AdW) und Volkskammerpräsidenten Dieckmann anzuberaumen.[275] Vor diesem Zusammenkommen erarbeiteten die Mitglieder der DAL-Sektion »Landeskultur und Grünland«

270 Stenographische Niederschrift, Vortrag [...], 7 Exemplar, unkorrigiert: BArch, DA 1/3066, pag. 96.

271 Ebd., pag. 106.

272 Ebd., pag. 111.

273 Herbert Ott, Mitglied der Volkskammer an die Volkskammer der DDR, Sekretariat – Abgeordnetenkabinett, Halle, den 10.5.1963: BArch, DA 1/3066, pag. 246.

274 Meusel wertete die Initiative bereits in einem Schreiben, dass er wenige Tage nach der Volkskammersitzung an Stubbe richtete, als Erfolg: Meusel an Stubbe, 4. Juni 1963: BArch, DK 107/2967.

275 Koriath an Bauer, 16.6.1964: BArch, DK 107/2967.

eine Neufassung der »Erklärung über die Prinzipien sozialistischer Landeskultur«, die jetzt sehr deutlich nach einem Landeskulturgesetz verlangte und gleichzeitig eine Brücke zu Forderungen der Lufthygiene schlug.[276] Parallel dazu wandten sich die Naturschützer an die Öffentlichkeit: In einer ND-Beilage, die sich dem Thema Umweltschutz widmete, benannten Bauer, mittlerweile Direktor des ILN, und weitere Institutsmitarbeiter ganz offen vorhandene Umweltprobleme, verwiesen auf Ergebnisse jüngst durchgeführter Staub- und Schwefeldioxidmessungen und forderten die Chemieindustrie dazu auf, endlich etwas gegen die von ihr verursachte Gewässerverschmutzung und eine drohende »Luftpest« zu unternehmen.[277] Obwohl die Autoren dies nicht explizit forderten, war die Beilage ein klares Plädoyer für ein Landeskulturgesetz. Die Beharrlichkeit der Naturschützer hatte Erfolg, wenn auch nur langsam: Im April 1966 unterstützte Dieckmann anlässlich der X. Naturschutzwoche nun erstmals öffentlich die Forderungen des Naturschutzes. Auf einer Pressekonferenz bezeichnete er die bisherigen Maßnahmen als ungenügend und folgerte unter Verweis auf das sowjetische Naturschutzgesetz, dass die Zeit reif sei, »um auch in der Deutschen Demokratischen Republik wirksame Maßnahmen zur Durchsetzung der Prinzipien sozialistischer Landeskultur zu ergreifen.«[278] Die Initiativen des Naturschutzes begannen langsam Früchte zu tragen. Der Auftritt Meusels und Weinitschkes vor der Volkskammer war aus der Rückschau eine wichtige Etappe auf dem Weg zur Verabschiedung des Landeskulturgesetzes im Mai 1970.

Der Naturschutz ging zu Beginn der sechziger Jahre mit der Grundsatzerklärung über die »Prinzipien der sozialistischen Landeskultur« auf ein Partizipationsangebot der SED ein, ohne sicher sein zu können, umgekehrt auch die erhoffte politische Unterstützung für die eigenen Ziele zu erhalten. Im mitunter zähen Aushandlungsprozess, den politische Initiativen »von unten« in der DDR durchlaufen mussten, waren die Naturschützer allerdings ein gutes Stück weit vorwärtsgekommen. Die neue programmatische Formel – im Sprachgebrauch der DDR zu einem Kompositum verschmolzen und dem westlichen Umweltschutzbegriff vergleichbar – setzte sich im Laufe der sechziger Jahre durch und bestimmte bis zum Mauerfall ganz wesentlich die ostdeutsche Umweltpolitik. Der Preis, den der Naturschutz für diese Anpassung an die sozialistische Herrschaftsordnung und die Bedürfnisse einer modernen Industriegesellschaft zahlen musste, war allerdings nicht unerheblich: Die Akzeptanz einer intensiv und mehrfach genutzten Landschaft sowie die Ausrichtung an einer Politik, die die höchst mögliche Ausnutzung ökonomischer Nutzeffekte zum Ziel hatte, wie es im SED-Jargon der Reformperiode hochgestochen hieß, bargen die Gefahr

276 Entwurf einer Erklärung über die Prinzipien sozialistischer Landeskultur (Neufassung vom 16.7.1964): BArch, DK 107/2967.

277 Bauer, u. a., Luft, in: ND-Beilage, 4. Juli 1964, 5.

278 Dieckmann, S. 67 f.

einer Ökonomisierung des Naturschutzes. Der Spagat zwischen einem klaren Bekenntnis zu wirtschaftlichem Wachstum und einem weitest möglichen Schutz der Natur war für die Führung des Naturschutzes riskant, aber lohnenswert und zugleich zwingend, um bei künftigen Entscheidungen über naturpolitische Fragen mitreden zu können.

2. Der ökologische Aufbruch und die Formierung der sozialistischen Umweltpolitik

2.1 Neue politische Vorzeichen: Mauerbau, ökonomische Reformen und Anstöße aus dem RGW

In den sechziger Jahren änderten sich die Rahmenbedingungen für die gesellschaftliche Aushandlung von Umweltproblemen grundlegend. Die gewaltsame Konsolidierung der DDR durch den Mauerbau schuf die Grundlage für eine Phase ökonomischer Reformen, die auf dem VI. Parteitag der SED eingeleitet wurden. Das dort auf den Weg gebrachte Programm für ein »Neues ökonomisches System der Planung und Leitung« (NÖS) – ab 1967 in einer dritten Etappe als »Ökonomisches System des Sozialismus« (ÖSS) fortgeführt – zielte darauf ab, negative Erscheinungen der bislang einseitig auf die Bruttoproduktion fixierten Planwirtschaft zu überwinden und stattdessen das Prinzip der Eigenerwirtschaftung der Mittel und den Gewinn zum Handlungsmaßstab für die Betriebe zu erheben. Eine Industriepreisreform, Prämien, Sanktionen und weitere sogenannte »ökonomische Hebel« sollten die VEB zu einem rationaleren Umgang mit Ressourcen und zu mehr Eigenverantwortung bewegen. »Im Grunde versuchten die Reformer«, wie André Steiner mit Blick auf das Scheitern der Reformversuche zusammenfasst, »marktwirtschaftliche Mechanismen zu simulieren, ohne die Grundlagen einer Marktwirtschaft einzuführen.«[1]

Die Reformen, mit denen zunächst auch eine vorsichtige gesellschaftliche Liberalisierung einherging, sollten zwar in erster Linie volkswirtschaftliche Synergieeffekte hervorbringen, waren aber durchaus deckungsgleich mit den Anforderungen eines modernen Umweltschutzes.[2] Die ohnehin nur schwach

1 Zur Geschichte der Wirtschaftsreform vgl.: *Roesler*, Plan; *Steiner*, DDR-Wirtschaftsreform. Eine soziologische Perspektive auf die Ideenwelt der Reformperiode bei: *Meuschel*, Legitimation, S. 181 ff, 190 und 192 ff.; vgl. auch den Beitrag von Martin Sabrow, der die Kategorie »Fortschritt« in den Mittelpunkt der sozialistischen Ideenwelt rückt: *Sabrow*, Zukunftspathos, S. 165–184, hier 175–180.

2 Zur vorsichtigen gesellschaftlichen Liberalisierung, einer damit einhergehenden Aufbruchsstimmung und der bald darauffolgenden restriktiven Wende auf dem sogenannten »Kahlschlag«-Plenum vgl.: *Kaiser*, S. 133–231; *Wolle*, Aufbruch, S. 143 ff. u. 293 ff.; *Roesler*, DDR, S. 58 ff. Um die generelle rechtliche Festschreibung der drei Grundprinzipien Vorsorge, Kooperation und Verursacherhaftung wurde beispielsweise auch in der Bundesrepublik seit den siebziger Jahren gerungen. Vgl. dazu: *Hünemörder*, Frühgeschichte, S. 148 u. 175 ff.; *Hasenöhrl*, S. 266 f. Zur Bedeutung der Begriffe vgl. auch die entsprechenden Lexikonartikel in *Simonis*, S. 114, 237 f. u. 239.

sanktionierten Forderungen an den betrieblichen Umweltschutz, beispielsweise im Bereich der Wasserwirtschaft, hatten unter den Bedingungen des Bruttoproduktionsprinzipes in der Regel das Nachsehen. Umgekehrt war es den staatlichen Planern oftmals gar nicht möglich realistische Planvorgaben auszuarbeiten, da die Betriebsdirektionen der Logik der »Tonnenideologie« folgend alles daransetzten, um in der jährlichen Planaushandlung möglichst geringe Produktionskennziffern bei einer gleichzeitig hohen Mittel- und Materialzuweisung zu erzielen.[3] Das Bruttoproduktionsprinzip unterwanderte daher selbst in jenen Zweigen der Wirtschaft, in denen die Betriebs- und Wirtschaftsleitungen die Notwendigkeit zum Handeln erkannt hatten, die Herausbildung einer konsensfähigen Strategie zur Bekämpfung der vorhandenen Umweltprobleme.[4]

Die von den Reformen anvisierte Ablösung des Bruttoproduktionsprinzips durch das Prinzip der Gewinnfixierung bedeutete jedoch nicht automatisch, dass dadurch auch die bestehenden Hemmnisse des Umweltschutzes abgebaut würden. Im Gegenteil: Während Umweltschutzinvestitionen in den fünfziger Jahren oftmals mit dem Hinweis auf ihren unproduktiven Charakter aus den Plänen gestrichen wurden, drohte ihnen nun mit Verweis auf mögliche Gewinneinbußen das gleiche Schicksal. Ohne eine gesetzliche Festschreibung von Grenzwerten und Sanktionsinstrumenten blieben die Rahmenbedingungen für den Umweltschutz unverändert prekär. Doch genau in dieser Frage versprachen die Reformen gleich in mehrfacher Hinsicht eine Abkehr von der bisherigen Praxis: Erstens verlangten sie von den Betriebsdirektionen, wie Günter Mittag 1966 in einem Vortrag ausführte, »alle Seiten des ihnen anvertrauten Reproduktionsprozesses so zu leiten, daß dieser gewissermaßen ›nahtlos‹ in den gesellschaftlichen Gesamtreproduktionsprozeß eingeordnet wird.«[5] Die Perspektivverschiebung auf den gesamtgesellschaftlichen Nutzen rückte – zumindest theoretisch – auch jene Bereiche in den Blick, die zuvor den Zielen der Bruttoproduktion untergeordnet wurden. Nun erschien es auch möglich, Umweltbelastungen ökonomisch als Schäden auszuweisen, die nicht nur materielle Verluste nach sich zogen, sondern – in ihrer Auswirkung auf die Arbeits- und Lebensbedingungen der Menschen – auch zu einem »moralischen Verschleiß« unter den Werktätigen und in der Bevölkerung führten. Im Umkehrschluss erhielten notwendige Schutz- und Sanierungsmaßnahmen einen Nutzwert, der gegen andere volkswirtschaftliche Kennziffern aufgerechnet werden konnte.[6]

Eng damit verknüpft waren zweitens die Aufwertung wissenschaftlich-technischer Expertise – ab 1967 durch den ideologischen Leitbegriff der »wissenschaftlich-technischen Revolution« (WTR) ausgedrückt – sowie Forderungen nach

3 Die mit dem Bruttoproduktionsprinzip verbundenen Probleme wurden bereits in den fünfziger Jahren erkannt, konnten jedoch nicht abgestellt werden. Vgl. *Steiner*, Plan, S. 107 ff.; *Roesler*, DDR, S. 38 ff.

4 Vgl. dazu etwa das Beispiel der Gewässerverunreinigung in Kap. 1.3.

5 *Mittag*, Wirtschaftspolitik, S. 40.

6 Zum gesteigerten Stellenwert einer volkswirtschaftlichen Verlustrechnung vgl. ebd., 44 f.

einer Rationalisierung der Produktion, die sich auf das Gesetz der Ökonomie der Zeit beriefen.[7] Das Ziel der technischen Modernisierung von Industrieanlagen und Produktionsprozessen, dass beispielsweise die Einführung automatisierter Prozesse und einer kontinuierlichen Fahrweise in der Produktion umfasste, war in der Regel deckungsgleich mit den Forderungen des technischen Umweltschutzes. Drittens bot die Aufwertung ökonomischer Anreizinstrumente durch die Reformen, zu denen dezidiert auch Sanktionen zählten, den notwendigen Rahmen, um umweltrechtliche Bestimmungen endlich schlagkräftiger zu gestalten. Im Umfeld der ökonomischen Reformen erließen der Ministerrat und die Volkskammer der DDR denn auch eine ganze Reihe wichtiger rechtlicher Regelungen im Umweltbereich. So eröffnete beispielsweise das 1963 von der Volkskammer verabschiedete Wassergesetz, wie bereits dargelegt wurde, die Möglichkeit, Abwassereinleitungen mit Gebühren zu belegen. Zwar wurden »ökonomische Hebel« erst am Ende des Jahrzehnts praktisch umgesetzt, die konzeptionelle Grundlage für diese bereits in den fünfziger Jahren immer wieder erhobene Forderung wurde allerdings erst durch das NÖS bzw. ÖSS geschaffen.[8]

Von zunehmender Bedeutung für den Umweltschutz war außerdem die Kooperation innerhalb des RGW. Auch hier waren es in erster Linie Wissenschaftler, die in Interaktion mit Funktionären verschiedener politischer Ressorts neue Impulse setzten und Rahmenbedingungen schufen, die legitimierend für nationale Debatten und Reforminitiativen wirkten. Die Geschichte des osteuropäischen Wirtschaftsbündnisses ist bislang nur unzureichend erforscht: Zwar liegen zahlreiche politik- und wirtschaftswissenschaftliche Beiträge aus der Zeit des Kalten Krieges vor, seit den neunziger Jahren sind aber nur wenige archivgestützte Studien zu Aufbau, Funktionsweise und Wirkung dieser supranationalen Organisation erschienen.[9] Die bislang vorliegenden Arbeiten kon-

7 Die politische Aufwertung von wissenschaftlicher Expertise stellte allerdings keine ostdeutsche Besonderheit dar, sondern war zeitgleich auch in anderen Industriegesellschaften zu beobachten. *Meuschel*, Legitimation, S. 181 ff., insbes. 184; *Kessler*, S. 233–248, insbes. 237–248; *Steiner*, Wissenschaft, S. 101–125; *Malycha u. Winters*, S. 174, 194 f.; *Wolle*, Aufbruch, S. 152–163. Zur Berufung der Reformen auf das Gesetz der Ökonomie der Zeit vgl. *Ulbricht*, System, Bd. 1, S. 403 ff. Zum allgemeinen Stellenwert wissenschaftlicher Expertise vgl. beispielsweise für die Bundesrepublik: *Metzler*; *Schanetzki*.

8 Als Auftakt dafür gilt in der Forschung gemeinhin die Verordnung über die Bodennutzungsgebühr vom 15. Juni 1967, die allerdings lediglich Ausgleichzahlungen für den Entzug land- und forstwirtschaftlicher Fläche durch eine industrielle Nutzung vorsah. Eine umfassende Gebührenordnung im Umweltbereich, die sich auf die Felder der Luft- und Gewässerreinhaltung erstreckte, wurde erstmals im Rahmen eines ökonomischen Experimentes im Bezirk Halle bzw. im Zuständigkeitsbereich der WWD Saale-Weiße in den Jahren 1969/70 erprobt. Vgl. dazu Kap. 2.4.2. Zu den rechtlichen Regelungen im Umweltbereich aus der Frühphase der ökonomischen Reformen vgl. *Oehler*, Entwicklung, S. 102, insbes. Anm. 15.

9 Dieses Desiderat beklagte jüngst auch ein Papier, das sich mit aktuellen Perspektiven der DDR-Forschung befasste: *Hoffmann u. a.*, S. 37 f. Die letzte umfangreiche, auf Archivquellen beruhende Studie ist im Jahr 2000 erschienen: *Ahrens*. Einen Überblick über bis 1992 erschienene Arbeiten liefert exemplarisch die Bibliographie: *Brine*. Zur Einschätzung des Forschungsstandes vgl. auch: *Dangerfield*, S. 348–369, insbes. 368 f.

zentrieren sich zudem sehr stark auf die ökonomische Integrationskraft und die handelspolitische Dimensionen des sozialistischen Wirtschaftsbündnisses. Die wissenschaftliche Kooperation in Umweltfragen auf der Ebene des RGW ist bislang noch nicht untersucht worden.[10] Die verschiedenen nationalen und internationalen Umweltreforminitiativen der Ostblockländer profitierten ab Mitte der fünfziger Jahre zudem von selbstkritischen Debatten über Umweltprobleme in der UdSSR, die im Zusammenhang mit der Entstalinisierung auf dem XX. Parteitag der KPdSU aufkamen.[11] Dort kritisierte beispielsweise die sowjetische Gesundheitsministerin, Maria Kowrigina, in einer Rede offen die Versäumnisse im Kampf gegen die Verunreinigung von Gewässern und Luft durch Industriebetriebe, die trotz vorhandener Regierungsbeschlüsse und gesetzlicher Bestimmungen weiter zunahmen.[12]

Die Rede, die in der ostdeutschen Partei- und Staatspresse rezipiert wurde, dürfte von Vertretern der Wasserwirtschaft und der Hygiene aufmerksam wahrgenommen worden sein. Auf dem Gebiet des Gesundheitswesens bestand überdies ein intensiver Austausch mit der UdSSR. Der institutionelle Einfluss der sowjetischen Sanitätsinspektionen auf das ostdeutsche Hygienewesen wurde bereits dargelegt. Hinzu kamen regelmäßige Treffen und gegenseitige Besuche sowjetischer und ostdeutscher Hygieneärzte, deren Intensität zu Beginn der sechziger Jahre zunahm.[13] Im Frühjahr 1963 leitete der Botschafter der UdSSR, Abrassimow Pjotr Andrejewitsch, einen Bericht an Ulbricht weiter, in dem ein ranghoher sowjetischer Medizinalfunktionär deutlich Kritik am ostdeutschen Gesundheitswesen übte. Vor dem Erfahrungshintergrund einer mehrjährigen Dienstzeit in der DDR bemängelte der Verfasser unter anderem, dass die DDR trotz eines sehr hohen Lebensstandards medizinisch im Vergleich zur UdSSR schlechter gestellt gewesen sei. In diesem Zusammenhang kritisierte der Medizinalfunktionär auch die Situation auf dem Gebiet der Lufthygiene und mahnte: »Eine Senkung des Krankenstandes ist nicht denkbar ohne eine systematische

10 Einen ersten Überblick über die internationale Zusammenarbeit zu umweltrechtlichen Fragen, allerdings vornehmlich für die Zeit nach 1970, liefert *Oehler*, Forschungskooperation, insbes. S. 3–39.

11 Zu einem allgemeinen gesellschaftspolitischen Wandel, wenn auch in vorherbestimmt pessimistischer Lesart, vgl. *Gestwa*, Notstand, 2003, S. 349–383, hier 352 ff. Mit Blick auf die Offenheit dieses Wandels aufgeschlossener: *Obertreis*, S. 118 f.

12 Kowrigina sagte dazu: »Mir scheint, daß an dem Mißstand, den die Leiter der Industriebetriebe durch die Verunreinigung der Gewässer und des Bodens zulassen, daran, daß Asche und Gase in den Luftraum der Städte entweichen, auch die Partei- und Verwaltungsorgane der Gebiete und Regionen schuld sind. Sie ziehen die Leiter der Industriebetriebe nicht in richtiger Weise auf der Parteilinie wegen Verletzung der sowjetischen Gesetze zur Verantwortung.« ND, 29. Februar 1956.

13 Vgl. exemplarisch die Ankündigung eines 14tägigen Besuches des Staatlichen Oberinspektors der Staatlichen Sanitätsinspektion des Gesundheitsministeriums der UdSSR im November 1961. M. Tschapluk, Stellvertretender Leiter der Abt. Intern. Verbindungen an den Leiter der Abt. Intern. Verb. des Ministeriums für Gesundheitswesen der DDR, M. Kroll, Moskau, den 23.IX.1961: BArch, DQ 1/3490, pag. 92.

Erforschung des schlechten Einflusses der Luft auf den Menschen. Davon ausgehend sollte den deutschen Freunden empfohlen werden, weitergehende prophylaktische Maßnahmen für gesundheitsfördernde Arbeits- und Lebensbedingungen der Bürger der DDR auszuarbeiten. ... Deshalb ist es notwendig, aktiver gegen die Verunreinigung der Luft in den Städten anzukämpfen, in erster Linie durch die Ausarbeitung von Maßnahmen einer rationelleren Brennstoffverbrennung, durch das Anbringen verschiedener Auffangvorrichtungen, Filter usw.«[14]

Ulbricht stimmte den Einschätzungen in einem Antwortschreiben zu und betonte gegenüber Andrejewitsch die Aktualität der Kritik, die jetzt, angesichts der zwei Jahre zuvor erfolgten Stabilisierung durch den Mauerbau endlich aufgegriffen werden könnte. Er versicherte dem Botschafter weiter, dass »die Zeit ... reif« sei »für systematische Maßnahmen zur Änderung der Arbeit im Gesundheitswesen.«[15] Die anpackende Rhetorik, die er gegenüber dem Repräsentanten der sowjetischen Schutzmacht wählte, wich in einem Schreiben an die Mitglieder und Kandidaten des Politbüros allerdings einer deutlich nüchterneren Betrachtung. Zwar betonte Ulbricht auch hier, dass die Kritik im Kern zutreffend sei und allgemein der Erfahrungsaustausch mit Ärzten und Wissenschaftlern der UdSSR vorangetrieben werden müsse. Eine Umsetzung der Empfehlungen könne aber nur schrittweise erfolgen und hänge wesentlich von der richtigen Auswahl der leitenden Ärzte ab.[16] Es ist nicht ganz leicht, den eigentlichen Stellenwert der Umwelt in diesen Ausführungen, die das ostdeutsche Gesundheitswesen als Ganzes betrachteten, zu ermitteln. Die Forderungen nach einer Eindämmung des schädlichen Einflusses der Luft und einer Verbesserung der Lebens- und Arbeitsbedingungen waren zwei Punkte unter vielen. Der Bericht und seine Rezeption durch Ulbricht machen jedoch klar, dass die beschriebenen Probleme zu Beginn der sechziger Jahre grundsätzlich längst bis zur obersten politischen Ebene vorgedrungen waren und dort durchaus auf Verständnis stießen.

Die bilateralen Beziehungen zwischen der DDR und der UdSSR auf dem Gebiet der Hygiene wurden von multilateralen Initiativen innerhalb des RGW flankiert. Dort war bereits seit Beginn des Jahrzehnts eine Sektion zur Entwicklung von »Entwurfslösungen, Typenprojektierung und Normen« innerhalb der ständigen Kommission »Bauwesen« damit befasst, internationale Standards zum »Schutz vor Luftverunreinigungen und Lärm« zu erarbeiten.[17] Ein »Internatio-

14 Oberst der Medizinischen Dienste Posnjak an den Außerordentlichen und Bevollmächtigten Botschafter der UdSSR in der DDR, Genosse Abrassimow Pjotr Andrejewitsch, o. D.: SAPMO, DY 30/3742.

15 Walter Ulbricht an den Außerordentlichen und Bevollmächtigten Botschafter der UdSSR in der DDR, Genossen P. A. Andrejewitsch, Berlin, den 22.4.1963: SAPMO, DY 30/3742.

16 Walter Ulbricht an die Mitglieder und Kandidaten des Politbüros, Berlin, den 23.4.1963: SAPMO, DY 30/3742.

17 Sefrin an Büro für wirtschaftliche und wissenschaftliche Zusammenarbeit mit dem Ausland, Betreff: Erwägungen der VR Bulgarien, 31.10.1962: BArch, DQ 1/3490, pag. 75.

nales Symposium zu Fragen des hygienischen Schutzes der atmosphärischen Luft«, das 1962 in Halle stattfand, sollte diese Form der Zusammenarbeit fortsetzen und die Bemühungen um die Luftreinhaltung auf eine neue Ebene heben. Interessanter Weise ging ein wichtiger Impuls für diese von der Deutschen Gesellschaft für die gesamte Hygiene organisierte Konferenz nicht etwa von den hochindustrialisierten Staaten des Ostblocks, sondern von der Volksrepublik Bulgarien aus. Die zuständigen bulgarischen Stellen hatten sich zuvor mit einem Papier an das Sekretariat des RGW gewandt, in dem sie die Notwendigkeit der Zusammenarbeit aller RGW-Mitgliedsländer auf dem Gebiet der Luftreinhaltung anmahnten. Hintergrund der Initiative war die nachholende Industrialisierung, die der sozialistische Agrarstaat in den fünfziger Jahren erlebte. So machte das Papier insbesondere auf die Inbetriebnahme neuer Industrie- und Energiebetriebe aufmerksam, in deren Umfeld ein Anstieg von Krankenzahlen sowie unmittelbare Auswirkungen auf die Pflanzenwelt zu beobachten waren. Insbesondere die Kupfer-, Blei- und Zinkwerke in Pirdop und Kyrdshali, das Industriegebiet in Pernik sowie zahlreiche Wärmekraftwerke wurden als ökologische Brennpunkte ausgemacht. Da die industrielle Bautätigkeit in Bulgarien weiter zunahm und sich die zuständigen Behörden angesichts der Komplexität der Problematik überfordert zeigten, hoffte die bulgarische Regierung, »daß die Zusammenarbeit der Mitgliedsländer des RGW auf diesem Gebiet in vielem zu einer schnellen und erfolgreichen Beseitigung von für die Gesundheit der Bevölkerung, die Land- und Forstwirtschaft schädlichen Folgen der Verpestung der Luft mit Gasen und Staub, die bei der Arbeit der Industriebetriebe entstehen, beitragen wird.«[18]

Die Luftreinhaltung erhielt durch den wissenschaftlichen Austausch innerhalb des RGW eine gesteigerte politische Bedeutung. Auf dem Hallenser Symposium waren neben führenden Wissenschaftlern aus der DDR, Bulgarien, der CSSR, Polen, der UdSSR und Ungarn auch hochrangige Funktionäre der Gesundheitsministerien dieser Staaten vertreten. Die Teilnehmer der Konferenz einigten sich abschließend auf eine Reihe von Empfehlungen, darunter die Einrichtung einer ständigen Arbeitsgruppe bei der RGW-Ministerkonferenz. Ziel war es, in den Mitgliedsländern wissenschaftliche Institute als feste Ansprechpartner zu etablieren, eine Vereinheitlichung von Messmethoden und Verfahren zu erreichen, Forschungs- und Entwicklungsarbeiten im Bereich der Messinstrumententechnik voran zu treiben sowie die internationale Zusammenarbeit periodisch auf weiteren Symposien und Konferenzen fortzusetzen. Die wohl wichtigste Erkenntnis war aber, dass die Teilnehmer die Notwendigkeit einer interdisziplinären Herangehensweise an die Problematik der Luftverschmutzung erkannt hatten, wie ein Positionspapier festhielt: »Die hier anstehenden

18 Büro für wirtschaftliche und wissenschaftliche Zusammenarbeit mit dem Ausland an Ministerium für Gesundheitswesen, Herrn Minister Sefrin, Berlin, den 18.10.1962: BArch, DQ 1/3490, pag. 79.

Probleme betreffen über das Gesundheitswesen hinaus in gleicher Weise die Gebiete der Meteorologie, der Land- und Forstwirtschaft, der Stadt- und Gebietsplanung sowie des Bauwesens und nicht zuletzt auch der Industrie, wobei für alle Fragen der Reinhaltung der Luft nach einmütiger Auffassung aller Delegationen die Vertreter aus dem Gebiet der Kommunalhygiene, was die Fragen des Einflusses der Luftverunreinigungen auf die Gesundheit der Bevölkerung anbetrifft, führend sein sollten.«[19]

Die Konferenz markierte einen wichtigen Wendepunkt: Nach dem das Problem der zunehmenden Luftverschmutzung in den fünfziger Jahren von mehreren wissenschaftlichen Fachdisziplinen aufgegriffen wurde, gelang es der Kommunalhygiene, die dieses Thema erst relativ spät für sich entdeckte, erfolgreich den Anspruch einer Leitwissenschaft in der Debatte über Luftreinhaltung durchzusetzen – mit weit reichenden Konsequenzen auch für die zukünftige Umweltpolitik in der DDR.[20] Unabhängig davon setzte sich zu Beginn der sechziger Jahre auf nationaler und internationaler Ebene außerdem die Einsicht durch, dass Umweltprobleme – wie im Kern bereits zuvor vom Naturschutz gefordert – nur durch eine ressort- und disziplinenübergreifende Zusammenarbeit gelöst werden konnten. Zwar stand eine politische Ökologie, die Umweltprobleme mit weitreichenden gesellschaftspolitischen Fragen verknüpfte, weiterhin aus. Aber die internationale Kooperation im RGW verhalf dem interdisziplinären Ansatz zu mehr Aufmerksamkeit. In der bald nach der Konferenz beginnenden Reformperiode setzte sich dieser Prozess fort. Im Forschungsrat sollten erstmals die Grenzen zwischen den bis dahin noch weitestgehend getrennt voneinander agierenden Ansätzen der Wasser- und Luftreinhaltung sowie des Naturschutzes überwunden und die ideenweltliche Grundlage für eine systematische Herangehensweise an die Umweltproblematik gefunden werden.

2.2 Expertennetzwerke und Interessenskoalitionen: Neue Reformimpulse aus dem Forschungsrat

In umwelthistorischen Studien, die die Entstehung der modernen Umweltpolitik in der Bundesrepublik in den Blick nehmen, ist auf unterschiedliche Weise auf die Bedeutung von wissenschaftlichen und politischen Netzwerken hingewiesen worden. Hünemörder konnte herausarbeiten, dass eine wichtige Voraussetzung für die Implementierung dieses neuen Politikfeldes durch die

19 Einstellung der Leiter der Delegationen der sozialistischen Länder auf dem I. Internationalen Symposium zu Fragen der weiteren Zusammenarbeit der sozialistischen Länder des hygienischen Schutzes der atmosphärischen Luft, o. D.: BArch, DQ 1/3490, pag. 70.

20 Neben der Hygiene befassten sich außerdem die DAL und insbesondere Wissenschaftler an der Forstwissenschaftlichen Fakultät in Tharandt mit den Folgen von Rauchschäden. Zu letzteren vgl. dazu *Huff*, Natur, S. 67 ff.

sozial-liberale Koalition zu Beginn der siebziger Jahre die Arbeit formeller und informeller Expertennetzwerke auf internationaler Ebene war.[21] Uekötter verweist in einem Vergleich der bundesdeutschen und der US-amerikanischen Geschichte der Luftreinhaltung auf den besonderen Netzwerkcharakter der westdeutschen Rauchschadensdebatte, der effektive Lösungsansätze lange Zeit blockierte und erst in den sechziger Jahren überwunden werden konnte.[22] Ähnliche Ansätze liegen für die DDR bislang nicht vor, obwohl sich für die Untersuchung solcher Netzwerke der 1957 beim Ministerrat geschaffene »Beirat für naturwissenschaftlich-technische Forschung und Entwicklung« – kurz Forschungsrat der DDR – geradezu aufdrängt.[23] Der Forschungsrat wurde bislang sehr stark im Hinblick auf seinen Beitrag zur Herrschaftssicherung der SED betrachtet. Demnach verfolgte das Gremium eine Doppelfunktion, die dem spezifischen wissenschaftspolitischen Kontext vor dem Bau der Mauer geschuldet war: Zum einen hatte der Beirat die Funktion, durch die Gewährung erweiterter Mitspracherechte die noch überwiegend bürgerlich geprägte akademische Elite in die sozialistische Herrschaftsordnung integrieren. Zum anderen sollte der Forschungsrat das für die ehrgeizigen wirtschaftspolitischen Ziele unabdingbare Potential wissenschaftlicher Expertise trotz der vorhandenen widersprüchlichen Werthaltungen und Weltanschauungen nutzbar zu machen.[24]

Das Plenum des Forschungsrates setzte sich aus 45 berufenen Mitgliedern zusammen, die als Leiter universitärer und betrieblicher Forschungseinrichtungen sowie anderer Staatsorgane die sogenannte »wissenschaftlich-technische Intelligenz« repräsentierten. Dem Vorstand gehörten 14 führende Wissenschaftler der DDR an – darunter der Vorsitzende Peter Adolf Thießen, der Physiker Max Steenbeck (ab 1965 als Nachfolger Thießens) und die Präsidenten der großen Forschungsakademien der DDR. Der Forschungsrat stellte sowohl von der Konstruktionsidee als auch der personellen Besetzung her eine Schnittstelle zwischen Politik, Wirtschaft und Wissenschaft dar und trat in dieser Funktion auch in Konkurrenz zu den bereits zuvor etablierten Forschungsaka-

21 *Hünemörder*, Vom Expertennetzwerk zur Umweltpolitik, S. 275 ff.

22 *Uekötter*, Rauchplage, S. 86, 499.

23 Die Existenz solcher Netzwerke, in denen wissenschaftliche Experten und politische Funktionäre vorhandene Umweltprobleme offen und frei von politischer Gängelung thematisieren konnten, wurde sogar von vornherein ausgeschlossen. Vgl. dazu beispielsweise *Buck*, Umweltbelastung, S. 458. Ähnlich, wenn auch mit einem Schwerpunkt auf die Zeit nach 1970: *Schroeder*, S. 662 ff. Diese Annahme findet sich auch bei Arbeiten, die dieses Thema nur am Rande behandeln. So gehen etwa ältere Studien unbegründet davon aus, dass die spezifisch deutschen Pfade der Aushandlung von Luftverunreinigungskonflikten in der DDR gekappt oder wissenschaftliche Debatten über diese Probleme durch die SED grundsätzlich unterdrückt worden seien. Vgl. exempl. *Uekötter*, Rauchplage, S. 26, Anm. 18; *Hünemörder*, Frühgeschichte, S. 195 f. Zu den vorliegenden methodischen Problemen in Bezug auf die ostdeutsche Umweltgeschichte vgl. auch ausführlich den Abschnitt »Forschungsstand« in der Einleitung.

24 *Möller*, Wissen, S. 371–377; *Wagner*, S. 76 f.

demien auf: Zu den Aufgaben zählten die langfristige Wissenschaftsplanung, die Begutachtung wirtschaftlicher Planungen sowie die Verteilung von Forschungsgeldern mit dem Ziel, Forschungsergebnisse möglichst schnell in die Produktion zu überführen. Während aus Sicht der SED-Führung in den ersten Jahren die Aufstellung eines zentralen Forschungsplanes, gegen den sich in der Wissenschaft großer Widerstand regte, zu den wichtigsten Aufgaben zählte, nahm das Gremium umgekehrt durch seine wissenschaftliche Expertise immer stärker Einfluss auf konkrete Beschluss- und Gesetzgebungsprozesse. Diese Einflussnahme war auch deshalb möglich, weil man von Seiten der politischen Führung der kybernetischen Gesellschaftsprognostik große Bedeutung zuschrieb. Nach dem Bau der Mauer wurden der Forschungsrat und seine Kommissionen daher auch in das Großprojekt der Ausarbeitung einer »Generalperspektive bis 1980« einbezogen, die zukünftige sozioökonomische Entwicklungen prognostizieren und daraus Schlussfolgerungen für die kommenden Perspektivpläne ziehen sollte.[25]

Der politische Einfluss des Forschungsrates ist in der historischen Forschung allerdings umstritten. Die wenigen vorliegenden Studien, die allesamt nur die Ulbricht-Zeit in den Blick nehmen, sind sich aber darin einig, dass insbesondere der Wechsel an der Führungsspitze von Thießen zu Steenbeck im Jahr 1965 eine Zäsur darstellte. Damit einher gingen der politische Aufstieg des Staatssekretariats für Forschung und Technik sowie eine zunehmende Einbindung des bis dahin relativ unabhängig agierenden Gremiums in den Staatsapparat. Das Staatssekretariat entwickelte sich in der Folge von einem untergeordneten zu einem den Forschungsrat anleitenden Organ.[26] Grundsätzlich lässt sich festhalten, dass der Mauerbau und die bald darauf einsetzenden ökonomischen Reformen auch für den Forschungsrat und seine Organe veränderte Rahmenbedingungen hervorbrachten. Die Kappung der Fluchtmöglichkeit gen Westen erlaubte es der SED-Führung, wissenschaftspolitische Steuerungsmechanismen effektiver zu nutzen. Die Durchsetzung der Prinzipien einer über Drittmittel finanzierten Vertragsforschung und die Zerschlagung der sogenannten »kleinen Grafschaften« an den Universitäten – der Fakultäten und Institute – in Folge der dritten Hochschulreform 1967/68 führten zur Etablierung zentralisierter und konzentrierterer Forschungsstrukturen. Der Wissenschaft kam in diesem Kontext eine »Problemlöserfunktion« zu, die ganz auf die Erfordernisse der Wirtschaft zugeschnitten war: Maßstäbe für die natur- und technikwissenschaftliche Forschung wurden die wirtschaftliche Verwertbarkeit und ein möglichst hoher Grad an Ressourcenmobilisierung – zwei Prämissen, die auch maßgeblich die Etablierung einer neuen Umweltpolitik begünstigen und prägen sollten. Umgekehrt entfalteten die Reformperiode und die damit verbundene Offenheit für politische Experimente zumindest in den ersten Jahren mobilisierende Effekte,

25 *Wagner*, S. 204 f., 248–251; *Tandler*, S. 240–245; *Malycha*, Wissenschaft, S. 181–205, 189.
26 *Tandler*, S. 197 f., 241.

die auf Wissenschaftler eine mitunter euphorisierende Wirkung ausübten.[27] Die zunehmende Funktionalisierung der Wissenschaft durch die SED brachte für den Umweltschutz daher sowohl Hemmnisse als auch Chancen hervor.

2.2.1 Die Kommission »Reinhaltung der Luft« und die Bemühungen um ein Luftreinhaltegesetz

Im Forschungsrat entstanden in den sechziger Jahren mehrere Kommissionen, die sich mit Umweltfragen befassten. Die dort zusammentreffenden Akteure bildeten Netzwerke aus, die zur Generierung neuer ökologischer Konzepte führten und die zuvor weitestgehend isoliert voneinander vorgebrachten umweltpolitischen Reformansätze bei Polit- und Wirtschaftsfunktionären konsensfähig machten. Im Jahr 1964 – zwei Jahre nach dem Hallenser Symposium und der Aufnahme der Thematik in die Arbeit des RGW – bildete der Vorstand des Forschungsrates die Kommission »Reinhaltung der Luft« (RdL). Die wissenschaftliche Ausrichtung dieses Expertengremiums stand ganz im Zeichen der seit Beginn der sechziger Jahre auf dem Feld der Luftreinhaltung dominierenden Hygiene: Den Vorsitz übernahm der renommierte Hygienearzt Karlwilhelm Horn, der maßgeblich am Aufbau der Umweltmedizin in der DDR beteiligt war und ein Jahr nach der Kommissionsgründung auf die Professur für Allgemeine und Kommunale Hygiene an der HU Berlin berufen wurde.[28] Sein Stellvertreter wurde Wolfgang Böer, der als Leiter des Hauptamtes für Klimatologie bereits im Rahmen der Standortgenehmigung eng mit den Hygieneinspektionen zusammenarbeitete.[29] Zum Sekretär der Kommission wurde der Diplomchemiker Armin Knauer, ein Mitarbeiter Horns am Hygieneinstitut der Berliner Humboldt-Universität, bestellt. Außerdem war mit Klaus Hammje ein ausgewiesener Praktiker auf dem Feld der Bekämpfung von Luftverunreinigungen in der Kommission vertreten, der zeitgleich den Aufbau einer Abteilung für Lufthygiene im Bezirkshygieneinstitut Halle vorantrieb.[30]

Neben den Hygieneärzten, die das Gremium klar dominierten, wurden auch Repräsentanten solcher Wirtschafts- und Wissenschaftszweige als Mitglieder berufen, die unmittelbar für Luftverunreinigungen verantwortlich oder von den Auswirkungen betroffen waren: Der Pflanzenchemiker Hans-Günther Däßler nahm als Nachfolger des 1960 verstorbenen Rauchschadensforschers Erich Zieger die Interessen des Tharandter Instituts für Pflanzenchemie wahr, das sich vornehmlich mit den Auswirkungen der Luftverunreinigungen in der

27 *Malycha*, Wissenschaft, S. 191–195.
28 Vgl. *Hahn u. a.*, S. 59.
29 Vgl. Kap. 1.4.
30 Forschungsrat der DDR, Umlaufbeschluß, Bildung der Kommission des Forschungsrates »Reinhaltung der Luft«, o. D. [November 1964]: BArch, DK 107/8380.

Forstwirtschaft befasste.[31] Von Seiten der Industrie waren Mitarbeiter großer Kombinate, wie beispielsweise der spätere Wasser- und Abluftbeauftragte der Leuna-Werke, Lothar Eremit, sowie ein Vertreter des bei der Projektierung neuer Industrieanlagen führenden Instituts für Energetik vertreten. Die rechtlichen Aspekte der Thematik »Reinhaltung der Luft« wurden von den Juristen Gerhard Costa und Ellenor Oehler behandelt.[32]

Die Bildung einer eigenständigen Kommission »RdL« sollte die bereits begonnene Auseinandersetzung mit dieser Thematik fortsetzen und auf eine neue politische Bedeutungsebene stellen.[33] Die zentrale Aufgabe der Expertengruppe bestand zunächst darin, einen Entwurf für ein Gesetz zur Reinhaltung der Luft zu erarbeiten. Zu den langfristigen Aufgaben der Kommission gehörten darüber hinaus die Koordinierung der internationalen Zusammenarbeit im RGW und die Anleitung der wissenschaftlichen Forschung auf den Gebieten der Entschwefelung von Brennstoffen und Rauchgasen, der Entwicklung hochwirksamer Entstaubungsanlagen sowie der Vereinheitlichung von Maßeinheiten und Messverfahren.[34] Die Kommission war außerdem ein wichtiger Ansprechpartner für die Staatsführung. Eingaben, die sich beispielsweise gegen die in den sechziger Jahren stark zunehmenden grenzüberschreitenden Luftverschmutzungen aus der CSSR richteten, wurden vom Staatsrat zur Beantwortung direkt an den Vorsitzenden der Expertenkommission weitergeleitet. Der Kommissionsvorsitzende Horn nutzte diese exponierte Stellung geschickt aus und verwendete die Einga-

31 Zur Biographie Däßlers vgl. *Huff*, Natur, S. 107 ff.

32 Die Juristin Oehler schlug Ende der fünfziger Jahre an der »Akademie für Staats- und Rechtswissenschaften Walter Ulbricht« eine wissenschaftliche Laufbahn ein. Zielorientiert, umtriebig und politisch konform nutzte sie die Mitarbeit in der Kommission RdL in den sechziger Jahren erfolgreich, um sich auf dem Gebiet des Boden- und Umweltrechtes zu profilieren. Nach ihrer Berufung zur ordentlichen Professorin im Jahr 1969 war sie außerdem als einflussreiche politische Beraterin tätig. Oehler war damit in gewisser Hinsicht das Gegenstück zu Costa, der Mitte der sechziger Jahre aus politischen Gründen aus dem Gremium ausschied. Die biographischen Angaben zu Oehler wurden aus Dokumenten ihres Nachlasses, der im Haus der Natur in Potsdam überliefert ist, vom Verfasser zusammengetragen. Zur Biographie Costas vgl. Kap. 1.2.

33 Im Zusammenhang mit der Tätigkeit des Gremiums wurde vor allen Dingen auf Vorarbeiten in den Zentralen Arbeitskreisen »Arbeitsmedizin« und »Luft- und wärmetechnische Anlagen, Apparate und Geräte« sowie der Kommission »Chemie in der Landwirtschaft« des Forschungsrates, der »Ständigen Kommission zur Koordinierung der wissenschaftlichen und technischen Forschung des RGW« und der »Arbeitsgemeinschaft Lufthygiene im Mitteldeutschen Raum« verwiesen. Die zentrale Anleitung und Koordination durch das Staatssekretariat für Forschung und Technik erfolgte erstmals 1962. Dazu: Forschungsrat der DDR, Umlaufbeschluß, Bildung der Kommission des Forschungsrates »Reinhaltung der Luft«, o. D. [November 1964]: BArch, DK 107/8380; Einschätzung der bisherigen Arbeit der Kommission Reinhaltung der Luft von Prof. Dr. k. Horn, Vorsitzender der Kommission Reinhaltung der Luft des Forschungsrates der DDR, o. D. [1964]: Haus der Natur [künftig HdN], N-Oehl, Kiste 11.

34 Forschungsrat der DDR, Umlaufbeschluß, Bildung der Kommission des Forschungsrates »Reinhaltung der Luft«, o. D. [November 1964]: BArch, DK 107/8380.

ben gegenüber den Staatsorganen als Beleg für die große Bedeutung der Luftreinhaltung und die Dringlichkeit der zu treffenden Maßnahmen.[35]

Um dem Ziel eines Luftreinhaltegesetzes näher zu kommen, war es zunächst erforderlich, eine wissenschaftliche Systematik für Grenzwerte und deren Anwendung zu erarbeiten. Die Kommission stützte sich dabei einerseits auf Messergebnisse, die seit Beginn der sechziger Jahre durch die BHI erhoben wurden.[36] Andererseits orientierten sich die Experten an Erkenntnissen des sowjetischen und tschechoslowakischen Hygienewesens, dessen Forschungen auch international großes Ansehen besaßen und in beiden Ländern bereits erste gesetzliche Regelungen zur Luftreinhaltung hervorgebracht hatten. In der UdSSR erarbeiteten Hygienewissenschaftler bereits in den fünfziger Jahren auf der Grundlage umfangreicher Versuche an Tieren und freiwilligen Probanden einen umfassenden Grenzwertkatalog für Luftschadstoffe. Die sowjetische Lufthygiene verwendete zwei Indizes zur Ermittlung des Ausmaßes von Luftverschmutzung und unterschied zwischen einmalig zulässigen Maximalkonzentrationen sowie einer mittleren 24-Stunden-Konzentration. Während der erste Wert darauf abzielte akute Reizungen der Atmungsorgane zu vermeiden, sollte der zweite Wert chronischen Gesundheitsfolgen vorbeugen. In der UdSSR galten bei nicht toxischen Stäuben und Schwefeldioxid einmalige Belastungen von maximal 0,5 mg/m^3 sowie mittlere 24-Stunden-Konzentration von maximal 0,15 mg/m^3 als zulässig.[37] Die ostdeutsche Hygiene übernahm die sowjetischen Kurz- und Langzeitwerte als Maximale Immissionskonzentrationen (MIK) und wandte sie trotz einer noch fehlenden gesetzlichen Festschreibung als »vorläufige Normative« in der Begutachtungspraxis an.[38]

Im behördlichen Alltag schlug das ostdeutsche Hygienewesen im Immissionsschutz jedoch einen differenzierenden Weg ein: In Anbetracht der dichten Industrie- und Wohnbebauung sowie der vielerorts hohen Belastungen in

35 Vgl. z. B. die Eingabe des Bürgermeisters der Gemeinde Deutschneudorf an den Staatsrat der DDR und die entsprechende Reaktion Horns: Horst Mayer an die Kanzlei des Vorsitzenden des Staatsrates, Deutschneudorf, den 30.1.1965: BArch, DQ 1/3490, 1. v. 2, pag. 216f.; Horn an Herrn Horst Mayer, 18.5.[1965]: BArch, DQ 1/3490, 1. v. 2, pag. 212; Horn an Staatliche Plankommission, Bereich Territoriale Planung – Koordinierung, z.Hd. d. Stellvertreters des Vorsitzenden der SPK, Betr.: Lufthygienische Probleme an der Staatsgrenze DDR-CSSR, 16.3.[1965]: BArch, DQ 1/3490, 1. v. 2, pag. 213f. Einschätzung der bisherigen Arbeit der Kommission Reinhaltung der Luft von Prof. Dr. k. Horn, Vorsitzender der Kommission Reinhaltung der Luft des Forschungsrates der DDR, o. D. [1964]: HdN, N-Oehl, Kiste 11; Kommission »Reinhaltung der Luft« des Forschungsrates der DDR, Empfehlungen der Kommission »Reinhaltung der Luft« an die Industrieministerien und das Staatssekretariat für Hoch- und Fachschulwesen, Berlin, den 1.3.67: HdN, N-Oehl, Kiste 11; Kommission »Reinhaltung der Luft« des Forschungsrates der DDR, Protokoll der Sitzung der Kommission und Vertretern zentraler staatlicher Organe am 15.12.1967 im Ministerium für Forschung und Technik, Potsdam, den 2. Januar 1968: HdN, N-Oehl, Kiste 12.

36 Vgl. dazu Kap. 1.4.

37 *Rjasanow*, S. 250–260, hier 250 u. 259.

38 *Weigel*, S. 383–410, hier 385.

der DDR hielten es zahlreiche Hygieniker für unrealistisch, die sowjetischen Grenzwerte flächendeckend durchsetzen zu können.[39] Horn schlug daher vor, dass »man … dazu übergehen« sollte, »für Luftverunreinigungen und für Lärm maximale Pegel für bestimmte Gebietskategorien festzulegen.«[40] Er plädierte für eine Trennung in Industrie-, Wohn- und Erholungsgebiete, für die jeweils angepasste MIK-Werte festgelegt werden sollten. Das Vorbild der UdSSR vor Augen und gleichzeitig im Wissen um die technischen Defizite bei der Abgasreinigung, die für Schwefeldioxid noch gar nicht und auch für Staub unter den zeitgenössischen Bedingungen nicht zu 100 Prozent möglich war, nahmen Raumordnungskonzepte einen wichtigen Platz in der Debatte über Luftreinhaltung ein, wie ein Grundlagenbuch 1965 festhielt. »Die sowjetischen Hygieniker vertreten den Standpunkt, daß die Außenluft nicht nur keine histologischen bzw. pathologischen Veränderungen der organischen Zelle und des Stoffgewebes hervorrufen darf, sondern das auch jede Reizung des Nervensystems … vermieden werden muss. Diese MIK-Werte dürften durch Maßnahmen allein durch den Emittenten, z. B. durch weitestgehende Reinigung der Abgase von Industriewerken, kaum erreicht werden können. Sie lassen sich durch die zuständigen Behörden für die Wohngegenden nur dann garantieren, wenn man eine zielstrebige Standortplanung die Industrie- und Wohngegenden festlegt und darüber hinaus die Wohngegenden durch breite Land- und Forstwirtschaftsstreifen, sogenannte Schutzstreifen, von den Industriewerken trennt.«[41]

Die Hygiene strebte mit diesem Vorschlag eine Zusammenführung der in Deutschland seit dem 19. Jahrhundert etablierten Rechtspraxis der »Ortsüblichkeit« und neueren, auf wissenschaftlichen Konzepten der ostdeutschen Landeskulturplanung beruhenden raumplanerischen Ansätzen an. Diese Herangehensweise war zum einen innovativ, da sie den Ist-Zustand anerkannte, aber dennoch am Ziel eines flächendeckenden Immissionsschutzes festhielt. Die Festlegung von MIK-Werten für verschiedene Nutzungsgebiete eröffnete aus Sicht der Hygiene schließlich eine realistische Chance, um die Bevölkerung vor den Schadwirkungen der Luftverschmutzung zu schützen und gleichzeitig die notwendige Unterstützung aus Politik und Industrie zu erhalten. Zum anderen barg dieser Ansatz aber auch die Gefahr, die negativen Aspekte einer »ortsüblichen« Belastung und die darauf aufbauende behördliche Strategie des fallweisen Umgangs mit Emissionsproblemen fortzuführen und eine starke Verschmutzung der Umwelt in ausgewiesenen Industriegebieten auf lange Sicht als gegeben hinzunehmen.[42] Denn eine eindeutige Trennung von Industrie-, Wohn- und Erholungsgebieten, wie sie von der Hygiene gefordert wurde, war unter den strukturellen

39 *Sändig*, S. 314.

40 *Horn*, S. 260–262, hier 261 f.

41 *Weigel*, S. 389 f.

42 Die Festschreibung einer Industrieschutzzone durch die Ortsüblichkeitsklausel und eine industriefreundliche Praxis der Behörden war nach Ansicht von Franz-Josef Brüggemeier und Thomas Rommelspacher im Ruhrgebiet schon zu Beginn des 20. Jahrhunderts de facto Realität geworden. Die von den Autoren unterstellte Zielgerichtetheit einer solchen Indus-

Bedingungen des dicht besiedelten und hochindustrialisierten Südens der DDR nahezu unmöglich.

Die Probleme der Luftreinhaltung erhielten zu Beginn der sechziger Jahre immer größere politische Aufmerksamkeit: Gesundheitsminister Max Sefrin klagte beispielsweise 1964 in einem Schreiben an den Vorsitzenden des Ministerrates, Willi Stoph, darüber, dass »die Luftverunreinigung ... in der DDR, ähnlich wie in anderen Industrieländern, ein solches Maß erreicht, daß sie gegenwärtig nicht mehr nur eine lokale Bedeutung hat.« Sefrin machte jahrelange Verfehlungen dafür verantwortlich. »Das entscheidende Hemmnis für die Lösung dieser für die Volksgesundheit außerordentlich wichtigen und in vielen Eingaben aufgeworfenen Probleme liegt darin, daß auf Grund einer langen Entwicklung ein fehlerhafter Kreislauf entstanden ist, der zu einer immer mehr untragbaren Situation führt: Vonseiten der Industrie und des Verkehrs sind jahrzehntelang die Maßnahmen stark vernachlässigt worden, die zur Minderung der Luftverunreinigung durch Abgase hätten getroffen werden müssen.«[43] Die Ausmaße dieser Verfehlungen hätten demnach dazu geführt, dass das Problem der Luftverschmutzung gar nicht erst von der Industrie in Angriff genommen worden sei.[44] Die Bemühungen um ein entsprechendes Gesetz, das diesen »fehlerhaften Kreislauf«[45] durchbrechen konnte, reichten zu diesem Zeitpunkt bereits bis in die fünfziger Jahre zurück. Schon Gerhard Würth konnte in seiner 1985 erschienenen Studie zum ostdeutschen Umweltschutz darauf verweisen, dass 1961 die 10. Fassung eines solchen Gesetzesentwurfes kursierte.[46] Die verantwortlichen Akteure taten sich mit dieser Aufgabe ebenso so schwer wie ihre Fachkollegen in der Bundesrepublik, wo sich ein Gesetzgebungsprozess ebenfalls sehr zäh gestaltete.[47] Erst 1963 kam erneut Bewegung in die festgefahrene Situation: Im Oktober des Jahres wurde die SPK vom Ministerrat abermals damit beauftragt, in Zusammenarbeit mit der Kommission »RdL« eine entsprechende Verordnung

trieschutzpolitik wurde jedoch von Uekötter in Frage gestellt. Vgl. dazu: *Brüggemeier u. Rommelspacher*, S. 47 ff.; *Uekötter*, Rauchplage, S. 437 f.

43 Sefrin an den Vorsitzenden des Ministerrates, Herrn Willi Stoph, 21.12.64: BArch, DQ 1/3492.

44 Ebd.

45 Ebd.

46 Ein interner Informationsbericht sprach Mitte der sechziger Jahre von einem mehr als zehnjährigen Bemühen um eine gesetzliche Regelung der Luftreinhaltung. Vgl. *Würth*, S. 26; auch: Informationsbericht über den gegenwärtigen Stand der Ausarbeitung einer Verordnung zur »Reinhaltung der Luft« und die damit verbundene Problematik, o. D. [um 1966]: BArch, DQ 1/3003.

47 Zwar gelang es 1962 in Nordrhein-Westfalen ein Landesimmissionsschutzgesetz zu verabschieden, das den Behörden stärkere Eingriffsrechte verschaffte und in den folgenden Jahren von anderen Bundesländern mehr oder weniger direkt übernommen wurde. Aber der Vollzug dieser rechtlichen Bestimmungen ließ noch einige Jahre auf sich warten, so dass sich die westdeutschen Behörden, bezogen auf den Rechtsstatus ihres Handelns, ebenfalls in einer prekären Situation befanden. *Hünemörder*, Frühgeschichte, S. 65 ff.; *Uekötter*, Rauchplage, S. 251 f., 456 ff. u. 474 ff.

auszuarbeiten, deren Entwurf kurz darauf zur Abstimmung unter den Fachministerien zirkulierte.[48]

Der Verordnungstext stieß jedoch erneut auf Widerstände. Denn bei Zugrundelegung der sowjetischen Grenzwerte war »nach vorsichtigen Schätzungen von Experten ... mit einem Gesamtinvestitionsaufwand von mindestens 3–4 Milliarden MDN zu rechnen.« Ein Blick auf westdeutsche Debatten, die von den Verantwortlichen aufmerksam beobachtet wurden und Kosten in Höhe von mindestens 16–40 Milliarden DM ins Gespräch brachten, ließ die Experten sogar befürchten, dass die Zahl auch in der DDR weitaus höher ausfallen könnte. Angesichts dieser Dimensionen kam man zu einer nüchternen Einschätzung der Lage. »Nach dem gegenwärtigen technischen Stand der Verfahren zur Reinhaltung rechnet man, daß bei Neuanlagen von Kraftwerken für die Entschwefelung der Rauchgase 10% und für die Entstaubung 5–8% des erforderlichen Investitionsaufwandes eingesetzt werden müssen. Daraus wird ersichtlich, daß es sich bei Maßnahmen zur Reinhaltung der Luft nur um ein langfristiges, über den Perspektivplanzeitraum bis 1970 hinausreichendes und in Etappen zu realisierendes Programm handeln kann.«[49] Eine entsprechende Verordnung hätte darüber hinaus zusätzliche Entschädigungsforderungen nach sich gezogen und »in einem solchen Umfang zu Ausnahmegenehmigungen« geführt, »daß eine gesetzliche Regelung ihren Zweck verfehlen würde.« Stattdessen forderten die für den Gesetzesentwurf verantwortlichen Akteure »von den wirtschaftsleitenden Organen, deren Einrichtungen Luftverunreinigungen verursachen, die bis 1970 zur Verfügung stehenden finanziellen und materiellen Fonds, unter Berücksichtigung des Prinzip(e)s der Eigenerwirtschaftung der Investitionen, so einzusetzen, daß weitere wesentliche Luftverunreinigungen, insbesondere in industriellen Ballungsgebieten, vermieden werden.« Eine systematische Herangehensweise an das Gesamtproblem musste jedoch auf das kommende Jahrzehnt vertagt werden.[50]

Die SPK konnte daraufhin lediglich eine stark abgespeckte Beschlussvorlage präsentieren, die im September 1966 vom Ministerrat verabschiedet wurde. Mit dem »Beschluß über Maßnahmen zur Reinhaltung der Luft« folgte die Regierung der Einschätzung der Experten und entschied sich für eine Übergangslösung, die das Feld der Luftreinhaltung bis zur Verabschiedung systematischer Maßnahmen zumindest provisorisch regulieren sollte. Neben vorwiegend technischen Festlegungen, wie etwa einer Begriffsbestimmung und Anweisungen zur weiteren Verbesserung von »Forschung und Entwicklung« sowie »Planung und Projektierung«, brachte der Beschluss zwei wichtige Neuerungen hervor: Zum einen legte der Ministerrat die Zuständigkeit für Fragen der »Reinhaltung der Luft« von nun an in die Hände des Gesundheitsministeriums und schrieb

48 Informationsbericht über den gegenwärtigen Stand der Ausarbeitung einer Verordnung zur »Reinhaltung der Luft« und die damit verbundene Problematik, o. D. [um 1966]: BArch, DQ 1/3003.

49 Ebd.

50 Alle Zitate und Belege: Ebd.

damit die de facto bereits bestehende Vorreiterrolle der Hygiene offiziell fest.[51] Schon im Vorfeld der Ausarbeitung des MR-Beschlusses hatte sich gezeigt, dass sich die SPK schwer damit tat, einen tragfähigen Lösungsvorschlag zu unterbreiten.[52] Zum anderen verpflichtete der Beschluss die Verursacher von Luftverschmutzungen zur Zahlung von Schadensersatz und zwar auch in solchen Fällen, in denen aufgrund der Vielzahl der Emittenten der eigentliche Verursacher nicht ermittelt werden konnte. Der Ministerrat folgte damit zumindest vordergründig einem Urteil des Obersten Gerichtes der DDR, das ein Jahr zuvor eine Grundsatzentscheidung in dieser Frage gefällt hatte.[53]

Tab. 1: Schadensersatzforderungen an die vier größten Emissionen verursachenden Industriezweige der DDR (bis 1968)*

an/von	Land- u. Forstwirtschaft	Industrie	Städte und Gemeinden	Bevölkerung	Summe
	(in Mark)				
Bauwesen	12.700.000	–	–	–	12.700.000
Chemie	9.471.000	–	–	1.453.000	10.924.000
Grundstoffindustrie	–	3.900.000	300.000	–	4.200.000
Erzbergbau, Metall und Kali	1.600.000	–	–	–	1.600.000
Summe	23.771.000	3.900.000	300.000	1.453.000	29.424.000

* Vorschlag für die Beschlussfassung durch den Ministerrat [Entwurf der Ministerratsvorlage über die »Regelung der auf Grund von Rauch- und Staubschäden an die Industrie gestellten Schadensersatzforderungen«], o. D. [Februar 1968]: BArch, DC 20/19317, pag. 79.

Entschädigungsforderungen spielten aus Sicht der Industrie in den sechziger Jahren aber tatsächlich nur eine untergeordnete Rolle, wie ein Bericht des Ministerrates festhielt.[54] Zwar verlangten insbesondere die StFB und die LPG ver-

51 Vgl. Beschluß über die Maßnahmen zur Reinhaltung der Luft vom 8. September 1966 – Auszug –: BArch, DC 20-I/4/1412.

52 Informationsbericht über den gegenwärtigen Stand der Ausarbeitung einer Verordnung zur »Reinhaltung der Luft« und die damit verbundene Problematik, o. D. [um 1966]: BArch, DQ 1/3003.

53 Vgl. Beschluß über die Maßnahmen zur Reinhaltung der Luft vom 8. September 1966 – Auszug –: BArch, DC 20-I/4/1412.

54 Huff kommt in diesem Zusammenhang zu dem Ergebnis, dass das Interesse der Staats- und Parteiführung an einer Regelung der Luftreinhalteproblematik in den sechziger Jahren vornehmlich auf die Beilegung von Schadensersatzkonflikten ausgerichtet und der Ministerratsbeschluss die unmittelbare Folge der gerichtlichen Grundsatzentscheidung gewesen sei. Mit dem Urteil, das Entschädigungsansprüche erstmals letztinstanzlich anerkannte, wäre

stärkt nach einem finanziellen Ausgleich für die ihnen durch Industrieemissionen entstandenen Schäden. Aufsehenerregende Schadensersatzprozesse, wie beispielsweise das durch den StFB Dübener Heide angestrengte Verfahren gegen eine Reihe von Betrieben aus dem Industrierevier Halle-Leipzig, in dem der VEB CKB zu einer Zahlung von über 1,5 Millionen Mark verurteilt wurde, blieben aber die Ausnahme.[55] Die Industriebetriebe waren auch weiterhin dazu bereit, im Einzelfall freiwillig Entschädigungen zu zahlen und konnten Konflikte daher meistens gütlich beilegen. Die getätigten Zahlungen, die aufgrund einer undifferenzierten Ausweisung in den Betriebsbilanzen nur punktuell nachvollziehbar sind, bewegten sich außerdem in einem für die Betriebe moderaten Rahmen: Der VEB Leuna Werke »Walter Ulbricht« wandte beispielsweise in den sechziger Jahren jährlich zwischen 50.000 und 100.000 MDN für Ausgleichszahlungen auf, andere Betriebe, wie der VEB Chemiewerke Coswig, veranschlagten jährlich zwischen 6.000 und 25.000 MDN für Entschädigungszahlungen. Wie Tabelle 2 veranschaulicht, wurden an die vier hauptverursachenden Industriezweige bis 1968 insgesamt Forderungen in Höhe von knapp 30 Millionen Mark herangetragen. Zwar stiegen die Ansprüche durch den Ministerratsbeschluss an, aus Sicht der Betriebe blieben sie aber weiterhin insgesamt relativ niedrig. So wandten die Leuna Werke auch zwischen 1967 und 1970 beispielsweise knapp 4 Millionen Mark für Entschädigungen auf. Das Chemiekombinat Bitterfeld (CKB) zahlte im gleichen Zeitraum etwa 2,5 Millionen Mark.[56] Angesichts laufender järlicher Betriebskosten in Höhe von 4,5 Millionen Mark, die das CKB zu Beginn der siebziger Jahre alleine für die Abgasreinigung aufwenden musste, waren Entschädigungszahlungen in dieser Größenordnung für die Betriebsleitungen ein geringes Problem.[57] Ohne ein Gesetz zur Luftreinhaltung, das neben den Grenzwerten auch spürbare Sanktionsinstrumente definierte, konnte die volkseigene Wirtschaft diesen Forderungen weiterhin gelassen entgegensehen. Auch die Ministerien betrachteten Entschädigungsleistungen als das kleinere Übel, da der von Experten prognostizierte Investitionsaufwand in Höhe von 3–4 Milliarden MDN die an die vier hauptverursachenden Industriezweige er-

die Industrie mit einer potentiellen Klagewelle konfrontiert und die Regierung somit zum Handeln gezwungen worden. Auf diese Weise sei, so Huff weiter, über den Weg der Schadensersatzforderung indirekt der wohl erfolgversprechendste »ökonomische Hebel« auf dem Gebiet der Luftreinhaltung etabliert worden, dessen Wirkung allerdings 1971, mit dem Ende der ökonomischen Reformen, außer Kraft gesetzt wurde. Diese Interpretation wird jedoch durch die Quellenlage widerlegt, wie auch im Folgenden gezeigt wird. Vgl. *Huff*, Industrie, S. 136–141. Zur tatsächlich relativ geringen Bedeutung von Entschädigungszahlungen vgl.: Ministerrat der DDR, Beschluß zum Bericht der Hauptprobleme der Eingabenarbeit im 3.Vierteljahr 1967 vom 9.11.1967: BArch, DC 20-I/3/626, pag. 32 f.

55 Zum Prozess vgl. *Huff*, Industrie, S. 138–141.

56 Vgl. Immissionsbedingte Aufwendungen der hauptsächlichsten Betriebe des Bezirkes Halle in den Jahren 1967–1970 ohne Investitionsaufwand, in: Kartenmaterial zur Information über ausgewählte Probleme zum Stand und zur Entwicklung des Umweltschutzes in der DDR: BArch, DK 5/3402.

57 *Enders u. Peklo*, Analyse, S. 211 f.

hobenen Entschädigungsforderungen um mindestens das Hundertfache überschritten hätte. Das Grundsatzurteil aus dem Jahr 1965 blieb daher im Prinzip folgenlos und wurde durch den ein Jahr darauf verabschiedeten Ministerratsbeschluss, der unter anderem dezidiert das Ziel verfolgte, einen sprunghaften Anstieg von Entschädigungsprozessen zu verhindern, eher konterkariert als konsequent umgesetzt.[58]

Tab. 2: Schadensersatzleistungen der vier größten Emissionen verursachenden Industriezweige der DDR (bis 1968)*

von/an	Land- u. Forstwirtschaft	Industrie	Städte und Gemeinden	Bevölkerung	Summe
	(in Mark)				
Bauwesen	905.000	–	–	–	905.000
Chemie	1.306.000	–	–	1.453.000	2.759.000
Grundstoffindustrie	–	–	300.000	–	300.000
Erzbergbau, Metall und Kali	1.000.000	–	–	–	1.000.000
Summe	3.211.000	–	300.000	1.453.000	4.964.000

* Vorschlag für die Beschlussfassung durch den Ministerrat [Entwurf der Ministerratsvorlage über die »Regelung der auf Grund von Rauch- und Staubschäden an die Industrie gestellten Schadensersatzforderungen«], o. D. [Februar 1968]: BArch, DC 20/19317, pag. 79.

Entschädigungszahlungen waren auch nicht, wie es Huff darstellt, ein von der Partei- und Staatsführung gewollter »ökonomischer Hebel«, von dem man sich eine Verbesserung der Luftsituation erhoffte. Ganz im Gegenteil: Die etablierte Praxis der Entschädigungszahlungen behinderte schon angesichts des oben dargelegten Missverhältnisses zwischen der Höhe der Forderungen und der Höhe der Kosten für den Einbau und den Betrieb von Reinigungstechnologien effektive Investitionen in den Umweltschutz. Darüber hinaus zeigte sich in der Praxis, dass die Betriebe trotz entsprechender Vertragsgerichtsurteile oftmals nicht zahlten. Die vier am stärksten emittierenden Industriezweige beglichen bis Ende der sechziger Jahre nur etwa ein Sechstel der an sie herangetragenen Forderungen. Während sich die Betriebe gegenüber den Kommunen und der Bevölkerung kulant zeigten und an sie gerichtete Ansprüche in der Regel anstandslos beglichen, wählten sie gegenüber geschädigten Land- und Forstwirtschaftsbetrieben sowie gegenüber anderen Industriezweigen eine harte Haltung und lehnten

58 Informationsbericht über den gegenwärtigen Stand der Ausarbeitung einer Verordnung zur »Reinhaltung der Luft« und die damit verbundene Problematik, o. D. [um 1966]: BArch, DQ 1/3003.

Zahlungen grundsätzlich ab. Der einflussreiche SED-Agrarpolitiker und Vorsitzende des Landwirtschaftsrates, Georg Ewald, bemerkte dazu auf einer Ministerratssitzung vom November 1967 sichtlich genervt: »Das Vertragsgericht entscheidet, der Betrieb hat zu zahlen. Aber der Werkdirektor hat kein Geld und der Bauminister [im konkreten Fall zuständig, d. Verf.] sagt gleichfalls, ich habe kein Geld. Und das geht ständig so weiter. ... Es kann doch nicht jedes Jahr auf den Tisch des Ministerrates kommen und es tut sich nichts. ... Wir müssen also einen Weg zur Lösung finden.«[59]

Das Handeln der Verantwortlichen in Regierung und Forschungsrat zielte in den sechziger Jahren darauf ab, dem willkürlichen und uneinheitlichen Vorgehen auf dem Feld der Luftreinhaltung ein Ende zu bereiten und eine grundlegende und langfristige Lösung herbeizuführen. Unter den Experten reifte außerdem zunehmend die Erkenntnis, dass dem Problem der Luftverschmutzung mit einer rein administrativen Lösung nicht beizukommen war.[60] Der Entschluss, eine umfassende gesetzliche Regelung auf die Zeit nach 1970 zu verschieben, wirkt daher äußerlich inkonsequent und vermittelt den Eindruck, die ostdeutsche Staatsführung wäre nicht daran interessiert gewesen, die Industrie in die Verantwortung zu nehmen. Tatsächlich musste aber selbst Ewald, der aufgrund seiner Ressortzuständigkeit ein Befürworter einer schnellen Regelung war, einräumen, dass bei der Planung zu berücksichtigen sei, »was kann die Volkswirtschaft in den nächsten Jahren dazu tun und was müssen wir ... sofort tun.«[61] Die von Regierung, Forschungsrat und Behörden gewählte Strategie verfolgte daher nicht das Ziel, eine Lösung zu behindern, sondern entsprach vielmehr dem Geist einer technisch-rationalen und autoritär-korporatistischen Vorgehensweise, die für die Aushandlung von Umweltfragen in Deutschlands bis dahin typisch war.[62]

Denn die Arbeit an einem Gesetzentwurf offenbarte weitere Probleme, die sich einer schnellen Lösung in den Weg stellten. Nicht nur bei den zu erwartenden volkswirtschaftlichen Gesamtkosten, die aus den Aufwendungen für Investitionen und Gewinneinbußen erwachsen wären, sondern auch an anderer Stelle zeigten sich große Schwierigkeiten. Denn der ostdeutsche Anlagenbau wäre Ende der sechziger Jahre nicht in der Lage gewesen den Bedarf an Entstaubungsanlagen zu decken. Gesundheitsminister Max Sefrin verwies bereits 1964 mit Nachdruck auf die vorhandenen Defizite. »Auf diesem Gebiet gibt es seit Jahrzehnten keinen wesentlichen technischen Fortschritt. Z. T. werden in

59 Niederschrift über die Behandlung des Eingabenberichtes III. Quartal 1967 in der Sitzung des Ministerrates am 9. November 1967: BArch, DC 20-I/3/1066, pag. 6.

60 So beispielsweise 1968: Kommission »Reinhaltung der Luft«, Protokoll der Sitzung der Kommission »Reinhaltung der Luft« am 13.12.1968 im Ministerium für Wissenschaft und Technik, Potsdam, den 29.2.1968: HdN, N-Oehl, Kiste 12.

61 Niederschrift über die Behandlung des Eingabenberichtes III. Quartal 1967 in der Sitzung des Ministerrates am 9. November 1967: BArch, DC 20-I/3/1066, pag. 6.

62 *Uekötter*, Rauchplage, S. 459ff. Dazu ebenso, allerdings in negativer Lesart: *Hünemörder*, Frühgeschichte, S. 104.

der DDR Abscheider seit 50 Jahren ohne Veränderung gebaut. Für die Beseitigung der wichtigsten gasförmigen Luftverunreinigung durch SO2 gibt es international noch kein ökonomisch befriedigendes Verfahren.«[63] Die Kommission »RdL« widmete sich diesem Problem daher mit Nachdruck. Eine Analyse ergab, dass für die Versorgungsprobleme die stark zersplitterten Produktionsstrukturen verantwortlich waren. Der Gesamtumfang der ostdeutschen Produktion belief sich 1965 auf einen Wert von etwa achtzig Millionen MDN, wurde aber überwiegend von kleinen Betrieben mit einem jährlichen Produktionsvolumen von maximal 5 Millionen MDN bereitgestellt. Die Hersteller waren zudem verschiedenen wirtschaftsleitenden Instanzen zugeordnet, so dass bei der Produktionsplanung vordringlich industriezweigspezifische Bedürfnisse berücksichtigt wurden. Mit mehr als 15 Prozent wies die Produktion außerdem einen relativ hohen Anteil halbstaatlicher und privater Betriebe auf, wodurch eine zentrale planwirtschaftliche Lenkung erschwert wurde. Darüber hinaus litten sowohl die Fertigungs- als auch die Forschung- und Entwicklungsabteilungen der Hersteller unter einem starken Fachkräftemangel. Eine Analyse der Expertenkommission ergab, dass die Gesamtproduktion angesichts eines bis 1970 wachsenden Bedarfs für Entstaubungsanlagen auf einen Umfang von 200 Millionen MDN/a viel zu gering ausfiel und mehr als verdoppelt werden musste, um die Industrie ausreichend versorgen zu können. Eine solche Steigerung war aufgrund fehlen der Produktionskapazitäten schlichtweg nicht möglich, so dass die Experten kurzfristig nur im devisenintensiven Import eine Lösung sahen.[64] Teure Importe stießen bei der Staats- und Parteiführung aber schon aus politischen Gründen auf Ablehnung und hätten die veranschlagten Investitionskosten noch weiter in die Höhe getrieben.

Der von der Kommission »RdL« wiederbelebte Gesetzgebungsprozess mündete aufgrund dieser Schwierigkeiten in einen Kompromiss, der eine nachhaltige Lösung zunächst aufschob. Das Gesundheitsministerium erließ im Juni 1968 eine »Anordnung zur Begrenzung und Ermittlung von Luftverunreinigungen (Immissionen)«, die lediglich eine Übergangslösung darstellen sollte. Die sowjetischen Grenzwerte wurden darin zwar als MIK-Werte übernommen und sollten für bestehende und neu zu errichtende Betriebe, Verkehrsmittel und andere emittierende Anlagen angewendet werden. Unter Berücksichtigung der ökonomisch angespannten Situation gestand die Anordnung aber zu, dass diese Werte in Industriegebieten kurzzeitig um bis zu 50 Prozent, in Wohngebieten sowie in land- und forstwirtschaftlich genutzten Regionen um bis zu zwanzig Prozent überschritten werden durften.[65] Eine strikte Anwendung der Grenzwerte galt

63 Sefrin an den Vorsitzenden des Ministerrates, Herrn Willi Stoph, 21.12.64: BArch, DQ 1/3492.

64 Kommission »Reinhaltung der Luft« des Forschungsrates der DDR, Empfehlung der Kommission »Reinhaltung der Luft« an die Industrieministerien und das Staatssekretariat für Hoch- und Fachschulwesen, Berlin, den 1.3.67: BArch, DQ 1/23593.

65 Die Überschreitungen der MIK-Werte wurden jedoch nach einem umständlichen Schlüssel nur zeitlich begrenzt geduldet: Anordnung zur Begrenzung und Ermittlung, 1968, 641 f.

lediglich für ausgewiesene Kur- und Langzeiterholungsgebiete. Die Anordnung hielt darüber hinaus noch eine Reihe weiterer Ausnahmeregelungen bereit.[66] Das größte Manko aus Sicht der Hygiene war jedoch, dass in der Regelung weiterhin keine Sanktionsmöglichkeiten verankert waren. Dennoch konnten sich die Hygieneinspektionen jetzt erstmals in der Auseinandersetzung mit Planern und Betrieben auf verbindlich festgeschriebene Grenzwerte berufen, so dass ihre Verhandlungsposition grundsätzlich gestärkt wurde.

2.2.2 Abprodukte und Stoffkreisläufe: Synergieeffekte zwischen Materialökonomie und Umweltschutz

Die Stimmung unter den Umweltreformern war trotz der verfahrenen Lage auf dem Feld der Luftreinhaltung weiterhin kämpferisch. Der neue Forschungsratsvorsitzende Max Steenbeck, mit dessen Amtsantritt bislang der Bedeutungsniedergang des Wissenschaftsgremiums in Verbindung gebracht wurde, ließ seinem Ärger auf einer Ministerratssitzung im Jahr 1967 freien Lauf: »Es macht allmählich in der Kommissionsarbeit nicht mehr viel Spaß, die Dinge festzustellen und mit der Realisierung passiert zu wenig, weil die Decke zu knapp ist. Aber wenn man feststellt, welche Werte durch das Fehlen der Filter verlorengehen, dann würden diese Mittel ausreichen, um die notwendigen Filter zu finanzieren. Ich vermisse, wie wir ein weiteres Steigen vermeiden wollen.«[67] Der Einwurf Steenbecks rekurrierte auf jenen Verwertungsgedanken, der bereits mehr als ein Jahrzehnt zuvor die Debatte um die Abwasserproblematik entscheidend mitbestimmt hatte. In den sechziger Jahren erfuhr Abfallverwertung in der DDR generell einen starken Bedeutungszuwach, der sich auch in der Arbeit des Forschungsrates zeigte. Etwa zeitgleich mit der Bildung der Kommission »Reinhaltung der Luft« hatte der Vorstand eine weitere Kommission ins Leben gerufen, die eine »Grundkonzeption zur Verwertung industrieller Abprodukte« erarbeiten sollte. Diese Sammelbezeichnung für feste, flüssige und gasförmige Abfälle der industriellen Produktion fasste eben auch jene Gefahrenstoffe zusammen, die für die drängendsten Umweltprobleme verantwortlich gemacht wurden. Materialökonomen, die sich seit den fünfziger Jahren um eine Aufwertung von Abprodukten bemühten, argumentierten, dass die Nutzbarmachung dieser Sekundärrohstoffe eine wichtige Bedeutung für die Volkswirtschaft der DDR habe, die angesichts der hochgesteckten Wachstumsziele praktisch immer unter einem latenten Rohstoffmangel litt. Die Verwertung von Abprodukten versprach daher, ökonomische Interessen mit den umweltpolitischen Forderungen von Wasserwirtschaft, Hygiene und Naturschutz in Einklang zu bringen.

66 Ebd., 642.
67 Niederschrift über die Behandlung des Eingabenberichtes III. Quartal 1967 in der Sitzung des Ministerrates am 9. November 1967: BArch, DC 20-I/3/1066, pag. 5.

Die Wurzeln der ostdeutschen Abfallverwertung reichen bis in die vierziger Jahre zurück. Bereits kurz nach der Gründung der Deutschen Wirtschaftskommission erließ deren Vorsitzender, Johannes Rau, eine ganze Reihe von Anordnungen, die die Erfassung von Altstoffen ankurbeln und stärker unter die Kontrolle der zivilen Zonenverwaltung bringen sollte. Zu den Altstoffen zählte man zunächst Altmetalle, Holz-, Textil- und Lederreste, Papier und Pappe, Gummiabfälle sowie Flaschen, Gläser, Knochen und Speisereste.[68] Nach der Gründung der DDR setzte man die Förderung der Abfallverwertung fort: Koordiniert durch die 1950 gebildete Volkseigene Handelszentrale (VHZ) Schrott entstanden bis Mitte der fünfziger Jahre 13 Leitbetriebe auf Bezirksebene, die eine stetig zunehmende Anzahl von Erfassungsstellen unterhielten. In vielen Städten und Gemeinden wurden Schrottabladeplätze eingerichtet, auf denen die Bewohner sowie örtliche Gruppen von FDJ und anderen Massenorganisationen Altmetalle sammelten, die dann von den VHZ-Betrieben abgeholt wurden. Die volkseigenen Betriebe wurden außerdem – zumindest auf dem Papier – dazu angehalten, Altstoff-Beauftragte für die Sammlung der Altmaterialien einzusetzen.[69]

Die Politik der Altstoffverwertung, die an natioanlsozialistische Vorläuferstrukturen anknüpfte und zunächst noch ganz der Notsituation der unmittelbaren Nachkriegszeit sowie den ökonomischen Folgen der deutsch-deutschen Teilung geschuldet war, erzeugte in der DDR eine spezifische Kultur im Umgang mit Abfällen, die in Westdeutschland im Laufe der fünfziger Jahre immer mehr verschwand.[70] Ein finanzielles Anreizsystem für Sammler, Werbekampagnen sowie populärkulturelle Symbole, wie das 1954 von Hannes Hegen entwickelte »Rumpelmännchen«, verhalfen den Abfallsammlungen zu einem festen Platz im Alltagsleben der Ostdeutschen.[71] Die kulturelle Aufwertung dieser Praktiken wurde von einer zunehmenden Verwissenschaftlichung durch die Materialökonomie begleitet: Auf eher vagen theoretischen Ausführungen Karl Marx' über die »Nutzbarmachung der Exkremente der Produktion und Konsumtion«[72] fußend, bemühten sich führende Materialökonomen wie Hans Fülle[73], Reinhold Schneider und Carl-Jürgen Strauß darum, die Altstoffsammlungen vom Makel

68 *Möller*, Traum, S. 73.

69 *Ebd.*, 67–72; *Hartard u. Huhn*, S. 39; *Maier*, Erfassung, S. 26.

70 Eine Schlagwortsuche in den digitalisierten Beständen der Zeitungen »Neues Deutschland«, »Neue Zeit« und »Berliner Zeitung« ergibt zwischen 1945 und 1960 fast 600 Treffer für den Begriff »Altstoffe«. Schon alleine diese mediale Präsenz – das Schlagwort »Naturschutz« taucht im gleichen Zeitraum nur knapp 270 Mal auf – verdeutlicht den höheren Stellenwert des Verwertungsgedankens. Vgl. ZEFYS, URL: http://zefys.staatsbibliothek-berlin.de/ddr-presse/?no_cache=1 [letzter Zugriff: 25.3.2016]. Zur Entwicklung in Westdeutschland, wo die Industrie mit Werbekampagnen für das Wegwerfen offensiv warb, vgl. *Köster*, Abschied, S. 33–60, hier 35–41; *Ders.*, Hausmüll, S. 349. Zur Abfallwirtschaft im Nationalsozialismus vgl.: *Huchting*, S. 252–273; *Köstering*, S. 139–147.

71 *Möller*, Traum, S. 73–77; *Panzig*, S. 141–146, hier 142.

72 *Marx*, S. 110–113, 122.

73 Der promovierte Volkswirt Fülle war neben seinen wissenschaftlichen Tätigkeiten an der Ost-Berliner Hochschule für Ökonomie von 1966–1972 stellvertretender Minister des 1965 ge-

der Notmaßnahme zu befreien. »Die planmäßige Erfassung aller örtlichen Rohstoffvorkommen und ihre Nutzbarmachung sind keine zeitweilige Erscheinung, sondern ein ständiges Prinzip der sozialistischen Wirtschaftsführung. Die Forderung nach Ausschöpfung der örtlichen Materialreserven resultiert keineswegs nur aus dem Fehlen bestimmter Rohstoffe. Sie ist eine Notwendigkeit für die bestmögliche Ausnutzung der gesellschaftlichen Arbeit.«[74] Das zunehmende Interesse von Materialökonomen und Wirtschaftsplanern an der Abfallverwertung stand ganz im Zeichen der wirtschaftspolitischen Ziele, die Ulbricht auf dem V. Parteitag der SED 1958 unter der Maxime »Einholen und Überholen« ausgegeben hatte.[75] Altstoffe erschienen als ein angemessenes Mittel, um Freiräume für die Realisierung der großen Investitionsvorhaben zu schaffen – Altstoffverwertung wandelte sich vor diesem Hintergrund von einer ursprünglich auf materiellem Mangel basierenden Notmaßnahme zum festen Bestandteil einer auf Wirtschaftswachstum ausgerichteten Politik.[76]

Das Ziel der Etablierung geschlossener Stoffkreisläufe, in denen Roh- und Abfallstoffe möglichst effektiv verwertet werden sollten, wurde seit den sechziger Jahren zu einem wichtigen Leitbild der politischen Ökonomie in der DDR, auch wenn dessen Realisierung auf zahlreiche Widerstände stieß.[77] Die dadurch gewonnene Ressourcen- und Kostenersparnis war allerdings nicht die einzige Triebfeder für diesen Bedeutungsgewinn. Die starke Zunahme von Industrieabfällen, die in den fünfziger Jahren noch nicht zum Kanon der Altstoffe gehörten, erzeugte darüber hinaus einen konkreten Handlungsdruck, da die Beseitigung dieser Stoffe hohe Folgekosten verursachte und sich viele Betriebe schlichtweg vor kaum handhabbare technische Herausforderungen gestellt sahen. Zu diesen Industrierückständen zählte insbesondere die Asche der großen Braunkohlekraftwerke, die sich dort bergeweise anhäufte.[78] In der DDR fielen Anfang der sechziger Jahre jährlich mehr als 25 Millionen t Asche an. Bei einer Verlustgröße von zehn bis zwanzig Prozent der eingesetzten Braunkohle erzeugte alleine ein Kraftwerk in der Größenordnung von Boxberg bei Weißwasser täglich

bildeten Ministeriums für Materialwirtschaft: Vgl. den Eintrag Fülle, Hans, in: *Baumgartner u. Hiebig*, S. 206.

74 *Fülle u. a.*, S. 42.

75 Vgl. dazu *Weber*, S. 51; *Hoffmann*, DDR, S. 78 f. sowie ausführlicher *Steiner*, Plan, S. 124 ff.

76 *Möller*, Traum, S. 77.

77 Ein deutliches Kennzeichen für diese Bedeutungssteigerung war die Bildung des Ministeriums für Materialwirtschaft im Jahr 1966, in dem zunächst eine Abteilung Materialökonomie, ab 1970 auch eine Abteilung Rohstoffreserven, eingerichtet wurde. Vgl. BArch, DE 3 – Ministerium für Materialwirtschaft, Einleitung. Zur Modellierung idealtypischer Altstoffkreisläufe durch Materialökonomen und den Problemen bei der Realisierung der Idee geschlossener Stoffkreisläufe vgl. *Autorenkollektiv*, Materialökonomie, S. 61–63, 72–75; *Möller*, Traum, S. 82–87.

78 Zu diesen Abfällen zählten außerdem die stark phenolhaltigen Abwässer der Braunkohlekokereien. Diese Abwässer verursachten bereits in den fünfziger Jahren zunehmende Umweltprobleme und sollten mit Hilfe einer verwertungsorientierten Abwasserreinigung in den Griff bekommen werden. Vgl. dazu den Abschnitt »Methodischer Ansatz« in der Einleitung.

Abb. 2: Das Rumpelmännchen ruft 1956 zur Sammlung von Altstoffen auf. Die Figur veranschaulicht den hohen Stellenwert der Altstoffsammlungen in der DDR (Zeichnung von H. Boche, 1956, Haus der Geschichte, 1990/5/141)

etwa 20.000 t Asche, die von den Feuerungs- und Filteranlagen zurückgehalten wurden. Die Entsorgungskosten für diese gigantischen Mengen beliefen sich einer zeitgenössischen Studie zufolge je nach Art der verwendeten Braunkohle und Lage des Kraftwerkes auf 1,80 bis 24 DM je Tonne Asche – eine volkswirtschaftlich durchaus relevante Größe, die allerdings noch nicht die ökologischen Folgen der Verkippung berücksichtigte.[79]

Um diesen Aschemengen Herr zu werden galt die Verwertung als vielversprechendster Lösungsansatz. Auf diese Weise konnten nicht nur Entsorgungskosten vermieden, sondern mitunter auch zusätzliche Einnahmen erzielt werden. Anfang der sechziger Jahre waren daher gleich mehrere wissenschaftliche Arbeitsgemeinschaften innerhalb des Forschungsrates und der Kammer der Technik (KdT) damit befasst, potentielle Verwertungsmöglichkeiten und Verfahrensweisen zu erforschen.[80] Eine wichtige Voraussetzung dafür war eine

79 *Mau*, Grundstoffreserven, S. 10; *Mau*, Bedeutung, S. 11 f.

80 Dazu zählten die »Zentrale Arbeitsgemeinschaft Entaschung und Ascheverwertung« der KdT sowie die Forschungsgemeinschaft »Eisen in der Lausitz« (ab 1965 Arbeitsgemeinschaft »Eisen aus Braunkohlenasche«), die Arbeitsgruppe »Abwässer in der Brennstoff-Industrie«, die Arbeitsgruppe »Industrie-Abfallstoffe« im Zentralen Arbeitskreis »Zement, Kalk und Bindemittel« und die Untergruppe »Müllverwertung« im Zentralen Arbeitskreis »Wasserwirtschaft, Wasser- und Grundbau« des Forschungsrates. Erste Forschungsarbeiten zur Verwendung von Braunkohlenasche als Düngemittel wurden zunächst außerhalb des For-

technische Innovation, die es ermöglichte, Kraftwerksasche mit Hilfe von Granuliertellern zu feinen Kügelchen zu pressen. Das von Hans Mau[81] entwickelte Verfahren erlaubte nicht nur einen staubarmen Abtransport der Asche, sondern eröffnete gleich eine ganze Reihe von Einsatzmöglichkeiten: Das Granulat konnte problemlos als Zementersatz oder Zuschlagstoff in der Bauindustrie eingesetzt werden und war aufgrund der hohen Eisenkonzentrationen, die insbesondere die Lausitzer Braunkohle aufwies, außerdem für die Verhüttung in Niederschachtöfen geeignet.[82] Bei der Sinterung der granulierten Asche wurden zudem Schwefel und Schwefelsäure freigesetzt, die als Grundstoffe in der Chemieindustrie Verwendung fanden. Darüber hinaus konnte das Granulat in der Aluminiumproduktion sowie als Düngemittel in der Landwirtschaft eingesetzt werden. Aufgrund der teilweise in Braunkohle enthaltenen Edelmetallspuren wurde es außerdem in geringen Mengen nach Westberlin exportiert. Kraftwerksasche machte in den sechziger Jahren einen »Qualitätssprung«

schungsrates von einem Ingenieurkollektiv in Espenhain durchgeführt und bereits 1960 in der Tageszeitung »Neues Deutschland« beworben. Allerdings bestand hier noch großer Forschungsbedarf, so dass sich das Staatssekretariat für Forschung und Technik Ende 1962 mit einem Schreiben an Stubbe wandte und die DAL in die weitere Forschungsarbeit einbezog. Vgl. dazu: Mau, Grundstoffreserven, 1961, 10; Arbeitsgrundlage der Kommission des Forschungsrates zur Ausarbeitung einer »Grundkonzeption für die Behandlung industrieller Abprodukte«: BArch, DK 107/8380; ND, 19. Juni 1960, 5; Staatssekretariat für Forschung und Technik, Der Staatssekretär an Stubbe, Berlin, d. 28.11.1962: BArch, DK 107/8380.

81 Hans Mau war eine zentrale Figur bei der Etablierung des Verwertungsgedankens: Der Diplomingenieur, der mit den Ehrentiteln »Verdienter Erfinder« und »Verdienter Aktivist« ausgezeichnet wurde, war Mitglied der »Zentralen Arbeitsgemeinschaft für Entaschung und Ascheverwertung« der KdT und kam als Mitarbeiter des VEB Energieprojektierung Berlin sowie des Ministeriums für Erzbergbau, Metallurgie und Hüttenwesen praktisch mit der Ascheproblematik in Berührung. Im Jahr 1965 promovierte er mit einer ökonomischen Arbeit über das Verwertungspotential der Braunkohlenasche an der Humboldt Universität und qualifizierte sich damit für Führungsaufgaben auf diesem Gebiet. Maus weitere Karriere lässt sich aufgrund der schlechten Überlieferungssituation im Bundesarchiv leider nicht exakt rekonstruieren: Demnach war er ab 1966 Mitarbeiter im Ministerium für Erzbergbau, Metallurgie und Hüttenwesen (eigentlich Kali) und in dieser Funktion für die ihm unterstellte VHZ Schrott verantwortlich. Ende der 1970er Jahre scheint er als Wissenschaftlicher Mitarbeiter für das Institut für Braunkohlenbergbau des VVB Braunkohle tätig gewesen zu sein. Vgl. Protokoll der Beratung der Kommission »Industrielle Abprodukte« des Forschungsrates der DDR vom 20.6.1966 im Hause des Zentralinstitutes für Sozialistische Wirtschaftsführung des ZK der SED, BArch, DK 107/8380 sowie die Autorenangeben in *Kommission für Umweltschutz beim Präsidium der Kammer der Technik*. Vgl. auch *Mau*, Bedeutung, S. 18; *Mau*, Grundstoffreserven, S. 10.

82 Eine Pilotanlage, die Anfang der sechziger Jahre im Kraftwerk Schwarze Pumpe errichtet wurde, arbeitete allerdings noch nach einem anderen Verfahren und trennte Asche und Eisenoxyd vor der Weiterverarbeitung zunächst mittels einer Windsichtung. Vgl. dazu: *Mau*, Bedeutung, S. 16f.; Prof. Dr.-Ing. Dahl, Vorsitzender der Arbeitsgruppe Industrieabfallstoffe des Zentralen Arbeitskreises Zement, Kalk, Bindemittel, Bericht über den Einsatz von Verbrennungsrückständen der Kraftwerke für industrielle Zwecke, Cottbus, den 15.11.1962: BArch, DK 107/8380.

vom Abfallprodukt zum Rohstoff, wie der Erfinder des Granulierverfahrens treffend formulierte.[83]

Die neue Aufmerksamkeit, die Kraftwerksasche als verkannter Rohstoff von wissenschaftlicher und technischer Seite erfuhr, wurde in der ersten Hälfte der sechziger Jahre auch von einem gesteigerten politischen und öffentlichen Interesse begleitet, wie zahlreiche Zeitungsartikel belegen.[84] Der Forschungsrat der DDR reagierte im November 1964 auf diese Entwicklung mit der Einrichtung einer Kommission, die den Auftrag erhielt, eine »Grundkonzeption für die Behandlung industrieller Abprodukte« (kurz: »industrielle Abprodukte«) auszuarbeiten. Mit dem Vorsitz wurde der Leiter des Ökonomischen Forschungsinstituts der SPK, Helmut Koziolek, betraut. Der Ökonom gehörte zu jener Gruppe junger SED-Kader, die das Konzept des NÖS/ÖSS in wesentlichen Zügen mitgestaltet hatten und den Führungskern des SED-Reformflügels um Walter Ulbricht, Erich Apel, Günter Mittag und Wolfgang Berger wissenschaftlich berieten.[85] Koziolek wurde im November 1965, noch während der Arbeiten an der Grundkonzeption, zum Direktor des neugegründeten Zentralinstituts für Sozialistische Wirtschaftsführung beim ZK der SED berufen und rückte damit noch stärker an den inneren Machtzirkel der Reformperiode heran. Das Zentralinstitut, das unter anderem die Ideen und Ziele der ökonomischen Reformen über Aus- und Weiterbildungslehrgänge unter den Führungskadern der SED verbreiten sollte, war in der späten Ulbricht-Ära zu eine politisch einflussreiche Denkwerkstatt.[86]

An der konstituierenden Sitzung nahmen neben Koziolek und dem Vorsitzenden des Forschungsrates, Thiessen, auch DAL-Präsident Stubbe und AfW-Direktor Rochlitzer, teil. Die Interessen der Hygiene vertrat der renommierte Arbeitsmediziner und Direktor des Zentralinstituts für Arbeitsmedizin der DDR, Ernst Holstein.[87] Zum wissenschaftlichen Sekretär wurde Mau berufen. Während das ursprüngliche Konzeptpapier zur Bildung der Kommission und

83 *Mau*, Bedeutung, S. 14, 17.

84 Während sich die Zeitung »Neues Deutschland« in der Berichterstattung zunächst eher zurückhielt, tauchten in den Printmedien »Neue Zeit« und »Berliner Zeitung« bereits ab 1962 regelmäßig Artikel und ganze Artikelserien zur Thematik auf: Vgl. Verborgene Schätze in der Filterasche, in: NZ, 18. November 1962, 5; Plage könnte Wohltat werden, in: NZ, 5. Dezember 1963, 5; Rohstoff Asche, in: BZ, 10. Dezember 1963, 3; vgl. auch die Artikelserie: Filterasche ist Zement wert (I), in: BZ, 22. Oktober 1965, 4; Brücke aus Filterasche (II), in: BZ, 27. Oktober 1965, 4; Streit um Asche fehlt (III), in: BZ, 2. November 1965, 4; Filterasche setzt sich durch (IV), in: BZ, 9. November 1965, 4; Ökonomie und Asche (V), in: BZ, 10. November 1965, 4; Konzeption für Filterasche. Das Ministerium für Bauwesen antwortet, in: BZ, 11. November 1965, 4.

85 *Kaiser*, S. 62, 110 f.; *Malycha u. Winters*, S. 170 f.

86 *Malycha u. Winters*, S. 102; *Koziolek*, S. 54–78, hier 60–64. Deutlich kritischer im Hinblick auf die Wirkung der wissenschaftlichen Politikberatung: *Schwarz*, S. 379–398, hier 385–391.

87 Holstein galt als »Nestor der Arbeitsmedizin in der DDR«. Der Spezialist auf dem Gebiet der Unfallverhütung am Arbeitsplatz hielt sich in der von Horn u. a. Hygieneärzten angestoßenen Reformdebatte mit öffentlichen Beiträgen jedoch eher zurück. Vgl. *Hahn u. a.*, S. 42 f.

auch die einleitenden Ausführungen von Thiessen und Koziolek auf dem ersten Expertentreffen noch ein überwiegend ökonomisches Interesse an der Abprodukte-Problematik erkennen ließen, verwies die direkt daran anschließende Diskussion bereits deutlich in eine andere Richtung: Vor allen Dingen Stubbe verwies auf die von Abprodukten ausgehenden Gefahren für die Gesundheit des Menschen, machte auf Rauchschäden in der Forstwirtschaft aufmerksam und hob die Bedeutung des Landschaftsschutzes als notwendiges Gegengewicht zur fortschreitenden Industrialisierung hervor. Aber auch die Position der Wasserwirtschaft wird im Protokoll deutlich erkennbar, beispielsweise wenn die Diskussionsteilnehmer das weit verbreitete Wegschauen kritisierten, das vielerorts bei der Übertretung von bereits existierenden Umweltschutzverordnungen an der Tagesordnung war[88] – ein Kritikpunkt, den Rochlitzer seit seinem Amtsantritt 1958 immer wieder öffentlich angemahnt hatte.[89] Die offene Ansprache dieser Missstände, die in der bislang vorwiegend ökonomisch geführten Debatte über Altstoffverwertung allenfalls indirekt mitschwang, machte deutlich, dass die Vertreter der Hygiene, der Wasserwirtschaft und des Naturschutzes mit der Kommission weit mehr als nur volkswirtschaftliche Fragen verbanden.

Stubbe wandte sich gleich im Anschluss an die konstituierende Sitzung in einem hastig verfassten Schreiben an den Direktor des ILN, Hermann Meusel, um über die Ergebnisse zu berichten und überschlug sich geradezu mit positiven Erwartungen, die er in die Arbeit der Kommission legte: »Diese Kommission scheint mir für alle Fragen der Landeskultur und des Naturschutzes von größter Bedeutung zu sein, denn sie hat sich auch mit dem Problem der Schäden zu befassen, die durch industrielle Abprodukte in der Landwirtschaft entstehen, ebenfalls auch mit Rauchschäden und vor allem auch mit der Verwertung industrieller Abprodukte. Ich habe den Eindruck, daß diese Kommission im gemeinsamen Sinn die von uns schon lange geforderte zentrale Kommission für Landesplanung mit ersetzen kann, denn ich habe sofort die Frage der Standorte neuer Industrieanlagen und deren Beurteilung von verschiedenen Seiten angeschnitten und gleichfalls wieder auf die katastrophale Verunreinigung der Flüsse, die Rauchschäden, die Notwendigkeit der Erholungsgebiete etc. hingewiesen.«[90] Der DAL-Präsident zeigte sich von Koziolek und dessen offener Haltung gegenüber den Interessen des Naturschutzes beeindruckt. Der sachlich und nüchtern agierende Ökonom dürfte das sehr leidenschaftliche Engagement Stubbes sicherlich mit einiger Skepsis betrachtet haben, scheint die von ihm aufgeworfenen Probleme aber als Bestandteil einer übergeordneten Proble-

88 Staatssekretariat für Forschung und Technik, Beschlußprotokoll der konstituierenden Sitzung der »Kommission des Forschungsrates zur Ausarbeitung einer Grundkonzeption für die Behandlung industrieller Abprodukte« am 17.2.1965, Berlin, den 23.2.1965: BArch, DK 107/8380; Arbeitsgrundlage der Kommission des Forschungsrates zur Ausarbeitung einer »Grundkonzeption für die Behandlung industrieller Abprodukte«: BArch, DK 107/8380.

89 Vgl. dazu Kap. 1.3.

90 Stubbe an Meusel, 17.2.1965: BArch, DK 107/8380.

matik grundsätzlich anerkannt zu haben.[91] Koziolek machte deutlich, dass der Kommission inhaltlich keine Grenzen gesetzt waren und verwies darauf, dass ein wichtiges Gebot bei der »Durchsetzung der vorgeschlagenen Maßnahmen« deren »saubere und zwingende Darstellung« sei[92] – auch ökologische Themen konnten demnach einen Platz in der Grundkonzeption finden, solange sie nachvollziehbar begründet wurden.

Die Kommission konnte bereits im Frühjahr 1966, etwas mehr als ein Jahr nach der ersten Zusammenkunft, ein Ergebnis präsentieren. Die von den Experten erarbeitete »Grundkonzeption für die Bewältigung und Nutzung industrieller Abprodukte« nahm auf 46 Seiten eine umfangreiche Ist-Analyse vor und gab konkrete Empfehlungen für gesetzliche Maßnahmen sowie die Entwicklung »ökonomischer Hebel«, mit denen der Verwertungsgedanke stimuliert werden sollte. Die Handschrift des NÖS war in dem Papier deutlich zu erkennen. Methodisch besonders interessant an der Analyse war die zugrunde gelegte Unterscheidung zwischen verschiedenen Schadensformen und ihren Ursachen. Abprodukte waren demnach für »Hygieneschäden«, für »Schäden in der Land- und Forstwirtschaft« sowie für Schäden in »Industrie und Bauwesen« verantwortlich.[93] Diese auf den ersten Blick triviale Methodik hatte aus umwelthistorischer Sicht zwei bedeutende Konsequenzen: Nicht nur, dass es mit dieser Art der Unterscheidung gelang, auch den gesundheitlichen Folgen der Umweltbelastungen, die bis dahin – abgesehen von erhöhten Krankenständen – meist als ökonomisch nicht näher quantifizierbar galten, einen volkswirtschaftlich messbaren Wert zuzuordnen. Die Aufnahme sämtlicher durch industrielle Abprodukte verursachten Schäden eröffnete darüber hinaus erstmals einen Gesamtblick auf die Ausmaße der Umweltproblematik in der DDR und die daraus abzuleitenden Maßnahmen.

Ein weiterer gedanklicher Fortschritt, der sich in der Grundkonzeption zeigte und letztlich erst die Etablierung einer neuen Umweltpolitik ermöglichen sollte, war die Überwindung einer pessimistischen, alleine auf die zu erwartenden Sanierungskosten fixierten Perspektive. Die Mitte der sechziger Jahre in der DDR wie in vielen weiteren Industriestaaten längst überfällige Modernisierung des technischen Umweltschutzes verband sich in der Ideenwelt der Abprodukte-Konzeption mit einer konkreten Nutzenrechnung. Die Beseitigung von Umweltschäden versprach durch eine gleichzeitige, möglichst weitreichende Verwertung der Schadstoffe einen volkswirtschaftlichen Gewinn zu erzielen, der

91 Ebd.

92 Staatssekretariat für Forschung und Technik, Beschlußprotokoll der konstituierenden Sitzung der »Kommission des Forschungsrates zur Ausarbeitung einer Grundkonzeption für die Behandlung industrieller Abprodukte« am 17.2.1965, Berlin, den 23.2.1965: BArch, DK 107/8380

93 Kommission »Industrielle Abprodukte« des Forschungsrates der DDR, Grundkonzeption für die Bewältigung und Nutzung industrieller Abprodukte in der DDR – Arbeitsgrundlage –, Fassung März/April 1966, ergänzt gemäß Protokoll vom 20.6.1966: BArch, DE 1/53447.

zusammen mit den daraus hervorgehenden Einsparungen gegen die zu erwartenden Sanierungskosten aufgerechnet werden konnte. Der Verwertungsgedanke machte Umweltschutz sowohl für die sozialistische Planungsökonomie als auch die Politik der SED attraktiv. Der Umfang der Investitionen, die nach Ansicht verschiedener Expertenkommissionen für die Sanierung der Gewässer und der Rauchschadensgebiete sowie die zukünftige Verhütung von Umweltschäden aufgewendet werden musste, belief sich in der Mitte Jahrzehnts bereits auf weit mehr als 100 Milliarden MDN und überstieg damit frühere Schätzungen deutlich. Die Summe hatte bis dahin allein aufgrund ihrer Höhe jedweden Reformansatz behindert und entsprechende Gesetzgebungsvorhaben blockiert. Die Experten der Abprodukte-Kommission stellten diesen Kosten nun jedoch volkswirtschaftliche Schäden in Höhe von jährlich etwa eine Milliarden MDN und einen aus der Verwertung der Abprodukte zu erwartenden Nutzen von mehreren 100 Millionen MDN pro Jahr gegenüber. Langfristig betrachtet rechneten sich Investitionen in den Umweltschutz also, zumal die geschätzte Höhe der Sanierungskosten von der Abprodukte-Kommission ohnehin als überhöht angesehen wurde.[94]

In der volkswirtschaftlichen Betrachtungsweise lagen aber umgekehrt auch einige Risiken. Zum einen drohten ökonomisch nicht oder nur schwer fassbare Umweltprobleme weiterhin durch das Raster zu fallen. Das stand insbesondere dann zu befürchten, wenn neuartige Umweltbelastungen entweder keinen nennenswerten volkswirtschaftlichen, wohl aber einen ökologischen Schaden verursachten oder – was häufiger der Fall war – eine lukrative und mengenmäßig ausreichende Verwertung nicht möglich war, also zentrale Bausteine der oben skizzierten Nutzenrechnung wegfielen. Lärmschutz und Naherholung ließen sich beispielsweise auch weiterhin kaum monetär bemessen. Zum anderen schien der Verwertungsgedanke die Phantasien der Planer derart zu beflügeln, dass er sie zu Berechnungen verleitete, die eigentlich schon auf den ersten Blick abwegig erscheinen mussten. So rechneten die Experten beispielsweise vor, dass die in der DDR jährlich ausgestoßenen Schwefeldioxidemissionen in Höhe von knapp 6 Millionen Tonnen theoretisch zur Produktion einer mehr als doppelt so großen Menge von Schwefelsäure ausreichen würden – 1966 immerhin 25 Prozent der Weltproduktion.[95] Angesichts fehlender technischer Voraussetzungen und ungeklärter Distributions- und Absatzfragen waren solche Rechenbeispiele aber Gedankenschlösser, die auf eine grundlegende Gefahr der ökonomisch-ökologischen Abprodukte-Konzeption verweisen: Der Kult um Abfälle, der sich in den siebziger Jahren angesichts zunehmender wirtschaftlicher Schwierigkeiten immer mehr in ein politisch oktroyiertes Primat verwandelte, war in hohem Maße von technischen Innovationen abhängig und begünstigte unter schlechten ökonomi-

94 Kommission »Industrielle Abprodukte« des Forschungsrates der DDR, Grundkonzeption für die Bewältigung und Nutzung industrieller Abprodukte in der DDR – Arbeitsgrundlage –, Fassung März/April 1966, ergänzt gemäß Protokoll vom 20.6.1966: BArch, DE 1/53447.

95 Ebd.

schen Voraussetzungen eine ökologisch fragwürdige Abfallpolitik, die Abfälle ohne Aussicht auf eine baldige Verwertung massenhaft hortete und Betrieben sogar die oftmals viel zweckmäßigere Entsorgung verweigerte.[96]

Diese fatale Entwicklung, die sich in den achtziger Jahren einstellen sollte, war Mitte der sechziger Jahre aber noch nicht absehbar und alles andere als vorbestimmt. Die Abprodukte-Konzeption stellte zunächst einen bedeutenden Fortschritt auf dem Weg hin zu einer neuen, die Gesamtheit industrieller Umweltprobleme berücksichtigen Umweltpolitik dar. Das erkannten auch die Protagonisten der frühen Reforminitiativen, allen voran Stubbe. Der Präsident der DAL zeigte sich im Juni 1966 in einem Schreiben an Koziolek begeistert von dem erarbeiteten Papier: »Ich habe selten eine so eindringlich[e] und mich bewegende Denkschrift gelesen. Man kann aus ihr nur den einen Schluß ziehen, daß sofort entscheidende Maßnahmen zur Abwehr der ungeheuren Schäden durchgeführt werden.«[97] Die zustimmende Haltung der Experten spiegelte sich auch im Protokoll der abschließenden Beratung wider, die wenige Tage darauf im Zentralinstitut für Sozialistische Wirtschaftsführung in Berlin stattfand. Die dort anwesenden Kommissionsmitglieder und Gäste begrüßten durchweg die in der Konzeption getroffenen Festlegungen. AfW-Direktor Rochlitzer verkündete selbstbewusst, dass er Kritikern, die die Darstellungen für übertrieben halten, entschieden entgegentreten wolle. Die Experten verstanden ihre Arbeit trotz der demonstrativ ausgedrückten Zuversicht dennoch nur als einen ersten Schritt. Die Problemkreise »Ökonomische Hebel« und »Gesetzliche Maßnahmen« sollten durch eine Expertengruppe unter der Leitung des Direktors des Institutes für Politische Ökonomie der HU Berlin, Robert Naumann[98], weiter präzisiert werden. Das Grundsatzpapier wurde bestätigt und an die SPK sowie verschiedene Fachministerien und VVB weitergeleitet, wo es als Arbeitsgrundlage für die Ausarbeitung des kommenden Perspektivplanes dienen sollte.[99]

96 Für die Entsorgung der Abfälle mussten die VEB seit 1975 offiziell einen »Negativtest« erbringen, der bestätigen sollte, dass die zu entsorgenden Abprodukte nicht als Sekundärrohstoffe verwertet werden konnten und auf der Bezirksebene gemeinsam von den Fachorganen für Sekundärrohstoffwirtschaft sowie für Umweltschutz und Wasserwirtschaft bewilligt werden musste. Vgl. *Möller*, Traum, S. 85.

97 Stubbe an Koziolek, 10.6.1966: BArch, DK 107/8380.

98 Zur Biographie vgl. Naumann, Robert, in: *Baumgartner u. Hiebig*, S. 583 f.

99 Vgl. Protokoll der Beratung der Kommission »Industrielle Abprodukte« des Forschungsrates der DDR vom 20.6.1966 im Hause des Zentralinstitutes für Sozialistische Wirtschaftsführung des ZK der SED, o. D. sowie Anlage 1: Beschlüsse der Kommission »Industrielle Abprodukte« des Forschungsrates der DDR vom 20.6.1966: BArch, DK 107/8380.

2.3 Protest und umweltpolitischer Aufbruch in der späten Ulbricht-Ära

2.3.1 Betroffenheit und Gemeinwohl: Luftverschmutzung in Eingaben der sechziger Jahre

Im Mai 1963 wandte sich der Oberbürgermeister der Stadt Halle, Hans Pflüger, an die Hygieneinspektion des gleichnamigen Bezirkes, um auf die zunehmende Luftverunreinigung im Stadtteil Diemitz aufmerksam zu machen, die auf Emissionen einer Kohlenstaubanlage der Deutschen Reichsbahn und des Kraftwerkes »Rudolf Breitscheid« zurückzuführen war. In dem eindringlich, aber sachlich verfassten Schreiben bezeichnete der SED-Funktionär den vorherrschenden Zustand als nicht länger tragbar und sprach von einer Gefahrenquelle für die Gesundheit der Menschen und die Pflanzenwelt. Pflüger erinnerte außerdem mahnend an das RGW-Symposium zur Reinhaltung der Luft, das 1962 in Halle stattfand: »Daß man für diese von hoher internationaler Bedeutung getragene Tagung unsere Bezirkshauptstadt Halle ausersehen hatte, stellt nicht nur eine Ehrung unserer Stadt dar, sondern sollte offenbar dokumentieren, daß gerade in der Stadt Halle als Industriezentrum diese Probleme vorrangige Form haben. Mit dieser Gesamteinschätzung steht die Situation im Stadtteil Halle-Diemitz, die in gesundheitsnegativer Hinsicht schwer wiegt, in krassem Widerspruch.«[100] Das Schreiben des Oberbürgermeisters muss, auch wenn es sich um einen Teil der Korrespondenz zweier Verwaltungsebenen handelte, quellenanalytisch als Eingabe betrachtet werden. Pflüger wandte sich als Vertreter der Bürgerschaft an die BHI und leitete Beschwerden, die bei ihm eingegangen waren, an die Gesundheitsbehörde weiter. Dieses Verhalten stellte eine gängige Praxis dar. Lokale Probleme wurden bis zu Beginn der sechziger Jahre in der Regel zunächst vor Ort gebündelt und von Ortsvorstehern oder Bürgermeistern an die zuständigen Instanzen weitergegeben.[101] Erst infolge der Verschärfung von Umweltproblemen richteten die Menschen ihre Anliegen immer häufiger direkt an übergeordnete

100 Der Oberbürgermeister der Stadt Halle (Saale) an die Bezirkshygieneinspektion, Luftverunreinigungen im Stadtteil Halle-Diemitz durch das Fernheizwerk und die Kohlenstaubanlage der DR, Halle, den 20. Mai 1963: BArch, DQ 1/3490, 1, pag. 284.

101 So beispielsweise auch im Zusammenhang mit grenzüberschreitenden Luftverschmutzungen durch Betriebe in der CSSR. Vgl. die Eingabe des Gemeindevorstehers und Bürgers aus Deutschneudorf: M. an die Kanzlei des Vorsitzenden des Staatsrates, Deutschneudorf, den 30.1.1965: BArch, DQ 1/3490, pag. 216f. Diese Beobachtung findet sich auch in einem Bericht der MfS-Kreisdienststelle Marienberg, der bereits erstaunlich früh auf Unruhen in Folge der zunehmenden Umweltbelastung hinwies und die zentrale Rolle der Ortsbürgermeister als Sprachrohr und Unterstützer der Proteste hervorhob. Vgl. KD Marienberg an die BV Karl-Marx-Stadt, Betr.: Denkschrift über die Rauchschadensituation im Bereich des mittleren und östlichen Erzgebirges, Bezug: Gegebene Veranlassung, 16.4.1964. BStU, MfS, MB-156, pag. 61–73.

Ebenen oder wählten andere Formen der politischen Kommunikation und des Protests. Das Schreiben des Hallenser Oberbürgermeisters stellte daher nur die Spitze einer Vielzahl von Beschwerden dar, die seit Mitte der fünfziger Jahre zu den Emissionen des Kraftwerkes »Rudolf Breitscheid« und der Kohlenstaubanlage bei den kommunalen Behörden eingegangen waren.

In diesem Zusammenhang hatte ein Bürger der Stadt eine besonders eindringliche Eingabe verfasst, die das Hygieneinstitut des Bezirkes exemplarisch an das Gesundheitsministerium weiterleitete. Herr K. beschrieb darin zunächst relativ ausführlich Wachstums- und Korrosionsschäden, die er allerorts im Stadtgebiet wahrgenommen hatte und führte weiter aus: »Das wichtigste bleibt jedoch das Schwächen und Angreifen der menschlichen Organe durch diese Verunreinigungen der Lufthülle.« Herr K. verfügte dem Schreiben zufolge über Informationen aus »Ärztekreisen«, die einen Zusammenhang zwischen der schlechten Luftqualität und der Zunahme von Karzinomen nahelegten. Die sich in der Intensität immer weiter steigernde Eingabe brachte die Verunreinigungen schließlich mit eigenen gesundheitlichen Problemen und dem tragischen Tod der Enkelin des Petenten in Verbindung. Der Verfasser schlug daher »einen Prozeß des Staates gegen seine eigenen Werke« vor und forderte eine harte Bestrafung der Verantwortlichen »ohne Ansehen vor Gesellschaft und Partei.«[102] Das Schreiben stellt eine klassische Einzeleingabe dar, in der sich persönliche Betroffenheit und gemeinwohlorientierte Anliegen mischten. Außerdem veranschaulicht die Eingabe, dass das Vertrauen in die Funktionsfähigkeit des ostdeutschen Staates und seiner Behörden, trotz der Wut über die langanhaltenden Probleme, grundsätzlich noch nicht gestört war.

Die Eingaben, die 1963 bei den Hallenser Behörden eingingen, brachten erneut Bewegung in eine bereits seit geraumer Zeit laufende Auseinandersetzung zwischen der Hygiene und den für die Kohlenstaubanlage und das Kraftwerk zuständigen Betriebsleitungen der Deutschen Reichsbahn bzw. des VEB Energieversorgung Halle. Die BHI führte in Folge der Eingabe des Herrn K. zusammen mit der städtischen Hygieneinspektion und der zuständigen Arbeitssanitätsinspektion erneut eine Überprüfung des Kraftwerkes durch und schaltete das Gesundheitsministerium ein, um Druck auf den Volkswirtschaftsrat und die SPK auszuüben. Wie sich zeigte, hatte der VEB Energieversorgung bereits zu Beginn der sechziger Jahre zugesichert, das Kraftwerk bis zum Jahr 1963 mit funktionstüchtigen Staubfiltern auszurüsten, konnte dieses Versprechen aufgrund von Investitionskürzungen aber nicht einhalten und musste festgelegte Termine immer wieder verschieben. Die in einigen Kesseln bereits vorhandenen Fliehkraftabscheider waren zwar in einem guten Zustand, wie die Kontrolle ergab, konnten jedoch nur einen relativ geringen Teil der Staubemissionen zurückhalten. Die BHI machte in einem Antwortschreiben an Herrn K. auf Versäumnisse der vergangenen Jahre aufmerksam und veranschaulichte die

102 Alle Zitate: K. an den Leiter des Bezirks-Hygiene-Institutes Halle, Halle (Saale), 29. Oktober 1963: BArch, DQ 1/3490, 1, pag. 287 f.

Problematik der Nachrüstung veralteter Anlagen: »Bei allen neu entstehenden Betrieben werden von uns Filteranlagen nach den z.Z. vorhandenen gesetzlichen Bestimmungen gefordert, wodurch versucht wird, die lufthygienische Belastung nicht noch größer werden zu lassen und um dann schrittweise durch Wegfall bzw. Rekonstruktion der alten Anlagen, wie bei o.a. Kraftwerk bereits geplant, die lufthygienische Situation zu verbessern.«[103]

Für das in den zwanziger Jahren errichtete Kraftwerk »Rudolf Breitscheid« war laut »Plan« eine schrittweise Modernisierung bis zum Jahr 1970 vorgesehen, im Zuge derer veraltete Kessel abgerissen und neu zu errichtende Dampferzeuger mit Elektrofiltern ausgestattet werden sollten.[104] Doch während die Rekonstruktion der Kessel 1968 erfolgte, konnten neue, wirksamere Elektrofilter erst 1972 eingebaut werden. Auch die Pläne zur Kohlenstaubanlage, die 1948 errichtet wurde und seit der Inbetriebnahme erhebliche Mängel aufwies, mussten immer wieder verschoben werden: Seit 1960 lagen mehrere Protokolle und Erklärungen vor, die eine Stilllegung der Anlage in Aussicht stellten.[105] Die Reichsbahn kam dieser Forderung allerdings erst 1972 nach, so dass ein Artikel in der Neuen Zeit schon fast euphorisch verkündete, »die Einwohner« würden »in diesem Winter erstmals vor ihren Türen weißen Schnee liegen haben.«[106] Der Optimismus des SED-Blattes war allerdings verfrüht, denn das Kraftwerk blieb wegen einer gescheiterten Energieträgerumstellung von Braunkohle auf Erdgas und ausbleibender Instandhaltungsinvestitionen bis in die Zeit nach der politischen Wende 1989/90 ein Problemkind des Umweltschutzes.[107]

Während die Eingaben aus Halle überwiegend einen situativen Protest widerspiegelten, der sich zumindest in der Kommunikation mit den staatlichen Behörden wenig vernetzt zeigte, nahmen Eingabenproteste andernorts bereits deutlich komplexere Dimensionen an. Im nordwestlich von Dresden gelegenen Coswig sorgten in den sechziger Jahren die Emissionen eines Zellstoffwerkes für breite Proteste aus der Bevölkerung, die aufgrund der Nähe zur Bezirkshauptstadt und der dichten Besiedelung des Elbetales eine besondere Dynamik entfalteten. Das in den 1880er Jahren gegründete Werk »Philipp Müller« war Teil des VEB Vereinigte Zellstoffwerke Pirna und produzierte Zellstoff nach dem Sulfatverfahren. Der Betrieb hatte eine herausgehobene volkswirtschaftliche

103 Bezirkshygieneinstitut Halle an Herrn K., Beschwerde über Belästigung durch die Emission des Kraftwerkes »Rudolf Breitscheid« in Halle-Trotha, 18.11.1963: BArch, DQ 1/3490, 1, pag. 290f.

104 Bezirkshygieneinstitut Halle, Vermerk über die Betriebsprüfung des VEB Energieversorgung, Kraftwerk Rudolf Breitscheid, Halle (S), Brachwitzer Str. 21 am 11.11.1963, Halle (S), den 15.11.1963: BArch, DQ 1/3490, 1, pag. 292f.

105 Bezirkshygieneinstitut Halle an Ministerium für Gesundheitswesen, Abt. Hygiene u. Staatl. Hygiene-Inspektion, Luftverunreinigungen in der Stadt Halle durch das Fernheizwerk und die Kohlenstaubmahlanlage der Deutschen Reichsbahn, Halle (Saale), den 19. Oktober 1963: BArch, DQ 1/3490, 1, pag. 281f.

106 Heilkur für Halles Staublunge, in: NZ, 22.11.1972, 8.

107 *Kleine-Brockhoff.*

Bedeutung und produzierte als Zulieferer für die Papierindustrie. Während die Herstellung von Zellstoff in der Bundesrepublik unter anderem aufgrund der damit verbundenen Umweltbeeinträchtigungen in den sechziger Jahren stark zurückging und überwiegend durch Importe aus skandinavischen Ländern ersetzt wurde, hielt die ostdeutsche Staats- und Parteiführung aus Gründen der Devisenknappheit an der Herstellung im eigenen Land fest.[108] Die Produktion wurde aufgrund der steigenden Nachfrage sogar stark ausgeweitet, was etwa ab Mitte des Jahrzehnts zu einer Zunahme von Umweltproblemen und Bürgerprotesten führte.[109]

Die Zellstoffproduktion brachte neben einer erheblichen Verschmutzung des Wassers vor allen Dingen starke Luftbelastungen mit sich. Beim chemischen Aufschluss der Rohstoffe, der »alkalischen Kochung«, wurden Schwefelwasserstoff und seine Alkylierungsprodukte, darunter das extrem geruchsintensive Methylmercaptan, freigesetzt. Über die gesundheitlichen Folgen der Mercaptan-Emissionen herrschte in den sechziger Jahren in der Fachliteratur noch Uneinigkeit. Während zahlreiche Mediziner, darunter auch der Betriebsarzt des Werkes, einen schädigenden Einfluss verneinten, wiesen einzelne Studien darauf hin, dass bereits niedrige Konzentrationen zu Übelkeit, Erbrechen, Schwindel und Kopfschmerzen führen konnten. Unbestritten war jedenfalls eine penetrante Geruchsbelästigung, die sich negativ auf die Lebensqualität in der Umgebung von Zellstoffwerken auswirkte. In Coswig wurde diese Wirkung dadurch verstärkt, dass der Betrieb noch nach einem älteren, diskontinuierlichen Produktionsverfahren arbeitete, bei dem alle 45 Minuten die Kocher abgelassen und Emissionen stoßartig und konzentriert freigesetzt wurden. Hinzu kam eine insgesamt hohe Grundbelastung der Region, die auf die große Anzahl von Emittenten im stark industrialisierten Elbtal zurückging.[110]

Die Coswiger Zellstoffproduktion rief zahlreiche Eingaben hervor, darunter auch Kollektiveingaben und Leserzuschriften an die sächsische Tageszeitung DIE UNION, also Schreiben, die den Protest einzelner Bürger bündelten oder gezielt eine Ausweitung der Kommunikation über die Staatsmedien suchten. Kollektiveingaben wurden in den sechziger Jahren noch überwiegend von im sozialistischen Rechtssinn legitimen Kollektiven, wie etwa in Coswig von Ortsgruppen des Deutschen Kulturbundes und der Nationalen Front, vorgebracht. In dieser Form ähnelten sie stark den frühen Bürgerinitiativen in der Bundesrepublik, die Proteste gegen Umweltbelastungen ebenfalls über eigens gegründete

108 Vgl. *Grefermann*, S. 46–49; *Radkau*, Holz, S. 245 f.

109 Noch bis zum Ende des Zweiten Weltkrieges basierte das Produktionsverfahren des Werkes ausschließlich auf Stroh. In den fünfziger Jahren verwendete man jedoch zunehmend Nadel- und Laubhölzer für die Zellaufspaltung, was zu einer Verschärfung der Umweltbelastungen führte. RdB Dresden, Hygiene-Institut Dresden, Lufthygienisches Gutachten über das Ausmaß der territorialen Belastung seitens der Emissionen des VEB Vereinigte Zellstoffwerke Pirna, Werk IV »Philipp Müller« in Coswig, Bez. Dresden, Dresden, am 9.8.1969: BArch, DQ 1/5801.

110 Vgl. ebd.; Zum Produktionsverfahren vgl. außerdem *Radkau*, Holz, S. 245 f.

Bürgervereine oder in Einwohnerversammlungen artikulierten und zunächst in Form von Eingaben vortrugen.[111] Unter den Verfassern der Protestschreiben gegen das Zellstoffwerk stach ein Petent hervor, der Ende der sechziger Jahre zum Sprecher des Bürgerprotestes avancierte und eine wichtige Bezugsperson für die Hygieneinspektionen wurde. Herr H. zeigte in seinen Schreiben an die Hygieneinspektionen und andere staatliche Instanzen nicht nur ein hohes Maß an Fachwissen, sondern vermochte es auch, durch geschickte Bezugnahme auf die Rechtslage und internationale Entwicklungen, dem Anliegen politischen Nachdruck zu verleihen. Der Diplomingenieur brachte als wissenschaftlicher Mitarbeiter eines Betriebes für Medizin- und Labortechnik beste Voraussetzungen für die Sprecherrolle mit und konnte fachlich auf Augenhöhe mit den Hygieneärzten interagieren.

Die Auseinandersetzung um das Zellstoffwerk nahm seit 1966, als eine Reihe von Kollektiv- und Lesereingaben bei der BHI einging, zu und erreichte im Sommer 1969 einen vorläufigen Höhe- und Endpunkt. Bis zum August des Jahres wandten sich die Anwohner der Region in insgesamt über 100 Eingaben zu den Umweltbelastungen des Betriebes an die Behörden. Der Protest profitierte dabei von veränderten gesellschaftspolitischen Rahmenbedingungen: Artikel 15 der 1968 verabschiedeten Verfassung, der unter anderem die Reinhaltung der Luft zur Staatsaufgabe erklärte, und die bereits begonnenen Arbeiten an einem Umweltrahmengesetz gaben den Argumenten der Betroffenen starken Rückenwind.[112] Herr H. konnte außerdem auf die Debatte über grenzüberschreitende Luftverschmutzungen in den Vereinten Nationen verweisen, die etwa zeitgleich durch eine politische Initiative Schwedens in Gang gekommen war.[113] Ein Schreiben an das Hygieneinstitut Dresden, das in dieser Form gleichzeitig auch an die Hygieneinspektionen der Städte Radebeul und Coswig sowie die KHI Meißen geschickt wurde, verdeutlichte sehr anschaulich die Grundrichtung des Protests. Verantwortlich für die unhaltbare Situation war in den Augen der Anwohner die Betriebsleitung des Zellstoffwerkes, die zuständige Behörden umgangen und sich nach Ansicht des Herrn H. durch die Anwendung eines völlig ungeeigneten Produktionsverfahrens auch strafbar gemacht hätte.[114] Der Beschwerdeführer suchte trotz aller Kritik an dem bereits lange andauernden

111 *Uekötter*, Rauchplage, S. 404 ff., 431 ff.

112 Vgl. dazu Kap. 2.3.2.

113 Herr H. schrieb dazu: »Schwedische Eingaben an die ›UNO‹ markieren sehr treffend auch den Zustand mit dem Zellstoffwerk. Über den Profit des eigenen Werkes wird der Schaden in der Bevölkerung rücksichtslos übergangen.« H. an das Hygiene-Institut Dresden, Betr.: Belästigungen durch das Zellstoffwerk Coswig, Radebeul, den 23. Mai 1969: BArch, DQ 1/5801. Diese Anspielung, die wohl auf die ein Jahr zuvor von Schweden angestoßene Debatte über grenzüberschreitende Luftverschmutzungen Bezug nahm, veranschaulicht, dass auch die Proteste in der DDR die aufziehende internationale Umweltdiskussion reflektierten. Zum Kontext vgl. *Hünemörder*, Frühgeschichte, S. 140 f.

114 H. an Ministerium der Justiz, Betr.: BGB § 862 und 1004; Strafges. § 193; Verfassung, Radebeul, den 6.5.1969: BArch, DQ 1/5801.

Missstand das Bündnis mit den Behörden und zentralen Staatsorganen, um gegen die seiner Meinung nach rücksichtslos agierende Betriebsleitung Front zu machen. Die Hygieneorgane reagierten demgegenüber so, wie es die Bürger von ihnen erwarteten und verfolgten eine offene, für DDR-Verhältnisse transparente Konfliktlösungsstrategie. Die BHI betonte zudem in internen Berichten den hohen Stellenwert der Eingaben, die die Behörde dazu veranlasst hätten »sich vom Zellstoffwerk Coswig laufend über den Fortgang des Projektes« informieren zu lassen.[115]

BHI und Werksdirektion berichteten außerdem regelmäßig öffentlich in der Sächsischen Zeitung und im Sächsischen Tageblatt über eingeleitete Maßnahmen und erzielte Fortschritte. Die Behebung der Umweltbelastungen gestaltete sich derweil allerdings schwierig. Zum einen waren die Geruchsbelästigungen aufgrund des angewandten Produktionsverfahrens technisch nur schwer in den Griff zu bekommen, da eine Rohstoffumstellung die Geruchsbelästigungen zwischenzeitig noch weiter verschärft hatte. Zum anderen mussten Komponenten der von der Werksleitung und den Behörden ausgearbeiteten technischen Lösung aus dem Ausland importiert bzw. erst eigens entwickelt werden, wodurch es zu großen zeitlichen Verzögerungen kam. Das Konzept sah drei Stufen vor: Das Kernstück war der Kauf einer finnischen Anlage, die über ein Nachoxidationsverfahren den Schwefelgehalt im Produktionsprozess auf zehn Prozent reduzieren sollte. Da sich die Geruchsbelästigungen in Folge dessen aber nur etwa halbieren sollten, beauftragte der Zellstoffbetrieb außerdem den VEB Synthesewerk Schwarzheide mit der Entwicklung einer katalytischen Nachverbrennungsanlage, die auf einem Verfahren basierte, das im Labormaßstab bereits erfolgreich erprobt wurde. Die dritte Säule der Konzeption sah in Übereinstimmung mit ökonomischen Erfordernissen die Einführung einer kontinuierlichen Fahrweise und eine allgemeine Modernisierung des Betriebes vor.[116]

Entgegen der Wahrnehmung in der Bevölkerung konnten die Behörden als Ursache für die vorhandenen Missstände allerdings kein Verschulden der Betriebsleitung ausmachen. »Der Bürgermeister der Stadt Coswig vertritt ebenfalls die Ansicht,« so ein lufthygienisches Gutachten aus dem Jahr 1969, »daß die Verzögerung bei der Verbesserung des bisherigen Zustandes vom Werk nicht selbst verschuldet ist und daher keine Sanktionen erlassen werden können.«[117] Grund für den Verzug war die zunächst fehlende Freigabe von Devisen für den Import der finnischen Anlage, die erst erfolgte, als sich der Druck aus der Bevölkerung erhöhte und die Umweltschutzkonzeption auch eine Lösung für die immer noch vorhandene Restemission einschloss. Das Beispiel Coswig veranschaulicht

115 Hygiene-Institut Dresden, Chronologische Übersicht ab 1966 über den Vorgang Zellstoffwerke Coswig, Dresden, 13.6.1969: BArch, DQ 1/5801.

116 Ebd.

117 RdB Dresden, Hygiene-Institut Dresden, Lufthygienisches Gutachten über das Ausmaß der territorialen Belastung seitens der Emissionen des VEB Vereinigte Zellstoffwerke Pirna, Werk IV »Philipp Müller« in Coswig, Bez. Dresden, Dresden, am 9.8.1969: BArch, DQ 1/5801.

somit erneut den großen Einfluss der makroökonomischen Rahmenbedingungen auf den ostdeutschen Umweltschutz. Darüber hinaus zeigt sich auch im Hinblick auf die politische Kommunikation in Eingaben, die in den sechziger Jahren insgesamt weitestgehend konform – d.h. im Sinne der herrschenden SED – funktionierte, ein latentes Konfliktpotential, dass in späteren Auseinandersetzungen zu gesellschaftlichen Spannungen führen sollte. Denn trotz aller Bemühungen um eine für DDR-Verhältnisse transparente Konfliktlösung zeigte sich, dass die Bevölkerung bei länger anhaltenden Belastungen zunehmend ungehalten reagierte und einer konsensorientierten, schrittweisen Vorgehensweise, wie sie die Behörden in der Auseinandersetzung mit Betrieben und wirtschaftsleitenden Organen verfolgten, immer ablehnender gegenüberstand. Das autoritäre Partizipationsmodell der SED funktionierte bereits in den sechziger Jahren nur unter großen Einschränkungen und hatte bestenfalls eine hinauszögernde Wirkung. Dies gilt umso mehr, als in der Phase des Übergangs von Ulbricht zu Honecker mehrere Eingabenerlasse und schließlich das Eingabengesetz von 1975 die Artikulation von Bürgerinteressen und ein damit einhergehendes gesellschaftspolitisches Staatsbürgerengagement dezidiert förderten.[118] Es zeigte sich, dass die von industriepolitischen Interessen und ökonomischen Rationalitätskriterien geleitete Strategie der SED an den veränderten Bedürfnissen vieler Bürgerinnen und Bürger vorbeiging.

2.3.2 Die Dynamik des Aufbruchs: Eingabenproteste und die Synthese der Reforminitiativen

Eingabenproteste gegen Luftverschmutzungen und andere Umweltbelastungen nahmen im Laufe der sechziger Jahre zu und richteten sich bei langanhaltenden Konflikten immer häufiger direkt an Bezirksräte, die Regierung, den Staatsrat oder andere Führungsgremien. Die Reaktionen der Partei- und Staatsführung verweisen darauf, dass die Zunahme dieser Schreiben als ein ernstes politisches Problem verstanden wurde. Im Oktober 1964 informierte der Sekretär der Kanzlei des Staatsrates den Vorsitzenden des Ministerrates, Willi Stoph, erstmals über eine Häufung solcher Protestschreiben. Zwei Jahre darauf, im August 1966, wandte sich der Vorsitzende des Volkskammerausschusses für Eingaben der Bürger an Stoph, um ebenfalls über eine Zunahme von Briefen zu berichten, die Umweltprobleme kritisch thematisierten. Diese Entwicklung hielt auch im darauffolgenden Jahr an und versetzte nun sowohl den Staats- als auch den Ministerrat in helle Aufregung. Nachdem dort im Laufe des Sommers abermals zahlreiche Eingaben eingegangen waren, begann man innerhalb der Regierung die darin aufgeworfenen Probleme systematisch aufzuarbeiten und fasste einen

118 Vgl. dazu den Abschnitt »Protest, Partizipation und Bewegung in Eingaben« in der Einleitung.

Beschluss, der eine umweltpolitische Dynamik einleitete, die schließlich in der Verabschiedung des Landeskulturgesetzes im Jahr 1970 mündete.[119]

Die aufgrund der Eingabenproteste angestrengten Untersuchungen belegten einmal mehr, dass die 1966 provisorisch getroffene Regelung auf dem Feld der Luftreinhaltung kaum spürbare Verbesserungen für die Bevölkerung hervorgebracht hatte. Die Analyse offenbarte große Defizite in der Arbeit vieler Behörden, die notwendige »Auflagen nicht erteilen, Ausnahmen gestatten oder die Fristen für die Beseitigung von Mängeln ständig verlängern.«[120] Die Tatsache, dass immer mehr Menschen in Eingaben gegen die vorhandenen Probleme protestierten, verweist hingegen auf zwei zentrale gesellschaftliche Veränderungen der späten Ulbricht-Ära: Zum einen lässt sich in dieser Zeit ein vorsichtiger Wertewandel beobachten, der immer stärker auch die Qualität der Lebens- und Wohnumwelt als Gradmesser für persönliche Zufriedenheit einbezog. Ein gestiegener Lebensstandard erzeugte in der DDR wie auch in anderen Industriegesellschaften neue Vorstellungen einer modernen Lebens- und Freizeitgestaltung, die durch sozialpolitische Zugeständnisse, wie beispielweise die schrittweise Einführung der Fünftagewoche ab 1967/68 oder den Neubau prestigeträchtiger Wohnstädte, bestärkt wurden.[121] Staub, Dreck, Gerüche und Lärm der industriellen und landwirtschaftlichen Produktion – über Jahrzehnte eine alltägliche Normalität für viele Menschen – wurden nun zum Anlass für Kritik. Motive für die Eingabenproteste waren sowohl diffuse und konkrete Ängste vor den gesundheitlichen Folgen der Umweltverschmutzung, die viele Petenten zudem bereits am eigenen Leib erfahren hatten, als auch die vielerorts im Stadtbild und in der Landschaft wahrnehmbaren Schäden: Absterbende Bäume, lichtes oder verbranntes Blattwerk, der korosionsbedingte Verfall von Bauwerken und zentimeterdicker Staub auf allen Oberflächen rüttelten viele Menschen wach. Das in

119 Information über den hauptsächlichsten Inhalt der Eingaben an den Staatsrat im ersten Halbjahr 1967 wegen Verunreinigungen der Luft sowie Lärm- und andere Belästigungen durch Produktionsbetriebe, Berlin, 31.7.1967: BArch, DC 20/19317, pag. 123.

120 Der Leiter der Staatlichen Bauaufsicht des Kreises Pritzwalk musste sich beispielsweise im Zusammenhang mit Beschwerden gegen die Produktionsgenossenschaft Handwerk (PGH) Tischlerei Meyenburg rechtfertigen: »Die Sache wuchs uns immer mehr über den Kopf. Fünf- bis Sechsmal hörten wir von der PGH die Versicherung, daß Schluß sei mit der Bebauung auf diesem Gelände. Die PGH baute jedoch immer weiter, da die Planauflagen von Jahr zu Jahr ohne Klärung der Produktionsbedingungen erhöht wurden. In letzter Zeit erfolgten diese Baumaßnahmen sogar mit Absicht ohne Baugenehmigung, da die PGH wußte, daß diese nicht mehr bewilligt wird. Die Bauaufsicht des Kreises schritt mehrfach ein, aber in letzter Konsequenz wurden diese Ordnungswidrigkeiten durch Befürwortung seitens der wirtschaftsleitenden Organe und durch Einigung aufgrund von Entschädigungen … immer wieder nachträglich sanktioniert.« Information über den hauptsächlichsten Inhalt der Eingaben an den Staatsrat im ersten Halbjahr 1967 wegen Verunreinigungen der Luft sowie Lärm- und anderen Belästigungen durch Produktionsbetriebe, Berlin, 31.7.1967: BArch, DC 20/19317, pag. 131. Vgl. dazu auch Kap. 1.4.

121 Zum Lebensstandard vgl. *Steiner*, Plan, S. 176ff.; *Fulbrook*, Leben, S. 60ff. u. 75–80. Zum Wandel der mentalen »Bedürfnisstrukturen« vgl. auch *Merkel*, Utopie, S. 312ff.

diesem Zusammenhang entstehende Problembewusstsein war zwar sehr stark auf den individuellen Nahbereich fixiert, blieb jedoch nicht darauf beschränkt. Alles in allem zeigten die Proteste mit ihrer charakteristischen Mischung aus persönlicher Betroffenheit und einer am lokalen bzw. regionalen Gemeinwohl ausgerichteten Motivation ein Erscheinungsbild, das große Ähnlichkeiten zur öffentlichen Debatte aufwies, die etwa zeitgleich auch in der Bundesrepublik ausgetragen wurde.[122]

Zum anderen stellten die Proteste das etablierte Herrschaftsmodell der SED auf die Probe. Denn bemerkenswert an den Eingaben war außerdem, dass die Petenten kaum Schadensersatzansprüche erhoben, dafür aber immer vehementer eine umgehende Abstellung der vorhandenen Probleme forderten und seltener dazu bereit waren, langfristig ausgelegte Sanierungskonzepte mitzutragen. Zwar spielte die Schadensersatzfrage letztlich auch in der ostdeutschen Umweltdebatte eine Rolle. Daraus hervorgehende Konflikte, wie beispielsweise im Fall der nordöstlich von Bitterfeld-Wolfen gelegenen Gemeinde Zschornewitz, die aufgrund des Flugascheauswurfes des gleichnamigen Kraftwerkes Forderungen in Millionenhöhe erhob, blieben aber eher die Ausnahme. Die meisten Kommunen, wie etwa die massiv unter der Gipsschwefelsäureproduktion des VEB Filmfabrik Wolfen leidende Gemeinde Greppin, forderten hingegen zügige Maßnahmenpläne zur Reduzierung der Belastungen und eine Sanierung der vorhandenen Schäden.[123] Die Geduld der Menschen gegenüber den Hinhalteparolen der Partei- und Staatsfunktionäre schwand gut zwanzig Jahre nach der Staatsgründung zusehends. Politik und Behörden hielten hingegen weiter an einer Strategie der langfristigen Sanierung fest. Die Planer legten bei der Lösung der vorhandenen Probleme volkswirtschaftliche Rationalitätskriterien an und dachten weiterhin in großen Zeitreihen von bis zu 30 Jahren, wie die Beispiele der Abwasser- und Luftreinhaltung veranschaulicht haben. Um die in der Zwischenzeit bestehenden Beeinträchtigungen zu kaschieren, bemühte man sich um Kompromisse und Improvisationslösungen.[124] Erste nachhaltige Erfolge erwartete man frühestens in der zweiten Hälfte der siebziger Jahre. Die Kritik aus der Bevölkerung an diesen Handlungs- und Zeitmaßstäben setzte die Staats- und Parteiführung im Laufe des Jahres 1967 zunehmend unter Druck.

Dieses Jahr wurde zu einem Schlüsseljahr der ostdeutschen Umweltgeschichte. Nicht nur, dass mit der programmatischen Formel von »der planmäßigen Gestaltung einer sozialistischen Landeskultur« und der Abproduk-

122 Krankheitsängste – allen voran die Krebsangst – und persönliche Betroffenheit wurden von der Forschung ganz allgemein als zentrale Motive für die Herausbildung eines neuartigen Umweltbewusstseins, das von einer »Synergie der großen Ängste« befeuert wurde, ausgemacht. *Radkau*, Natur, S. 299 ff., insbes. 301; *Uekötter*, Rauchplage, S. 404 ff.; *Hünemörder*, Frühgeschichte, S. 109 ff.

123 Ministerrat der DDR, Beschluß zum Bericht der Hauptprobleme der Eingabenarbeit im 3. Vierteljahr 1967 vom 9.11.1967: BArch, DC 20-I/3/626, pag. 32 f. Vgl. auch ausführlich dazu Kap. 2.2.1.

124 Vgl dazu ausführlich Kap. 2.2.1.

te-Denkschrift des Forschungsrates erstmals Konzeptionen vorlagen, die sowohl die Forderungen des Natur- und Gesundheitsschutzes als auch die Herrschaftsansprüche der SED und die Ziele der ökonomischen Reformen für alle Seiten befriedigend berücksichtigten. Die Eingabenproteste erzeugten darüber hinaus einen konkreten Handlungsdruck und setzten eine politische Kettenreaktion in Gang: Im Oktober des Jahres beauftragte der Ministerrat eine Arbeitsgruppe unter der Leitung des DBD-Funktionärs Werner Titel mit der Erarbeitung einer Prognose, die unter der sperrigen Bezeichnung »Industrielle Abprodukte und die planmäßige Gestaltung einer sozialistischen Landeskultur« jene Umweltschutzkonzepte zusammenführen sollte, die zuvor in DAL und Forschungsrat entwickelt worden waren.[125]

Das Plenum des Ministerrates beschloss zeitgleich, die prognostische Arbeit fortzusetzen und weiter auszubauen. Ausgehend vom Ziel eines »entwickelten gesellschaftlichen Systems des Sozialismus«, das auf dem VII. Parteitag der SED verkündet wurde, sollten »Prognosen ... komplexe wissenschaftlich begründete Voraussagen über Inhalt, Richtung und Umfang realisierbarer Hauptrichtungen der Entwicklung in Natur, Gesellschaft und im menschlichen Denken« liefern.[126] Die Prognose »Industrielle Abprodukte« war letztlich auch eine Konsequenz dieses Beschlusses. Es ist darüber hinaus wahrscheinlich, dass die Verknüpfung der beiden darin aufgegriffenen Problematiken – der Landeskulturplanung und der Abprodukte-Verwertung – relativ kurzfristig erfolgte und in engem Zusammenhang mit den Eingabenprotesten sowie den anhaltenden Forderungen aus den Reihen des Naturschutzes nach einem Landeskulturgesetz stand. Denn die Naturschützer hatten parallel ihren Druck auf die Staatsführung aufrechterhalten und sich hinter den Kulissen erfolgreich um politische Unterstützung bemüht: Neben Volkskammerpräsident Dieckmann und dem Staatssekretär für Forschung und Technik, Herbert Weiz, setzte sich nun auch der SED-Kulturfunktionär Alexander Abusch gegenüber Stoph für die Forderungen des Naturschutzes ein.[127] Schürer, der ein wichtiger Adressat der Naturschutzinitiativen war, weil man sich von ihm erhoffte, dass er die SPK zu einer zentralen Koordinationsstelle für die Landeskultur-Aufgaben ausbauen könnte, erteilte diesem Ansinnen zwar eine Absage. Im September 1968 sprach sich allerdings auch er anlässlich der Vorbereitung des kommen-

125 Prognosegruppe »Abprodukte und sozialistische Landeskultur«, Prognose Industrielle Abprodukte und planmäßige Gestaltung einer sozialistischen Landeskultur in der DDR, Berlin, September 1968: BArch DC 20-I/3/715, pag. 44–162.

126 Ministerrat der DDR, Beschluß über die Weiterführung der prognostischen Arbeit vom 20. Oktober 1967: BArch, DC 20-I/3/622, pag. 22 f.

127 Die Initiative ging auf eine Empfehlung der Gruppe Land- und Forstwirtschaft des Forschungsrates vom 7.1.1966 zurück: Der Staatssekretär, Dr. Weiz an Genossen Minister Schürer, 14.3.1966; Schürer an Staatssekretariat für Forschung und Technik, 29.4.66; Weiz an Stellvertreter des Vorsitzenden des Ministerrates der DDR, Genossen Abusch, Berlin, 6.10.1966; Abusch an Vorsitzenden des Ministerrates, Genossen Stoph, Probleme der sozialistischen Landeskultur, 24. Oktober 1966; alle aus: BArch, DC 20/19119, pag. 3–13.

den Perspektivplanes für deutlich mehr Investitionen in den Umweltschutz aus und unterstützte damit die Forderungen von Naturschutz, Hygiene und Wasserwirtschaft.[128]

Fast zeitgleich mit dem Auftrag zur Erarbeitung der Prognose legte eine Arbeitsgruppe der SED-Bezirksleitung Halle eine Konzeption vor, mit deren Hilfe die Luftverschmutzung im Raum Bitterfeld-Wolfen reduziert und die vorhandenen Schäden saniert werden sollten.[129] In einem Schreiben an den Vorsitzenden des RdB Halle gab der Leiter der Arbeitsgruppe und Direktor des Bezirkshygieneinstitutes, Otto Heinz Grahneis, außerdem zu verstehen, dass das Hygienewesen nicht dazu in der Lage sei, auch eine Überwachung der industriellen Emissionen zu gewährleisten. Er schlug daher den Aufbau einer »Technischen Kontrollorganisation« vor, die sich speziell auf die Überwachung der etwa 3.000 Emissionsquellen im Bezirk konzentrieren sollte.[130] Stoph erhöhte derweil den Druck auf Gesundheitsminister Sefrin und forderte den zügigen Erlass einer Regelung, die eine Etablierung »ökonomischer Hebel« auf dem Gebiet der Luftreinhaltung möglich machen sollte.[131] Zwischen dem Gesundheitsministerium und dem Büro des Ministerrates entwickelte sich daraufhin erneut ein Heiße-Kartoffel-Spiel um die Frage, wer für die Koordinierung der weiteren rechtlichen Schritte zuständig sei. Weder im Ministerium noch im Ministerrat sah man sich willens oder dazu in der Lage, diese Aufgabe zu übernehmen. Der stellvertretende Gesundheitsminister Ludwig Mecklinger schlug daher gegenüber einem Mitarbeiter des Büros des Ministerrates vor, einen »kleinen, qualifizierten Apparat« zu bilden, der diese Aufgabe übernehmen sollte.[132]

Im Frühjahr 1968 wurden derweil weitere Tatsachen geschaffen, die den Druck auf die politischen Akteure erhöhten: Die im April verabschiedete neue Verfassung enthielt in Artikel 15 einen Passus, der dezidiert forderte, dass »die

128 Gerhard Schürer, Bericht des Vorsitzenden der Staatlichen Plankommission über den Stand der Vorbereitung des Perspektivplanes (gekürzte Fassung), 25. September 1968: SAPMO, DY 3023/450, pag. 51.

129 Konzeption zur Einführung komplexer Maßnahmen zur Beseitigung und Verminderung der Luftverunreinigungen im Raum Bitterfeld-Wolfen des Bezirkes Halle, Arbeitsgruppe 6 der Bezirksleitung Halle der SED »Programm zur Reinhaltung der Gewässer und der Luft« Kommission »Reinhaltung der Luft« des Forschungsrates 9.11.1967: HdN, N-Oehl, Kiste 12, Reinhaltung der Luft.

130 Prof. Dr. Grahneis an Vorsitzenden des RdB Halle, Gen. H. Klapproth, Vorschlag zum Aufbau einer technischen Kontrollorganisation zur Überwachung der Emissionen, 19. Febr. 68: BArch, DC 20/19317, pag. 61 f.

131 Entwurf, Vorsitzender des Ministerrates an Stellvertreter des Vorsitzenden des Ministerrates, Herrn Sefrin, o. D.: BArch, DC 20/19317, pag 52 f.

132 Abt. Eingaben der Bürger an Genossen Dr. Rost, Betreff: Beschluß des Ministerrates vom 9.11.1967 zum Bericht über Hauptprobleme der Eingabenarbeit im 3. Vierteljahr 1967 – Maßnahmen zur Reinhaltung der Luft –, Berlin, den 19.2.1968; Abt. Eingaben der Bürger, Zum Entwurf des Ministers für Bauwesen über die »Regelung der auf Grund von Rauch- und Staubschäden an die Industrie gestellten Schadensersatzforderungen, Berlin, den 15.2.1968; beide in: BArch, DC 20/19317, pag. 63 f., 66 ff.

Reinhaltung der Gewässer und der Luft sowie der Schutz der Pflanzen- und Tierwelt und der landschaftlichen Schönheiten der Heimat« durch Staat und Gesellschaft gewährleistet werden mussten und darüber hinaus »Sache jedes Bürgers« sein sollten.[133] Knapp einen Monat darauf verabschiedete der Bezirkstag Halle einen Beschluss zur Reinhaltung der Luft und der Gewässer, der konkrete Vorschläge für Umweltgebühren unterbreitete.[134] Der Bezirksrat regte ferner an, die Wirksamkeit dieser Sanktionen in einem ökonomischen Experiment zu überprüfen.[135] Das Gesundheitsministerium legte daraufhin Ende Juni des Jahres die bereits erwähnte »Anordnung zur Begrenzung und Ermittlung von Luftverunreinigungen (Immissionen)« vor, die erstmals Grenzwerte für Luftverschmutzungen verbindlich festschrieb und damit die Ausgangsbasis für die Anwendung »ökonomischer Hebel« in der Luftreinhaltung schuf.[136] Das Amt für Wasserwirtschaft folgte diesem Vorbild im Oktober, und machte durch die Herausgabe von »Grundsätzen und Normativen« in der Gewässerreinhaltung ebenfalls den Weg für die Erhebung von Gebühren frei.[137]

2.4 Die politische Ökologie der DDR: Stoffkreisläufe, »ökonomische Hebel« und der »Konsenszwang« der sozialistischen Diktatur

In der Prognose »Industrielle Abprodukte« fasste ein Expertenteam unter der Leitung von Werner Titel die Kernanliegen der umweltpolitischen Reformdebatten der fünfziger und frühen sechziger Jahre zusammen. Bis 1970 wurden die Ergebnisse mit gesellschaftspolitischen Zielen der SED in der späten Ulbricht-Ära zu einer neuen Politik verwoben, die den weiteren Verlauf der ostdeutschen

133 Im Verfassungsentwurf, der im Frühjahr 1968 der ostdeutschen Bevölkerung zur Diskussion vorgelegt und in mehr als 12.000 Zuschriften kommentiert wurde, stand die Forderung nach dem Schutz der Natur noch deutlich im Zeichen ökonomischer Nutzungsansprüche. Erst infolge der Diskussion wurde dieses Ziel einzig auf das »Interesse des Wohlergehens der Bürger« ausgerichtet. Vgl. dazu: *Volkskammer der DDR u. Nationalrat der Nationalen Front des demokratischen Deutschlands*, Art. 12 (2), S. 57; Verfassung, Art. 15 (2), S. 16; *Giondomenico*, S. 251–262, hier 257–260.

134 Hauptaufgaben, Zielstellungen und Lösungswege zur Reinhaltung der Luft und der Gewässer im Bezirk Halle für den Prognosezeitraum beschlossen zur Bezirkstagssitzung am 23.5.1968, in: Mitteilungsblatt des Bezirkstages und Rat des Bezirkes Halle, Mai 1968, Nr. 2, 1–10: SHStA, 11430, Bezirkstag/Rat des Bezirkes Dresden, Nr. 38637.

135 Abt. Eingaben der Bürger, Zum Entwurf des Ministers für Bauwesen über die »Regelung der auf Grund von Rauch- und Staubschäden an die Industrie gestellten Schadensersatzforderungen, Berlin, den 15.2.1968; beide in: BArch, DC 20/19317, pag. 67.

136 Anordnung zur Begrenzung und Ermittlung, 1968, 640–642.

137 Anordnung über die Anwendung der Grundsätze für ökonomische Regelungen zur Reinhaltung der Gewässer und der Luft sowie zur rationellen Nutzung des Grund- und Oberflächenwassers im Perspektivplanzeitraum 1971–1975, in: GBl. III, 1969, S. 17–18, hier 18.

Umweltgeschichte nachhaltig prägen sollte. Einige Jahre früher als in der Bundesrepublik entwickelten ostdeutsche Planer eine sowohl technokratische als auch ideologische Konzeption, die sich in erster Linie als Bestandteil einer ökonomischen Modernisierungsstrategie verstand.[138] Die darin angewandten wissenschaftlichen Ideen fußten jedoch nicht in den Denktraditionen einer biologischen Ökologie, die in den sechziger und siebziger Jahren ausgehend von der US-amerikanischen »New Ecology« westliche Debatten über Umweltprobleme prägte, sondern in der Materialökonomie, einer wirtschaftswissenschaftlichen Teildisziplin, die sich mit Material- und Stoffströmen in der Volkswirtschaft befasste.[139] Die nüchterne Prognostik wurde zu Beginn der siebziger Jahre auf der Grundlage des Landeskulturgesetz in das ideologische Konstrukt der »sozialistischen Menschengemeinschaft« eingebettet und zu einer politischen Ökologie verwoben, die die Erwartungshaltung vieler DDR-Bürger prägen und einen legitimen Handlungsrahmen für gesellschaftpolitisches Umweltengagement schaffen sollte. Der Bruch dieses Übereinkommens durch die Staats- und Parteiführung führte die DDR in eine gesellschaftliche Krise und erodierte die Herrschaft der SED. Beides – die inhaltliche Ausgestaltung der Prognose »Industrielle Abprodukte« und die sich daran anschließende gesellschaftspolitische Konsenssuche – sollen im Folgenden im Mittelpunkt stehen.

2.4.1 Ressourcengrenzen und Wachstumsbejahung: Konzeption und Handlungsrepertoire der Umweltpolitik

Das Gerüst der neuen Umweltpolitik, die mit der Verabschiedung des Landeskulturgesetzes offiziell proklamiert wurde, basierte auf zwei Säulen: Zum einen dem Gesetzestext, der vor der Verabschiedung im Dezember 1969 öffentlich zur Diskussion gestellt wurde und inhaltlich darauf abzielte, die eher technischen Ziele des Umweltschutzes in die Ideenwelt der sozialistischen Herrschafts- und Gesellschaftsordnung einzubetten. Zum anderen fußten die nun folgenden internen Diskussionen und Planungen über die konkrete Ausgestaltung einer neuen Umweltpolitik auf den Ergebnissen der Prognose »Industrielle Abprodukte«. In diesem sachlich verfassten Bericht entwickelten Experten auf der Grundlage einer umfassenden Ist-Aufnahme der Umweltsituation sowie einer Hochrechnung über deren zukünftige Entwicklung bis zum Jahr 1980 einen Katalog von Maßnahmen, der in den kommenden beiden Perspektivplänen der siebziger Jahre verwirklicht werden sollte.[140]

138 Vgl. exempl. *Hünemörder*, Frühgeschichte, S. 171 ff.; *Engels*, S. 282 ff.
139 Zum Einfluss der »New Ecology« vgl. *Trepl*, S. 177 ff. u. 205 ff.
140 Prognosegruppe »Abprodukte und sozialistische Landeskultur«, Prognose Industrielle Abprodukte und planmäßige Gestaltung einer sozialistischen Landeskultur in der DDR, Berlin, September 1968: BArch DC 20-I/3/715, pag. 48.

Doch während die kühle Sprache ihren technisch-administrativen Charakter untermauerte, gingen einzelne Elemente der Prognose deutlich darüber hinaus. Die mehr als 100 Seiten umfassende Studie erklärte – ganz im Geiste des zuvor im Forschungsrat getroffenen Konsenses stehend – den Schutz der natürlichen Ressourcen, die Wiedernutzbarmachung industrieller Abprodukte und die Vermeidung volkswirtschaftlicher Schäden, die aus industriellen Emissionen hervorgingen, zu Kernanliegen des Umweltschutzes. Durch die »ökonomische Bewältigung« der Umweltprobleme sollten Volksgesundheit und Erholung gefördert sowie der Erhalt der Kulturlandschaft gesichert werden. Mit einer fast beiläufig erscheinenden Selbstverständlichkeit sprach der Text außerdem von einer Begrenztheit der Naturressourcen, die dringend zum Handeln auffordere. Die Prognose, die dem Ministerrat im September 1968 vorlag, nahm damit eine Formulierung vorweg, die erst vier Jahre darauf im Bericht über die »Grenzen des Wachstums« an den Club of Rome international für Schlagzeilen sorgen sollte. Doch während der von Experten des Massachusetts Institute of Technologie erarbeitete Report in westlichen Industrieländern eine emotional aufgeladene Debatte über eine notwendige Einschränkung von Wachstumserwartungen und damit auch über ein Ende der seit den fünfziger Jahren anhaltenden Phase wirtschaftlicher Prosperität auslöste[141], war die Schlussfolgerung der ostdeutschen Experten eine andere. Die »planmäßige Gestaltung der sozialistischen Landeskultur« und die dazugehörigen Umweltschutzmaßnahmen waren in ihrer Lesart »eine grundlegende volkswirtschaftliche Notwendigkeit«, da »der Reproduktionsprozeß … ohne Sicherung dieser Bedingungen nicht störungsfrei mit stabilem Wachstum des Nationaleinkommens durchgeführt werden« konnte. Die Planer hüteten sich trotz der krisenhaften Störungen, die sie identifizierten, geradezu davor, die Wachstumsorientierung, die dem sozialistischen ebenso wie dem kapitalistischen Gesellschaftsmodell zugrunde lag, in Frage zu stellen.[142] Die Konstrukteure der ostdeutschen Umweltpolitik erklärten Wachstum vielmehr zu einer notwendigen Bedingung für die Behebung der vorhandenen Probleme und machten Umweltschutz umgekehrt zu einem politischen Instrument, das eine weitere ökonomische und gesellschaftliche Reproduktion überhaupt erst möglich machte. Das Programm stellte eine zukunfts- und wachstumsbejahende Antwort auf die Umweltproblematik dar. Einen düster-apokalyptischen Grundtenor, wie er sich bald darauf in der westdeutschen Umweltdebatte einstellen sollte, sucht man in der DDR indes bis in die achtziger Jahre hinein vergeblich.[143]

Dennoch verfolgte die Prognose in ökonomischen Grundsatzfragen nicht das Credo eines »weiter so«, sondern forderte – auch hier wiederum in teilweise frappierender Ähnlichkeit zu späteren bundesdeutschen Formulierun-

141 *Hünemörder*, Frühgeschichte, S. 222.

142 Zur Wachstumskrise vgl. *Steiner*, Plan, S. 180–186.

143 Zur Entwicklung in der Bundesrepublik vgl.: *Hünemörder*, Frühgeschichte, Kap. VII; *Engels*, S. 294–305.

gen – ein Umdenken. Der für die Prognose verantwortliche DBD-Funktionär und spätere erste Umweltminister, Werner Titel, betonte im Dezember 1969 auf einem Umwelt-Symposium an der TU Dresden, dass »im Interesse einer kontinuierlichen Entwicklung unserer Volkswirtschaft Voraussetzungen geschaffen werden« müssten, »um den volkswirtschaftlichen Reproduktionsprozess in einer Art und Weise durchzuführen, die weitestgehend die heute z. T. noch vorhandenen negativen Wirkungen auf die uns umgebende natürliche Umwelt ausschließen.«[144] Während man im westdeutschen Wirtschaftsministerium 1970 mit Blick auf die im Entstehen begriffene Umweltpolitik und daraus möglicherweise resultierende ökonomische Hemmnisse von der Notwendigkeit des Übergangs zu einem qualitativen Wachstum sprach, ging die Prognose »Industrielle Abprodukte« schon zwei Jahre zuvor von ganz ähnlichen Prämissen aus.[145] In der politischen Sprache der DDR bedeutete das, die Verwirklichung der »wissenschaftlich-technischen Revolution« und das Ziel einer »komplexen sozialistischen Rationalisierung« weiter voran zu treiben.[146] Mit beiden Begriffen postulierten SED-Führungskader einen qualitativen Strukturwandel, der auf eine grundlegende Modernisierung der ostdeutschen Wirtschaft abzielte. Die seit der Fertigstellung der Erdölpipeline »Freundschaft« forcierte Energieträgerumstellung von Braunkohle/Stadtgas auf sowjetisches Erdöl/Erdgas sowie die gezielte Förderung sogenannter »Zukunftsbranchen« versprachen nicht nur volkswirtschaftliche Nutzeffekte, sondern auch eine Linderung der größten ökologischen Missstände.[147] Wie bereits am Beispiel der Eingabenproteste in Halle oder Coswig gezeigt wurde, waren die Stilllegung und die Rekonstruktion überalterter Betriebe sowie die Einführung automatisierter, kontinuierlicher Fahrweisen in der Produktion wichtige Bestandteile des betrieblichen Umweltschutzes.[148]

In anderer Hinsicht gingen die Aussagen der Prognose zur strukturellen Entwicklung der Volkswirtschaft allerdings über diese auf Modernisierungseffekten basierenden Ansätze hinaus und setzten konsequent Überlegungen fort, die drei Jahre zuvor im Forschungsrat erarbeitet worden waren.[149] Denn ein grundlegendes Anliegen der Planer war es, den Anfall umweltschädigender Abprodukte in Zukunft durch die Etablierung geschlossener Stoffkreisläufe zu

144 Titel, Aufgaben, S. 9–23, hier 16.

145 Vgl. dazu Engels, Naturpolitik, 2006, 289.

146 Zum Begriff der wissenschaftlich-technischen Revolution vgl. *Meuschel*, Legitimation, S. 181–192 sowie *Wolle*, Aufbruch, S. 154–166. Vgl. auch *Steiner*, Plan, S. 161 f.

147 So gingen die Experten in der Prognose beispielsweise von positiven Effekten aus, die durch den »Rückgang des Anteils der festen Brennstoffe am Primärenergieaufkommen von ca. 90 % 1970 auf ca. 50 % 1980« sowie umfangreiche Betriebsstilllegungen erfolgen sollten. Prognosegruppe »Abprodukte und sozialistische Landeskultur«, Prognose Industrielle Abprodukte und planmäßige Gestaltung einer sozialistischen Landeskultur in der DDR, Berlin, September 1968: BArch DC 20-I/3/715, pag. 53 u. 86 f.

148 Vgl. Kap. III.3.1

149 Vgl. dazu Kap. 2.2.2.

vermeiden oder wenigstens auf ein Minimum zu reduzieren und gleichzeitig einen ökonomischen Nutzen zu erzielen.[150] Die Diskussion über eine notwendige Abproduktеverwertung – ab Ende der sechziger Jahre eng verknüpft mit der neugeschaffenen Begriffskategorie der Sekundärrohstoffe[151] – blieb dabei nicht auf die abseits der Öffentlichkeit tätigenden Expertenzirkel beschränkt. Titel, der nach der Fertigstellung der Prognose in zahlreichen Reden für die neue Umweltpolitik warb, hob den Stellenwert der Verwertung bei diesen Gelegenheiten immer wieder hervor.[152]

Die Kombination der materialökonomischen Verwertungsidee mit den Zielen des Umweltschutzes, die 1965 im Forschungsrat vorgedacht wurde, war auch im internationalen Vergleich äußerst modern, da sie eine Überwindung der bis dahin ausschließlich vorherrschenden »End-of-the-Pipe«-Strategien bei der Bekämpfung von Umweltproblemen anstrebte. Das 1971 beschlossene westdeutsche Umweltprogramm, das zu einem Gutteil noch Symbolpolitik war, setzte demgegenüber zwar beispielsweise ehrgeizige gesetzgeberische Ziele. In konzeptioneller Hinsicht stellte es aber lediglich eine Zusammenfassung der seit den fünfziger Jahren in verschiedenen Ressorts betriebenen Politiken des Gewässerschutzes, der Luftreinhaltung, der Abfallbeseitigung und der Lärmbekämpfung unter dem aus den USA importierten Leitbegriff des Umweltschutzes dar.[153] Die Abprodukte-Prognose ging ideenweltlich darüber hinaus und versuchte die Forderungen des innerlich erneuerten Naturschutzes mit denen von Hygiene und Wasserwirtschaft unter dem Geist eines modernen materialökonomischen Denkansatzes zu verbinden. Allerdings blieben die Einführung abproduktearmer Technologien und der Aufbau geschlossener Stoffkreisläufe auch in der DDR in gewisser Weise zunächst Symbole, da die Realisierung dieser Vorhaben mangels ausreichender Investitionsmittel, fehlender Baukapazitäten und technischer Lösungen nur langfristig erfolgen konnte. Das innovative Potential der neuen ostdeutschen Umweltpolitik musste erst noch unter Beweis gestellt werden und war als Ausdruck eines Umdenkens daher zunächst ebenfalls eine Verheißung auf eine bessere Zukunft. Das Brockhaus Handbuch »Sozialistische Landeskultur« kündigte jedoch noch 1977 an, dass die Grundlagen für die Einführung abproduktearmer Technologien und die Etablierung geschlossener

150 Für die Experten bestanden solche Verwertungspotentiale außer bei Asche aus Braunkohlenkraftwerken bei Hüttenschlacken, Industrie- und Abwasserschlämmen, schwefelhaltigen Gasen sowie Obst- und Gemüseabfällen. Prognosegruppe »Abprodukte und sozialistische Landeskultur«, Prognose Industrielle Abprodukte und planmäßige Gestaltung einer sozialistischen Landeskultur in der DDR, Berlin, September 1968: BArch DC 20-I/3/715, pag. 110 u. 118 f..

151 Der Begriff bezeichnete aus Abprodukten gewonnene, sekundäre Rohstoffe: *Möller*, Traum, S. 78.

152 So beispielsweise anlässlich der Naturschutzwoche 1969: Titel, Die Aufgaben der sozialistischen Landeskultur, S. 19.

153 Vgl. *Hünemörder*, Frühgeschichte, S. 154 ff.; *Engels*, S. 287 f.; *Uekötter*, Deutschland, S. 119 ff.

Kreisläufe in den kommenden Jahren erst noch geschaffen werden müssten.[154] Die Verwirklichung dieses anspruchsvollen Ziels gelang indes, trotz beachtlicher Erfolge bei der Wiederverwertung bestimmter Abfallgruppen, bis zum Niedergang der DDR nicht – ein Umstand, der angesichts der großen inneren und äußeren Hemmnisse, vor die sich die krisenerschütterte ostdeutsche Volkswirtschaft in den achtziger Jahren gestellt sah, in der Rückschau nicht verwundert. Bis heute stellt diese immer noch dringliche Forderung eine Herkulesaufgabe dar, die auch in den ökonomisch erfolgreichen, kapitalistisch-marktwirtschaftlich verfassten Gesellschaften noch nicht befriedigend umgesetzt werden konnte.[155]

Zur Verwirklichung des Fernziels einer abproduktefreien bzw. -armen Wirtschaft bedurfte es aber auch in der DDR weiterhin konventioneller Reinigungstechnologien, die schädliche Emissionen zurückhalten konnten oder eine sichere Entsorgung von Schadstoffen ermöglichten. Die Prognose sah dafür umfangreiche Investitionen in Filter- und Abwasserbehandlungsanlagen, geordnete Deponien sowie in Kompostierungs- und Müllverbrennungsanlagen vor, die mittelfristig das Kernstück der Umweltschutzkonzeption bildeten. Den Investitionen lagen unterschiedliche strategische Ziele zugrunde: So sollte im Bereich der Luftreinhaltung zunächst bis 1970 erreicht werden, dass der Schadstoffauswurf trotz einer Zunahme der Produktion nicht weiter ansteigen sollte. Für den dann beginnenden Fünfjahrplan war vorgesehen, die Staub- und SO2-Emissionen auf die vom Gesundheitsministerium erlassenen vorläufigen Grenzwerte zu limitieren. Der Schadstoffausstoß sollte anschließend bis 1980 soweit gesenkt werden, dass die maximalen Konzentrationswerte unterschritten würden. Im Bereich der Abwasserbehandlung entschieden sich die Experten ebenfalls für ein langfristiges Vorgehen: In ihrer Prognose planten sie eine vollständige Sanierung der Gewässer mit der schlechtesten Güteklasse IV bis zum Ende des Prognosezeitraumes und legten als Prämisse zugrunde, dass der Anteil der Flüsse und Seen mit der besten Güteklasse I erhalten bleiben musste. Darüber hinaus war vorgesehen, den Anschlussgrad der Bevölkerung an die öffentliche Abwasserentsorgung auf achtzig Prozent zu erhöhen.[156]

Die Prognosegruppe errechnete auf dieser Grundlage einen Investitionsbedarf von insgesamt etwa 6–6,5 Milliarden M für den Perspektivplan 1971–75 sowie noch einmal etwa 8–8,5 Milliarden M für den Folgezeitraum bis 1980. Die

154 *Neef u. Neef*, S. 309; vgl. auch *Möller*, Traum, S. 82–87.

155 Das Prinzip des »Craddle to Craddle« beispielsweise, das von dem deutschen Chemiker Michael Braungart und dem US-amerikanischen Architekten William McDonough entwickelt und seit 2003 regelmäßig öffentlich diskutiert wird, erinnert über weite Strecken an eine marktwirtschaftskompatible und in modernem ökologischen Vokabular verfasste Weiterentwicklung von Gedanken, die auch der Vermeidungs- und Verwertungsidee der ostdeutschen Umweltschutzkonzeption zugrunde lagen. Eine Umsetzung solcher und anderer Konzepte ist bis heute nicht erfolgt. Vgl. *Braungart u. McDonough*.

156 Prognosegruppe »Abprodukte und sozialistische Landeskultur«, Prognose Industrielle Abprodukte und planmäßige Gestaltung einer sozialistischen Landeskultur in der DDR, Berlin, September 1968: BArch DC 20-I/3/715, pag. 84, 92 f.

Gesamtsumme, die immerhin deutlich unter früheren Schätzungen lag, wonach für die zukünftige Vermeidung und die Sanierung von Umweltschäden mehr als 100 Milliarden MDN aufgewendet werden mussten, betrug gemessen an den laufenden und folgenden Fünfjahrplänen mehr als zehn Prozent des volkswirtschaftlichen Gesamtinvestitionsvolumen.[157] Für sich genommen erschienen die Investitionen in den einzelnen Schwerpunktbereichen sowohl ökonomisch als auch mit Blick auf die prognostizierte Wirkung realistisch. Die im Gegensatz zu den Aufwendungen im Bereich der Abwasserbehandlung deutlich niedrigeren Investitionen in die Luftreinhaltung – und hier zeigte sich eine Schwäche der Konzeption – resultierten daraus, dass die Reinigung von SO2-Emissionen als technisch immer noch ungelöst galt und daher weiterhin ein prognostisches Fernziel bleiben musste. In diesem Punkt setzte das Expertenteam die Hoffnung auf Erfolge der gemeinsamen Forschung im RGW, den weiteren Ausbau der Messnetze und die Verdünnung der Schadstoffkonzentrationen durch den Bau neuer Hochessen. Über neunzig Prozent der im Bereich der Luftreinhaltung vorgesehenen Investitionen, mehr als 2,6 Milliarden M, sollten in die Entwicklung und den Bau von Entstaubungsanlagen fließen – jenen Bereich, der technologisch beherrschbar war und schnelle Erfolge versprach.[158]

Das Prognoseteam beobachtete bei der Ermittlung der Investitionssummen sehr genau die Entwicklungen in anderen Industriestaaten. Den Informationen der DDR-Planer zufolge gingen westdeutsche Experten davon aus, dass sich der Investitionsbedarf in Luftreinhaltung, Abwasserbehandlung und Müllbeseitigung in der Bundesrepublik etwa auf 42,5 Milliarden DM oder 740 DM/Einwohner belaufen würde. Ähnliche Berechnungen für Schweden, wo man ein 20-Punkteprogramm für den Umweltschutz vorbereitete, legten einen Bedarf von 1.300 DM/Einwohner zugrunde. Die Experten betrachteten daher die eigenen Berechnungen, nach denen die DDR mit einem Durchschnittswert von 830 M/Einwohner noch vor der Bundesrepublik im Mittelfeld lag, als eine realistische Planungsgrundlage.[159] Dieser Vergleich, der zwar aufgrund der nicht be-

157 Das Investitionsvolumen des Fünfjahrplanes 1966–1970 betrug nach Erhebungen der Staatlichen Zentralverwaltung für Statistik insgesamt über 135 Milliarden M. Die in der DDR zwischen 1971–1974 getätigten Investitionen beliefen sich auf über 140 Milliarden M: MR der DDR, Staatliche Zentralverwaltung für Statistik, Über die Produktion und Verwendung des Nationaleinkommens und über einige Probleme der volkswirtschaftlichen Effektivität im Jahre 1970, dem letzten Jahr des Perspektivplanes 1966–1970, Berlin, den 28. Februar 1971: BArch, DC 20-I/3/844, pag. 53; MR der DDR, Staatliche Zentralverwaltung für Statistik, Analyse über die Verwirklichung der Direktive des VIII. Parteitages der SED zum Fünfjahrplan für die Entwicklung der Volkswirtschaft der DDR 1971–1975, Teil I, Berlin, den 31. März 1975: BArch, DC 20-I/3/1243, pag. 34.

158 Prognosegruppe »Abprodukte und sozialistische Landeskultur«, Prognose Industrielle Abprodukte und planmäßige Gestaltung einer sozialistischen Landeskultur in der DDR, Berlin, September 1968: BArch DC 20-I/3/715, pag. 85 f.

159 Prognosegruppe »Abprodukte und sozialistische Landeskultur«, Prognose Industrielle Abprodukte und planmäßige Gestaltung einer sozialistischen Landeskultur in der DDR, Berlin, September 1968: BArch DC 20-I/3/715, pag. 104.

Tab. 3: Prognostizierter Investitionsbedarf für konventionelle Reinigungstechnologien nach Art der Umweltverschmutzung und Investitionsträger 1971–1980*

Bezeichnung	**Investitionsbedarf 1971–1980** (in Millionen Mark)
Reinhaltung der Luft	2.880
Abwasserbehandlung insgesamt	10.150
Davon	
Industrie	5.100
Städte und Gemeinden (VVB WAB)	5.050
Behandlung und Verwertung von Feststoffabprodukten insgesamt	1.238
Davon	
Industrie	989
Städte und Gemeinden (Siedlungsabfallbeseitigung)	249
Wiederurbarmachung von Flächen (Bergbau u. a.)	216
Investitionen insgesamt	**14.484**
davon	
Industrieministerien	9.185
Amt für Wasserwirtschaft	5.050
Örtliche Räte	249

* Prognosegruppe »Abprodukte und sozialistische Landeskultur«, Prognose Industrielle Abprodukte und planmäßige Gestaltung einer sozialistischen Landeskultur in der DDR, Berlin, September 1968: BArch DC 20-I/3/715, pag. 107.

rücksichtigen Währungskompatibilitäten fragwürdig ist, zeigt jedoch, dass die Umweltexperten darum bemüht waren, das Prognosemodell an internationalen Maßstäben auszurichten.

Mit der Aufstellung des Investitionsbedarfs für technische Anlagen lag 1968 erstmals ein detailliertes und begründetes Gesamtkonzept vor, das sowohl aus der Perspektive der Politik als auch der Wirtschaft den zuvor bestehenden Unsicherheiten in Bezug auf die Höhe der Kosten des Umweltschutzes ein Ende machte. Das Grunddilemma, die Investitionsträgheit der Industrie, die frühere Reformdebatten immer wieder lahmgelegt hatte, blieb jedoch bestehen. In der Prognose konnten die Umweltplaner aber auf ein Instrument zurückgreifen, das in der Phase der ökonomischen Reformen einen hohen Stellenwert genoss und die zweite grundlegende Neuerung in der Umweltpolitik darstellte: Die Anwendung »ökonomischer Hebel«. Die Idee des NÖS war es, mit Hilfe einer

Industriepreisreform und der Schaffung ökonomischer Anreize den Gewinn zum Maßstab für betriebliches Handeln zu machen. Umgekehrt waren für Branchen und einzelne Betriebe, denen nach dem »Prinzip der Eigenerwirtschaftung der Mittel« größere Gestaltungsspielräume, aber auch mehr Selbstverantwortung übertragen wurde, ebenso Gewinneinbußen möglich.[160]

Die Expertengruppe erkannte analog dazu, dass die Ursache für den schlechten Zustand der Luft und der Gewässer auf das Fehlen eines »geschlossenen Systems ökonomischer Hebel« zurückzuführen war. Um diesem altbekannten Dilemma endlich effektiv begegnen zu können, war es aus Sicht der Planer notwendig, die Nutzung und die Verschmutzung von Luft, Wasser und Boden mit Kosten zu belegen, die sich in den Bilanzen der Betriebe niederschlagen und negativ auf die Gewinne auswirken sollten. Die Experten schlugen daher vor, von den Betrieben ein planbares Staub- und Abgasgeld sowie ein ebenfalls planbares Abwassereinleitungsgeld zu erheben. Diese Gebühren sollten die notwendigen gesellschaftlichen Kosten für die Reinhaltung von Wasser und Luft abbilden, aber in der Höhe über den Investitionskosten für den Bau und Betrieb von Reinigungsanlagen liegen. Auf diese Weise, so hofften die Planer, würden sowohl bei den VEB als auch bei den VVB und den Industrieministerien materielle Anreize für Investitionen in den betrieblichen Umweltschutz geschaffen. Sollten die Betriebe trotz vorhandener Reinigungsanlagen die vorgegebenen Grenzwerte überschreiten oder Terminabsprachen für den Bau solcher Anlagen nicht einhalten, empfahl die Prognose die Verhängung von Sanktionen, die nicht planbar waren und sich somit direkt auf den Gewinn auswirken würden. Ergänzend dazu schlugen die Experten vor, ausreichend finanzielle Fördermöglichkeiten für die Betriebe in Form von Krediten bereitzustellen. Ferner sollte die Verwertung von Abprodukten und der Einsatz von Sekundärrohstoffen durch subventionierte Preise angekurbelt werden.[161]

Die Prognose machte jedoch keine Aussagen zur konkreten Ausgestaltung und Höhe der Gebühren und Preise. Auch die Frage, wie die Zahlung von Sanktionen und die Möglichkeit einer Schadensersatzforderung, die Städten und Gemeinden seit 1967 als Rechtsmittel zur Verfügung stand, miteinander in Einklang gebracht werden konnten, ließ das Konzept offen.[162] Die Experten plädierten dafür, dass Schadensersatzzahlungen bis zur Höhe der fälligen Sanktionen gedeckelt werden sollten, so dass nur darüber hinausgehende Forderungen als zusätzliche ökonomische Hebel wirken würden. Dieser Vorschlag barg jedoch einiges Konfliktpotential in sich, da er sowohl bei den Betrieben als auch bei den Städten und Gemeinden neue Unsicherheiten in Bezug auf zu erwartende

160 Vgl. *Kaiser*, S. 64–85 und *Steiner*, Plan, S. 146–151.

161 Prognosegruppe »Abprodukte und sozialistische Landeskultur«, Prognose Industrielle Abprodukte und planmäßige Gestaltung einer sozialistischen Landeskultur in der DDR, Berlin, September 1968: BArch DC 20-I/3/715, pag. 140 f. u. 143 f.

162 Beschluß des Staatsrates vom 15.9.1967 über die Weiterentwicklung der Haushalts- und Finanzwirtschaft der Städte und Gemeinden, in: GBl. DDR, I, 1967, S. 111–118, hier 111, Ziffer 6 a.

Kosten bzw. Ausgleichszahlungen erzeugen konnte. Um solchen und anderen Problemen zu begegnen, unterbreiteten die Experten in bewährter Praxis der Reformphase den Vorschlag, die Wirksamkeit der »ökonomischen Hebel« in einem räumlich und zeitlich begrenzten Experiment zu überprüfen.[163]

2.4.2 Umweltpolitik als Laborversuch: Ein »ökonomisches Experiment« im Bezirk Halle

Die in der Prognose »Industrielle Abprodukte« erhobenen Forderungen stießen in der Industrie auf Kritik. Zu den konsequentesten Widersachern der neu entworfenen Umweltpolitik zählte das seit 1966 von Günther Wyschofsky geführte Ministerium für Chemische Industrie. Wyschofsky, der im Gegensatz zu vielen anderen SED-Führungskadern als Diplom-Chemiker und ehemaliger Leiter des Forschungslabors im VEB Plaste Espenhain fachlich sehr gut über seinen Tätigkeitsbereich informiert war, wandte sich bereits im April 1968 in einem Schreiben an Titel, in dem er die Konzeption der Prognose grundsätzlich in Frage stellte.[164] Der Minister beklagte, dass die bloße Summation »einer Vielzahl von Details … zu keinem echten prognostischen Ergebnis führen« könne. Er sah sich »daher außerstande, die weitere Erarbeitung von Zuarbeiten auf der Basis der o.g. Konzeption zu veranlassen.«[165] Wyschofsky schwebte vor, für den Bereich der chemischen Industrie von seinem Ministerium eine eigene, reduzierte Prognosevariante erstellen zu lassen, die er Titel bis Anfang Mai zu kommen lassen wollte. Diesen plumpen Störversuch – die beteiligten Behörden und Ministerien hatten bis Mitte März Gelegenheit gehabt, eigene Änderungsvorschläge einzubringen – wies Titel brüsk zurück und behielt sich vor, die Mitarbeit des Chemieministeriums entsprechend der ihm erteilten Vollmachten notfalls zu erzwingen. Gleichzeitig betonte er mit Verweis auf Artikel 15 der neuen Verfassung, die pikanter Weise im gleichen Monat in Kraft getreten war, dass es die Dimensionen der Umweltproblematik erforderlich machten, »in der Prognostik die gleichen Anforderungen an diesen Komplex zu stellen wie für die Hauptproduktion eines Wirtschaftszweiges.«[166] Das Chemieministerium,

163 Prognosegruppe »Abprodukte und sozialistische Landeskultur«, Prognose Industrielle Abprodukte und planmäßige Gestaltung einer sozialistischen Landeskultur in der DDR, Berlin, September 1968: BArch DC 20-I/3/715, pag. 142.

164 Biographische Datenbanken, Wyschkofsky, Günther: http://www.bundesstiftung-aufarbeitung.de/wer-war-wer-in-der-ddr-%2363%3B-1424.html?ID=3913 [letzter Zugriff: 13.08.2016].

165 Beide Zitate: Ministerium für Chemische Industrie, Der Minister, an den Stellvertreter des Vorsitzenden des Ministerrates, Herrn Dr. Werner Titel, Berlin, den 15. April 1968: BArch, DC 20/19122, pag. 31.

166 Entwurf, Titel an Minister für Chemische Industrie, Genossen Wyschofsky, o.D.: BArch, DC 20/19122, pag. 33.

dessen Betriebe im Bezirk Halle immer stärker unter Druck gerieten, musste sich in dieser Frage letztlich beugen. Mit Werner Titel, so scheint es, stand erstmals ein Politfunktionär an der Spitze einer staatlichen Umweltreforminitiative, der es trotz fehlender Zugehörigkeit zu den inneren Machtzirkeln der Diktatur verstand, die Einwendungen eines vergleichsweise mächtigen Industrieministeriums abzuwehren.[167]

Die Haltung der Industrie als nur ablehnend zu charakterisieren, wäre allerdings unzulässig. Auch Wyschkofsky zeigte durchaus Verständnis für die Problemlage und signalisierte grundsätzlich die Bereitschaft, Sanierungsprogramme mitzutragen. Der Chemieminister, der sich gut mit den Umweltfolgen der chemischen Produktion auskannte, widersprach beispielsweise in einer Ministerratssitzung im Jahr 1967 einem Einwand des Politbüromitgliedes und Ministers für Materialwirtschaft, Alfred Neumann, der die Kosten für weitere Umweltschutzmaßnahmen als zu hoch erachtete und darauf verwies, dass mit dem Bau von 300 Meter-Schornsteinen doch schon allerhand getan worden sei. Der Chemieminister entgegnete seinem Parteigenossen, dass hohe Schornstein nur für eine bessere Verteilung der Emissionen sorgten und forderte: »Die konkreten Aufgaben und Maßnahmen müssen präziser herauskommen. Die SPK muß sagen, was dafür zur Verfügung steht und was nicht und was im Rahmen des Perspektivplanes möglich ist.«[168] Wyschkofsky lehnte den Umweltschutz – verstanden als technische Maßnahmen mit moderaten Kosten – nicht prinzipiell ab. Er plädierte allerdings für einen pragmatischen Ansatz, der von der volkswirtschaftlichen Machbarkeit und nicht der ökologischen Notwendigkeit dieser Maßnahmen ausging. Das sich Titel mit seinen Forderungen gegenüber dem Chemieministerium durchsetzen konnte, warf somit einerseits einen dunklen Schatten auf die Zukunft der neuen Umweltpolitik voraus. Es stand bereits 1968, lange vor der Verabschiedung des Landeskulturgesetzes zu befürchten, dass die Umsetzung der in der Prognose unterbreiteten Konzeption auch zukünftig auf heftigen Widerstand der Industrieministerien stoßen würde und einzelne Komponenten in den Jahresplänen immer wieder beanstandet werden könnten. Andererseits bewies der Erfolg, den schon der Auftrag zur Anfertigung der Prognose darstellte, ebenso, dass man in der Partei- und Staatsführung Ende der sechziger Jahre anscheinend endlich dazu bereit war, den neu gewonnen Erkenntnissen auch Taten folgen zu lassen.

Dieser Eindruck wird durch die Reaktionen anderer Staatsorgane bestätigt: So fand die Prognose beispielsweise Ende Oktober die von Wyschkofsky zuvor geforderte Unterstützung der SPK. In einer Stellungnahme begrüßte der erste Stellvertreter Schürers, Helmut Lilie, die volkswirtschaftliche Gesamteinschät-

167 Zur politischen Biographie Titels für den Umweltschutz vgl. Kap. 2.5.1.

168 Alle Belege und das Zitat aus: Genosse Dr. Rost, Niederschrift über die Behandlung des Eingabenberichtes III. Quartal 1967 in der Sitzung des Ministerrates am 9. November 1967: BArch, DC 20-I/3/1066, pag. 9 f.

zung der Studie und zeigte sich vom methodischen Aufbau und den getroffenen Schlussfolgerungen überzeugt. Der Staatssekretär stimmte dem prognostizierten Investitionsbedarf grundsätzlich zu, auch wenn er die veranschlagten Summen als Orientierungswerte verstanden wissen wollte. Feste Zusagen über die Höhe von Investitionen waren auch in der Planwirtschaft über einen so langen Zeitraum nicht möglich. Lilie bemängelte lediglich, dass der Verweis auf die jährlich infolge von Umweltverschmutzung anfallenden Kosten in Höhe von zwei Milliarden Mark zu unspezifisch und daher für die konkrete Volkswirtschaftsplanung wenig aussagekräftig sei. Demgegenüber überzeugte ihn der Vergleich der Pro-Kopf-Ausgaben anderer Industriestaaten, der zeige, dass es sich bei den Aufwendungen um »eine volkswirtschaftlich notwendige und ökonomisch gerechtfertigte Größenordnung« handelte. Lilie hielt die vorgeschlagenen Investitionen für realistisch und empfahl die Prognose als Grundlage für die weitere Perspektivplanung heranzuziehen.[169] Schürer machte daraufhin in einem Bericht an das Politbüro deutlich, dass er »im Perspektivplanzeitraum die Erhöhung der Aufwendungen zur Reinhaltung der Luft, des Wassers und der Verwertung von Abprodukten für dringend notwendig« hielt.[170] Auch die Mittag unterstellte ZK-Abteilung für Grundstoffindustrie schätzte in einer Mitteilung an den Wirtschaftssekretär ein, dass die Prognose »den Forderungen des VII. Parteitages entsprechen« würde und »ein wichtiger Schritt zur Verwirklichung der im Artikel 15 der sozialistischen Verfassung festgelegten Aufgaben« sei.[171]

Das Präsidium des Ministerrates bestätigte das Dokument daher im Dezember 1968 und fasste einen »Beschluss über die planmäßige Gestaltung einer sozialistischen Landeskultur«, dem das Plenum im Februar 1969 folgte. Darin beauftragte die Regierung die Minister und Leiter zentraler Staatsorgane, die Inhalte der Prognose bei der Ausarbeitung des Perspektivplanes 1971–1975 zu berücksichtigen und dafür zu sorgen, dass die Betriebe im Rahmen der Eigenerwirtschaftung der Mittel die notwendigen Investitionen durchführten, um die 1968 vom Gesundheitsministerium und vom AfW erlassenen Grenzwerte einzuhalten. Darüber hinaus bestätigte der Ministerrat Werner Titel in seiner Funktion als Sonderbeauftragter der Regierung für Fragen des Umweltschutzes und wies ihn an, bis zum Sommer ein neues Umweltrahmengesetz zu erarbeiten. Der Präsidiumsbeschluss sah außerdem vor, das von der Prognose geforderte

169 Staatliche Plankommission, Stellungnahme zur Prognose »Industrielle Abprodukte und planmäßige Gestaltung einer sozialistischen Landeskultur«, Berlin, den 30.10.1968: BArch, DK 4/937.

170 Beide Zitate: Gerhard Schürer, Bericht des Vorsitzenden der Staatlichen Plankommission über den Stand der Vorbereitung des Perspektivplanes (gekürzte Fassung), 25. September 1968: SAPMO, DY 3023/450, pag. 32.

171 Das Schreiben enthält darüber hinaus einen Hinweis darauf, dass Ulbricht dem in Artikel 15 der Verfassung behandelten »Problemkreis große Bedeutung beigemessen hat.« Dazu: Grundstoffindustrie an Gen. Dr. Mittag, 12.12.68: SAPMO, DY 3023/548, pag. 103f.

ökonomische Experiment im Bezirk Halle sowie im Einzugsgebiet der Wasserwirtschaftsdirektion Saale-Weiße Elster durchzuführen.[172]

Das Experiment, das die Wirkung der »ökonomischen Hebel« überprüfen sollte, fand von Januar 1969 bis Dezember 1970 statt. An der Versuchsanordnung waren alle zentralgeleiteten Betriebe und Kombinate in den Kreisen Bitterfeld, Halle und Merseburg beteiligt, die nach dem Prinzip der wirtschaftlichen Rechnungsführung arbeiteten und Nettogewinne an den Staat abführen mussten. Dazu zählten unter anderen das CKB, die Filmfabrik Wolfen, die Leuna- und Buna-Werke sowie das Kraftwerk »Rudolf Breitscheid«, dessen Emissionen zahlreiche Proteste aus der Bevölkerung hervorgerufen hatte.[173] Alleine diese Anlagen stießen 1969 etwa 31 Tonnen Staub und mehr als 82 Tonnen Schwefeldioxid in der Stunde aus.[174] Da die mit der Immissionskontrolle betrauten Hygieneinspektionen aus Kapazitätsgründen nicht in der Lage waren, auch die Aufgabe der Emissionsüberwachung zu übernehmen, oblag die Durchführung des Experimentes einer Technischen Beratungs- und Kontrollostelle für Emissionen (TBKE), die beim RdB Halle angesiedelt war und das Staub- und Abgasggeld festsetzen sollte.[175] Diese neugeschaffene Behörde, die sich zunächst im Aufbau befand und erst Ende des Jahres 1969 voll einsatzfähig war, verfügte allerdings lediglich über 15 Mitarbeiter. Bei der Verwirklichung der Aufgaben war sie daher ebenso, wie zuvor die Hygiene, auf die Mitarbeit der Betriebe angewiesen. Die VEB wurden daher dazu verpflichtet, die für die Berechnung der Gebühren erforderlichen Messungen selbst vorzunehmen und mussten lediglich stichprobenartige Kontrollen befürchten.[176]

In der inhaltlichen Ausgestaltung der »ökonomischen Hebel« folgte das Experiment weitestgehend den Vorschlägen der Prognose, nahm jedoch ergänzend auch Kosten für die Entnahme von Wasser in die Gebührenordnung auf. Zu den planbaren Kosten, die auf die Betriebe zukamen, zählten das Staub- und Abgasgeld, ein Wassernutzungsentgelt und ein Abwassereinleitungsgeld. Die Höhe der Gebühren belief sich für Luftverunreinigungen auf 0,05 M/kg für Staub aus

172 Beschluß des Präsidiums des Ministerrates vom 11.12.1968 über die Prognose »Industrielle Abprodukte und planmäßige Gestaltung einer sozialistischen Landeskultur in der DDR«: BArch, DC 20-I/4/1890; vgl. auch BArch, DK 5/4110; MR-Beschluß über die planmäßige Entwicklung einer sozialistischen Landeskultur in der DDR: BArch, DC 20-I/3/715, pag. 40–43. Vgl. auch: Entwurf, Durch Beschluß des Bezirkstages Halle wurde der Rat des Bezirkes beauftragt, im Rahmen des komplexen Systems zur Reinhaltung der Luft und der Gewässer ab 1.1.1969 ein ökonomisches Experiment vorzubereiten: LASA, M 501, 6489.

173 Vgl. Kap. 2.3.1.

174 Errechnet aus Anlage 7: Emissionen der Großbetriebe im Raum Halle in t/std., in: *Dienemann.*

175 Klapproth u. Grahneis an MR: BArch DC 20/19317.

176 Grundsätze zur Durchführung eines ökonomischen Experiments zur Reinhaltung der Luft und des Wassers sowie zur rationellen Nutzung des Wasserdargebotes: BArch, DC 20/19121, pag. 12 ff.; Anlage 1: Rat des Bezirkes Halle, Ordnung vom 13.12.1968 zur Erhebung eines Staub- und Abgasgeldes für die Durchführung eines ökonomischen Experiments im Bezirk Halle in den Jahren 1969 und 1970, in: *Dienemann.*

Chemiewerken, 0,03 M/kg für Staub aus Kraftwerken und sonstigen Betrieben sowie 0,03 M/kg für Schwefeldioxidemissionen. Bei Grenzwertüberschreitungen, die trotz vorhandener Reinigungstechnologien eintraten, oder Versäumnissen bei der Einhaltung von Bau- und Betriebsauflagen wurden nicht planbare Sanktionen fällig, die auf Kosten des Gewinns der Betriebe gehen sollten. In diesem Fall konnten sich die Sanktionen auf maximal 2 Promille der industriellen Warenproduktion des betroffenen Betriebes aus dem vorangegangenen Planjahr belaufen. Der Laborversuch sah allerdings vor, dass die planbaren Abgaben für den Zeitraum des Experimentes von den Nettogewinnabführungen absetzbar waren und auf deren Gesamthöhe gedeckelt wurden. Die Bildung des Prämien- sowie des Kultur- und Sozialfonds, die sich an der Nettogewinnabführung bemaßen, waren von den Gebührenzahlungen nicht betroffen. Darüber hinaus konnten die Umweltgebühren reduziert werden, wenn etwa der Bau einer Reinigungsanlage oder die Stilllegung stark emittierender Betriebsteile in den kommenden Jahren vorgesehen war.[177] Die eigentlich angedachte Hebelwirkung der Gelder – die im Falle der planbaren Gebühren vor allen Dingen auf die Beziehungsebene VEB/VVB/Industrieministerien abzielte – ging somit verloren. Hier zeigte sich eine große Schwäche der Planwirtschaft: Das relativ spontan anberaumte Experiment, dessen Kernanliegen die Erprobung »ökonomischer Hebel« war, konnte nicht rechtzeitig in die Volkswirtschaftspläne der Jahre 1969/70 eingeordnet werden, so dass das eigentliche Ziel von vornherein nicht erreichbar war.

Eine weitere Schwäche der Versuchsanordnung lag in der Bemessung der Abgaben für Schwefeldioxid. Da für SO2-Emissionen auch im Weltmaßstab großtechnisch erprobte Reinigungsverfahren noch nicht vorhanden waren, setzte man die Gebühren bewusst niedrig an.[178] Diese Entscheidung kam zwar den Betrieben entgegen, die für den unzureichenden »Stand der Technik« nicht bestraft werden sollten, sorgte aber umgekehrt auch dafür, dass nur eine schwache Anreizwirkung für die Entwicklung entsprechender Reinigungstechnologien entfaltet wurde. Ohne Druck oder Anreize konnten auch in der zentralverwalteten Volkswirtschaft der DDR keine technischen Innovationen im Umweltbereich stimuliert werden.[179]

Die genannten Konstruktionsfehler der Versuchsanordnung wurden von den Planern in einer ersten Zwischenbilanz, die auf einer Sitzung der Kommission »Reinhaltung der Luft« gezogen wurde, scharf kritisiert. Nicht nur, dass sich der Erfolg des Experimentes unter diesen Bedingungen alleine auf eine »ideologische Wirkung« zu reduzieren drohte. Die Experten befürchteten dar-

177 Grundsätze zur Durchführung eines ökonomischen Experiments zur Reinhaltung der Luft und des Wassers sowie zur rationellen Nutzung des Wasserdargebotes: BArch, DC 20/19121, pag. 13 ff.; *Dienemann*, Anlage 1.

178 Grundsätze zur Durchführung eines ökonomischen Experiments zur Reinhaltung der Luft und des Wassers sowie zur rationellen Nutzung des Wasserdargebotes: BArch, DC 20/19121, pag. 14.

179 Vgl. dazu beispielsweise Kap. 1.3.2.

über hinaus auch, dass die in der DDR ohnehin nur ungenügend vorhandenen Produktionskapazitäten für Entstaubungsanlagen nicht ausreichend nachgefragt und daher anderweitig verwendet werden könnten.[180] Somit wäre auch ein indirektes Ziel des Experimentes nicht erfüllt worden. Bei der Erprobung der Gebühren- und Sanktionsordnung handelte es sich unter diesen Umständen also lediglich um eine Umschichtung von Staatsgeldern. Dabei hätten die Zahlungen, die aufgrund der bekannten Emissionsdaten von der TBKE und der zuständigen Wasserwirtschaftsdirektion errechnet wurden, von der Größenordnung her betrachtet durchaus eine Hebelwirkung entfalten können: Die Experten rechneten für das gesamte Untersuchungsgebiet mit Umweltabgaben in Höhe von über 420 Millionen M/a, alleine für den Bezirk Halle beliefen sich die Zahlungen demnach auf 296,7 Millionen M/a. Die Leuna Werke hätten beispielsweise theoretisch ein Staub- und Abgasgeld in Höhe von insgesamt fast 4,3 Millionen Mark zahlen müssen. Da aber einige veraltete, besonders emissionsintensive Betriebsteile bis 1974 stillgelegt werden sollten, war es dem Betrieb möglich, die für 1969 zu zahlenden Gebühren auf 2,77 Millionen Mark zu reduzieren. Zusammen mit den zu erwartenden Zahlungen für Wasserentnahmen und Abwassereinleitungen belief sich die Summe der Abgaben des Werkes insgesamt aber immer noch auf knapp 74 Millionen Mark – 1969 immerhin mehr als 25 Prozent des Nettogewinns.[181] Dieser Betrag fiel auch in Relation zu den Schadensersatzforderungen, die bis dahin an das Werk gestellt wurden, sehr hoch aus: Zwar nahmen die Schadensersatzzahlungen des Kombinates 1968 gegenüber den Vorjahren deutlich zu. Mit knapp 770.000 Mark bis April 1969 lagen sie aber noch weit unter den Sanktionen, die sich aus der neuen Gebührenordnung ergaben.[182] Das Hebelpotential der getesteten Umweltabgaben konnte somit – zumindest in der Theorie – nachgewiesen werden.

Trotz der genannten Konstruktionsfehler übte das Experiment daher einen erheblichen Druck auf die Betriebe aus, da zu erwarten war, dass die vorerst nur nur auf dem Papier bestehenden Abgaben ab 1971 zum Einsatz kommen würden. Die VEB und Kombinate reagierten daher ganz unterschiedlich auf den Testlauf, wobei deutlich wurde, dass die verantwortlichen Behörden teilweise selbst mit der Spontaneität des Experimentes überfordert waren. Die Oberflussmeisterei Wittenberge versäumte es etwa, die Werke in ihrem Verantwortungsbereich rechtzeitig über die neue Gebührenordnung zu informieren. Der

180 Kommission »Reinhaltung der Luft« des Forschungsrates der DDR, Niederschrift über die Sitzung der Kommission »Reinhaltung der Luft« am 18.4.1969 in Halle, Potsdam, d. 13.5.1969: HdN, N-Oehl, Kiste 13.

181 *Dienemann*, S. 30f. u. 34.

182 Von wenigen Ausnahmen abgesehen, begannen zahlreiche LPG und StFB – die größten Anspruchsteller – überhaupt erst in Folge des Experimentes Rauchschäden in ihren Verlustrechnungen zu berücksichtigen, wie ein Bericht der TBKE Halle hervorhob. Vgl. dazu: Anlage 8: Geleistete Schadensvergütung durch das Kombinat, in: Dienemann, Probleme, 1969; RdB Halle, TBKE, Jahresbericht 1969 ökonom. Exp. Reinhaltung Luft, 31.7.1970: LASA-SA, Mer., P 516, IV/B-2/6/533, pag. 237f.

VEB Zellstoff- und Zellwollwerk Wittenberge errechnete daraufhin auf eigene Faust verschiedene Kostenvarianten. Danach hätte sich für den Betrieb selbst im günstigsten Fall eine durchschnittliche Mehrbelastung für die Produktion in Höhen von 74 Mark für jede produzierte Tonne Ware ergeben. Trotzdem zog die Betriebsleitung daraus nicht den von den Planern erhofften Schluss, mehr in die Modernisierung des betrieblichen Umweltschutzes zu investieren, sondern schlug aufgrund der besonderen geographischen Lage des Werkes eine äußerst fragwürdige Lösung vor: Da »unterhalb der Einleitung der Abwässer des Zellstoffwerkes in die Elbe liegen nach Kenntnis des Betriebes keine wesentlichen Wassernutzer auf dem Territorium der DDR« vorhanden seien, »würde die Errichtung einer modernen Abwasserbehandlung zur weitestgehenden Reinigung der Abwässer im wesentlichen Westdeutschland zugute kommen.«[183] Daher wäre es angeraten, auf diese Investition zu verzichten. Diese ökologisch mehr als ignorante Sichtweise findet sich in den Quellen so direkt formuliert zwar nur einmal, dürfte aber kein Einzelfall gewesen sein. Der zuständige Mitarbeiter der Wasserwirtschaftsdirektionen teilte jedenfalls die Position des Betriebsleiters. Die Motivation für den Umweltschutz folgte staatlicherseits nicht den Idealen der modernen Öko-Bewegung, die diese Aufgabe als ein globales, grenzüberschreitendes Problem begreift.[184] Die Interessen der ostdeutschen Luft- und Gewässereinhaltung endeten spätestens an der Grenze zum Klassenfeind.

Die theoretische Wirksamkeit der Gebühren und Sanktionen bestätigte auch ein Bericht aus dem VEB Filmfabrik Wolfen. Hier zeigte sich außerdem, dass die errechneten Zahlungen in der Praxis teilweise deutlich höher ausfielen als von den Experten erwartet: Das Staub- Abgasgeld, das Wassernutzungsentgelt und das Abwassereinleitungsgeld erreichten dort internen Schätzungen zufolge alleine 1969 einen Wert von 28,8 Millionen Mark und beliefen sich damit auf 31 Prozent der Nettogewinnabführung. Angesichts dieser Summen begann die Betriebsleitung bereits zuvor aufgestellte Sanierungsplanungen zu forcieren. Die Direktion zeigte sich sogar erfreut über den Beschluss des Hallenser Bezirkstages vom Mai 1968 und die dadurch geschaffenen neuen politischen Rahmenbedingungen, da man hoffte, dass jetzt »die vorhandene Baukapazität vorrangig für derartige Maßnahmen im Kreis eingesetzt« würde. Die Vertreter von TBKE und Wasserwirtschaft fühlten sich daher in ihren Annahmen bestätigt und berichteten stolz, dass sich nun auch die Direktoren der verschiedenen Produktionsbereiche im Werk erstmals mit der Abwasserführung befassten.[185]

Auch die im Experiment eingeräumten Ausnahmeregelungen stellten bei näherem Hinsehen nicht in jedem Fall eine Verwässerung der Konzeption

183 Auswirkungen der ökonomischen Hebel Wassernutzungsentgelt und Abwassereinleitungsgeld, 22. Januar 1969: BArch, DC 20/19132, pag. 15 f.

184 Das belegen zum Beispiel grundsätzlich Probleme der Gewässerverschmutzung. Vgl. dazu *Eckert*, S. 69–99.

185 Alle Zitate: Bericht über die Untersuchungen im VEB Filmfabrik Wolfen sowie über die Beratung beim Rat des Bezirkes Halle am 24.1.1969: BArch, DC 20/19132, pag. 27–30.

dar. Die Betriebsleitung des Erdölverarbeitungskombinates »Otto Grotewohl« in Böhlen klagte beispielsweise über eine unzumutbare Belastung durch die Gebühren, deren Höhe alleine im Bereich der Wasserwirtschaft mit mehr als 45 Millionen Mark die Nettogewinnabführung des Jahres 1968 deutlich überstiegen hätte. Aber anders als andere Werke konnte das Kombinat tatsächlich auf eine verzwickte Gesamtsituation verweisen, die durch gegenläufige politische Entscheidungen hervorgerufen wurde. Das Böhlener Kombinat, das entgegen seiner Namensgebung vornehmlich Braunkohle verarbeitete, verfügte über mehrere Reinigungsanlagen für stark phenolhaltige Abwässer, die aber veraltet waren und die anfallenden Schadstoffe nicht vollständig zurückhalten konnten.[186] Nach einer langen Vorlaufphase hatte die SPK im Jahr 1966 endlich den Weg für den Bau einer biologischen Intensivabwasserbehandlungsanlage freigemacht, die im Januar 1972 in Betrieb gehen sollte.[187] Zwischenzeitig änderten sich aber die wirtschaftspolitischen Rahmenbedingungen: Mit dem Bau eines Wärmekraftwerkes in Lippendorf und der Umstellung einer Teerverarbeitungsanlage auf Rohölverarbeitung sollte auch in Böhlen der von der SED beschlossene Energieträgerwechsel von Kohle auf Erdöl beginnen. Die Planungen sahen vor, die Kohleveredelung bis zum Sommer des Jahres 1973 stillzulegen. Der Bau der Intensivabwasseranlage wäre damit hinfällig geworden und hätte eine neue Projektierung für die dann anfallenden Abwässer aus der Erdölproduktion erforderlich gemacht.[188] Zunehmende wirtschaftliche Schwierigkeiten und Probleme bei der Versorgung mit Rohöl aus der UdSSR sorgten aber dafür, dass die Energieträgerumstellung in Böhlen nicht wie geplant verlief. Der Produktionskomplex verkam zu einem Kombinat »auf Abruf«, wie Rainer Karlsch und Raymond Stokes treffend festgehalten haben. Im Jahr 1973 strich die SPK die Investitionsmittel für die Umstellungsmaßnahmen, so dass die Produktion auf Braunkohlebasis fortgesetzt werden musste.[189] Die unsteten wirtschaftspolitischen Rahmenbedingungen und ständige Eingriffe der Staats- und Parteiführung in die Betriebsabläufe erschwerten in Böhlen wie auch andernorts eine verlässliche und wirkungsvolle Planung des betrieblichen Umweltschutzes.

Aber nicht nur die schwierigen makroökonomischen Rahmenbedingungen, die den staatlichen Umweltschutz in den siebziger und achtziger Jahren immer stärker beeinträchtigten, sondern auch der Widerstand einzelner Betriebsleitungen und Industrieministerien behinderten den reibungslosen Ablauf des Experiments. Einige VEB, die sich in einer deutlich komfortableren Situation als das Böhlener Kombinat befanden, versuchten gezielt Schwachstellen in der Gebührenordnung auszunutzen. Das Chemiekombinat Bitterfeld trickste beispiels-

186 *Hönsch*, S. 101–106.

187 Information über die Durchführung des ökonomischen Experimentes zur Erhebung von Wassernutzungsentgelt und Abwassereinleitungsgeld im Erdölverarbeitungskombinat »Otto Grotewohl«, Böhlen, 21. Januar 1969: BArch, DC 20/19132, pag. 20 f.

188 Ebd., pag. 21; vgl. auch Hönsch, Industriekomplex, 2011, 112–115.

189 Vgl. *Karlsch u. Stokes*, S. 35 f.

weise bei der Kostenbilanzierung, um möglichst hohe Abschreibungen auf das veranschlagte Staub- und Abgasggeld geltend machen zu können, wie ein Vertreter des Bezirksrates Halle beklagte.[190] Der Minister für Erzbergbau, Metallurgie und Kali, Kurt Singhuber, übte in einem Schreiben an Titel scharfe Kritik an einer seiner Meinung nach ungenügenden Abstimmung des Experimentes mit seinem Haus: »Für die Kaliindustrie werden z. B. seitens der VVB Kali Gebühren in Höhe von 300 Millionen M/a eingeschätzt, davon allein 240 Millionen M/a für das Kalikombinat ›Werra‹. Solche ökonomischen Auswirkungen sind nicht tragbar, weil sie die Selbstkosten um 125 M/t K2O [Kaliumoxid, d. Verf.] erhöhen. Das bedeutet, daß die Kaliindustrie, die im Perspektivplanzeitraum volkswirtschaftlich strukturbestimmend ist, so stark belastet wird, daß sie ein Verlustindustriezweig würde.«[191] Singhuber monierte, dass das Experiment den Betrieben in seinem Verantwortungsbereich erst im Dezember 1968 bekannt gegeben worden sei und forderte eine Senkung der Gebühren. Zwar gehörten Klagen über zu hohe Belastungen durch die neuen Umweltabgaben, wie gezeigt wurde, zum Standardrepertoire der Industrie. Der Hinweis auf die Kurzfristigkeit der Versuchsanordnung traf aber durchaus einen wunden Punkt: Während das Vorhaben einzelnen Betrieben, wie etwa dem VEB Filmfabrik Wolfen, seit längerem bekannt war, wurden viele kleinere Werke, die auch gar nicht im Fokus des Experimentes standen, von den neuen Regelungen anscheinend überrascht. Allerdings waren sowohl der von zentraler Ebene vorbereitete Beschluss für das Experiment als auch die damit verbundenen Ziele und Vorhaben, in der Staats- und Parteipresse auch als »Hallenser Modell« bezeichnet, hinlänglich bekannt, so dass zumindest die übergeordneten Wirtschaftsleitungen gut darüber informiert gewesen sein dürften.[192] Mit seiner vorgeschoben wirkenden Klage stellte sich der Minister für Erzbergbau, Metallurgie und Kali daher vielmehr neben Wyschofsky in die Reihe der Gegner einer neuen Gebührenpolitik.

Die für das Experiment verantwortlichen Umweltexperten unter der Leitung Titels zogen trotz der zahlreichen Probleme eine positive Bilanz des Laborversuches.[193] Beim Rat des Bezirkes Halle zeigte man sich, wenn auch deutlich zurückhaltender, ebenfalls zufrieden mit den Ergebnissen.[194] Lediglich die WWD

190 Bericht über die Untersuchungen im VEB Filmfabrik Wolfen sowie über die Beratung beim Rat des Bezirkes Halle am 24.1.1969: BArch, DC 20/19132, pag. 32.

191 Ministerium für Erzbergbau, Metallurgie und Kali, Der Minister, an den Stellvertreter des Vorsitzenden des Ministerrates, Genossen Dr. Titel, 5.2.1969: BArch, DC 20/19132, pag. 35.

192 Vgl. beispielsweise die Artikel Hallenser Modell sowie Luft und Wasser sollen rein sein, in: ND, 24. Mai 1968, 2.

193 Zur Entwicklung der sozialistischen Landeskultur in den Jahren 1967 bis 1971: BArch, DC 20/21188, Bd. 2.

194 Information für das Sekretariat der SED-BL über die bisherigen Ergebnisse bei der Realisierung des »Programms zur Reinhaltung der Luft und Gewässer«, insbesondere über die Ergebnisse des ökonomischen Experiments nach einjähriger Durchführung, 13.4.1970: LASA-SA, Mer., P 516, IV/B-2/6/533, pag. 206 ff.; Kommission »Reinhaltung der Luft« des Forschungsrates, Kurzprotokoll der Sitzung der Kommission »Reinhaltung der Luft« am 19.3.1970 beim MWT Berlin, Potsdam, den 1.4.1970: HdN, N-Oehl, Kiste 13.

Saale-Weiße Elster gab sich offen skeptisch: Im Flussgebiet der Saale seien aufgrund des zu gering bemessenen Wasserentnahmeentgeltes die erhofften Wassereinsparungen ausgeblieben. Und die von den Industriekombinaten für den nächsten Perspektivplanzeitraum angekündigten Großprojekte wären schon in früheren Jahren von der Wasserwirtschaft gefordert, aber letztlich immer wieder verschoben worden.[195] Angesichts des zähen Kampfes, den einige Behörden seit den fünfziger Jahren mit der Industrie führten, waren diese Zweifel sicherlich nicht unbegründet. Allerdings war das Experiment nicht mit dem Anspruch angetreten, bereits im Versuchszeitraum konkrete Verbesserungen hervorzubringen. Es ging den Umweltexperten und Wirtschaftsplanern vor allen Dingen darum, die verfügbaren Instrumente zu testen und die Leitlinien der neuen Umweltpolitik zu bestätigen.[196] In dieser Hinsicht ließen sich tatsächlich Erfolge verbuchen. Auch, wenn die ökonomischen Regelungen die angedachte Hebelwirkung wegen der ausgebliebenen Einordnung in die Volkswirtschaftspläne nicht entfalten konnten, war man nach Abschluss des Versuchs von deren Richtigkeit umso mehr überzeugt. Das Experiment hatte außerdem eine ganze Menge Staub bei den Industriebetrieben und den zuständigen Ministerien aufgewirbelt. Obwohl verschiedene Reforminitiativen seit den fünfziger Jahren immer wieder versucht hatten, Druck auf eben diese Akteure auszuüben, waren Sanierungsversuche meist an mangelnden Investitionsmitteln und einer fehlenden Einsicht gescheitert. Jetzt, mit den Eingabenprotesten, der neuen Verfassung und dem sich abzeichnenden Umweltrahmengesetz im Rücken, waren Titel und sein Expertenteam guter Dinge, dass der Umweltschutz zukünftig in Zweifelsfragen gegenüber ökonomischen Einwänden nicht mehr länger nur das Nachsehen haben und endlich nachhaltige Erfolge hervorbringen würde.

2.4.3 Aushandlung über Umwelt: Die Diskussion des Landeskulturgesetzes

Parallel zum Verlauf des »ökonomischen Experimentes« erarbeitete eine Regierungskommission unter der Leitung von Werner Titel den Entwurf für ein »Gesetz über die planmäßige Gestaltung einer sozialistischen Landeskultur« – kurz Landeskulturgesetz – (LKG), das am 14. Mai 1970 von der Volkskammer verabschiedet wurde.[197] Als Umweltrahmengesetz gab es die Leitlinien vor, an denen sich die neue Umweltpolitik orientieren sollte. Die konkreten Bestimmungen zu

195 Jahresbericht WWD Saale-Weiße Elster, Bericht zur Durchführung ökon. Exp.: LASA-SA, Mer., P 516, IV/B-2/6/533, pag. 216.

196 Staatliche Plankommission, Stellungnahme zur Prognose »Industrielle Abprodukte und planmäßige Gestaltung einer sozialistischen Landeskultur«, Berlin, den 30.10.1968: BArch, DK 4/937.

197 Gesetz über die planmäßige Gestaltung der sozialistischen Landeskultur in der Deutschen Demokratischen Republik – Landeskulturgesetz – vom 14. Mai 1970, in: GBl. DDR, I, S. 67–74.

einzelnen Aspekten des Umweltschutzes wurden in einer Reihe von Durchführungsverordnungen (DVO) geregelt. Die Ergebnisse des Laborversuchs im Bezirk Halle flossen in den darauffolgenden Jahren auf unterschiedlichen Wegen in das neue ostdeutsche Umweltrecht ein: Noch im Dezember 1970 erließ der Ministerrat eine zweite DVO zum Wassergesetz von 1963, in der die Bestimmungen für das Wasserentnahmeentgelt und das Abwassergeld zusammen mit einem Kostenkatalog für verschiedene Grenzwertüberschreitungen festgelegt wurden.[198] Eine entsprechende Regelung für Fragen der Luftreinhaltung folgte erst zwei Jahre darauf und wurde in einer fünften DVO zum Landeskulturgesetz verankert.[199]

Das unterschiedliche Tempo bei der legislativen Umsetzung der Erfahrungen aus dem ökonomischen Experiment hing in erster Linie von den ministeriellen Zuständigkeiten ab. Während bei der Ausarbeitung der Regelungen für die Gewässerreinhaltung das AfW und der designierte Minister für Umweltschutz und Wasserwirtschaft, Werner Titel, federführend waren, lag die Verantwortung für Fragen der Luftreinhaltung weiterhin beim Gesundheitsministerium, das 1966 formell mit dieser Aufgabe betraut worden war. Inhaltlich gelang es beiden Ressorts die richtigen Schlussfolgerungen aus den Erfahrungen des Experimentes zu ziehen. Zu den wichtigsten Neuerungen, die in den Durchführungsverordnungen rechtlich verankert wurden, zählte eine Modifizierung der Gebührenordnung: Während das Wassernutzungsentgelt weiterhin zu den planbaren Selbstkosten zählte, erhielten Abwassergeld sowie Staub- und Abgasggeld als nichtplanbare Kosten den Charakter von Sanktionen und konnten die Betriebe somit empfindlich treffen. Das Abwasserlastgeld entfiel in der neuen Regelung.[200] Darüber hinaus bestand jetzt für Betriebe die Möglichkeit, den Bau von Reinigungsanlagen auch über Kredite zu finanzieren, die zuvor nur für Investitionen mit einem unmittelbar produktiven Nutzen bereit gestellt werden konnten. Wie das Beispiel des VEB Ostthüringer Möbelwerke gezeigt hat, waren Versuche, im Betriebsalltag auftretende Umweltbelastungen zu beheben, bis dahin häufig an diesem Hindernis gescheitert.[201]

Nach der Wiedervereinigung wurde die Versessenheit der ostdeutschen Staats- und Parteiführung auf die Planerfüllung schnell als Ursache für das Scheitern der Umweltpolitik ausgemacht.[202] Die Politik habe von Beginn an das Ziel verfolgt, so ein Grundtenor, Umweltschutz nur dort zu betreiben, wo er

198 Vgl. Zweite Durchführungsverordnung zum Wassergesetz – Anwendung ökonomischer Regelungen für die Reinhaltung der Gewässer und zur rationellen Nutzung des Grund- und Oberflächenwassers vom 16. Dezember 1970, in: Gesetzblatt der DDR, Teil II, Nr. 3 vom 13. Januar 1971, 25–29.

199 Fünfte Durchführungsverordnung zum Landeskulturgesetz – Reinhaltung der Luft – vom 17. Januar 1973, in: Gbl. DDR, I, 1973, S. 157–162.

200 Vgl. Zweite Durchführungsverordnung, 1970, §§ 1, 2 u. 8 sowie Fünfte Durchführungsverordnung, 1973, §§ S. 12 u. 18.

201 Vgl. Kap. 1.2 u. 1.4.3.

202 *Paucke*, Erbe, S. 203 f.; *Buck*, Umweltbelastung, S. 458 f.; *Schroeder*, S. 662; *Huff*, Natur, S. 424 f.

wirtschaftlich nützlich war. Huff interpretiert beispielsweise eine zentrale Passage des Landeskulturgesetzes in § 3, Absatz 3, wonach »bei unterschiedlichen Standpunkten zur Durchführung grundsätzlicher landeskultureller Aufgaben den gesamtgesellschaftlichen Interessen der Vorrang gegeben wird«[203] gar als ein »Einfallstor für ein ökonomisches Primat« in der ostdeutschen Umweltpolitik.[204] Bei näherem Hinsehen zeigt sich jedoch, dass das Gegenteil der Fall war: Während die ursprüngliche Entwurfsfassung des Gesetzestextes, die Titel im Sommer 1969 vorlegte, zunächst tatsächlich im Wortlaut vorsah, dass im Zweifelsfall »volkswirtschaftlichen Interessen« der Vorrang zu geben sei, stieß diese Formulierung in der folgenden Diskussion des Gesetzentwurfes auf heftige Kritik. Viele Bürger, gesellschaftliche Organisationen und Behörden waren nicht länger dazu bereit, eine Abkanzelung umweltpolitischer Anliegen mit dem Verweis auf ökonomische Sachzwänge zu akzeptieren. Der stellvertretende Leiter des AfW und spätere stellvertretende Umweltminister, Guido Thoms, forderte beispielsweise ebenso wie der Bezirksbürgermeister von Köpenick, der fürchtete, dass landeskulturell notwendige Maßnahmen unter diesen Bedingungen immer »zu Lasten der Rekreation ausfallen« würden, die Formulierung in § 3 zu ändern.[205]

Am entschlossensten setzten sich die »Natur und Heimatfreunde« der DDR für eine Änderung der Klausel ein. Das Präsidium des Kulturbundes und die zentrale Kommission »Natur und Heimat« stellten diese Forderung nach oben auf eine Liste, die eine ganze Reihe von Änderungsvorschlägen enthielt. Reimar Gilsenbach griff dieses Anliegen auf einer Sitzung des Bundesvorstandes auf und machte die Position des Naturschutzes exemplarisch deutlich: »Und vor allem geht es dabei darum, den Gedanken der Nachhaltigkeit, also der volkswirtschaftlichen Interessen auf lange Sicht, hineinzubringen, damit nicht Entscheidungen getroffen werden, die vielleicht nur im Augenblick als günstig erscheinen, auf lange Sicht gesehen aber Nachteile mit sich bringen.«[206] Die Gesetzgebungskommission unter der Leitung von Werner Titel änderte den Wortlaut des Paragraphen infolge dieser Einwände ab. Der neue Passus stellte nun außerdem klar, dass nur der Ministerrat »Entscheidungen für grundsätzliche landeskulturelle Aufgaben« treffen konnte. Dieser Hinweis folgte ebenfalls einem Änderungswunsch der »Natur- und Heimatfreunde«, die vielfach Kritik daran übten, dass den Bürgermeistern bisher eine zu große Entscheidungsfreiheit bei wichtigen Fragen des Umweltschutzes, etwa der Festlegung von Natur-

203 Gesetz über die planmäßige Gestaltung der sozialistischen Landeskultur in der Deutschen Demokratischen Republik – Landeskulturgesetz – vom 14. Mai 1970, in: GBl. DDR, I, S. 67–74., hier 68, § 3, Absatz 3.

204 *Huff*, Natur, S. 173.

205 AfW, Stellvertreter des Leiters an Büro Dr. Titel, Dr. Schneider, 26. Januar 1970: HdN, N-Oehl, LKG, Briefe, 450–65, 601–650; Rat des Bezirkes Köpenick, Der Bezirksbürgermeister, E 349: HdN, N-Oehl, LKG, Briefe, 450–650, Auswertung.

206 Stenografisches Protokoll der Tagung der Kommission Natur und Heimat im Deutschen Kulturbund am 19.12.1969 zum Landeskulturgesetz: SAPMO, DY 27/10622.

und Landschaftsschutzgebieten, eingeräumt worden sei. Viele Naturschützer zweifelten vor dem Hintergrund ihrer langjährigen Erfahrung daran, dass die lokalen Volksvertreter landeskulturelle und volkswirtschaftliche Interessen vernünftig gegeneinander abwägen und im Zweifelsfall dazu in der Lage waren, ausgewogen zu urteilen. Zwar sah das Gesetz weiterhin vor, die Kreise und Gemeinden stärker in die Verwirklichung des Umweltschutzes einzubeziehen. Entscheidungen mit einer überregionalen oder landesweiten Bedeutung sollten aber dem Ministerrat oder den Bezirksräten vorbehalten bleiben.[207]

Wie diese Beispiele deutlich machen, ist der Schluss, das Landeskulturgesetz sei von vornherein einseitig auf ökonomische Interessen ausgerichtet gewesen, nichtzutreffend. Das Landeskulturgesetz verfolgte tatsächlich zunächst das Ziel, ein Gleichgewicht im Verhältnis von Ökonomie und Ökologie herzustellen und zog in diesem Zusammenhang inhaltlich wichtige Lehren aus der bereits fast zwanzigjährigen Erfahrung im Umgang mit Umweltproblemen in der DDR. Die Umsetzung dieser vielversprechenden Regelung stand jedoch natürlich auf einem anderen Blatt. Die neue Umweltpolitik musste sich in den folgenden Jahren erst in der Praxis bewähren. Mit Blick auf die Verabschiedung im Jahr 1970 muss man aber festhalten, dass es zu den großen Erfolgen der umweltpolitischen Aufbruchsphase gehörte, die einseitige Festschreibung eines »ökonomischen Primates« im Gesetzestext verhindert zu haben. Die dennoch an vielen Stellen im Gesetz deutlich zutage tretende Überschneidung von Umwelt- und Wirtschaftspolitik, die etwa an der wichtigen Stellung der Abproduktverwertung deutlich wurde, war hingegen eine notwendige Bedingung für die erfolgreiche Etablierung der Umweltpolitik. Genauso, wie das Landeskulturgesetz versuchte die Interessen von Naturschutz, Wasserwirtschaft, Hygiene und in Eingaben vorgetragenen Proteste von Bürgerinnen und Bürgern zu befriedigen, musste es auch die Interessen der Industrie berücksichtigen. Das galt umso mehr, als die gesamtwirtschaftliche Lage in der DDR trotz einiger Erfolge weiterhin angespannt blieb. Die Integration der volkswirtschaftlichen Perspektive in den Umweltschutz war darüber hinaus auch praktisch unabdingbar. Weder eine Gebührenordnung, die Betriebe und ihre übergeordneten Wirtschaftsleitungen über ein realisierbares Maß hinaus belastet und dadurch in ihren Handlungsmöglichkeiten gelähmt hätte, noch das stupide Festhalten an Sanierungskonzepten, die wirtschaftspolitische Richtungsentscheidungen ignorierten, wären dem Umweltschutz zuträglich gewesen.[208] Ein Blick auf die

207 Anlage, Begründung der Änderungen des Gesetzesentwurfes: BArch, DC 20-I/3/780, pag. 54. Stenografisches Protokoll der Tagung der Kommission Natur und Heimat im Deutschen Kulturbund am 19.12.1969 zum Landeskulturgesetz: SAPMO, DY 27/10622.

208 Das belegt das Beispiel des Erdölverarbeitungskombinates Böhlen, wo Sanierungskonzepte für die Abwasserreinigung maßgeblich vom Erfolg der Energieträgerumstellung in der DDR abhängig waren. Das Festhalten an den Plänen einer biologischen Intensivabwasserbehandlungsanlage für die Kohleveredelung hätte in den sechziger Jahren bedeutet, dass sowohl eine nichtwirksame Reinigungstechnologie gebaut als auch Investitionsmittel verschwendet worden wären. Die Abkehr von der Erdölumstellung in Böhlen, die von

Bundesrepublik zeigt außerdem, dass die westdeutsche Umweltpolitik, die heute trotz zahlreicher vorhandener Probleme gemeinhin immer noch als Erfolgsmodell gilt, ebenfalls von Anfang an eng auf die Bedürfnisse der Wirtschaft abgestimmt war und ihr Tempo stark von der konjunkturellen Entwicklung abhängig machte.[209]

Die Änderung des § 3 belegt zudem, dass Bevölkerung und gesellschaftliche Akteure durchaus Einfluss auf den Gesetzestext ausüben konnten. Das LKG ist geradezu ein Paradebeispiel dafür, dass partizipatorische Aushandlungsprozesse auch in der sozialistischen Diktatur möglich waren. In den Überlieferungen der staatlichen und privaten Archive, die für die Auswertung der öffentlichen Diskussion gesichtet wurden, finden sich denn auch keinerlei Hinweise darauf, dass dieser Prozess fadenscheinige Ziele verfolgte. Im Gegenteil: Das LKG war ein Gesetz, das Bedürfnisse bestimmter Gesellschaftsgruppen befriedigen und in Einklang mit den Herrschaftsansprüchen der SED bringen sollte. Es ordnete sich in das auf dem VII. Parteitag der SED formulierte ideologische Ziel der »Gestaltung des entwickelten gesellschaftlichen Systems des Sozialismus«, das unter anderem die Verbesserung der Arbeits- und Lebensbedingungen der Bevölkerung zu einem zentralen politischen Anliegen erhoben hatte.[210] In diesem Sinne ist auch die von oben initiierte und gelenkte Diskussion des Gesetzesentwurfes als Versuch der Partei- und Staatsführung zu verstehen, der Bevölkerung eine Möglichkeit für die Artikulation von gesellschaftspolitischen Interessen und staatsbürgerlichem Engagement zu geben.

Bevor der Gesetzesentwurf allerdings der Bevölkerung präsentiert wurde, hatten zunächst Ministerien, zentrale Behörden und Bezirksverwaltungen in gewohnter administrativer Praxis die Möglichkeit, Stellung zu beziehen. In dieser ersten, internen Aushandlungsrunde zeigte sich ein ähnliches Bild, wie auch schon zuvor bei der Diskussion der Prognose »Industrielle Abprodukte«. Während die Mehrzahl der Staatsorgane Zustimmung signalisierte, positio-

der SED-Führung zu Beginn der siebziger Jahre angesichts zunehmender wirtschaftlicher Probleme und Lieferschwierigkeiten bei Rohöl beschlossen wurde, machte die Sanierungsplanungen für das Werk hinfällig. Vgl. Kap IV.1.

209 BDI und Gewerkschaften übten nach der Ölpreiskrise 1973/74 beispielsweise derart erfolgreich Druck auf die Bundesregierung aus, dass diese nach einer Klausurtagung auf Schloß Gymnich im Juni 1975 zusicherte, das Tempo in der Umweltgesetzgebung zu verlangsamen. Der Erfolg der bundesdeutschen Umweltpolitik ist darüber hinaus jedoch ambivalent zu bewerten. So ist es zwar gelungen, die Emission von Staub und Schwefeldioxid aus Industrieanlagen stark zu reduzieren, demgegenüber werden aber andere Probleme, wie beispielsweise der überhöhte CO2-Ausstoß, bis heute vernachlässigt. Eine ähnliche Paradoxie zeigt sich in der Gewässerreinhaltung, wo zwar ebenfalls eine deutliche Verbesserung des Zustands vieler Flüsse und Seen erreicht wurde, gleichzeitig vielerorts aber eine drastische Verschlechterung der Grundwasserqualität aufgrund stark steigender Nitratwerten zu verzeichnen ist. Vgl. dazu: *Radkau*, Natur, S. 328–340, insbes. 330 f. u. 335 f.; *Hünemörder*, Frühgeschichte, S. 295 f.; *Engels*, S. 293 f.; *Radkau*, Ära, S. 453–458 u. 486 f.; vgl. auch *Uekötter*, Deutschland, S. 151 ff.

210 Vgl. *Ulbricht*, Gestaltung, S. 206–213.

nierte sich das Chemieministerium abermals als Gegenspieler der Umweltpolitik. Wyschkofsky übte scharfe Kritik am Gesetzestext und sah die von ihm geleitete Branche im Hinblick auf kaum vermeidbare Grenzwertüberschreitungen und daraus folgende Strafzahlungen an den Pranger gestellt.[211] Der Chemieminister signalisierte aber dennoch seine Zustimmungsbereitschaft, sofern seine Änderungsvorschläge berücksichtigt finden sollten. Die von ihm erhobenen Forderungen waren allerdings so weitreichend, dass sie tatsächlich zu einer eindeutigen Ökonomielastigkeit des Gesetzestextes geführt hätten.[212] Die zahlreichen, zum Teil schlecht lesbaren Anmerkungen und Fragezeichen am Rand des Schreibens veranschaulichen umgekehrt, dass man im Büro Titels wenig erfreut über das erneute Querfeuer des Ministers war – die Fronten blieben verhärtet.

Nach der internen Abstimmungsrunde folgte im Dezember die öffentliche Aussprache. Die Staats- und Parteiführung rief alle Bürgerinnen und Bürger, gesellschaftlichen Organisationen und auch die volkseigene Wirtschaft dazu auf, in Briefen Stellung zum Gesetzesentwurf zu beziehen. Während die Bevölkerung über die Staatsmedien auf die Diskussion aufmerksam gemacht wurde, erhielten die Direktionen der VVB und VEB Anweisungen der zuständigen Industrieministerien.[213] Die Entscheidung für die Diskussion ging auf einen Beschluss des Staatsrates zurück und trug damit klar die Handschrift Ulbrichts. Bis zum Frühjahr 1970 gingen insgesamt 637 Zuschriften mit über 1.600 Änderungsvorschlägen zum Rahmengesetz und den vier DVO, die zeitgleich verabschiedet werden sollten, ein.

Die relativ geringe Zahl der Schreiben legt die Frage nahe, ob das Ziel, die breite Bevölkerung anzusprechen, verfehlt wurde. Tatsächlich erfolgte die Entscheidung für die Aussprache sehr kurzfristig und ließ aufgrund des engen Terminplans – das Gesetz sollte bereits wenige Wochen nach der Diskussion verabschiedet werden – nur ein kurzes Zeitfenster für Stellungnahmen und die Bearbeitung der Änderungsvorschläge.[214] Der kurze Diskussionszeitraum und die mangelhafte Kommunikation des Vorhabens seitens der Regierung stießen

211 Wyschkofsky dazu: »Eine abstrakte Betrachtung aller derartigen Betriebe als Gesetzesverletzer, wie sie aus der augenblicklichen Fassung zwangsläufig resultieren muß, wird der Rolle der Industrie im gesamten Reproduktionsprozeß unserer Wirtschaft nicht gerecht.« Ministerium für Chemische Industrie, Der Minister, an den Stellvertreter des Vorsitzenden des Ministerrates, Kollegen Dr. Titel, Entwürfe des Gesetzes über die planmäßige Gestaltung der sozialistischen Landeskultur in der DDR nebst Durchführungsverordnungen, Berlin, den 7. Juli 1969: BArch, DC 20-I/3/784, pag. 158–161.

212 Ebd.

213 Vgl. Dr. phil. H. D. an den MR der DDR, Kommission Landeskulturgesetz, Betr.: Entwurf des Gesetzes über die planmäßige Gestaltung der sozialistischen Landeskultur sowie Gen. P. W. an den MR der DDR, Kommission Landeskulturgesetz, Betr.: 18. Sitzung des Staatsrates Neufassung des Erlasses über die Bearbeitung der Eingaben der Bürger, beide: HdN, N-Oehl, LKG, Briefe, 1–250.

214 Ministerrat der DDR, Stellvertreter des Vorsitzenden, Dr. Werner Titel, Berlin, den Nov. 1969: BArch, DC 20/19121, pag. 71.

allerdings kaum auf Kritik.[215] Und auch die relativ geringe Anzahl der Briefe erscheint in einem etwas anderen Licht, wenn man berücksichtigt, dass es sich bei den meisten Stellungnahmen um Ergebnisse kollektiver Aussprachen handelte. Ferner repräsentierten die Schreiben gesellschaftlicher Organisationen, wie der »Natur und Heimatfreunde«, große Interessensgruppen. Die dennoch relativ geringe Gesamtzahl der Diskutanten lässt aber auch darauf schließen, dass Umweltschutz in der DDR zu diesem Zeitpunkt noch kein Breitenphänomen war, dass die Bevölkerungsmehrheit bewegte.[216] Ähnlich wie in der Bundesrepublik, wo der neue Umweltbegriff, den die sozial-liberale Koalition 1969 aus dem US-amerikanischen übernahm, den meisten Bürgerinnen und Bürgern ebenfalls unbekannt war, betrieb auch die ostdeutsche Regierung mit der Diskussion des Gesetzesentwurfes und einer umfangeichen öffentlichen Kampagne eine Politik der Agenda-Setzung.[217] Der Ministerrat wertete das Ergebnis der Aussprache daher auch als vollen Erfolg. Der Gesetzesentwurf wurde fast ausnahmslos begrüßt, oft mit einem Verweis auf das dahinterstehende große »humanistische Anliegen«, das Regierung und SED damit zum Ausdruck brächten. Infolge der Diskussion bildeten sich außerdem zahlreiche sogenannte »spontane« Bürgerinitiativen, die vermutlich aber durch den Kulturbund, die Nationale Front oder die VEB gelenkt wurden.

Im Bezirk Halle pflanzten Anwohner und Werktätige vielerorts gemeinsam Bäume und schufen Grünanlagen, um die Naherholungsmöglichkeiten zu verbessern und die Folgen der Luftverschmutzung zu lindern. In der Gemeinde Thiemendorf im Bezirk Dresden verpflichteten sich beispielsweise Einwohner und die örtliche LPG zur Reinhaltung der Gewässer. Zwar handelte es sich bei diesen Aktionen eher um kosmetische Maßnahmen, aber aus Sicht der Regierung verdeutlichten sie ein Verlangen der Bevölkerung nach mehr Mitgestaltungs- und Partizipationsmöglichkeiten. Ein Bericht hielt daher abschließend fest: »Sie [die Diskussion, d. Verf.] ist ein weiterer sichtbarer Ausdruck unserer sozialistischen Demokratie, in der entsprechend dem Grundsatz ›Plane mit, arbeite mit, regiere mit!‹ die Bürger und ihre gesellschaftlichen Organisationen ihre verfassungsmäßigen Rechte wahrnehmen und aktiv an der Ausarbeitung und Verwirklichung der Gesetze unseres sozialistischen Staates teilnehmen.«[218] Umgekehrt war die Diskussion auch aus Sicht der Teilnehmer – es handelte sich tatsächlich mehrheitlich um Männer – ein deutlicher Erfolg. Von den unter-

215 Eine einzelne, dafür aber scharfe Kritik in: M. H. an den Ministerrat der DDR, Kommission Landeskulturgesetz, Betreff: Landeskulturgesetz, Bautzen, 27.12.1969: HdN, N-Oehl, LKG, Briefe, 251–450.

216 Dessen war man sich vor allen Dingen in den Reihen der Naturschützer bewusst, wie beispielsweise der Naturschutzbeauftragte des Bezirkes Dresden festhielt: *Kubasch*, S. 2–6.

217 Vgl. zur Bundesrepublik: *Hünemörder*, Frühgeschichte, S. 159–171; *Engels*, S. 275 ff.; *Radkau*, Ära, S. 140 f.; *Uekötter*, Deutschland, S. 119 ff.

218 Bericht über das Ergebnis der öffentlichen Diskussion zum Entwurf des Landeskulturgesetzes: BArch, DC 20-I/3/780, pag. 12.

breiteten Änderungsvorschlägen, darunter zahlreiche Doppelungen, wurden immerhin mehr als die Hälfte aufgegriffen und an 83 Stellen in das Rahmengesetz sowie an 91 Stellen in die vier zeitgleich verabschiedeten DVO eingearbeitet. Trotz der hektischen Umstände beantwortete die Kommission »Landeskulturgesetz« jedes einzelne Schreiben und begründete auch Absagen gegenüber Änderungsvorschlägen.[219]

Bei näherer Betrachtung wird deutlich, dass sich das Diskussionsangebot in erster Linie an zwei Klientelgruppen zu richten schien: Die VEB und ihre Belegschaften, die aufgrund ihrer Rolle als Verursacher wichtige Adressaten des Gesetzes waren, sowie die »Natur und Heimatfreunde« im Kulturbund, die seit den fünfziger Jahren wohl am vehementesten für ein neues Umweltrahmengesetz eintraten.[220] Die Stellungnahmen der Betriebe hielten allerdings keine Überraschungen bereit. Während die wenigen Briefe, die tatsächlich Stimmen aus den Belegschaften wiederzugeben versuchten, formelhaft blieben und damit auch wenig aussagekräftig waren, deckten sich die Schreiben der Leitungen im Wesentlichen mit den Reaktionen, die sich schon im Zusammenhang mit dem ökonomischen Experiment gezeigt hatten. Doch obwohl zahlreiche Betriebsleitungen ernste Zweifel an der Durchführbarkeit der Maßnahmen äußerten und vor den ökonomischen Konsequenzen warnten, stimmten letztlich alle VEB und VVB dem Gesetzesanliegen grundsätzlich zu. Viele Direktionen machten in ihren Schreiben deutlich, dass sie die Zeichen der Zeit verstanden hätten und gelobten reuig und vorauseilend Besserung für die Zukunft. Andere nahmen die Diskussion zum Anlass, um selbstbewusst auf bereits eingeleitete Maßnahmen und erste Erfolge hinzuweisen.[221]

219 Titel wandte in den Antwortschreiben immer wieder eine Variation der gleichen formelhaften Konsensrhetorik an, in der er den Verfassern dankte, auf das große Echo der Diskussion verwies und diese als einen wichtigen Beitrag zur Festigung der »sozialistischen Demokratie« bezeichnete. Vgl. Bericht über das Ergebnis der öffentlichen Diskussion zum Entwurf des Landeskulturgesetzes: BArch, DC 20-I/3/780, pag. 11 ff. sowie exemplarisch Titel an Nationale Front des demokratischen Deutschland, Kreisausschuss Schmölln, Genossen Wahner: HdN, N-Oehl, LKG, Briefe, 1–250.

220 Zwar nahmen Schreiben aus der Bevölkerung mit 43 Prozent den größten Anteil ein. Darunter befanden sich aber zahlreiche Briefe ehrenamtlicher Naturschutzhelfer, die zuvor in Ortsgruppen des Kulturbundes erörterte Positionen vortrugen oder von ihren individuellen Erfahrungen berichteten. Vgl. Bericht über das Ergebnis der öffentlichen Diskussion zum Entwurf des Landeskulturgesetzes: BArch, DC 20-I/3/780, pag. 8.

221 Der VEB Lederwerk »August Apfelbaum« aus dem mecklenburgischen Neustadt-Glewe war beispielsweise darum bemüht zu betonen, dass man die Probleme der Abwasserführung und der Flugaschebelästigung längst erkannt hatte, die Umsetzung geplanter Investitionen jedoch immer wieder durch Entscheidungen von der übergeordneten Wirtschaftsleitung behindert wurde. Im Abwasserbereich sah man sich daher bereits dazu gezwungen aufgrund der kritischen Situation eine Katastrophenwarnung an die zuständigen Behörden zu melden. Der VEB Zylindergiesserei Leipzig versprach nach Auswertung der Diskussion den Gesetzesentwurf mit einem Beitrag zu unterstützen und kündigte u. a. an, Abfälle in Zukunft sorgfältiger zu lagern, die sozialistische Landeskultur in die kommenden Jahrespläne zu integrieren und die Erholungsmöglichkeiten für die Werktätigen zu verbessern.

Der Generaldirektor des VEB Bergbau- und Hüttenkombinates »Albert Funk« aus Freiberg, Otto Ritschel, hob beispielsweise hervor, dass in seinem Kombinat bereits seit 1968 eine Arbeitsgruppe »Reinhaltung der Biosphäre« tätig war, in der Werktätige, Mitarbeiter des betriebseigenen Forschungsinstitutes und die Kombinatsleitung regelmäßig Probleme der Luft- und Wasserreinhaltung erörterten. Die Arbeitsgruppe war darüber hinaus Mitglied in der Kammer der Technik und hatte bereits eine betriebsinterne Richtlinie zur »Reinhaltung der Luft« erarbeitet, die Anfang Oktober 1969 in Kraft getreten war. Ritschel, der in dem Schreiben an die Gesetzgebungskommission überdies eine sehr hohe Fachkenntnis in Fragen des Umweltschutzes bewies, erhoffte sich von der freiwilligen Kooperation ein Mitspracherecht im weiteren Gesetzgebungsverfahren.[222] Der Generaldirektor des VVB Zellstoff-Papier-Pappe, Georg Treske, meldete sich mit einem ähnlichen Anliegen zu Wort. Er verwies ebenfalls auf umfangreiche Maßnahmen, die von zellstoffverarbeitenden Betrieben in Rosenthal und Trebsen bereits vor Jahren ergriffen worden seien, und forderte daher ein Entgegenkommen in der Grenzwertfrage. Anstatt diese starr und generell für alle Branchen festzulegen, schlug er vor, flexible Regelungen zu finden, die neben den gesellschaftlichen und biologischen Notwendigkeiten auch den wissenschaftlich-technischen Entwicklungsstand berücksichtigen sollten. Treske machte deutlich, dass im Bereich der Zellstoffindustrie nach dem damaligen »Stand der Technik« nur etwa 85 Prozent der Ablauge überhaupt erfasst werden konnten, so dass es Betrieben auch nach dem Bau entsprechender Anlagen nicht möglich war, die geforderten Normen einzuhalten. Daher verlangte er, ähnlich wie beim Umgang mit Schwefeldioxidemissionen, auch für diese Abwässer abgestufte Grenzwerte bzw. Strafzahlungen festzulegen. Darüber hinaus machte er darauf aufmerksam, dass die vorgesehene Regelung den Eingangszustand des Wassers im Werk nicht berücksichtigte. War das zur Verfügung stehende Frischwasser bereits belastet, sollte dieser Wert mit dem Ausgangszustand des Abwassers verrechnet und ein Differenzgrenzwert zugrunde gelegt werden. Der Generaldirektor bezog sich damit auf das Dilemma, dass die ihm unterstellten Werke sowohl Geschädigte als auch Schädigende waren und versuchte ein Entgegenkommen des Gesetzgebers zu erreichen.[223]

Vgl. VEB Lederwerk »August Apfelbaum« an Ministerrat der DDR, Kommission Landeskulturgesetz, Betrifft: Stellungnahme zum Entwurf des »Gesetzes über die planmäßige Gestaltung der sozialistischen Landeskultur«, Neustadt-Glewe (Meckl.), 29.1.1970 sowie VEB Zylindergiesserei Leipzig an Ministerrat der DDR, Kommission Landeskulturgesetz, Betr.: Gestaltung der soz. Landeskultur in der Deutschen Demokratischen Republik, Leipzig, 30.1.1970, beide in: HdN, N-Oehl, LKG, Briefe, 450–650.

222 VEB Bergbau- und Hüttenkombinat »Albert Funk« an Ministerrat der DDR, Kommission Landeskulturgesetz, Entwurf Landeskulturgesetz, Freiberg, den 29. Dezember 1969: HdN, N-Oehl, LKG, Briefe, 251–450.

223 VVB Zellstoff – Papier – Pappe, Generaldirektor an Ministerrat der DDR, Kommission Landeskulturgesetz, Betreff: Diskussion zum Landeskulturgesetz, Heidenau, 10. Febr. 1970: HdN, N-Oehl, LKG, Briefe, 251–450.

Der Vorschlag Treskes hätte den Umweltschutz aufgrund des komplexen Emissionen-Gemenges, das in der DDR vorherrschte – fast jeder Betrieb konnte auf unterschiedliche Art und Weise für sich reklamieren, Verursacher und Betroffener von Umweltbelastungen sein – ad absurdum geführt und wurde in dieser Form daher auch nicht aufgegriffen. Das Schreiben wie auch die Diskussionsbeiträge anderer Betriebsleitungen verdeutlichen jedoch, dass die Industrie in der DDR angesichts einer sich verändernden innenpolitischen Situation Ende der sechziger Jahre darum bemüht war, kooporative Wege bei der Lösung der Umweltfrage zu gehen. Damit befand sie sich gewissermaßen in guter deutscher Tradition und setzte eine Strategie fort, die auch westdeutsche Unternehmen zu Beginn der siebziger Jahre bei der Aushandlung des bundesdeutschen Umweltprogramms wählten.[224] Die Briefe der Werkdirektoren belegen zudem, dass sich das betriebliche Handeln nicht grundsätzlich gegen die neuen Umweltauflagen richtete, sondern eher das Bedürfnis nach klaren und verlässlichen Regeln, gepaart mit dem Bestreben, die Belastungen in einem für die Betriebe handhabbaren Rahmen zu halten, widerspiegelte.

Die andere gesellschaftliche Klientelgruppe, an die sich die Diskussion vornehmlich richtete, waren die »Natur und Heimatfreunde der DDR«. Sprachlich trug das Gesetz bereits deutlich die Handschrift des Naturschutzes, wie schon die Verwendung des Landeskultur-Begriffes zeigte, der zu Beginn der sechziger Jahre von Naturschützern innerhalb der DAL geprägt worden war.[225] Die erste Durchführungsverordnung, die 1970 zeitgleich mit dem LKG verabschiedet wurde, sollte daher nicht von ungefähr das Naturschutzgesetz von 1954 in das neue Umweltrahmengesetz übertragen und entscheidend erweitern.[226] Viele ehrenamtliche Naturschutzhelfer, die sich an der Diskussion beteiligten, verstanden das Gesetzgebungsverfahren und die Aufforderung zur Diskussion aus diesem Grund auch als eine Würdigung ihres langjährigen natur- und gesellschaftspolitischen Engagements.[227]

Das Vorgehen von Staats- und Ministerrat bei der Verabschiedung des Landeskulturgesetzes war denn auch als ein klares Partizipationsangebot an die Naturschützer zu verstehen. Diese diskutierten den Gesetzesentwurf umgekehrt besonders ausführlich und dankten es der Regierung mit einer breiten und stellenweise geradezu euphorisch vorgetragenen Zustimmung. Selbst besonders kritische Geister, wie Reimar Gilsenbach, zeigten sich vom Entwurf begeistert. Angesichts der Vielzahl an Schreiben, die von Naturschutzhelfern bzw. den

224 Vgl. *Uekötter*, Rauchplage, insbesondere S. 459 ff.; vgl. auch *Engels*, S. 285.

225 Vgl. Kap. 1.

226 Erste Durchführungsverordnung zum Landeskulturgesetz – Schutz und Pflege der Pflanzen- und Tierwelt und der landschaftlichen Schönheiten – (Naturschutzverordnung) vom 14. Mai 1970, in: Gbl. DDR, II, 1970, S. 331–336; Zweite Durchführungsverordnung zum Landeskulturgesetz – Erschließung, Pflege und Entwicklung der Landschaft für die Erholung – vom 14. Mai 1970, in: GBl. DDR, 1970, S. 336–339.

227 Vgl. beispielsweise H. M., Naturschutzhelfer, an den MR der DDR, Stellv. d. Vors., Herrn Dr. Werner Titel: HdN, N-Oehl, LKG, Briefe, 1–250.

Orts- und Spartengruppen der »Natur- und Heimatfreunde« verfasst wurden, kann man sogar annehmen, dass der im Kulturbund organisierte Naturschutz die Diskussion geradezu für sich zu okkupieren versuchte. Der DKB organisierte im Dezember 1969 mehr als 100 Foren, Aussprachen und Beratungen. Auf einer zentralen Tagung wertete der Vorstand der Kommission »Natur und Heimat« die Diskussionen aus und empfahl eine ganze Reihe von Änderungsvorschlägen. Gilsenbach, der als Redakteur der Zeitschrift »Natur und Heimat« in den fünfziger Jahren immer wieder mit Funktionären und der offiziellen politischen Linie in Konflikt geraten war, bemühte sich sichtlich darum, den neuen Hoffnungsträger des Naturschutzes, Werner Titel, in ein gutes Licht zu rücken: »Vor ein paar Tagen hatte ich Gelegenheit, für die ›Wochenpost‹ ein Interview mit Dr. Titel zu machen, und was ich dort erlebt habe, war wirklich eine völlig andere Qualität. Hier wurde auch der Naturschutz in ein viel grösseres System der Landeskultur und die Landeskultur selbst wieder in das entwickelte System des Sozialismus integriert.«[228] Der Naturschützer schlug daher nicht nur vor, dass der Kulturbund dem Gesetz zustimmen solle, sondern forderte, »dass wir ausserdem dem Ministerrat ausdrücklich dafür danken, dass er diesen Entwurf vorgelegt hat, denn das ist in erstaunlich kurzer Zeit geschehen.«[229] Auch andere Führungsfiguren des Naturschutzes, wie etwa Hugo Weinitschke, der mittlerweile stellvertretender Leiter des ILN war, schlossen sich diesem Urteil an und verbanden ihre Zustimmung mit einem Aufruf zu mehr gesellschaftspolitischem Engagement, das von den »Natur und Heimatfreunden« ausgehen sollte.

Das Landeskulturgesetz war somit auch der Erfolg eines inneren Wandlungsprozesses, der es dem ostdeutschen Naturschutz ermöglichte, sich zwischen den beiden alles dominierenden Polen in der DDR – dem Herrschaftsanspruch der SED und dem uneingeschränkten Bekenntnis zu technischem Fortschritt und wirtschaftlichem Wachstum – neu zu positionieren.[230] Der damit einhergehende Aufstieg des »Gestaltungsprinzips« im Naturschutz, das die Grundlage für den von der ostdeutschen Staatsführung angestrebten gesellschaftspolitischen Konsens in Umweltfragen darstellte, wurde bei der Verabschiedung des Landeskulturgesetzes im Mai 1970 in der Volkskammer als Erfolg gefeiert. Die von Werner Titel eingangs in der Gesetzesbegründung geprägte Formel, dass »aus dem Schutz der Natur vor dem Menschen … in qualitativ neuer Weise der den Erfordernissen des Sozialismus entsprechende Schutz der Natur für den Menschen« geworden sei, zog sich wie ein roter Faden durch alle Redebeiträge.[231] Hans Stubbe, der das Gesetz auch als einen persönlichen Erfolg begreifen konnte, schloss sich dieser Position an. Als Abgeordneter der Fraktion des Kulturbundes und Sprecher des Landwirtschaftsausschusses betonte er, dass die kulturelle und ökono-

228 Stenografisches Protokoll der Tagung der Kommission Natur und Heimat im Deutschen Kulturbund am 19.12.1969 zum Landeskulturgesetz: SAPMO, DY 27/10622.

229 Ebd.

230 Vgl. dazu Kap. 1.5.3.

231 *Planmäßige Gestaltung der sozialistischen Landeskultur*, S. 9–26 u. 11.

mische Inanspruchnahme der Natur durch den Menschen für ihn längst keinen Widerspruch zu den Zielen des Naturschutzes mehr darstellte. In Anlehnung an den russischen Schriftstellers I. S. Turgenjew betonte er, dass »die Natur kein Tempel, sondern eine Werkstatt« sei und hob das Bekenntnis des Naturschutzes zum neuen Leitprinzip der Umweltgestaltung nochmals deutlich hervor.[232] In diesem Sinne war es auch der SED möglich, Umweltschutz in ihre Herrschaftsideologie zu integrieren und umgekehrt eigene Fehler einzugestehen.

Das Landeskulturgesetz erhob den Anspruch, weit mehr als nur eine technisch-administrative Umweltschutzkonzeption zu sein. Die Volkskammersitzung war durch ein hohes Maß an Offenheit und Selbstkritik bestimmt. Der Sprecher der SED-Fraktion, Walter Kresse, räumte daher auch ohne die sonst üblichen Umschweife, es handele sich bei den vorhandenen Misständen um ein Erbe des kapitalistischen Deutschlands, eigene politische Versäumnisse ein. Der Schlüssel zur Lösung der Probleme lag mit dem Landeskulturgesetz nun parat. Umweltschutz bot sich aus Sicht der SED als ein geeignetes Thema an, um die Verwirklichung der »sozialistischen Gemeinschaftsarbeit« zu exemplifizieren.[233] Die Präambel des Gesetzestextes betonte die besondere Bedeutung des Umweltschutzes für das große ideologische Projekt der »Gestaltung eines entwickelten Systems des Sozialismus«, das Ulbricht auf dem VII. Parteitag ausgerufen hatte. Politisch stark konnotierte Begriffe wie »Gemeinschaft«, »Zusammenwirken« und »Initiative« durchziehen die Paragraphen. Das Leitmotiv der neuen Politik und der Schlüssel zur Lösung der Umweltprobleme war die Kooperation aller gesellschaftlichen Akteure in einem von der SED vorgegebenen Handlungsraum. Staats- und Ministerrat appellierten an Kommunen, Betriebe und Bevölkerung, dieses Ziel in gemeinsamen Bürgerinitiativen innerhalb der Nationalen Front, des Kulturbundes oder anderer gesellschaftlicher Organisationen zu verwirklichen. Die herrschaftslegitimierende Funktion, die das Gesetz damit übernahm, war jedoch keine Einbahnstraße. Der SED-Staat bekannte sich mit der Verabschiedung des Landeskulturgesetzes auch zu einer Politik, die sich in den folgenden Jahren bewähren musste. Mit Blick auf das Scheitern der Bewährungsprobe und die darauffolgenden gesellschaftlichen Konflikte kann man festhalten, dass die SED die Geister, die sie 1970 rief, später nicht mehr loswurde. In der zeitgenössischen Wahrnehmung stellte das Landeskulturgesetz und die darauffolgende umweltpolitische Formierungsphase jedoch ein hoffnungsvolles Zeichen des Aufbruchs dar.

232 *Sozialistische Landeskultur*, S. 32–36, hier 36.
233 *Eine der sozialistischen Gesellschaftsordnung würdige Umwelt schaffen*, S. 41–50, hier 48 f.

2.5 Politische Akteure und die Institutionenordnung des staatlichen Umweltschutzes

2.5.1 Linientreu und machtbewusst: Die politischen Biographien der Umweltminister Werner Titel und Hans Reichelt

Die Zuständigkeit für das neu umrissene Feld der Umweltpolitik fiel der Demokratischen Bauernpartei Deutschlands (DBD) zu.[234] Die Partei gilt in der Forschung gemeinhin als verlängerter Arm der SED. Ihre Gründung erfolgte im Jahr 1948, um den »bürgerlichen« Blockparteien CDU und LDP in den ländlichen Regionen, wo der Einfluss der SED traditionell schwach ausgeprägt war, ein Gegengewicht entgegenzusetzen. Die DBD stellte daher bis zum Abschluss des sozialistischen Umbaus im Agrarsektor auch den Landwirtschaftsminister, um der Landbevölkerung politisches Entgegenkommen zu signalisieren.[235] Nach dem Ende der Kollektivierungen in der Landwirtschaft dehnte die SED ihre Macht jedoch auch formell auf diesen Politikbereich aus, auf Kosten der DBD: Mit der Gründung des Landwirtschaftsrates im Jahr 1963 und dem Verlust des Ministerpostens büßte die Klientelpartei erheblich an politischem Einfluss ein. Daher ist es naheliegend anzunehmen, dass der Zuschlag für das neue Feld der Umweltpolitik diesen Machtverlust ausgleichen sollte. Allerdings sprechen auch noch weitere Gründe für diese Ressortzuordnung. Die enge institutionelle und auch ideelle Nähe von Landwirtschaft und Naturschutz ermöglichte es der DBD, besondere Kompetenzen auf diesem Gebiet zu entwickeln. Außerdem konnten sich DBD-Nachwuchskader auf diesem Feld seit den fünfziger Jahren profilieren.

Mit der Erarbeitung der Prognose »Industrielle Abprodukte« wurde der junge DBD-Funktionär Werner Titel beauftragt. Die Nominierung Titels für diese Aufgabe, der damit zugleich die Nachfolge seines Parteikollegen Paul Scholz als Stellvertreter des Ministerratsvorsitzenden antrat, erscheint auf den ersten Blick überraschend, da es lange danach ausgesehen hatte, dass die künftige politische Führungsfigur innerhalb der DBD Hans Reichelt sein würde. Reichelt, der 1972 nach dessen plötzlichem Tod wiederum Titel beerben sollte, hatte immerhin bereits in den fünfziger und frühen sechziger Jahren zweimal das Amt des Landwirtschaftsministers bekleidet und in dieser Zeit großen Einfluss auf agrarpolitische Themen und die inhaltliche Ausrichtung der DBD genommen,

234 Zur Geschichte der DBD vgl. *Reichelt*, Blockflöten; *Jäger u. Walter*, S. 141–168; *Nehrig*, S. 343–365; *Bauer*; *Wunnicke*, S. 95–111.

235 Die enge Bindung an die SED stützte sich zum einen, wie Theresia Bauer anschaulich herausgearbeitet hat, auf die Anwerbungen einer ganzen Reihe von DBD-(Nachwuchs-)Kadern als inoffizielle Mitarbeiter durch das MfS. Zum anderen übte die SED seit 1952 über den eigens geschaffenen »Sektor Befreundete Organisationen« direkt Einfluss auf die Inhalte und die Kaderpolitik der Blockpartei aus. *Bauer*, S. 240–272 u. 278–295. Vgl. auch *Weber*, S. 24.

wie Theresia Bauer nachweisen konnte.[236] In naturpolitischen Fragen war das von ihm geleitete MfLN aber auch mit führenden Naturschützern in Kulturbund und DAL in Konflikt geraten.[237]

Die beiden innerparteilichen Konkurrenten Reichelt und Titel waren Vertreter zweier unterschiedlicher Nachwuchskohorten, aus denen sich die Führungskader der DBD rekrutierten. Der 1925 geborene Reichelt gehörte zu jenem Funktionärskreis, dem der Zugang zu einer politischen Karriere nach 1945 nur über die Teilnahme an Lehrgängen in sogenannten »Antifaschistischen Frontschulen« möglich war.[238] Als NSDAP-Anwärter und Offizier der Wehrmacht war er 1945 in sowjetische Kriegsgefangenschaft geraten, wo er sich erstmals mit Fragen der sozialistischen Weltanschauung befasste. Nach dieser Rehabilitation und seiner Entlassung im Jahr 1949 wurde Reichelt von führenden Parteivertretern als Mitglied der DBD angeworben. Der aus ärmlichen Verhältnissen stammende Oberschlesier besuchte in den vierziger Jahren die Oberschule, verfügte aber abgesehen von der ideologischen Antifa-Ausbildung zunächst über keine besonderen Qualifikationen. Der Halbwaise konnte dennoch zügig Karriere machen. Bereits 1950, ein Jahr nach seinem Parteieintritt, wurde er in das Sekretariat der Partei aufgenommen und in den Vorstand gewählt.[239] Die für eine weitere politische Karriere notwendigen Qualifikationen holte er Stück für Stück nach: Nachdem er 1953 kurzzeitig das Amt des Landwirtschaftsministers bekleidet hatte, erhielt er eine Ausbildung an der Zentralschule für Agrarpolitik des ZK der SED in Schwerin. Im Anschluss daran war Reichelt als Staatssekretär tätig, ehe er von 1955 bis 1963 erneut das Ministeramt bekleidete. Mitte der sechziger Jahre, unmittelbar nach der Bildung des Landwirtschaftsrates und dem vorläufigen Ende seiner politischen Karriere, absolvierte er ein Hochschulstudium. Im Jahr 1972 folgte dann, nach seiner Ernennung zum Umweltminister, die Promotion an der Berliner Hochschule für Ökonomie.[240]

Der jüngere Titel hingegen – Jahrgang 1931 und daher ohne eine direkte nationalsozialistische Vorbelastung – bereitete den Weg für seinen politischen Aufstieg zielstrebig vor. Der äußerst ehrgeizige Funktionär absolvierte zunächst eine landwirtschaftliche Ausbildung und war Ende der vierziger Jahre einige Zeit als Landarbeiter tätig, bevor er 1950 der DBD beitrat. Dort bekleidete er im Landesverband Brandenburg, später im Bezirksverband Frankfurt (Oder), sowie im Parteivorstand die Funktion eines Jugendreferenten. Im Jahr 1956 begann er parallel zu dieser Tätigkeit ein Fernstudium, dass er 1961 als Diplom-Agrarökonom abschloss. 1965 folgte die Promotion an der HU Berlin mit einer Arbeit über Agrarprobleme in RGW und EWG. Zu dieser Zeit war Titel bereits in das

236 Vgl. *Bauer*, S. 157, 466.

237 Vgl. auch Kap. 1.5.

238 *Bauer*, S. 149 f., 158 f.

239 *Ebd.*, 156 f.

240 Vgl. Biographische Datenbanken, Reichelt, Hans: http://www.bundesstiftung-aufarbeitung.de/wer-war-wer-in-der-ddr-%2363 %3B-1424.html?ID=2790 [letzter Zugriff: 20.05.2016].

Präsidium der DBD aufgerückt, bekleidete als Vorsitzender des Bezirksverbandes Frankfurt (Oder) zahlreiche politische Ämter und war Abgeordneter des Bezirkstages.[241] Hier kam Titel auch erstmals mit naturpolitischen Fragen in Berührung und konnte sich so für seine spätere Tätigkeit profilieren: Im November 1963 wurde der junge DBD-Funktionär zum Vorsitzenden der Ständigen Kommission Naturschutz, Jagdwesen und Forstwirtschaft gewählt, wo er mit Kurt Kretschmann auch charismatische Führungsfiguren des ostdeutschen Naturschutzes kennenlernte.[242] Im Frühjahr 1964 veranstaltete das Gremium beispielsweise auf Anregung Kretschmanns, der ebenfalls der Kommission angehörte, eine Exkursion in das Haus der Naturpflege in Bad Ferienwalde.[243] Die Diskussionen in der Kommission waren zu dieser Zeit – insbesondere aufgrund der Redebeiträge Kretschmanns – sehr lebhaft. Titel kam außerdem mit den vielfältigen Problemen der Naturschutzarbeit hautnah in Berührung. Auf einer Exkursion nach Schwedt, wo Anfang der sechziger Jahre ein petrochemisches Kombinat entstand, bekam die von ihm geleitete Delegation die Geringschätzigkeit zu spüren, mit der man dem Natur- und Umweltschutz vielerorts begegnete. Das zuständige Ratsmitglied der Stadtverwaltung war zu einem vereinbarten Treffen gar nicht erst erschienen. Nur kam auf Druck Titels kam dennoch eine improvisierte Beratung zustande, in der die Abgeordneten auf die Bedeutung des Naturschutzes für die Naherholungsmöglichkeiten und die Lebensbedingungen der Werktätigen aufmerksam machen konnten.[244]

Titel hatte sich bereits zu Beginn seiner Karriere als Geheimer Informator (GI) verpflichtet.[245] Unter dem Decknamen GI »Lehmann« lieferte er zwischen 1958 und 1963 regelmäßig Berichte sowie wichtige Informationen über Diskussionen, Abläufe und Auseinandersetzungen auf der DBD-Führungsebene. Darüber hinaus nutzte er seine Stellung als GI, um eine Reihe von innerparteilichen Kon-

241 Hauptabteilung V/3, Auskunftsbericht, Berlin, den 2.10.1961: BStU, MfS, AIM 9130/63, pag. 52 f.; vgl. auch Biographische Datenbanken, Titel, Werner: http://www.bundesstiftung-aufarbeitung.de/wer-war-wer-in-der-ddr-%2363%3B-1424.html?ID=3547 [Letzter Zugriff: 20.05.2016]; vgl. auch Bauer, Blockpartei, 2003, 159.

242 Beschlußvorlage Nr. 1 b/63 über die Wahl der Vorsitzenden der ständigen Kommissionen des Bezirkstages Frankfurt (Oder), Frankfurt (Oder), den 18.11.1963: Brandenburgisches Landeshauptarchiv, 601 Bezirkstag und Rat des Bezirkes Frankfurt (Oder)/ Nr. 3821.

243 Ständige Kommission Naturschutz, Jagdwesen und Forstwirtschaf, Protokoll Nr. 2 der Sitzung der Kommission vom 15.3.1964 in Finkenheerd, Frankfurt-Oder, 25.3.64: BLHA, 601 Bezirkstag und Rat des Bezirkes Frankfurt (Oder)/Nr. 8015.

244 Naturschutz, Jagdwesen u. Forstwirtschaft, Bericht über den Einsatz von Mitgliedern der Ständigen Kommission für Naturschutz, Jagdwesen und Forstwirtschaft am 14.10.1964 in Schwedt, 19.10.64: BLHA, 601 Bezirkstag und Rat des Bezirkes Frankfurt (Oder)/Nr. 8015.

245 Die Bezeichnung war von 1950–1968 gebräuchlich und wurde daraufhin durch den Begriff des »Inoffiziellen Mitarbeiters« abgelöst. Im Folgenden werden beide Bezeichnungen synonym verwendet. Vgl. zur Begriffsgeschichte: Abkürzungsverzeichnis. Häufig verwendete Abkürzungen und Begriffe des Ministeriums für Staatssicherheit, hg. BStU, Berlin 2015, 117.

kurrenten erfolgreich zu denunzieren und beteiligte sich auch an der gezielten politischen Kompromittierung einzelner Mitarbeiter seitens der Staatssicherheit.[246] Die Einschätzungen und Auskunftsberichte seiner Führungsoffiziere fielen durchweg positiv aus. Lediglich zu Beginn seiner Tätigkeit bemängelte man seitens der Staatssicherheit noch eine fehlende »Eigeninitiative«, die sich aber kurz darauf eingestellt zu haben scheint.[247] Diese Tätigkeit für das MfS und insbesondere die Denunziationen, die Titel gezielt für seine Karriere nutzte, werfen ein ambivalentes Licht auf den machtbewussten Nachwuchspolitiker. Allerdings stand er damit keinesfalls allein: Neben Titel waren in den fünfziger und frühen sechziger Jahren auf den Führungsebenen der DBD mindestens 32 weitere GI bzw. IM aktiv. Die IM-Tätigkeit war geradezu eine Karrierevoraussetzung für Nachwuchskader, wie Bauer hervorhebt.[248] Auch Reichelt spionierte zwischen 1950 und 1953 unter dem Decknamen GI »Heinrich B« für die Staatssicherheit.[249] Beide Umweltminister müssen der Gruppe jener politisch überzeugten GI bzw. IM zugeordnet werden, die ihrer Spitzeltätigkeit mit großer Energie und Skrupellosigkeit nachgingen und sich darin deutlich von anderen Informanten unterschieden.[250]

Die Ernennung Titels zum Umweltminister erfolgte vermutlich nicht nur aufgrund seiner besonderen politischen Qualifikation, sondern dürfte ebenso ein Signal in Richtung des inkorporierten Naturschutzes gewesen sein. Trotz des spürbaren politischen Wandels in den sechziger Jahren hatten viele Naturschützer die Auseinandersetzungen mit der obersten Naturschutzbehörde sicherlich nicht vergessen. Reichelt war insofern politisch vorbelastet, so dass seine Ernennung nach außen eher Kontinuität als einen Neuanfang symbolisiert hätte.[251] Der junge und unverbrauchte Nachwuchskader Titel erschien demgegenüber sicherlich als geeigneter Kandidat, um die Aufrichtigkeit der neuen Umweltpolitik auch nach außen hin zu repräsentieren. Dass er durch seine Spitzeltätigkeit

246 Hauptabteilung V – Abteilung 3 –, Einschätzung, Berlin, den 3. Juni 1959 sowie Hauptabteilung V/3/II, Auskunftsbericht, Berlin, den 24.3.1960: BStU, MfS, AIM 9130/63, pag. 37 u. 41.

247 Der Schlussbericht aus dem Jahr 1963 hielt fest: »Der GI arbeitete seit Juli 1958 auf der Grundlage der politischen Überzeugung mit dem MfS zusammen. Er erwies sich als ein politisch zuverlässiger, disziplinierter und ehrlicher IM. Seine Aufträge erfüllte er stets pünktlich und gewissenhaft.« Hauptabteilung V/3, Schlußbericht GI »Lehmann«, Reg-Nr. MfS 13 395/60, Berlin, den 17.4.1963: MfS, AIM 9130/63, pag. 70.

248 *Bauer*, S. 290f.

249 Vgl. verschiedene Treffberichte in: MfS, AIM, Nr. 127/54, P-Akte, Bd. 1; vgl. auch *Bauer*, S. 279.

250 Bauer unterscheidet neben der Gruppe der politisch überzeugten IM außerdem noch die Gruppen der sog. »Arbeits-IM«, die eher sachbezogen und jenseits interner Machtkämpfe agierten, sowie der »Distanzierer«, die sich zwar zunächst auf eine Mitarbeit mit dem MfS einließen, dann jedoch wieder davon abrückten, die Regeln der Konspiration missachteten und mitunter sogar die Mitarbeit ganz verweigerten. Vgl. *Bauer*, S. 290f.

251 Vgl. dazu Kap. 1.5.

für das MfS darüber hinaus seine politische Loyalität gegenüber dem SED-Staat unter Beweis gestellt hatte, dürfte die Personalie aus der Sicht der Herrschenden abgerundet haben.

Die Wahl Titels für das Amt des Umweltministers sollte der SED-Führung politisch allerdings noch Probleme bereiten. In den Kaderunterlagen und auch in der Verpflichtungserklärung gegenüber dem MfS hatte der Nachwuchsfunktionär angegeben, dass sein Vater, Adolf Titel, 1945 verstorben sei.[252] Ermittlungen aus dem Jahr 1971, die anlässlich seiner bevorstehenden Ernennung zum Umweltminister durchgeführt wurden, hatten allerdings ergaben, dass Titel wichtige Informationen über die Verstrickung seines Vaters in Verbrechen des Nationalsozialismus verheimlicht hatte. Adolf Titel war Mitglied der NSDAP sowie Angehöriger von SS und Polizei war. Der designierte Minister hatte jedoch verschwiegen, dass sein Vater 1948 durch das Landgericht Potsdam für einen im Februar 1933 gemeinschaftlich begangenen Mord an einem Sozialdemokraten aus Arnswalde zum Tode verurteilt worden war. Adolf Titel hatte den SPD-Politiker demnach zusammen mit anderen SS-Männern ermordet und wurde anschließend in Landsberg inhaftiert. Ein SS-Kommando im Auftrag des berüchtigten Generals Erich von dem Bach-Zelewski befreite Titel kurz darauf aus der Haft und half ihm dabei unterzutauchen. Nach der Flucht war er zunächst als Aufseher im Konzentrationslager Sonnenburg tätig, leistete im Anschluss daran seinen Wehrdienst in der Infanterie ab und trat 1939 als Oberwachtmeister in den Polizeidienst ein. Dort machte er Karriere und wurde zwischen 1943 und 1944 auch in den besetzten sowjetischen Gebieten eingesetzt. Kriegsverbrechen konnten ihm jedoch nicht nachgewiesen werden. Seine Haftzeit verbrachte er nach 1945 aufgrund einer schweren Erkrankung überwiegend im Krankenhaus Potsdam-Babelsberg, wo er 1948, noch vor der Urteilsvollstreckung, an den Folgen einer Herzkreislaufschwäche starb.[253]

Der Fall war aus Sicht der SED-Führung äußerst brisant: Nicht nur, dass die Verurteilung des Vaters auch westdeutschen Behörden und Medien bekannt werden konnte, so dass der designierte ostdeutsche Umweltminister äußerst angreifbar gewesen wäre. Bei den internen Ermittlungen 1971 kam außerdem zutage, dass Titel bewusst falsche Angaben gemacht hatte. Demnach besuchte der damals 15jährige seinen Vater während der Untersuchungshaft mehrmals zusammen mit seiner Mutter im Krankenhaus. Die politische Führung zeigte sich allerdings gnädig: Honecker, Stoph und Mielke entschieden gemeinsam, »nichts gegen T. zu unternehmen, da er zum damaligen Zeitpunkt noch sehr jung war und sein Gesamtverhalten als gut eingeschätzt wird.« Der StaSi-Chef ordnete daraufhin an, »alle aufgefundenen Archivmaterialien verschlossen im Sperrarchiv abzulegen« und machte eine Einsichtnahme in die Akten von seiner per-

252 Hauptabteilung V/3, Auskunftsbericht, Berlin, den 2.10.1961: BStU, MfS, AIM 9130/63, pag. 52.

253 MfS, Information über den Stellvertreter des Vorsitzenden des Ministerrates der DDR, Dr. Titel, Werner, Berlin, den 15. Nov. 1971: BStU, MfS, AIM 9130/63, pag. 394–398.

sönlichen Zustimmung abhängig.[254] Der SED-Führung spielte die Affäre somit letztlich sogar in die Karten, da sie ein Druckmittel gegen den Umweltminister in der Hand hielt. Warum die Informationen über die NS-Vergangenheit seines Vaters gerade zu jenem Zeitpunkt ans Licht kamen, als Titel das neue Amt antreten sollte, lässt sich aus den Akten nicht rekonstruieren. Ob ein innerparteilicher Konkurrent – möglicherweise sogar der politisch geschasste Reichelt – Titel denunziert hatte, bleibt Spekulation. Der plötzliche Tod des Umweltministers wenige Wochen darauf erscheint im Licht dieser Ereignisse zwar anrüchig und bietet auf den ersten Blick viel Raum für Verschwörungstheorien. Der schwere Herzinfarkt den er – wie sein Vater etwa 23 Jahre zuvor – an Weihnachten 1971 erlitt, war aber wohl eher der extremen Doppelbelastung geschuldet, die aus der neuen politischen Aufgabe und den parallel laufenden Ermittlungen resultierte, als auf einen Komplott zurückzuführen. Politisch galt Titel nach der Entscheidung der SED-Führungskader als rehabilitiert. Die Urne des Umweltministers wurde im Januar 1971 unter dem Beisein einiger SED- und DBD-Funktionäre auf dem Zentralfriedhof Berlin-Friedrichsfelde beigesetzt.[255]

2.5.2 Neue Institutionen und alte Schaltzentralen: Die Organisation der Umweltpolitik

Die Stellung des Umweltschutzes war trotz des beachtlichen Erfolges, den das Landeskulturgesetz darstellte, zu Beginn der siebziger Jahre unverändert prekär. Zwar befassten sich, wie gezeigt wurde, schon vor 1970 eine ganze Reihe von Behörden mit Umweltfragen. Diese waren jedoch materiell und personell schlecht ausgestattet und mussten gegen zahlreiche Widerstände ankämpfen, wie die Arbeit der Hygieneinspektionen verdeutlicht hat.[256] Das Landeskulturgesetz und eine Reihe darauffolgender Durchführungsverordnungen schufen nun jedoch erstmals eine starke rechtlich Grundlage, auf die sich Naturschutzhelfer, Wasserwirtschaftler, Hygieneärzte und die Mitarbeiter der neuen Umweltschutzverwaltungen beziehen konnten. Fragen nach einer Veränderung der Organisation des Umweltschutzes wurden zuvor fast ausschließlich von Naturschützern diskutiert. In der DAL und im ILN hielt man seit geraumer Zeit die Schaffung eines Landeskulturbeirates für notwendig, der entsprechend den Querschnittsaufgaben des Umweltschutzes an zentraler Stelle beratend und koordinierend tätig sein sollte. Der Ministerrat folgte dieser Forderung und wandelte zu Beginn des Jahres 1969 das Team, das die Prognose »Industrielle Ab-

254 Alle Zitate und Informationen aus: Sekretariat Minister an Genossen Generalmajor Schröder, Genossen Oberst Heinitz, Berlin, den 16.11.1971: BStU, MfS, AIM, 9130/63, pag. 393.

255 Die Printmedien »Neues Deutschland«, »Neue Zeit« und »Berliner Zeitung« berichteten über den Tod in kurzen Beiträgen. Vgl. dazu: Neue Zeit, 28.12.1971, 1 f.; Berliner Zeitung, 27.12.1971, 1 f.; ND, 21.7.1972, 2.

256 Vgl. dazu Kap. 1.4.

produkte« erarbeitet hatte, in eine Ständige Arbeits- und Prognosegruppe für sozialistische Landeskultur um, die direkt dem Ministerrat unterstellt war. Drei Jahre darauf wurde dieses Expertengremium, vermutlich unter dem Eindruck der sich formierenden internationalen Umweltdebatte, in Beirat für Umweltschutz (BfU) umbenannt und erhielt eine neue Arbeitsordnung.[257]

Die Ständige Arbeits- und Prognosegruppe, die nach dem Tod Titels von dessen Nachfolger Reichelt geleitet wurde, setzte sich unter anderem aus Vertretern von Industrieministerien und Behörden sowie aus renommierten Wissenschaftlern zusammen. Zu den Aufgaben des Gremiums zählten bis 1970 die Vorbereitung des Landeskulturgesetzes, die Steuerung der Öffentlichkeitsarbeit und die Erarbeitung einer weiteren Prognose, die unter dem Titel »Sozialistische Landeskultur und Umweltgestaltung« die vorliegenden Ergebnisse vertiefen und ergänzen sollte. Der BfU setzte diese Arbeit ab 1972 fort: Das Gremium sollte die Umsetzung der Umweltpolitik kontrollieren, Gesetze und Verordnungen vorbereiten, die Zusammenarbeit im RGW koordinieren und die ostdeutsche Umweltforschung koordinieren. Darüber hinaus wurde der Beirat damit beauftragt, gesellschaftliche »Initiativen der Werktätigen« zu lenken und ideologische Antworten auf die Herausforderung durch die westliche Umweltdebatte zu erarbeiten, die von Seiten der SED insbesondere in Form der Konvergenztheorie als Bedrohung wahrgenommen wurde.[258] Die Bündelung aller für die Lösung der drängendsten Umweltprobleme relevanten Akteure in einem zentralen Gremium hätte durchaus das Potential haben können, umweltpolitische Ideen und Konzepte besser in die Praxis umzusetzen und Widerstände aus den Industrieministerien zu brechen. Diesem Anspruch konnte der Beirat jedoch nicht gerecht werden. Es scheint, als hätte sich die Arbeit der Experten und Funktionäre im Laufe der siebziger Jahre von einer gestalterischen, von Zuversicht getragenen Aufgabe in eine passive Verwaltung der sich stetig verschlechternden Umweltbedingungen gewandelt. Die Lektüre immer wiederkehrender Problemthemen in den Tagesordnungen der Beiratssitzungen belegt sehr anschaulich, wie sich das Gremium zunehemend im Klein-klein der umweltpolitischen Sisyphusarbeit verlor und als Lösung immer häufiger die Vertagung von Sanierungsmaßnahmen in die folgenden Jahres- oder Fünfjahrespläne empfehlen musste. Pessimismus scheint sich unter den Experten aber dennoch nicht breit gemacht zu haben, wie der Zeitzeugenbericht eines langjährigen Mitgliedes des Beirates nahelegt. Es scheint, als habe sich hier eine seltsame Mischung aus Pragmatismus und

257 MR-Beschluß vom 5.2.1969 über die planmäßige Entwicklung einer sozialistischen Landeskultur in der DDR: BArch, DC 20-I/3/715, pag. 42; Arbeitskonzeption der Prognosegruppe des Ministerrates »Sozialistische Landeskultur und Umweltgestaltung«, Berlin, den 27.11.1969: BArch, DC 20/22573; Präsidium des Ministerrates, Beschluß über weitere Maßnahmen zur Leitung und Planung der sozialistischen Landeskultur und des Umweltschutzes vom 20.9.1972: BArch, DK 5/1971; Beirat für Umweltschutz beim Ministerrat der DDR, Protokoll der 1. Tagung des Beirates für Umweltschutz beim Ministerrat am 27.4.1972: BArch, DK 5/4350.

258 Ebd.

einer unkritischen Akzeptanz der prekären Rahmenbedingungen eingestellt, die auch in der Rückschau von ehemaligen Mitarbeitern anderer ostdeutscher Umweltschutzbehörden beschrieben wurde.[259]

Noch bis zu Beginn der siebziger Jahre finden sich in den Quellen keine Hinweise, die auf weitere organisatorische Umstrukturierungen im Bereich der Umweltpolitik hingedeutet hätten. Die Forderung nach der Schaffung eines Umweltministeriums kam im Vorfeld schon deshalb nicht auf, weil auf Seiten der Umweltreformer eigentlich Konsens darüber bestand, dass die Interessen des Umweltschutzes nur an zentraler Stelle durchgesetzt werden konnten. Unklar war bis dahin lediglich die Frage gewesen, ob dafür der Ministerrat oder die SPK der geeignetere Ort war. Ein Ministerium, das keinen direkten Einfluss auf die Investitionspläne der Wirtschaftszweige ausüben konnte und dem darüber hinaus geeignete Vollzugs- und Kontrollorgane auf Bezirks- und Kreisebene fehlten, wäre letztlich dazu verdammt gewesen, ein Papiertiger zu bleiben. Schon das mühselige Ringen um ein Luftreinhaltegesetz, mit dem das Gesundheitsministerium in den sechziger Jahren am Widerstand der Industrieministerien gescheitert war, hatte das deutlich gemacht. Umso überraschender erscheint aus der Rückschau die Bildung eines Ministeriums für Umweltschutz und Wasserwirtschaft zu Beginn des Jahres 1972. Die direkte zeitliche Nähe zur ersten Umweltkonferenz der Vereinten Nationen in Stockholm, die nur wenige Monate darauf stattfinden sollte, hat daher früh die Annahme beflügelt, dass es sich dabei lediglich um eine geschickte PR-Maßnahme der SED-Führung gehandelt habe.[260]

Die Bildung des Ministeriums und die Aufgabenstellung des Umweltministers vor diesem Hintergrund alleine in das Licht einer auf diplomatische Anerkennung und die Aufnahme in die Vereinten Nationen ausgerichteten Außenpolitik zu rücken, ist jedoch abwegig.[261] Als Reichelt sein Amt im Januar 1972 antrat, war der Streit um die Einladung einer ostdeutschen Delegation längst eskaliert und eine Teilnahme der DDR an der Konferenz mehr als unwahrscheinlich geworden. Schon im Dezember 1970 deutete sich an, dass die DDR

259 Vgl. zur weiteren Arbeit des BfU und zu dessen Einschätzung: *Oehler*, Funktion, S. 1–44, insbes. 19–44. Zur Haltung der Mitarbeiter der Umweltbürokratie vgl. z. B. Telefongespräch mit Dr. Klaus Hammje, ehem. Leiter der Abteilung Lufthygiene, BHI Halle, 25.9.2015; *Hermann*, S. 249–260, hier 260.

260 Huff hebt beispielsweise hervor, dass Reichelts Auftrag als neu berufener Umweltminister zunächst nur darin bestanden habe, eine Teilnahme der DDR an der Konferenz zu erreichen, die die Bundesrepublik im Vorfeld erfolgreich zu verhindern suchte, da eine offizielle Einladung einer diplomatischen Anerkennung des ostdeutschen Staates gleichgekommen wäre. Die Gründung des MUW bezeichnet er als »Propagandaveranstaltung«, aus der für die Umweltpolitik kein Zuwachs von Handlungsmöglichkeiten erwachsen sei. Hypothetisch, aber dezidiert vorsichtig formuliert brachte bereits Würth 1985 diese Interpretation in die Diskussion ein. Vgl. *Huff*, Natur, S. 177 u. 181 sowie *Würth*, S. 49; ähnlich: *Hünemörder*, Frühgeschichte, S. 262 f.

261 *Wensierski*, Von oben, S. 49; Diese These wurde seitdem immer wieder unkritisch aufgegriffen. Vgl. dazu den Abschnitt »Forschungsstand« in der Einleitung.

gegen den Protest der UdSSR nicht mit dem Status eines souveränen Staates eingeladen werden sollte. Der Beschluss der UN-Generalversammlung zur Anwendung der »Wiener Formel« ein Jahr darauf, wonach nur Mitglieder der Vereinten Nationen oder ihrer Sonderorganisation als vollberechtigte Staaten an der Konferenz teilnehmen konnten, gipfelte dann in einen offenen Konflikt zwischen den »Blöcken«. Die meisten sozialistischen Staaten boykottierten die Konferenz daraufhin. Die bundesdeutsche Außenpolitik, die hier trotz der zeitgleich aufziehenden Entspannung zwischen West und Ost noch ganz im Zeichen der »Hallstein Doktrin« agierte, hatte die gleichberechtigte Teilnahme Ostdeutschlands erfolgreich verhindert – eine Ironie der Geschichte, denn die Aufnahme beider deutscher Staaten in die Vereinten Nationen ein Jahr nach der Konferenz machte diese Episode des Kalten Krieges letztlich überflüssig.[262]

Die neue ostdeutsche Umweltpolitik erhielt durch die Dynamik der internationalen Umweltdebatte aber zweifelsohne Auftrieb: Schon die Verwendung des westlichen Umwelt- anstelle des viel sperrigeren Landeskulturbegriffes war ein klares Signal an die internationale Staatengemeinschaft. Die Bildung eines neuen Ministeriums war aber letztlich vielmehr eine innenpolitische Konsequenz des umweltpolitischen Aufbruchs und einer planwirtschaftlichen Handlungslogik als Teil einer auf diplomatische Anerkennung ausgerichteten außenpolitischen Strategie. Denn beginnend ab 1973 sollten erstmals Umweltschutzinvestitionen in die jährlichen Volkswirtschaftspläne aufgenommen werden. Das MUW erhielt in diesem Zusammenhang den Auftrag, die SPK bei der Auswahl geeigneter Maßnahmen und der Gewichtung von Investitionsprojekten zu unterstützen, um das Ziel der Umweltpolitik, im Süden der DDR eine Verbesserung der vielerorts kaum noch tragbaren Lage herbeizuführen, zügig anzugehen.[263] Die bereits bestehende Ständige Arbeitsgruppe für sozialistische Landeskultur beim Ministerrat, die die Prognose »Industrielle Abprodukte« erarbeitet hatte, vereinte zwar wichtige umweltpolitische Akteure an einen Tisch, verfügte als Expertengremium aber nicht über die bürokratischen Kapazitäten, um die aufwendigen Planunterlagen zu erarbeiten.

Die Bezeichnung der neuen Institution täuschte allerdings darüber hinweg, dass Umweltschutz nicht die wichtigste Aufgabe des Ministeriums war. Denn das MUW setzte sich im Wesentlichen aus dem früheren Amt für Wasserwirtschaft, das mit der Gründung 1971 aufgelöst wurde, und jenem Zuständigkeitsbereich zusammen, den Werner Titel seit 1969 als Sonderbeauftragter des Ministerrates verantwortete. Diese Zusammenführung war aus Sicht der Regierung durchaus naheliegend, da das AfW als zentrale Behörde direkt dem Ministerrat unterstellt war und seit den fünfziger Jahren auch das Feld der Gewässereinhaltung koordinierte, während andere Umweltbehörden, wie etwa die Hygiene-

262 *Hünemörder*, Frühgeschichte, S. 262–267; vgl. auch *Radkau*, Ära, S. 132; *Weber*, S. 86–89.

263 Präsidium des Ministerrates, Beschluß über weitere Maßnahmen zur Leitung und Planung der sozialistischen Landeskultur und des Umweltschutzes vom 20.9.1972: BArch, DK 5/1971.

inspektionen oder die Naturschutzverwaltung, bereits in die Strukturbereiche des Gesundheits- bzw. des Landwirtschaftsministeriums integriert waren. Den weitaus größten Raum innerhalb des MUW nahmen daher zunächst wasserwirtschaftliche Fragen ein. Neben dem Reichelt direkt unterstellten Ministerbüro gliederte sich das Ministerium in einen Bereich des Staatssekretärs und die Stellvertreterbereiche für »Wasserbewirtschaftung«, »Wasserversorgung«, »Umweltschutz und Landeskultur« sowie »Internationale Zusammenarbeit«. Ferner wurde das Institut für Wasserwirtschaft in das Ministerium integriert.[264] Reichelt waren unter anderem die Abteilungen für »Kader und Bildung«, »Inspektion und Kontrolle« sowie das Pressereferat direkt unterstellt. Das entsprach seinem Aufgabenprofil, das neben der Aushandlung internationaler Umweltabkommen und der Öffentlichkeitsarbeit insbesondere den Auftrag umfasste, das Ministerium politisch auf dem von der SED vorgegebenen Kurs zu halten. Der langjährige Direktor des AfW, Johannes Rochlitzer, bekleidete bis 1975 den Posten eines Staatssekretärs und war darüber hinaus bis 1982 als Sonderbeauftragter für die Umsetzung der Ostseekonvention im Ministerium tätig, ehe er im Alter von 77 Jahren in den Ruhestand ging.[265] Der nominell schwächste Stellvertreterbereich für »Umweltschutz und Landeskultur«, der bis in die achtziger Jahre hinein nur zwei Abteilungen und den neu geschaffenen Forschungsbereich »Umweltschutz« innerhalbd des IfW umfasste, wurde von Guido Thoms geleitet. Der 1924 geborene Wasserwirtschaftler war 1959 in die SED eingetreten und hatte in den fünfziger und sechziger Jahren eine regelrechte Bilderbuchkarriere hingelegt. Von 1968 bis 1971 war Thoms erster Stellvertreter Rochlitzers, ehe er unter der Leitung Titels in die Ständige Arbeitsgruppe für sozialistische Landeskultur berufen wurde und schließlich in die Führungsebene des MUW wechselte.[266] Die Besetzung der Posten des Staatssekretärs und des stellvertretenden Umweltministers mit langgedienten und zudem jahrgangsälteren SED-Kadern sollte der Partei wohl die innere Kontrolle über das von einem DBD-Funktionär geführte Haus garantieren.

Das Ministerium war zunächst ganz in der Hand der Wasserwirtschaft und auf deren Bedürfnisse ausgerichtet. Es dauerte zudem noch einige Zeit, bis das Haus seine Arbeit aufnehmen konnte: Das Kollegium, in dem die Führungskräfte zusammen mit Vertretern der für die Bereiche Umweltschutz und Wasserwirtschaft zuständigen ZK-Abteilung für Grundstoffindustrie sowie dem Parteisekretär der SED-Grundorganisation im Ministerium strategische Entscheidungen und Grundsatzfragen berieten, trat erstmals 1973 zusammen.[267]

264 Aufgabenstellung der Abteilungen des Ministeriums für Umweltschutz und Wasserwirtschaft, Entwurf, 25.9.1976: BArch, DK 5/3646; Thürnagel, Trinkwasserversorgung, 2014, 73f. Zum Aufbau des IfW vgl. auch Kap. 1.3.

265 Personalakte Johann Rochlitzer, geb. am 7.1.1904: BArch, DC 20/8334.

266 Personalakte Guido Thoms, geb. am 3.7.1924: BArch, DC 20/8426.

267 Stellvertreter des Vorsitzenden des Ministerrates und Minister für Umweltschutz und Wasserwirtschaft, Information zur Arbeit des Kollegiums des Ministeriums für Umweltschutz und Wasserwirtschaft 1973, o. D. [12.2.1974]: BArch, DK 5/3643.

Ein Statut wurde erst zwei Jahre darauf, im Oktober 1975, vom Ministerrat bestätigt.[268] Einige Stellvertreterbereiche und Abteilungen befanden sich zu diesem Zeitpunkt immer noch im Aufbau. Mit der überstürzt wirkenden und sich an bestehenden institutionellen Strukturen orientierenden Bildung des Ministeriums konnte außerdem ein weiteres Grunddilemma der Umweltpolitik – die Kompetenzzersplitterung – nicht befriedigend gelöst werden: Denn neben dem MUW waren weiterhin auch das Gesundheitsministerium (Luftreinhaltung, Lärmschutz und Hygiene), das Ministerium für Wissenschaft und Technik (Umweltforschung), das Landwirtschaftsministerium (Boden- und Naturschutz) sowie das Innenministerium (Abgas- und Lärmerzeugung bei Kraftfahrzeugen, bis 1981 Meteorologischer Dienst) mit Teilaufgaben des Umweltschutzes betraut.[269] Die von einigen westlichen Beobachtern in den siebziger Jahren aufgrund ihrer vermeintlich besseren Durchsetzungsfähigkeit bewunderte ostdeutsche Planwirtschaft zeigte sich hier von ihrer ineffektiven Seite.[270]

Angesichts dieser schwierigen Ausgangslage, ist die Frage, welche Einflussmöglichkeiten das Umweltministerium auf den Staats- und Parteiapparat ausüben konnte, von entscheidender Bedeutung. Formal gesehen war Umweltschutz mit der Verabschiedung des Landeskulturgesetzes auf der politischen Agenda der DDR angekommen. Auch der neue Erste Sekretär der SED, Erich Honecker, bekräftigte auf dem VIII. Parteitag 1971 öffentlich den hohen Stellenwert der Umweltpolitik.[271] Dieses Bild gerät jedoch ins Wanken, wenn man die Stellung des MUW innerhalb der informellen Institutionennomenklatur der DDR betrachtet. Die SED übte einen absoluten Herrschaftsanspruch aus und versuchte alle Politik- und Gesellschaftsbereiche weitestmöglich zu kontrollieren. Dazu besetzte die Parteiführung wichtige Funktionen mit SED-Kadern und spiegelte die Ressorts des Ministerrates in den parteiinternen Strukturen. Jedes Ministerium arbeitete eng mit einer Abteilung innerhalb des Zentralkomitees der SED zusammen, die wiederum von einem Sekretär geleitet wurde. Informationen, Vorlagen und Beschlussentwürfe, die für die Parteiführung von zentraler Relevanz waren, mussten zuvor die zuständigen Abteilungen und Sekretariate durchlaufen, ehe sie vom Politbüro beschlossen und an den Ministerrat weiter-

268 Statut des Ministeriums für Umweltschutz und Wasserwirtschaft. Beschluß des Ministerrates vom 23. Oktober 1975, in: GBl. DDR, I, 1975, S. 699–702.

269 MUW; Zusammenstellung von Material über den Umweltschutz in der DDR, 7.4.83: SAPMO, DY 3023/1148, pag. 23 ff.; Würth, Umweltschutz, 1985, 50 f.; *Thürnagel*, S. 74

270 Die westliche Debatte über mögliche Vorteile eines »totalitär, planwirtschaftlich-zentralistischen Systems« bei der Bewältigung der Umweltproblematik verlief allerdings bereits früh sehr kritisch und betonte, dass vorhandene Vorteile tendenziell mit dem Voranschreiten des wissenschaftlich-technischen Entwicklung abnähmen und grundsätzlich vom politischen Durchsetzungswillen abhingen. Vgl. dazu *Gruhl*, S. 309 ff. Zur historischen Rezeption vgl. *Brüggemeier*, Schranken, S. 267 ff.

271 Bericht des Zentralkomitees an den VIII. Parteitag der Sozialistischen Einheitspartei Deutschlands: SAPMO, DY 30/2049, pag. 58; vgl. auch VIII. Dokumente des Parteitages der Sozialistischen Einheitspartei Deutschlands, Berlin, 15. bis 19. Juni 1971, Berlin 1974, S. 101 f.

gegeben wurden. Für die Anleitung des MUW war die 1953 gebildete Abteilung Grundstoffindustrie zuständig, die dem Büro für Industrie und Bauwesen beim Politbüro bzw. dem Sekretär für Wirtschaftsfragen – bis 1973 und von 1976 bis 1989 von Günter Mittag bekleidet – unterstellt war. Nach Ulbrichts Tod, infolge dessen Mittag zusammen mit anderen Vertretern des wirtschaftspolitischen Reformflügels formell gemaßregelt und zeitweise in den Ministerrat zwangsversetzt wurde, hatte kurzzeitig Werner Krolikowski diese Position inne.[272]

Die SED konnte auf diese Weise massiven Einfluss auf die Arbeit der Regierung und die einzelnen Ministerien ausüben, die ohnehin mehrheitlich mit SED-Funktionären und loyalen Kadern der Blockparteien besetzt waren. Unklar ist allerdings immer noch, wie weitreichend diese Form der diktatorischen Herrschaft im politischen Alltag war.[273] Glaubt man der politischen Rechtfertigungsschrift, die Günter Mittag ein Jahr nach der Widervereinigung veröffentlichte, war es Ministern durchaus möglich, sich gegen die Haltung der zuständigen ZK-Sekretäre durchzusetzen.[274] Zwar erscheint diese aus der Rückschau getroffene Einschätzung schon deshalb zweifelhaft, weil Mittag über sehr weitreichende Befugnisse verfügte und nach der Wiedervereinigung darum bemüht war, eine Alleinschuld am Niedergang der DDR und den Verfehlungen des SED-Regimes von sich zu weisen. Wie Monika Kaiser aber herausarbeitete, unterschied sich die Herrschaftspraxis der SED der späten Ulbricht-Ära jedoch deutlich von der Honecker-Ära. Ulbricht hatte bereits Ende der fünfziger Jahre damit begonnen die Führungsgremien der Partei zu öffnen und das ZK in ein »Konsultationsgremium« (P. C. Ludz) umzuwandeln, so dass es auch Führungskadern der Blockparteien und wissenschaftlichen Experten möglich gewesen war, spezifische Probleme und politische Initiativen vorzutragen. Die Einrichtung eines strategischen Arbeitskreises Mitte der sechziger Jahre verfolgte das Ziel, dem in Ulbrichts Augen erstarrten ZK-Parteiapparat eine Denkwerkstatt entgegenzusetzen, die sich dem Einfluss der Politbürokratie entzog und offen gegenüber Ideen und Impulsen aus der Wissenschaft war.[275] Die Etablierung eines so umfassenden und innen- wie außenpolitisch folgenreichen Projektes wie der Umweltpolitik wäre auf dem unter Honecker unerlässlichen Weg durch die bürokratischen Instanzen des Parteiapparates womöglich von vornherein gescheitert.

272 Vgl. Weber, DDR, 2000, 17, 21; Amos, Politik, 2003, 392 ff., insbes. Anm. 288; Malycha, SED, 2014., 95; Biographische Datenbanken, Mittag, Günter: http://www.bundesstiftung-aufarbeitung.de/wer-war-wer-in-der-ddr-%2363 %3B-1424.html?ID=2343 [letzter Zugriff: 15.09.2016]; Biographische Datenbanken, Krolikowski, Werner: http://www.bundesstiftung-aufarbeitung.de/wer-war-wer-in-der-ddr-%2363 %3B-1424.html?ID=1918 [letzter Zugriff: 15.09.2016].

273 Vgl. *Gieseke u. Wentker*, S. 7–15.

274 *Mittag*, Preis, S. 269.

275 *Kaiser*, S. 37–47, 400 f.; Zur begrifflichen Charakterisierung des ZK vgl. auch *Ludz*, S. 55. Die Darstellung wurde kürzlich durch eine neue Studie infrage gestellt, ohne dass die von Kaiser aufgestellte These allerdings widerlegt werden konnte. Vgl. *Bergien*, S. 215 f.

Die These, dass es dem Umweltministerium »ohne die Mitarbeit der Abteilung Grundstoffindustrie« nicht möglich war, »eigene Themen auf die politische Agenda zu setzen«, muss also sowohl zeitlich als auch inhaltlich differenziert werden – zumal, wenn man die Phase berücksichtigt, in der Werner Titel als de facto Umweltminister bereits mit entsprechenden Sondervollmachten des Ministerrates ausgestattet war.[276] Die Klientelinteressen des Naturschutzes, Klagen von Wasserwirtschaftlern und Hygieneärzten oder Forderungen von Eingabenprotesten drangen auch an der Abteilung Grundstoffindustrie vorbei bis zur obersten politischen Ebene vor. Der Machtwechsel von Ulbricht zu Honecker kappte diese Möglichkeiten nicht abrupt. Schon die Rolle des Wirtschaftssekretärs des ZK ist in dieser Zeit des Übergangs undurchsichtig. Während Mittag nach der Wende einräumte, dass »das auf dem Gebiet des Umweltschutzes Erreichte … unter keinen Umständen als befriedigend angesehen werden« könne, finden sich in den Quellen keine Hinweise darauf, dass er das Landeskulturgesetz oder dessen Umsetzung grundsätzlich zu verhindern versucht hätte. Die Einflussnahme Krolikowskis auf die Umweltpolitik lässt sich hingegen nur schwer einschätzen. In seine Zeit als ZK-Sekretär für Wirtschaftsfragen fiel der Beginn einer restriktiven Wende in der Umweltpolitik.[277] Krolikowski, der ökonomisch als unbegabt galt und dessen Berufung auf den Posten als wirtschaftspolitischer Rückschritt wahrgenommen wurde, war Verfechter eines rückwärtsgewandten Industrialismus. Den konsumpolitischen Kurs Honeckers lehnte er ab. Der Opportunist unterstützte die Politik des Generalsekretärs zwar nach außen hin bedingungslos, nutzte aber jede Gelegenheit, um Honecker hinter dessen Rücken bei der sowjetischen Führung zu denunzieren. Ökonomisch vertrat Krolikowski einen konservativen industriepolitischen Kurs, der auf extensives Wachstum setzte und Forderungen nach einer Intensivierung und Rationalisierung der Produktion skeptisch betrachtete – eine Grundlinie, die auch im Widerspruch zu umweltpolitischen Erfordernissen stand.[278]

Die Zusammenarbeit zwischen dem MUW und der Parteibürokratie scheint in den ersten Jahren ungeachtet dessen aber gut funktioniert zu haben. Das neu geschaffene Ministerium profitierte vom hohen Stellenwert, den der Umweltschutz auf dem VIII. Parteitag erhielt. Auch die enge Bindung an das wohl mächtigste ZK-Sekretariat, das nahezu alle ökologisch problematischen Wirtschaftszweige unter sich vereinte, erwies sich in der Phase des Machtwechsels von Ulbricht zu Honecker als vorteilhaft. Blickt man auf eine zentrale Aufgabe des Ministeriums – die Verankerung umweltpolitischer Investitionen in den Plänen – stellten sich zunächst Erfolge ein. Der von der Prognose »Industrielle Abprodukte« errechnete Investitionsbedarf für den Zeitraum von 1971–1980

276 Zur These: *Huff*, Natur, S. 180.
277 Vgl. dazu Kap. 3.1.
278 *Malycha*, SED, S. 93, 101, 112 f., 244–247, 251, 362 u. 440 ff.; vgl. auch: *Sabrow*, Repräsentant, S. 61–88, hier Anm. 21 u. 60; *Bergien*, S. 343 ff.

konnte in der Gewässerreinhaltung bis zum Jahr 1974 zwar nur mit etwas mehr als zehn Prozent in die Pläne eingearbeitet werden. In der Luftreinhaltung und der Abproduktebeseitigung betrug dieser Anteil jedoch schon knapp 34 bzw. 18 Prozent. Das erscheint bemerkenswert, da die Plankennziffer »Umweltschutz« überhaupt erst ein Jahr zuvor in Folge eines Ministerratsbeschlusses in die Volkswirtschaftspläne aufgenommen worden war.[279] Diese Zahlen, die allerdings keine Aussage über die Wirksamkeit der Investitionen machen, belegen sehr anschaulich, dass das Umweltministerium durchaus über Gestaltungsspielräume verfügte.[280]

Eine deutliche Stärkung des MUW erfolgte Ende des Jahres 1972. Im Ministerium setzten in Folge einer Ministerratsentscheidung über den weiteren Ausbau der Leitungs- und Planungsstrukturen auf dem Gebiet der Umweltpolitik die Vorbereitung des Aufbaus einer Umweltverwaltung auf der Bezirks- und Kommunalebene ein.[281] Ein neues Gesetz, dass die Stellung der örtlichen Volksvertretungen in der DDR grundsätzlich aufwerten sollte, um die mit dem »demokratischen Zentralismus« fast zwangsläufig einhergehende Überlastung der zentralen Staatsorgane einzugrenzen, wies den Räten zudem mehr Kompetenzen im Umweltschutz zu.[282] Der Gesetzesentwurf, der im Frühjahr 1973 zur Diskussion gestellt wurde, war aus Sicht des MUW ein voller Erfolg und belegt einmal mehr, dass die Bildung des Umweltministeriums keine bloße Politpropaganda war. Das wird auch durch eine Aussprache zwischen Reichelt, den stellvertretenden Vorsitzenden der Bezirksräte, Bezirkstagsabgeordneten aus Halle und anderen kommunalen Führungskadern im Februar 1973 unterstrichen: »Die Diskussion vermittelte die Erkenntnis«, so eine Information zur Veranstaltung, »daß dort zuerst spürbare Verbesserungen erreicht werden, wo die örtlichen Organe aktiv den Prozeß zur Lösung der Umweltprobleme leiten und wo sie verstehen, den Betrieben in ihrem Territorium … Auflagen vorzugeben.«[283] Die anwesenden Funktionäre begrüßten die geplante Schaffung von Ratsbereichen und Fachabteilungen für Umweltschutz und Wasserwirtschaft und sahen gerade in deren doppelter Unterstellung – gemeint war die formale Zugehörigkeit zu den Bezirks- bzw. Kommunalräten bei gleichzeitiger Anleitung durch das MUW – einen großen Vorteil. Von der engen Beziehung zum Ministerium

279 Präsidium des Ministerrates, Beschluß über weitere Maßnahmen zur Leitung und Planung der sozialistischen Landeskultur und des Umweltschutzes vom 20.9.1972: BArch, DK 5/1971.

280 Zur Wirksamkeit der Investitionen vgl. ausführlich Kap. 3.1.

281 Präsidium des Ministerrates, Beschluß über weitere Maßnahmen zur Leitung und Planung der sozialistischen Landeskultur und des Umweltschutzes vom 20.9.1972: BArch, DK 5/1971.

282 Gesetz über die örtlichen Volksvertretungen und ihre Organe in der Deutschen Demokratischen Republik, in: GBl. I, 1973, S. 313–335; vgl. auch *Weber*, S. 83.

283 Information über das Auftreten des Stellvertreter des Vorsitzenden des Ministerrates und Ministers für Umweltschutz und Wasserwirtschaft, Berlin, den 20.2.1973: BArch, DK 5/4185.

erhofften sie sich zum einen mehr politisches Gewicht für ihre Arbeit. Zum anderen versprachen sich die Bezirks- und Kreisfunktionäre von der Weisungsbefugnis des Umweltministers bessere Durchsetzungsmöglichkeiten gegenüber renitenten Betriebs- und Kombinatsleitungen.[284]

Auch die Industrie scheint das Gesetz grundsätzlich begrüßt zu haben und verfolgte ähnlich, wie schon vor der Verabschiedung des Landeskulturgesetzes, eine korporative Strategie. Der Generaldirektor des CKB, Heinz Schwarz, maß dem Entwurf eine große Bedeutung bei und hob einmal mehr hervor, dass die Industrie an Handlungssicherheit interessiert war.[285] Mit Blick auf die vorherrschende Praxis bei der Schadensregulierung klagte Schwarz außerdem, dass »die Inanspruchnahme lediglich eines Emittenten unter vielen … äußerstenfalls zu Einzelmaßnahmen bei diesen« führe, die keine Verbesserung der Gesamtsituation zur Folge hätten. Der Generaldirektor kritisierte darüber hinaus die Kompetenzzersplitterung auf dem Gebiet des Umweltschutzes, die seiner Ansicht nach zu einer Verwässerung der Umweltpolitik führen würde, zuallererst aber wohl auf Kosten der betrieblichen Handlungssicherheit ging und daher nicht in seinem Interesse war. Er schlug daher vor, den Bezirksräten »Forderungsrechte« einzuräumen, mit denen sie Einfluss auf die Pläne von Emittenten und Betroffenen nehmen konnten. Eine »Aufhebung oder Verschiebung derartiger Planaufgaben« sollte seiner Meinung nach an die Zustimmung der Bezirksräte geknüpft werden, die neben diesem weitreichenden Eingriffsrecht in innerbetriebliche Abläufe auch bessere Sanktionsmöglichkeiten erhalten sollten.[286] Die entscheidende Triebkraft für dieses weite Entgegenkommen des Generaldirektors war wohl die Sorge, dass das neue Gesetz »sämtliche örtliche Staatsorgane in diesem Zusammenhang für zuständig«[287] erklären könnte und somit nicht nur die Bezirke, sondern auch die Kreise und Städte in die Lage versetzt hätte, der Industrie Auflagen zu erteilen. Tatsächlich sah der Gesetzentwurf eine solche Aufwertung der Kommunen vor. Im Blickpunkt stand dabei allerdings weniger die Absicht, dass die Jahrespläne der großen Kombinate künftig von städtischen Fachabteilungen für Umweltschutz und Wasserwirtschaft mitbestimmt werden sollten. Dem Umweltministerium und der Regierung ging es vielmehr darum, einerseits im Zusammenwirken von Räten, Betrieben und gesellschaftlichen Massenorganisationen die Umweltsituation in den Kommunen zu verbessern, die Umsetzung von Anpassungsmaßnahmen zu erleichtern und die Stellung der Kommunalverwaltungen im Standortgenehmigungsverfahren zu stärken. Andererseits sollten die Kreis- und Stadtverwaltungen insbesondere

284 Ebd.

285 VEB Chemiekombinat Bitterfeld, Der Generaldirektor an Büro des Ministerrates, Genossen Staatssekretär Dr. Rost, Entwurf des Gesetzes über die örtlichen Volksvertretungen und ihre Organe in der Deutschen Demokratischen Republik, Bitterfeld, 30.3.1973: BArch, DK 5/4185.

286 Alle Belege und Zitate: Ebd.

287 Ebd.

die Vielzahl der kleinen und mittelgroßen Betriebe überwachen, die regional ebenfalls erhebliche Umweltprobleme verursachten.[288]

Der Ministerrat legte im Frühjahr 1974 auf der Grundlage des »Gesetzes über die örtlichen Volksvertretungen und ihrer Organe« fest, dass auch die Räte der Bezirke und Kommunen eigene Ratsbereiche bzw. Fachorgane für Umweltschutz und Wasserwirtschaft zu bilden hatten, die dem Vorbild des Umweltministeriums folgend verschiedene Kompetenzen bündeln sollten.[289] Der Aufbau dieser Verwaltungsstrukturen vollzog sich jedoch, wie schon zuvor bei den Naturschutzverwaltungen, nur langsam. Erst nach den Volkswahlen im Jahr 1976 verfügten alle Bezirksräte über entsprechende Ratsbereiche. Auf kommunaler Ebene war die Bildung der Fachorgane nach den Kommunalwahlen 1979 abgeschlossen.[290] Die neu geschaffenen Verwaltungsstrukturen leisteten

288 Vgl. Entwurf einer Rahmenregelung über Aufgaben und Arbeitsweise der Fachorgane Umweltschutz und Wasserwirtschaft bei den Räten der örtlichen Volksvertretungen, o. D. sowie Akademie für Staats- und Rechtswissenschaften der DDR, Die Verantwortung der örtlichen Volksvertretungen und ihrer Organe für die Leitung und Planung der sozialistischen Landeskultur einschließlich des Umweltschutzes, Babelsberg, den 10. Dez. 1974, beide: BArch, DK 5/2545.

289 Vorlage zum Beschluß über die Zusammensetzung und die Organisation der örtlichen Räte in der Deutschen Demokratischen Republik: BArch, DC 20-I/3/1118, pag. 104ff.

290 Die am stärksten von Umweltproblemen betroffenen Bezirke hatten allerdings bereits vor der Weisung des Ministerrates damit begonnen, die neue Umweltpolitik strukturell umzusetzen. Der Bezirk Halle nahm infolge des Bezirkstagsbeschlusses über »Hauptaufgaben, Zielstellungen und Lösungswege zur Reinhaltung der Luft und der Gewässer« vom Mai 1968 ohnehin eine Vorreiterrolle auf diesem Gebiet ein. Der Bezirk Karl-Marx-Stadt richtete beispielsweise im Herbst 1974 eine entsprechende Abteilung ein. Der andernorts zögerlich wirkende Aufbau der neuen Verwaltungsstrukturen war hingegen nicht zwangsläufig Ausdruck eines Desinteresses. Der Rat des Bezirkes Dresden, dessen stark industrialisiertes und dicht besiedeltes Elbtal ebenfalls zu den ökologischen Brennpunkten der DDR zählte, schuf zwar erst mit Jahresbeginn 1975 ein Fachorgan für Umweltschutz und Wasserwirtschaft. Der Bezirkstag hatte aber bereits im Dezember 1971 eine Kommission für »Sozialistische Landeskultur« konstituiert, die knapp zwei Jahre darauf nach dem Hallenser Vorbild ebenfalls ein regionales Umweltprogramm vorlegte. Kommissionen für sozialistische Landeskultur entstanden zu Beginn der siebziger Jahre auch in anderen Bezirken, etwa in Potsdam. Umweltprogramme auf kommunaler Ebene folgten hingegen oftmals erst mit einer deutlichen zeitlichen Verzögerung, so beispielsweise in Brandenburg im Herbst 1975. Vgl. dazu: Ministerium für Umweltschutz und Wasserwirtschaft, Bericht über die Ergebnisse der Entwicklung des Umweltschutzes in der DDR 1976–1980, Berlin 1981: BArch, DK 5/1337; RdB Halle, Beschluss, Schlußfolgerungen zu Problemen des Umweltschutzes im Bezirk Halle (aus der Vorlage an das Sekretariat der Bezirksleitung Halle der SED), Halle (Saale), den 12.6.73: LASA, M 501, 5292; Bericht über die Aufgabenerfüllung und Verantwortung der örtlichen Volksvertretungen und ihrer Organe im Bezirk Dresden auf dem Gebiet des sozialistischen Umweltschutzes in Verwirklichung des Landeskulturgesetzes vom 14. Mai 1970 und Beschlußvorlage, RdB Dresden, Programm zur planmäßigen Gestaltung der sozialistischen Landeskultur im Bezirk Dresden, 03.09.73, beide in: Sächsisches Staatsarchiv, Hauptstaatsarchiv Dresden (SHStA), Bezirkstag, RdB Dresden, Nr. 38638; Rat des Bezirkes Potsdam, Ständige Arbeitsgruppe Landeskultur, Protokoll über die Sitzung der »Ständigen Arbeitsgruppe Landeskultur« vom 03.09.1971,

etwa ab Mitte der siebziger Jahre die Kärrnerarbeit des staatlichen Umweltschutzes. Zwar wurden grundlegende politische Entscheidungen, wie der Abschluss internationaler Umweltabkommen, die Auflage größerer Investitionsprogramme, die abschließende Gewichtung umweltpolitischer Projekte in den Perspektiv- und Jahresplänen oder auch ökologisch folgenreiche Entscheidungen, wie der Beschluss zur Rückkehr zur Braunkohle zu Beginn der achtziger Jahre, weiterhin auf der zentralen Führungsebene getroffen. Die kommunalen und territorialen Umweltverwaltungen verfügten jedoch über ein gewichtiges Mitspracherecht in Standortgenehmigungsverfahren, waren für die Kontrolle der Betriebe und Kombinate zuständig, bereiteten Planunterlagen für die Bezirksplankommissionen und das MUW vor, konnten Sanktionen verhängen und Ausnahmegenehmigungen erteilen und mussten Entsorgungsanträge für Industrieabfälle – sogenannte »Negativbescheide« – genehmigen, zu deren Einholung jeder Betrieb seit 1975 gesetzlich verpflichtet war. Darüber hinaus waren die Räte und Fachabteilungen wichtige Adressaten für Eingaben aus der Bevölkerung, gingen Beschwerden nach und schlichteten in Konflikten zwischen Betroffenen und Verursachern.[291] Die für Umweltschutz zuständigen Ratsbereiche verfügten somit im positiven wie auch negativen Sinne über eine große Machtfülle.

In der volkseigenen Wirtschaft reagierte man demgegenüber auf die gestiegenen umweltrechtlichen Anforderungen mit dem Aufbau betriebseigener Umweltschutzabteilungen. In vielen Betrieben kontrollierten bereits spezielle Beauftragte die Einhaltung von Grenzwerten, den sachgerechten Umgang mit Gefahrenstoffen oder die Entsorgung von Industrieabfällen. Diese Mitarbeiter übermittelten Messwerte an die Hygiene- und Gewässerinspektionen, unterbreiteten Vorschläge für betriebliche Umweltschutzinvestitionen und waren ferner Ansprechpartner für Umweltschutzbehörden sowie Adressaten für Eingaben aus der Bevölkerung. Der Aufbau von Umweltschutzabteilungen bzw. die Abstellung von Umweltschutzbeauftragten war jedoch nicht einheitlich geregelt: Die Betriebe waren gesetzlich lediglich dazu verpflichtet, Wasserbeauftragte sowie Beauftragte für Sekundärrohstoffe zu benennen. Eine Durchführungsbestimmung des Landeskulturgesetzes aus dem Jahr 1985 sah zudem vor, dass die VEB auf Verlangen der Behörden einen Abgasbeauftragten ernennen mussten.[292] Viele Betriebe kamen den Staatsorganen in dieser Frage jedoch freiwillig entgegen: Die großen Chemiekombinate verfügten beispielsweise schon

Potsdam, d. 06.09.1971: Landeshauptarchiv Brandenburg (LHAB), 401 RdB Potsdam, Nr. 20090; Programm zur planmäßigen Gestaltung der sozialistischen Landeskultur bis 1980 im Kreis Brandenburg, Beschluß Nr. 8–26/75, 25.9.75: LHAB, 401 RdB Potsdam, Nr. 24706. Vgl. auch: Vgl. Scheller, Staatsmacht, 2009, 418 f.

291 Vgl. Kap. 3.3.1.

292 Der Einsatz der Wasserbeauftragten wurde durch das Wassergesetz aus dem Jahr 1963 bzw. das novellierte Wassergesetz aus dem Jahr 1982 geregelt. Vgl. Anlage, Übersicht ausgewählter Beauftragter in Industrie, Bau- und Verkehrswesen: SAPMO, DY 3023/1149, pag. 200.

Ende der sechziger Jahre über sogenannte »Abluftbeauftragte«.[293] Einzelne Kombinate, wie etwa der VEB Bergbau- und Hüttenkombinat »Albert Funk« in Freiberg, hatten die Zeichen der Zeit bereits früh erkannt und Arbeitsstäbe gebildet, die mit Problemen der betrieblichen Luft- und Wasserverschmutzung befasst waren.[294]

Das Entgegenkommen der VEB, das auf die Initiative von Betriebsdirektoren oder Weisungen der VVB bzw. Industrieministerien zurückging, war jedoch nicht uneigennützig, sondern verfolgte das Ziel, eigene Interessen zu stärken. Der Einsatz von Beauftragten für Umweltfragen signalisierte Kooperationsbereitschaft in Richtung der Umweltbehörden und verschaffte den Betriebsleitungen Einflussmöglichkeiten in Standortgenehmigungsverfahren oder in Konfliktfällen. Die Umweltverwaltungen waren umgekehrt schon aus Kapazitätsgründen nicht dazu in der Lage, Messungen und Kontrollen flächendeckend selbst durchzuführen, geschweige denn übermittelte Angaben mehr als nur stichprobenartig zu überprüfen, und daher auf eine Zusammenarbeit mit den Betrieben angewiesen.[295] Eine blockierende oder allzu passive Haltung der Industrie bedeutete aus Sicht der Betriebsdirektionen und ihrer übergeordneten Wirtschaftsleitungen die Gefahr, dass diese Aufgabe künftig von einer schwer zu kontrollierenden Behörde durchgeführt werden könnte.[296] Die Kooperation versprach den VEB somit auch angesichts steigender Anforderungen und Eingriffe durch das Umweltrecht ein großes Maß an Unabhängigkeit.

Bis zur Mitte der siebziger Jahre hatten daher auch zahlreiche mittlere und kleine VEB eigene Beauftragte und Mitarbeiterstäbe für Umweltfragen eingesetzt.[297] Die Umweltkader bzw. die neu geschaffenen Umweltschutzabteilungen waren in der Regel der Direktion Technik/Forschung/Energie, der Inspektion Gesundheits-, Arbeits- und Brandschutz oder direkt dem Generaldirektor

293 Abluftbeauftragte der VVB und VEB der chemischen Industrie, 1.10.67: HdN, N-Oehl, Kiste 11, Kommission RdL.

294 Vgl. Kap. 2.4.3.

295 Zur engen Zusammenarbeit der Hygieneinspektionen mit den VEB vgl. Telefongespräch mit Dr. Klaus Hammje, ehem. Leiter der Abteilung Lufthygiene, BHI Halle, 25.9.2015.

296 Im Rahmen des ökonomischen Experiments im Bezirk Halle war eine »Technische Beratungs- und Kontrollstelle für Emissionen« beim Bezirksrat tätig, die diese Aufgabe wahrnahm, nach Abschluss des Laborversuches jedoch nicht DDR-weit übernommen wurde. Erst Mitte der achtziger Jahre reagierten MUW und Ministerrat mit der Schaffung der »Staatlichen Umweltinspektion« auf dieses strukturelle Defizit in der staatlichen Umweltkontrolle. Vgl. dazu Kap. 3.2.1.

297 Vgl. dazu exemplarisch eine Aufstellung über Umweltbeauftragte im Stadtbezirk Potsdam, die verdeutlicht, dass auch bereits kleine Unternehmen, wie Molkereien, Textil- oder Schlachtbetriebe über speziell für den Umweltschutz abgestellte Mitarbeiter verfügten. Anlage 12, Aufstellung der Umweltschutzbeauftragten der Betriebe im Territorium der Stadt Potsdam, in: Ernst Reinbender, Diplomarbeit, Wie verwirklicht der Rat der Stadt Potsdam mit den Programmen zur Anerkennung der Bereiche der vorbildlichen Ordnung, Sicherheit und Sauberkeit und Disziplin die Aufgabe der sozialistischen Landeskultur?, Juni 1978: Studienarchiv Umweltgeschichte [StUg] 161-25, Ellenor Oehler.

unterstellt.[298] Der VEB Maschinenbau »Karl Marx« Babelsberg, ein Industriebetrieb mit etwa 1600 Mitarbeitern und produktionstypischen Umweltbelastungen, veranschaulicht beispielhaft den Aufbau dieser Betriebsstrukturen.[299] Der Betriebsdirektor reagierte im Jahr 1977 auf die neuen Anforderungen durch das Landeskulturgesetz und legte mit einer Betriebsanweisung die Aufgaben und die Organisation des betrieblichen Umweltschutzes fest. Leiter des Aufgabenbereiches war der Direktor für Technik, der durch einen Umweltschutzbeauftragten unterstützt wurde. Dieser vertrat den VEB in Umweltfragen gegenüber den Bezirksbehörden und der VVB »Tagebau-Ausrüstungen, Krane und Förderanlagen«. Außerdem leitete er weitere Beauftragte an, die für die Bereiche »Lärm- und Staubschutz«, »Kontrolle und Überwachung der Abwasserbehandlung« sowie »Begrenzung und Überwachung der Luftverunreinigungen« zuständig waren. Diese freigestellten Produktionsmitarbeiter kontrollierten Emissionen und überwachten den ordnungsgemäßen Betrieb der Filteranlagen. Die Konzeption langfristiger Sanierungsmaßnahmen und die Aufstellung der betrieblichen Umweltschutzinvestitionen oblag hingegen dem Technischen Direktor, der in diesen Fragen eng mit den Direktoren anderer Produktionsbereiche, Hauptabteilungsleitern und dem Generaldirektor zusammenarbeitete.[300] Die mit Umweltschutzfragen befassten Mitarbeiter kamen einmal monatlich zu einer Arbeitsberatung mit anschließender Betriebsbegehung zusammen und werteten vierteljährlich Probleme und Fortschritte ihrer Arbeit aus.[301] Da die Produktion des Betriebes vorwiegend Staub- und Lärmbelästigungen hervorrief, veranlasste der Direktor für Technik außerdem die Bildung eines »Lärm- und Staubschutzaktivs«, das sich aus Mitarbeitern der problemverursachenden Produktionsbereiche zusammensetzte und die Arbeit des Beauftragten für »Lärm- und Staubschutz« unterstützen sollte.[302]

Flächendeckende Angaben über die Verbreitung betrieblicher Umweltschutzstrukturen oder die Anzahl der Umweltschutz-Beauftragten lassen sich aus den überlieferten Quellen allerdings nicht rekonstruieren. Die Partei- und Staatsführung war über die Ausmaße dieser gewachsenen Strukturen selbst im Unklaren. Erst 1988 legte der Ministerrat dem ZK-Sekretär für Wirtschaftsfragen

298 Vgl. *Möller*, Gestaltungseuphorie, S. 141–167, hier 163.

299 Vgl. *Deutsche Wirtschaftsarchive*, S. 192 f.; vgl. auch: Für dumm verkauft, in: Der Spiegel, 14/1992, 145 ff.

300 Anlage 13, Betriebsanweisung, VEB Maschinenbau »Karl Marx« Babelsberg – Betriebsdirektor –, Betreff: Aufgaben und Verantwortlichkeit zur Durchsetzung des Landeskulturgesetzes vom 14.5.1970, o. D. [September 1978], in: Reinbender, Diplomarbeit, 1978: StUg 161-25, Ellenor Oehler.

301 Anlage [unleserlich], VEB Maschinenbau »Karl Marx« Babelsberg – Direktor für Technik –, Arbeitsplan für den Umweltschutz im Jahr 1978, in: Reinbender, Diplomarbeit, 1978: StUg 161-25, Ellenor Oehler.

302 Anlage 14, VEB Maschinenbau »Karl Marx« Babelsberg – Direktor für Technik –, Aufgaben und Verantwortlichkeit des Lärm- und Staubschutzaktivs, in: Reinbender, Diplomarbeit, 1978: StUg 161-25, Ellenor Oehler.

einen Verordnungsentwurf vor, der den Einsatz der Umweltbeauftragten DDR-weit regeln sollte. Dieses Vorhaben stieß bei Mittag jedoch auf Ablehnung. Dem Wirtschaftssekretär war das »Beauftragtenwesen« in den Betrieben und Kombinaten schon lange ein Dorn im Auge. Mit Blick auf den Umweltschutz sah er die Gefahr einer unkontrollierten Verselbstständigung und Doppelung dieser Aufgaben gegeben, für die seiner Ansicht nach alleine die technischen Leiter zuständig waren. In einem Schreiben an Honecker sprach er sich daher entschieden gegen den Verordnungsentwurf aus.[303]

Das »Beauftragtenwesen« in der volkseigenen Wirtschaft wurde Ende der achtziger Jahre von einer Reihe von Ministern, General- und Betriebsdirektoren sowie SED-Führungskadern grundsätzlich als Problem erkannt: DDR-weit waren mindestens 20.000 »Beauftragte« in ganz unterschiedlichen Bereichen im Einsatz, davon etwa zwanzig Prozent in hauptamtlicher Funktion, wie ein Untersuchungsbericht aus dem Jahr 1987 festhielt.[304] In der SED war man von diesem Ausmaß überrascht und sah darin einen Ausdruck der Ineffizienz, die sich in der Wirtschaftsführung breit gemacht hatte – vor allen Dingen aber wohl auch ein Feld, das sich einer Kontrolle durch die Partei entzog. Anlass für die verstärkte Hinwendung der Parteiführung zu diesem Phänomen war das politische Ziel, die »Rationalisierung der Leitungs- und Verwaltungstätigkeit« weiter voranzutreiben und im Volkswirtschaftsplan 1988 knapp 28.000 Arbeitskräfte freizusetzen, die dringend in anderen Bereichen der Volkswirtschaft gebraucht wurden.[305]

Mittags ablehnende Haltung gegenüber den Umweltschutzbeauftragten lässt sich umwelthistorisch nur schwer bewerten: Die Rationalisierungsabsichten legen den Verdacht nahe, dass hier auf Kosten des Umweltschutzes betriebliche Einsparungen vorgenommen werden sollten. Allerdings sind die Einwände, die Mittag gegen das Beauftragten-Wesen formulierte, nicht ganz von der Hand zu weisen. Längst nicht alle Betriebe verfügten über derart gut geordnete Strukturen wie der VEB Maschinenbau »Karl Marx« in Potsdam. Die abgestellten Produktionsmitarbeiter waren außerdem nicht immer ausreichend für die Zusatzaufgaben qualifiziert und mussten zunächst aufwendig geschult werden.[306] Auch der hohe Anteil von nebenamtlichen Kräften unter den Beauftragten, der in etwa auch repräsentativ für den Umweltbereich gewesen sein dürfte, verwies auf ein Problem, da die mitunter sehr anspruchsvollen und zeitintensiven Aufgaben des betrieblichen Umweltschutzes kaum neben der eigentlichen Arbeit

303 Günter Mittag an Gen. Erich Honecker, 25.1.88: SAPMO, DY 3023/1149, pag. 216.

304 Abteilung sozialistische Wirtschaftsführung, Information über die Rolle der »Beauftragten« im Leitungssystem der Volkswirtschaft, Berlin, 30.12.1987: SAPMO, DY 3023/1149, pag. 196 f.

305 Vorschläge für die weitere Arbeit zur Einschränkung von »Beauftragten« in Ministerien, Kombinaten und Betrieben, o. D. [1988], SAPMO, DY 3023/1149, pag. 228 f.

306 Vgl. dazu exemplarisch: Anlage 18, Deutsche Reichsbahn, RAW Potsdam, Werkdirektor, Grundsatzanweisung über den Aufbau der Organisation des Umweltschutzes im RAW Potsdam, 31.12.1976, in: Reinbender, Diplomarbeit, 1978: StUg 161-25, Ellenor Oehler.

ausgeübt werden konnten. Das »Beauftragtenwesen« im betrieblichen Umweltschutz der DDR blieb aber trotz der Einwände des ZK-Sekretärs bis zur Wende 1989/90 bestehen. Mittag gelang es lediglich zu verhindern, dass die Ernennung von Umweltbeauftragten für alle Betriebe verpflichtend wurde.

Die Bereitschaft der Betriebsleitungen, den Aufbau betriebseigener Umweltschutzstrukturen ohne einen gesetzlichen Zwang voranzutreiben, folgte sicherlich dem Kalkül, eine bessere Verhandlungsposition gegenüber den Umweltverwaltungen zu erlangen. Daneben spielte aber auch mindestens ein weiterer Faktor eine entscheidende Rolle, der in der Forschung bislang wenig Beachtung fand. Die besondere Verankerung der volkseigenen Betriebe im sozialen Leben der Kommunen und die »Räume des Mitmachens« in der DDR zählen zu den »hartnäckigen Forschungslücken«, wie Thomas Lindenberger noch jüngst beklagt hat.[307] Versteht man die VEB als in die Herrschafts- und Gesellschaftsordnung eingebettete Akteure, werden Verflechtungen mit anderen gesellschaftspolitischen Ebenen sichtbar, die ebenfalls Einfluss auf das betriebliche Umwelthandeln ausübten.[308] Diese Stakeholder-Interessen gingen von Kommunen, Massenorganisationen, »Bürgerinitiativen«, Anwohnern und Belegschaften aus. Die Formen dieser gesellschaftlichen Teilhabe und das umweltpolitische Repertoire, das den Kommunen eine Einflussnahme auf betriebliches Umwelthandeln eröffnen sollte, werden im folgenden Abschnitt näher behandelt.

2.6 Gemeinwohl und politische Inszenierung: Umweltschutz in der »sozialistischen Menschengemeinschaft«

Die späte Phase der Herrschaft Ulbrichts war in ideologischer Hinsicht durch zwei zentrale Leitmotive geprägt: Zum einen erhielten, wie bereits dargelegt wurde, wissenschaftliche Expertise und ökonomische Rationalitätskriterien eine über ihre spezifischen Bedeutungskontexte hinausgehende gesellschaftspolitische Relevanz. Die Reformprojekte des NÖS bzw. ÖSS und die sogenannte »wissenschaftlich-technische Revolution« waren nicht nur als politisch aufgeladene Begriffe im öffentlichen Raum präsent, sondern drangen auch ganz konkret in den Alltag der Menschen ein – sei es über die Berichterstattung der Staats-

307 *Lindenberger*, Land. Dies gilt, bezogen auf die Ebene des betrieblichen Handelns, auch für die Umweltgeschichte: *Uekötter*, Umweltschutz, S. 198–216, hier 198f.; *Mutz*, S. 59–87, hier 60ff.; *Berghoff u. Mutz*, S. 9–22; *Gassner*, S. 31–46, hier 32f.

308 Die Einbettung von Betrieben und Arbeitsbrigaden in das lokale Gemeinwesen der DDR ist bislang überwiegend aus der Perspektive der betrieblichen Kultur- und Bildungsarbeit untersucht worden. Ferner rückten vor allen Dinge Arbeitskonflikte und erfolgreiche Versuche ihrer Disziplinierung in den Fokus der Forschung. Vgl. dazu exempl.: *Kott*, S. 167–195; *Schuhmann*, S. 271–290; *Reichel*, insbes. S. 14ff., 266ff. u. 317ff. Allgemein zur Bedeutung der Beziehungsebene Unternehmen-lokale Gemeinschaft-Umwelt vgl. *Mutz*, S. 61.

medien, am Arbeitsplatz oder auch nach Feierabend, wenn Arbeitsbrigaden oder Haus- und Ortsgemeinschaften gesellschaftlicher Organisationen zusammenkamen.[309] Dieser technokratischen Durchdringung, die schon im Sprachduktus sperrig und schwerfällig daher kam, versuchten die Chefideologen der SED und allen voran Ulbricht zum anderen den »humanistischen« Charakter des Sozialismus an die Seite zu stellen. Bei aller Rationalität und Fortschrittsbejahung appellierte der Erste Sekretär der Partei und Staatsratsvorsitzende immer wieder an die moralischen Grundwerte, die den »neuen sozialistischen Menschen« auszeichnen sollten. Mit dem ideologischen Konstrukt der »sozialistischen Menschengemeinschaft« entwarf die SED ein lebensweltlich orientiertes Gesellschaftskonzept, das die ansonsten eher kühl und mechanisch wirkende Maschinerie der Planwirtschaft freundlicher und sozialer erscheinen lassen sollte.[310]

Das Versprechen einer »sozialistischen Menschengemeinschaft«, das 1968 auch in der neuen Verfassung verankert wurde, appellierte zu allererst an die Gefühlsebene der Menschen, wie Stefan Wolle hervorhebt.[311] Tatsächlich war es aber weit mehr als ein Gefühl und nahm Ende der sechziger Jahre konkrete gesellschaftliche Formen an. Der sozialistische Wettbewerb der Nationalen Front, der die Bevölkerung zu außerplanmäßigen Leistungen für die Gesellschaft zu mobilisieren versuchte, eine in Kommunalverträgen fixierte Kooperation zwischen Gemeinden und VEB sowie wiederkehrende Veranstaltungsformate, wie beispielsweise die Wochen der sozialistischen Landeskultur, die zwischen 1971 und 1973 stattfanden, stellten sich in den Dienst dieses parteipolitischen Ideals. Das ideologische Konstrukt wurde im Vorfeld des VII. Parteitages rhetorisch geschärft und zusammen mit der Formel von der »Gestaltung des entwickelten gesellschaftlichen Systems des Sozialismus« zur gesellschaftspolitischen Leitidee der späten Ulbricht-Ära erhoben.[312] In der Forschung fand bislang allerdings fast ausschließlich die außenpolitische Dimension dieser sprachlichen Komposition Beachtung. Die Parteiführung strebte demnach Ende der sechziger Jahre eine ideologische Lösung von der UdSSR an und bediente sich dazu eines Tricks. Ohne ihre Vormachtstellung direkt anzugreifen, erklärten die Chefideologen der SED den Sozialismus zu einer eigenständigen Gesellschaftsformation und umgingen damit die gültigen Lehren des Marxismus-Leninismus, wonach es sich dabei lediglich um eine Phase des Übergangs hin zum Kommunismus handele, den bis dahin die UdSSR als einziger sozialistischer Staat vollzogen habe. Die praktizierte »sozialistische Menschengemeinschaft« war demnach eine al-

309 Die Geschichte der Nationalen Front und ihrer Hausgemeinschaften ist bislang nur unzureichend, überwiegend im Hinblick auf Mechanismen der SED-Herrschaftssicherung sowie eine damit einhergehende deutschlandpolitische und ideologische Instrumentalisierung untersucht worden. Vgl. *Weber*, S. 30 f. u. 188 f.; *Amos*, S. 39–58; *Schneider u. Nakath*, S. 78–102; *Passens*, S. 2003; *Mählert*, Massenorganisationen, S. 100–106. Zur Geschichte der Arbeitsbrigaden vgl. *Reichel*.

310 Vgl. exemplarisch *Ulbricht*, Das Wichtigste, S. 89 ff.

311 *Wolle*, Aufbruch, S. 179.

312 Vgl. *Ulbricht*, Gestaltung, S. 183, 207 ff., 211 f.

ternative Variante innerhalb der kommunistischen Ideologie und sollte die DDR zu einer sozialistischen Gesellschaft mit Modellcharakter erheben, die für sich beanspruchte, auf Augenhöhe mit der UdSSR zu stehen.[313]

Das Konzept stieß daher bei der sowjetischen Führung auf Kritik und wurde bald nach der Absetzung Ulbrichts offiziell korrigiert.[314] Der innergesellschaftliche Gestaltungsanspruch, den die Pateiführung damit verband, bestand jedoch fort und wurde unter dem Begriff der »sozialistischen Gemeinschaftsarbeit« weiterhin propagiert. Inhaltlich zielten beide Bezeichnungen darauf ab, ein Identifikationsangebot für die Bevölkerung zu schaffen und die Bürger zur Mitarbeit im sozialistischen Gemeinwesen zu bewegen, wie Ulbricht im Jahr 1969 in einer Rede vor dem Kongress der Nationalen Front betonte: »Die sozialistische Menschengemeinschaft, die wir Schritt für Schritt verwirklichen, geht weit über das alte humanistische Ideal hinaus. Sie bedeutet nicht nur Hilfsbereitschaft, Güte, Brüderlichkeit, Liebe zu den Mitmenschen. Sie umfaßt sowohl die Entwicklung der einzelnen zu sozialistischen Persönlichkeiten als auch der vielen zur sozialistischen Gemeinschaft im Prozeß der gemeinsamen Arbeit, des Lernens, der Teilnahme an der Leitung und Planung der gesellschaftlichen Entwicklung, besonders auch in der Arbeit der Nationalen Front und an einem vielfältigen, inhaltsreichen und kulturvollen Leben.«[315] Das moralische Wertegerüst, das Ulbricht mit der »sozialistischen Menschengemeinschaft« zeichnete, war ein Partizipationsangebot der SED an die Bevölkerung und stellte die Blaupause für legitimes Staatsbürgerengagement in der sozialistischen Diktatur dar.[316] Die offerierten Mitgestaltungsmöglichkeiten und die in diesem Zusammenhang vielfach geforderte »Initiative der Bürger« waren jedoch eng an die diktatorischen Herrschaftsstrukturen gebunden und wurden durch die SED über die Blockparteien, die Nationale Front und den Kulturbund gesteuert. Allerdings schufen diese Partizipationsmöglichkeiten fast zwangsläufig auch Freiräume, die einer Kontrolle durch den Staat enge Grenzen setzten: Diskussionen und Gespräche in Hausgemeinschaften und Ortsvereinen, auf Straßenfesten oder bei Wurst, Bier und Schnaps nach einem vollbrachten Wochenendeinsatz, dem sogenannten »Subbotnik«, ließen sich nur schwer kontrollieren, geschweige denn lenken. Die Legitimität dieser institutionalisierten Formen einer losen Begegnung schuf Räume für Encounters-Öffentlichkeiten, die es möglich machten, lokal bzw. regional wahrgenommene Probleme in einem konformen Handlungsrahmen zu thematisieren und anschließend in Form von Eingabenprotesten gegenüber den

313 *Meuschel*, Legitimation, S. 209 ff.; *Weber*, S. 77; *Wolle*, Traum, S. 46 f.

314 *Weber*, S. 83.

315 G 12: Unser guter Weg zur sozialistischen Menschengemeinschaft 22. März 1969, in: *Judt*, S. 188.

316 Die Wurzeln dieser Idee lagen in Vorstellungen über die Herausbildung »sozialistischer Persönlichkeiten« und einer spezifisch »sozialistischen Moral«, die von SED-Ideologen bereits in den fünfziger Jahre formuliert wurden. Vgl. dazu: *Fulbrook*, Leben, S. 157 ff.; *Wolle*, Plan, S. 331; *Bauerkämper*, Mensch.

Herrschenden zu artikulieren – zumal, wenn es sich wie beim Umweltschutz um ein politisches Themenfeld handelte, das im Einklang mit der offiziellen Parteilinie stand.

Das Ende der sechziger Jahre erst durch Anstöße aus der Gesellschaft von der SED entdeckte Umweltthema bot sich für die Exemplifizierung der »sozialistischen Menschengemeinschaft« geradezu an. Das wichtigste Instrument dafür stellte der sozialistische Wettbewerb der Nationalen Front dar. Die 1949 gebildete Sammelbewegung war ein erzwungener Zusammenschluss aller Parteien und Massenorganisationen der DDR. Mit ihr gelang es der SED, den eigenen Herrschaftsanspruch in weiten Teilen der Gesellschaft durchzusetzen und auch politisch uninteressierte bzw. nicht organisierte Bürger anzusprechen.[317] Das Präsidium der Nationalen Front beschloss im Vorfeld des VII. Parteitages im Januar 1967 eine »effektive und populäre Form freiwilliger, gemeinsamer, gesellschaftlich nützlicher Arbeit« ins Leben zu rufen, die es den Bürgern ermöglichen sollte, »in ihren Wohngebieten aktiv daran teilzunehmen, daß entwickelte gesellschaftliche System des Sozialismus zu gestalten.« Der als »Torgauer Initiative« bekannt gewordene Aufruf war der Ursprung für die Aktion »Schöner unsere Städte und Gemeinden – Mach mit!« und andere sogenannte »Mach mit!«-Wettbewerbe.[318]

Der »sozialistische Wettbewerb« verfolgte nicht das Ziel, Spendengelder zu sammeln, sondern umfasste einerseits die Bereitstellung von Materialien und Sachleistungen durch Betriebe sowie andererseits die Einbringung der Arbeitskraft der Bürgerinnen und Bürger. Im Rahmen eines freiwilligen Engagements, dass im Laufe der siebziger Jahre jedoch immer häufiger auch in Form von Prämienzahlungen vergütet wurde, errichteten Arbeiter ortsansässiger VEB sowie Bewohner der teilnehmenden Kommunen gemeinsam Kindergärten, Kulturhäuser oder Sportplätze, renovierten Schulen, beseitigten wilde Müllkippen und pflegten bzw. schufen Naturschutz- und Naherholungsgebiete. Alleine im Wettbewerbsjahr 1967 wurden auf diese Weise Projekte in einem Wertumfang von etwa 2,5 Milliarden Mark realisiert, davon fast 1,3 Milliarden Mark für die »Verschönerung« von Städten und Dörfern.[319] Aus politischer Sicht verfolgte der Wettbewerb darüber hinaus die Absicht, die »Führungsrolle der Arbeiterklasse in den Städten und Gemeinden«[320] weiter auszubauen, also auch kleinste gesellschaftliche Räume mit den Herrschaftsansprüchen der SED zu durch-

317 Auf dem IV. Kongress der Nationalen Front im Juni 1962 waren unter den 2318 Delegierten beispielsweise 740 parteilose Bürger vertreten – gegenüber 907 Delegierten der SED. *Nationale Front des demokratischen Deutschland*, S. 68, 216, 82 f.; vgl. auch: *Die Nationale Front der DDR*, S. 32 f.; *Weber*, S. 30 f.

318 *Nationale Front des demokratischen Deutschland*, S. 68, 216, 82 f. Zum Zitat vgl. *ebd.*, 83. Für eine Analyse der »Mach mit!«-Wettberwerbe aus der Perspektive der Beziehungsebene von Heimat und nationaler Identitätsstiftung vgl. *Palmowski*, S. 165–180.

319 *Nationale Front des demokratischen Deutschland*, S. 83 f.

320 *Gramann*, S. 8.

dringen, und die Bevölkerung an der Verwirklichung der Parteibeschlüsse zu beteiligen.[321]

Die materiellen Dimensionen, die der »Mach mit!«-Wettbewerb insbesondere im Vorfeld von Staatsjubiläen, Parteitagen oder Volkswahlen erreichte, waren nur möglich, weil Kommunen und ortsansässige VEB eng zusammenarbeiteten. Die Betriebe mobilisierten Freiwillige, organisierten die notwendgien Baumaterialien und finanzierten Projekte aus den betriebseigenen Leistungs-, Kultur- und Sozialfonds. Seit Ende der sechziger Jahre erfolgte die Ausgestaltung der Wettbewerbsprogramme zunehmend in Form sogenannter Kommunalverträge. Darin wurden zwischen den Kommunen und den VEB bzw. örtlichen Betriebsteilen (BT) konkrete Wettbewerbsziele vereinbart, die in erster Linie den Städten und Gemeinden zu Gute kommen sollten. Die in den Kommunalverträgen ausgewiesenen Verpflichtungen und Wettbewerbsziele griffen in der Regel einzelne Forderungen der Volkswirtschaftspläne auf und hatten eine Laufzeit von einem Jahr, seltener auch von fünf Jahren. Im Laufe der siebziger Jahre avancierten Kommunalvertrag und »sozialistischer Wettbewerb« zu bedeutenden kommunalpolitischen Instrumenten, die den oft nur mit geringen finanziellen Mitteln ausgestatteten örtlichen Räten neue Handlungsspielräume eröffneten.[322] Die Besonderheit der Vereinbarungen lag in ihrem auf Kooperation und Freiwilligkeit beruhenden Charakter. Zwar bestand die Möglichkeit, in den Verträgen auch Sanktionsmaßnahmen festzulegen, die gegenüber Betrieben etwa bei der Nichterfüllung von vereinbarten Auflagen verhängt werden konnten. Diese fielen aber häufig schwach aus oder kamen gar nicht erst zur Anwendung, da die direkte Nähe der Vertragspartner zueinander und ein regelmäßiger Austausch es in der Regel ermöglichten, »eine für beide Seiten befriedigende Lösung zu finden«, wie der Bürgermeister der Stadt Regis-Breitingen in einem Erfahrungsbericht hervorhob.[323]

In die Kommunalverträge wurden bereits vor der Verabschiedung des Landeskulturgesetzes auch Umweltschutzziele aufgenommen. Dabei handelte es sich neben den bereits erwähnten Pflege- und Verschönerungsarbeiten meist um Vereinbarungen zur Reduzierung punktueller Umweltbelastungen. Die im Braunkohlerevier südlich von Leipzig gelegene Stadt Regis-Breitingen einigte sich zu Beginn des Jahres 1968 beispielsweise mit dem ortsansässigen VEB Braunkohlenwerk auf eine ganze Reihe von Maßnahmen zur Verbesserung der Luftsituation. Neben technischen Veränderungen im Betriebsablauf verpflichtete sich das Braunkohlenwerk auch zum Einbau zusätzlicher Entstaubungsanlagen und zur regelmäßigen Kontrolle der Staubemissionen. Die Verwirklichung der Vereinbarung wurde einmal monatlich zusammen mit Mitgliedern des Rates der Stadt auf Versammlungen unter Beteiligung der örtlichen Bevölkerung ausgewertet und diskutiert. Darüber hinaus behielt sich die Gemeinde das

321 *Ebd.*, 10.

322 *Püttner u. Rösler*, S. 200–206.

323 *Mühling*, S. 13–23, hier 17. Vgl. auch *Kirsch u. a.*, S. 950–953, hier 952.

Recht vor, auf der Grundlage von Immissionsmessungen ein den Kommunen seit 1969 zur Verfügung stehendes Staubgeld zu erheben, falls die vorgeschriebenen Grenzwerte dennoch überschritten werden sollten.[324] In den folgenden Jahren schlossen zahlreiche Kommunen oft gleich mehrere Verträge mit unterschiedlichen Betrieben gleichzeitig ab. Der südöstlich von Dresden gelegene Gemeindeverband (GVB) Müglitztal traf Mitte der siebziger Jahre beispielsweise insgesamt 18 Vereinbarungen mit ortsansässigen VEB und wurde für seine rege Beteiligung am sozialistischen Wettbewerb vom Rat des Kreises Pirna und dem Kreissekretariat der Nationalen Front ausgezeichnet. Die im Tal der Müglitz ansässigen Betriebe der Chemie-, Metall-, Zellstoff- und Papierindustrie verpflichteten sich gegenüber den Kommunen des GVB dazu, Lärmschutz- und Abwasserbehandlungsmaßnahmen zu realisieren, Grünstreifen anzulegen und ein bedeutendes Naherholungsgebiet zu pflegen.[325] Auch große Industriekombinate, wie etwa das CKB, schlossen zu Beginn der siebziger Jahre zahlreiche Verträge mit Kommunen ab und sicherten darin die Unterstützung des Kombinates bei der »Verbesserung der Arbeits- und Lebensbedingungen« zu.[326]

Anlass für die Aufnahme von Umweltschutzbestimmungen in die Vereinbarungen waren oftmals vorausgegangene Eingabenproteste, wie beispielsweise im Fall der zum GVB Müglitztal gehörenden Stadt Dohna.[327] Aber auch die Betriebsleitungen begrüßten diese Form der Kooperation als »fruchtbringende Arbeitskontakte«, die es den VEB ermöglichten, gemeinsam mit den Kommunen Verantwortung für die Verbesserung des »materiellen und kulturellen Lebensniveaus« zu übernehmen, wie der Generaldirektor des CKB in einem Schreiben betonte[328] – allerdings wohl auch deshalb, weil diese Form der freiwilligen Kooperation sowohl das Risiko von Schadensersatzklagen verringerte als auch politischen Druck von den Betrieben nahm. In den siebziger Jahren wurden zahlreiche Kommunalverträge mit Bestimmungen dieser Art abgeschlossen. Im Bezirk Erfurt, der nicht gerade zu den ökologischen Brennpunkten der DDR zählte, unterzeichneten die Kommunen beispielsweise bis zum Jahr 1972 mehr als sechzig Verträge mit konkreten lufthygienischen Vereinbarungen, wie ein Bericht des Bezirkshygieneinstitutes festhielt. Die Hygieneorgane unterstützten die Stadträte beim Abschluss der Verträge. Sie entdeckten in diesem neuen Handlungsinstrument eine Chance, das grundlegende Dilemma des

324 *Mühling*, S. 16 f. u. 18 f. Zum Staubgeld und zu den Grenzwerten vgl. Kap. 2.4.2.
325 *Möller*, Gestaltungseuphorie, S. 157–161.
326 VEB Chemiekombinat Bitterfeld, Der Generaldirektor an Büro des Ministerrates, Genossen Staatssekretär Dr. Rost, Entwurf des Gesetzes über die örtlichen Volksvertretungen und ihre Organe in der Deutschen Demokratischen Republik, Bitterfeld, 30.3.1973: BArch, DK 5/4185.
327 Vgl. Weinhold, Analysieren, 1977: StUg, 161-31, Ellenor Oehler.
328 VEB Chemiekombinat Bitterfeld, Der Generaldirektor an Büro des Ministerrates, Genossen Staatssekretär Dr. Rost, Entwurf des Gesetzes über die örtlichen Volksvertretungen und ihre Organe in der Deutschen Demokratischen Republik, Bitterfeld, 30.3.1973: BArch, DK 5/4185.

behördlichen Umweltschutzes, keinen direkten Einfluss auf Bilanzentscheidungen der Betriebe nehmen zu können, zu umgehen.[329] Statistisch belastbare Aussagen über die genaue Anzahl der geschlossenen Kommunalverträge und die darin enthaltenen Umweltschutzbestimmungen sind allerdings nicht möglich, da der Abschluss dieser Übereinkommen in der DDR nicht systematisch und differenziert erfasst wurde. Die Zahl der jährlich getroffenen Vereinbarungen zwischen Kommunen und VEB stieg in den siebziger Jahren aber stark an und belief sich im darauffolgenden Jahrzehnt DDR-weit auf jährlich zwischen 32.000 und 57.000 abgeschlossenen Verträge.[330] Es ist anzunehmen, dass eine Vielzahl dieser Vereinbarungen zumindest punktuell auch Umweltschutzziele behandelte.

Im Ministerium für Umweltschutz und Wasserwirtschaft setzte man früh auf die öffentlichkeitswirksamen und erzieherischen Effekte des »sozialistischen Wettbewerbes«. Der stellvertretende Umweltminister, Guido Thoms, skizzierte im März 1973 vor Vertretern der Nationalen Front in Magdeburg den Beitrag, den der »Mach mit!«-Wettbewerb aus Sicht des Ministeriums für den Umweltschutz leisten sollte. Für den Funktionär stand außer Frage, dass das Gros der Umweltschutzarbeit in der Bereitstellung von Investitionen, der Förderung der Umweltforschung und in der Kooperation im RGW liegen müsse. Den »sozialistischen Wettbewerb« verstand er hingegen als »ein weiteres Mittel, Reserven auf dem Gebiet der sozialistischen Landeskultur, des Umweltschutzes und der Wasserwirtschaft zu erschließen.«[331] Mögliche Betätigungsfelder für die Bevölkerung lagen für ihn in der freiwilligen Beteiligung der Bürgerinnen und Bürger am Ausbau der Trinkwasserver- und Abwasserentsorgung, der »Verbesserung von Ordnung und Sauberkeit in den Städten und der Landschaft« sowie der »Pflege und Gestaltung der Landschaft« – Arbeiten also, die nach Feierabend oder an Wochenenden im geselligen Rahmen eines »Subbotnik« realisiert werden konnten.[332]

Das Ministerium veranstaltete im Sommer des darauffolgenden Jahres eine gemeinsame Tagung mit dem Sekretariat des Nationalrates der Nationalen Front, um die Zusammenarbeit auf diesem Gebiet weiter auszubauen. Umweltminister Reichelt betonte in diesem Zusammenhang, dass in dem Maße, wie sich die Versorgungslage und das Lebensniveau der Bevölkerung in den letzten

329 In den Wettbewerbsverpflichtungen kamen im Bezirk Erfurt auch Prämien für Heizbrigaden zum Einsatz, die Produktionsarbeiter für eine rußarme Fahrweise der Anlagen erhalten konnten. Bei besonders krassen Versäumnissen drohten ihnen umgekehrt Lohnabzüge. Vgl. *Kirsch u. a.*, S. 951.

330 *Püttner u. Rösler*, S. 205, insbes. Anm. 635.

331 Unkorrigiertes Material, »Die Mitarbeit der Bürger bei der Lösung der Aufgaben des Umweltschutzes, der sozialistischen Landeskultur und der Wasserwirtschaft im Mach-mit!-Wettbewerb«, Rede des Stellvertreters des Ministers für Umweltschutz und Wasserwirtschaft, Guido Thoms, am 27. März 1973 in Magdeburg, 23.

332 Ebd., 25.

Jahren verbessert hätten, »auch das Interesse an einer sinnvollen Freizeitgestaltung, an der Betätigung im Freien, an der aktiven Erholung in der Natur, an Wandern und Touristik« gewachsen sei.[333] Der DBD-Funktionär hob darüber hinaus hervor, dass bei aller Bedeutung des technischen Umweltschutzes die gesellschaftspolitische Dimension der Umweltpolitik nicht vernachlässigt werden dürfe. »Denn alle Ergebnisse unserer Tätigkeit auf dem Gebiete von Landeskultur und Umweltschutz beweisen, daß jene Leute Unrecht haben, die meinen, alle Probleme des Umweltschutzes seien einfach dadurch zu meistern, daß die Industrie und die Betriebe der Landwirtschaft hohe Investitionen einsetzen. … Aber das ist nur ein Teil der Arbeit. Die Vielfalt der Aufgaben, die gerade in der heutigen Beratung gut zum Ausdruck kam, zeigt, daß diese nur bei breitester Mitwirkung der Bevölkerung erfüllt werden können.«[334]

Der sozialistische Wettbewerb diente aus Sicht des Ministeriums dem Zweck, in einem politisch legitimierten Rahmen breite Bevölkerungsschichten für die Ziele des Umweltschutzes zu gewinnen, um auf diese Weise das bei vielen Bürgern vorhandene Partizipationsbedürfnis zu befriedigen und angesichts einer zu Beginn der siebziger Jahre in zahlreichen westlichen Gesellschaften aufziehenden, kritisch-pessimistischen Umweltdebatte ein Gefühl von Sicherheit und Überlegenheit zu vermitteln. Eine düstere »Weltuntergangshysterie«, wie sie sich in kapitalistischen Staaten breitmache, sei – so Reichelt – in der DDR fehl am Platz, weil die planerischen Methoden des Sozialismus eine rationelle Verwendung der Ressourcen gewährleisten würden.[335] Umweltschutz in den »Mach mit!«-Wettbewerben war immer auch ein politisches Instrument in der rhetorischen Ost-West-Auseinandersetzung.

Der ökologische Wert des sozialistischen Wettbewerbes mag aus heutiger Sicht zwar gering erscheinen und angesichts der offensichtlichen ideologischen Instrumentalisierung durch die SED sowie der oft schwerfälligen und plumpen Rhetorik, die damit einherging, auch belächelt werden. Vor dem Hintergrund der großen Umweltprobleme, die alleine die Braunkohleabhängigkeit für die DDR mit sich brachte, wirkt es hilflos und geradezu zynisch, wenn Thoms in einer Rede über mehrere Seiten hinweg hervorhob, wie die Einwohner von Rödlitz »ihren Ort zu einem Dorf der Rosen« machten, in Plöwen neue Wasserleitungen verlegt wurden oder in Kalbe an der Saale Arbeiter und Anwohner »in 4.000 Arbeitsstunden eine ehemalige Müllkippe von etwa zwanzig ha Fläche in ein Naherholungsgebiet« verwandelt hatten.[336] Aus analytischer Perspektive sind der Wettbewerb und seine Aktionen aber gerade deshalb von großem Interesse, da sie einerseits ein wachsendes Umweltbewusstsein dokumentieren und andererseits dabei helfen, die Diskrepanz, die sich zwischen dem umweltpoliti-

333 Reichelt, Umwelt, o.A. [Suhl 1974], 38–47, hier 44.
334 Ebd., 45 f.
335 Ebd., 45.
336 *Unkorrigiertes Material*, S. 26–38.

schen Aufbruch um 1970 und der bald darauf einsetzenden ökologischen Krise auftat, besser zu verstehen.[337]

In den »Wochen der sozialistischen Landeskultur« erreichte die von der SED tolerierte und geförderte öffentliche Auseinandersetzung mit Umweltproblemen einen Höhepunkt. Von 1971 bis 1973 fanden einmal jährlich anlässlich des Jahrestages der Verabschiedung des Landeskulturgesetzes zahlreiche Veranstaltungen, Diskussionen, Ausstellungen und Rechenschaftslegungen statt, in denen Erfolge und Probleme des Umweltschutzes erörtert wurden. Die Berichterstattung über ökologische Themen in den Staatsmedien nahm in diesem Zeitraum sprunghaft zu.[338] Die Landeskulturwochen gingen auf einen Vorschlag der »Natur und Heimatfreunde« der DDR zurück.[339] Die erste Veranstaltung fand im Spätsommer des Jahres 1971 unter dem Motto »Sozialistische Landeskultur zur Gestaltung unserer natürlichen Umwelt – Gemeinschaftsaufgabe aller« statt. Die Veranstaltung war penibel vorbereitet und veranschaulicht, was Partei- und Staatsführung unter »Bürgerinitiative« verstanden: Die Staats- und Wirtschaftsorgane wurden dazu angehalten, eng mit der Nationalen Front und anderen gesellschaftlichen Organisationen zusammenzuarbeiten. Ziel war es, »die Initiative der Werktätigen, Schüler und Studenten ... zur gemeinsamen Lösung landeskultureller Aufgaben zu entwickeln, sie mit den Erfordernissen und ökonomisch günstigen Möglichkeiten zur Gestaltung der sozialistischen Landeskultur näher vertraut zu machen und unter dieser Zielsetzung geeignete Veranstaltungen, Beratungen, Sondervorlesungen, Lehrstunden an den Schulen u.a. ... durchzuführen.«[340] Darüber hinaus sollten Betriebs- und Kombinatsleitungen über die Erfolge und Misserfolge des betrieblichen Umweltschutzes sowie über geplante Maßnahmen öffentlich Rechenschaft ablegen.[341]

Die »Wochen der sozialistischen Landeskultur« waren ebenso Teil einer politischen Inszenierung wie Ausdruck eines verhältnismäßig transparenten und selbstkritischen Umgangs mit Umweltproblemen, der sich zu Beginn der sieb-

337 Auf dieses Missverhältnis und seine Folgen für das Heimat- und Nationalgefühl in der DDR weist auch Palmowski hin. *Palmowski*, S. 198f.

338 Eine Schlagwortsuche zum Begriff »Landeskultur« in den Printmedien »Neues Deutschland«, »Neue Zeit« und »Berliner Zeitung« belegt anschaulich, dass die mediale Berichterstattung über Umweltthemen zwischen 1971 und 1973 einen Höhepunkt erreichte und danach stark abnahm: Während die Anzahl der Treffer in diesem Zeitraum bei 113–133 jährlich lag, betrug die Zahl in den Folgejahren nur noch 33–59 und nahm erst wieder Ende der achtziger Jahre spürbar zu, ohne jedoch das Niveau vom Beginn der siebziger Jahre zu erreichen. Vgl. ZEFYS, Zeitungsinformationssystem, DDR-Presse, URL: http://zefys.staatsbibliothek-berlin.de/ddr-presse/?no_cache=1 [letzter Zugriff: 30.09.2016].

339 Schulmeister, Erster Bundessekretär an den Stellvertretenden des Vorsitzenden des Ministerrates der DDR, Herrn Dr. Werner Titel, Berlin, am 12. Febr. 1970: SAPMO, DY 27/10622.

340 Büro des Ministerrates, Betrifft: Beschluß über Maßnahmen zur Vorbereitung und Durchführung der »Woche der sozialistischen Landeskultur« 1971 vom 10.2.1971, Endredaktion: 16.2.1971: BArch, DC 20-I/4/2410, pag. 106–111.

341 Ebd.

ziger Jahre für kurze Zeit auf allen Politikebenen einstellte.[342] Das Protokoll der Pressekonferenz anlässlich der ersten Landeskulturwoche veranschaulicht, dass selbst die Vertreter jener Staatsmedien, die sich ansonsten in vorausschauender Selbstzensur und einer oftmals recht plumpen Hofberichterstattung übten, durchaus dazu in der Lage waren, kritische Fragen zu stellen. Ein Journalist der »Sächsischen Zeitung« konfrontierte die anwesenden Funktionäre etwa ganz offen mit der Skepsis, die ihm von Seiten seiner Leserschaft entgegengebracht wurde. »Die Leser bestätigen uns: Ihr Macht gute Gesetze, und das Landeskulturgesetz ist eine feine Sache. Es hat nur einen Schönheitsfehler: Es fehlt die staatliche Macht dahinter zur Durchsetzung des Gesetzes. Ihr schreibt gute Artikel in der Zeitung, die lesen wir gern, die befürworten wir. Aber irgendwo hat die Überzeugungsarbeit ihre Grenzen, und dann fehlt die reale staatliche Macht. Dieses Problem wird immer wieder an uns herangetragen.«[343] Damit sprach der Medienvertreter ein grundsätzliches Problem der Umweltpolitik, das Vollzugsdefizit im Umweltrecht, an. Denn mit der Verabschiedung des Landeskulturgesetzes alleine waren die vorherrschenden Umweltprobleme nicht gelöst. Schon die Verabschiedung präzisierender Durchführungsverordnungen und der Aufbau der neuen institutionellen Strukturen vollzogen sich, wie gezeigt wurde, nur sehr langsam. Umweltpolitik war in der DDR wie auch in anderen Industriegesellschaften zuallererst ein Versprechen auf eine bessere Zukunft und musste sich in der Praxis noch bewähren.[344]

Die Staatsmedien nahmen das Implementationsdefizit der neuen Umweltgesetzgebung zu Beginn der siebziger Jahre regelmäßig unter die Lupe, ohne dabei allerdings die Staats- und Parteiführung direkt anzugreifen. Ein Artikel des SED-Blattes »Neues Deutschland« bemängelte beispielsweise 1971, dass der Kreistag des stark unter den ökologischen Folgen des Braunkohlebergbaus leidenden Kreises Senftenberg zwar direkt nach Inkrafttreten des Landeskulturgesetzes ein Maßnahmenpaket beschlossen und darin unter anderem halbjäh-

342 Vgl. beispielsweise für den Bezirk Halle: RdB Halle, Beschlußentwurf zur Vorlage an das Sekretariat der Bezirksleitung der SED Halle: »Probleme der Entwicklung des Umweltschutzes im Bezirk Halle«, Behandlung im Sekretariat der BL am 1.11.1972, Halle, den 23.10.1972: LASA, M 501, 5440, pag. 24–35.

343 Der Journalist verwies im Zusammenhang mit KFZ-Abgasproblematik außerdem auch ironisch auf höhere gesetzliche Standards in der CSSR: »Mich interessiert, wie mit der zunehmenden Motorisierung das Problem der Abgase gelöst werden soll. Ein Kollege erzählte mir, daß ein Busfahrer unseres Reisebüros in der CSSR Schwierigkeiten hatte, mit seinen Kronen auszukommen, weil er immer nach 30 bis 40 km blechen mußte, weil der Vergaser nicht richtig eingestellt war.« Die sehr ausführliche Antwort eines hochrangigen Mitarbeiters des Gesundheitsministeriums war so weitreichend, dass sich der Leiter der Pressekonferenz dazu genötigt sah darauf hinzuweisen, dass einige der Informationen noch einen internen Charakter hätten und daher nicht zur Veröffentlichung geeignet seien. Stenografische Niederschrift, Zentrale Pressekonferenz des Presseamtes beim Vorsitzenden des Ministerrates der Deutschen Demokratischen Republik am 20.7.1971: BArch, DC 9/384.

344 *Radkau*, Natur, S. 328 ff.; *Uekötter*, Rauchplage, S. 480 ff.

rige Rechenschaftslegungen der Betriebsdirektoren festlegt hatte. Diesem in der Sache richtigen Beschluss seien aber auch ein Jahr danach noch keine Taten gefolgt. Lediglich die Stadtverordnetenversammlung von Lauchhammer habe Werkdirektoren vorgeladen, die aber nach Ansicht der SED-Zeitung nur »wenig befriedigende Ergebnisse« vorweisen konnten.[345] Der Kreistag bemühte sich nach der journalistischen Schelte durch das Parteiblatt zügig, auf die Vorwürfe zu reagieren, und ließ wenige Wochen darauf über einen Artikel verlautbaren, dass die Kritik »gründlich ausgewertet« und die richtigen Schlussfolgerungen daraus gezogen worden seien. Das für Umweltfragen zuständige Ratsmitglied des Kreises wurde dazu verpflichtet, während der »Woche der sozialistischen Landeskultur« zusammen mit Kreistagsabgeordneten umfangreiche Kontrollen durchzuführen. Darüber hinaus veranlasste der Kreistag die Bildung einer Arbeitsgruppe, in der Volksvertreter, Ratsmitglieder und Vertreter der Industrie unter der Leitung des Kreishygienearztes dafür Sorge tragen sollten, dass sich möglichst bald »sichtbare Ergebnisse bei der Minderung der Staub- und Geruchsbelästigung« einstellten.[346]

Die »Wochen der sozialistischen Landeskultur« folgten mit ihrer charakteristischen Mischung aus Information, (Selbst-)Anklage, Besserungsversprechungen und dem ausführlichen Verweis auf erzielte Erfolge einer für staatssozialistische Gesellschaften typischen Form der politischen Inszenierung.[347] Neben Ausstellungen, Vorträgen, Artikelserien und eigens produzierten Filmen bestimmten immer wieder Rechenschaftslegungen der Betriebs- und Kombinatsleitungen sowie der örtlichen Staatsorgane die Veranstaltungsprogramme.[348] Die mediale Berichterstattung war bis ins kleinste Detail durchgeplant.[349] Titel dirigierte wenige Wochen vor seinem Tod auch den Dreh eines Dokumentarfilms zum Landeskulturgesetz bis in das kleinste Detail. Ein geplanter Trick am Ende der DEFA-Produktion musste auf seinen Einwand hin abgeändert werden, damit nicht der Eindruck entstehe, »daß die Lösung [der Umweltprobleme, d. Verf.] konfliktlos von sich ginge.« In den Augen Titels machte das Rohdreh-

345 Alle Zitate: ND, 11. Juli 1971, 2.

346 ND, 8. August 1971, 8.

347 So beispielsweise im Vorfeld von Wahlen: Vgl. *Wolle*, Diktatur, S. 118ff. Allgemeiner dazu auch: *Fulbrook*, Leben, S. 273ff.

348 Zu den Programmen vgl. exemplarisch: Einige Aktivitäten in Vorbereitung der Durchführung der »Woche der sozialistischen Landeskultur 1971«: BArch, DC 9/384; RdB Leipzig u.a., Landeskulturtagung, o.D. [August 1971]: SAPMO, DY 23/10861; Pressekonferenz anläßlich der »Woche der sozialistischen Landeskultur 1973« am 4. Mai 1973. Informationsmaterial über wichtige Aktivitäten in Vorbereitung und während der »Woche der sozialistischen Landeskultur 1973« sowie zu Initiativen, guten Beispielen und Erfahrungen beim Umweltschutz und im »Mach-mit-Wettbewerb«: BArch, DC 9/385.

349 In einem »Plan der Öffentlichkeitsarbeit« wurden Publikationen und Veröffentlichungstermine vorab genau festgelegt. Vgl. dazu: »Plan der Öffentlichkeitsarbeit zur Vorbereitung, Durchführung und Auswertung der Woche der sozialistischen Landeskultur 1972« (14. bis 21. Mai) sowie zur Vorbereitung der UNO-Umweltkonferenz (Juni 1972 in Stockholm), o.D.: BArch, DK 5/2428.

buch außerdem zu wenig deutlich, »daß die Probleme im Rahmen unserer volkswirtschaftlichen Möglichkeiten« nur »schrittweise gelöst werden« könnten. Auch die Bedeutung der sozialistischen Gemeinschaftsarbeit und der »Einfluß des Bürgers auf den Schutz der Natur« kamen darin nach Ansicht des designierten Umweltministers nicht ausreichend zum Ausdruck.[350]

Die Landeskulturwochen übten gleich in mehrfacher Hinsicht eine Ventilfunktion aus: Zum einen ließen sie Raum für Kritik, die sich in der Bevölkerung, bei Naturschützern oder auch den Mitarbeitern der Umweltverwaltungen angestaut hatte. Im Vorfeld der Großveranstaltungen waren die Staats- und Parteiführung, die Bezirks- und Kreisräte wie auch die Betriebsleitungen besonders darauf bedacht, eine schlechte Öffentlichkeit zu vermeiden. Reichelt verstand es zudem, Stimmen aus der Bevölkerung geschickt in seine öffentlichen Reden einzubauen und so das Gefühl zu vermitteln, dass auch der einfache Bürger in der Umweltpolitik zu Wort kommen konnte.[351] Zum anderen nutzte das Umweltministerium die Landeskulturwochen gezielt, um den Handlungsdruck auf die volkseigene Wirtschaft zu erhöhen. Unter Reichelts Führung wurden die Rechenschaftslegungen der Betriebe deutlich ausgeweitet und erstmals in größerem Umfang auch direkt bei den großen Kombinaten in den industriellen Ballungsgebieten durchgeführt. Im Jahr 1972 fanden beispielsweise Aktionen im Gaskombinat Schwarze Pumpe, im Chemiefaserwerk Premnitz und im Braunkohlekombinat Deuben statt. Reichelt wertete dieses Vorgehen in einem Bericht an den Ministerrat als Erfolg, da auf diese Weise nicht nur der Bevölkerung vermittelt werden konnte, dass die Umweltpolitik die Probleme erkannt hatte, sondern auch Produktionsarbeiter und Ingenieure der problemverursachenden Betriebe direkt angesprochen und auf ihre besondere Verantwortung für den Umweltschutz aufmerksam gemacht werden konnten.[352]

Diese Strategie, die sich in den achtziger Jahren angesichts ausbleibender Erfolge gegen die Staats- und Parteiführung wenden sollte, ging zunächst auf: Der politischen Führung gelang es, die Verantwortung an mittlere und untere Instanzen weiterzuleiten und der Bevölkerung gleichzeitig glaubhaft zu machen, dass die SED über ein funktionierendes Konzept zur Behebung der Missstände verfügte. Zu Beginn der siebziger Jahre, als die Wirtschaftskrise von 1969/70 überwunden schien und sich für kurze Zeit ein positiver Nachhall der ökonomischen Reformen bemerkbar machte, wirkten die Versprechungen der

350 Alle Zitate: Büro d. Ministerrates, Sekretariat Dr. Titel an DEFA-Studio f. Kurzfilme, KAG Information, Kolln. Mosch, 16.9.1971: BArch, DK 5/2428.

351 Umweltschutz zur Verbesserung der Arbeits- und Lebensbedingungen – Sache der ganzen sozialistischen Gesellschaft. Zur Woche der sozialistischen Landeskultur, Rede von Hans Reichelt, Stellvertreter des Vorsitzenden des Ministerrates und Minister für Umweltschutz und Wasserwirtschaft auf der Pressekonferenz am 18.4.1972: BArch, DK 5/2428.

352 Ministerium für Umweltschutz und Wasserwirtschaft, Information über die Ergebnisse und Erfahrungen bei der Vorbereitung und Durchführung der »Woche der sozialistischen Landeskultur«, 7. Juni 1972: BArch, DC 20/16110, pag. 4–10, hier 5.

Umweltpolitik durchaus realistisch.[353] Der von der Staats- und Parteiführung angestrebte Konsens über den Stellenwert des Umweltschutzes im ostdeutschen Staatssozialismus wurde daher auch von weiten Teilen der Gesellschaft mitgetragen. Hugo Weinitschke äußerte beispielsweise auf einer Konferenz im Mai 1971 stellvertretend für die »Natur- und Heimatfreunde« seine Begeisterung über das Landeskulturgesetz und war angesichts einer Vielzahl von Erfolgen voll des Lobes für die neue Umweltpolitik. Kritikern in den eigenen Reihen, die ein zu langsames Tempo bei der Umsetzung der Maßnahmen bemängelten, hielt er entgegen, dass auch der Aufbau der Naturschutzreferate knapp 15 Jahre zuvor lange Zeit benötigt hatte und das neue Umweltrahmengesetz kein Sofortprogramm sei. Weinitschke zeigte selbst für die Betriebsleitungen großes Verständnis: »Ein Kombinatsdirektor, von dem man erwartet – letztlich erwarten das auch wir –, daß er die Produktion seines Werkes erhöht, seine Planverpflichtungen einschließlich der Exportaufträge erfüllt, mit Material, Kosten und Energie spart, eine weise Investitionspolitik betreibt, und der gleichzeitig dafür sorgen muss, daß seine Abprodukte in Form von Abgas, Abwasser oder Feststoffabprodukten die Umwelt nicht mehr belasten, benötigt eine gewisse Zeit alle diese Dinge in Einklang zu bringen. Nicht immer stehen ihm personelle und materielle Kapazitäten zur Verfügung, um schnell und gründlich eine Änderung herbeizuführen. Das bedarf seiner Zeit, und uns allen ist bekannt, daß eine Abwasser-Aufbereitungsanlage mehr als ein Jahr vom Baubeginn bis zu ihrer Funktionstüchtigkeit erfordert.«[354]

Die zuvor häufig geäußerten Klagen über die Investitionsträgheit der Industrie und das störrige Verhalten vieler Betriebsleitungen schienen angesichts des Erfolges, den das Landeskulturgesetz darstellte, vergessen. Der umweltpolitische Aufbruch der frühen siebziger Jahre war eine Zeit der großen Gesten und Symbole. Die »Agenda-Setzung«, die die SED nun vorantrieb, verfolgte Ziel, einen gesellschaftlichen Konsens über ein eigentlich unpolitisches Problem zu erzielen, von dem weite Teile der Bevölkerung betroffen waren – eine Entwicklung, die sich nicht nur in der DDR, sondern auch in anderen Industriegesellschaften einstellte. Auch die sozialliberale Koalition in der Bundesrepublik hoffte auf »die positive Wirkung eines Konsensthemas«, wie Engels hervorhebt, das Kritiker besänftigen, gesellschaftliche Akteure zusammenführen und die Modernität der regierenden Parteien demonstrieren sollte.[355]

353 *Steiner*, Plan, S. 172 ff.; *Roesler*, DDR, S. 73 ff.

354 Hugo Weinitschke, Ein Jahr Landeskulturgesetz in der Deutschen Demokratischen Republik – Probleme und Erfahrungen aus der Tätigkeit des Deutschen Kulturbundes: SAPMO, DY 27/10985.

355 *Engels*, S. 407.

3. Das Scheitern der ökologischen Modernisierung und das Ende des umweltpolitischen Konsenses

3.1 Brüchiger Konsens: Die ökonomische Krise und die restriktive Wende in der Umweltpolitik

In der zweiten Hälfte der siebziger Jahre verschlechten sich die Rahmenbedingungen für den Umweltschutz. Obwohl das öffentliche Interesse an Umweltfragenn stetig zunahm und das Bekenntnis der Partei- und Staatsführung zur Umweltpolitik zumindest in der offiziellen Rhetorik ungebrochen blieb, engten wirtschaftliche Probleme die realen Handlungsmöglichkeiten immer stärker ein.[1] Die Ursachen für den ökonomischen Niedergang der DDR, der spätestens in der zweiten Hälfte der achtziger Jahre in eine politische Lähmung mündete, waren vielfältig: Der überbordende planwirtschaftliche Ordnungsanspruch, eine unstete Investitionspolitik, prekäre außenwirtschaftliche Beziehungen und überzogene sozialpolitische Maßnahmen banden wichtige Ressourcen und führten zu einem Verfall der ökonomischen Substanz. Versuche, in einzelnen Wirtschaftsbereichen mithilfe großangelegter Investitionsprogramme Anschluss an den Weltmarkt zu finden, verschlangen Milliardensummen, blieben aber letztlich erfolglos.[2] Der ökonomische Niedergang der Sowjetunion, von deren Rohstofflieferungen die ostdeutsche Volkswirtschaft abhängig war, und die geringe Integrationskraft des RGW zwangen die DDR im Laufe der siebziger Jahre zudem in eine immer stärkere Abhängigkeit von Staaten des sogenannten »nichtsozialistischen Wirtschaftsgebietes« (NSW) – allen voran der Bundesrepublik, die in den achtziger Jahren infolge zweier Bürgschaften für Milliardenkredite zum wichtigsten Gläubiger der DDR wurde.[3] Der Import von Waren, die mit

1 Der Begriff Umweltschutz taucht in einer Schlagwortsuche in den staatlich kontrollierten Printmedien »Neues Deutschland«, »Neue Zeit« und »Berliner Zeitung« bis zum November 1989 immerhin fast 10.000-mal auf. Hochkonjunkturen erfuhr die Berichterstattung über Umweltschutz in den Jahren 1972–1974 und 1984–1989, während sie zwischen 1975 und 1983 rückläufig war bzw. stagnierte. Vgl. ZEFYS, Zeitungsinformationssystem, DDR-Presse, URL: http://zefys.staatsbibliothek-berlin.de/ddr-presse/suchergebnisse/ [letzter Zugriff: 09.08.2107].

2 So z. B. das 1977 vom Politbüro beschlossene Mikroelektronikprogramm, das alleine zwischen 1986 und 1989 etwa 14 Milliarden Mark verschlang und am Ende einen Speicherschaltkreis hervorbrachte, dessen Produktionskosten ein Vielfaches über dem Weltmarktniveau lagen. Vgl. *Steiner*, Konsumversprechen, S. 153–192, hier 158–182; *Buchheim*, Achillesferse, S. 91–103, hier 93–100; *Roesler*, DDR, S. 78–99; *Malycha*, SED, S. 323–336.

3 *Kittel*, S. 307–331.

harten Devisen bezahlt werden mussten, machte umgekehrt wiederum eine Steigerung des Exportes in das NSW notwendig. Die ostdeutschen Exportprodukte hatten seit den sechziger Jahren aberan Qualität verloren und waren auf dem Weltmarkt immer weniger konkurrenzfähig. Ausbleibende Investitionen sorgten für einen hohen Verschleißgrad der Produktionsanlagen und wirkten hemmend auf die Innovationsfähigkeit der ostdeutschen Volkswirtschaft.[4] Die sinkenden Devisenerträge und der fortschreitende Verfall führten zu einem Einbruch der Exportüberschüsse und ließen wiederum die Verbindlichkeiten gegenüber dem NSW anwachsen.[5] Die Staats- und Parteiführung agierte vor diesem Hintergrund immer hilfloser und war mit Blick auf die zu ziehenden Konsequenzen tief gespalten. Entscheidungen wurden fast ausschließlich in der Wirtschaftskommission und im sogenannten »kleinen Kreis« getroffen, einem informellen Gremium innerhalb des Politbüros, dem unter anderem Honecker, Mittag, Krolikowski und Schürer angehörten.[6] Ein Durchdringen ökologischer Problemlagen und die Mobilisierung umweltpolitischer Initiativen auf der politischen Führungsebene waren unter diesen Umständen äußerst schwierig, wenn auch nicht unmöglich.[7]

Eine der folgenreichsten Entscheidungen für den Umweltschutz dieser Jahre war die schrittweise eingeleitete Heizölablösung. Bereits nach der ersten Erdölpreiskrise 1973/74 hatte die politische Führung entschieden, einen Teil des in der DDR verarbeiteten sowjetischen Mineralöls, das aufgrund der besonderen Preisbildungsmechanismen im RGW zunächst nicht von der globalen Preisexplosion betroffen war, in das westliche Ausland zu exportieren. Nach dem die Sowjetunion in Folge der zweiten Erdölpreiskrise in den Jahren 1979/80 und aufgrund zunehmender eigener Wirtschaftsprobleme angekündigt hatte, die Erdöllieferungen an die DDR deutlich zu reduzieren, sah sich die Staats- und Parteiführung zu drastischen Sparmaßnahmen gezwungen: Ein 1981 begonnenes Programm zur Heizölablösung sah vor, den eigenen Mineralölverbrauch von 7 Millionen Tonnen im Jahr 1980 auf 1,2 Millionen Tonnen im Jahr 1989 zu senken. Dieses Ziel konnte nur erreicht werden, in dem man wieder verstärkt auf heimische Braunkohle als Energieträger und Rohstoff in der Chemieindustrie zurückgriff. Die Rückkehr zur Braunkohle, von der man sich seit den sechziger Jahren schrittweise zu lösen versucht hatte, verschlang Milliardensummen und war ökonomisch und ökologisch ein Desaster.[8] Wie Abbildung 3 veranschaulicht, nahmen die ohnehin bereits auf einem hohen Niveau befindlichen Schwefeldioxidemissionen ab 1980 wieder zu und zeigten erst gegen Ende des

4 *Steiner*, Konsumversprechen, S. 170, 175; Roesler, DDR, 2012, S. 90ff.

5 *Malycha*, SED, S. 335.

6 *Ebd.*, S. 329, 341–362. Zur Zusammensetzung des »kleinen Kreises« vgl. ebd., S. 351, Anm. 87.

7 Vgl. dazu Kap. 3.2.1.

8 Während die Förderung von einer Tonne Rohbraunkohle 1980 bereits 7,70 Mark kostete, stieg dieser Wert bis zum Ende des Jahrzehnts auf 13,20 Mark je Tonne an. Vgl. dazu *Schröter*, S. 109–138, hier 112–124; *Karlsch u. Stokes*, Chemie, S. 39ff.; *Dies.*, Faktor, S. 340ff.; *Hoffmann*, Ölpreisschock, S. 213–234; *Roesler*, DDR, S. 87f.

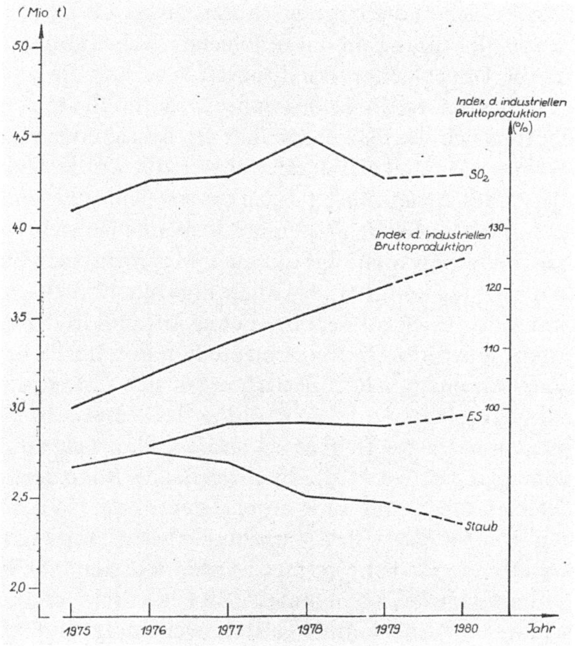

Abb. 3: Entwicklung der Schwefeldioxid-, Einheitsschadstoff- und Staubemissionen in der DDR in Relation zum Index der Bruttoproduktion, 1975–1980. (Quelle: MUW, Bericht über die Ergebnisse der Entwicklung des Umweltschutzes in der DDR 1979: BArch, DK 5/1158)

Jahrzehnts eine leicht rückläufige Tendenz. Der positive Trend, der sich bis Ende der siebziger Jahre bei den Staubemissionen eingestellt hatte, wurde durch die Energieträgerrückumstellung ebenfalls ausgebremst, so dass die Werte in den achtziger Jahren auf einem im internationalen Vergleich hohen Niveau stagnierten.[9] Die Rückkehr zur Braunkohle bedeutete darüber hinaus das Aus für ganze Landschaften, die von den Schaufeln der riesigen Braunkohlebagger umgegraben wurden und bis 1990 nur zu knapp sechzig Prozent rekultiviert werden konnten.[10]

Trotz dieser prekären Lage nahmen die 1973 erstmals in den Volkswirtschaftsplänen ausgewiesenen Umweltschutzinvestitionen kontinuierlich zu. Der Gesamtumfang stieg von 304 Millionen Mark im Jahr 1971 auf knapp 920 Millionen Mark am Ende des Jahrzehnts und überschritt 1980 erstmals die Milliardengrenze. Lediglich in den Jahren 1974 und 1978 kam es zu leichten Einbrüchen. Die Einordnung von Umweltschutzvorhaben in die Volkswirtschaftspläne funktionierte in der ersten Hälfte der siebziger Jahre noch relativ reibungslos, wohingegen sich bei der Realisierung der Vorhaben von Beginn an Probleme

9 Statistisches Jahrbuch der Deutschen Demokratischen Republik 35 (1990), 146.

10 Einer devastierten Fläche von 151.936 ha standen bis 1990 Wiederurbarmachungsbemühungen im Umfang von 90.810 ha gegenüber: Krummsdorf, Wiederurbarmachung, 2007, 395–425, insbes. 397, Tab. 1.

zeigten. Schon die Umweltschutzprojekte im Jahresplan 1973 wurden nur mit knapp 88 Prozent, im darauffolgenden Jahr immerhin mit mehr als 95 Prozent erfüllt. Die Folgen waren disparat: Während die geplanten Investitionen in die Luftreinhaltung in beiden Jahren zu 100 Prozent realisiert werden konnten, häuften sich die Planrückstände im Bereich der Wassereinhaltung. Aber auch wenn ein Planteil erfüllt oder übererfüllt wurde, bedeutete das keinesfalls, dass die vorgesehenen Ziele tatsächlich erreicht wurden. Der Volkswirtschaftsplan 1974 sah beispielsweise 28 zentralgeplante Umweltschutzvorhaben vor, die einer internen Analyse zufolge mit mehr als 105 Prozent übererfüllt wurden. Von den 28 Projekten konnten 1974 allerdings nur 12 realisiert werden; bei 16 Vorhaben bestanden Rückstände, über deren Ausmaß in der Analyse keine Angaben gemacht wurden und drei Projekte konnten im Planzeitraum gar nicht erst begonnen werden.[11] Rechnerisch ergab sich trotz der verfehlten Investitionsziele aber dennoch eine Übererfüllung des Planes, da die realisierten Projekte die Planvorgaben bei weitem übertrafen. Planrückstände, die häufig auf fehlende Baukapazitäten und die unzureichende Bilanzierung von Vorhaben bei Zulieferbetrieben und anderen nachgeordneten Wirtschaftsakteuren zurückgingen, führten dazu, dass einzelne Umweltschutzprojekte immer wieder auf das kommende Planjahr vertagt werden mussten. Die biologische Abwasserreinigungsanlage des Kombinates VEB Chemische Werke Buna, deren Bau 1978 beschlossen wurde, konnte beispielsweise aufgrund solcher und anderer Schwierigkeiten erst 1985, vier Jahre nach der ursprünglich geplanten Inbetriebnahme, angefahren werden.[12]

Eine abschließende Bewertung der Umweltschutzinvestitionen ist auf Grundlage der quantitativen Daten dennoch schwierig: Die kontinuierliche Zunahme der Ausgaben erscheint angesichts der prekären Lage, in der sich die ostdeutsche Volkswirtschaft seit den späten siebziger Jahren befand, überraschend. Selbst in den achtziger Jahren nahm das Volumen der in die Pläne eingeordneten Maßnahmen nach einer kurzen Phase der Regression bzw. Stagnation wieder zu und erreichte 1988 mit einem Wert von über 1,6 Milliarden Mark einen Höhepunkt. Der Anstieg verweist darauf, dass die politische Führung dem Umweltschutz entgegen bisheriger Annahmen durchaus mehr Bedeutung beimaß.[13] Misst man das Investitionsverhalten demgegenüber am 1968 prognostizierten Bedarf, fällt die Bilanz allerdings düster aus: Der von Titel und seinem Prognoseteam für den Zeitraum bis 1980 errechnete Investitionsbedarf von circa 14,5 Milliarden Mark wurde am Ende der siebziger Jahre nur zu 43 Prozent erfüllt. Der erreichte Ist-Zustand fiel darüber hinaus sehr unterschiedlich aus und war in einzelnen

11 MR der DDR, Staatliche Zentralverwaltung für Statistik, Analyse über die Verwirklichung der Direktive des VIII. Parteitages der SED zum Fünfjahrplan für die Entwicklung der Volkswirtschaft der DDR 1971–1975, Teil I, Berlin, den 31. März 1975: BArch, DC 20-I/3/1243, pag. 158.

12 *Christ*, S. 396 f.

13 Vgl. auch Kap. 3.2.1.

Bereichen äußerst unbefriedigend: Während in der Luftreinhaltung und der Abproduktebeseitigung immerhin Erfüllungsgrade von mehr als siebzig Prozent erzielt wurden, beliefen sich die getätigten Investitionen im Gewässerschutz auf lediglich ein Drittel des prognostizierten Bedarfs.

Tab. 4: Entwicklung der Investitionen für den Umweltschutz 1971–1979 und prognostizierter Investitionsbedarf 1971–1980*

Jahr	**Reinhaltung des Wassers**	**Reinhaltung der Luft**	**Beseitigung von Abprodukten**	**Minderung des Lärms**
	in Millionen Mark			
1971	187	77	40	k. A.
1972	301	310	41	k. A.
1973	284	299	76	k. A.
1974	253	283	65	k. A.
1975	348,4	302	95,4	16,3
1976	364,6	261	143,2	25,6
1977	399,1	245,8	143,2	22,6
1978	379	182,4	126,7	32
1979	531,1	223	142,8	22,5
Summe	3.047,2	2.183,2	873,3	119
Prognostizierter Bedarf 1971–1980	10.150	2.880	1.238	k. A.

* Zusammengestellt aus: MR der DDR, Staatliche Zentralverwaltung für Statistik, Analyse über die Verwirklichung der Direktive des VIII. Parteitages der SED zum Fünfjahrplan für die Entwicklung der Volkswirtschaft der DDR 1971–1975, Teil I, Berlin, den 31. März 1975: BArch, DC 20-I/3/1243, pag. 158; MR der DDR, Ministerium für Umweltschutz und Wasserwirtschaft, Bericht über die Ergebnisse in der Entwicklung des Umweltschutzes in der DDR, o. D., Anlage 16: BArch, DK 5/1158; Prognosegruppe »Abprodukte und sozialistische Landeskultur«, Prognose Industrielle Abprodukte und planmäßige Gestaltung einer sozialistischen Landeskultur in der DDR, Berlin, September 1968: BArch DC 20-I/3/715, pag. 107.

Setzt man die Umweltausgaben der DDR und der Bundesrepublik in Relation zueinander bestätigt sich dieses Bild: Während in Westdeutschland zwischen 1980 und 1989 durchschnittlich 1,47 Prozent des Bruttosozialproduktes für den Umweltschutz aufgewandt wurden, belief sich dieser Wert in der DDR nur auf etwa 0,48 Prozent des Nationaleinkommens.[14] Entsprechend prekär sah die Situation auf der Ebene der Betriebe aus. Ein Mitarbeiter des CKB klagte beispielsweise 1982 gegenüber der Staatssicherheit, dass die betrieblichen Umweltschutzausgaben viel zu gering bemessen seien. Zwischen 1971 und 1975 wurden demnach

14 Weichold, Umweltpolitik, 2006, 1174, Tab. 3.

nur 2,1 Prozent, im darauffolgenden Fünfjahrplan immerhin 5,6 Prozent der Gesamtinvestitionen des Kombinates für den Umweltschutz aufgewandt. International lägen vergleichbare Aufwendungen jedoch, so der Mitarbeiter, bei zehn bis zwanzig Prozent der Gesamtinvestitionen. In absoluten Zahlen ausgedrückt zeigen sich die engen Grenzen, die dem betrieblichen Umweltschutz dadurch auferlegt waren: Die jährlichen Betriebskosten für die Umwelttechnologien des CKB beliefen sich zu Beginn der achtziger Jahre auf etwa 12,3 Millionen Mark. Der Mitarbeiter rechnete gegenüber der Staatssicherheit vor, dass »alleine für eine moderne Abwasserbehandlungsanlage, wie sie der Stammbetrieb brauchen würde, 30–40 Millionen M/a als Betriebskosten« anfallen würden.[15] Die Investitionskosten für eine solche Anlage hätten sich vermutlich auf das Vier- bis Sechsfache belaufen.[16]

Die Situation sah allerdings nicht in allen Betrieben so prekär aus: Beim Aufbau einer neuen Produktionslinie in Schwarzheide entfielen 13 Prozent der Investitionskosten auf Umweltschutzkomponenten.[17] In den Industriezweigen Metallurgie und Erdölverarbeitung betrug der Anteil dieser Investitionen zu Beginn der achtziger Jahre durchschnittlich 15 Prozent, in den Sparten Zellstoff und Papier etwa zehn Prozent.[18] Das Chemieministerium kalkulierte im Fünfjahrplan 1976–80 immerhin noch Mittel für den Umweltschutz in Höhe von 9 Prozent der Gesamtinvestitionen ein.[19] Dieser Wert sank im darauffolgenden Jahrzehnt allerdings kontinuierlich und belief sich am Ende der achtziger Jahre nur noch auf durchschnittlich 5,8 Prozent.[20] Schlusslichter bei den Umweltschutzinvestitionen waren mit 3 bzw. 1–2 Prozent die Lebensmittel- und die metallverarbeitende Industrie.[21]

Ursachen und Folgen vermischten sich in der Spätphase der DDR und verwoben sich zu einem Gespinst, in dem selbst hoffnungsvolle Initiativen kaum eine Wirkung entfalten konnten, wie das Beispiel der chemischen Industrie im Bezirk Halle verdeutlicht. Der Bezirk zählte zu den ökologischen Hotspots: Ende der achtziger Jahre fielen hier etwa ein Drittel aller ostdeutschen Luft- und Gewässerschadstoffe sowie die Hälfte aller toxischen Abfälle an. Die vier großen Chemiekombinate Leuna, Buna, Bitterfeld und Wolfen verursachten alleine mehr als ein Viertel der Staub- und etwa ein Drittel der Schwefeldioxidemissio-

15 BV Halle, OD CKB, Abschrift Treffbericht IM »Erle« vom 22.07.82, Bitterfeld, den 01.08.82: BStU, MfS, BV Halle, Abt. XVIII, Sach Nr. 610, pag. 264 f.

16 Eine Schätzung für die Leuna-Werke ging von notwendigen Investitionskosten in Höhe von 100–140 Millionen Mark aus. Vgl. Komar, u. a., Ursachen, 1993, 50.

17 BV Halle, OD CKB, Abschrift Treffbericht IM »Erle« vom 22.07.82, Bitterfeld, den 01.08.82: BStU, MfS, BV Halle, Abt. XVIII, Sach Nr. 610, pag. 265.

18 MUW, Zusammenstellung von Material über den Umweltschutz in der DDR, 7.4.1983: SAPMO, DY 3023/1148, pag. 33.

19 *Rieger*, Stellenwert, S. 110–142, hier124.

20 *Komar u. a.*, S. 42, Tab. 5.

21 MUW, Zusammenstellung von Material über den Umweltschutz in der DDR, 7.4.1983: SAPMO, DY 3023/1148, pag. 33.

nen des Bezirkes.[22] Volkswirtschaftlich waren sie jedoch von großer Bedeutung. Auf die Kombinate entfielen Mitte der siebziger Jahre mehr als vierzig Prozent der chemischen Exporte in das NSW, aus denen Deviseneinnahmen in Höhe von 556,6 Millionen VM erzielt wurden. Aufgrund von Engpässen, schlechten Zulieferbedingungen und fehlenden Technologien mussten die Betriebe umgekehrt allerdings Investitionsgüter und Waren in Höhe von 773 Millionen VM importieren. Die Generaldirektionen standen an allen Fronten unter Druck: Überalterte Gebäude, Maschinen und Rohrbrücken, hohe Auflagen zur Steigerung der Warenproduktion und zur Verringerung der NSW-Importe sowie eine starke Fluktuation der Arbeitskräfte setzten den Kombinaten zu. Der Anlagenverschleiß, der sich in der Chemieindustrie insgesamt auf 39 Prozent belief, betrug bei den großen Vier im Schnitt über 46 Prozent. Im Stammwerk des CKB waren Anlagen und Gebäude in einem Wertumfang von 770 Millionen Mark technisch instabil, wurden aber dringend benötigt, um jährlich Waren in einem Wertumfang von 980 Millionen Mark produzieren. Der Fünfjahrplan 1971–1975 vernachlässigte diese investitionsbedürftigen Kombinate zudem zugunsten anderer Chemiebetriebe des Bezirkes.[23]

Die Chemiekombinate ächzten unter den hohen volkswirtschaftlichen Anforderungen. Die Verbesserung der Arbeits- und Lebensbedingungen ihrer Werktätigen lag aber auch im Interesse der Betriebsleitungen. Die Arbeitskräftefluktuation bei den großen Vier belief sich bereits zu Beginn der siebziger Jahre auf 11–14 Prozent. Insgesamt fehlten Schätzungen zufolge bis 1980 etwa 10.500 Arbeitskräfte. Ursachen für den Weggang waren neben den erschwerten Arbeitsbedingungen, vergleichsweise niedrigen Löhne und einem latenten Wohnraummangel auch die hohen Umweltbelastungen.[24] Viele Umweltprobleme resultierten schlichtweg aus der Überalterung von Anlagen und einem Verschleiß, der oft an die Schrottreife heranreichte. Im CKB war fast die Hälfte des Grundfondsbestandes zwanzig Jahre und älter. Von 141 Anlagen des Stammbetriebes erfüllten 55 nicht die gesetzlichen Vorgaben, so dass sich weit mehr als 3.000 Werktätige täglich in akute Gefahr für Leib und Leben begaben. Für 17 dieser Anlagen bestanden Ausnahmegenehmigungen, 38 Betriebsbereiche produzierten hingegen ohne eine gesetzlich vorgeschriebene Genehmigung.[25]

Die Kombinatsleiter wurden angesichts der prekären Lage immer stärker in die Verantwortung genommen und waren oft dazu gezwungen, einen heiklen Spagat zwischen Legalität und Planerfüllung zu vollziehen. Der Generaldirektor des CKB, Heinz Schwarz, war sich des vielerorts völlig desolaten Zustandes

22 *Umweltbericht des Bezirkes Halle*, S. 11 u. Abb. 2.4.2.

23 Information über die Entwicklung der chemischen Industrie im Bezirk Halle, o.D. [Dez. 1976]: SAPMO, DY 3023/1138, pag. 312ff., 357ff., 371ff. Vgl. dazu exempl. auch *Karlsch u. Stokes*, Chemie, S. 34–39; *Schiefer*, S. 18f.

24 Ebd., 389ff. Vgl. auch *Sattler*, S. 156ff.

25 Konzeption für die Stabilisierung und Modernisierung der Grundfonds im VEB Chemiekombinat Bitterfeld – Stammbetrieb –, o.D. [Sep. 1976]: SAPMO, DY 30/J IV 2/2/1639, pag. 103f.

seines Kombinates durchaus bewusst. In seiner Erinnerung an eine Politbürositzung, in der er einen von ihm geforderten Maßnahmenkatalog vor den Parteiobersten verteidigen musste, schilderte Schwarz sehr anschaulich, wie sich der technische Verschleiß anscheinend auch auf die Mentalität der Führungsfiguren niedergeschlagen hatte: »Einige Anlagen für Schädlingsbekämpfungsmittel und teuflische Chlorbenzolderivate hatte ich schließen lassen, weil man keine Menschen wissentlich der Gefahren mehr hinein lassen konnte. Weitere 19 Anlagen hatten keine Ausnahmegenehmigung der Technischen Überwachung. Sie liefen faktisch auf meine persönliche Verantwortung. Mielke hatte das nicht mitbekommen, aber Honecker hatte es herausgehört. Seine Frage richtete er an Mielke: ›Sag mal, was machst du mit Leuten, die täglich 19mal die Gesetze der DDR verletzen?‹ Mielke antwortete beleidigt und auffahrend: ›Solche Leute sehen kein Tageslicht mehr.‹ Honecker antwortete offensichtlich amüsiert und auf mich deutend: ›Du irrst, hier sitzt er munter in deinem Augenschein.‹ Alle schmunzelten, dass Honecker Mielke auf diese Art und Weise erwischt hatte. Zum Hintergrund gab es ja nichts zu schmunzeln.«[26]

Die Haltung des Generaldirektors zu den Umweltproblemen, die von den Betriebsteilen seines Kombinates verursacht wurden, war – vorsichtig formuliert – ambivalent: Zwar erkannte Schwarz, der den Posten erst 1971 übernommen hatte, die Notwendigkeit zu handeln.[27] Im Rahmen einer von ihm eingeleiteten Ist-Analyse entstand beispielsweise auch eine Studie der beiden führenden Umweltschutzmitarbeiter des Kombinates, Karl Enders und Peter Peklo, die die Ursachen und Folgen der Luftbelastungen umfassend aufarbeitete.[28] Die von Enders und Peklo daraufhin entwickelte Umweltschutzkonzeption galt auch gemessen an westdeutschen Standards als »hochmodern« und nahm Elemente des »integrierten Umweltschutzes« vorweg, wie ein ehemaliger Umweltmanager der Hoechst AG anerkennend hervorhebt.[29] Wenn es aber darum ging, die vorhandenen Probleme mit der gebotenen Offenheit und Intensität vor die Partei- und Staatsführung zu bringen, zeigte Schwarz hingegen wenig Rückgrat: Gegenüber seinen Vorgesetzten Wyschkofsky und Mittag verhielt er sich stets loyal und beteiligte sich wider besseren Wissens daran, Probleme herunter zu spielen. Der Kombinatsdirektor hatte nicht den Mut in heiklen Fragen zu widersprechen, wie er selbst offen eingestand. Die Verantwortung für die Verfehlungen trug seiner

26 *Schwarz*, S. 197 f.

27 Schwarz schaltete sich Ende der siebziger Jahre aktiv in den betrieblichen Umweltschutz ein und führte regelmäßig gemeinsame Arbeitsberatungen mit der Hauptabteilung Umweltschutz und Arbeitshygiene sowie dem Kreisvorstand der IG Chemie, Glas und Keramik des FDGB durch. Auf der zweiten gemeinsamen Sitzung betonten alle Akteure, dass sie »das Lösen der Umweltprobleme, die vom Chemiekombinat ausgehen, als politisches Anliegen ersten Ranges« verstanden. HA Umweltschutz und Arbeitshygiene, Konzeption: Durchführung der 2. Arbeitsberatung des Generaldirektors in FA/I, Bitterfeld, 31.10.1979: StUg 130-1. Inge Klein.

28 *Enders u. Peklo.*

29 *Christ*, S. 388.

Ansicht nach aber nicht er selbst, sondern eben jener Wirtschaftssekretär, dem er nach außen hin den Rücken freihielt und dem er nach der Wiedervereinigung vorwarf, dass er die DDR »aus Feigheit vor Honecker und wahnwitziger Eitelkeit« wissentlich in den Ruin getrieben hätte.[30]

In den siebziger Jahren war vom Fatalismus des darauffolgenden Jahrzehnts allerdings noch wenig zu spüren. Die Kombinatsleitung des CKB und auch die politische Führung waren darum bemüht, die Missstände zu beseitigen. Der Ministerrat fasste erstmals nach dem Explosionsunglück von 1968 einen Beschluss, um die desolate Lage in Bitterfeld zu verbessern, allerdings ohne Erfolg. Ein 1971 aufgelegtes »Programm zur Stabilisierung der Rohrbrücken und gefährdeter Gebäude« brachte zwar eine Verbesserung der Arbeitsbedingungen für 370 Arbeitsplätze mit sich, bei voller Inanspruchnahme der bereitgestellten Fördermittel konnten jedoch nur 41 Prozent der Ziele verwirklicht werden. Die Investitionen waren schlicht zu knapp bemessenen, so dass »der physische und moralische Verschleiß des Betriebes«, wie es im DDR-Jargon hieß, weiter voranschritt.[31] Erst im Jahr 1976 gelang es, eine umfassende Konzeption auf den Weg zu bringen, die drei Jahre darauf unter dem sperrigen Titel »Programm zur Rationalisierung, Stabilisierung und Modernisierung der Grundfonds im VEB Chemiekombinat Bitterfeld – Stammbetrieb« (RSM-Programm) fortgesetzt wurde. In zwei Etappen sollten insgesamt 3 Milliarden Mark für die Erneuerung von 135 Teilvorhaben investiert werden. Das Ziel des Konzeptes war es, die Arbeits- und Produktionssicherheit aufrecht zu erhalten und die Umwelt- und Lebensbedingungen in den umliegenden Kommunen zu verbessern.[32]

Mithilfe von Schwerpunktplänen, einer Ausweitung betriebsinterner Kontrollen und Disziplinarmaßnahmen sowie einer ganzen Reihe von Stilllegungen veralteter Anlagen konnten zunächst zügig Erfolge erzielt werden. Die positive Entwicklung schlug sich auch in der Umweltbilanz des Kombinates nieder: Bei einer Steigerung der Warenproduktion von sechzig Prozent gelang es die definierten Emissionen – jene Schadstoffe, die technologiebedingt im normalen Produktionsbetrieb anfielen – zwischen 1970 und 1980 zu halbieren. Doch obwohl zahlreiche Umweltschutzmaßnahmen auch ökonomisch sinnvoll waren, bereiteten insbesondere die Betriebsstillegungen große Probleme, wie Schwarz auf einer Arbeitsberatung 1979 ausführte: »Solche Entscheidungen gegen die Produktion und für Importe, da die Industrie oder Landwirtschaft nicht auf die betreffenden Produkte verzichten kann, sind für einen Generaldirektor bei der Lage der Republik im Außenhandelssaldo nicht einfach, im Gegenteil sehr

30 Die Mutlosigkeit spricht Schwarz offen in seiner Autobiographie an, etwa im Zusammenhang mit der Umsetzung des RSM-Programms. Vgl. zu den Angaben und den Zitaten: *Schwarz*, S. 188, 197.

31 Dieser Begriff ist in zahlreichen Berichten anzufinden und bezieht sich auf die weitreichenden Folgen des Verfalls. Hier: Konzeption für die Stabilisierung und Modernisierung der Grundfonds im VEB Chemiekombinat Bitterfeld – Stammbetrieb –, o. D. [Sep. 1976]: SAPMO, DY 30/J IV 2/2/1639, pag. 101.

32 *Nier*, S. 3 f.; *Bitterfelder Chronik*, S. 88 f.; *Hackenholz*, S. 363 f.

kompliziert, weil daran eine Kette von Versorgungsproblemen hängt.«[33] Die Kombinatsleitung setzte die Investitionsmittel daher oftmals vorrangig für ökonomisch relevante Bereiche ein, ohne Sicherheits- und Umweltschutzaspekte ausreichend zu berücksichtigen. Daneben gab es außerdem eine ganze Reihe weiterer Schwierigkeiten: Für vier Produktionsanlagen des CKB existierte beispielsweise in den siebziger Jahren, als das RSM-Programm vorbereitet wurde, noch keine technische Lösung, die einen Betrieb der Anlagen ohne Sondergenehmigungen der Kontrollbehörden erlaubt hätte.[34] Ein funktionierendes Verfahren zur Entschwefelung von Rauchgasen stand ebenfalls noch nicht zur Verfügung und die Bereitstellung bzw. Realisierung konventioneller Reinigungstechnologien bereitete immer wieder große Probleme.[35]

Schlamperei und Korruption taten ein Übriges: Ein Bericht der Staatssicherheit hielt 1983 fest, dass RSM-Mittel in Investitionsobjekte geflossen waren, für die keine Genehmigungen vorlagen und deren Nutzen fragwürdig war. Ein Produktionsdirektor und zwei weitere Leiter des mittleren Managements hatten außerdem einen Teil der Gelder widerrechtlich für die Errichtung eigener Wohnhäuser und Wohnungen genutzt. Nachdem sich bis dahin bereits ein erhebliches Investitionsdefizit eingestellt hatte, wurde das Programm noch im gleichen Jahr abgebrochen. Von den ursprünglich vorgesehenen Mitteln in Höhe von 3 Milliarden Mark konnte nur etwa zur Hälfte eingesetzt werden, so dass von 135 Teilvorhaben nur 48 abgeschlossen wurden, darunter immerhin 3 jener Anlagen, von denen die größten Gefahren für Gesundheit und Umwelt ausgingen – zwanzig Bereiche hingegen, die ebenfalls große Probleme bereiteten, konnten lediglich stabilisiert oder »teilstabilisiert« werden, 18 Problembereiche harrten weiterhin einer Lösung und zahlreiche Einzelmaßnahmen wurden ersatzlos gestrichen.[36] Die vom CKB ausgehenden Umweltbelastungen nahmen infolge dessen 1981 erstmals wieder zu. Die Hauptursache dafür waren nun allerdings sogenannte »undefinierte Emissionen«, die auf Havarien zurückzuführen waren. An die Stelle des Optimismus der siebziger Jahre trat ein nüchterner Pragmatismus, der fast schon fatalistische Züge annahm. Ein IM schätzte zu Beginn der achtziger Jahre, dass »der Stand 1981« bis zum Jahr 1987 »bestenfalls gehalten werden« könne und erst dann infolge weiterer Stilllegungen wieder ein leichtes Absinken der Emissionen zu erwarten sei.[37]

33 HA Umweltschutz und Arbeitshygiene, Konzeption: Durchführung der 2. Arbeitsberatung des Generaldirektors in FA/I, Bitterfeld, 31.10.1979: StUg 130-1. Inge Klein.

34 Konzeption für die Stabilisierung und Modernisierung der Grundfonds im VEB Chemiekombinat Bitterfeld – Stammbetrieb –, o. D. [Sep. 1976]: SAPMO, DY 30/J IV 2/2/1639, pag. 112.

35 So etwa der Bau von Kläranlagen mit biologischen und chemischen Reinigungsstufen oder der Bezug von Entstaubungsanlagen. Vgl. exempl. für die Luftreinhaltung Kap. 2.2.1 u. 3.2.1.

36 Abteilung XVIII/6, Einschätzung zur Situation von Emissionsproblemen im VEB CKB-Stammbetrieb mit Auswirkungen auf die Bevölkerung, Halle, 31. Mai 1983: BStU, MfS, BV Halle, Abt. XVIII, Sach Nr. 610, pag. 297 f.

37 BV Halle, OD CKB, Abschrift Treffbericht IM »Erle« vom 22.07.82, Bitterfeld, den 01.08.82: BStU, MfS, BV Halle, Abt. XVIII, Sach Nr. 610, pag. 269.

Das Scheitern des RSM-Programmes stand symbolisch für die engen Grenzen, in denen sich die Umweltpolitik der DDR angesichts der ökonomischen Krise bewegte. Hinzu kamen Führungsprobleme, wie etwa interne Machtkämpfe, überzogene Vorstellungen über die tatsächliche Leistungsfähigkeit der Volkswirtschaft und eine fehlende Gesamtstrategie im Umweltschutz.[38] Der hohe gestalterische Anspruch, mit dem das Prognoseteam unter der Leitung von Werner Titel Ende der sechziger Jahre angetreten war, wich einer kopflosen Flickschusterei, die von Brennpunkt zu Brennpunkt eilte, ohne die Probleme auch nur annähernd in den Griff zu bekommen. Der Druck auf die Staats- und Parteiführung wuchs. Nicht nur die Bevölkerung reagierte immer ungehaltener auf die vorhandenen Missstände, sondern auch Verpflichtungen, die aus internationalen Abkommen oder dem zunehmenden ostdeutschen Engagement in den Arbeitsprogrammen von UNEP, ECE und UNESCO resultierten, brachten die DDR angesichts ausbleibender Erfolge im Umweltschutz in eine schwierige Lage. Zwar gingen aus dieser internationalen Kooperation zunächst kaum verbindliche Vereinbarungen über konkrete Emissionsobergrenzen hervor. Die Zusammenarbeit bewirkte aber einen verstärkten Austausch von Umweltdaten, so dass die ostdeutsche Führung befürchten musste, innen- wie außenpolitisch weiter unter Druck zu geraten.[39]

Die Staats- und Parteiführung leitete daher ab 1974 eine Wende in der Umweltpolitik ein. Daten über das Ausmaß der Umweltbelastung wurden mit immer höheren Geheimhaltungsstufen versehen und waren in aggregierter Form nur noch wenigen politischen Führungskräften zugänglich. Im Vorfeld einer gesamteuropäischen Umweltkonferenz in Genf legten das Politbüro und das Präsidium des Ministerrates im Februar 1979 fest, dass die Weitergabe von Umweltdaten an die Vereinten Nationen nur noch nach einer vorherigen Genehmigung durch den Vorsitzenden des Ministerrates erfolgen durfte.[40] Im November 1982 verschärfte der Ministerrat abermals die Geheimhaltungspolitik: In einem Beschluss, der selbst den Geheimhaltungsstatus einer »Vertraulichen Verschlusssache« erhielt, stimmte das Präsidium einer Anordnung des Umweltministeriums zu, in der Umweltdaten je nach Brisanz in verschiedene Geheimhaltungsstufen unterteilt und mit Sperrfristen von bis zu 15 Jahren versehen wurden.[41] Eine im Februar 1984 ausgearbeitete zentrale Nomenklatur präzisierte den Beschluss. Demnach waren Immissionswerte und »Materialien wie Analysen, Einschätzungen, Prognosen, Konzeptionen und Berichte über den Zustand und

38 Zur Krise in der politischen Führung vgl. Malycha, SED, 2014, insbes. 211–218, 243–256, 302–322; Zur Konzeptlosigkeit in der Umweltpolitik vgl. Kap. 3.2.

39 Vgl. exemplarisch Ministerium für Umweltschutz und Wasserwirtschaft, Bericht über die Ergebnisse der Entwicklung des Umweltschutzes in der DDR 1976–1980, Berlin 1981: BArch, DK 5/1337, pag. 30 ff. Vgl. zur internationalen Zusammenarbeit auch *Würth*, S. 307 f.

40 Reichelt an Stoph, Berlin, den 17.9.1981: BArch, DK 5/1824.

41 Präsidium des Ministerrates, Beschluß zur Anordnung zur Gewinnung oder Bearbeitung und zum Schutz von Informationen über den Zustand der natürlichen Umwelt in der DDR vom 16. November 1982: BArch, DC 20-I/4/5063, 82–100.

die Entwicklung der Umweltbedingungen in der DDR« als Staats- oder Dienstgeheimnis zu werten, wenn sie Grenzwertüberschreitungen oder Schadstoffkonzentrationen im Boden dokumentierten. Ausschlaggebend für die Einstufung, die zwischen den Geheimhaltungskategorien »Vertrauliche Verschlusssache« (VVS), »Vertrauliche Dienstsache« (VD) und »Nur für den Dienstgebrauch« (NfD) unterschied, waren Art und Zeitumfang der Erhebungen sowie die Höhe der Grenzwertüberschreitung bzw. Schadstoffkonzentrationen. Aufgrund des Ausmaßes der Umweltverschmutzungen mussten aber de facto nahezu alle ermittelten Umweltdaten, die mehr als vier zusammenhängende Einzelmesswerte abbildeten, als VVS bzw. VD eingestuft werden. Von den 16 Bezirken der DDR wiesen nur noch die Nordbezirke und der Bezirk Gera eine nennenswerte Anzahl von Kreisen auf, deren Umweltsituation auch schwächere Formen der Geheimhaltung zuließ.[42]

Formell begründete das Umweltministerium diesen restriktiven Schritt mit dem Ziel, die Erhebung von Umweltdaten effektiver gestalten zu wollen. Die Messmethoden sollten weiter vereinheitlicht, Parallel- und Doppelerhebungen vermieden und der Aussagegehalt der Daten verbessert werden. Der Anordnung war allerdings ein Kontrollbericht der »Arbeitsgruppe für Organisation und Inspektion beim Ministerrat« vorausgegangen, der ein Schlaglicht auf die wahren Beweggründe wirft: Demnach war der Beschluss in erster Linie eine Konsequenz aus der zunehmenden internationalen Kooperation in der Umweltpolitik, mit dem ein breiter, kaum zu kontrollierender Austausch von Informationen einherging. Die Inspektion des Ministerrates kam zu dem Schluss, dass diese Daten vor allen Dingen in der Bundesrepublik systematisch ausgewertet und immer häufiger für die politische Agitation gegen die DDR missbraucht wurden. Eine konkrete Bedrohung machte der Bericht etwa in der Buchreihe »edition transit« aus, deren erster Band 1981 unter dem Titel »Beton ist Beton« erschienen war.[43] Das von den Journalisten Peter Wensierski und Wolfgang Büscher herausgegebene Büchlein versammelte Beiträge von namhaften Kirchenaktivisten aus der DDR und verstand sich als ein Sprachrohr der im Entstehen begriffenen ostdeutschen Umwelt- und Friedensbewegung.[44] Für die Staats- und Parteiführung stellte die Publikation eine Provokation dar. Die »Hauptziele« dieser politischen Agitation des Westens bestanden nach Ansicht der Kontrollgruppe darin, »den real existierenden Sozialismus in der DDR international zu diskreditieren«, die »Probleme der Umweltbelastung für ökonomische Forderungen gegen die DDR

42 Ebd.; Zentrale Nomenklatur zur Anordnung vom 16.11.1982 zur Gewinnung oder Bearbeitung und zum Schutz von Informationen über den Zustand der natürlichen Umwelt in der DDR: BArch, DK 5/1915.

43 Arbeitsgruppe für Organisation und Inspektion beim Ministerrat, Information über Probleme des Geheimnisschutzes auf dem Gebiet des Umweltschutzes, Berlin, den 8. November 1982: BArch, DC 20-I/4/5063, pag. 101–110, hier 102 f.

44 Editorial, in: *Wensierski u. Büscher*, S. 7 f.

auszunutzen« und unter der ostdeutschen Bevölkerung »Unruhe und Mißtrauen gegen den Staat zu erzeugen«.[45]

Der Geheimhaltungsbeschluss, der einen Höhepunkt der restriktiven Wende in der Umweltpolitik darstellte, war in erster Linie nach außen gerichtet. Während sich die Staats- und Parteiführung sicher glaubte, die öffentliche Debatte in der DDR steuern zu können, fürchtete sie den unkontrollierbaren Einfluss westlicher Medien. Für den Umweltschutz stellte die Anordnung zweifellos ein großes Hemmnis dar: Da Informationen über den Zustand der Umwelt, die bereits seit dem Ende der »Wochen der sozialistischen Landeskultur« nicht mehr in den Medien veröffentlicht wurden, von nun an auch den Experten in Verwaltung, Wissenschaft und gesellschaftlichen Organisationen nur noch eingeschränkt zur Verfügung standen, war es politischen Initiativen »von unten« kaum noch möglich Einfluss auf die Umweltpolitik auszuüben.[46] Wissenschaftler, Mitarbeiter der Umweltbehörden und Umweltbeauftragte der Betriebe wurden außerdem dadurch unter Druck gesetzt, dass ihre Arbeit nun vom Straftatbestand des Geheimnisverrates begleitet wurde.

Die Umsetzung des Beschlusses erfolgte allerdings von Anfang an nur schleppend und vielfach nicht im Sinne der mit der Umsetzung beauftragten Sicherheitsorgane. Berichte der Staatssicherheit klagten noch bis Mitte der achtziger Jahre über bestehende Defizite beim Geheimnisschutz. Umweltdaten wurden von vielen Behörden nicht ausreichend deklariert oder gleichzeitig mit widersprüchlichen Geheimhaltungsstufen versehen, Geheimnisträger zeigten sich sehr unbedarft im Umgang mit sensiblen Informationen und die voranschreitende internationale Kooperation führte den Geheimhaltungsschutz in einigen Bereichen grundsätzlich ad absurdum. Im VEB Leuna-Werke »Walter Ulbricht« waren beispielsweise im Herbst 1983 von 17 Kadern, die mit sensiblen Umweltdaten in Berührung kamen, nur drei VVS-verpflichtet. Für die übrigen Mitarbeiter war der VVS-Status erst kurz zuvor beantragt worden oder »noch offen«, wie ein Bericht der StaSi kritisch vermerkte.[47]

Die Geheimnisträgerüberprüfung war ein aufwendiger Prozess, der sich über einen langen Zeitraum hinziehen und am Ende mit einem für alle Beteiligten unbefriedigenden Ergebnis enden konnte. Erhielt ein hoch spezialisierter Mitarbeiter, der nicht ohne weiteres zu ersetzen war, keinen für seine Position ausreichenden Geheimnisträgerstatus, konnte dies die Arbeit ganzer Abteilungen lahmlegen. Einige Einrichtungen, wie beispielsweise das Labor der Staatlichen Gewässeraufsicht der Wasserwirtschaftsdirektion Obere Neiße-Elbe, versuchten daher eine höhere Geheimnisträgereinstufung zu umgehen, indem sie die Art

45 Arbeitsgruppe für Organisation und Inspektion beim Ministerrat, Information über Probleme des Geheimnisschutzes auf dem Gebiet des Umweltschutzes, Berlin, den 8. November 1982: BArch, DC 20-I/4/5063, pag. 103 f.

46 Vgl. zu den »Wochen der sozialistischen Landeskultur« Kap. 2.6.

47 Objektdienststelle Leuna, Stand der Durchsetzung des Geheimnisschutzes – Kadersicherheit auf dem Gebiet des Umweltschutzes im Kombinat VEB Leuna-Werke, Leuna, 30.9.1983: BStU, MfS, BV Halle, Abt. XVIII, Sach Nr. 610, pag. 503.

der Erfassung von Messwerten in ihrem Zuständigkeitsbereich modifizierten.[48] Für einen führenden Mitarbeiter der Staatlichen Umweltinspektion (StUI) Potsdam war die neue Geheimhaltungspolitik ein Anlass, seinen Führungsposten niederzulegen und die Karriere, die ihm in der Umweltverwaltung bevorgestanden hätte, zu beenden. Wie ein IM berichtete, war der Mann nicht dazu bereit, seine Kontakte in das NSW abzubrechen und scheint außerdem infolge der immer restriktiveren Haltung der SED in Umweltfragen einen Bruch mit der Parteilinie vollzogen zu haben.[49] Zwar sind solche MfS-Berichte mit Vorsicht zu genießen, da sie mitunter auch Attacken der Informanten gegen unliebsame Konkurrenten oder eine persönliche Abrechnungen mit Kollegen widerspiegeln. Die oben genannten Fälle verweisen aber grundsätzlich darauf, dass die Geheimhaltungsanordnung nur langsam und lückenhaft umgesetzt wurde. Verstöße gegen die Geheimhaltungsvorschriften zogen denn auch nicht zwangsläufig die volle Härte des Gesetzes nach sich, wie ein Beispiel aus der Wasserwirtschaftsdirektion (WWD) Obere Elbe/Neiße veranschaulicht. Der stellvertretende Direktor der WWD hatte im Februar 1989 in einem Interview mit der Kulturbundzeitung »Der Sonntag« sensible Fakten über die Wasserbeschaffenheit der Elbe preisgegeben, die dem Geheimnisschutz unterlagen. Umweltminister Reichelt wurde daraufhin von der ZK-Abteilung für Grundstoffindustrie angewiesen, den Mitarbeiter von seiner Tätigkeit zu entbinden und ein Disziplinarverfahren gegen ihn einzuleiten. Eine strafrechtliche Verfolgung wegen des Geheimnisverrates ist in den Akten hingegen nicht überliefert.[50] Es spricht vieles dafür, dass man sich seitens der Staatsführung und des Umweltministeriums in solchen Fällen schon deshalb zurückhaltend zeigte, um ein Durchsickern dieser Affären an die Öffentlichkeit und in das westliche Ausland zu vermeiden.

Dass heikle Informationen über das Ausmaß und die Hintergründe der Umweltbelastungen auch nach 1982 problemlos nach außen drangen, belegen hingegen zahlreiche Beispiele. Der Leiter der Abteilung für Umweltschutz im Kombinat VEB Chemische Werke Buna plauderte beispielsweise während seiner Saunabesuche regelmäßig mit den anderen Saunagästen über die vom Kombinat ausgehenden Umweltprobleme und gab auch bereitwillig Auskunft, »so u. a. auf die Frage, wieviel Tonnen Staub pro Stunde aus den Schornsteinen gestoßen werden und das sich in nächster Zeit in Fragen Umweltschutz nichts in Buna

48 Bezirksverwaltung für Staatssicherheit, AG Geheimnisschutz, Bericht über die Durchsetzung der Anordnung zur Gewinnung oder Bearbeitung und zum Schutz von Informationen über den Zustand der natürlichen Umwelt in der DDR vom 16.11.1982: BStU, MfS, BV Dresden, Abt. XVIII, 13940, pag. 2.

49 Abteilung XVIII/3, Information zu Genossen Dr. [geschwärzt], Hauptinspektor und Stellvertreter des Leiters der Staatlichen Umweltinspektion beim Rat des Bezirkes, Potsdam, den 15.01.1988: BStU, MfS, BV Potsdam, Abt. XVIII, Nr. 503, pag. 26 ff.

50 Vgl. Abteilung Grundstoffindustrie an Genossen Mittag, 1.2.89: SAPMO, DY 3023/1149, pag. 322 ff.

ändern wird.«[51] Im Laufe der achtziger Jahre betätigten sich Umweltmitarbeiter trotz der restriktiven Geheimhaltungsbestimmungen zudem immer häufiger ganz bewusst als Whistleblower und gaben Informationen an Verfasser von Eingaben oder an Umweltgruppen weiter und unterstützten auf die Weise informell den gesellschaftlichen Protest.[52] Politische Widersprüche taten ein übriges, um die Durchsetzung des Geheimhaltungsbeschlusses zu unterwandern: Die Bezirksverwaltung für Staatssicherheit Dresden wies beispielsweise 1984 darauf hin, dass die Übermittlung von Daten im Rahmen der »Genfer Luftreinhaltekonvention« ein Problem darstellte, da es für Fachleute nicht schwierig sei, »durch Rückberechnungen die Emissionen für die einzelnen Gebiete in der DDR zu erhalten.«[53] Schulbücher gaben auch noch nach 1982 konkrete und detaillierte Anleitungen, wie selbst Laien mit einfachen Methoden die Ausmaße lokaler Luft- und Wasserbelastungen ermitteln konnten, die eigentlich unter die Geheimhaltung fielen.[54]

Der Geheimhaltungsbeschluss war in der Praxis von Beginn an eine Farce, die auf dem Höhepunkt der Auseinandersetzungen zwischen dem SED-Staat und kritischen Umweltaktivisten allerdings schnell zum Alptraum für die Betroffenen werden konnte. Denn die ursprünglich nach außen gerichtete Anordnung wurde im Laufe der achtziger Jahre zunehmend instrumentalisiert, um ungewollte Initiativen im Inland zu unterdrücken. Umweltaktivisten gleich welcher politischen Couleur waren durch ihr Engagement immer dem Vorwurf des Geheimnisverrates ausgesetzt, der zumindest theoretisch hart bestraft werden konnte.[55] Das ursprüngliche Motiv der Anordnung war hingegen nicht ganz unbegründet: Das MfS registrierte im Laufe des Jahrzehnts tatsächlich zunehmende Aktivitäten von Umweltbundesamt, Westberliner Verfassungsschutz und Bundesnachrichtendienst, die darauf ausgerichtet waren, Informationen über den Zustand der Umwelt in der DDR, die Haltung der Bevölkerung zu Umweltfragen und daraus resultierende gesellschaftliche Konflikte zu erhalten.[56] Die Staatssicherheit mutmaßte, dass die Bundesregierung diese legal und illegal erhobenen Daten dazu nutzte, um eine bessere Verhandlungsposition gegenüber

51 Bezirksverwaltung Halle, Objektdienststelle Buna, einige Probleme im Verantwortungsbereich, Schkopau, 27. Okt. 1983: BStU, MfS, BV Halle, Abt. XVIII, Sach Nr. 610, pag. 177.

52 Vgl. dazu exempl. Die Proteste gegen ein geplantes Reinstsiliziumwerk in Dresden-Gittersee, die maßgeblich durch »Whistleblower« angestoßen wurden. Vgl. Kap. 3.4.

53 Bezirksverwaltung für Staatssicherheit, AG Geheimnisschutz, Bericht über die Durchsetzung der Anordnung zur Gewinnung oder Bearbeitung und zum Schutz von Informationen über den Zustand der natürlichen Umwelt in der DDR vom 16.11.1982: BStU, MfS, BV Dresden, Abt. XVIII, 13940, pag. 1.

54 So etwa in: *Autorenkollektiv*, Nutzung und Schutz. Zu den Hintergründen vgl. auch Kap. 3.3.2.

55 Vgl. dazu Kap. 3.3.3.

56 Die »Umweltspionage« des BND in der DDR ist bislang nicht systematisch untersucht worden. Hinweise auf den hohen Stellenwert dieses Tätigkeitsfeldes liefert ein Interview mit dem ehemaligen BND-Präsidenten Hans-Georg Wieck: Vgl. *Wentker*, S. 323–358, hier 340, 347.

der DDR in der Aushandlung multi- und bilateraler Abkommen zu erreichen. Doch auch der Verdacht, dass die Informationen gezielt an westdeutsche Massenmedien für sogenannte »gegnerische Angriffe« weitergeleitet wurden, stand im Raum. Die kritische Berichterstattung bundesdeutscher Medien, die in den achtziger Jahren stark zunahm, bestätigte die ostdeutsche Partei- und Staatsführung in ihrer Selbstsicht.[57]

Die Geheimhaltungsanordnung geriet schon wenige Jahre nach ihrem Erlass ins Wanken und wurde von den politischen Realitäten überholt. Im Januar 1987 fasste der Ministerrat einen Beschluss, der den Umgang mit Staatsgeheimnissen allgemein neu regelte. Ziel war es, das überbordende Geheimhaltungswesen in der DDR effektiver zu gestalten und alle bestehenden Staats- und Dienstgeheimnisse nach einer Überprüfung auf das »unbedingt Notwendige zu begrenzen.« Insbesondere Informationen der Kategorie VD und NfD sollten – sofern sie nicht als Staatsgeheimnis aufgewertet werden konnten – aus dem bürokratischen Alltag verschwinden.[58] Das wachsende Interesse der Bevölkerung an Umweltfragen und die Zunahme internationaler Verpflichtungen erhöhten den Druck, auch die restriktiven Geheimhaltungsbestimmungen im Umweltschutz zu überprüfen. Im Band des Statistischen Jahrbuchs der DDR für das Jahr 1988 wurden daher wieder Daten zu Schwefeldioxid- und Stickoxidemissionen sowie zu den Ausmaßen der Waldschadensflächen ausgewiesen.[59] Die ostdeutsche Regierung hob die Geheimhaltungsanordnung am 2. November 1989 – knapp zwei Wochen nach der Absetzung Honeckers und wenige Tage vor ihrem geschlossenen Rücktritt – vollständig auf und schlug einen offenen Kurs in der Umweltpolitik ein. Erst jetzt wurde das Umweltministerium wieder dazu verpflichtet, jährlich einen Umweltbericht zu veröffentlichen. Daten zur Umweltlage sollten fortan regelmäßig im Statistischen Jahrbuch der DDR abgedruckt werden.[60]

Innenpolitisch hatte die Geheimhaltungsstrategie fatale Folgen für die SED-Diktatur, deren Herrschaft zunehmend erodierte: Mit der seit Mitte der

57 Zentrale Arbeitsgruppe Geheimnisschutz, AKG, Zusammenfassende Einschätzung, Berlin, 31.12.1986: BStU, MfS, BV Potsdam, AGG 91, pag. 3–9.

58 Ministerrat, Beschluß über die Grundsätze zum Schutz von Staatsgeheimnissen vom 15. Januar 1987: BArch, DC 20-I/3/2423, pag. 5, 7 f.

59 Die publizierten Daten wichen jedoch von Veröffentlichungen aus der Zeit nach der politischen Wende ab: Während die in der Statistik abgebildeten Schwefeldioxidemissionen für das Jahr 1980 pauschal zu hoch und für die Jahre 1986 und 1987 zu niedrig angegeben wurden, lag der ausgewiesene Umfang der geschädigten Waldfläche deutlich über späteren Angaben. Vgl. Statistisches Jahrbuch der Deutschen Demokratischen Republik 34 (1989), 155, 209; Statistisches Jahrbuch der Deutschen Demokratischen Republik 36 (1991), 146, 149.

60 Vorangegangene Entwürfe zur Aufhebung der Geheimhaltungsbestimmungen, die noch in die Zeit unmittelbar vor der politischen Wende fielen, weisen darauf hin, dass das bedingungslose Einlenken der Partei- und Staatsführung in dieser Frage nicht ohne den Druck aus der Bevölkerung erfolgt wäre. Verordnung über Umweltdaten vom 2. November 1989: BArch, DC 20-I/3/2863, pag. 148–152, insbes. 151. Vgl. z. B. Beschlußvorschlag zur Neuregelung der Gewinnung, Bearbeitung, Veröffentlichung und Übergabe von Umweltdaten und -informationen, o. D.: BArch, DK 5/1251.

siebziger Jahre schrittweise vollzogenen Abkehr von einer Politik der Offenheit in Umweltfragen – ursprünglich ein bewusst inszeniertes Signal an die Bevölkerung – kündigte die SED jenen umweltpolitischen Konsens auf, den die Partei selbst zu Beginn des Jahrzehnts proklamiert hatte. Der Bericht der »Arbeitsgruppe für Organisation und Inspektion beim Ministerrat« hatte bereits 1982 darauf verwiesen, dass ein unsicherer Umgang der Behörden mit der Geheimhaltung das Risiko berge, die Probleme eher zu verschärfen als zu verringern, etwa, wenn »die örtlichen Staatsorgane keine oder unzureichende Antworten auf Fragen und Forderungen der Bürger« gaben. Die Glaubwürdigkeit der Staatsorgane leide dadurch und die entstehenden Freiräume könnten, so die Verfasser, durch »bestimmte kirchliche und andere Kreise für ihr Wirken« politisch missbraucht werden.[61] Diese Einschätzung sollte sich in den folgenden Jahren bewahrheiten. Die Geheimhaltungspolitik erwies sich letztlich als ineffektives Repressionsinstrument gegenüber kritischen Umweltschutzinitiativen, deren Intensität etwa Parallel zum Widerspruch zwischen offizieller Rhetorik und ökologischer Realität zunahm. Sie trug außerdem ganz wesentlich dazu bei, dass der ostdeutschen Umweltpolitik während und nach der politischen Wende 1989/90 das Etikett der Fadenscheinigkeit angeheftet werden konnte. Die heute immer noch dominierende These, dass Umweltschutz in der DDR nicht stattgefunden habe und ausschließlich der Verwirklichung außenpolitischer Interessen gedient habe, war somit letztlich zu einem Gutteil hausgemacht.

3.2 In den Grenzen des Machbaren: Der staatliche Umweltschutz zwischen gestalterischem Pragmatismus und politischem Versagen

Die Umweltpolitik der DDR befand sich zu Beginn der achtziger Jahre in einer misslichen, aber nicht hoffnungslosen Lage: Einerseits engten die außenwirtschaftliche Krise, die Folgen der Energieträgerumstellung und das sture Festhalten Honeckers an der ökonomisch eigentlich untragbaren Sozialpolitik den Handlungsspielraum für den staatlichen Umweltschutz zwar erheblich ein. Andererseits erhöhten die wieder zunehmenden Umweltbelastungen, die daraus resultierenden Klagen und Proteste sowie die zunehmende internationale Verflechtung der DDR aber auch den Handlungsdruck auf die politische Führung. Der Ministerrat und das Politbüro befassten sich in diesem Jahrzehnt daher wieder häufiger mit Umweltfragen. Das nach der Wende entstandene Gerücht, das Politbüro habe zu keinem Zeitpunkt Umweltprobleme beraten, ist ein Mythos,

61 Arbeitsgruppe für Organisation und Inspektion beim Ministerrat, Information über Probleme des Geheimnisschutzes auf dem Gebiet des Umweltschutzes, Berlin, den 8. November 1982: BArch, DC 20-I/4/5063, pag. 110.

an dessen Verbreitung Umweltminister Hans Reichelt großen Anteil hatte.[62] Reichelt war nach dem Fall der Mauer darum bemüht, eine Mitverantwortung für das umweltpolitische Versagen der DDR von sich zu weisen und wurde nicht müde zu betonen, dass er im Gegensatz zu anderen Führungskadern ein unbequemer und kritischer Minister gewesen sei.[63] In Anhörungen vor dem Volkskammerausschuss zur Untersuchung von Korruption und Amtsmissbrauch in der DDR machte er im Frühjahr 1990 alleine Mittag für die ökologischen Verfehlungen verantwortlich.[64] Es sei ihm nicht möglich gewesen, Honecker oder Stoph, der nach Ansicht Reichelts unter den SED-Führungskadern zumindest Interesse für die Problemlage bekundete, an Mittag vorbei über die Missstände zu informieren und so politische Unterstützung zu mobilisieren. Ein Rücktritt aus Protest kam für ihn jedoch nicht in Frage.[65]

Reichelt war jedoch entgegen seiner Selbstdarstellung ein linientreuer Funktionär, der die Politik der SED-Führung oft in vorauseilendem Gehorsam umsetzte und die Mechanismen der Diktatur von Beginn an für seine Karriere zu nutzen wusste. In seiner ministeriellen Arbeit dominierten in den achtziger Jahren überwiegend ideologische Fragen, während die von ihm vorgetragenen umweltpolitischen Lösungsansätze immer mehr verflachten und inhaltlich kaum noch über die bekannten Positionen der späten sechziger Jahre hinausgingen. Dem Minister fehlte es an Gestaltungswillen und Mut, neue politische Konzepte zu entwickeln und in die Realität umzusetzen. Die in den Papieren und Prognosen der achtziger Jahre zu Hauf anzutreffenden Forderungen nach »geschlossenen Stoffkreisläufen« und »abproduktefreien Technologien« wirken aus der Rückschau wie magische Formeln, die angesichts der ökonomischen Krise aber letztlich unerfüllte Heilsversprechen bleiben mussten.[66] Zwar waren diese Ansätze durchaus innovativ und stellen auch heute noch wichtige – und weiterhin unerfüllte – Forderungen des Umweltschutzes dar.[67] Aber schon die in den achtziger Jahren vorhandenen, quantitativ hoch entwickelten Abfallverwertungsstrukturen der DDR, die beeindruckende Erfassungs- und Recyclingquoten hervorbrachten, scheiterten immer wieder an technischen Unzulänglichkeiten und einer ineffektiven Verwendung der so gehorteten Sekundärrohstoffe. Die Ursachen dafür waren ebenfalls seit den sechziger Jahren bekannt, konnten von der Umweltpolitik aber nicht gelöst werden.[68] Die

62 Zu dieser Behauptung vgl. exempl.: *Przybylski*, S. 199; *Paucke*, Chancen, S. 41; Zur Selbstdarstellung vgl. auch: *Reichelt*, Umweltpolitik.

63 *Klemm*, S. 177.

64 *Ebd.*, S. 165–177; *Przybylski*, S. 198–205.

65 *Klemm*, S. 177. Diese fragwürdige Selbstsicht wird bis in die jüngste Zeit immer wieder übernommen und unkritisch reproduziert. Vgl. *Huff*, Natur, S. 179, 242, 261.

66 Vgl. exempl.: Ministerium für Umweltschutz und Wasserwirtschaft, Vorschläge zur Entwicklung des Umweltschutzes in der DDR bis zum Jahr 2000, Berlin, 5.9.1985: BArch, DK 5/1824.

67 Vgl. dazu beispielsweise *Braungart u. McDonough*.

68 *Möller*, Traum, S. 82–87. Vgl. auch Kap. 1.3. u. 2.2.2.

Kärrnerarbeit des staatlichen Umweltschutzes – die Implementierung der vorhandenen rechtlichen Bestimmungen, der Kampf gegen Investitionsträgheit der Industrie und die Bereitstellung ausreichend moderner Umwelttechnologien – geriet lange Zeit aus dem Blickfeld des Umweltministers. Diese Themen rückten erst Mitte der achtziger Jahre unter dem Eindruck des wachsenden gesellschaftlichen und internationalen Drucks wieder auf die Agenda der Umweltpolitik. Die hochmotivierten Mitarbeiter des Ministeriums reagierten auf die zunehmend verfahrene Lage mit einer Mischung aus Resignation und kämpferischen Trotz. Die zunehmende Unzufriedenheit in den eigenen Reihen erwiderte Reichelt mit hohlen ideologischen Phrasen, während er auf eigenmächtige Initiativen engagierter Mitarbeiter mit disziplinarischer Härte reagierte.

3.2.1 Die Luftreinhaltung als neues Bewährungsfeld für die Umweltpolitik

Die Verschmutzung der Luft war in den achtziger Jahren aus politischer Sicht ein besonders drängendes Problem: Staub, Flugasche und industrielle Abgase riefen vielerorts wieder heftige Eingabenproteste hervor, befeuerten die im Entstehen begriffenen kritischen Umweltinitiativen unter den Dächern der evangelischen Kirchen und des Kulturbundes und wurden Gegenstand internationaler Umweltschutzvereinbarungen. Die Lage auf dem Feld der Luftreinhaltung war jedoch in mehrfacher Hinsicht disparat. Während Staub- und Flugascheemissionen, wie gezeigt wurde, seit den sechziger Jahren im Fokus von Behörden und Politik standen, galten Schwefeldioxidemissionen lange Zeit international als ein nicht befriedigend gelöstes Problem. Es fehlte an großtechnisch erprobten Verfahren, die auch wirtschaftlich tragbar waren. Die Mittel der Wahl bei der Bekämpfung dieser Emissionen beschränkten sich weiterhin auf den Bau hoher Essen zur Verdünnung der schädlichen Abgase und die Anpflanzung rauchharter Hölzer, um die Schäden in der Forstwirtschaft möglichst gering zu halten. Der Schwefeldioxidgehalt der Emissionen ließ sich lediglich über die Wahl der Brennstoffe nachhaltig reduzieren.

In der DDR fehlte es zudem an einer einheitlichen politisch-organisatorischen Linie. Zwar hatte schon das ökonomische Experiment im Bezirk Halle gezeigt, dass der Erfolg der vorhandenen Instrumente von einer straffen Koordinierung sowohl auf der Ministerrats- als auch der Bezirksebene abhing und sich insbesondere die Arbeit der »Technischen Beratungs- und Kontrollostelle für Emissionen« bewährt hatte. Die politischen Zuständigkeiten in der Luftreinhaltung blieben aber trotz dieser Erfahrungen uneinheitlich. Für die gesetzliche Verankerung und die operative Durchsetzung lufthygienischer Standards war weiterhin das Gesundheitsministerium verantwortlich, das sich allerdings bereits seit längerer Zeit mit dieser Aufgabe überfordert zeigte. Das Umweltministerium verantwortete hingegen die Koordination der Luftreinhaltung auf der zentralen Staatsebene und bereitete zentralgeplante Investitionsvorhaben vor. Daneben war noch eine Reihe weiterer Ministerien mit Fragen der Luftreinhaltung befasst, etwa das Landwirtschaftsministerium, das die Interessen der emissionsgeschädigten Forst- und Landwirtschaftsbetriebe vertrat, oder die Industrieministerien, die mit der Entwicklung technischer Verfahren und der Umsetzung der Investitionsvorgaben betraut waren.[69]

Das Umweltministerium weitete seine Kompetenzen in der Luftreinhaltung allerdings immer stärker aus und verdrängte das Gesundheitsministerium aus seiner zuvor federführenden Position. Der Einfluss der in den sechziger Jahren noch impulsgebenden Kommission »Reinhaltung der Luft« des Forschungsrates wurde zu Beginn der siebziger Jahre beschnitten.[70] Über den von ihm geleiteten Beirat für Umweltschutz koordinierte der Umweltminister nun DDR-weite Forschungs- und Investitionsprogramme und beriet die Bezirksräte in Fragen der Luftreinhaltung.[71] Im Jahr 1974 wurde auf Anweisung Mittags innerhalb des BfU eine »Arbeitsgruppe für Fragen der Luftschadstoffbekämpfung« gebildet, die Entscheidungsvorschläge für den Ministerrat vorbereiten sollte und von Mitarbeitern des Umweltministeriums dominiert wurde. Das Gesundheitsministerium tauchte auf einer Liste der daran beteiligten Staatsorgane nur noch an dritter Stelle auf.[72] Die in den siebziger Jahren zunehmende internationale Kooperation in Umweltfragen verschaffte Reichelt, der die DDR als Minister in allen umweltpolitischen Fragen nach außen hin vertrat, eine weitere Möglichkeit, um die neu gewonnene Führungsposition in der Luftreinhaltung zu festigen. Er profitierte politisch von den blockübergreifenden Verhandlungen über die Eindämmung grenzüberschreitender Luftverschmutzungen in Europa, die nach der Unterzeichnung der Schlussakte von Helsinki im Jahr 1975 einsetzten. Mit der Verabschiedung der »Genfer Luftreinhaltekonvention« vier Jahre darauf und der Zustimmung der SED-Führung zu einem gesonderten »Schwefelprotokoll« im Jahr 1985, mit dem sich die DDR zu einer Reduzierung der Schwefel-

69 Fünfte Durchführungsverordnung zum Landeskulturgesetz – Reinhaltung der Luft – vom 17. Januar 1973 (GBl. I Nr. 18 S. 157) Auszug, in: Sozialistische Landeskultur, Umweltschutz. Textausgabe, hg. von der Akademie für Staats- und Rechtswissenschaft der DDR und dem Ministerium für Umweltschutz und Wasserwirtschaft, Berlin 1984, S. 242 ff.; MUW, Zusammenstellung von Material über den Umweltschutz in der DDR, 7.4.1983: SAPMO, DY 3023/1148, pag. 19–33.

70 Der Ausschluss der Kommission von wichtigen Entscheidungsprozessen ging zunächst anscheinend vom Gesundheitsministerium selbst aus. Ein Protokoll aus dem Frühjahr 1973 berichtet beispielsweise, dass es den Kommissionsmitgliedern erschwert worden sei, Informationen über die Ausarbeitung der 5. DVO zum LKG sowie Einsicht in die Umweltberichte des Gesundheitsministeriums zu erhalten. Die Kommission sah daher das Vertrauensverhältnis zum Ministerium gestört. Vgl. Kommission Reinhaltung der Luft des Forschungsrates der DDR – Leiter –, Bericht über die Tätigkeit der Kommission Reinhaltung der Luft im Jahr 1972, Potsdam, den 12.1.1973: HdN, N-Oehl, Kiste 11.

71 Vgl. exemplarisch: BfU, Protokoll der 3. Tagung des BfU am 9. November 1972; BfU, Protokoll der 8. Tagung des BfU am 11. Juni 1975; BfU, Protokoll der 10. Tagung des BfU am 24.3.1976; alle: BArch, DK 5/4350.

72 BfU, Protokoll der 6. Tagung des BfU am 19.04.1974: BArch, DK 5/4350.

dioxidemissionen um 30 Prozent gegenüber dem Stand von 1980 bis zum Jahr 1993 verpflichtete, ging der ostdeutsche Staat international verbindliche Vereinbarungen ein, die dem Umweltschutz innenpolitisch einen größeren Handlungsspielraum verschafften. Reichelt meldete nach der Konferenz an Honecker, Stoph, Mittag und Axen, dass »die Umweltpolitik in Zukunft noch stärker als bisher ein wichtiges Feld der internationalen Klassenauseinandersetzung zwischen Kapitalismus und Sozialismus sein wird.«[73]

Das Thema Schwefeldioxid erhielt infolge dessen in den achtziger Jahren wieder mehr Aufmerksamkeit in den Staatsmedien.[74] Honecker nutzte die Verhandlungen, um sich öffentlichkeitswirksam als Verfechter der Luftreinhaltung zu präsentieren. Im rhetorischen Bündnis mit dem westdeutschen »Bundesverband Bürgerinitiativen Umweltschutz« versuchte er beispielsweise die für 1984 geplante Inbetriebnahme des Kraftwerkes Buschhaus bei Helmstedt, das ohne Rauchgasentschwefelungsanlage ans Netz gehen sollte, zu verhindern.[75] Die politische Position des Umweltministeriums verbesserte sich deutlich: Bereits im Februar 1985, noch vor der Unterzeichnung des »Schwefelprotokolls«, bereitete man dort die Schaffung einer neuen Behörde vor, die eine Reihe von zuvor auf verschiedene Institutionen verteilte Kompetenzen zusammenführen sollte.[76] Die daraufhin im September gebildete Staatliche Umweltinspektion war ein mit Exekutivrechten ausgestattetes Organ des MUW, das auf der Bezirksebene den Fachorganen für Umweltschutz und Wasserwirtschaft unterstellt wurde. Die Umweltinspektionen übernahmen mit der Emissionskontrolle eine zentrale Aufgabe der Hygieneinspektionen, die allerdings weiterhin für die Überwachung der Immissionen zuständig blieben. Innerhalb des Ministeriums war die StUI mit der Festlegung von Grenzwerten betraut, erarbeitete Normative zur

73 Hans Reichelt an Honecker, Stoph, Mittag u. Axen, Berlin, den 12.7.1985: BStU, MfS, Sekr. Mittig, Nr. 235, pag. 41–51, hier 44. Vgl. auch: Reichelt an Stoph, Berlin, den 17.9.1981: BArch, DK 5/1824, Hans Reichelt an Mittag, Berlin, 16.10.1984: SAPMO, DY 3023/1148, pag. 210 f.; Reichelt an Mittag, Berlin, den 2.7.1985: SAPMO, DY 3023/1148, pag. 305 ff.; vgl. außerdem: Zusammenarbeit beim Umweltschutz erfordert Sicherung des Friedens. Minister Dr. Hans Reichelt auf der multilateralen Konferenz über Aufgaben der Umweltpolitik, in: ND, 26. Juni 1984, 3; Der Schutz der Umwelt erfordert Entspannung im Geist von Helsinki. Rede von Minister Dr. Hans Reichelt auf der internationalen Umweltkonferenz, in: ND, 9. Juli 1985, 3.

74 Während die Anzahl von Berichten in »Neues Deutschland«, »Neue Zeit« und »Berliner Zeitung«, in denen das Schlagwort Schwefeldioxid auftaucht, von mehr als zwanzig in den Jahren 1972/73 auf unter zwanzig in den Folgejahren zurückging, stieg sie in den achtziger Jahren wieder an. Zwischen 1975 und 1989 taucht das Schlagwort allerdings nur 339 Artikel auf, so dass die Berichterstattung verglichen mit anderen Umweltthemen insgesamt als gering zu bewerten ist. Vgl. ZEFYS, Zeitungsinformationssystem, DDR-Presse, URL: http://zefys.staatsbibliothek-berlin.de/ddr-presse/suchergebnisse [letzter Zugriff: 03.08.2107].

75 DPA: Honecker bestätigt Teilnahme der DDR an Umweltkonferenz. Kritik an BRD-Kohlekraftwerk Buschhaus, in: ND, 18. Mai 1984, 1.

76 Konzeption für die Weiterentwicklung und Vervollkommnung der Kontrolle der Umweltbedingungen in der DDR: BArch, DK 5/3159.

Abgasminderung und überwachte die Umsetzung der umweltpolitischen Kennziffern in den Volkswirtschaftsplänen. Auf Bezirksebene waren die Inspekteure der Behörde an Standortgenehmigungsverfahren beteiligt, begutachteten Investitionsvorhaben und kontrollierten die Einhaltung von Umweltstandards bei der Errichtung neuer Industrieanlagen. Darüber hinaus sollte das neue Exekutivorgan die schadlose Beseitigung nicht verwertbarer Abprodukte, eine »rationelle Nutzung« der natürlichen Ressourcen und die termingerechte Einhaltung von Forschungs- und Entwicklungsaufgaben auf dem Gebiet der abproduktearmen bzw. -freien Technologien sicherstellen.[77]

Die Umweltinspektionen sollten dazu neben den bereits etablierten Sanktionsinstrumenten – dem Staub- und Abgasgeld sowie dem Ordnungsstrafrecht – über ein weiteres Druckmittel verfügen. Die vom Ministerrat im Jahr 1985 erlassene Verordnung sah vor, dass die Leiter zur Durchsetzung von Auflagen zusätzlich Strafgelder in Höhe von bis zu 50.000 Mark erheben konnten. Das sogenannte »Zwangsgeld« stellte – zumindest auf dem Papier – eine erhebliche Erweiterung des Handlungsrepertoires der Umweltpolitik dar und hätte den Druck auf die Betriebsleitungen schon deshalb erhöht, weil es das maximal zulässige Ordnungsstrafmaß bei individuellen Verfehlungen um das Fünffache überstiegen hätte.[78] Um die institutionelle Neuordnung, die mit der Bildung der Umweltinspektionen vorgenommen wurde, und die erweiterten Befugnisse der Umweltinspektionen mit dem Landeskulturgesetz in Einklang zu bringen, war jedoch eine Änderung der 5. DVO erforderlich, die seit 1973 den rechtlichen Rahmen der Luftreinhaltung regelte.[79] Die Anpassung der gesetzlichen Bestimmungen ließ jedoch noch einige Zeit auf sich warten: Der Ministerrat bestätigte eine novellierte Fassung der 5. DVO erst im Februar 1987.[80] Bis dahin agierten die Umweltinspektionen in einem rechtlichen Graubereich.

Das in der Verordnung über die Staatliche Umweltinspektion verankerte Zwangsgeld wurde allerdings nicht in die erneuerte Durchführungsverordnung aufgenommen und blieb damit ein Papiertiger. Der Leiter des Staatlichen Amtes für Technische Überwachung hatte vorab in einer Stellungnahme zum Verordnungsentwurf juristische Bedenken gegenüber der Anwendbarkeit dieses Sanktionsinstrumentes geäußert, da es weder mit den geltenden strafrechtlichen Bestimmungen noch mit dem Gesetz über Ordnungswidrigkeiten in Einklang stand. Chemieminister Wyschkofsky übte ebenfalls Kritik am »Zwangsgeld«

77 Ministerrat, Beschluß zur Verordnung über die Staatliche Umweltinspektion vom 12. Juni 1985: BArch, DC 20-I/3/2188, pag. 4 ff.; Verordnung über die Staatliche Umweltinspektion vom 12. Juni 1985, insbes. §§ 2–5: Ebd., pag. 8–13.

78 Verordnung über die Staatliche Umweltinspektion vom 12. Juni 1985, insbes. § 6: BArch, DC 20-I/3/2188, pag. 13 f.

79 Begründung zur Fünften Durchführungsverordnung zum Landeskulturgesetz: BArch, DC 20-I/3/2432, pag. 57 ff.

80 Ministerrat, Beschluß zur Fünften Durchführungsverordnung zum Landeskulturgesetz – Reinhaltung der Luft – vom 12. Februar 1987: BArch, DC 20-I/3/2432, pag. 4 f.

und forderte grundsätzlich, mögliche Strafbestimmungen gegenüber natürlichen Personen abzumildern. Das Chemieministerium hielt in den folgenden Monaten an seinen Forderungen fest und scheint sich, auch mangels Gegenwehr aus dem Umweltministerium, mit seiner Position durchgesetzt zu haben.[81]

Auch in anderer Hinsicht erfüllte die Konzeption der StUI nicht die Erwartungen und Erfordernisse des Umweltschutzes. Während ein internes Papier des Umweltministeriums noch 1985 gefordert hatte, dass der Einfluss der Umweltinspektionen auf das Investitionsgeschehen der Industrieministerien und Kombinate weit über die bisherigen Möglichkeiten hinausgehen müsse und schon in der Phase der Investitionsvorbereitung einsetzen sollte, sahen weder die Verordnung über die Staatliche Umweltinspektion noch die novellierte 5. DVO eine solche Regelung vor.[82] Darüber hinaus machte die Neufassung der Durchführungsverordnung – wie auch schon der Vorgängertext aus dem Jahr 1973 – keine Angaben zu möglichen Betriebsstillegungen, die von den Umweltinspektionen etwa gegenüber besonders störanfälligen und umweltgefährdenden Altanlagen hätten verhängt werden können. War ein Emittent trotz Ausschöpfung aller technischen Möglichkeiten nicht in der Lage, die für einen bereits bestehenden Betriebsteil verordneten MEK- bzw. MIK-Werte einzuhalten, wurde er lediglich dazu angehalten, die Emissionen der umliegenden Betriebsanlagen weitest möglich zu mindern, um die von seinem Betrieb ausgehende Gesamtbelastung zu reduzieren.[83] Eine einmal genehmigte Anlage konnte auch von den Umweltinspektionen nicht ohne weiteres stillgelegt werden – ein Umstand, der angesichts des hoffnungslos überalterten Kapitalstocks in vielen Wirtschaftszweigen äußerst problematisch war.[84]

Der schwache Eindruck, den die in den achtziger Jahren auf dem Feld der Luftreinhaltung angestoßenen institutionellen und rechtlichen Reformen in der Rückschau hinterlassen, wird durch die Stellungnahmen anderer Staatsorgane bestätigt. Denn während die Industrieministerien am Verordnungsentwurf über die Staatliche Umweltinspektion noch deutliche Kritik geäußert hatten, fielen die Stellungnahmen zur novellierten Fassung der 5. DVO äußerst

81 Eine Gegenwehr des Umweltministeriums ist zumindest nicht in den Akten dokumentiert: Vgl. Wyschkofsky an Reichelt, Verordnung über die Staatliche Umweltinspektion, 9. Mai 1985: BArch, DC 20-I/3/2188, pag. 71 ff.; Staatliches Amt für Technische Überwachung, Der Leiter, an Reichelt, 25. April 1985, pag. 84; Wyschkofsky an Reichelt, Fünfte Durchführungsverordnung zum Landeskulturgesetz sowie Erste und Dritte Durchführungsbestimmung, 16. Dez. 1986: BArch, DC 20-I/3/2432, pag. 238.

82 O. A., Bei der Diskussion über den Entwurf der »VO über die Staatliche Umweltinspektion« sollte beachtet werden, o. D. [Februar 1985]: BArch, DK 5/3159.

83 Fünfte Durchführungsverordnung zum Landeskulturgesetz – Reinhaltung der Luft – vom 12. Februar 1987: BArch, DC 20-I/3/2432, pag. 7.

84 Das Umweltministerium war lediglich dazu berechtigt, den Betrieb von Industrieanlagen in Gefahrensituationen, etwa bei extremen Smogwetterlagen, vorübergehend einzuschränken. Außerdem verpflichtete die novellierte 5. DVO die Betriebe erstmals dazu, bereits genehmigte oder in Betrieb befindliche Anlagen im Rahmen der Pläne nach dem aktuellen »Stand der Technik« nachzurüsten. Vgl. ebd.

moderat aus. Überraschend war diese Zurückhaltung allerdings nicht, da bereits der zur Diskussion gestellte Entwurf zahlreiche Zugeständnisse an die Industrie machte. Einzelne Industrieminister, wie etwa der Minister für Erzbergbau, Metallurgie und Kali, fühlten sich ihrer Sache so sicher, dass sie sich verbal sogar auf die Seite des Umweltschutzes stellten und beispielsweise monierten, dass die in der Verordnung definierten Aufgaben der StUI ihrem Namen nicht gerecht würden, da unter anderem der Gewässerschutz nicht berücksichtigt wurde.[85] Singhuber sprach damit einen wunden Punkt an, der auch vom Vorsitzenden des RdB Halle geteilt wurde. Reichelt, der nach der Verdrängung des Gesundheitsministeriums aus dem Feld der Luftreinhaltung nun die politische Verantwortung für alle relevanten Umweltbereiche trug, hätte hier tatsächlich die Möglichkeit gehabt, auf eine solche Erweiterung hinzuwirken und Kompetenzen der ihm ebenfalls unterstellten Staatlichen Gewässeraufsicht auf die neuen Umweltinspektionen zu übertragen. Das Umweltministerium verpasste somit eine Chance, die Exekutivorgane der Umweltpolitik aufzuwerten und effizienter zu gestalten.

Die Reaktionen der Bezirksräte, die vor Ort mit den Folgen der Umweltprobleme konfrontiert wurden und daher zunehmend nach Maßnahmen verlangten, fielen daher kritisch aus: Der Hallenser Bezirksratsvorsitzende Alfred Kolodniak stimmte dem Entwurf der 5. DVO zwar letztlich zu, bemängelte aber, dass die Formulierungen zu allgemein gehalten waren. Konkret führte er an, dass die Abgrenzung der Aufgaben von Umwelt- und Hygieneinspektionen daraus nicht deutlich hervorgehe, Ausführungen zu den MEK-Werten unklar blieben und »das wichtige Problem der Ausnahmeregelung«, die bei vielen ökologisch problematischen Industrieanlagen Anwendung fand, nicht angegangen würde.[86] Der stellvertretende Vorsitzende des RdB Cottbus, Otto Wendt, beanstandete, dass den Betrieben eine zu große Eigenverantwortung eingeräumt worden sei.[87] Deutliche Kritik kam auch aus dem Bezirk Leipzig: Der Bezirksratsvorsitzende Rolf Opitz hob zwar positiv hervor, dass die DVO einerseits neue Bestimmungen enthalte, »die den aktuellen Bedingungen und Erfordernissen zur Reinhaltung der Luft besser entsprechen. Andererseits sind die vorgeschlagenen Vorschriften nicht immer klar genug geregelt« und »durch komplizierte und ungerechtfertigt aufwendige Leitungsmechanismen gekennzeichnet.« Er forderte das Kompetenz- und Aufgabenwirrwarr zu beseitigen und insbesondere die Bestimmungen zum Vorgehen bei außergewöhnlichen Gefahrensituationen zu überarbeiten.[88] Opitz schlug daher ein zentral ausgearbeitetes

85 Singhuber an Reichelt, 25. April 1985: BArch: DC 20-I/3/2188, pag. 74.

86 RdB Halle, Der Vorsitzende, an Reichelt, Stellungnahme, 24. April 1986: BArch, DC 20-I/3/2432, pag. 272–274.

87 RdB Cottbus, Der Vorsitzende, an Reichelt, Cottbus, den 21.11.1986: BArch, DC 20-I/3/2432, pag. 258–260.

88 RdB Leipzig, Der Vorsitzende, an Reichelt, Leipzig, den 17. Nov. 1986: BArch, DC 20-I/3/2432, pag. 275 f.

Smog-Warnsystem vor, wie es seit Ende der siebziger Jahre auch in der Bundesrepublik zum Einsatz kam.[89]

Die Haltung des Umweltministers zur Frage einer Smog-Regelung lässt sich rückblickend nicht eindeutig klären: Während Huff betont, dass Reichelt gegenüber Mittag seit 1982, als in West-Berlin mehrfach Smog-Alarm ausgelöst wurde, engagiert für ein entsprechendes Warnsystem eintrat, das auch internationalen Maßstäben genügen sollte, verweist die Aktenlage darauf, dass sich der Umweltminister auch mit deutlich weniger zufriedengab.[90] Eine interne Abmachung zwischen dem Umwelt- und dem Gesundheitsministerium legte fest, dass die Öffentlichkeit erst ab einer Schwefeldioxidkonzentration von einem mg/m^3 Luft im 24 Stundenmittel gewarnt werden sollte – ein Wert, der fast siebenfach über dem in der DDR zulässigen Grenzwert für Schwefeldioxidimmissionen lag. In West-Berlin wurde hingegen bereits ab einer Belastung von 0,6 mg/m^3 Smog-Alarm ausgelöst. Ein Vorwarnsystem, wie es in der Bundesrepublik zeitgleich eingerichtet wurde, existierte in der DDR zudem nicht. Und auch in der Anwendung dieser im internationalen Vergleich unzureichenden Regelung zeigte sich der der Umweltminister lax. Als es infolge einer Inversionswetterlage im Frühjahr 1987 erneut zu einer gefährlich hohen Luftbelastung kam, berichtete Reichelt lakonisch an Mittag, dass »in Abstimmung mit dem Ministerium für Gesundheitswesen … z.Zt. keine Maßnahmen zur Information der staatlichen Organe oder der Bevölkerung erforderlich« seien.[91] Und auch

89 Die höchste Stufe des Smogalarms wurde erstmals 1985 im Ruhrgebiet ausgelöst. Vgl. Smog-Alarm: Alle Räder stehen still, in: Der SPIEGEL 4/1985, 18 f.; vgl. auch Bundeszentrale für politische Bildung, Politik. Hintergrund und Aktuell: 1985 – Smog-Alarm in Deutschland, URL: http://www.bpb.de/politik/hintergrund-aktuell/199021/1985-smog-alarm-in-deutschland [letzter Zugriff: 12.08.2017].

90 Die Debatte um die Etablierung eines ostdeutschen Smog-Warnsystems veranschaulicht auch exemplarisch, wie es dem früheren Umweltminister nach der Wende gelang, eine Mitverantwortung an ökologischen Verfehlungen von sich zu weisen. Huff vertritt die These, dass der Umweltminister über ein ausgearbeitetes Konzept der Smog-Warnung verfügt habe und ein vehementer Verfechter eines solchen Systems gewesen sei. Er belegt diese Annahme u.a. mit einer Aktennotiz, in der sich der Minister resignierend über die hartnäckige Blockadehaltung Mittags äußerte. Diese Argumentation ist gleich in mehrfacher Hinsicht problematisch: Zum einen lässt sich der Verweis auf die Aktennotiz nicht belegen. Denn Huff übernimmt das Originalzitat von Paucke und dieser wiederum von Przyblyski, der sich allerdings nicht auf die Aktenüberlieferung, sondern auf die Zeugenaussage Reichelts im Strafprozess gegen Honecker bezieht. Zum anderen gehen in dieser Belegkette wichtige Informationen verloren: Denn Paucke verweist zu Recht darauf, dass das »Smogwarnsystems«, das von Reichelt und Gesundheitsminister Mecklinger gemeinsam erarbeitet wurde, lediglich den Charakter einer »Informationsordnung« hatte und auf den Bestimmungen der novellierten 5. DVO fußte – jene DVO, deren Ausführungen zu »außergewöhnlichen Gefahrensituationen« im Kern bereits eine industriefreundliche Tendenz aufwiesen, wie gezeigt wurde. Vgl. *Huff*, Natur, S. 402 f.; *Paucke*, Chancen, S. 43, *Przyblyski*, S. 205.

91 Reichelt an Mittag, Berlin, 19.1.1987 sowie Ministerium für Umweltschutz und Wasserwirtschaft, Staatliche Umweltinspektion, Information über die Meßergebnisse der Luftverunreinigung und Einschätzung der weiteren Entwicklung im Raum Berlin vom 19.1.1987: SAPMO, DY 3023/1149, pag. 3, 4 f.

als wenige Wochen darauf der ostdeutsche Smog-Grenzwert an Messstellen in Erfurt und Leipzig deutlich überschritten wurde, löste der Umweltminister keinen Katastrophenalarm aus.[92] Es scheint vielmehr als der Umweltminister der Position gefolgt, dass die Industrieministerien für die Ausarbeitung und Inkraftsetzung von Notfallplänen in Smog-Situationen deshalb zuständig bleiben sollten, weil sie »die volkswirtschaftlichen Erfordernisse« besser abschätzen könnten und aufgrund ihrer Zuständigkeitsbereiche, die über die Bezirksgrenzen hinausreichten, effektiver auf Smog-Ereignisse reagieren könnten.[93] Sofern es überhaupt sein Anliegen war, verpasste Reichelt im Zuge der Novellierung der 5. DVO eine gute Gelegenheit, um im Bündnis mit den Vorsitzenden der Industriebezirke den Druck auf Mittag und das Politbüro zu erhöhen und ein Smog-Warnsystem in der DDR zu etablieren, dass auch internationalen Standards genügt hätte. Er selbst musste in der Befragung durch den Volkskammerausschuss zur Untersuchung von Korruption und Amtsmissbrauch in der DDR einräumen, dass das Konzept für ein Frühwarnsystem, das angeblich seit 1987 in seiner Schublade lag und erst nach dem Sturz Honeckers und Mittags zum Einsatz kommen konnte, noch erhebliche Mängel aufwies.[94] Die 1969 mühsam in der öffentlichen Diskussion des Landeskulturgesetzes erkämpfte Festschreibung des Grundsatzes, dass bei der Bekämpfung von Umweltproblemen gesamtgesellschaftliche vor volkswirtschaftliche Erfordernisse zu stellen seien, wurde in den achtziger Jahren angesichts der wirtschaftlichen Krise immer stärker aufgeweicht.[95]

Das politische Agieren des Umweltministers wirkte aber nicht nur im Hinblick auf die genannten Reformen kopflos. Obwohl die politischen Rahmenbedingungen seit der Unterzeichnung des »Schwefelprotokolls« der Genfer Luftreinhaltekonvention im Jahr 1985 äußerst günstig waren, gelang es Reichelt nicht, eine tragfähige Entschwefelungskonzeption vorzulegen. Die Entschwefelung stellte aufgrund der Braunkohlebahängigkeit eine besondere Herausforderung dar: Die DDR emittierte in den achtziger Jahren mehr als fünf Millionen Tonnen Schwefeldioxid pro Jahr. Die größten Emittenten waren mit einem Anteil von 56 Prozent die Großkraftwerke des Ministeriums für Kohle und Energie, gefolgt von den Industriekraftwerken der Chemischen Industrie und sogenannten »Kleinverbrauchern« – kommunale Blockheizkraftwerke und Hausbrand – mit einem Anteil von jeweils zwölf Prozent.[96] Ein in den siebziger

92 Reichelt an Mittag, Information über die Meßergebnisse der Luftverunreinigung und Einschätzung der weiteren Entwicklung vom 4.2.1987, Berlin, den 4.2.87: SAPMO, DY 3023/1149, pag. 8 ff.

93 So eine Reaktion zum Entwurf der novellierten 5. DVO, deren Herkunft unbekannt ist: Bemerkungen zur Stellungnahme des Vorsitzenden des Rates des Bezirkes Leipzig, Genossen Opitz, vom 17. November 1987: BArch, DC 20-I/3/2432, pag. 60.

94 *Klemm*, S. 176 f.

95 Vgl. dazu Kap. 2.4.3.

96 Bericht zur Entwicklung der Emission von Luftverunreinigungen in der DDR im Jahre 1986: SAPMO, DY 30/J IV 2/2/2235, pag. 115 ff.

Jahren vom Institut für Energetik entwickeltes Entschwefelungsverfahren, das unter Zugabe von Kalk Entschwefelungsgrade von etwa vierzig Prozent erzielte, erwies sich in der Praxis nur als bedingt brauchbar.[97] Zwar sprachen Kostenargumente für das sogenannte Kalkstein-Additiv-Verfahren, aber ausreichende Produktionskapazitäten im Anlagenbau sowie die Bereitstellung der benötigten Rohstoffe und Transportkapazitäten – alleine für die An- und Abfuhr von Kalksteinschotter und Filterasche wären knapp 3.000 zusätzliche Reichsbahnwagen notwendig gewesen – waren Mitte der achtziger Jahren nicht gesichert.[98] Pilotversuche zeigten außerdem, dass der Einsatz dieser Technologie in Großkraftwerken aufgrund der benötigten Menge an Kalk und der bei der Entschwefelung anfallenden Asche nicht praktikabel war.[99]

Das Politbüro legte 1984 zudem fest, dass alle politischen und technischen Bemühungen um die Entschwefelung von Rauchgasen an die Prämisse einer möglichst hohen Wertstoffgewinnung geknüpft sein mussten. Die Rauchgasentschwefelung sollte Kraftwerke und andere Schwefeldioxidemittenten nicht nur umweltfreundlicher, sondern auch zu Produktionsstätten für Sekundärrohstoffe machen. Das Kalkstein-Additiv-Verfahren konnte diese Anforderung jedoch nicht erfüllen, da bei dieser Form der Rauchgasreinigung lediglich Gips und Abwärme als verwertbare Abprodukte anfielen. Andere Verfahren ermöglichten hingegen auch die Gewinnung von Ammoniumsulfat-Dünger, Schwefel und anderen Schwefelprodukten.[100] Die von Mittag angeordnete Strategie Importablösung setzte einer Einfuhr dieser Reinigungstechnologien jedoch enge Grenzen. Mit seiner Entscheidung, die eigentlich dem Kerngedanken der auf Verwertungseffekte ausgerichteten Umweltpolitik folgte, ließ das Politbüro die bisherigen Bemühungen um eine Entschwefelung in eine Sackgasse laufen.

Es wäre allerdings zu einfach, das Scheitern in der Entschwefelungsfrage alleine auf die ökonomische Krise und die latente Devisenknappheit der DDR zu schieben. Die Führung des Umweltministeriums ließ auch hier eine Chance verstreichen. Denn obwohl Reichelt die Verwertung von Abprodukten bereits in den siebziger Jahren zu einer »Hauptrichtung« der ostdeutschen Umweltpolitik erklärt hatte, reagierte sein Ministerium auf den Politbürobeschluss, der eben diese Forderung mit der Erfüllung des »30-Prozent-Zieles« verband, überraschend ideenlos. Das Umweltministerium legte dem Politbüro im Frühjahr 1985 eine hastig zusammengestellte Konzeption vor, die nicht überzeugen konnte: Die Aufstellung war insgesamt sehr unübersichtlich, bemühte altbekannte Rechenbeispiele, stellte Nutzeffekte plump überhöht dar und vernachlässigte die Tatsache, dass für eine ganze Reihe von Sekundärrohstoffen, die bei der Ent-

97 *Kluge*, S. 60–73, hier 63 ff.

98 Maßnahmen zur Wertstoffgewinnung und zur Erhöhung der Energieausbeute durch Rauchgasentschwefelung: SAPMO, DY 30/J IV 2/2/2094, pag. 29–35.

99 *Huff*, Natur, S. 261 f.

100 Anlage Nr. 5 zum Protokoll Nr. 26 vom 3.7.1984, Betreff: Maßnahmen zur Wertstoffgewinnung und zur Erhöhung der Energieausbeute durch Rauchgasentschwefelung: SAPMO, DY 30/J IV 2/2/2063–2064, pag. 6 ff.

schwefelung anfielen, die Absatzfrage ungeklärt war. Zwar bestand theoretisch ein großer Bedarf an Dünger und Schwefelprodukten – Qualitätsdefizite und Transportprobleme erschwerten jedoch eine Abnahme dieser Sekundärrohstoffe, deren Produktion ohnehin nicht kotendeckend gewesen wäre. Ein viel gravierenderes Defizit bestand allerdings in der Tatsache, dass das Papier trotz veranschlagter Investitionen in Höhe von 7,2 Milliarden M bei der Reduzierung der Schwefeldioxidemissionen ein Fehl von etwa 0,4 Millionen t/a aufwies.[101] Das »30-Prozent-Ziel« hätte mit der vorgelegten Strategie schon rechnerisch gar nicht erreicht werden können, so dass das Gesamtkonzept folglich auch keine Unterstützung bei der Parteiführung fand. Auch zwei Jahre darauf gelang es dem Umweltministerium nicht, dem Politbüro einen Maßnahmenplan vorzulegen, der die Einhaltung des »Schwefelprotokolls« bis zum Jahr 1993 hätte gewährleisten können. Die Parteiführung vertagte die Lösung Problems daraufhin in die neunziger Jahre.[102]

Die ostdeutsche Umweltpolitik hatte Schwefeldioxidemissionen, wie die meisten westlichen Industriestaaten, lange Zeit vernachlässigt.[103] Die prekären ökonomischen und ökologischen Rahmenbedingungen der achtziger Jahre verschärften die Lage zusätzlich. Dem Umweltministerium eine Alleinschuld am Versagen der DDR auf diesem Feld der Umweltpolitik zu geben, wäre daher unzulässig. Reichelt gelang es aber nicht, die veränderte politische Lage zu nutzen. Es fehlte ihm scheinbar an Willen und Mut, nach neuen Wegen zur Verwirklichung der Ziele des Umweltschutzes zu suchen. Die Zustimmung der DDR zum »30-Prozent-Ziel«, der Aufbau der StUI und die Novellierung der 5. DVO hätten ihm eine Reihe von Möglichkeiten geboten, um im Bündnis mit den Bezirksratsvorsitzenden der Industriebezirke deutlich striktere Bestimmungen zu verankern und eine breite politische Front zu mobilisieren. Stattdessen spielte das Umweltministerium mit seiner Konzeptionslosigkeit der von Reichelt nach der Wende vielfach gescholtenen Verweigerungshaltung Mittags in die Hände. Der Umweltminister trug somit ebenfalls eine Mitverantwortung für die Vertagung der Entschwefelungsfrage und die daraus resultierenden fatalen Folgen für die Umwelt.

Die konzeptionslose Haltung in der Rauchgasreinigung hatte außerdem zur Folge, dass einem weiteren Problemkind der Luftreinhaltung, der Entstaubung, wichtige Ressourcen entzogen wurden. Reichelt legte im Dezember 1987 in einer

101 Zusammengefasste Ergebnisse der durchgeführten Studien zur Wertstoffgewinnung und zur Erhöhung der Energieausbeute durch Rauchgasentschwefelung: SAPMO, DY 30/J IV 2/2/2094, pag. 36 ff.

102 Anlage Nr. 2 zum Protokoll Nr. 33 vom 18. Aug. 1987, Maßnahmen zur Senkung der Luftverunreinigungen: SAPMO, DY 30/J IV 2/2/2235, pag. 112 ff.

103 Zwar wurde das Schwefeldioxidproblem beispielsweise in der Bundesrepublik anders, als in den USA, in der fachlichen Auseinandersetzung nicht auf »die lange Bank geschoben«, wie Uekötter betont. Aber auch in Westdeutschland ging man die Rauchgasentschwefelung erst Ende der achtziger Jahre konsequent an. Uekötter, Rauchplage, 2003, 463 ff.; Erhardt, Stromkonflikte, 2017, 185 ff.

bereichsspezifischen Weisung fest, dass bei der Fertigung, Lieferung und Montage von Entstaubungstechnik »alle im Territorium vorhandenen Möglichkeiten« zu nutzen seien.[104] Investitionsmittel für den Import von Entstaubungsanlagen sollten künftig zugunsten der Rauchgasentschwefelung vermieden werden. Die Weisung ignorierte jedoch, dass die vorhandenen Produktionskapazitäten im Entstaubungsanlagenbau in der DDR viel zu gering waren. Seit den sechziger Jahren hatten die Kommission »Reinhaltung der Luft« des Forschungsrates sowie der Reichelt direkt unterstellte »Beirat für Umweltschutz« immer wieder vor großen Lücken in der Bedarfsdeckung gewarnt, die auch durch punktuelle Maßnahmen, wie etwa die Umformung einer ehemaligen Magdeburger Schiffswerft in den VEB Entstaubungstechnik »Edgar André«, nicht gedeckt werden konnten. Die Produktion des ostdeutschen Entstaubungsanlagenbaus wies 1987 gegenüber der Nachfrage ein Defizit von über fünfzig Prozent auf. Zwei Jahre darauf konnte der Bedarf nur noch zu etwa einem Drittel gedeckt werden. Erst im Jahr 1992 sollte das Produktionsaufkommen einer Prognose des Ministeriums für Schwermaschinen- und Anlagenbau zufolge wieder spürbar ansteigen.[105]

Die Weisung Reichelts bewirkte, dass die letzten vorhandenen Importmittel im Entstaubungsanlagenbau wegfielen und das Produktionsaufkommen gegenüber dem Vorjahr um mehr als 13 Prozent einbrach. Es fehlte an Produktionskapazitäten und zahlreichen Zulieferprodukten.[106] Nachdem die Staubemissionen bis 1983 deutlich zurückgegangen waren, stiegen sie bis zur Mitte des Jahrzehnts wieder an.[107] Auch in diesem Fall trug Reichelt nicht die Alleinschuld an den vorhandenen Verfehlungen. Er wirkte aber als Transmissionsriemen der Sparpolitik des Wirtschaftssekretärs und verpasste es, dieser ein mäßigendes Korrektiv entgegenzusetzen. Insofern erwies sich auch die Unterzeichnung des »Schwefelprotokolls«, eigentlich ein großer Erfolg der internationalen Umweltdiplomatie, als zweischneidiges Schwert für den ostdeutschen Umweltschutz, da es der Luftreinhaltung zwar einerseits zu mehr politische Aufmerksamkeit verhalf, der dadurch gewonnene Handlungsspielraum aber andererseits nicht genutzt werden konnte und zu Lasten der Bekämpfung von Staubemissionen ging.

104 Stellvertreter des Vorsitzenden des Ministerrates und Minister für Umweltschutz und Wasserwirtschaft, Bereichsspezifische Weisungen, Berlin, den 4. Dezember 1987: BArch, DK 5/5020.

105 Ministerium für Schwermaschinen- und Anlagenbau, Vorlage für die Beratung im Beirat für Umweltschutz beim Ministerrat der DDR am 2.12.1987, o. D.: BArch, DQ 1/24303.

106 Ebd.

107 Bericht zur Entwicklung der Emission von Luftverunreinigungen in der DDR im Jahre 1986: SAPMO, DY 30/J IV 2/2/2235, pag. 119.

3.2.2 Die staatliche Umweltbürokratie zwischen Resignation und Auflehnung

In den Reihen des Umweltministeriums löste die verfahrene Lage auf dem Gebiet der Umweltpolitik zwiespältige Reaktionen aus. Insbesondere der rigide Führungsstil Reichelts, der keinen Widerspruch zur offiziellen Linie zuließ und kritische Initiativen sofort im Keim zu ersticken versuchte, sorgte dafür, dass sich die Mehrzahl der in der Regel hochmotivierten Ministeriumsmitarbeiter innerlich zunehmend abwendeten.[108] Ein Gedicht, das einer Sammelakte beigelegt wurde und im Original von links oben nach rechts unten – treppenförmig abwärts – getippt war, veranschaulicht die im Ministerium um sich greifende Resignation und eine zunehmend sarkastische Stimmung:

»Wir waren in diesem Jahr wieder gut.
Wenn wir nicht überall gleich gut waren, hatte das seine Ursachen.
Denn so gut waren wir wieder auch nicht. Und die anderen hatten auch ihre Stärken.
Aber wir waren besser als es manchmal schien: denn nicht immer zeigten wir gleich alles.
Und mancher Schein trügt.
›Na sdarowje!‹
Im nächsten Jahr sind wir noch besser, obwohl wir in diesem Jahr natürlich auch schon nicht schlecht waren!«[109]

Allerdings verfielen nicht alle Mitarbeiter in Resignation. Trotz und eigenwilliges Verhalten gehörten ebenso zu den Reaktionen auf die Lähmungskrise wie die stille Unterstützung kritischer Umweltinitiativen, die sich im Schutz des Kulturbundes und der evangelischen Kirchen formierten. Im Laufe der achtziger Jahre betätigten sich Insider aus dem Umweltministerium, den Umweltverwaltungen der Bezirke und anderer Umweltbehörden immer häufiger als Whistleblower, wandten sich an Pfarrer und Kirchengruppen oder ließen sensible Informationen gegenüber Bundesfreunden in der staatsnahen »Gesellschaft für Natur und Umwelt« durchsickern.[110] Das couragierte Verhalten dieser Männer und Frauen, die die Tatenlosigkeit des Umweltministeriums nicht länger hinnehmen wollten,

108 Davon berichtet beispielsweise Uwe Zuppke, ein ehemaliger Mitarbeiter des Zentrums für Umweltgestaltung, der als Führungskader regelmäßig Berichte vor dem Kollegium des Umweltministeriums in Berlin verteidigen musste. Während er seine Tätigkeit insgesamt als äußerst befriedigend empfand, sei der Umgang mit den Ergebnissen, die häufig im »Panzerschrank« des Ministers verschwanden, demgegenüber demotivierend gewesen, wie er berichtet. In den achtziger Jahren habe die Arbeit außerdem einer zunehmenden Gängelung durch die Führung des Ministeriums und die StaSi unterlegen, so dass der Hobbyornithologe Zuppke beispielsweise seine ehrenamtliche Tätigkeit in der Gesellschaft für Natur und Umwelt nur noch eingeschränkt ausüben konnte. Vgl. Telefongespräch mit Dr. Uwe Zuppke, 24.7.2017.

109 O.a.: BArch, DK 5/5060.

110 Vgl. Telefongespräch mit Dr. Uwe Zuppke, 24.7.2017 sowie Kap. 3.3.1 u 3.4.

sorgte für politischen Sprengstoff. Innerhalb des Ministeriums wurde das Zentrum für Umweltgestaltung (ZUG) zum Sammelbecken kritischer Initiativen und zum Austragungsort für interne Konflikte.

Das 1982 gegründete ZUG ging aus dem Forschungsbereich Umweltschutz hervor, der seit 1975 im Institut für Wasserwirtschaft bestand. An Standorten in Berlin, Cottbus und Wittenberg waren Ende der siebziger Jahre etwa 127 wissenschaftliche Mitarbeiter beschäftigt und erarbeiten die wissenschaftlichen Grundlagen für umweltpolitische Entscheidungen sowie langfristige Modelle der Umweltplanung und -prognostik.[111] Seit 1978 wurde der Institutsbereich ausgebaut, um der gewachsenen Notwendigkeit einer politikbegleitenden Umweltforschung gerecht zu werden. Zu den erweiterten Aufgaben des ZUG zählten unter anderem die Koordination der internationalen Zusammenarbeit im Umweltschutz innerhalb des RGW und des Umweltprogrammes der Vereinten Nationen sowie mit dem NSW. Darüber hinaus befassten sich neu gebildete Abteilungen mit der Entwicklung und Herstellung von Messgeräten, Fragen des Umweltrechts, der Öffentlichkeitsarbeit sowie der Umweltbildung.[112] Bis zum Ende der achtziger Jahre stieg die Zahl der Mitarbeiter auf 216, von denen etwa Hälfte jünger als 35 Jahre war. Das Durchschnittsalter der Abteilungsleiter lag mit 41 Jahren ebenfalls relativ niedrig. Demgegenüber waren der Anteil der SED-Kader und der Geheimnisträger gemessen an der sensiblen Funktion, die das ZUG mit Blick auf die Anordnung über die Geheimhaltung von Umweltdaten einnahm relativ niedrig.[113] Nur knapp ein Drittel der Mitarbeiter waren SED-Mitglieder, die Zahl der GVS- und VVS-geprüften Kader lag sogar noch darunter und betrug nur knapp 30 Prozent.[114]

Zahlreiche Mitarbeiter galten einer internen Analyse zufolge jenseits ihrer ausgezeichneten fachlichen Qualifikationen ideologisch als »nicht gefestigt« und stellten daher aus Sicht des Ministeriums ein politisches Risiko dar. Einzelne Kader machten vor Kollegen keinen Hehl daraus, dass sie »ohne innere Überzeugung« der Partei beigetreten waren, zeigten sich offen beeindruckt von den umweltpolitischen Erfolgen der Bundesrepublik oder sympathisierten mit den politischen Reformen in der UdSSR.[115] Interne Berichte hielten besorgt fest, dass

111 Institut für Wasserwirtschaft, Bereichsleiter Umweltschutz, Aufgaben und Gliederung des Bereiches Umweltschutz des Institutes für Wasserwirtschaft, 31.1.1978: BArch, DK 5/5219.

112 Ministerium für Umweltschutz und Wasserwirtschaft, Stellung, Aufgaben und Struktur des Zentrums für Umweltgestaltung, o. D.: BArch, DK 5/4595; Einschätzung zur Arbeit und Entwicklung des Zentrums für Umweltgestaltung beim Ministerium für Umweltschutz und Wasserwirtschaft, Berlin, 5.12.1988: BArch, DK 5/5624.

113 Wie Zuppke berichtet enthielten nahezu alle Berichte einen hohen Geheimhaltungsstatus Vgl. Zuppke, Tätigkeit, 2007, 73–81, hier 80.

114 Zur Kaderanalyse des Zentrums für Umweltgestaltung, Stand: 30. November 1988: BArch, DK 5/5624.

115 Einschätzung zur aktuellen politisch-ideologischen Lage und zu Verhaltensweisen ausgewählter Kader des ZUG, Berlin, den 28.11.1988: BArch, DK 5/5624.

immer mehr Mitarbeiter mit der sozialistischen Umweltpolitik haderten.[116] Besonders heikel daran war, dass acht der insgesamt 14 Bereichs- und Abteilungsleiter sowie ein Arbeitsgruppenleiter intern als politisch problematisch eingestuft wurden. Überzeugte Leitungskader, die »der Partei treu und bedingungslos ergeben« waren, wurden von den übrigen Führungskräften gemieden und isoliert.[117] Die Führung des Ministeriums reagierte daher besonders sensibel auf Vorkommnisse, die auch nicht lange auf sich warten ließen. Im Dezember 1987 kam es zu einem Eklat: Der demonstrative Parteiaustritt des ehemaligen Parteisekretärs der SED-Grundorganisation im ZUG und die Eingabe eines weiteren Mitarbeiters an den Generalstaatsanwalt der Hauptstadt der DDR lösten eine interne Untersuchung aus, die die Absetzung des Direktors sowie eine Reihe disziplinarischer Maßnahmen zur Folge hatte.[118]

Der Vorgang rund um die Eingabe des Mitarbeiters der Abteilung für wissenschaftlich-technische Entwicklung ist besonders aufschlussreich, um den inneren Zustand des Umweltministeriums zu veranschaulichen. Hintergrund des Schreibens war die Wiederinbetriebnahme des modernisierten und erweiterten Heizkraftwerkes »Georg Klingenberg« in Berlin-Rummelsburg, über die in der »Berliner Zeitung« im Dezember 1987 im üblichen ideologischen Fortschrittsduktus berichtet wurde. Der Artikel wies daraufhin, dass trotz der vorhandenen Braunkohlefeuerung »keine zusätzliche Umweltbelastung entstehen« würde, da zwei Elektrofilter fast 99 Prozent des Staubes und der Flugasche zurückhalten sollten: »Damit quillt der Rauch aus den Kohle-Schornsteinen genauso weiß wie aus den Öl- und Gas-Essen. Hochrein soll ihn eine moderne Entschwefe-

116 Ähnliche Tendenzen machte Reichelt bereits zu Beginn der siebziger Jahre unter den wissenschaftlichen Mitarbeitern des IfW aus. Da eine Broschüre zur Arbeit der Wasserwirtschaft nach Ansicht des Umweltministers zu »technisch« geraten war und die Beschlüsse des VIII. Parteitages nicht ausreichend berücksichtigte, veranlasste er umgehend die »Einstampfung« aller gedruckten und bereits verteilten 800 Exemplare. Reichelt machte in diesem Fehlverhalten die Tendenz aus, dass immer noch »bestimmte Elemente der Systemtheorie aus der Kybernetik auf gesellschaftliche und volkswirtschaftliche Prozesse uneingeschränkt angewandt werden.« Er veranlasste daraufhin die Bildung einer Arbeitsgruppe, »die die Ursachen für eine solch politisch falsche Arbeit und Veröffentlichung gründlich analysieren und Vorschläge für Disziplinarmaßnahmen sowie eine straffere Leitung der Öffentlichkeitsarbeit unterbreiten« sollte. Diese Episode verdeutlicht zweierlei: Zum einen scheinen viele wissenschaftliche Mitarbeiter des MUW von Beginn an relativ immun gegenüber allzu plumpen ideologischen Vereinnahmungsversuchen seitens der SED gewesen zu sein. Zum anderen erwies sich Reichelt, der sich in dieser Sache ohne eine vorherige Aufforderung an die Abteilung Grundstoffindustrie wandte, ganz im Gegensatz zur Einschätzung Huffs von Beginn als linientreuer und »willfähriger« Vertreter der Parteiinteressen. Vgl. dazu Reichelt an Zentralkomitee der SED, Leiter der Abt. Grundstoffindustrie, Genossen Dr. Wambutt, 30.1.1973: BArch, DK 5/4183.

117 Einschätzung zur aktuellen politisch-ideologischen Lage und zu Verhaltensweisen ausgewählter Kader des ZUG, Berlin, den 28.11.1988: BArch, DK 5/5624.

118 Einschätzung zur Arbeit und Entwicklung des Zentrums für Umweltgestaltung beim Ministerium für Umweltschutz und Wasserwirtschaft, Berlin, 5.12.1988: BArch, DK 5/5624.

lungsanlage machen, die im nächsten Jahr ihren Probebetrieb aufnimmt.«[119] Da sowohl die ältere als auch die novellierte Fassung der 5. DVO des LKG verlangten, dass bei Neuinvestitionen oder Rekonstruktionen alle notwendigen Umweltschutztechnologien gleichzeitig mit den übrigen Anlagen in Betrieb gehen mussten, nahm der Petent den nachgeschobenen Hinweis auf die noch nicht installierte Rauchgasreinigungsanlage zum Anlass, um sich direkt an den Generalstaatsanwalt zu wenden. Die verspätete Inbetriebnahme der Entschwefelungsanlage ließ Herrn K. vermuten, dass die Verantwortlichen »eine (zumindest) fahrlässige Verursachung einer Umweltgefahr nach Paragraph 191 b« des Strafgesetzbuches der DDR in Kauf genommen hätten.

Der Aufbau der Entschwefelungsanlage im Heizkraftwerk war 1987 ins Stocken geraten, weil es zu Unstimmigkeiten mit dem englischen Lieferunternehmen über vertragliche Vereinbarungen gekommen war. Darüber hinaus zeigte sich, dass das projektierte »Wellmann-Lord-Verfahren« in Braunkohlekraftwerken große technische Probleme bereitete und deshalb nicht ohne weiteres eingesetzt werden konnte.[120] Herr K., der als Insider nicht erst durch die »Berliner Zeitung« von den Details der Inbetriebnahme erfuhr, verschaffte mit der Eingabe seinem Unmut über die inkonsequente Haltung des Ministeriums auf eine rechtlich legale, aber politisch äußerst heikle Weise Luft. Im Strafrecht der DDR bestand seit einer Gesetzesänderung im Jahr 1977 mit den Paragraphen 191 a und b die Möglichkeit, vorsätzlich begangene Umweltvergehen zu ahnden.[121] Die Staats- und Parteiführung hatte damit zumindest theoretisch die Handlungs- und Sanktionsmöglichkeiten des Umweltschutzes erweitert. Dieses Rechtsmittel wurde jedoch, verglichen mit anderen Sanktionen, kaum genutzt. Während beispielsweise vor bundesdeutschen Gerichten zwischen 1985 und 1988 knapp 50.000 Anzeigen aufgrund von Umweltvergehen eingingen, waren es im gleichen Zeitraum in der DDR nur 129 Anzeigen. Davon wurden 99 bereits im Stadium der Anzeigenprüfung eingestellt und lediglich 17 Ermittlungsverfahren tatsächlich zu einer Anklage geführt.[122] Die Zurückhaltung gegenüber strafrechtlichen Sanktionsinstrumenten im ostdeutschen Umweltschutz hatte ein ganzes Bündel von Ursachen: Einerseits betrachteten Staatsanwaltschaften diese Fälle oftmals als Angelegenheiten der Umweltverwaltungen. Diese setzten wiederum in bewährter Tradition auf korporatistische Aushandlungsverfahren und betrachteten die Androhung von finanziellen Sanktionen als das effektivere Instrument. Andererseits wurden Anzeigen auch durch die Geheimhaltungspolitik erschwert, da es weiten Teilen der Bevölkerung dadurch nahezu un-

119 Geballte Kraft wird schonend erzeugt, in: BZ, 14. Dezember 1987: BArch, DK 5/5624.

120 Ministerium für Kohle und Energie, Information über den Stand der Vorbereitung der Rauchgasentschwefelungsanlage im Heizkraftwerk Berlin-Rummelsburg, Berlin, d. 1.4.1987; Wolfgang Greß an Mittag, Berlin, 9.4.1987; Abteilung Forschung und technische Entwicklung an Mittag, 17.12.87; alle in: SAPMO, DY 3023/1149, pag. 33 f., 85 f. u. 193 f.

121 *Lammich*, S. 1–74, hier 33 f.

122 *Marr u. Schmidt*, S. 137–140.

möglich wurde, Verursacher von Umweltdelikten zweifelsfrei zu identifizieren. Vielen Bürgern dürfte darüber hinaus die Möglichkeit einer solchen Anzeige schlichtweg nicht bekannt gewesen sein. Und zu guter Letzt trug sicherlich auch die über Jahrzehnte etablierte Eingabenkultur der DDR dazu bei, dass es trotz der rechtlichen Möglichkeit kaum zu Strafanzeigen kam.

Das Umweltministerium gab nur in seltenen Fällen eigene Kontrollergebnisse zur strafrechtlichen Überprüfung an die Staatsanwaltschaften weiter, wie beispielsweise nach einer systematischen Überprüfung von 1450 Großbetrieben, die infolge der Sandoz-Katastrophe und einer Wasserschadstoffhavarie an der polnischen Grenze eingeleitet worden war.[123] Der Alleingang des ZUG-Mitarbeiters war somit ein heikles Unterfangen, das allerdings zunächst von Führungskadern gedeckt wurde. Zwar stimmte Herr K. sein Vorgehen vorab nicht mit seinem vorgesetzten Bereichsleiter ab, dieser tolerierte das Verhalten aber, da er offensichtlich zunächst die Reaktion der Staatsanwaltschaft abwarten wollte, wie ein Inspektionsbericht kritisch festhielt. Erst später sickerte der Vorfall durch. Der Petent wurde daraufhin in einer Aussprache zurechtgewiesen und auf die große Bedeutung des Kraftwerkes in Rummelsburg für die »Lösung der Energieversorgung« hingewiesen. Darüber hinaus machte man ihm klar, dass er durch seine Tätigkeit im ZUG genaue »Kenntnisse über die realen Möglichkeiten« und die vollbrachten »Anstrengungen zur Realisierung notwendiger Umweltschutzinvestitionen« habe, die ein solches Verhalten nicht rechtfertigen würden. Derartige Anliegen sollte er zukünftig über den Dienstweg vortragen.[124]

Dem Petenten kam zugute, dass er als langjähriges SED- und Kampfgruppenmitglied über einen politisch einwandfreien Leumund verfügte und die Unterstützung des ZUG-Direktors genoss. In einer internen Einschätzung wurde er allerdings abschätzig als »formaler Verfechter des Rechts« charakterisiert, der »seine subjektiven Ansichten über gesamtgesellschaftliche Erfordernisse« stellen würde und »mit den Mitteln des Rechts gegen politische Entscheidungen zu Fragen des Umweltschutzes« anzukämpfen versuchte.[125] Herr K. war nicht der einzige »Problemfall« unter den Mitarbeitern des Umweltministeriums. Die Konflikte innerhalb des ZUG setzten sich in den folgenden Monaten fort und lassen den Schluss zu, dass die Frustration über das Unvermögen der Umweltpolitik bereits Züge einer inneren Opposition annahm. Auf einer Wahlberichtsversammlung im Oktober 1988 opponierten einige Mitarbeiter – darunter erneut Herr K. – gegen eine zuvor getroffene interne Abmachung zur Wahlaufstellung und erzwangen eine Vertagung der Leitungsneuwahl der SED-Grundorganisation. Ein Inspektionsbericht monierte zudem, dass der Demokratiebegriff auf

123 *Klemm*, S. 170 f.

124 Zentrum für Umweltgestaltung – Direktor – an Reichelt, Berlin, 27.1.1988: BArch, DK 5/5624.

125 Einschätzung zur aktuellen politisch-ideologischen Lage und zu Verhaltensweisen ausgewählter Kader des ZUG, Berlin, den 28.11.1988: BArch, DK 5/5624.

der Versammlung überstrapaziert und ferner ein linientreuer Bereichsleiter als Faschist beschimpft worden sei.[126]

Die politische Unruhe im ZUG fand mit der Absetzung des Direktors und einer Reihe von disziplinarischen Maßnahmen, die offiziell der »politisch-ideologischen und fachlichen Stärkung des Zentrums für Umweltgestaltung« dienen sollten, im Dezember 1988 formal ein Ende.[127] Reichelt zeigte sich abermals als willfähriger und linientreuer Vertreter der SED-Interessen. Darüber hinaus stellt das Beispiel die von ihm nach der Wende oft behauptete Machtlosigkeit infrage. Der Versuch des Herrn K., den Druck auf die SED-Führung durch die Einbeziehung des Generalstaatsanwaltes zu erhöhen, hätte auch eine Option für das Ministerium und die Fachorgane auf der Bezirksebene sein können. Das abwartende Verhalten seines Abteilungsleiters, der den Vorfall nicht sofort der Ministeriumsspitze gemeldet hatte, bestätigt, dass dieses Vorgehen in der mittleren Führungsebene des Ministeriums durchaus Zustimmung fand. Die Ministeriumsspitze zeigte sich aber unfähig oder nicht willens, vom einmal eingeschlagenen autoritär-korporatistischen Kurs abzurücken, obwohl diese in den sechziger und siebziger Jahren noch mehr oder weniger bewährte Strategie ganz offensichtlich längst gescheitert war. Die auch im Ministerium spürbaren Reformbestrebungen, die aus der ostdeutschen Gesellschaft und vor allen Dingen aus der Sowjetunion nach innen drangen, wurden hingegen von der Führung rigoros unterdrückt. Die Reformunfähigkeit des SED-Staates zeigte sich nicht nur im verkrusteten Politbüro, sondern auch im Umweltministerium und auf anderen Führungsebenen der Diktatur.

3.3 Umweltbewegung in der Diktatur: Bürgerengagement zwischen Anpassung, Reform und Revolution

Das Umweltengagement gesellschaftlicher Akteure war, wie bereits gezeigt wurde, eine wichtige Säule des umweltpolitischen Aufbruchs in den sechziger Jahren. Ohne den Druck aus der Bevölkerung sowie die politischen Initiativen von Wissenschaftlern innerhalb der DAL und des Forschungsrates wären sowohl die Prognose »Industrielle Abprodukte« als auch die Verabschiedung des Landeskulturgesetzes – wenn überhaupt – nicht in diesem raschen Tempo auf den Weg gebracht worden. Dennoch tut sich die Forschung bislang schwer, konformes und zugleich kritisches Umweltengagement als Teil der ostdeutschen Umweltbewegung anzuerkennen. Der Einsatz für den Schutz der Umwelt war gesellschaftlichen Akteuren in der Lesart der oftmals totalitarismustheore-

126 Hausmitteilung von Inspektion an Genossen Minister Dr. Reichelt – PERSÖNLICH, 21.10.1988: BArch, DK 5/5624.

127 Einschätzung zur Arbeit und Entwicklung des Zentrums für Umweltgestaltung beim Ministerium für Umweltschutz und Wasserwirtschaft, Berlin, 5.12.1988: BArch, DK 5/5624.

tisch argumentierenden Ansätze nur in Nischenräumen möglich, die sich einer Durchdringung durch die SED entzogen und dem Regime distanziert oder sogar ablehnend gegenüberstanden.[128] Ein wichtiger Ausgangspunkt für diese Annahme war die Übertragung des Konzeptes der »Neuen sozialen Bewegungen« auf die DDR.[129] Westliche Protest- und Interaktionsformen sowie ein spezifisch alternativer Habitus bilden seitdem den Maßstab zur Erfassung und Bewertung des gesellschaftlichen Umweltengagements in der DDR und machten die Umweltgruppen unter dem Schutzdach der evangelischen Kirchen zum Archetyp der ostdeutschen Umweltbewegung.[130]

Dieser starre Blick, der konformes Umweltengagement als eine Form »vorpolitischen« Handelns wertet, hält sich bis heute hartnäckig.[131] Im Folgenden

128 So unterscheidet das Lexikon Opposition und Widerstand in der SED-Diktatur etwa in zwei Artikeln zwischen der Umweltbewegung, die sich im »Schutzraum« der evangelischen Kirchen formierte, und der staatsnahen Gesellschaft für Natur und Umwelt, die demnach der ersteren nicht zuzurechnen sei. Vgl. *Knabe*, Gesellschaft, S. 158 f.; *Ders.*, Umweltbewegung, S. 355 ff. Diese Perspektive ebenso bei *Halbrock*, Beginn, S. 43–54, hier 43 ff.; *Ders.*, Störfaktor, S. 13–32, hier 27 ff.; vgl. auch *Knabe*, Umweltkonflikte, S. 280–337; *Jones*, Origins, S. 235–264; *Choi*, S. 52 ff.; *von zur Mühlen*, S. 64 ff.; *Neubert*, Geschichte, S. 445–448; *Stolzfus*, S. 385–403; *Kowalczuk*, Endspiel, S. 238 ff.

129 *Knabe*, Bewegungen, S. 551–569. Zur Kritik daran vgl. beispielsweise *Brand*, Neue, S. 235–251; *Pollack*, Politischer, S. 28, 253.

130 So etwa jüngst bei Huff, der insbesondere die Umweltarbeit des Kirchlichen Forschungsheims in Wittenberg sowie das Engagement einzelner Umweltgruppen unter dem Dach der evangelischen Kirchen in den Mittelpunkt rückt und demgegenüber andere Initiativen stark vernachlässigt. Michael Beleites vertritt sogar die These, dass »nicht eine vorhandene (nichtkirchliche) Bewegung unter das Dach der Kirche geflüchtet« sei, »sondern in der Kirche … der nahezu einzige Raum« existierte, in dem »eine vom SED-Staat unbeeinflusste Ökologiebewegung entstehen konnte und auch entstanden ist.« *Beleites*, Umweltbewegung, S. 185; vgl. auch: *Knabe*, Umweltkonflikte, S. 280–337, insbes. 312 ff. Zum Verhältnis von Kirche und Opposition vgl. außerdem: *Neubert*, Kirche und Gruppen, S. 65–85, insbes. 74 f.; *Halbrock*, Freiheit, S. 245 f. Ähnliche Ansätze bei: *Jones*, Origins, S. 240–243; *Choi*, S. 50–60; *Stolzfus*, S. 388 f.; *Huff*, Natur, S. 67–101, 307 ff., 313–336 u. 388 ff.

131 Politisch wurde es demnach erst, als es aus dem Einflussbereich der SED hervortrat und eine kritische Haltung gegenüber dem Herrschaftssystem einnahm. Unterschiedliche Ziele und die historische Wandelbarkeit von Protestmotiven werden in dieser Lesart daher oftmals negiert. Ilko-Sascha Kowalczuk geht beispielsweise von einem »generalisierenden« Widerstandsbegriff aus, unter dem sich gesellschaftliche Verweigerung, sozialer Protest, politische Dissidenz und Massenproteste gleichermaßen subsumieren. Christian Halbrock hält die Anwendung eines bürgerlichen Oppositionsbegriffes auf die DDR ebenfalls für irreführend und kritisiert darüber hinaus solche Ansätze, die oppositionelles Handeln auch im Bereich legaler Handlungsmöglichkeiten zu erkennen glauben. Gegen eine solch starre Dichotomie wurde jedoch auch Einspruch erhoben: Erhart Neubert, der Opposition grundsätzlich ebenfalls als eine Form der Ablehnung des Regimes begreift, plädierte dafür, neben die Kategorie des Widerstandes auch die Handlungsoption einer auf legalen Rechtsmitteln basierenden Opposition zu stellen, um so das Akteurs- und Aktionsfeld der SED-Gegnerschaft entscheidend zu erweitern. Detlef Pollack und Dieter Rink wiesen darauf hin, dass sich Protest in der DDR in den siebziger und achtziger Jahren in der Haltung gegenüber der SED-Herrschaft grundsätzlich von jenem der fünfziger und sechziger Jahre unterschieden

soll daher ein differenziertes Bild der ostdeutschen Umweltbewegung gezeichnet werden.[132] Um die Frage nach der »Bewegung« in der ostdeutschen Umweltbewegung beantworten zu können, müssen regimetreue und angepasste Stimmen ebenso gehört werden wie die der Regimegegner. Dies gilt umso mehr, wenn man den vielfältigen, aber oftmals unter dem Schleier der Diktatur verborgenen Initiativen, Konflikten und Aushandlungsprozessen auf die Spur kommen will. Die ganze Bandbreite und das Handlungsrepertoire der ostdeutschen Umweltbewegung lassen sich in Eingaben ausfindig machen, die im Folgenden analysiert werden. Das Eingabewesen ermöglichte eine politische Kommunikation über Umweltprobleme und bildete daher auch die Grundlage für die Entstehung (system)kritischer Umweltgruppen unter den Dächern des Kulturbundes und der evangelischen Kirche, die anschließend näher betrachtet werden.

3.3.1 Mehr als nur Bittschriften: Umweltbewegung und gesellschaftlicher Wandel in Eingaben

Wie in der Einleitung ausgeführt wurde, bestand für die ostdeutsche Bevölkerung mit dem Instrument der Eingabe eine legale Möglichkeit, um auf Umweltprobleme und ökologische Interessen aufmerksam zu machen. Dass die von der Partei- und Staatsführung an das ostdeutsche Eingabewesen erhobenen normativen Ansprüche keine hohlen Phrasen waren, sondern durchaus ernstgemeinte Anliegen darstellten, dokumentieren umfangreiche Aktenvorgänge, in denen der Umgang der Staatsorgane mit diesen Schreiben penibel ausgewertet, kontrolliert und optimiert wurde. Im Herrschaftsverständnis der SED war die Eingabenbearbeitung ein wichtiger Bestandteil einer modernen und »erfolgrei-

habe. Der Wandel der politischen Rahmenbedingungen von der Nachkriegszeit über die verschiedenen Phasen der Herrschaft Ulbrichts bis in die Honecker-Ära sowie eine generationelle Anpassung an die neuen Herrschaftsverhältnisse veränderten demnach auch die Motive, Ziele und den Charakter von Opposition und Widerstand. Hermann Behrens betont die schon quantitativ viel größeren Ausmaße des staatsnahen Umweltengagements und verweist auf die Interessensgemeinschaften für Stadtökologie und Umweltschutz in der 1980 gebildeten Gesellschaft für Natur und Umwelt, die sich kritisch mit ökologischen Problemen im urbanen Raum auseinandergesetzt haben. Vgl. *Kowalczuk*, Freiheit, S. 85–115, hier 97; *Ders.*, Gegenkräfte, S. 47–80, hier 49 ff.; *Halbrock*, Freiheit, S. 257 f.; *Knabe*, Umweltbewegung, S. 355. Eine Zeitzeugenperspektive bei: *Gensichen*, Kirche, S. 168–189; *Ders.*, Umweltverantwortung, S. 287–304; *Ders.*, Beiträge, S. 149–177; *Neubert*, Opposition, S. 29; *Halbrock*, Freiheit, S. 257 f.; *Pollack u. Rink*, S. 7–29, hier 8–11; *Ohse u. Pollack*, Dissidente, S. 364–390, insbes. 364 u. 387–390; *Behrens*, Umweltbewegung, S. 131–138; *Ders.*, Umweltbewegung, insbes. S. 323–331.

132 Jüngere Studien und Überblickswerke zur westdeutschen Umweltbewegungsgeschichte betonen ebenfalls den heterogenen Charakter der Umweltbewegung(en), die zu keinem Zeitpunkt eine geschlossene Vertretung gesellschaftlicher Interessen abbildete(n), und verweisen damit auf eine analoge Entwicklung in beiden deutschen Staaten. Vgl. *Hasenöhrl*, S. 37; *Radkau*, Ära, S. 10 ff.; *Uekötter*, Ära, S. 108 f., 114.

che(n) Kommunalpolitik zum Wohle der Bürger«.[133] Im Vorfeld und infolge des XI. Parteitages 1986 widmete man diesem Thema beispielsweise erhöhte Aufmerksamkeit. Die »Arbeit mit den Eingaben der Bürger«, so ein Kontrollbericht aus dem Bezirk Dresden, sei ein wichtiges Instrument zur »Durchsetzung eines bürgernahen Arbeitsstils und einer leistungsorientierten Kommunalpolitik«.[134] Auf Drängen des Staatsrates übten die Bezirksräte verstärkt Druck auf die Verwaltungen der Kommunen aus, um diese Arbeit zu vereinheitlichen.[135] Ziel war es, die aus Sicht der Parteiführung überkommenen Einstellungen, wonach eine erhöhte Eingabenzahl auf die schlechte Arbeitsweise einer Behörde verweisen würde, zu überwinden und insbesondere das persönliche Gespräch mit den Bürgern vor Ort zu suchen.

Wie eine Inspektion im Kreis Görlitz im Jahr 1986 offenlegte, war »die Praxis, den Bürger mit einem Zwischenbescheid zu vertrösten und oftmals die Bearbeitungszeit unbegründet zu verlängern« allerdings vielerorts anzutreffen. In ausgewählten Kommunen versuchte man daher gezielt die Vorstellungen der Partei von einer bürgernahen Politik zu verwirklichen – aus Sicht der Herrschenden durchaus mit Erfolg: Der Ausbau der interkommunalen Zusammenarbeit, regelmäßige Kontrollen, Schulungen, disziplinarische Maßnahmen, öffentliche Wohnraumvergaben, jährliche Ortsbegehungen und Einwohnerversammlungen hatten bewirkt, dass die Lage trotz großer Probleme relativ entspannt blieb. In Görlitz blieben etwa breite Eingabenproteste gegen Umweltprobleme aufgrund solcher Maßnahmen aus, obwohl eine Reihe von politischen Versprechungen zur Behebung der hohen Luft- und Lärmbelastungen nicht oder nur langsam realisiert werden konnten.[136] Die herrschaftsstabilisierende Wirkung dieses restriktiv-autoritären Partizipationsmodells erklärt sicherlich auch das große Interesse der Partei- und Staatsführung an einer modernen Eingabenarbeit. Allerdings darf bei aller nüchterner Diktaturanalyse und notwendiger Dekonstruktion der ideologischen Fassade der SED-Herrschaft nicht verkannt werden, dass dem Eingabewesen durchaus ernsthafte Absichten zugrunde lagen, die darauf abzielten, die ostdeutschen Bürger partiell in politische Entscheidungsprozesse einzubeziehen.[137] Die aus westlicher Perspektive durchweg antidemokratische »sozialistische Demokratie« wies hier tatsächlich ein parti-

133 Rat des Bezirkes Dresden, Instrukteurabteilung, Bericht über eine Inspektion zur ordnungsgemäßen Arbeit mit den Eingaben der Bürger im Kreis Görlitz, Dresden, den 20.8.1986: SHStA, 11430, Bezirkstag/Rat des Bezirkes Dresden, Nr. 48658. Vgl. zum hohen Stellenwert, den Eingaben aus Sicht des Staates genossen, auch: *Betts*, S. 301.

134 *Ebd.*

135 Vgl. exemplarisch Rat des Bezirkes Potsdam, Der Vorsitzende, Abschrift, 10 Grundsätze für das einheitliche Vorgehen bei der Bearbeitung der Eingaben für alle örtlichen Staatsorgane des Bezirkes Potsdam, Potsdam, 14.3.1986: LHA Brandenburg, 401 RdB Pdm, Nr. 24994.

136 Zitat und Belege aus: Rat des Bezirkes Dresden, Instrukteurabteilung, Bericht über eine Inspektion zur ordnungsgemäßen Arbeit mit den Eingaben der Bürger im Kreis Görlitz, Dresden, den 20.8.1986: SHStA, 11430, Bezirkstag/Rat des Bezirkes Dresden, Nr. 48658.

137 Vgl. dazu auch *Ritter*, S. 30 ff.

zipatorisches Potential auf. Das ostdeutsche Eingabewesen knüpfte zudem an eine preußisch-deutsche Tradition an, die in der Bundesrepublik bis in die sechziger Jahre hinein ebenfalls noch etablierte Praxis war und erst im darauffolgenden Jahrzehnt zugunsten anderer Teilhabeinstrumente zurückgedrängt wurde.[138]

Die Bevölkerung der DDR wandte sich mit ihren Anliegen in Eingaben allerdings nicht nur an Behörden, Ministerien und Parteiorgane, sondern adressierte ganz gezielt auch Zeitschriften, Zeitungen und den Rundfunk. In Leser-, Hörer- oder Zuschauerbriefen versuchten Petenten eine Öffentlichkeit über ihrer Ansicht nach wichtige Themen herzustellen. Ein beliebter Adressat für solche Eingaben war die TV-Sendung »Prisma«. Das erstmals im März 1963 ausgestrahlte Magazin ging maßgeblich auf die Flut von Eingaben zurück, die das Fernsehen der DDR regelmäßig erreichte und speiste sich inhaltlich aus diesen Schreiben.[139] Die Sendung galt unter Zuschauern als Ausnahme im ansonsten durch Zensur und Selbstzensur geprägten Programm, wenngleich den Berichten auch Skepsis entgegenschlug und kritische Sendebeiträge als von oben »abgesegnet« wahrgenommen wurden.[140] In den Briefen an die Redaktion finden sich vielfältige Themen und Motive, darunter auch solche, die dem Format den Ruf einer »Meckerecke der Nation« einbrachten. Dieser Vorwurf, gegen den sich die verantwortlichen Redakteure schon zu DDR-Zeiten verwahrten, wurde jedoch von Ina Merkel und Felix Mühlberg anschaulich widerlegt. In der Überlieferung finden sich auf Gemeinsinn und konstruktive Veränderungen bedachte Eingaben ebenso wie wütende Klagen oder pedantische Beschwerden über Kaugummikauende Jugendliche im Fernsehen.[141] Eingaben, die von der Redaktion an das Umweltministerium weitergeleitet wurden, wiesen durchweg einen sehr kritischen und gemeinwohlorientierten Tenor auf. Ein immer wieder auftauchendes Thema war zu Beginn der achtziger Jahre beispielsweise die Schädigung des

138 Die auch in der Bundesrepublik noch lange Zeit gängige Praxis des Eingabeschreibens wurde in den siebziger Jahren infolge einer verstärkten Hinwendung zu öffentlichen Protestformen und der Einführung neuer partizipatorischer Verwaltungsverfahren zurückgedrängt. Zwischen 1972 und 1976 gingen beispielsweise immerhin noch jährlich etwa 50.000 »Bitten und Beschwerden« beim Deutschen Bundestag ein. In den achtziger Jahren sank diese Zahl auf jährlich maximal 13.600 Schreiben. Erst infolge des politischen Umbruchs in der DDR sowie der deutschen Wiedervereinigung stieg die Zahl der Eingaben an den Deutschen Bundestag kurzzeitig wieder signifikant an und belief sich im Jahr 1990 auf über 16.000 Schreiben. Vgl. *Betts*, S. 290; *Deutscher Bundestag*, Bitten, S. 8 f. u. Anlage 1.

139 Zwischen 1963 und 1966 gingen demnach insgesamt über 11.000 Schreiben, in den folgenden Jahren zwischen 300 und 600 monatlich ein. Vgl. *Merkel*, Meckerecke, S. 31.

140 *Ebd.*, 29 f.

141 Die Auswahl der von Merkel zur Kategorie »Umwelt, Landschaft, Lebenswelt« editierten Eingaben spiegelt diese Breite jedoch nicht treffend wieder. Die gesamte Darstellung ist – wohl mit Blick auf die Leserschaft – z. T. sehr ironisch gehalten, was bereits von anderer Seite kritisiert wurde. Vgl. *ebd.*, 30–45 u. 319 f. Zur Kritik vgl. *Fulbrook*, Leben, S. 302 f.

Waldes im Erzgebirge. Aber auch solche Hinweise, die auf die investigativen Fähigkeiten der Fernsehjournalisten vertrauten, finden sich unter den Eingaben.[142]

Nicht nur bei Prisma, sondern auch bei anderen Redaktionen gingen seit den siebziger Jahren immer häufiger umweltbewusste und kritische Schreiben ein, wie die Eingabenanalysen des Umweltministeriums belegen.[143] Darunter befanden sich auch solche Medien, die inhaltlich keinerlei Bezug zu Umweltthemen aufwiesen – die weder als investigativ galten noch über ein dezidiert naturwissenschaftliches Profil verfügten. Anfang der achtziger Jahre erreichten beispielsweise einige Schreiben die Frauenzeitschrift »Für Dich«, in denen Leserinnen beklagten, dass der Wald im Erzgebirge infolge von Umweltbelastungen massive Schäden aufwies und danach fragten, warum die Zeitschrift nicht über das Thema Umweltschutz berichtete.[144] Hierbei handelte es sich um eine besonders ironische Fügung, da »Für Dich« eben jene illustrierte Frauenzeitschrift war, mit deren Erscheinen die SED im Jahr 1962 formal die Zusammenlegung der Zeitschriften »Natur und Heimat«, die bis dahin das Sprachrohr des Naturschutzes gewesen war, und »Wissen und Leben« begründet hatte.[145]

Die Schreiben an »Für Dich« und andere Zeitschriften verdeutlichen, dass Umweltthemen in der Breite der ostdeutschen Gesellschaft angekommen waren. Ein häufig im Zusammenhang mit dem Eingabewesen unterstelltes, untertänig-bittendes Verhalten ist in diesen Quellen indes kaum zu finden.[146] Das Gegenteil ist vielmehr der Fall: Gerade in Leserbriefen zeigt sich, dass die ostdeutsche Bevölkerung aufmerksam die nationale und internationale Berichterstattung, die offizielle Haltung der SED sowie öffentliche Äußerungen von Funktionären kritisch verfolgte und Widersprüche selbstbewusst zur Sprache brachte. Ein Handwerksmeister aus Lauenstein/Sachsen wandte sich beispielsweise im Frühjahr 1981 an die LDPD-Zeitung »Der Morgen«, um auf einen Artikel unter dem Titel »Wasservergifter am Niagara« Bezug zu nehmen. Im ersten Absatz des Schreibens – immerhin sieben Zeilen lang – verwies der Petent zunächst stolz auf sein ehrenamtliches Engagement und die Ämter, die er bekleidete, um seinem Anliegen Nachdruck zu verleihen. Herr F. war unter anderem langjähriger Vorsitzender der Ortsgruppe des Kulturbundes, in drei Wahlperio-

142 Vgl. dazu allgemein BArch, DK 5/69, 1 v. 2 sowie exemplarisch: Abschrift, Herr T., Marienberg an Fernsehen der DDR, Redaktion »Prisma«, o. D. [26.7.1983]: BArch, DK 5/69, 2 v. 2.

143 Vgl. z. B. Ministerium für Umweltschutz und Wasserwirtschaft, Bericht über den Hauptinhalt und die Bearbeitung der im Jahre 1979 an das Ministerium für Umweltschutz und Wasserwirtschaft gerichteten Eingaben, Berlin, 21.1.1980 sowie Ministerium für Umweltschutz und Wasserwirtschaft, Bericht über den Inhalt und die Bearbeitung der Eingaben im Jahre 1983 im Bereich des Ministeriums für Umweltschutz und Wasserwirtschaft und in den Fachorganen Umweltschutz und Wasserwirtschaft der Räte der Bezirke, Berlin, den 14. März 1984, beide: BArch, DK 5/825.

144 Vgl. exemplarisch Frau H., Gera, an Für Dich, 1.3.1981: BArch, DK 5/70, 2 v. 2 sowie Frau H., Grevesmühlen, an Für Dich, 11.1.1983: BArch, DK 5/68 1v. 1.

145 Vgl. Kap. 1.4.

146 Zu diesem Schluss auch: Merkel, Meckerecke, 1998, 36.

den Stadtverordneter und bis 1980 Mitglied der Liberal-Demokratischen Partei Deutschlands (LDPD) gewesen. Danach kritisierte der Verfasser freimütig die Berichterstattung der Medien und insbesondere das Verhalten der politischen Führung, die eigene Probleme ausblenden würde. Mit Blick auf die Waldschäden im Osterzgebirge, die seiner Ansicht nach maßgeblich auf Emissionen tschechoslowakischer Betriebe zurücckzuführen seien, hielt er fest: »Wenn es die Bundesrepublik Deutschland wäre anstatt die CSSR stände jeden dritten Tag etwas in unserer Zeitung. Sie [»Der Morgen«, d. Verf.] hätten vielleicht auch schon darüber einen Artikel geschrieben, da es aber die CSSR ist wird geschwiegen. Das ist eine feine Demokratie.«[147]

Die Bandbreite der Motive und Typen, die sich in Eingaben wiederfindenden, ist groß. Naturschützer wandten sich etwa oft über Jahre hinweg in zahlreichen Schreiben zu ganz unterschiedlichen Themen an Behörden, Betriebe und Staatsmedien.[148] Da solche Eingaben in der Regel alphabetisch-chronologisch und nur selten sachthematisch erfasst worden sind, ist es sehr schwierig, das Engagement einzelner Personen über einen längeren Zeitraum kontinuierlich nachzuweisen. Im Studienarchiv Umweltgeschichte findet sich jedoch ein umfangreicher Vorgang, der anschaulich belegt, wie ein ehrenamtlicher Naturschutzhelfer aus Greppin zwischen 1967 und 1977 – wahrscheinlich auch darüber hinaus – in dutzenden Schreiben sowohl Umweltprobleme aufgedeckt als auch die Presse über die alltägliche Naturschutzarbeit informiert hat.[149] Die Empfänger der Schreiben reagierten auf die mitunter hartnäckige »Eingabenarbeit« der Petenten jedoch keinesfalls immer von vornherein abweisend oder verstimmt, wie es der eingangs erwähnte Kontrollbericht nahelegt, sondern griffen die Anliegen der Petenten in der Regel auf und zeigten sich dankbar für die Hinweise aus der Bevölkerung. Umweltbehörden, wie beispielsweise Hygieneinspektionen, nutzten diese Schreiben, um ihrer Arbeit in der Auseinandersetzung mit anderen Staatsorganen eine größere politische Legitimation zu verleihen.

Andere Bürgerinnen und Bürger wandten sich im Vorfeld von SED-Parteitagen an die Parteiführung, um eine umweltgerechtere Politik einzufordern. Diese Eingaben konnten punktuelle Ziele verfolgen, wie beispielsweise die Verabschiedung einer speziellen gesetzlichen Regelung, aber auch allgemeine Forderungen

147 Herr F. an o.A. [Redaktion »Der Morgen«], 17.1.1982: BArch, DK 5/69, 2 v. 2. Ähnlich auch Herr W., Cunersdorf an Ulrich Makkosch, 1. Stellv. d. Chefredakteurs (Fernsehen der DDR), Cunersdorf, den 28.1.1982: Ebd.

148 Vgl. exemplarisch Herr F. M., Helfer im Saale-Elsterverband u. Naturschutz an das Amt für Wasserwirtschaft beim Ministerrat, Unsere Bäche und kleinen Flüsse, Adorf, 01.02.1972: BArch, DK 5/3472.

149 Überliefert sind jeweils die Antwortschreiben von Behörden und Betrieben auf die Eingaben. So beispielsweise im Zusammenhang mit »wilden« Müllablagerungen am Tagebaurestloch »Erich« oder der Herbstzählung von Wasservögeln. Freiheit. Organ der Bezirksleitung Halle der SED an Herrn H. T., 17.11.1977 sowie VEB Chemiekombinat Bitterfeld an Herrn H. T., Betreff: Wilde Müllablagerungen an der »Grube Erich« bei Sandersdorf, Bitterfeld, 21.4.1975, beide in: StUg, 130-1, Inge Klein.

stellen.[150] Ein Bürger aus Dresden setzte sich etwa im Frühjahr 1981 kritisch mit der Direktive des X. Parteitages auseinander. Der Berufsschullehrer für das Fach »sozialistisches Recht« monierte, dass »während bei den Produktionskennziffern der Direktive exakte Prozentwerte zu lesen sind,« im Bereich der Umweltpolitik lediglich »von der planmäßigen Fortführung der Maßnahmen gesprochen« werde.[151] Die sachliche und auf hohem Niveau argumentierende Eingabe traf einen Nerv, nahm sie doch die Partei in einem offiziellen Dokument beim Wort, und entlarvte so die klammheimliche Wende in der Umweltpolitik. Der Ministerrat, an den das Schreiben gerichtet war, setzte daraufhin alles in Bewegung, um die aufgeworfenen Probleme und Fragen in einer persönlichen Aussprache mit dem Petenten zu klären. Dieser wiegelte jedoch zunächst ab und stimmte erst nach mehrmaliger Anfrage einem Gespräch mit einem hochrangigen Mitarbeiter des Umweltministeriums zu. Für die Regierung war der Vorgang damit erledigt, da unabhängig von den inhaltlichen Fragen sicher gestellt war, dass der Petent die Gründe für das Handeln des Staates zur Kenntnis genommen und daraufhin schriftlich erklärt hatte, dass er seine Eingabe als abgeschlossen betrachtete.[152]

Eingaben, die von einer starken ökologischen Überzeugung geprägt waren, mussten aber nicht zwangsläufig auf konkrete Missstände zurückgehen. Im Frühjahr 1983 setzte sich beispielsweise eine Gruppe von Berliner Bürgern dafür ein, in die Konzeption des Ernst-Thälmann-Parkes, der auf dem Gelände einer ehemaligen Gasanstalt am Prenzlauer Berg errichtet werden sollte, auch einen Pavillon zu ökologischen Themen aufzunehmen. Das Anliegen stieß im Umweltministerium auf Zustimmung, wurde allerdings vom Berliner Stadtmagistrat abgelehnt, da man das Konfliktpotential fürchtete, das von einem »derartigen Stützpunkt im Zentrum von Berlin« ausgehen könnte.[153] Dem zuständigen Abteilungsleiter im MUW blieb nur, den Petenten für ihren Vorschlag zu danken und deutlich zu machen, dass die Ablehnung nicht vom Ministerium, sondern von der Berliner Stadtverwaltung ausgehe.[154] Die Absage an dieses politisch re-

150 So etwa ein Bürger aus Berlin, der sich im Vorfeld des X. Parteitages für eine stärkere Reglementierung des Motorbootverkehrs einsetzte. Herr W. W., Berlin an das Zentralkomitee der SED, Bürgereingabe an den X. Parteitag der SED: – Verbot bzw. Einschränkung des Motorbootverkehrs auf Gewässern der DDR –, Berlin, den 31.07.1980: BArch, DK 5/69, Teil 1 von 2.

151 K. M. Dresden an den Ministerrat der DDR, Eingabe zur Direktive des X. Parteitages, o. D.: BArch, DK 5/70, Teil 1 von 2.

152 Der Petent zeigte sich überrascht von dieser Aufmerksamkeit und schrieb abschließend lakonisch: »Ihre Bereitschaft, mit mir eine persönliche Aussprache zu führen zeigt mir, daß Sie sich mit den Eingaben der Bürger auseinandersetzen. Das genügt mir, wenngleich mir eine kurze schriftliche Stellungnahme auch recht gewesen wäre.« K. M., Dresden an Ministerium für Umweltschutz und Wasserwirtschaft, Betr.: Ihr Schreiben vom 29.7.81 zu meiner Eingabe, 12.8.81: BArch, DK 5/70, Teil 1 von 2.

153 Stellvertreter des Oberbürgermeisters für Stadttechnische Versorgung an Oberbürgermeister von Berlin, Berlin, den 13.4.1983: BArch, DK 5/68, 1 von 2.

154 Abteilung Umweltschutz [MUW] an Herrn T. K., o. D. [April 1983]: BArch, DK 5/68, 1 von 2.

lativ harmlose Anliegen veranschaulicht daher auch, wie sehr das Herrschaftsverständnis der SED in den achtziger Jahren an der Wahrnehmung und den Wünschen vieler Bürger vorbeiging. Das Festhalten an einer rigiden und restriktiven Politik der Eindämmung als Antwort auf die zunehmende ökonomische und ökologische Krise sowie ein gewandeltes politisches Selbstverständnis in Teilen der Bevölkerung führten immer häufiger zu Konflikten und erodierten das politische Vertrauen in den ostdeutschen Staat.

Ein Beispiel das belegt, dass der Umweltprotest in Eingaben auch vor den eigentlich unantastbaren Eckpfeilern der Diktatur keinen Halt machte, spielte sich Ende des Jahres 1972 in Gosen ab. Nach dem für den Ausbau einer Kaserne der Staatssicherheit weite Teil des Waldes in den Gosener Bergen mit Stacheldraht eingezäunt worden waren, hatten sich zahlreiche Berliner Bürger an den Stadtmagistrat, Bezirksbehörden und das Umweltministerium gewandt, um dagegen zu protestieren. Die militärische Nutzung des südöstlich von Berlin gelegenen Naherholungsgebietes war augenscheinlich erkennbar, führte aber keineswegs dazu, dass Eingaben deswegen von vornherein ausblieben. Die Petenten – Kollektiveingaben sind nicht überliefert – wählten allerdings unterschiedliche Strategien, um die bei den Hauptstadtbewohnern beliebte Wander- und Wintersportregion weiterhin nutzen zu können. Neben bewusst zurückhaltend formulierten Schreiben, die auf ein Entgegenkommen der Behörden hofften, finden sich auch Eingaben, die eine militärische Nutzung des Geländes rundweg ablehnten. Zur Untermauerung ihres Anliegens beriefen sich die Verfasser auf das Landeskulturgesetz, zitierten Presseartikel, in denen eine Verbesserung der Erholungsmöglichkeiten angekündigt wurde, und wandten sich hilfesuchend an die »Berliner Zeitung«.[155] Hinweise auf ein unsachgemäßes Verhalten der angeschriebenen Behörden oder Einschüchterungsversuche seitens der Staatssicherheit finden sich in der Überlieferung indes nicht. Die Eingaben gegen die Sperrung blieben letztlich zwar ohne Erfolg – den Petenten wurde lediglich eine Verbesserung des Natur- und Landschaftsschutzes in anderen Teilen der Gemeinde in Aussicht gestellt.[156] Das Beispiel zeigt aber, dass auch in einem so sensiblen Herrschaftsbereich wie der militärischen Nutzung konformer Protest gehört und im Rahmen der sozialistischen Rechtsordnung beantwortet wurde.

Die in Eingaben organisierten Bürgerinitiativen waren nicht zwangsläufig kurzlebig, wie es der punktuelle Charakter der Schreiben vielleicht nahelegt.

155 Vgl. exemplarisch: Eingabe an den Rat des Stadtbezirks Köpenick, Betr.: Eingriffe in Naherholungsgebiet, Berlin, den 22.5.1973; Berliner Zeitung, Red. Leserbriefe an Rat des Stadtbezirkes Köpenick, Betr.: Gosener Berge, Leserbrief, Berlin, den 22.5.1973; Eingabe an das Ministerium für Umweltschutz und Wasserwirtschaft, Berlin, den 30.11.72; Eingabe an den Rat des Bezirkes Frankfurt, Betr.: Einzäunung des Gebietes der Gosener Berge, Berlin-Karolinenhof, den 6.3.1973. Alle aus: BStU, MfS, VRD, Nr. 7462, pag. 9f., 11, 20f., 22f.

156 Vgl. Erholungswesen und Landeskultur [Stadtmagistrat Berlin] an Herrn [geschwärzt], Berlin-Johannisthal, Ihre Eingabe vom 30.11.1972, 16.1.1973: BStU, MfS, VRD, Nr. 7462, pag. 18f.

Hartnäckigkeit gehörte – ganz im Gegenteil – zu einem zentralen Merkmal von Eingabenprotesten. Eine Hausgemeinschaft aus Potsdam-Bornstedt kämpfte beispielsweise seit 1969 gegen den Lärm und die Luftverschmutzung, die von einer nahe gelegenen Großtischlerei ausgingen. Zahlreiche Eingaben hatten 1975 immerhin dazu geführt, dass die Bezirkshygieneinspektion der PGH die Auflage erteilte, den Schornstein zu erhöhen, um die unmittelbare Belästigung durch Rauch und Ruß für die Anwohner zu verringern. Seit 1987, als die Aufbauten aufgrund von Verschleiß abmontiert werden mussten, nahmen die Belästigungen allerdings wieder zu. Doch obwohl die Kreishygieneinspektion den Bürgern Recht gab und den Einbau einer neuen Heizungsanlage forderte, machte der Stadtrat für Umweltschutz den Petenten auf einer Wahlversammlung im März 1989 wenig Hoffnung auf eine zeitnahe Modernisierung der Tischlerei, da es in Potsdam Probleme gäbe, »die größer und wichtiger« seien. Die Anwohner gaben sich mit der fatalistischen Haltung der Kommune allerdings nicht zufrieden, sondern schlossen sich mit anderen Hausgemeinschaften zusammen, um sich in einer Kollektiveingabe hilfesuchend an die Redaktion des TV-Magazins Prisma zu wenden.[157]

Andere Bürgerinitiativen hatten mit ihrer Hartnäckigkeit durchaus Erfolg: Mitte der achtziger Jahre kämpfte die Interessensgemeinschaft »Am Waldrand« Leuenberg, ein Zusammenschluss von Ferienbungalowbesitzern im Kreis Bad-Ferienwalde, gegen Lärm- und Staubbelästigungen, die von einer Produktionsstätte der Zwischengenossenschaftlichen Bauorganisation (ZBO) Wriezen ausgingen. Die ZBO hatte 1983 in unmittelbarer Nähe der Bungalowsiedlung eine Baustoffmischanlage sowie eine Betonstraße errichtet, über die täglich zahlreiche LKW fuhren und die Ferienhäuser je nach Wetterlage in eine dichte Staubwolke hüllten. Der zuständige RdK Bad Ferienwalde behauptete, dass die Bungalowbesitzer von der bevorstehenden Nutzung in Kenntnis gesetzt worden seien und sich damit einverstanden gezeigt hätten.[158] Die Interessensgemeinschaft ließ sich von der vermeintlichen Rechtmäßigkeit, mit der die Kreisverwaltung und das eingeschaltete Umweltministerium die Ablehnung der Eingabe begründeten, jedoch nicht beirren. Die Bungalowbesitzer stellten der bürokratischen Macht der Staatsorgane eine eigene Autorität gegenüber, die sich nicht zuletzt in einer sachlich-nüchternen Rhetorik zeigte. Eine Prüfung der »Stellungnahme der ZBO Wriezen und des Rates des Kreises Bad

157 Alle Belege und Zitate: Bewohner des Wohngebietes an Fernsehen der DDR, Sendung Prisma, Betr.: Luftverunreinigung durch einen zu niedrig angelegten Schornstein der PGH des Tischlereihandwerkes in Potsdam-Bornstedt, Potsdamer Str. 18/20, Potsdam, den 18.07.1989; Abschrift, Hausgemeinschaft an Bezirks-Hygieneinspektion, Fachgebiet Lufthygiene, Eingabe zur Luftverunreinigung durch den Betrieb PGH Tischler, Potsdam-Bornstedt, Potsdamer Str. 19/20, Potsdam-Bornstedt, 15.7.87; Abschrift, Kreis-Hygiene-Inspektion Potsdam-Stadt an [geschwärzt], 6.11.87; alle in: BStU, MfS, HA II, Nr. 32713, pag. 53 f., 62, 63.

158 Abteilung Umweltschutz [MUW] an Herrn Dipl.-Ing. H. W., o. D. [21. April 1983]: BArch, DK 5/68, 2 von 2.

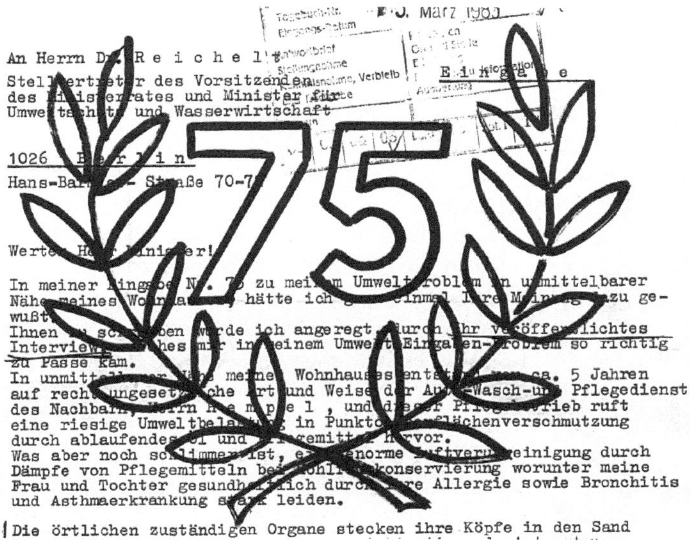
An Herrn D[illegible] R e i c h e l t
Stel[illegible]rt[illegible]t[illegible]r des Vorsitzenden
des [illegible]is[illegible]er[illegible]ates und Minister für
Umwe[illegible]t[illegible] und Wasserwirtschaft

1026 [illegible] r [illegible] i n
Hans-Ba[illegible] Straße 70-7[illegible]

Wert[illegible] H[illegible]r [illegible]nis[illegible]er!

In meiner [illegible] N[illegible]. 7[illegible] zu mei[illegible] Umwelt[illegible]obl[illegible] [illegible]n u[illegible]mittelbarer
Näh[illegible] meines W[illegible] hätte ich [illegible] Ihre M[illegible]zu ge-
wußt[illegible]
Ihnen [illegible] s[illegible]en [illegible]de ich angeregt [illegible]ur[illegible] Ihr v[illegible]öffe[illegible]lichtes
Intervie[illegible]hes [illegible] in[illegible]einem Umwe[illegible]Ein[illegible]en-Problem so richtig
zu Passe kam.
In unmitt[illegible] me[illegible] Wohnhau[illegible]ent[illegible] ca. 5 Jahren
auf rech[illegible] ungeset[illegible]che Art und Weise d[illegible]r Au[illegible]-Wasch-u[illegible] Pflegedienst
des Nachba[illegible] H[illegible] e m p[illegible] e l , und d[illegible]r Pfle[illegible]ieb ruft
eine riesige Umweltbe[illegible] in Punkt[illegible]chenverschmutzung
durch ablaufende[illegible] und [illegible]emitt[illegible]vor.
Was aber noch sc[illegible]ist, e[illegible]norme Luftver[illegible]einigung durch
Dämpfe von Pflegemitteln be[illegible]konservierung worunter meine
Frau und Tochter gesundh[illegible]ich dur[illegible]e Allergie sowie Bronchitis
und Asthmaerkrankung s[illegible] leiden.

Die örtlichen zuständigen Organe stecken ihre Köpfe in den Sand

Abb. 4: »Jubiläumseingabe« aus Anlass einer lang andauernden Auseinandersetzung über ein Umweltproblem. (Quelle: BArch, DK 5/68 1 von 2)

Ferienwalde auf einer Versammlung unserer Interessensgemeinschaft« hätten demnach ergeben, so ein Antwortschreiben an das Ministerium, dass die Begründung des abschlägigen Bescheids der Eingabe auf Fehlinformationen der Kreisverwaltung beruhen würden.[159] Die Hartnäckigkeit der Petenten machte sich bezahlt und führte zu einer erneuten Überprüfung des Sachverhalts durch das MUW, das der Interessensgemeinschaft daraufhin in allen Punkten Recht gab: Wie sich zeigte, hatten Kreisverwaltung und ZBO sowohl das Standortgenehmigungsverfahren als auch die Bauausführung nicht ordnungsgemäß durchgeführt und in der Stellungnahme gegenüber dem Ministerium tatsächlich falsche Angaben gemacht. Der RdK Bad Ferienwalde wurde daraufhin vom MUW damit beauflagt, einen alternativen Straßenverlauf zu prüfen und eine Verlegung der Mischanlage in die Wege zu leiten.[160]

Die semantische Dimension des Eingabewesens wurde bereits von der Forschung angesprochen. Ina Merkel und Felix Mühlberg identifizierten etwa eine Reihe »rhetorischer Tricks« und wiederkehrende »rhetorische Kompositionen«,

159 Interessensgemeinschaft »Am Waldrand Leuenberg«, Sprecher: H. W. an Ministerium für Umweltschutz und Wasserwirtschaft, z.H. des Ministers, Betr.: Eingabe zur Errichtung einer Baustoffmischanlage, Berlin, den 10.6.1983: BArch, DK 5/68, 2 von 2.

160 Ministerium für Umweltschutz und Wasserwirtschaft – Rechtsstelle –, Information über die Prüfung der Eingabe der Interessensgemeinschaft »Am Waldrand« Leuenberg, Krs. Bad Ferienwalde, 4.7.1983; O. A. [MUW] an Rat des Bezirkes Frankfurt/Oder, Stellvertreter des Vorsitzenden für Energie, Umweltschutz und Wasserwirtschaft, o. D. [21. Nov. 1983]; alle in: BArch, DK 5/68, 2 von 2.

auf die Verfasser zurückgreifen konnten, um ihre Ziele zu verwirklichen.[161] Zu diesen strategischen Elementen zählten ebenso ein besonders höflicher und staatsbürgerlich-konformer Tonfall wie Wut, Drohung und Provokation, etwa in dem die Verfasser die Teilnahme an Wahlen verweigerten oder offen Medienberichte aus dem Westen zitierten. Auch die Bezugnahme auf internationale Abkommen, wie die Schlussakte von Helsinki, konnte ein wirkungsvolles Druckmittel sein. Daneben gab es natürlich auch solche Schreiben, die auf den ersten Blick passiv, devot oder duckmäuserisch erscheinen. Bei näherem Hinsehen wird aber oftmals deutlich, dass es sich auch in diesen Fällen um eine geschickte Strategie handelte, etwa, wenn Mütter in Sorge um das Wohl ihrer Kinder eine Verbesserung der lufthygienischen Situation oder – alternativ – neuen Wohnraum erbaten.[162]

Eingaben konnten in ihrer Darstellungsweise sehr kreativ und facettenreich sein. Bei besonders langanhaltenden Auseinandersetzungen bedienten sich die Verfasser nicht selten sarkastischer Spitzen, die sie auch visuell zum Ausdruck brachten, wie der Ausschnitt einer »Jubiläumseingabe« anlässlich eines langandauernden Konfliktes um Umweltprobleme in einem Hallenser Wohnbezirk verdeutlicht.[163] Die Verfasser versuchten ihren Anliegen gelegentlich auch mit einem besonderen Layout Nachdruck zu verleihen und durchbrachen so das optisch monotone Format der Briefe mit Hilfe von Hervorhebungen, Zeichnungen, Beilagen oder einer emoticonartigen Darstellungsweise.[164] Um die Behörden von der Legitimität ihrer Anliegen zu überzeugen, legten die Petenten auch ein beinahe schon kriminalistisches Vorgehen an den Tag: Ein Bürger aus der nordwestlich von Torgau gelegenen Gemeinde Dommitzsch (Elbe) fügte einer Eingabe zu Beginn der siebziger Jahre beispielsweise ein Päckchen mit Ruß bei, um die Flugaschebelästigung durch einen ortsansässigen VEB zu belegen.[165] Diese Praxis war ebenso gängig wie die Beilage von Fotografien oder Zeitungsartikeln und sollte die Rechtmäßigkeit der Anliegen unter Beweis stellen.

Wie bereits in der Einleitung dargelegt wurde, bewegten sich Proteste und politisches Engagement in Eingaben im legalen Rahmen des sozialistischen Rechts. Repressionen gegen die Verfasser stellten eine Ausnahme dar und be-

161 *Merkel*, Meckerecke, S. 34 ff.; *Mühlberg*, S. 198.

162 *Betts*, S. 304 f. Handelte es sich doch um den Ausdruck eines untertänigen Staatsverständnisses, lassen sich in der Regel eine gewisse Unsicherheit der Petenten im Hinblick auf die Rechtslage und eine fehlende Praxisübung als Ursache dafür ausmachen.

163 Vgl. Herr S., Halle/Saale an Herrn Dr. Reichelt, Halle, den 24.2.1983: BArch, DK 5/68, 1 v. 2.

164 Vgl. etwa exemplarisch eine Eingabe aus dem Jahr 1989, die sich gegen die katastrophale Abwassersituation in Dresden wandte. Die dem maschinengetippten Text vorangestellten, handschriftlichen Überschrift »Wenn es zum Himmel stinkt« war beispielsweise ein nach oben gerichtetes Wellenmuster beigefügt, dass die Geruchsbelästigung versinnbildlichen sollte. Vgl. Wenn es zum Himmel stinkt – Abwasserbeseitigung in Dresden, o.A.: BStU, MfS, BV Dresden, KD Pirna, Nr. 70025, pag. 49–53, hier pag. 49.

165 Auch in diesem Fall handelte es sich um eine Mehrfacheingabe. Der Vorgang ist in folgendem Schreiben dokumentiert: Ministerium für Bezirksgeleitete Industrie und Lebensmittelindustrie an Ministerium für Umweltschutz und Wasserwirtschaft, Stellvertreter des Vorsitzenden, Genossen Thoms, o. D. [März 1973]: BArch, DK 5/69, 1 v. 2.

schränkten sich vornehmlich auf die achtziger Jahre. Dennoch verfolgte das Ministerium für Staatssicherheit die Entwicklungen im Eingabewesen mit großer Aufmerksamkeit und sammelte akribisch die Eingabenanalysen der Bezirke und Ministerien. Das Eingabenaufkommen zu besonderen Problemlagen floss regelmäßig in die periodischen Stimmungsberichte und Informationen der Kreisdienststellen und Bezirksverwaltungen ein. Gründe für ein Vorgehen des MfS gegen die Verfasser von Eingaben lagen dann vor, wenn sich die Art des Zustandekommens der Schreiben oder die darin geäußerten Forderungen in einem rechtlichen Graubereich bewegten oder die Grenzen des Rechts überschritten.

Ein solcher Fall ereignete sich im Herbst 1982 im Kreis Ueckermünde: Nachdem es im September infolge einer Abwassereinleitung durch den VEB Zuckerfabrik Prenzlau, die 16fach über den zulässigen Grenzwerten lag, zu einem Fischsterben in der Uecker gekommen war, gingen im Umweltministerium 176 Eingaben von Schülerinnen und Schülern der Betriebsberufsschule der Finanz- und Bankorgane »Prof. Dr. Schmidt« in Torgelow ein, die gegen die Verschmutzung protestierten. Da die Eingaben mit einem gleichlautenden Text versehen waren, schaltete sich das MfS in den Vorfall ein. Wie sich herausstellte, hatten Berufsschüler des zweiten und dritten Lehrjahres ursprünglich aufgrund des Fischsterbens geplant, eine Protestresolution zu verfassen, sich im Vorfeld aber hilfesuchend an einen Erzieher gewandt. Dieser hatte den Jugendlichen nach Rücksprache mit einem Kollegen dazu geraten, anstelle einer Resolution Eingaben zu verfassen, 250 Postkarten besorgt und einen Mustertext entworfen. Die Staatsicherheit witterte hinter diesem Vorgehen ein konspiratives Verhalten und leitete eine »operative Personenkontrolle« gegen beide Erzieher ein – weitergehende Maßnahmen sind nicht überliefert.[166] Die in diesem Zusammenhang durchgeführte Ermittlung hatte überdies ergeben, dass die Verschmutzung der Uecker tatsächlich auf eine grobe Fahrlässigkeit der Verantwortlichen in der Zuckerfabrik und der zuständigen Kontrollbehörde zurückzuführen war. Gegen den Betriebsdirektor, den Wasserbeauftragten der Zuckerfabrik, den Leiter der Staatlichen Gewässeraufsicht Neubrandenburg und einen Ingenieur der Gewässeraufsicht wurden daher Ordnungsstraf- und Disziplinarverfahren eingeleitet.[167]

Ein ähnlicher Fall ereignete sich wenige Monate darauf in Berlin: Im Februar 1983 nahm die Kreisdienststelle Friedrichshain Ermittlungen gegen den Verfasser einer Eingabe auf. Der Petent hatte in seiner Nachbarschaft etwa neunzig Unterschriften gesammelt, die sein Anliegen unterstützen sollten. Da es sich nach Ansicht der Ermittler aufgrund der äußeren Umstände nicht

166 Vgl. dazu Anlage 1: Hinweis zu weiteren Prüfungsergebnissen im Zusammenhang mit öffentlichkeitswirksam gewordenen Umweltbelastungen im Kreis Ueckermünde/Neubrandenburg (Fischsterben in der Uecker), (Ergänzung zur Anlage 2 der Wochenübersicht Nr. 43/82 vom 25. Oktober 1982), o. D.: BStU, MfS, ZAIG, 20645, pag. 1 f.

167 Anlage 2: Hinweise zu Prüfungsergebnissen im Zusammenhang mit öffentlichkeitswirksam gewordenen Umweltbelastungen im Kreis Ueckermünde/Neubrandenburg (Fischsterben in der Uecker), o. D. [Oktober 1982]: BStU, MfS, ZAIG, 20645, pag. 3 ff.

um eine Kollektiveingabe, sondern um eine illegale Unterschriftensammlung handelte, wurde der Mann in seiner Wohnung zu seinen Motiven befragt. Der Petent zeigte sich einsichtig, gab zu Protokoll, dass ihm die Rechtslage unbekannt gewesen sei, und händigte die Eingabe bereitwillig aus. Der ermittelnde StaSi-Offizier empfahl daraufhin von einem Ordnungsstrafverfahren gegen den Mann abzusehen und ihn stattdessen durch die Volkspolizei über die Rechtslage belehren zu lassen.[168]

Beide Beispiele veranschaulichen, dass sich Verfasser von Eingaben in der DDR schnell in rechtlichen Grauzonen bewegen konnten, ohne ihr Fehlverhalten selbst zu bemerken. Gleichzeitig werfen die Fälle aber auch ein ambivalentes Licht auf die repressive Seite der ostdeutschen Eingabenpraxis. Denn die Ermittlungen der Staatssicherheit hatten auch im Fall des Petenten aus Friedrichshain ergeben, dass die Forderung der Eingabe berechtigt war. Der Berliner StaSi-Offizier hatte sich daher auch dafür ausgesprochen, die SED-Kreisleitung über den Hintergrund zu informieren und in Zusammenarbeit mit dem Wohnbezirksausschuss, dem Rat des Stadtbezirkes sowie dem problemverursachenden VEB Wohnraummöbel nach einer Lösung für die vorhandenen Probleme zu suchen. Obwohl die Eingaben durch das MfS »einkassiert« wurden, erhielten die darin erhobenen Anliegen dennoch die von den Petenten geforderte Aufmerksamkeit. Darüber hinaus muss festgehalten werden, dass Ermittlungen dieser Art kein Regelfall waren. Die Kreisdienststelle Friedrichshain wurde nur deshalb auf den Vorfall aufmerksam, weil der Vorsitzende des Parteiaktivs des örtlichen Wohnbezirksausschusses den zuständigen Abschnittsbevollmächtigten der Volkspolizei und den Stadtbezirksrat über das Vorhaben des Petenten informiert hatte.[169] Gelangten solche Eingaben ohne vorherige Denunziation an das Umweltministerium, wurden sie in der Regel umstandslos als Kollektiveingaben eingestuft.[170] Anders verhielt es sich, wenn die Verfasser von Eingaben bereits von der Staatssicherheit beobachtet wurden, etwa, weil sie einen Antrag auf dauerhafte Ausreise gestellt hatten oder als Mitglieder kirchlicher Umweltgruppen als sogenannte »feindlich-negative Kräfte« betrachtet wurden.[171] Aber

168 KD Friedrichshain, Unrechtmäßige Unterschriftensammlung des Bürgers [geschwärzt] aus 1034 Berlin, Berlin, 8.2.1983: BStU, MfS, AKG, 3674, pag. 1–3.

169 Ebd.

170 Unter den hier gesichteten Eingaben ist kein Fall überliefert, in dem das Umweltministerium oder eine andere Umweltbehörde die Rechtmäßigkeit aufgrund des kollektiven Charakters einer Eingabe in Frage gestellt und Ermittlungen gegen die Verfasser veranlasst hat.

171 So z. B. im Zusammenhang mit einer Eingabe gegen Umweltverschmutzungen im Raum Lauchhammer, die von drei Ausreisewilligen Petenten verfasst und daher von der zuständigen Bezirksverwaltung für Staatssicherheit Cottbus als provokative Handlung eingestuft wurde. Vgl. MfS, BV Cottbus, Information über die Personen der an den Staatsrat zu Umweltfragen im Raum Lauchhammer gerichteten Eingabe, Cottbus, 28.07.89: BStU, MfS, ZAIG, 20628, pag. 1–4.

auch dann blieben harte Repressalien, wie das Verhör, die Verhaftung oder die Einleitung von Zersetzungsmaßnahmen die Ausnahme.[172]

Eingabenproteste mussten keinesfalls lokal begrenzt sein, wie es der Charakter der Schreiben auf den ersten Blick nahelegt. Das belegen etwa Briefe von Urlaubern, die sich nach ihrer Heimreise an staatliche Stellen oder Staatsmedien wandten und Missstände anprangerten, die ihnen in den Urlaubsorten begegnet waren. Ein Berliner Bürger machte das Umweltministerium beispielsweise nach einem Besuch des Museums im Schloss Dessau-Mosigkau im August 1972 auf den schlechten Zustand eines Baches im Schlosspark aufmerksam. Wie er von Einwohnern erfahren hatte, gingen die Verschmutzungen auf Abwässer einer Abdeckerei zurück, gegen die schon zahlreiche Eingaben bei den örtlichen Staatsorganen eingegangen waren. Der Petent wandte sich »in der Hoffnung« an das MUW, »bei meinem nächsten Besuch in Dessau-Mosigkau einen sauberen Bach vorzufinden.«[173] Ein Segler aus Rathenow schrieb im Oktober 1981 an das Ministerium, dass er nach dem Urlaub »auf der herrlichen Mecklenburger Seenplatte« fasziniert vom sauberen Wasser gewesen sei, das er von der märkischen Seenplatte nicht mehr kenne. Der Petent setzte sich daher für den Erhalt der Gewässergüte ein und beendete seine Eingabe mit einem allgemeine Appell für den Umweltschutz.[174] Dieses Verhalten zeigt, dass Umweltprobleme auch in den Ferien zum Gesprächsstoff zwischen Urlaubern und Anwohnern wurden. Es veranschaulicht darüber hinaus, wie lokale Umweltkonflikte regional und auch überregional Verbreitung fanden. Denn wie in der Einleitung dargelegt wurde, muss man davon ausgehen, dass solche Fälle auch in der Familie, am Arbeitsplatz und im Freundeskreis diskutiert wurden, so dass sie die Reichweite von Encounters-Öffentlichkeiten erheblich erweiterten und zur Entstehung eines überregionalen Problembewusstseins beitrugen.

Eingaben bildeten daher ein Gegengewicht zur reglementierten und ideologisierten Staatsöffentlichkeit. Die Verfasser übten eine Transmitterfunktion aus, die sich nicht nur auf die Ebene der Problemwahrnehmung beschränkte. Mobilität war in der »durchherrschten« ostdeutschen Gesellschaft ein wichtiger Faktor für die Ausbreitung einer spezifischen Protesterfahrung, wie beispielsweise das Schreiben eines Ehepaars aus Schwerin verdeutlicht, das sich gegen den geplanten Bau einer Autobahn nach Wismar wandte: »Vor einigen Monaten sind wir aus dem Braunkohlegebiet Borna (Bez. Leipzig) nach Schwerin gezogen, von einer stark verschmutzten und zerstörten Umwelt in eine schöne Landschaft mit Seen und Naturschutzgebieten. Nun haben wir mit Besorgnis zur Kenntnis genommen, daß auch diese Gebiete durch den geplanten Autobahnbau beschnitten werden sollen. Weder durch Presse und Rundfunk, noch Einwohnerforum, sind wir als Bürger von diesem Bau informiert worden, sondern durch bereits

172 Vgl. *Beleites*, Umweltbewegung, S. 204; vgl. dazu auch Kapitel V.3.3.

173 Herr E.F. an das Ministerium für Umweltschutz und Wasserwirtschaft, Eingabe, Betr.: Umweltschutz – Wasserverschmutzung, Berlin, d. 7.8.1972: BArch, DK 5/3472.

174 Herr K.V. an Ministerium für Umweltschutz, Rathenow, 31.10.81: BArch, DK 5/69, 2 von 2.

geschaffene Tatsachen – wie z. B. Vermessungsarbeiten, Markierungen, Rodungen.«[175] Die Petenten verfügten ganz offensichtlich über Erfahrung im Verfassen von Eingaben sowie einen spezifischen Erfahrungshintergrund im Umgang mit den Behörden und brachten dieses Wissen aus Borna mit nach Schwerin. Darauf verweisen unter anderem die Adresszeile – die Petenten waren scheinbar gut mit den Verwaltungssturkturen vertraut und richteten ihr Schreiben gleichzeitig an drei Staatsorgane, darunter auch direkt die zuständige Hauptverwaltung »Kraftverkehr und Straßenwesen« des Verkehrsministeriums – sowie der selbstbewusst formulierte Stil des Schreibens. Besonders aufschlussreich ist auch der Verweis auf Artikel 21 der Verfassung der DDR, der jedem Bürger formal das Recht auf Mitbestimmung und Mitgestaltung garantierte, und von den Petenten in den Mittelpunkt der Eingabe gestellt wurde. Das Ehepaar forderte auf dieser Rechtsgrundlage, »daß die entsprechenden Volksvertretungen, Sachverständige aus den zuständigen Ministerien und betroffene und interessierte Bürger auf einem öffentlichen Einwohnerforum über die Probleme dieses Autobahnbaus diskutieren.«[176] Das Verlangen nach einer öffentlichen Aushandlung über Umweltprobleme, in der Bürger als gleichberechtigte und mündige Partner betrachtet wurden, ist in zahlreichen Eingaben zu finden und nahm in den achtziger Jahren etwa parallel zur Verschärfung der ökonomischen und ökologischen Lage deutlich zu.

Eingaben veranschaulichen darüber hinaus, dass es eine öffentliche Interaktion über die darin thematisierten Umweltprobleme und einen Austausch über rhetorische Strategien gegeben haben muss. Ein anschauliches Beispiel für die Entstehung einer überregionalen Umweltdebatte und die Vernetzung von Eingabenprotesten ist die Auseinandersetzung über die hohe Luftverschmutzung im Erzgebirge. Das Grenzgebiet im Süden der DDR war den Schwefeldioxidemissionen aus den Industrierevieren des nordböhmischen Beckens und des Bezirkes Karl-Marx-Stadt ausgesetzt. Die Wälder in den Kammregionen wiesen in den achtziger Jahren großflächige Schäden auf. Unter der Bevölkerung grassierten Bronchitis, Kopfschmerzen, Übelkeit und Durchfallerkrankungen. In den Gemeinden des Kreises Marienberg kam es daher bereits seit den sechziger Jahren immer wieder zu Eingabenprotesten.[177] Ende der siebziger Jahre spitzte sich die Situation zu: In der Bevölkerung kursierten Gerüchte, dass der Konzentrationsgrad an Giften in der Luft ein derart kritisches Maß erreicht hätte, dass ein gesundheitlich unbedenkliches Leben in der Region nicht mehr möglich sei. Befeuert wurden diese Diskussionen durch Ärzte, Krankenschwestern und Mitarbeiter der Umweltschutzverwaltungen, die in Gesprächen mit Bürgern offen Informationen weitergaben. Wichtige Orte für diesen Informationsaustausch und

175 Herr D. und Frau B. W. an Vors. des RdB, an das Ministerium f. Verkehrswesen, an das Ministerium für Umweltschutz und Wasserwirtschaft, Eingabe. Betr.: Autobahnbau nach Wismar, Schwerin, am 17.1.1983: BArch, DK 5, 68, 1 von 2.

176 Ebd.

177 Vgl. Kap. 2.2.1.

die Verbreitung von Gerüchten waren jene Gesellschaftsbereiche, die von der SED als Stützen ihrer Herrschaft betrachtet wurden – sozialistische Kollektive sowie Ortsgruppen von Nationaler Front, Blockparteien und gesellschaftlichen Organisationen, wie etwa der »Natur und Heimatfreunde« im Kulturbund. Ein Mitarbeiter des StFB Marienberg informierte beispielsweise im März 1980 seine Parteifreunde der CDU-Ortsgruppe Neuhausen – bezeichnender Weise während einer politisch-ideologischen Schulung – über die Ausmaße der Belastungen, die er täglich durch seine Arbeit täglich zu Gesicht bekam. Der Forstmitarbeiter erklärte darüber hinaus, dass er bereits seit längerer Zeit spezielle Führungen für Urlauber zu den Waldschadensgebieten veranstaltete, um auf die Folgen der Umweltverschmutzung aufmerksam zu machen. Viele Urlaubsgäste hielten es aber ohnehin nicht sehr lange in der Region aus und reisten schon nach wenigen Tagen krankheitsbedingt wieder ab. Der CDU-Ortsvorstandes forderte daraufhin, dass man »verstärkt mit sogenannten ›Bürger- und Bevölkerungsinitiativen‹ in der Öffentlichkeit auftreten« müsse, um endlich politische Lösungen voranzutreiben. Auch andernorts im Kreis formierten sich Initiativen besorgter Bürger, die sehr anschaulich belegen, dass eine von Restriktionen der SED freie öffentliche Interaktion gab. Auf der Sitzung eines Elternaktivs der Polytechnischen Oberschule Neuhausen machte die Klassenleiterin beispielsweise auf den gestiegenen Krankenstand unter den Schulkindern aufmerksam, den sie auf die erhöhten Schwefeldioxidkonzentrationen in der Luft zurückführte. Das Elternaktiv verfasste daraufhin eine Eingabe an den X. Parteitag der SED und beschloss, andere Schulen und Elternaktive anzuregen, sich der Initiative anzuschließen.[178]

Nach diesem Muster verliefen auch andere Proteste: Wenige Monate nach dem Aufkommen der Diskussionen im Kreis Marienberg plante das Ministerium für Land-, Forst- und Nahrungsgüterwirtschaft aufgrund eines starken Schädlingsbefalls in weiten Teilen des Waldes im Westerzgebirges, das DDT-haltige Insektizid »bercema-Aero-Super« flächendeckend einzusetzen. Die Forstverwaltung hatte die Sprühaktion im Juni 1981 in einer knappen Veröffentlichung im SED-Bezirksblatt »Freie Presse« angekündigt und dabei von vornherein wenig Verständnis für mögliche Bedenken gezeigt, da die Schädlinge stärker seien »als jeder kleinmütige Einwand dieser oder jener Art«.[179] Diese Einstellung teilten viele Bürger jedoch nicht: Aus Angst vor den Folgen des DDT wandten sich zahlreiche Bewohner der Kreise Aue und Schwarzenberg in Eingaben an die örtlichen Behörden und das Umweltministerium.[180] Auch wenn es

178 Bezirksverwaltung Karl-Marx-Stadt, Information, Karl-Marx-Stadt, den 5.8.1980: BStU, MfS, Mb – 156, pag. 61–73, hier 62–66.

179 So zitierte eine Familie aus Waschleithe den Artikel vom 2.6.1981 in ihrer Eingabe: Abschrift, M. R., Waschleithe, o. D. [1981]: BArch, DK 5/69, 1 von 2.

180 Für die folgende Darstellung wurden 14 Eingaben aus dem Bestand BArch, DK 5/69 1 u. 2 näher analysiert. Die Gesamtzahl der Eingaben zum Schädlingsmitteleinsatz im Erzgebirge im Sommer 1981 kann nicht exakt quantifiziert werden. Vor dem Hintergrund der eingangs dargelegten Probleme bei der quantitativen Erfassung umweltorientierter Eingaben, muss jedoch angenommen werden, dass die Zahl weit höher lag.

sich bei der Mehrzahl der Schreiben um Einzeleingaben von Familien handelte, finden sich darin wiederkehrende Argumente, die darauf hinweisen, dass die Petenten vorab in Austausch miteinander gestanden haben. Viele Briefe bezogen sich beispielsweise auf ein vermeintliches Verbot des Insektizids durch die Vereinten Nationen – eine Fehlinformation, die sehr anschaulich die Existenz einer Parallelöffentlichkeit belegt, in der Gegenargumente zur offiziellen SED-Öffentlichkeit frei zirkulierten.[181] Die in den Schreiben durchweg an den Tag gelegte große Detailkenntnis über die Umweltfolgen des Insektizids stützt diese These und verweist ebenfalls darauf, dass die Petenten ihr Vorgehen vorab koordiniert haben müssen. Einige Eingaben erwähnten denn auch beispielsweise eine Naturschutzhelferversammlung, auf der Bürger mit Informationen scheinbar versorgt wurden, die dann offensichtlich über Encounters-Öffentlichkeiten auf der Straße, in Hausgemeinschaften oder am Arbeitsplatz Verbreitung fanden.

Der bis dahin überwiegend in konformen Bahnen verlaufende Umweltprotest in der DDR begann sich Ende der siebziger grundlegend zu verändern. In den industriellen Ballungszentren des Südens setzte – in kleinen Schritten, aber deutlich spürbar – ein Umbruch ein: Hier, wo man den Umgang mit industriellen Emissionen lange gewohnt war und Umweltschäden geradezu stoisch hinzunehmen schien, geriet der zu Beginn der siebziger mühsam errungene umweltpolitische Konsens ins Wanken und wurde von weiten Bevölkerungsteilen erneut zur Disposition gestellt. Die Gemeinde Greppin war einer jener Hotspots, an denen es unter der Oberfläche bereits seit langem brodelte: Eingekeilt zwischen die Industriestädte Wolfen und Bitterfeld, wurde der weniger als 7.000 Einwohner zählende Ort an durchschnittlich 250 Tagen im Jahr von Schadstoffemissionen aus der Produktion des VEB Chemiekombinates Bitterfeld getroffen. Trotz einiger Erfolge im betrieblichen Umweltschutz hielten die Eingabenproteste aus der Bevölkerung an und nahmen infolge eines vermehrten Auftretens von Havarien zu Beginn der achtziger Jahre wieder zu.[182] Die Toleranzschwelle gegenüber den jahrzehntelang zum Alltag der Menschen gehörenden Emissionen des Chemieriesen war nun allerdings gegen null gesunken.[183] Der eindeu-

181 Vgl. exemplarisch: J. K., Raschau/Erzgeb. an das Ministerium für Umweltschutz und Wasserwirtschaft, Raschau, 2.6.1981; M. M., Schneeberg an Ministerium für Umweltschutz und Wasserwirtschaft, Betrifft: Bürgereingabe zur Schädlingsbekämpfungsaktion in den Wäldern des Erzgebirges, Schneeberg, am 2. Juni 1981: BArch, DK 5/69, 2 von 2.

182 Im September 1978 kam es in Folge eines solchen Ereignisses beispielsweise zu einer Kollektiveingabe an den Vorsitzenden des Staatsrates, die von 170 Greppiner Bürgern unterzeichnet wurde. Vgl. BV Halle, OD CKB, Abschrift Treffbericht IM »Erle« vom 22.07.82, Information über Probleme des Umweltschutzes im Stammbetrieb des VEB Chemiekombinat Bitterfeld, Bitterfeld, den 01.08.82: Mfs, BV Halle, Abt. XVIII, Sach Nr. 610, pag. 261. Vgl. dazu auch Kapitel V.1.

183 Unter den Eingaben, die das Kombinat zu Beginn der achtziger Jahre erreichten, finden sich sowohl resignierende Schreiben, die lediglich einen Ausgleich für die entstandenen Schäden verlangten, als auch unablässige und engagierte Forderungen nach einer Verbesserung der Umweltsituation. Schadensersatzforderungen wurden überdies in zahlreichen Eingaben fast reflexhaft erhoben und umgekehrt vom CKB auch unbürokratisch

tige Zusammenhang zwischen Umweltproblemen und Verursacher sowie ein weit verbreitetes Wissen über die Produktionszusammenhänge und Betriebsabläufe unter der Bevölkerung – nahezu jeder Greppiner dürfte über Angehörige, Freunde oder Bekannte verfügt haben, die im CKB arbeiteten – begünstigten eine Vernetzung der Proteste. Wie Eingaben belegen, waren den Betroffenen oftmals nicht nur die problemverursachenden Abteilungen, sondern auch die diensthabenden Abschnitts- und Abteilungsleiter namentlich bekannt. Die Strategie der Kombinatsleitung, auf die regelmäßig aufkommenden Protestwellen mit dem Aufbau fester Anlaufstellen zu reagieren, an die sich Geschädigte wenden konnten, dürfte den Austausch und auch die Verbitterung unter der Bevölkerung eher verstärkt haben.[184]

Ein Waschmittelstaubauswurf im Frühjahr 1981, der 700 Bürger in Mitleidenschaft zog, brachte das Fass zum überlaufen. In kürzester Zeit gingen 174 mündliche Beschwerden und Protestschreiben – darunter auch Kollektiveingaben – beim CKB und den örtlichen Behörden ein.[185] Die Stimmung wurde immer gereizter: Mitarbeiter des Werkes und der Feuerwehr, die ausrücken mussten, um den Vorfall zu begutachten und die gröbsten Schäden zu beseitigen, wurden immer wieder in »Gespräche mit den Bürgern« verwickelt, wie ein Bericht festhielt. Zwar sind die Inhalte dieser Diskussionen nicht überliefert, aber angesichts der aufgestauten Wut kann man davon ausgehen, dass diese Kontakte für die Werksangestellten alles andere als angenehm verlaufen sein dürften. Ein in Folge der Havarie provisorisch eingerichteter Konsultationsstützpunkt in der Geschwister-Scholl-Schule, in dem sich betroffene Bürger informieren konnten, wurde geradezu erstürmt. Nach Feierabend strömten dutzende Menschen

gewährt. Dennoch forderten die Schreiben auch immer wieder im Interesse des Gemeinwohls eine Beseitigung der Umweltverschmutzungen und ihrer Ursachen. Vgl. etwa Herr W. R., an Koll. K., Abt. CR, Betr. Schadensersatzforderung, Greppin, d. 02.05.1981; VEB Chemiekombinat Bitterfeld, Hauptabteilung Umweltschutz, Wasser und Arbeitshygiene verschiedene Bürger, Bitterfeld, 13.5.1981; Kollektive Molsiebtechnikum und Technikum E an CIU, Dr. Enders, Eingabe!, Wolfen, den 18.03.1985; alle aus: StUg, 130-1, Inge Klein.

184 Vgl. etwa Frau W. R. an den RdK Bitterfeld, Eingabe, Betr.: Umweltverschmutzung durch den P1/W-Betrieb des CKB: StUg, 130-1, Inge Klein.

185 Eine Bürgerin resümierte dazu in einer Eingabe aus dem Jahr 1979 treffend: »Nebenbei möchte ich noch bemerken, daß die eine Woche nicht ausschlaggebend für diese Belästigungen ist. Es geht schon jahrelang. Immer wurden uns Versprechungen gemacht. Leider blieb es dabei.« Frau I. V. an den RdK Bitterfeld, Abteilung Umweltschutz, Eingabe, Betr.: Umweltverschmutzung durch das CKB, Greppin, den 17.8.79: StUg, 130-1, Inge Klein; vgl. außerdem Inspektion Arbeits- und Produktionssicherheit, Informationsbericht über die Umweltbelastungen in der Gemeinde Greppin einschließlich Reaktionen der Bürger, Bitterfeld, den 26.5.1981: StUg, 130-1, Inge Klein. Vgl. außerdem Bezirksverwaltung für Staatssicherheit Halle, Abteilung XVIII, AKG, Politisch-operative Einschätzung der überdurchschnittlichen Umweltbelastung im Raum Bitterfeld-Wolfen, Halle, 21. September 1983: MfS, HA XVIII, Nr. 19328, pag. 70; BV Halle, OD CKB, Abschrift Treffbericht IM »Erle« vom 22.07.82, Information über Probleme des Umweltschutzes im Stammbetrieb des VEB Chemiekombinat Bitterfeld, Bitterfeld, den 01.08.82: Mfs, BV Halle, Abt. XVIII, Sach Nr. 610, pag. 268.

gleichzeitig in das kleine Beratungszimmer, so dass sich der Umweltbeauftragte des CKB, Enders, dazu gezwungen sah, eine improvisierte Einwohnerversammlung abzuhalten. Einige Bürger – die genaue Anzahl ist nicht überliefert – zogen wenige Tage darauf geschlossen vor das Rathaus und überbrachten dem Bürgermeister der Gemeinde einen »verbrannten« Fliederstrauß als Zeichen des Protests.[186]

Die politische Führung war angesichts dieser Warnsignale darum bemüht, das Vertrauen in die Aufrichtigkeit ihres Handelns und die Funktionsfähigkeit der staatlichen Strukturen wiederherzustellen. Der Umweltschutz scheiterte indes aber immer häufiger an den Grenzen des Machbaren, die den Behörden und der volkseigenen Wirtschaft durch die ökonomische Krise auferlegt wurden. Im August 1982 wandten sich beispielsweise mehrere hundert Bürger der Stadt Dohna in einer Kollektiveingabe an Gesundheitsminister Ludwig Mecklinger, um gegen die Umweltgefahren zu protestieren, die von einer örtlichen Fluorfabrik[187] ausgingen.[188] Die lokalen Instanzen hatten zu diesem Zeitpunkt durch ein zögerliches und verschleppendes Verhalten bereits viel Vertrauen verspielt. Ein besonders emotional diskutierter Streitpunkt war der Umgang mit einem Kinderhort, der in unmittelbarer Nähe zur Fabrik lag. In der Kollektiveingabe an den Gesundheitsminister meldeten sich daher insbesondere Frauen und Mütter zu Wort, die von Mecklinger forderten, »sich dafür einzusetzen, daß dem Chemiewerk Dohna die nötigen Mittel bereitgestellt werden oder andere Maßnahmen erfolgen, damit wir alle, vor allem unsere Kinder, unter gesunden Umweltbedingungen leben können.« Zwar zeigten die Petenten grundsätzlich großes Verständnis für die volkswirtschaftliche Bedeutung der chemischen Produktion, die »einen großen Teil unseres Lebensstandards« ausmache und »für unseren Staat in der Zeit der angespannten Weltwirtschaftslage von großer Wichtigkeit« sei. »Doch wir müssen auch darüber wachen«, so die Unterzeichner

186 VEB Chemiekombinat Bitterfeld, Inspektion Arbeits- und Produktionssicherheit, CIU, Leitungsinformation über Beeinträchtigungen des Wohnbezirkes 3 der Gemeinde Greppin durch Waschmittelstäube, Bitterfeld, d. 13.5.1981: StUg, 130-1, Inge Klein.

187 Der zum Chemiewerk Nünchritz – und damit auch in den Verantwortungsbereich des CKB – gehörende Betrieb, produzierte Spezialchemikalien und exportierte etwa vierzig Prozent der Erzeugnisse in das NSW. Aufgrund hoher Grundemissionen und einer Zunahme von Havarien, die auf die Überalterung von Anlagen zurückzuführen waren, stellte der Betrieb ein großes gesundheitliches Risiko für die Bevölkerung und die Umwelt dar. Vgl. Mitteilung von HA III/D an M 1, Betreff Stellungnahme zur PMR-Vorlage »Bericht über die vom VEB Chemiewerk Nünchritz, Betriebsteil Dohna verursachte zunehmende Umweltverschmutzung und erforderliche Schlußfolgerungen, 5.10.1982: BArch, DQ 1/24371. Vgl. auch Vgl. VEB Fluorwerke Dohna an Ministerium f. Gesundheitswesen, Staatl. Hygieneinspektion, Betr.: Festlegung von max. Immissionskonzentrationswerten für HF, 28.7.67 sowie Staatliche Hygieneinspektion – Der Leiter – (OMR Dr. Spengler) an VEB Fluorwerke Dohna, 8.8.67, beide in: BArch, DQ 1/5800.

188 An das Ministerium für Gesundheitswesen, z.Hd. Minister Prof. Dr. Mecklinger, Betr.: Bürgereingabe wegen umweltschädlichen Industrieabgasen durch den VEB Chemiewerk Nünchritz, BT Dohna, Dohna, am 14. August 1982: BArch, DK 5/1586.

weiter, »daß die ›Chemie‹ den Menschen und der Natur, die ja ein Teil seines Lebensraumes ist, nicht zum Feind wird.«[189]

Das eindringlich verfasste Schreiben brachte die Vorfälle in Dohna auf die Tagesordnung des Ministerrates. Sowohl das Gesundheits- als auch das Umweltministerium, das einen Durchschlag der Eingabe erhielt, hatten vorab die zuständigen Abteilungen des ZK der SED über die Vorkommnisse informiert.[190] Die Regierung leitete daraufhin eine Untersuchung ein und zunächst Bewegung in die verfahrene Situation brachte: Der Beschluss verhalf einer Reihe von lange überfälligen Rekonstruktionsmaßnahmen zur notwendigen Priorität. Die Staatliche Hygieneinspektion erließ bis zum Jahr 1984 zudem 15 Emissionsgrenzwertbescheide, um den Druck auf Betriebs- und Kombinatsleitung sowie das Chemieministerium weiter zu erhöhen.[191] Außerdem schaltete sich das Ministerium für Staatssicherheit in den Fall ein und stellte einen »Offizier im besonderen Einsatz« ab, der verdeckt im VEB Chemiewerk Nünchritz ermitteln und regelmäßig über die Umsetzung der Maßnahmen im Werk sowie die Stimmungslage in der Bevölkerung berichten sollte.[192] Gegenüber der ortsansässigen Bevölkerung wählte man eine Politik der Offenheit, versuchte jedoch die Verantwortung auf den Betrieb und die zuständigen Leiter abzuwälzen.[193] Ende Oktober 1982, wenige Wochen nach dem Beschluss des Präsidiums, stellten sich die Minister Mecklinger und Reichelt sowie der stellvertretende Minister für chemische Industrie den Fragen der Bürger. Auf einer Versammlung, an der 300 geladene Bürger teilnahmen, erläuterten sie die Hintergründe des geplanten Umweltschutzprogramms für Dohna und das weitere Vorgehen. Für die kommenden Monate plante man außerdem weitere Treffen, auf denen sich die Anwohner über Fortschritte informieren konnten.[194]

189 Alle Zitate: Ebd.

190 Stellvertreter des Ministers (Thoms), Information zur Eingabe Chemiewerk Nünchritz, Berlin den 6.10.1982: BArch, DK/2127.

191 Vgl. Arbeitsgruppe für Organisation und Inspektion beim Ministerrat, Abteilung Inspektion, Information zum Stand der Umweltbelastungen durch Luftschadstoffe, die von Betrieben der chemischen Industrie im Raum Pirna/Dohna verursacht werden, Berlin, 19.12.88: BStU, MfS, BV Dresden, KD Pirna, Nr. 71488, pag. 7.

192 Arbeitsgruppe für Organisation und Inspektion beim Ministerrat – Kontrollabteilung –, Bericht über die vom VEB Chemiewerk Nünchritz, Betriebsteil Dohna, verursachte zunehmende Umweltverschmutzung und erforderliche Schlußfolgerungen: BArch, DK 5/1586. Präsidium des Ministerrates, Beschluß zum Bericht über die vom VEB Chemiewerk Nünchritz, Betriebsteil Dohna, verursachte, zunehmende Umweltverschmutzung und erforderliche Schlußfolgerungen vom 6. Oktober 1982: BArch, DK 5/1586. Zum Einsatz eines OibE vgl. exemplarisch: Abschrift, Information durch eine Frau, gez. OibE, Nünchritz, den 30.3.1989: BStU, MfS, BV Dresden, KD Pirna, Nr. 71485, Teil 1 v. 2, pag. 20.

193 Vgl. Anlage 3: Argumentation zur Bürgereingabe über die Umweltverschmutzung durch den VEB Chemiewerk Nünchritz, Betriebsteil Dohna: BArch, DK 5/1586.

194 Die Versammlung war aus Sicht der Regierungsvertreter ein voller Erfolg, auch wenn ein Bericht festhielt, dass einige Unterzeichner der Eingabe in der Diskussion »deutlich aggressiv auftraten« und »unberechtigte Forderungen stellten«. Ministerium für Gesundheitswesen, Ministerium für Umweltschutz und Wasserwirtschaft, Ministerium für Chemische

Der eingeschlagene Weg schien zunächst erfolgversprechend zu sein. Bis 1988 konnten 13 der 15 Emissionsgrenzwertbescheide vom Betrieb eingehalten werden. Lediglich die Fluoremissionen aus der Reinstchemie und die staubhaltigen Abgase des völlig veralteten Kesselhauses erfüllten noch nicht die vorgegebenen Auflagen. Hier zeigte sich allerdings abermals, dass die ostdeutsche Planwirtschaft in den achtziger Jahren nicht mehr dazu in der Lage war, selbst verhältnismäßig kleine Umweltschutzinvestitionen in einem Guss zu realisieren: Ende 1988 deuteten sich zahlreiche Probleme bei den beiden noch ausstehenden Etappen des Umweltschutzprogrammes an. Die demonstrative Einigkeit von Behörden und Wirtschaftsorganen war zudem in der nichtöffentlichen Kommunikation längst einem Kleinkrieg gewichen, in dem die Betriebsleitung des VEB Nünchritz mit der Hygieneinspektion über die Interpretation von Messdaten stritt und Messergebnisse infragestellte.[195] Interne Kalkulationen gingen daher bereits Ende 1988 davon aus, dass die Instandsetzungs- und Modernisierungsarbeiten frühestens zu Beginn der neunziger Jahre abgeschlossen sein würden.[196]

Die 1982 verfasste Kollektiveingabe funktionierte in Dohna als Katalysator und stellte den Auftakt für ein kontinuierliches Umweltengagement in der Region dar, wie ein Bericht des Ministeriums für Staatssicherheit anschaulich dokumentiert. Unter den Protestierenden, die sich bis zum Ende des Jahrzehnts regelmäßig in Eingaben an die Behörden wandten, taten sich vier Petenten besonders hervor, die sich in den folgenden Jahren auch in der kirchlichen Umwelt-

Industrie, Information über eine Aussprache mit den Einwohnern der Stadt Dohna zur Bürgereingabe über zunehmende Umweltverschmutzung im VEB Chemiewerk Nünchritz, Betriebsteil Dohna, Berlin, den 22.10.1982: Barch, DK 5/2127. Vgl. auch Mitglied des Rates für Umweltschutz und Wasserwirtschaft, Beschluss, Rat des Bezirkes Dresden, Maßnahmeplan zur Durchsetzung des Beschlusses des Ministerrates Nr. 02–60/6/82 zum Bericht über die vom VEB Chemiewerk Nünchritz, BT Dohna, verursachte zunehmende Umweltverschmutzung und erforderliche Schlußfolgerungen, Endredaktion: 29.10.82: SHStA, 11430, Bezirkstag/Rat des Bezirkes Dresden, Nr. 10513.

195 Der Rat des Bezirkes unterstützte das Umweltprogramm zwar weiterhin, lehnte aber eine Bereitstellung zusätzlicher Arbeitskräfte ab. Hensel, Kreisarzt an Rat des Bezirkes Dresden, Vorsitzender, Gen. Witteck, Komplexberatung zum Volkswirtschaftsplan 1989, 18. Nov. 1988: KA Pirna, 0773 LEG, Regal 21, Fach 32, VEB Chemiewerke Nünchritz; Holata, Rat des Bezirkes Dresden, Stellvertreter des Vorsitzenden – Vorsitzender der Bezirksplankommission an Rat des Kreises Pirna, Stellv. des Vorsitzenden und Vorsitzender der Kreisplankommission, Genossin Trautmann, Antrag auf Standortbestätigung für das Investitionsvorhaben »Umweltschutzprogramm Dohna« im VEB Chemiewerk Nünchritz, BT Dohna, 25. Okt. 1984: KA Pirna, 0773 LEG, Regal 21, Fach 32, VEB Chemiewerke Nünchritz.

196 Wendsche, Leiter des BT Dohna an Rat des Kreises Pirna, Kreisplankommission, Antrag auf Genehmigung für Investitionsvorhaben im VEB Chemiewerk Nünchritz, Betriebsteil Dohna, Dohna, den 7. Dezember 1987: KA Pirna, 0773 LEG, Regal 21, Fach 32, VEB Chemiewerke Nünchritz. Vgl. auch Arbeitsgruppe für Organisation und Inspektion beim Ministerrat, Abteilung Inspektion, Information zum Stand der Umweltbelastungen durch Luftschadstoffe, die von Betrieben der chemischen Industrie im Raum Pirna/Dohna verursacht werden, Berlin, 19.12.88: BStU, MfS, BV Dresden, KD Pirna, Nr. 71488, pag. 8.

bewegung engagierten.[197] Das Engagement der Dohnaer für eine Verbesserung der Umweltbedingungen in ihrer Stadt, das im Kern zwar eine Ein-Punkt-Initiative blieb, in der Rhetorik aber starke Elemente eines gemeinwohlorientierten Protests aufwies, stand dem sozialistischen Staat jedoch nicht grundsätzlich ablehnend gegenüber. Auch nach der politischen »Wende« im Herbst 1989 protestierte man in Dohna auf gewohnte Weise schriftlich gegen die Fluorfabrik – jetzt allerdings unter Hinzuziehung der Öffentlichkeit – und bemängelte sogar den Laschen Umgang der neuen Regierung mit diesem etablierten Kommunikationsinstrument. In einem offenen Brief der »Bürgerinitiative in der Umweltkommission beim Rat der Stadt Dohna« an den neuen Gesundheitsminister, Klaus Thielmann, kritisierten die Verfasser, dass eine Kollektiveingabe vom Dezember 1989 immer noch unbeantwortet war: »Es wäre für den Aufbau gegenseitigen Vertrauens sehr günstig gewesen, wenn die Absender – wie das im Geschäftsalltag üblich ist – wenigstens einen Zwischenbescheid erhalten hätten! Aber die Art und Weise, wie mit dem geäußerten Willen so vieler Bürger umgegangen wird, empfinden wir als sehr verletzend und kränkend. Wir hatten gehofft, daß im Umgang mit den Bürgern – die hier leben und leben wollen – die Achtung voreinander die Basis zur Verständigung wird!« Die Petenten nahmen in dem Schreiben darüber hinaus Bezug auf die Ereignisse des Jahres 1982 und erinnerten daran, dass damals sowohl die Minister für Gesundheitswesen und Umweltschutz als auch der stellvertretende Chemieminister nach Dohna gekommen waren, um sich den Fragen der Bürger zu stellen.[198] Dieses Vorgehen war – bei aller Kritik an den Ergebnissen – zum Maßstab geworden, an dem sich auch die neue Regierung messen lassen musste.

Für die historische Einordnung von Eingaben ist nicht zuletzt bedeutend, welche quantitativen Dimensionen sie annahmen. Die Eingabenpraxis war grundsätzlich ein massenhaftes Phänomen. Eine genaue Erhebung des Gesamtaufkommens ist jedoch nicht möglich, da bereits zu DDR-Zeiten kaum entsprechende Statistiken geführt wurden und die Überlieferungssituation in den Archiven teilweise recht disparat ist. Mühlberg schätzt jedoch auf der Grundlage eines Zufallsfunds für den Bezirk Magdeburg und punktueller Überlieferungen

197 Im Sommer 1984 waren die Umweltprobleme in Dohna auch Thema einer Umweltschutzausstellung in der Dresdener Hoffnungskirche. Eine Schautafel machte auf die gesetzlichen Rahmenbedingungen und die gesundheitlichen Folgen von Fluoremissionen aufmerksam. Bezirksverwaltung für Staatssicherheit Dresden, Kreisdienststelle Pirna an Bezirksverwaltung für Staatssicherheit, Leiter, Generalmajor Böhm, Information zum Sachverhalt Schadstoffdeponie im VEB Chemiewerk Nünchritz, Betriebsteil Dohna, Pirna, 23. Mai 1989: BStU, MfS, BV Dresden, KD Pirna, Nr. 71485, Teil 1 v. 2, pag. 5–7; MfS, Bildbericht über öffentlichkeitswirksame Aktivitäten der Evangelisch-lutherischen Landeskirche Sachsens zu Problemen des Umweltschutzes, o. D.: BStU, MfS, BV Dresden, KD Dresden-Land, Nr. 15572, pag. 7.

198 Zu allen Zitaten und belegen vgl.: Bürgerinitiative in der Umweltkommission beim Rat der Stadt Dohna an Herrn Minister Dr. Thielmann, Offener Brief der Bürger Dohnas/Fluorwerk, Dohna, am 18.1.1990: BArch, DQ 1/24371.

für den Bezirk Leipzig, dass sich die Gesamtzahl der zwischen 1961 und 1976 in der DDR verfassten Eingaben auf jährlich zwischen knapp 780.000 und über 970.000 belaufen haben muss.[199] Da diese Hochrechnung die an SED, Blockparteien, Medien und zentrale Staatsorgane gerichteten Eingaben nicht oder ebenfalls nur als Schätzung berücksichtigt, dürfte die Zahl tatsächlich noch deutlich höher ausfallen. Die Schätzung verdeutlicht aber in jedem Fall die gewaltigen Ausmaße, die das Eingabewesen annahm. Gemessen daran scheinen die Eingaben, die seit Beginn der siebziger Jahre an das Umweltministerium gerichtet wurden, auf den ersten Blick geradezu unbedeutend gering gewesen zu sein. Wie Tabelle 6 zeigt, belief sich die Gesamtzahl jährlich auf etwa 4.000 bis 5.000[200] und unterlag deutlichen Schwankungen. Von diesen Eingaben behandelte außerdem nur ein geringer Teil direkt Belange des Umweltschutzes, während sich die Mehrzahl der mit wasserwirtschaftlichen Fragen befasste, die mitunter allerdings auch einen Umweltbezug aufweisen konnten, etwa, wenn es um die Qualität der Trinkwasserversorgung oder Abwasserprobleme ging. Der Anteil von Eingaben, der sich ausschließlich mit Problemen des Umweltschutzes befasste, belief sich durchschnittlich auf 11,6 Prozent, wies in den achtziger Jahren aber eine stark zunehmende Tendenz auf und machte 1988 immerhin ein Viertel aller im MUW erfassten Schreiben aus.

Die Statistiken des Umweltministeriums scheinen dem eingangs beschriebenen hohen Stellenwert der Eingabe für die ostdeutsche Umweltgeschichte zu widersprechen.[201] Die Analysen geben jedoch nur einen Teilausschnitt des gesamten Aufkommens an umweltbezogenen Eingaben wieder, da das Umweltministerium nur ein Ansprechpartner für Umweltfragen war. Zwar leiteten andere Staatsorgane, wie beispielsweise der Staatsrat, Eingaben an das MUW weiter, wenn diese in den Zuständigkeitsbereich des Ministeriums fielen. Aber die Kompetenzzersplitterung im Umweltschutz führte dazu, dass auch andere Behörden und Ministerien zu wichtigen Adressaten für solche Schreiben wurden. Die dem Gesundheitsministerium unterstellten Bezirks- und Kreishygieneinspektionen erhielten beispielsweise zu Beginn der achtziger Jahre jährlich mehr als 1.800 Eingaben, die sich ausschließlich mit Problemen der zunehmenden Luftverschmutzung und daraus hervorgehenden Konflikten befassten. Gemessen an den zeitgleich im Umweltministerium eingegangenen Umwelteingaben

199 *Mühlberg*, S. 174 f.

200 Der Wert von 5711 Eingaben für das Jahr 1973/74 ergibt sich aus der statistisch nicht zulässigen Zusammenfassung der Eingabenanalysen für das 2. Halbjahr 1973 und das 1. Halbjahr 1974. Die Angabe bildet somit lediglich einen Näherungswert ab und dient der Veranschaulichung.

201 Huff kommt vor dem Hintergrund dieser niedrigen absoluten Werte allerdings voreilig zu dem Schluss, dass diese Schreiben keinen nachhaltigen Einfluss auf Umweltpolitik und Umweltbewegung der DDR gehabt hätten. Die Eingabe war seiner Ansicht nach lediglich ein herrschaftssicherndes Instrument, um Unmut in der Bevölkerung zu kanalisieren und Umweltprobleme auf diese Weise entweder »totzuschweigen« oder »lokal zu begrenzen.« Vgl. *Huff*, Natur, S. 307–313, insbesondere 307 f., 311 u. 313.

Tab. 5: Entwicklung der Eingaben an das MUW*

Jahr	MUW	davon Umweltschutz	MUW direkt	davon Umweltschutz
1973/74[a]	5711	432	*k.A.*	*k.A.*
1974/75[b]	5068	*k.A.*	*k.A.*	126[c]
1976[d]	*k.A.*	*k.A.*	*k.A.*	*k.A.*
1977	4861	448	320	*k.A.*
1978	4860	405	380	*k.A.*
1979	4473	386	383	155
1980	4531	396	351	164
1981	4806	389	395	179
1982	4552	414	463	202
1983	4176	432	492	231
1984	3946	493	572	280
1985	4374	604	670	375
1986	5082	639	829	395
1987	4895	867	1054	591
1988	4925	1215	1330	881

[a] Für die Jahre 1973 und 1974 liegen keine vollständigen Angaben vor. Zur Abbildung eines Annäherungswertes werden die Eingabenanalysen für das 2. Halbjahr 1973 und das 1. Halbjahr 1974 zusammengefasst wiedergegeben.

[b] Für die Jahre 1974 und 1975 liegen keine vollständigen Angaben vor. Zur Abbildung eines Annäherungswertes werden die Eingabenanalysen für das 2. Halbjahr 1975 und das 1. Halbjahr 1976 zusammengefasst wiedergegeben.

[c] Die Angaben beziehen sich auf das 1. und 2. Halbjahr 1976.

[d] Für das Jahr 1976 liegen nur unvollständige Angaben vor, so dass auf eine Abbildung der Werte verzichtet wurde. Vgl. die Informationsberichte und Eingabenanalysen in: BArch/DK 5, 3788.

* Zusammengestellt aus: Ministerium für Umweltschutz und Wasserwirtschaft, Informationsbericht über die Eingabenarbeit im Bereich des Ministeriums für Umweltschutz und Wasserwirtschaft im 1. Halbjahr 1974, Berlin, den 1.9.1974: BArch, DK 5/825; Ministerium für Umweltschutz und Wasserwirtschaft, Informationsbericht über die Eingabenarbeit im Bereich des Ministeriums für Umweltschutz und Wasserwirtschaft im 1. Halbjahr 1976, o. D.: Barch, DK 5/3788; Anlage 3: Zahlenmäßige Entwicklung der Eingaben zu ausgewählten Problemkreisen: LHA Brandenburg, 401 RdB Pdm, Nr. 24994.

lag allein die Anzahl dieser Schreiben mehr als fünfmal so hoch. Hinzu kamen Eingaben, die an die Fachgebiete für Boden-, Wasser- und Lärmhygiene gerichtet waren. Berücksichtigt man beispielsweise die für das Jahr 1981 überlieferten statistischen Daten des Gesundheitsministeriums, so erhöht sich die Anzahl der zentral erfassten Umwelteingaben bereits auf knapp 4200.[202] Wie die Analyse von Fallbeispielen zeigt, konnten darüber hinaus aber auch Ministerien zu Adressaten von umweltrelevanten Eingaben werden, die keinen direkten Bezug zum Umweltschutz aufwiesen, aber beispielsweise für die Planung und Bauausführung ökologisch umstrittener Industrieprojekte verantwortlich waren.[203]

Die Erfassung von Eingaben durch das MUW war überdies zeitweise lückenhaft.[204] Verantwortlich dafür waren Abstimmungs- und Koordinationsprobleme, die insbesondere in der Aufbauzeit der neuen Umweltbürokratie bestanden. Erst eine im September 1978 von Umweltminister Reichelt erlassene Weisung legte fest, dass die Ratsbereiche für Umweltschutz und Wasserwirtschaft bei den Bezirken und Kreisen dem Ministerium zweimal jährlich einen Bericht über das Aufkommen der Eingaben vorlegen mussten, so dass die Statistiken in der Folge exakter wurden.[205] Wie bereits gezeigt wurde, waren Behörden, Ministerien und Regierung aber nicht die einzigen Ansprechpartner für die Bevölkerung. Lagen die Ursachen auf der Hand, wandten sich die Bürgerinnen und Bürger in der Regel zunächst direkt an die verantwortlichen Betriebe. Zu Beginn der achtziger Jahre gingen beispielsweise alleine im CKB jährlich zwischen 450 und mehr als 600 umweltbezogene Protestschreiben ein. Im Jahr 1983 belief sich die Zahl dieser Schreiben bereits Ende Juni auf 615. Das Ministerium für Staatssicherheit hielt in Zusammenhang mit dem erhöhten Aufkommen besorgt fest, dass sich immer häufiger sogenannte »feindlich-negative Kräfte« für die Umweltsituation in der Region interessierten und versuchten, Umweltgruppen zu bilden.[206] Die beim CKB eingegangenen Eingaben – darunter regelmäßig

202 Auch dieser Wert stellt nur eine Annäherung dar, da der Hygienebericht des Jahres 1981 keine Angaben zu Eingaben aus den Bereichen der Boden- und Lärmhygiene aufführt. Vgl. Jahresbericht der Hauptabteilung Hygiene und staatliche Hygieneinspektion 1981: BStU, MfS, ZOS, 3265, pag. 129, 135.

203 Vgl. exemplarisch Kap. 3.4.

204 Stichproben belegen beispielswiese, dass sich die statistischen Angaben nicht immer mit den Analysen der Bezirksebene deckten. Während beispielsweise der zuständige Ratsbereich für Umweltschutz und Wasserwirtschaft im Bezirk Dresden 1976 insgesamt 66 Eingaben erfasste, listete die Eingabenanalyse des Umweltministeriums für diesen Bezirk im gleichen Zeitraum lediglich 9 Eingaben auf. 55 Schreiben wurden somit nicht erfasst. Vgl. Ministerium für Umweltschutz und Wasserwirtschaft, Abteilung Umweltschutz, Eingabenanalyse I. Halbjahr 1976, Berlin, den 12. Juli 1976 sowie Abteilung Umweltschutz, Eingabenanalyse II. Halbjahr 1976, Berlin, 18.1.1977, beide in: BArch, DK 5/3788; Rat des Bezirkes Dresden, Abt. Umweltschutz und Wasserwirtschaft, Eingabenanalyse des Jahres 1976, Dresden, den 24.01.1977: SHStA, 11430, Bezirkstag/Rat des Bezirkes Dresden, Nr. 48658.

205 Abschrift, Stellvertreter des Vorsitzenden des Ministerrates und Minister für Umweltschutz und Wasserwirtschaft, Weisung Nr. 20/78 zur Durchführung des Gesetzes vom 19.6.1975 über die Bearbeitung der Eingaben der Bürger – Eingabengesetz – (GBL. I, Nr. 26, S. 461) vom, Berlin, den 13.9.1978: SHStA, 11430, Bezirkstag/Rat des Bezirkes Dresden, Nr. 48658.

206 Bezirksverwaltung für Staatssicherheit Halle, Abteilung XVIII, AKG, Politisch-operative Einschätzung der überdurchschnittlichen Umweltbelastung im Raum Bitterfeld-Wolfen, Halle, den 21. September 1983: BStU, MfS, HA XVIII, Nr. 19328, pag. 67.

auch Kollektiveingaben – überstiegen seit Ende der siebziger Jahre die jeweils im gleichen Zeitraum im Umweltministerium erfassten Schreiben deutlich, wie eine betriebsinterne Aufstellung zeigt.[207] Da man davon ausgehen kann, dass viele dieser Schreiben den Behörden nicht gemeldet bzw. weitergeleitet wurden und die Situation in anderen zentralgeleiteten Kombinaten ähnlich, wenn vielleicht auch nicht ganz so dramatisch ausgesehen hat, ist anzunehmen, dass die Gesamtzahl der Umwelteingaben um ein vielfaches höher gelegen haben dürfte, als es die Erhebungen des Umwelt- und des Gesundheitsministeriums ausweisen.[208]

Die statistischen Daten scheinen die These Mühlbergs zu bestätigen, wonach es sich beim Eingabewesen in erster Linie um ein Instrument der lokalen Konfliktregulierung gehandelt habe.[209] Erst als diese Form der Aushandlung an ihre Grenzen stieß, wandten sich die Menschen höheren politischen Instanzen zu oder wählten nonkonforme Wege der politischen Interaktion.[210] Darüber hinaus widerlegt der Blick auf Eingaben auch zentrale Annahmen der sozialwissenschaftlichen Umweltbewegungsforschung, die sich dem ostdeutschen Untersuchungsgegenstand mithilfe westlicher Erklärungsansätze zu nähern versuchte. In seiner immer noch sehr einflussreichen Vergleichsstudie zur ostdeutschen und ungarischen Umweltbewegung kam Knabe 1993 etwa zu dem Schluss, dass es in der DDR kaum lokale Umweltproteste gegeben habe – eine Annahme, die schon durch die oben genannten Zahlen widerlegt wird. Auch die Vermutung, dass es in Ostdeutschland keine überregionalen Protestthemen gab, erweist sich nach der Auswertung von Eingaben als Trugschluss.[211]

Umweltprobleme erzeugten auch in der DDR eine breite und mitunter überregionale Wirkung. Wie zahlreiche Fallbeispiele zeigen, war es in der Regel gar nicht möglich, die vielfältigen Missstände zu negieren. Definitive Aussagen zu den quantitativen Dimensionen von umweltorientierten Eingaben bleiben aber schwierig. Auch der Anteil der durch die Schreiben repräsentierten Bevölkerung lässt sich nicht statistisch belastbar ermitteln. Eingaben konnten den Protest oder das gemeinwohlorientierte Engagement einer einzelnen Person, einer Familie, einer Hausgemeinschaft, eines Wohnbezirkes oder einer ganzen Stadt ausdrücken und repräsentativ für Arbeitsbrigaden, Elternkollektive, Ortsgrup-

207 Bereits 1977 erreichten die beim CKB eingegangenen Schreiben einen Wert, der zwar unter den im MUW erfassten Eingaben lag, die daraus hervorgehende Gesamtzahl aber fraglich erscheinen lässt. Vgl. BV Halle, OD CKB, Abschrift Treffbericht IM »Erle« vom 22.07.82, Information über Probleme des Umweltschutzes im Stammbetrieb des VEB Chemiekombinat Bitterfeld, Bitterfeld, den 01.08.82: Mfs, BV Halle, Abt. XVIII, Sach Nr. 610, pag. 277.

208 Dies könnte etwa für andere Chemiekombinate und Betriebe aus solchen Wirtschaftszweigen gelten, die lokal ebenfalls große Umweltprobleme verursachten.

209 *Mühlberg*, S. 176.

210 Wie die Tabelle verdeutlicht, stieg der Anteil der direkt an das MUW gerichteten Schreiben seit 1982 kontinuierlich an und belief sich 1988 auf 27 Prozent. Ebenso nahmen im gleichen Zeitraum, wenn auch in den Ausmaßen bescheidener, die direkt an die Abteilung Umweltschutz gerichteten Eingaben zu und erreichten 1988 einen Wert von fast 18 Prozent. Vgl. Tabelle 6.

211 Vgl. *Knabe*, Umweltkonflikte, S. 346 ff.

pen der Gesellschaft für Natur und Umwelt oder kirchliche Umweltgruppen stehen. Im Hinblick auf die politische Wirkung dieser Schreiben ist ihre Größenordnung ohnehin zweitrangig. Denn Detlev Pollack hat zu Recht betont, dass Diktaturen wesentlich empfindlicher auf Widerspruch, Kritik und Protest reagieren als freiheitlich-demokratisch verfasste Gesellschaften, die von solchen gegenläufigen Strömungen in der Regel sogar profitieren.[212] Diese Annahme trifft ebenso für die in Eingaben dokumentierten Umweltproteste zu. Die Briefe konnten auch in relativ geringer Zahl vergleichsweise starke politische Reaktionen auslösen. Ob mehrere Tausend, einige Hundert oder wenige Dutzend – Eingaben erregten große politische Aufmerksamkeit und beeinflussten die ostdeutsche Umwelt- und Gesellschaftsgeschichte nachhaltig.

Wie im Folgenden gezeigt wird, bedienten sich auch jene Akteure des Instrumentes der Eingabe, die bislang aufgrund ihres nonkonformistischen Verhaltens von der Umweltbewegungsgeschichte in den Mittelpunkt gerückt wurden. Die Stadtökologie- und Umweltschutzinitiativen innerhalb der »Gesellschaft für Natur und Umwelt« im Kulturbund der DDR und die Umweltgruppen unter dem Dach der evangelischen Kirchen gingen auf eine gesellschaftliche Umweltbewegung zurück, die sich zuerst in Eingaben artikulierte. Beide waren überdies enger miteinander verzahnt, als es von der Forschung bislang angenommen wird. In den nächsten Abschnitten sollen mit der Entstehung von Umweltgruppen daher neue Formen der ostdeutschen Umweltbewegung, ihre Motive und ihr Handlungsrepertoire, das Verhältnis zum SED-Staat sowie ihr Beitrag zum Erosionsprozess der SED-Herrschaft untersucht werden.

3.3.2 Umweltbewegung unter dem Dach des Kulturbundes: Jugendgruppen und die IG Stadtökologie in der Gesellschaft für Natur und Umwelt

Im März 1980 beging das Präsidium des Kulturbundes in einem feierlichen Akt die Gründung der Gesellschaft für Natur und Umwelt. In Anwesenheit geladener Gäste – darunter Umweltminister Hans Reichelt und zahlreiche Funktionäre aus dem ZK der SED – erörterte eine Reihe von Referenten die Motive und Aufgaben einer Organisation, deren kritisches Handlungspotential aufgrund der engen Einbindung in den SED-Staat gering erscheint. So wurde die GNU von Vertretern der kirchlichen Umweltbewegung als »staatszahm« bezeichnet und nimmt auch in der ostdeutschen Umweltbewegungsgeschichte bislang eine untergeordnete Bedeutung ein.[213] Demgegenüber haben einige Arbeiten betont, dass für die Gründung der neuen Umweltorganisation weniger staatliche Kontrollansprüche als vielmehr ein innerorganisatorisches Modernisierungsbedürf-

212 Vgl. *Pollack*, Bedingungen der Möglichkeit, S. 303 sowie *Ohse u. Pollack*, S. 365 f.
213 *Gensichen*, Umweltverantwortung, S. 289.

nis der »Natur- und Heimatfreunde« verantwortlich gewesen sei.[214] Bereits in den sechziger Jahren hätten sich führende Naturschutzfunktionäre unzufrieden mit ihrer Stellung innerhalb des Kulturbundes gezeigt, in dem sie zwar mit weitem Abstand die größte Unterorganisation bildeten, in der institutionellen Hierarchie aber nicht entsprechend gewürdigt würden. Bereits 1969 hatte Hugo Weinitschke daher eine Reforminitiative angestoßen, die jedoch zunächst ins Stocken geriet. Erst die Aufnahme der DDR in die Vereinten Nationen brachte neue Bewegung in die innerorganisatorische Reformdebatte: Die Suche der Staats- und Parteiführung nach internationaler Anerkennung verlangte die Bildung kompatibler Organisationen, mit denen die DDR in den Programmen der Vereinten Nationen vertreten sein sollte. Im Laufe der siebziger Jahre erfolgte daher die Ausgründung der zuvor in der Zentralen Kommission »Natur und Heimat« verankerten Fachgebiete Denkmalpflege und Heimatgeschichte, so dass die bestehende Organisationsstruktur zerfiel. Hinzu kamen veränderte gesellschaftspolitische Anforderungen: Das auf den Bundeskongressen 1972 und 1977 beschlossene Ziel, den Kulturbund für neue Interessensgruppen und insbesondere Jugendliche attraktiver zu gestalten, stellte auch an die »Natur- und Heimatfreunde« neue Aufgaben.[215] Nach der Verabschiedung des Landeskulturgesetzes und der Ausweitung der staatlichen Umwelterziehung begannen sich immer mehr Jugendliche für ökologische Themen und gesellschaftliche Umweltarbeit zu interessieren. An zahlreichen Oberschulen entstanden Arbeitsgemeinschaften, die sich im Rahmen des fakultativen Unterrichtes mit Umwelt- und Naturschutzfragen befassten und häufig die Keimzellen für spätere Umweltgruppen bildeten. Auch in bestehenden Orts- und Fachgruppen der »Natur- und Heimatfreunde« versammelten sich vielerorts Jugendliche, die neue Anforderungen an die Naturschutzarbeit stellten. Der Wunsch nach einem modernen Umweltengagement, das nicht länger nur auf klassische Spezialgebiete des Naturschutzes beschränkt bleiben und darüber hinaus auch Möglichkeiten der gesellschaftlichen Partizipation bieten sollte, waren daher wichtige Triebfedern für den Umbau der »Natur und Heimatfreunde« im Kulturbund.[216] Diese Forderungen waren auch Thema eines Treffens zwischen Honecker und dem Präsidium des Kulturbundes, auf dem sich beide Seiten im Juni 1979 ihrer Unterstützung versicherten.[217] Das Sekretariat des ZK der SED stimmte einer entsprechenden Vorlage des Umweltministers im Januar 1980 zu.[218]

214 *Würth*, S. 98 ff.; *Rösler u. a.*, S. 212 f.; *Meier*, S. 44 ff. Zur Geschichte der GNU vgl. außerdem *Behrens u. a.*

215 *Meier*, S. 38 ff., 41.

216 Zu den Motiven der Gründung aus zeitgenössischer Perspektiv vgl. *Schulmeister*, S. 3–9, hier 5.

217 Vgl. Unkorrigierte Niederschrift, Stenographische Niederschrift der Zusammenkunft, o. D. [22. Juni 1979]: BArch, DY 30/2571, pag. 9 ff., 30 f.

218 Gen. Koll. Reichelt, Vertrauliche Verschlußsache, ZK 03 – Sekretariat, – Beschlüsse –, Betrifft: Gründung der Gesellschaft für Natur und Umwelt im Kulturbund der DDR, vom 30.01.1980: BArch, DK 5/1830.

Der Antrieb zurinneren Modernisierung sowie die veränderten gesellschaftlichen Rahmenbedingungen spiegelten sich auch in den Leitsätzen der GNU und den Redebeiträgen auf ihrer Gründungsversammlung im März 1980 wider.[219] Bernhard Klausnitzer, Vorsitzender des Zentralen Fachausschusses (ZFA) für Entomologie und im designierten Vorstand außerdem für Jugendfragen zuständig, verwies auf das gewachsene Interesse junger Menschen am Natur- und Umweltschutz: »Wenn man Gelegenheit hatte, in den letzten zwei Jahren eine Reihe von Tagungen zu besuchen, die von unserer Organisation auf verschiedenen Fachgebieten veranstaltet wurden, dann war man vom großen Zustrom von Jugendlichen überrascht. Auf dem entomologischen Fachgebiet gab es Tagungen, an denen bis zu 80 Prozent Jugendliche teilgenommen haben, teils Mitglieder des Kulturbundes, aber auch Jugendfreunde, die es erst noch werden wollen.«[220] Klausnitzer wusste um die Erwartungen, die Schüler, Studenten und andere junge Erwachsene an die neue Umweltorganisation richteten. Er forderte daher, diesen »jungen Bundesfreunden« solche Aufgaben zu stellen, »die sie interessieren, die attraktiv sind« und »deren gesellschaftliche Notwendigkeit sie sehen«. Ein Schlüssel für die Integration der Jugendlichen war seiner Ansicht nach die Zusammenführung verschiedener Fachgebiete, die sich insbesondere beim Thema Stadtökologie bzw. Stadtumwelt anbot. Die Schaffung interdisziplinärer Aufgabenfelder und die wissenschaftliche Anleitung der jungen Umweltschützer waren in den Augen des Biologen unabdingbar, um den Natur- und Umweltschutz für den Nachwuchs interessant zu machen und zu verhindern, dass die Jugendlichen andere Interessen verfolgten und sich von der »bunten Vielfalt unseres Lebens« verschlucken ließen.[221]

Der ostdeutsche Naturschutz sah sich in den siebziger Jahren – ähnlich wie der Verbandsnaturschutz in der Bundesrepublik – vor die Herausforderung einer grundlegenden Modernisierung gestellt. Forderungen nach fachlicher Interdiszi-

219 In den Leitsätzen hieß es u. a., dass die GNU »eine breite Gemeinschaftsarbeit mit anderen gesellschaftlichen Organisationen und Kräften« entwickeln sollte. Neuen Strömungen, wie etwa der Stadtökologie, trugen die Leitsätze ebenfalls Rechnung, indem sie »die Umweltgestaltung in städtischen und ländlichen Gebieten« zu einem wichtigen Ziel erklärten. Darüber hinaus rückte das Gründungsdokument die Arbeit der GNU in den Dienst des Friedens und einer militärischen Entspannungspolitik. Vgl. Anlage Nr. 4 zum Protokoll Nr. 11 vom 30.1.1980: Leitsätze der Gesellschaft für Natur und Umwelt im Kulturbund der DDR: BArch, DK 5/1830.

220 *Klausnitzer*, Die Wirkungsmöglichkeiten, S. 29–32, hier 29.

221 Alle Zitate: Ebd., 29 ff. Schon das Brockhaus Handbuch »Sozialistische Landeskultur« betonte im Jahr 1977 die Bedeutung der voranschreitenden Urbanisierung für den Stoffwechsel von Mensch und Natur, die es künftig mit geeigneten gestalterischen und städtebaulichen Maßnahmen in eine für die Lebensbedingungen der Menschen »günstige Entwicklung« zu lenken gelte. Klausnitzer selbst war ein Pionier auf den Gebieten Stadtökologie und Stadtfauna. In den achtziger Jahren fasste er seine wissenschaftlichen Erkenntnisse und den aktuellen Forschungsstand in zwei zentralen Publikationen zusammen, mit denen er auch über die DDR hinaus wissenschaftliches Renommee erlangte. Vgl. *Neef u. Neef*, S. 28; *Klausnitzer u. Seiler*; *Klausnitzer*, Ökologie.

plinarität, der Berücksichtigung ökologischer Zusammenhänge und einer stärkeren Einbeziehung von Stadt- und Industrieräumen in die Naturschutzarbeit wurden hier wie dort durch die wissenschaftliche Forschung, die eigene Basis und ein wachsendes öffentliches Interesse an die Verbände herangetragen.[222] Die Rahmenbedingungen für diese Modernisierung waren in beiden deutschen Staaten natürlich grundlegend verschieden. Der Kulturbund war fester Bestandteil der politischen Architektur der DDR, so dass die Arbeit der GNU zweifelsohne auch der Herrschaftssicherung der SED diente. Die Vortragenden machten aus der Verbundenheit des Naturschutzes mit dem SED-Staat auf der Gründungsversammlung ebenso wenig einen Hehl wie das Schlusswort des Umweltministers. Bundessekretär Schulmeister verwies etwa auf die Vorbildfunktion der UdSSR für den ostdeutschen Staatsnaturschutz und wollte die Bildung der GNU dezidiert als einen Beitrag zur Verwirklichung des Programms der SED verstanden wissen.[223] Der designierte Vorsitzende, Harald Thomasius, verstand Naturschutz ganz selbstverständlich als ein Instrument im Klassenkampf und betonte vor allen Dingen die Erfolge, die in der DDR auf diesem Gebiet bereits erzielt wurden.[224] Reichelt wetterte schließlich gegen die »Umweltpsychose«, die sich seiner Ansicht nach in den kapitalistischen Industriestaaten breitmachte und hob demgegenüber die Überlegenheit der Einheit von Wirtschafts-, Sozial- und Umweltpolitik in der DDR hervor. Darüber hinaus verwies er auf den Erfolg des »sozialistischen Wettbewerbs«, den es auch durch die neugebildete Organisation fortzusetzen gelte.[225]

Diese ideologische Umklammerung jedoch als Ausdruck eines von vornherein begrenzten Spielraumes für kritische Debatten zu interpretieren, wäre vorschnell.[226] Schon die weiteren Redebeiträge deuteten an, dass die GNU durchaus auch über kritisches Potential verfügte. Hugo Weinitschke, der seit den späten sechziger Jahren wohl am vehementesten für eine institutionelle Reform des Naturschutzes gekämpft hatte, schlug beispielsweise – wenn auch moderat – andere Töne an: Der Direktor des ILN verwies ausführlich auf zahlreiche Widerstände, die sich den »Natur- und Heimatfreunden« bislang in den Weg gestellt hätten und wollte die neue Organisation als eine Anpassung an »die gewachsenen gesellschaftlichen Verhältnisse(n)« und Chance für die Zukunft verstanden wissen.[227] Achim Soldmann, Mitglied des designierten Zentralvorstandes, zeigte eine bemerkenswerte Offenheit und gab einen Einblick in durchaus vorhandene Gewissenskonflikte der wirtschaftlichen Führungskräfte. Soldmann, der in seinem Berufsleben Direktor des Betriebsteiles Energieerzeugung im VEB Energiekombinat Cottbus war, verwies beispielsweise auf schwierige Abwägungsfragen, wenn es im Zusammenhang mit dem Ausfall von Entstaubungsanlagen durch

222 Vgl. für die Bundesrepublik: *Engels*, S. 311–322, insbes. 317 f.
223 *Schulmeister*, S. 5 f., 8.
224 *Thomasius*, S. 10–17, hier 12.
225 *Reichelt*, Schlußwort, S. 44–50, hier 45, 47.
226 So jüngst bei *Huff*, Natur, S. 389.
227 *Weinitschke*, Gesellschaft, S. 17–22, hier19 f.

ihn zu entscheiden galt, ob die Versorgung der Bevölkerung oder der Schutz der Umwelt Vorrang habe.[228] Besonders eindrucksvoll war der Redebeitrag der Schülerin Marcella Liebig, die – gekleidet in der FDJ-Bluse – stellvertretend für die Arbeitsgemeinschaft »Umweltschutz und sozialistische Landeskultur« an der Erweiterten Oberschule »Wilhelm Pieck« in Borna sprach: »Wir sind alle Kinder unseres industriellen Ballungsgebietes Halle-Leipzig und deshalb an der Situation und Perspektive unserer näheren Heimat sehr interessiert. ... Wir wissen, daß wir nach dem Schwimmen in unseren Freibädern noch einmal baden müssen, um wieder zu sauber zu sein. Unsere Fotofreunde können einzigartige Aufnahmen von staub- und rußbedeckten Blütenblättern, Kräutern und Früchten machen. Fahren wir an einem ehemaligen Tagebaugebiet vorbei, haben wir das Gefühl, uns auf dem Mond mit seiner trostlosen Kraterlandschaft zu befinden. ... Jeder ›Mundräuber‹, der nach Birnen, Kirschen oder anderen Früchten von Straßenbäumen greift, kann aufgrund des Staubes und Rußes auf den Früchten feststellen, wie verschmutzt unsere Umwelt ist.«[229]

Die Arbeitsgemeinschaft, die seit 1973 in unterschiedlicher Besetzung aktiv war, führte Messungen zur Lärm- und Staubbelastung durch, erfasste wilde Müllkippen, informierte die Behörden über Umweltvergehen und betätigte sich in der klassischen Naturschutzarbeit. Die Ergebnisse ihres Engagements teilten die Schüler der Öffentlichkeit in Ausstellungen, auf regionalen »Tagen der Landeskultur« und über die Presse mit. Der durchweg konstruktiv- kritisch gehaltene Beitrag Liebigs repräsentierte jene Jugend, von der auch Klausnitzer berichtete und die an der Basis nach neuen Formen der gesellschaftlichen Umweltarbeit verlangte. Das Aufmerksam-machen auf Probleme und die Forderung nach mehr Mitgestaltungsgestaltungsmöglichkeiten waren zentrale Triebfedern dieses Engagements.[230] Mit dieser Form einer angepassten Offenheit sprach Liebig vielen Jugendlichen aus der Seele, die ihre Umwelt zwar kritisch reflektierten und nach gesellschaftspolitischer Teilhabe strebten, ihr Engagement aber (noch) nicht im Widerspruch zur Gesellschaftsordnung der DDR und dem allumfassenden Herrschaftsanspruch der SED sahen. Die GNU war von Beginn an sowohl durch eine ideologische Vereinnahmung als auch ein reformerisch-kritisches Potential geprägt – der Kampf zwischen diesen beiden Polen erzeugte ein permanentes Spannungsverhältnis, das die staatsnahe Umweltorganisation bis zu ihrem Ende prägte und innerlich spaltete.

Mit der Gründung der GNU im Jahr 1980 ging allerdings kein radikaler Umbruch der Organisationstrukturen einher: Wie schon die »Natur- und Heimatfreunde der DDR« zuvor, gliederte sich auch die neugeschaffene Gesellschaft gemäß dem in der DDR geltenden Prinzip des »demokratischen Zentralismus« in einen Zentral- sowie mehrere Bezirks- und Kreisvorstände. Die praktische Arbeit wurde weiterhin von Zentralen Fachausschüssen koordiniert, die lokale

228 *Soldmann*, Umweltgestaltung, S. 32–35, hier 32.
229 *Liebig*, S. 36–39, hier 36f.
230 Ebd., 39.

Arbeitsgruppen und Interessensgemeinschaften anleiteten. Die »Gründung von oben« stieß zwar vielerorts auf Unmut, de facto bildeten sich die früheren Fachgruppen der »Natur- und Heimatfreunde« aber schlicht und ergreifend unter anderem Namen neu – abgesehen von jenen Bereichen, in die junge Umweltengagierte drängten, blieben daher auch die lokalen Strukturen zunächst weitestgehend identisch.[231] Auswirkungen hatte der Gründungsakt jedoch auf die Zusammensetzung des Zentralvorstandes: Hugo Weinitschke, der in den siebziger Jahren den Vorsitz der Zentralen Kommission »Natur und Heimat« beim Kulturbund führte, gab diesen Posten an den Forstwissenschaftler Harald Thomasius ab. Der Direktor des ILN verblieb allerdings als einer von fünf Stellvertretern im engeren Vorstand. Dazu zählten außerdem der Bundessekretär des Kulturbundes, Manfred Fiedler, der Biologe Bernhard Klausnitzer sowie die Stellvertreter der Minister für Umweltschutz und Landwirtschaft – Guido Thoms und Generalforstmeister Rudolf Rüthnick. Sekretär des Zentralvorstandes wurde der Leiter der Abteilung »Natur und Umwelt« im Bundessekretariat des Kulturbundes, Rolf Caspar. Die Führung der GNU war fest in der Hand der Staatspartei: Unter den 45 Mitgliedern des erweiterten Vorstandes waren 31 SED-Kader, neun Parteilose, jeweils zwei Posten wurden von DBD- und CDU-Mitgliedern besetzt und ein Vorstandsmitglied gehörte der NDPD an.[232]

Der Imagewandel und die rhetorische Öffnung für neue Themenfelder zeigten schnell Wirkung. Die Mitgliederzahl der GNU stieg bis 1987 auf ca. 60.000 an, von denen mehr als achtzig Prozent in 2625 Fachgruppen aktiv waren. Die Umwelt- und Naturschutzarbeit wurde in elf ZFA koordiniert. Die stärkste Klientelgruppe stellte der ZFA Naturschutz mit 14.500 Mitgliedern dar, dicht gefolgt vom ZFA Wandern mit 7.200 Mitgliedern. Den dritten Rang nahmen 1987 bereits die Stadtökologie- und Umweltgruppen ein: Einer Zählung von Behrens u.a. zufolge waren in 380 Arbeitsgruppen und Interessensgemeinschaften etwa 7.000 Mitglieder aktiv – weit mehr als in jenem Teil der Umweltbewegung, der sich zeitgleich unter dem Dach der Kirche formierte.[233] Palmowski beziffert die Stärke der Stadtökologiegruppen für das Jahr 1987 sogar auf über 726 Gruppen und 10.245 Mitgliedern.[234] Angaben zu den Mitgliederzahlen bleiben allerdings schwierig.[235] Vermutlich gab es vielerorts zahlreiche Umweltengagierte, die sich

231 *Behrens u.a.*, S. 54.

232 Eigene Zählung nach: Zusammensetzung des Zentralvorstandes der Gesellschaft für Natur und Umwelt im Kulturbund der DDR, in: Kulturbund, Natur, 1981, ff. sowie Anlage Nr. 5 zum Protokoll Nr. 11 vom 30.1.1980: Vorschlag für die Zusammensetzung des Zentralvorstandes der Gesellschaft für Natur und Umwelt im Kulturbund der DDR: BArch, DK 5/1830.

233 Vgl. dazu: *Behrens u.a.*, Tab. 6, S. 68 sowie 57f., Anm. 12

234 *Palmowski*, S. 226f.

235 Ein Grund für die Unsicherheit im Hinblick auf die Zahlenangaben ist beispielsweise, dass die Arbeit des zuständigen ZFA Stadtökologie bis zum Niedergang der DDR nicht richtig in Gang kam, so dass der Kontakt zu den Basisgruppen lückenhaft blieb. Außerdem lassen sich viele bestehende Gruppen nicht eindeutig dem Fachgebiet Stadtökologie zuordnen oder

ohne eine formelle Mitgliedschaft in der GNU an Aktionen der Fachgruppen beteiligten. Gleiches gilt für die zahlreichen Jugendaktivs, die sich an Schulen oder im Umfeld bestehender Fachgruppen bildeten und die Nähe zur neuen Umweltorganisation suchten. Die Offenheit gegenüber Nichtmitgliedern, die statistisch belastbare Aussagen zur tatsächlichen Größe der Umweltbewegung unter dem Dach des Kulturbundes schwierig machen, war Teil einer Strategie, die einerseits das Kalkül verfolgte, die Aktionsfähigkeit vor Ort aufrechtzuerhalten. Viele Ortsgruppen hatten seit den siebziger Jahren mit einem allgemeinen Mitgliederschwund oder einer starken Fluktuation der aktiven Kräfte zu kämpfen. Andererseits sollten auf diese Weise potentielle Bundesfreunde langsam an die GNU herangeführt und langfristig eingebunden werden.

Ein bedeutender Grund für den Anstieg der Mitgliederzahlen war das gewachsene Interesse von Jugendlichen und jungen Erwachsenen an ökologischen Themen. Der Natur- und Umweltschutz war in den siebziger Jahren immer stärker in der Öffentlichkeit präsent und wurde in das Bildungswesen der DDR integriert. Schülerinnen und Schüler setzten sich etwa in den Fächern Biologie, Erdkunde, Staatsbürger- und Heimatkunde sowie im Rahmen des fakultativen Umweltunterrichts mit Umweltfragen auseinander.[236] Die dort vollzogene Zusammenführung von ökologischer Wissensvermittlung und praktischer Handlungsanleitung durch engagierte Lehrer stellte oftmals den Auftakt für ein stetiges Umweltengagement von Jugendlichen dar. Auszeichnungen, wie der seit 1972 jährlich von der Biologischen Gesellschaft der DDR verliehene »Ernst-Haeckel-Schülerpreis«, unterstrichen den gesteigerten Stellenwert, den Umweltschutz an Schulen erhielt. Die vermittelten Inhalte unterlagen jedoch in besonderer Weise politischen und ideologischen Einflüssen. Während einzelne Schulbücher Ende der sechziger und Anfang der siebziger Jahre vorhandene Umweltprobleme noch weitestgehend unzensiert thematisierten, beschränkten sich spätere Lehrbücher zunehmend auf das Machbare und blendeten kritische Themen aus. Viele Lehrer zeigten sich zudem »vom staatlichen Versprechen der Problemlösung überzeugt« und ließen Widersprüche, die von Schülerinnen und Schülern immer häufiger offen angesprochen wurden, unhinterfragt, wie Annette Schneider auf der Grundlage von Befragungen festgestellt hat. Die

arbeiteten als »Untergruppen« in bereits bestehenden Fachgruppen. Die Bezirksverwaltung Rostock der GNU fasste bei der Erhebung ihrer Mitgliederstruktur beispielsweise Landeskultur-, Natur- und Umweltschutzgruppen zu einer Kategorie zusammen. Der Zentralvorstand war daher nicht genau über die Ausmaße dieses Fachbereichs informiert und ging noch im Oktober 1989 von DDR-weit lediglich hundert »Interessensgemeinschaften« aus. Vgl. dazu: Dr. H.-D. Trillmich, Sektorenleiter an RdS Lauchhammer, Gesundheits-, Sozialwesen, Landeskultur, Berlin, 20. Oktober 1989 u. Dr. H.-D. Trillmich, Betr.: Tätigkeit im Bereich des ZFA Stadtökologie, März 1990, beide in: SAPMO, DY 27/9199; Entwicklung der Fachbereiche in der Gesellschaft für Natur und Umwelt: BStU, MfS, ZAIG, 22723; Zu den Hintergründen der Mitgliederzahlen vgl. auch Mail von Hermann Behrens an den Verfasser, Re: Anfrage GNU/ZFA Stadtökologie, 13.6.2017.

236 Vgl. *Zabel*, S. 1 u. 318 ff.; *Schneider*, Schützt, S. 365–374, hier 365 ff.

Vermittlung von »Heimatliebe«, die ebenfalls ein Bestandteil der schulischen Umwelterziehung war, wurde daher nicht selten zum Ersatzlehrstoff, der problematische Themen verdrängte.[237]

Obwohl sich die Inhalte des Umweltunterrichts in den achtziger Jahren den politischen Rahmenbedingungen anzupassen schienen, gab es auch Ausnahmen. Ein sehr anschauliches Beispiel dafür stellt das von einem Autorenkollektiv unter der Leitung des Biologen Erwin Zabel erarbeitete Schulbuch »Nutzung und Schutz der Umwelt« dar.[238] Im Jahr 1980 – zwei Jahre bevor der Ministerrat den Geheimhaltungsbeschluss über Umweltdaten fasste – erstmals erschienen, wurde es bis 1989 in fünf Auflagen vom volkseigenen Verlag Volk und Wissen für den fakultativen Kurs »Sozialistische Landeskultur« in den Klassen neun und zehn gedruckt. Das Buch thematisierte Umweltprobleme nicht nur relativ offen, sondern lieferte in etwa vierzig Beobachtungsanordnungen und Experimenten auch konkrete Anleitungen für die Ermittlung von lokalen Umweltbelastungen. Sowohl die Veröffentlichung als auch die Verwendung der Publikation im Schulalltag stießen allerdings auf Widerstände. Zabel musste bereits im Vorfeld Einwände von Volksbildungsministerin Margot Honecker gegen das Buch abwenden und eine Reihe von »didaktischen Kompromissen« eingehen.[239] Nach der Verabschiedung des Geheimhaltungsbeschlusses weigerte sich zudem der Cottbuser Bezirksschulleiter, das Schulbuch für den Unterricht zuzulassen. Zabel, der von Lehrern des Bezirkes darüber informiert worden war, konnte aber mit Unterstützung von Umweltminister Reichelt und Bildungsministerin Honecker doch noch eine Zulassung durchsetzen.[240]

Die Bedeutung der schulischen Umwelterziehung für die Formierung von Jugendgruppen wird deutlich, wenn man einen Blick auf die zentralen Jugendtreffen wirft, die zwischen 1983 und 1987 von der GNU veranstaltet wurden.[241] Auf diesen Veranstaltungen, die unter dem Motto »Jugend forscht, pflegt und gestaltet« standen, berichteten Jugendliche aus der ganzen DDR über die Ent-

237 Unerforscht ist bislang allerdings noch, wie die Lehrpläne vor Ort tatsächlich umgesetzt wurden. Der Biologe und langjährige Vorsitzende der Sektion Schulbiologie der Biologischen Gesellschaft der DDR, Erwin Zabel, berichtete beispielsweise von regionalen Unterschiede, die auf divergierende Haltungen der Bezirksschulleitungen zurückzuführen gewesen seien. Vgl. dazu: *Schneider*, Schützt, S. 368 u. 371 f.; Telefongespräche mit Erwin Zabel, 28.9.2016 und 18.5.2017.

238 *Autorenkollektiv*, Nutzung und Schutz.

239 Zabel äußerte sich 1980, als sich die Publikation noch im Druck befand, in den Wissenschaftlichen Heften der Pädagogischen Hochschule Köthen zur Gestaltung des Arbeitsbuches: Vgl. *Zabel*, S. 365 f.

240 Unter Verweis darauf, dass die Versuchsanleitungen lediglich die Ermittlung von Daten lokaler Art ermöglichen würden, hätte das Volksbildungsministerium eine Weisung demnach erlassen, die eine Verwendung des Schulbuches im Bezirk Cottbus erzwang.Vgl. Telefongespräche mit Erwin Zabel, 28.9.2016 und 18.5.2017.

241 Ein viertes Treffen, das im Mai 1989 in Neustrelitz stattfinden sollte, scheint nicht mehr durchgeführt worden zu sein. Vgl. zu den folgenden Ausführungen: *Kulturbund der DDR*, Jugend forscht (II); *Kulturbund der DDR*, Jugend forscht (III).

stehungshintergründe und Tätigkeitsfelder der Gruppen, die sie repräsentierten. Die Mehrzahl der auf dem zweiten und dritten Treffen vertretenen Initiativen, die hier näher betrachtet werden, ging auf den Umweltunterricht und das fakultative Kursangebot an Oberschulen zurück. Inhaltlich befassten sich die Zusammenschlüsse überwiegend mit klassischer Naturschutzarbeit – der Pflege von Landschafts- und Naturschutzgebieten, dem Anbringen von Nistkästen, Müllsammelaktionen und Öffentlichkeitsarbeit. Die Mitgliederzahl der einzelnen Gruppen schwankte stark und belief sich auf etwa zehn bis siebzig Jugendliche, wobei meist nur ein geringer Teil von nicht mehr als dreißig zum Kreis der Aktiven zählte. Ein großes Problem für die Arbeit dieser Kurse und Aktivs stellte die Mitgliederfluktuation dar, die sich bei Schüler- und Jugendgruppen naturgemäß einstellte. Dreh- und Angelpunkt für ein konstantes Engagement waren daher die Lehrer, die für eine Verstetigung des fakultativen Kursangebotes sorgten und als Mitglieder lokaler GNU-Fachgruppen eine direkte Verbindung zum Kulturbund herstellten. Die hohe Fluktuation der Teilnehmer brachte allerdings auch einen Vorteil mit sich, da Jugendliche, die nach dem Schulabschluss aus den Gruppen ausschieden und berufsbedingt in andere Regionen zogen, ihr Engagement oft fortsetzten und auf diese Weise für eine Ausweitung der Natur- und Umweltschutzarbeit sorgten.

Die Jugendgruppen zeigten auf den Treffen ein hohes Maß an ökologischem Bewusstsein und brachten Probleme kritisch und offen zur Sprache. Der Sprecher einer Umweltgruppe der Erweiterten Oberschule Arnoldi in Gotha berichtete beispielswiese vom Kampf um ein bedrohtes Biotop, den er und seine Mitschüler erfolglos gegen die Heizwerke Gotha-Ost führten. Die Schülerin Steffi Rohland warf der Gothaer Stadtverwaltung und der örtlichen Volkspolizei im Namen der AG »Sozialistische Landeskultur« der Goetheschule Sangerhausen fehlende Konsequenz im Umgang mit Naturschutzfragen und der Zerstörung von Naturlehrpfaden vor. Eine Schülerin aus Pausa forderte in ihrem Vortrag, dass »wir alles tun« müssen, »um die Welt vom langsamen Sterben der Natur zu bewahren.« Aussagen wie diese passen so gar nicht in eine Zeit, in der Kritik an Umweltproblemen nur hinter vorgehaltener Hand möglich gewesen sein soll. Glaubt man dem Vorwort, das Rolf Caspar der Broschüre zum zweiten Jugendtreffen 1985 in Heiligendamm voranstellte, war die Stimmung auf diesen Treffen alles andere als duckmäuserisch und staatszahm.[242] Der Sekretär des Zentralvorstandes der GNU betonte auch anlässlich des Folgetreffens 1987 in Hohnstein, wie wichtig das selbstbewusste und beständige Engagement der

242 »Wer teilgenommen hat, wird vielleicht mit Bedauern registrieren, daß eine Broschüre eben nichts davon wiedergeben kann, wie Vorträge ›unter die Haut‹ gegangen sind, z. B. … welche spontane Solidarität aufflammte, wenn Teilnehmer, etwa Steffi Rohland aus Sangerhausen, über Probleme ihrer Arbeit berichteten. Man kann leider nicht in Worte kleiden oder in Zahlen setzen, wie man sich gegenseitig Mut machte, wie Freundschaften entstanden, Arbeitskontakte zwischen Fachgruppen geschmiedet wurden.« *Kulturbund der DDR*, Jugend forscht (II), S. 2.

Jugendlichen angesichts der verfahrenen Lage im Natur- und Umweltschutz war.[243] Caspar forderte ein kritischeres Bewusstsein von der GNU-Jugend, die seiner Ansicht nach den »Wert der ökologischen Kultur für künftiges menschliches Dasein« erkannt hatte.[244]

Der Zentralvorstand tat sich mit Forderungen nach einer Erweiterung der Fachgruppenarbeit allerdings schwer und leitete erst im März 1985 auf einem Treffen in Leipzig-Markkleeberg entsprechende Schritte ein. Bernhard Klausnitzer wurde damit beauftragt, den Aufbau eines ZFA für Stadtökologie vorzubereiten, der als Koordinations- und Anlaufstelle für die sich neu formierenden Umweltgruppen dienen sollte.[245] Bis zur Konstitution des ZFA, dessen Vorsitz der Biologe übernehmen sollte, verstrichen allerdings zwei weitere Jahre.[246] Und auch danach kam die Arbeit des Fachausschusses nicht richtig in Gang: Nach der Gründungssitzung im November 1987 kamen lediglich zwei weitere Treffen zustande. Wichtige inhaltliche Ziele wurden überdies nicht erreicht. Die Erfassung der Gruppen an der Basis verlief schleppend und auch ein geplanter Erfahrungsaustausch kam nicht zustande. Die Herausgabe einer Informationsbroschüre, für die im November 1988 bereits ein Inhaltsverzeichnis vorlag, musste verschoben und die Organisation eines »Spezialistenlagers für Junge Stadtökologen« auf das Jahr 1990 vertagt werden.[247]

Die Gründe dafür waren vielfältig: Zum einen plagten Klausnitzer, der mit der Doppelbelastung aus beruflicher und ehrenamtlicher Tätigkeit anscheinend überfordert war, gesundheitliche Probleme. Zum anderen scheinen Teile des Zentralvorstandes und vor allen Dingen eine Reihe von Bezirksleitungen der GNU den neuen Stadtökologie- und Umweltgruppen skeptisch gegenüber gestanden zu haben.[248] Darauf verweisen nicht nur Einwände aus den Bezirken und Probleme, die Leitung des neuen ZFA personell zu besetzen, sondern auch Beschwerden von lokalen Interessensgemeinschaften. Einzelne Gruppen fühlten sich aufgrund langwieriger Genehmigungsverfahren und anderer »Störungen« durch den Kulturbund und die Behörden gegängelt.[249] Andere Gruppen

243 »Ein Satz stand lange und schwer im Raum: ›Ich fühle mich ohnmächtig…‹ Aber Ohnmacht ist erstarrte, eingefrorene Energie. Und wer unsere Jugendtreffen kennt, weiß, daß bei der allbekannten Leidenschaft und Hitze unserer jungen Mitstreiter nichts im gefrorenen Zustand bleibt.« *Kulturbund der DDR*, Jugend forscht (III).

244 *Ebd.*

245 Empfehlungen der Teilnehmer einer Beratung über die Entwicklung des Tätigkeitsgebietes Stadtökologie in der Gesellschaft für Natur und Umwelt im Kulturbund der DDR am 21. März 1985 in Leipzig-Markkleeberg: SAPMO, DY 27/9199.

246 Vgl. Protokoll zur Gründungssitzung des Zentralen Fachausschusses Stadtökologie, 18. November 1987: SAPMO, DY 20/9199.

247 Vgl. dazu die Protokolle der 1. und 2 Sitzung in: SAPMO, DY 27/9199.

248 Dr. H.-D. Trillmich, Sektorenleiter, Betr.: Tätigkeit des ZFA Stadtökologie, Berlin, März 1990: SAPMO, DY 27/9199.

249 Vgl. exempl. IG Stadtökologie Köpenick an Bezirkssekretariat des Kulturbundes, betr.: Genehmigungsverfahren für Info-Blätter, Berlin, den 10.11.88: SAPMO, DY 27/9200. Dazu auch: Behrens u. a., Wurzeln, 1993, 69 ff.; Nölting, Strategien, 2002, 215 ff.

konnten sich gar nicht erst gründen: Eine Frau aus Jena klagte beispielsweise im Frühjahr 1987 darüber, dass ihr und etwa zwanzig Mitstreitern die Bildung einer Stadtökologiegruppe durch das Kulturbundsekretariat des Bezirkes Gera untersagt worden war, obwohl die Ortsleitung bereits ihre Zustimmung gegeben hatte.[250] Von Bundessekretär Fiedler darauf angesprochen, gab das zuständige Bezirkssekretariat an, dass man dem Anliegen aufgrund der politischen Haltung einzelner Gruppenmitglieder eine Absage erteilt hatte: »Wir müssen so handeln, weil der an Stadtökologie in Jena interessierte Personenkreis aus mehreren Gründen nicht geschlossen als Gruppe in den Kulturbund aufgenommen werden kann. Besonders, weil von einigen Personen aus diesem Kreis bekannt ist, daß sie den Kulturbund vermutlich als Dach für ihre spezifischen Interessen wahrnehmen und damit legalisieren wollen. Aus diesem Grunde folgten wir auch einer früheren Anregung des Bundessekretariats, neu eintretende Mitglieder in bereits bestehende Gruppen aufzunehmen.«[251] Es waren allerdings diese »spezifischen Interessen« der Jugendlichen und jungen Erwachsenen, die die neue Umwelt- und Stadtökologiebewegung im Kern ausmachten. Absagen durch die Bezirks- oder Kreisleitungen, wie etwa an die Jenaer Gruppe, waren ein offener Ausdruck der Ablehnung gegenüber dieser Strömung und entfernten die Interessensgemeinschaften und Kulturbundführung voneinander.

Die Uneinigkeit der GNU-Führungsspitze im Umgang mit den neuen ökologischen Kräften in den eigenen Reihen und die sich verändernde gesellschaftliche Lage spiegelten sich in der schleppenden Arbeit des ZFA Stadtökologie wider.[252] Die offenkundige Handlungsunfähigkeit des Fachausschusses konnte auch in den folgenden Monaten nicht überwunden werden und ließ das Heft des Handelns an die Basis übergehen. Bis zu diesem Zeitpunkt hatten sich bereits vielerorts Interessensgemeinschaften gebildet, die immer stärker in die Öffentlichkeit drängten und eine Vernetzung ihres Engagements anstrebten. Unter diesen Gruppen nahm die im April 1988 gebildete Arbeitsgemeinschaft für Umweltschutz und Stadtgestaltung Potsdam (ARGUS) eine Führungsrolle ein.[253] Wenige Monate darauf, im November 1988, bereitete die Gruppe einen überregionalen Erfahrungsaustausch von Stadtökologie- und Umweltgruppen unter dem Dach der GNU vor. In kürzester Zeit konnten DDR-weit zahlreiche

250 Frau K.S. an Kulturbund, Jena, den 13.4.87: SAPMO, DY 27/10241.

251 Kulturbund der DDR, Bezirkssekretariat Gera an das Bundessekretariat des Kulturbundes der DDR, zu Hd. Von Dr. Manfred Fiedler, Gera, den 29.5.1987: SAPMO, DY 27/10241.

252 Das belegt auch ein Schreiben des Sekretärs des Zentralvorstandes an die GNU-Mitglieder vom August 1989, das bereits deutlich von der Sorge um einen Verlust des Kontaktes zur Basis geprägt war. Caspar verwies darin auf die zahlreichen Klagen von Basisgruppen über die mangelnde Verfügbarkeit von Informationsmaterialien und machte dafür indirekt die Bezirkssekretariate verantwortlich. KB der DDR, Gesellschaft für Natur und Umwelt, Zentralvorstand, Berlin, den 22.8.1989: SAPMO, DY 27/9199.

253 Potsdam ist keine Insel, in: ARGUS. Ansichten, Einsichten, Aussichten 1/89: SAPMO, DY 27/9199; vgl. auch *Steinmetz*, S. 216ff.

Interessens- und Arbeitsgemeinschaften für das Vorhaben gewonnen werden.[254] Nach der Überwindung anfänglicher Widerstände von Seiten der Bezirksleitung des Kulturbundes Potsdam, die abermals das schwierige Verhältnis zwischen den Basisgruppen und der mittleren Führungsebene deutlich machten, gelang es endlich, ein Treffen zu organisieren: Anfang April 1989 kamen 121 Vertreter aus 24 Umwelt- und Stadtökologiegruppen für zwei Tage in Potsdam zusammen, um Probleme der alltäglichen Arbeit sowie grundsätzliche Fragen der Stadtökologie und des Umweltschutzes zu erörtern.[255]

Das Vertretertreffen brachte neue Bewegung in die verfahrene Lage auf dem Gebiet der Stadtökologie. Die Interessens- und Arbeitsgemeinschaften beschlossen unter anderem die Bildung von sieben überregionalen Projektgruppen, die als Anlauf- und Informationsstelle für andere Basisgruppen dienen und die Arbeit der Stadtökologiebewegung verbessern sollten.[256] Auf einer Tagung des Zentralvorstandes der GNU, die wenige Tage nach dem Potsdamer Treffen stattfand, erhielt Klausnitzer anscheinend keine Unterstützung mehr von seinen Bundesfreunden. Der zuständige Sektorenleiter für Entomologie und Stadtökologie im Bundessekretariat des Kulturbundes, Hans-Dieter Trillmich, vermerkte in einem Tätigkeitsbericht, dass der Vorstand nicht in der Lage gewesen sei, eine Entscheidung über den weiteren Umgang mit den Stadtökologiegruppen zu treffen.[257] Die Frage wurde erneut vertagt. Klausnitzer trat daraufhin – offiziell aus gesundheitlichen Gründen – vom ZFA-Vorsitz zurück. In einem Schreiben an den Bundessekretär des Kulturbundes, Manfred Fiedler, merkte er allerdings zwischen den Zeilen kritisch an, dass sich auf dem Vorstandstreffen bereits »mehrere Bundesfreunde hinreichend für die Wahrnehmung dieser Aufgabe apostrophiert« hätten.[258] Als neuer Kandidat für diese Funktion konnte Ende Juli der Berliner Kreishygienearzt Klaus Fiedler gewonnen werden.[259]

254 Arbeitsgemeinschaft für Umweltschutz und Stadtgestaltung in der GNU Kreisorganisation Potsdam an Schulmeister, Potsdam, 14.2.1989: SAPMO, DY 27/10241.

255 Kulturbund der DDR, Bezirksleitung Potsdam an Genossen Prof. Dr. K.-H. Schulmeister, Potsdam, den 22.2.1988: SAPMO, DY 27/10241; Gemeinsam etwas tun für unsere Umwelt, in: ARGUS. Ansichten, Einsichten, Aussichten 2/89: SAPMO, DY 27/9200.

256 Folgende Projektgruppen wurden gebildet: »Öffentlichkeitsarbeit und Umweltgrafik« bei der IG Leipzig-Mitte, »Information« bei der IG Potsdam, »Sekundärrohstoffe und Recycling« bei der IG Jena, »Verkehrsökologie« bei der IG Dresden/Radverkehr, »Stadtgrün« bei der IG Halle, »Wasser-Luft« bei der IG Karl-Marx-Universität Leipzig, »Umwelterziehung« bei der IG TU Dresden. Vgl. dazu Gemeinsam etwas tun für unsere Umwelt, in: ARGUS. Ansichten, Einsichten, Aussichten 2/89: SAPMO, DY 27/9200; Konzeption für die Zielstellung, den Wirkungsbereich, die Arbeitsweise und die Einordnung des ZFA Stadtumwelt/Stadtökologie in der Gesellschaft für Natur und Umwelt im Kulturbund der DDR, Entwurf, Berlin, den 25.8.1989: SAPMO, DY 27/9199.

257 Dr. H.-D. Trillmich, Sektorenleiter, Betr.: Tätigkeit im Bereich des ZFA Stadtökologie, Berlin, März 1990: SAPMO, DY 27/9199.

258 Klausnitzer an Manfred Fiedler: SAPMO, DY 27/9199.

259 Dr. Manfred Fiedler, Bundessekrertär, Aktennotiz, 26. Juli 1989: SAPMO, DY 27/9199.

Der eigentliche Hoffnungsträger derjenigen Kräfte innerhalb der Kulturbundführung, die sich um die Förderung der Stadtökologiebewegung bemühten, kam jedoch aus dem ARGUS. Matthias Platzeck, Leiter der Abteilung Umwelthygiene der Potsdamer Kreishygieneinspektion, war Gründungsmitglied der Gruppe und bereits zuvor in der Arbeitsgruppe »Pfingstberg« im Kulturbund aktiv gewesen. Platzeck stieg zu einer Führungsfigur der Stadtökologiebewegung auf und genoss das Vertrauen führender Kulturbundfunktionäre. Bundessekretär Fiedler, Sektorenleiter Trillmich und der Sekretär des GNU-Zentralvorstandes, Caspar, waren daher sehr darum bemüht, ihn für die Mitarbeit im ZFA Stadtökologie zu gewinnen.[260] In einem Konzeptionsentwurf, der die Arbeit des Fachausschusses neu ausrichten und auch die Forderungen der Stadtökologiegruppen angemessen aufgreifen sollte, war Platzeck bereits als erster Stellvertreter des Vorsitzenden vorgesehen.[261] Zur Konstitution dieses neuen ZFA kam es aber nicht mehr. Die Ereignisse vom Herbst des Jahres 1989 überrollten die emsigen Bemühungen des Sommers, die sich weitgehend hinter den Kulissen abgespielt hatten. Auf dem 2. Vertretertreffen der Interessensgemeinschaften Anfang Oktober in Potsdam solidarisierten sich die Gruppen offen mit den Forderungen der Bürgerrechtsbewegung und verlasen eine Willenserklärung, in der sie eine glaubhafte Beteiligung an politischen Entscheidungsprozessen und ehrliche Informationen über den Zustand der Umwelt einforderten. Der Erklärung war der Versuch vorausgegangen, eine »Grüne Liste« im »Neuen Forum« zu verankern.[262] Nachdem dieses Vorhaben gescheitert war, bemühten sich Vertreter des »Grün-ökologischen Netzwerkes Arche« in den evangelischen Kirchen gemeinsam mit einer Reihe von Interessensgemeinschaften der GNU um die Bildung einer neuen Sammelbewegung, die staatsnahe und kirchliche Gruppen vereinen und darüber hinaus sicherstellen sollte, dass der Umweltschutzgedanke neben den Kernforderungen der Bürgerrechtsbewegung nicht unterging. Ende Oktober entzweiten sich die Umweltgruppen allerdings über die Frage der richtigen Organisationsform: Während eine Fraktion um Carlo Jordan die Bildung einer »Grünen Partei« anstrebte, lehnte die Mehrheit der »Öko-Gruppen des Kulturbundes«, wie sich die Interessengemeinschaften jetzt selbstbewusst nannten, diesen als zu eigenmächtig empfundenen Vorstoß ab.[263]

260 Trillmich an Bundesfreund Matthias Platzeck, Berlin, den 17. August 1989: SAPMO, DY 27/9199.

261 Konzeption für die Zielstellung, den Wirkungsbereich, die Arbeitsweise und die Einordnung des ZFA Stadtumwelt/Stadtökologie in der Gesellschaft für Natur und Umwelt im Kulturbund der DDR, Entwurf, Berlin, den 25.8.1989: SAPMO, DY 27/9199.

262 *Steinmetz*, S. 212, 226 ff.; *Neubert*, Opposition, S. 840.

263 Vertreter von Gruppen der Gesellschaft für Natur und Umwelt, des Verbandes Bildender Künstler und der Arche, Gemeinsame Erklärung, Berlin, 5. November 89; Positionspapier von Vertretern der Oeko-Gruppen des Kulturbundes in Berlin, Berlin, den 5.11.1989; Gründungsinitiative für eine Grüne Partei in der DDR, Berlin, den 05. November 1989; Erklärung der Grünen Partei, Berlin, 25.11.1989; Abteilung XX/9, Operative Information, Berlin, 29. November 1989; alle in: BStU, MfS, BV Berlin, Abt. XX, 3362, pag. 3–8, 16 u. 24–29.

Der Zentralvorstand war indes nicht mehr in der Lage mit der Dynamik des politischen Umbruchs Schritt zu halten: Auf einer Tagung am 15. November, zu der Caspar entgegen der Satzung auch nicht deligierte Vertreter von Stadtökologiegruppen eingeladen hatte, kam es zum finalen Eklat. Bereits zu Beginn der Sitzung traten der GNU-Vorsitzende Thomasius und Kulturbundsekretär Fiedler von ihren Ämtern zurück. Die Mitglieder der Öko-Gruppen kritisierten in der darauffolgenden Diskussion offen das Fehlverhalten staatlicher Organe und forderten den Rücktritt des gesamten Zentralvorstandes, den sie für die Gängelung ihres Engagements mitverantwortlich machten. Einige Vorstandsmitglieder verlangten daraufhin unter Verweis auf die Satzung, die Gruppenmitglieder von der Sitzung auszuschließen. Mit den Vertretern der Stadtökologiebewegung verließ daraufhin auch Reimar Gilsenbach die Vorstandstagung, der sich zuvor bereits offen mit den Gruppen solidarisiert hatte. Der Zentralvorstand zeigte sich infolge dessen gänzlich gespalten und trat geschlossen zurück. Die hitzige Vorstandssitzung im November ebnete endgültig den Weg für den Austritt der Umwelt- und Stadtökologiegruppen aus dem Kulturbund. Die Mehrheit der Arbeits- und Interessensgemeinschaften bildete Ende November, im Anschluss an das »6. Berliner Öko-Seminar«, die »Grüne Liga«. Die GNU zerfiel im weiteren Einigungsprozess und ging mehrheitlich in den westdeutschen Naturschutzverbänden BUND und NABU auf.[264]

Das Scheitern der GNU stand gleichermaßen für das Scheitern jenes autoritären Partizipationsmodells, mit dem die ostdeutschen Staats- und Parteiführungen ihre Herrschaft über Jahrzehnte hinweg erfolgreich festigen konnten. Der Zentralvorstand fügte sich in dieses Modell und hielt an den auch aus Sicht des Naturschutzes lange Zeit bewährten Aushandlungsmethoden fest. Zum Handlungsrepertoire zählten die gelenkte Masseninitiative im Rahmen der »Mach mit!«-Wettbewerbe der Nationalen Front sowie Landschaftstage, Landeskulturkonferenzen und andere regionale bzw. lokale Großveranstaltungen.[265] Diese in der späten Ulbricht-Ära entwickelten Aktionsformen waren durch eine Mischung aus autoritär-korporatistischen, eng limitierten Mitgestaltungsangeboten und einer restriktiven Form der politischen Selbstkritik gekennzeichnet, die viele punktuelle Probleme jedoch erstaunlich offen ansprach. Der Partizipationsgedanke und die Offenheit endeten allerdings spätestens an den Eckpfeilern der Macht: Debatten über ein Abrücken von parteipolitischen Grundlinien – etwa dem Primat der Einheit von Wirtschafts- und Sozialpolitik oder das in den Köpfen vieler Führungskader dominante Leitbild des Industrialismus – waren unzulässig. Die Grenzen des Machbaren, die sich in der Umweltpolitik angesichts der ökonomischen Probleme einstellten, waren Teil eines Konsenses, den es nicht zu hinterfragen galt. Bei vielen jungen Natur- und Umweltschützern stieß diese Haltung jedoch zunehmend auf Ablehnung.

264 Vgl. dazu: *Behrens u. a.*, S. 73–86; *Nölting*, S. 105–113; *Gilsenbach*, Gleichschritt, S. 254f.

265 Vgl. dazu III.6. Einen Überblick zu Landschaftstagen u. a. bei: *Auster*; *Behrens*, Landschaftstage, S. 62–86.

Dennoch gelang es der GNU zahlreiche Menschen für ihre massenpolitischen Aktionen zu gewinnen. Bereits kurz nach ihrer Gründung beteiligte sich die Gesellschaft unter dem Motto »Gepflegte Landschaft – gepflegte Umwelt« an einer Kulturbundinitiative anlässlich des X. Parteitages der SED. Die Aktion wurde im Laufe der achtziger Jahre fortgeführt und mobilisierte tausende DDR-Bürger. Alleine im Bezirk Dresden beteiligten sich bis 1986 mehr als 60.000 Menschen, setzten Wanderwege instand, pflegten Natur- und Landschaftsschutzgebiete, pflanzten Bäume und beseitigten wilde Müllkippen.[266] Im Bezirk Erfurt gelang es beispielsweise im Juni 1988 für eine Aktion, die unter dem Motto »Unsere Gewässer – gepflegte Gewässer. Mach mit« stand, fast 10.000 Bürger zu mobilisieren.[267] Die »Mach mit«-Veranstaltungen, die seit Ende der achtziger Jahre auch bewusst anlässlich des Weltumwelttages stattfanden, erzeugten ein großes Echo in den Staatsmedien und verhalfen dem Natur- und Umweltschutz zu medialer Aufmerksamkeit.

Landschaftstage, Landeskultur- und Umweltkonferenzen nahmen seit der Einstellung der »Wochen der sozialistischen Landeskultur« sprunghaft zu.[268] Ende der siebziger Jahre veranstalteten bereits 12 der 15 Bezirke regelmäßig solche Großveranstaltungen und bis 1987 hatte sich das Konzept in allen Bezirken der DDR durchgesetzt.[269] Auf Landschaftstagen kamen Natur- und Umweltschützer der GNU mit Staats- und Wirtschaftsfunktionären zusammen, um gemeinsam Umweltprobleme der in den Mittelpunkt gerückten Landschaften zu erörtern. Ziel war es, konsensuale Lösungen für spezifische Probleme zu finden und diese öffentlichkeitswirksam zu präsentieren. Zu diesem Zweck zogen Vertreter der Bezirksräte und Kommunen in der Regel eine sachlich-kritische Bilanz der Umweltsituation, verwiesen auf Erfolge sowie eingeleitete Maßnahmen und übten Kritik an Verfehlungen der Industrie. Fachgruppen der GNU berichteten außerdem von ihrer Arbeit, während leitende Mitarbeiter der VEB und LPG bereitwillig Auskunft über vorhandene Umweltprobleme gaben und mit einer offenen Darstellung von Lösungskonzepten um Vertrauen warben. Am Ende der Veranstaltungen stand ein Konsens, der feierlich inszeniert wurde und den Charakter einer verbindlichen Verpflichtungserklärung trug: Landschaftspflegepläne oder gemeinsame Empfehlungen hielten die zentralen Ergebnisse der Beratungen fest und dienten als Zielvorgabe, an denen sich alle Beteiligten messen lassen sollten. Der GNU fiel die Aufgabe zu, die Verwirklichung der

266 *Eschke*, S. 31 f.; Gepflegte Landschaft, gepflegte Umwelt, 1980, 286.

267 Tausende zogen aus, der Ilm das Bett zu richten: ND, 4./5. Juni, 9.

268 Das Präsidium des Ministerrates begründete den Beschluss zur Einstellung der Wochen der sozialistischen Landeskultur im März 1974 explizit mit dem Ziel, »die vielfältigen Initiativen«, denen bislang während der Landeskulturwochen Raum gegeben wurde, »auf breiter Grundlage auf das ganze Jahr auszudehnen.« PMR, Protokollbeschlüsse vom 19. März 1974: BArch, DC 20-I/4/3040, pag. 20.

269 Zwischen 1966 und 1989 organisierten »Natur- und Heimatfreunde« bzw. GNU insgesamt 207 Großveranstaltungen dieser Art – davon alleine 187 nach 1980. Zusammengestellt nach Auster, Landschaftstage, 1996, 112–126.

erörterten Maßnahmen zu kontrollieren und die zuständigen Räte darüber zu informieren. Folgende Landschaftstage sollten dann erneut Bilanz ziehen und weitere Vereinbarungen festlegen.[270]

Der Charakter der Landschaftstage war allerdings sehr unterschiedlich und richtete sich nach den regionalen Bedingungen des Veranstaltungsortes. Während die Zusammenkünfte in ländlichen Regionen oftmals Natur- und Landschaftsschutzfragen im engeren Sinn erörterten, wurde das Veranstaltungskonzept im Laufe der achtziger Jahre immer öfter auch in Industrieregionen und Großstädten angewandt.[271] Die Landschaftstage reprojizierten nun allerdings oftmals nur noch die Grenzen des Machbaren, die dem Umweltschutz durch die ökonomische Krise auferlegt waren, und trugen auf diese Weise dazu bei, die etablierten Aushandlungsmuster in Frage zu stellen. Der Vorsitzende des RdB Halle, Alfred Kolodniak, sprach sich in einem Vortrag auf dem Landschaftstag »Saaletal« im Juni 1987 beispielsweise gegen Forderungen aus, einen höheren Anteil des Nationaleinkommens für den Umweltschutz aufzuwenden, wenn damit nicht auch ein größerer wirtschaftlicher Leistungszuwachs verbunden sei. Gleichzeitig machte er aber auch auf das gewachsene Umweltbewusstsein vieler Bürger aufmerksam und bekannte offen, dass trotz der Erfolge, die die Umweltpolitik seit den siebziger Jahren erzielen konnte, die Ergebnisse immer noch unbefriedigend seien. Mit Blick auf die hohe Verschmutzung der Luft und der Gewässer im Bezirk hielt er fest: »Trotzdem ist es noch zu viel. Jeder von uns spürt das, jeder weiß das … Wir wissen, wo wir da stehen, und wir haben die große Aufgabe, eine weitere entscheidende Wende zu organisieren, vor allem, wenn wir uns die Saale ansehen.«[272]

Viele Umweltengagierte hatten genug von der Widersprüchlichkeit der Aussagen staatlicher Funktionäre und der »Schritt-für-Schritt«-Rhetorik, mit der Lösungen auf die mittlere Zukunft des nächsten Fünfjahrplanes vertagt werden sollten. Die Realität der Arbeit in den Fachgruppen der GNU sah ohnehin anders aus und lag außerhalb des inszenierten Konsenses der Landschaftstage. Sie war geprägt durch eine Mischung aus Kooperation und Konfrontation mit lokalen Behörden, VEB und LPG. Die Ortsgruppen leisteten wissenschaftliche Natur-

270 So z.B. auf dem Landschaftstag »Saaletal«, der im Juni 1988 in Bernburg stattfand. Der dort bemerkenswert offen geführten Problemdiskussion gingen sowohl der Beschluss eines regionalen Programmes zur Reinhaltung der Luft als auch ein betriebliches Umweltprogramm des Kombinates VEB Leuna-Werke »Walter Ulbricht« voraus. Die Ergebnisse der Debatte wurden abschließend in »Empfehlungen« festgehalten, über deren Umsetzung die GNU jährlich vor dem Rat des Bezirkes »abrechnen« sollte. Vgl. *Rat des Bezirkes Halle u. Gesellschaft für Natur und Umwelt im Kulturbund der DDR*, S. 87, 93.

271 Der Pankower Landschaftstag befasste sich beispielsweise 1987 erstmals mit Fragen der Stadtumwelt. Auch politisch heikle Themen, wie etwa Waldschäden, wurden – wenn auch auf sehr sachliche und kontrollierte Weise – auf Landschaftstagen diskutiert. Vgl. dazu: *Rat des Stadtbezirkes Berlin-Pankow u. Kreisleitung Berlin-Pankow des Kulturbundes der DDR*; *Legler*, S. VI f. Zu Landschaftstagen in ländlichen Regionen vgl. *Behrens*, Landschaftstage.

272 *RdB Halle u. Kulturbund, Landschaftstag*, S. 81.

schutzarbeit, beteiligten sich an Aufforstungsmaßnahmen, beseitigten wilde Müllablagerungen, erarbeiteten Ausstellungen und veröffentlichten Presse- sowie Fachartikel. Anders als den kirchlichen Gruppen, standen den vielen Ortsgruppen der GNU zudem eigene, legale Publikationsorgane zur Verfügung.[273] Viele Gruppenmitglieder arbeiteten in Behörden oder übten ehrenamtliche Funktionen, wie etwa ein kommunales Mandat, aus. Die Gruppen setzten sich aber auch gegen staatliche Entscheidungen zur Wehr, kämpften beispielsweise für den Erhalt von Naturlandschaften, zeigten Umweltvergehen bei Behörden an oder protestierten gegen ökologisch fragwürdige Industrie- und Agrarprojekte. Für die Austragung dieser Konflikte war die Eingabe das Mittel der Wahl. Es eröffnete den Natur- und Umweltschützern einen politisch und rechtlich legitimierten Handlungsrahmen und war daher auch die erfolgversprechendste Strategie in der kritischen Interaktion mit den Staatsorganen.[274]

Die Grenzen zwischen der konformen Arbeit der GNU und dem von der StaSi als »feindlich-negativ« diffamiertem Engagement kirchlicher Gruppen wurden allerdings vieler Orts immer durchlässiger.[275] Innerhalb der GNU-Ortsgruppe Templin bildete sich beispielsweise 1988 eine Interessensgemeinschaft für Stadtökologie, die eng mit einer Ökologiegruppe der evangelischen Stephanus Stiftung im Waldhof zusammenarbeitete. Entlang der Auseinandersetzung um ein lokales Schweinezucht- und Mastkombinat im nordöstlich von Templin gelegenen Dorf Haßleben verschmolzen die Proteste vor Ort. Einige Mitglieder der Stephanus-Initiative gründeten die Gruppe »Massentierhaltung Arche-Templin« und taten sich mit Mitgliedern der GNU-Ortsgruppe zusammen, die bereits seit Ende der siebziger Jahre gegen den Agrarbetrieb opponierten.[276] Die Samisdatschrift »Arche Nova« widmete dem Thema in ihrer letzten Ausgabe einen Schwerpunkt und erhob den Namen Haßleben zum Synonym für fehlgeleitete Wege der Massentierhaltung in der DDR.[277]

Die Kooperation staatsnaher und kirchlicher Gruppen war in den Großstädten am stärksten ausgeprägt. Die 1986 gebildete Interessensgemeinschaft Stadtökologie in Berlin-Köpenick stand beispielsweise im engen Austausch mit ande-

273 So beispielsweise ARGUS aus Potsdam, die Arbeitsgemeinschaft Stadtökologie Cottbus oder die IG Stadtökologie Köpenick, die zusammen mit der IG Radverkehr Dresden ein Info-Blatt herausgab. Vgl. SAPMO, DY 27/9199 u. 9200.

274 Vgl. dazu: *Reichhoff*, S. 112–115; *Behrens u. a.*, S. 101–109; *Liste*, S. 14 f.; *Nölting*, S. 142–164, 189–211, 212–232 u. 233–254.

275 Zur Umweltbewegung unter dem Dach der evangelischen Kirchen vgl. IV.3.3.

276 *Behrens u. a.*, S. 109–113; *Nölting*, S. 193 ff.

277 Auch andernorts suchten kirchliche Gruppen den Schulterschluss mit der GNU: Die Umweltgruppe Cottbus der katholischen Kirche wandte sich im Dezember 1988 beispielsweise mit einer »Erklärung zur Umweltschutz-Informationspolitik in der DDR« an die Bezirksleitung des Kulturbundes Cottbus und setzte sich darin für eine Aufhebung der Geheimhaltungsanordnung ein. Das Schreiben, das auch an den Bezirksvorstand der CDU gerichtet war, verfolgte das Ziel, das Anliegen vor die Volkskammer zu bringen. Umweltgruppe Cottbus, Erklärung zur Umweltschutz-Informationspolitik in der DDR, Cottbus, 16.12.1988: SAPMO, DY 27/9200; vgl. auch *Jordan u. Kloth*, S. 431 ff.

ren Umweltgruppen und pflegte auch Kontakte zu kirchlichen Initiativen, wie etwa dem »Grün-ökologischen Netzwerk Arche«.[278] Ein Jahr nach ihrer Gründung veranstaltete die Interessensgemeinschaft erstmals eine »Öko-Kirmes«, auf der ökologisch motivierte Unterhaltungs-, Einkaufs- und Informationsmöglichkeiten geboten wurden. Daneben präsentierte die Gruppe Ausstellungen und organisierte Vorträge und Diskussionsforen. Die Veranstaltung, die im folgenden Jahr fortgesetzt wurde, erfreute sich großer Beliebtheit. Die Besucherzahlen stiegen von einigen Hundert auf mehrere Tausend.[279] Das Format stellte damit ein Gegenmodell zu den Landschaftstagen und Umweltkonferenzen der GNU dar, die nur ausgewählten Kulturbundmitgliedern und Funktionären zugänglich waren, und erhielt daher auch aus Kirchenkreisen immer mehr Zuspruch. Die »Umweltblätter« der Ost-Berliner Umweltbibliothek, ansonsten eher skeptisch gegenüber Aktionen der staatsnahen GNU, berichteten anerkennend über die erste Veranstaltung im Jahr 1987: »Das Programm jedenfalls, das am 6. Juni dieses Jahres im Köpenicker Kulturhaus ›Zu den sieben Raben‹ … angeboten wurde, war für DDR-offizielle Verhältnisse erstaunlich. … Auffällig ist allerdings, daß die Köpenicker staatliche Gruppe mit sehr viel größerem Ernst und Sachkenntnis vorgeht als die manchmal allzusehr auf bloße Augenblicks- und Protesterfolge orientierten kirchlichen/autonomen Gruppen. Der Freiraum, den die Köpenicker Stadtökologen haben, ist mühsam erkämpft und nur durch stetige und fachlich genaue Arbeit zu halten und zu erweitern. Eindrucksvoll, wenn auch ein wenig entnervend, ist die Intensität, mit der sich die Umweltschützer mit lokalen Aufgaben wie der Begrünung einer Lärmschutzmauer oder der Rettung eines Baumes vor einem ausgelaufenen Giftfaß beschäftigen.«[280]

Die zweite »Öko-Kirmes« im Juni 1988 entwickelte sich bereits zu einem bedeutenden Forum der kritischen Umweltbewegung: Der geschützte Rahmen des Kulturbundes ermöglichte den Besuchern offene Diskussionen und bot eine Plattform für den Austausch mit Mitgliedern kirchlicher Gruppen. Auf der Veranstaltung waren nicht nur Kulturbundgruppen aus Berlin und den Bezirken Rostock, Frankfurt (Oder) und Potsdam, sondern ebenso Öko-Gruppen der evangelischen Kirche aus Pankow und Friedrichsfelde sowie Mitglieder der Berliner Umweltbibliothek vertreten. Ein Informationsbericht der Kreisleitung des Köpenicker Kulturbundes hielt über den Ablauf argwöhnisch fest, dass bereits über dem Eingang der Kirmes ein »unübersehbares« Protestplakat gegen Bau von Schnellstraßen prangte und Poster mit kritischen Aufdrucken zur Reaktorkatastrophe von Tschernobyl schon kurz nach Beginn der Veranstaltung vergriffen waren. Der Höhepunkt der Veranstaltung war ein Dis-

278 *Nölting*, S. 217 ff.

279 Vgl. dazu: Eine »Eule« für die Vollkropfwiesen. Aus der Arbeit der Köpenicker Interessensgemeinschaft Stadtökologie des Kulturbundes: ND, 21. April 1987, 8; Information über die 2. Öko-Kirmes der Interessensgemeinschaft Stadtökologie im Kulturbund der DDR, Kreisorganisation Köpenick am 4.6.1988: SAPMO, DY 27/9200; Rüddenklau, Störenfried, 1992, 164 ff.

280 *Rüddenklau*, S. 164 f.

kussionsforum, an dem neben Reimar Gilsenbach und seiner Lebensgefährtin Hannelore Kurth auch Staatsfunktionäre teilnahmen. Moderiert wurde die Diskussion vom Vorsitzenden der IG »Stadtökologie« Köpenick, Dieter Lucht.[281] Gilsenbach und Kurth hatten vorab schriftliche Erklärungen verfasst, die sie als Eingangsstatements verlasen und anschließend in der Oktoberausgabe der Samisdatschrift »Arche Nova« veröffentlichten.[282] Auch die Partei- bzw. Staatsmedien »Neues Deutschland«, »Neue Zeit« und »Berliner Zeitung« berichteten über die Veranstaltung.[283]

Im Verlauf der Podiumsdiskussion zog insbesondere Egon Seidel, Abteilungsleiter im ZUG und linientreues SED-Mitglied, den Unmut des Publikums auf sich. Schon sein Eingangsstatement wurde durch Buh-Rufe gestört. Seidel verteidigte darin die ostdeutsche Umweltpolitik, verwies auf bereits erreichte Erfolge und versuchte der aufgeheizten Stimmung mit nüchternen Ausführungen über die Bedeutung abproduktefreier Technologien und geschlossener Stoffkreisläufe zu versachlichen. Gilsenbach – der zunächst überlegte seine Teilnahme am Forum abzusagen, nachdem er von der Einladung Seidels erfahren hatte – berief sich in seinen leidenschaftlichen Ausführungen hingegen auf die Politik Gorbatschows und forderte die Offenlegung von Umweltdaten. Er und seine Lebensgefährtin, die auf ähnlich emotionale Weise Kritik übte, erhielten großen Beifall von den etwa 280 Zuhörern. In der lebhaften Diskussion, in der sich auch der bis dahin vorsichtig agierende Diskussionsleiter zur Forderung nach einem Ende der Geheimhaltungspolitik hinreißen ließ, kam der grundlegende Widerspruch zwischen offizieller Politik und den Forderungen und Wünschen der umweltbewegten Bevölkerung zum Ausdruck. Die Diskussionsbeiträge aus dem Publikum stellten etwa »den Eindruck einer absolut heilen Umwelt«, den die Ausführungen Seidels vermittelten, offen infrage und bezeichneten das Gerede über Stoffkreisläufe und abproduktefreie Technologien als unrealistische »Phraseologie«. Andere Beiträge glitten ins Sarkastische ab und witzelten, dass es kein Zufall sei, »daß das Ministerium für Umweltschutz und Wasserwirtschaft seinen Sitz neben dem Gebäude des Gehörlosen- und Sehschwachen-Verbandes hat.« Erst gegen Ende der Debatte gelang es den Podiumsteilnehmern, die Gemüter wieder zu beruhigen.[284]

Die Veranstaltung schlug hohe Wellen: Gilsenbach vermerkte dazu in seiner post mortem erschienen Autobiographie, dass Seidel, den er als »Oberzensor des Umweltschutzes« bezeichnete, nach der Podiumsdiskussion vor Wut geschäumt und sich im Umweltministerium dafür eingesetzt hätte, dass es in Zukunft

281 Information über die 2. Öko-Kirmes der Interessensgemeinschaft Stadtökologie im Kulturbund der DDR, Kreisorganisation Köpenick am 4.6.1988: SAPMO, DY 27/9200.

282 *Jordan u. Kloth*, S. 274 f.

283 Vgl. Ratschläge von der Kirmes: ND, 7. Juni 1988, 8; Kirmes in Köpenick: NZ, 7. Juni 1988; Öko-Kirmes in Köpenick: BZ, 6. Juni 1988, 8.

284 Information über die 2. Öko-Kirmes der Interessensgemeinschaft Stadtökologie im Kulturbund der DDR, Kreisorganisation Köpenick am 4.6.1988: SAPMO, DY 27/9200.

keinen »Öko-Kirmes« mehr geben sollte.[285] Tatsächlich scheint sich sein Vorgesetzter, Reichelt, nach der Veranstaltung an das Präsidium des Kulturbundes gewandt und Druck in diese Richtung ausgeübt zu haben.[286] In der Köpenicker Kreisleitung überlegte man daraufhin, die Veranstaltung künftig nur noch alle zwei Jahre zuzulassen und insgesamt stärker zu begrenzen. Grundsätzlich stimmte man aber mit der Berliner Bezirksleitung darin überein, dass es auch weiterhin eine »Öko-Kirmes« geben sollte.[287] Die Kulturbundleitung beschloss auf Druck des Umweltministeriums außerdem, eine Aussprache mit Gilsenbach über die von ihm vertretenen Standpunkte auf der Podiumsdiskussion zu führen.[288] Das Format machte indes Schule: Im darauffolgenden Jahr veranstaltete beispielsweise das Naturschutzaktiv Marzahn zusammen mit drei Berliner Schulen anlässlich des »Tages der grünen Blätter« eine »Öko-Kirmes«.[289] Der Arbeitskreis Umweltschutz Halle (AKUS) der GNU folgte ebenfalls dem Köpenicker Beispiel und organisierte zum Weltumwelttag 1989 erstmals eine solche Veranstaltung in der Bezirkshauptstadt, an der etwa 1.500 Besucher teilnahmen.[290]

Den vorwiegend jungen Menschen ging es nicht nur darum, Stadtraum neu zu bewerten und neben den Bedürfnissen der Menschen auch jene der Tier- und Pflanzenwelt in urbanen Habitaten gleichzustellen. Die Gruppen erhoben ebenso neue partizipatorische Ansprüche und begannen das gesellschaftspolitische Grundgerüst der DDR zu hinterfragen. Zu den Kernforderungen der Mitglieder zählten die Teilhabe an kommunalen Entscheidungsprozessen als mündige Bürger und das Recht, Staatsorgane bei der Umsetzung der Entscheidungen kontrollieren zu können. Die Forderung der Umwelt- und Stadtökologiegruppen setzte einen ideenweltlichen Entwicklungsprozess fort, der zuvor bereits in Eingaben begonnen hatte. Teile des Kulturbundsekretariats schienen die Zeichen der Zeit erkannt zu haben: Entwürfe für eine Neuausrichtung der Arbeit des ZFA Stadtökologie, die im Spätsommer 1989 kursierten, forderten die demokratische Mitwirkung der Bevölkerung bei der Verwirklichung der sozialistischen Umweltpolitik. Die Stadtökologie mit ihrem interdisziplinären Ansatz entspreche dem »politische(n) Erfordernis einer breiten demokratischen Plattform«,

285 Gilsenbach, Gleichschritt, 2004, 281.

286 Darauf lässt ein Antwortschreiben des Vizepräsidenten des Kulturbundes schließen: Schulmeister an Reichelt, Berlin, 19. September 1988: SAPMO, DY 27/9200.

287 Kulturbund der DDR – Kreisorganisation Köpenick, Betriff 2. Köpenicker Öko-Kirmes am 4. Juni 1988, 8.9.88; Kulturbund der DDR, Bezirksleitung Berlin, Bereich Natur und Umwelt, Einschätzung der 2. Öko-Kirmes Köpenick am 4. Juni 1988, Berlin, den 14. September 1988; beide in: SAPMO, DY/9200.

288 Beschluß des Sekretariats des Präsidiums des Kulturbundes der DDR vom 2.8.1988, Betr.: Öko-Kirmes am 4.7.1988: SAPMO, DY 27/9200.

289 »Tag der grünen Blätter« in Marzahn mit einer Kirmes. Vorgärten und Grünanlagen wurden gepflegt: BZ, 3. Mai 1989, 8.

290 1. Hallesche Öko-Kirmes: SAPMO, DY 27/9200.

so ein Entwurfstext, das eine Eingrenzung »großer Bereiche gesellschaftlichen Gestaltungswillens der Bürger nicht« zulasse.[291]

Die Staats- und Parteiführung zeigte sich indes weniger offen im Umgang mit diesen Forderungen. Eine Konzeption, die sich mit der weiteren Entwicklung der umweltpolitischen Arbeit der GNU befasste und Ende September 1989 vom Sekretariats des ZK der SED bestätigt wurde, sprach zwar ebenfalls vom »demokratischen Mitwirkungsrecht« der Bürger. Gemeint war aber weiterhin die Mitwirkung im Rahmen der »sozialistischen Demokratie« – jener autoritär-korporatistischen Form von Partizipation, die von den Mitgliedern der Stadtökologiegruppen zunehmend kritisch hinterfragt wurde. Abgesehen von rhetorischer Kosmetik hielt das Konzept denn auch wenig Neues bereit: Zwar befürwortete man moderne Veranstaltungskonzepte wie »Ökotreffs« oder »Ökologieforen«, aber nur solange diese Veranstaltungsformate der »Propagierung unserer Politik« dienten. Eine kontroverse und ergebnisoffene Aussprache mit gesellschaftlichen Initiativen – zumal solchen, die sich nach DDR-Maßstäben mit einem Fuß bereits außerhalb Legalität befanden – war weiterhin kein ernstgemeintes Anliegen der politischen Führung. Auch der im Papier beschlossene Ausbau der Basis – die Gründung neuer Interessensgemeinschaften – sollte nur »nach gründlicher personeller und inhaltlicher Vorbereitung« erfolgen.[292] Entsprachen Gruppen oder einzelne Mitgliedern nicht den Anforderungen des SED-Staates, verwehrte man ihnen den selbstständigen Gruppenstatus und stellte den Umweltinteressierten wie im Jenaer Fall frei, sich bestehenden Fachgruppen anzuschließen, wo ihr Handeln besser kontrolliert werden konnte. Die Basis quittierte diese Haltung, in dem sie dem Kulturbund zunehmend den Rücken zukehrte: Zwischen 1987 und 1989 verließen 12 Prozent der Mitglieder von Jugendgruppen die GNU.[293]

Die Annahme, dass die Gründung der GNU ausschließlich auf das Kalkül der Staatsführung zurückzuführen sei, auf diese Weise eine sich unter dem Dach der evangelischen Kirchen formierende, politisch nicht kontrollierbare Bewegung zu zähmen, kann trotz der Kontrollversuche durch einzelne Bezirks- und Kreisleitungen sowie der zunehmenden inneren Konflikte nicht aufrechterhalten werden. Denn dieses Argument verkennt die Impulse eines Modernisierungsprozesses, auf den der Naturschutz in den siebziger Jahren aus sich selbst heraus drängte. Forderungen nach einem modernen umweltpolitischen Engagement, neuen Formen der Partizipation und mehr bürgerlicher Mündigkeit wurden innerhalb des Kulturbundes ebenso wie in weiten Teilen der Gesellschaft erhoben. Für diese These spricht auch die prekäre Finanzierung der GNU.

291 Konzeption für die Zielstellung, den Wirkungsbereich, die Arbeitsweise und die Einordnung des ZFA Stadtumwelt/Stadtökologie in der Gesellschaft für Natur und Umwelt im Kulturbund der DDR, Entwurf, Berlin, den 25.8.1989: SAPMO, DY 27/9199.

292 Anlage Nr. 1 zum Protokoll Nr. 101 vom 20.9.1989, Betr.: Konzeption zur weiteren Entwicklung der umweltpolitischen Arbeit des Kulturbundes der DDR und seiner Gesellschaft für Natur und Umwelt: BArch, DK 5/1830.

293 *Behrens, u.a.*, S. 64.

Während die Natur- und Umweltschützer im Kulturbund mehr als ein Viertel der Mitglieder stellten, belief sich ihr Jahresetat auf nur etwa 2 Millionen Mark – nicht einmal fünf Prozent des gesamten Kulturbundhaushaltes. Die Schieflage in der Verteilung der Kulturbundfinanzen wird umso deutlicher, wenn man sich vor Augen führt, dass weniger als 30 Prozent des Jahreshaushaltes aus den Mitgliedsbeiträgen bestritten wurden, das Gros der Finanzmittel hingegen aus Zuschüssen aus dem Staatshaushalt hervorging.[294] Die rigide Finanzordnung der GNU verhinderte zudem, dass die Stadtökologiegruppen über die eigenen Mitgliederbeiträge und gesammelte Spendengelder frei verfügen konnte. Den Gegnern der Stadtökologie spielte dieser Umstand in die Hände, da die Bezirks-, Kreis- und Ortsgruppenleitungen ohne Rücksicht auf die Haltung der GNU- bzw. der Kulturbundführung darüber entscheiden konnten, wieviele Mittel die IG erhalten sollten.[295] Diese Schieflage entfernte die Gruppen letztlich jedoch immer weiter von ihrer Dachorganisation und trieb ihre Mitglieder in Bereiche des grenzkonformen Handelns. Hätte die SED diese kritischen Bürgerinitiativen tatsächlich langfristig an den Herrschaftsapparat binden und ihr Engagement kanalisieren wollen, wäre sie sicherlich besser beraten gewesen, mehr Geld in eine Gesellschaft zu investieren, die ihr umweltpolitisch den Rücken freihalten sollte. Es scheint vielmehr als hätte die SED den Modernisierungsbestrebungen der »Natur- und Heimatfreunden« in den siebziger Jahren nur zögerlich nachgegeben und das daraus hervorgehende gesellschaftspolitische Steuerungspotential im darauffolgenden Jahrzehnt zu spät erkannt und dann nicht zu nutzen gewusst. Die Staatsführung – allen voran das Umweltministerium – stand der eigenen »staatsnahen« Umweltorganisation und den aus ihr hervordringenden Reform- und Partizipationsgesuchen mehr oder weniger konzeptionslos gegenüber.

3.3.3 Umweltbewegung unter dem Dach der Kirche: Alternativer Umweltprotest und die gescheiterte Suche nach neuen Formen der politischen Teilhabe

Das Umweltengagement in den evangelischen Kirchen der DDR wurde von Hans-Peter Gensichen, Hubertus Knabe und Sung-Wan Choi relativ übereinstimmend in vier Phasen unterteilt: Zu Beginn der siebziger Jahre griffen demnach theologische Vordenker innerhalb des Ausschusses »Kirche und Gesellschaft« und der »Theologischen Studienabteilung beim Bund der Evangelischen Kirchen in Berlin« das Thema Umweltschutz erstmals auf. Heino Falcke und Götz Planer-Friedrich regten vor dem Hintergrund internationaler Diskussionen, die auf den ökumenischen Weltkonferenzen der christlichen Kirchen in

294 *Ebd.*, 67 f.

295 [Trillmich], Betr.: Finanzfragen in AG/IG Stadtökologie, Berlin, den 17. Juli 1989: SAPMO, DY 27/9199.

Bukarest (1974), Nairobi (1975) und Boston (1979) angestoßen worden waren, eine innerkirchliche Debatte an. Gensichen, der 1975 die Leitung des Kirchlichen Forschungsheimes (KFH) in Wittenberg übernahm, griff diese Impulse auf und machte das KFH zu einer wichtigen Anlaufstelle für ökologisch interessierte Theologen: Seminare, wissenschaftliche Periodika und Ausstellungen trugen zur Herausbildung eines konformen, aber kritischen Umweltbewusstseins in den Landeskirchen, Kirchenbezirken und Gemeinden bei. Auf diesen inneren Orientierungsprozess folgte nach der Bildung erster Umweltgruppen an der Kirchenbasis zwischen 1980 und 1982 eine Phase, in der die neuen Akteure eigene Handlungsansätze entwickelten. Daran anschließend konzentrierte sich das Engagement der kirchlichen Gruppen von 1982 bis 1986 vornehmlich auf die praktische Umweltarbeit und blieb in der Lesart der vorliegenden Studien weitestgehend unpolitisch. Erst ab 1987 setzte dann in Teilen der Bewegung ein Politisierungsprozess – verstanden als Herausbildung einer systemkritischen Haltung – ein, der zunehmende Konflikte und eine immer offenere Ablehnung des SED-Staates durch die kirchlichen Umweltaktivisten zur Folge hatte.[296]

Die sozialen Bewegungen der DDR wiesen im Hinblick auf ihre innere Organisation weder ein hohes Maß an Geschlossenheit noch an Kontinuität auf.

296 Der Einfluss des umweltpolitischen Aufbruchs, des darauffolgenden Institutionenaufbaus und der öffentlichkeitswirksamen Kampagnen sowie neuer Formen der Umwelterziehung an den Schulen werden in den vorliegenden Ansätzen hingegen vernachlässigt. Uneinigkeit besteht zudem über die Frage nach den Gründen für die innerkirchliche Auseinandersetzung mit Umweltthemen: Während Knabe den Beginn einer innerkirchlichen Umweltdebatte in der DDR auf internationale Impulse zurückführt, sieht Gensichen die Gründe dafür in der Auseinandersetzung mit eigenen Umweltproblemen, wenngleich auch er auf westliche Einflüsse verweist. Choi verfolgt einen vermittelnden Ansatz und plädiert dafür, beide Argumentationen gleichwertig, als Bestandteile eines sich gegenseitig beeinflussenden Prozesses zu betrachten. Sie betont darüber hinaus die große Bedeutung einer neuen Form der »offenen Arbeit«, die Anfang der siebziger Jahre insbesondere in Kirchengemeinden der Südbezirke Einzug hielt und sich speziell an Jugendliche wandte, die mit den politischen und gesellschaftlichen Normen der DDR haderten. Christian Halbrock macht außerdem in allgemeinen Entwicklungen, wie etwa der zunehmenden Militarisierung der ostdeutschen Gesellschaft und der insbesondere von Jugendlichen als bedrückend empfundenen politischen Stagnation ab Mitte der siebziger Jahre wichtige Triebkräfte für die Herausbildung einer kritischen Umweltbewegung aus. Darüber hinaus verweist er auf die große Bedeutung der kirchlichen Jugendarbeit, die für viele Jugendliche der Ort war, an dem sie erstmals in Kontakt mit kritischen Diskussionen und alternativen Sichtweisen auf die Umweltproblematik gekommen wären. Michael Beleites würdigt zwar ebenfalls die Einflüsse der internationalen Ökumene und theologischer Vordenker in der DDR, verortet den Beginn einer kirchlichen Umweltbewegung aber erst Ende der siebziger Jahre, als sich erste Basisgruppen bildeten. Darüber hinaus macht er eine Politisierung des Engagements – für ihn eine Konsequenz aus der Verfolgung der Gruppen durch die StaSi – bereits deutlich früher aus. Vgl. *Knabe*, Umweltkonflikte, S. 280–285; *Choi*, S. 35 f., 50–60; *Gensichen*, Umweltverantwortung, S. 288–296; *Ders.*, Beiträge, S. 149–157. Zur Bedeutung der »offenen Arbeit« für die Entstehung politisch-alternativer Gruppen vgl. auch *Pollack*, Politischer, S. 74 f.; *Halbrock*, Störfaktor, S. 17 ff., 27–32.; *Beleites*, Dicke, S. 17 f., 69–216.

Angaben über die Größe und Strukturen der kirchlichen Umweltbewegung sind daher schwierig und weichen zum Teil stark voneinander ab. Die wichtigsten Quellen für die Erfassung der Umweltgruppen sind zum einen Erhebungen der Staatssicherheit, die allerdings nicht zwischen aktiven Mitgliedern und passiven Unterstützern unterschieden haben, Mitgliederzahlen teilweise stark aufrundeten und aus Sicht des MfS unbedeutende Gruppen gar nicht erst erfassten.[297] Andererseits stützen sich solche Aussagen auf Erhebungen des KFH Wittenberg, das als eine wichtige Anlaufstelle der kirchlichen Gruppen fungierte. Diese Angaben sind allerdings ebenfalls unzuverlässig, da eine Vernetzung der verschiedenen Initiativen unter den Herrschafts- und Gesellschaftsbedingungen der DDR äußerst schwierig war und Gruppen daher lange Zeit isoliert neben anderen stehen konnten.[298] Das KFH verlor zudem im Laufe der achtziger Jahre seine privilegierte Stellung als Zentralort der kirchlichen Umweltbewegung zugunsten anderer Institutionen und Netzwerke, wie etwa der Berliner Umweltbibliothek oder des »Grün-ökologischen Netzwerkes Arche« (Arche), die zunehmend in Konkurrenz zueinander auftraten.

Aussagen zur Anzahl und Größe der kirchlichen Umweltgruppen können daher nur eine Tendenz wiedergeben: Die Staatssicherheit erfasste im Herbst des Jahres 1985 insgesamt 42 Umwelt- und Ökologiegruppen, von denen allerdings nur 28 regelmäßig aktiv waren. Die Zahl der Umweltaktivisten betrug diesen Erhebungen zufolge ca. 550–600 Personen. Die teilnehmerstärksten Gruppen, die zwanzig bis fünfzig Mitglieder umfassten, existierten in Leipzig, Dresden und Halle. Bei größeren Veranstaltungen oder überregionalen Aktionen konnten die Initiativen allerdings bereits mehrere hundert Menschen mobilisieren. Gegenüber dem Vorjahr nahm die Anzahl der Gruppen außerdem deutlich zu.[299] Knabe geht demgegenüber davon aus, dass 1985 etwa vierzig Umweltgruppen existierten und diese Zahl bis 1989 auf über sechzig anstieg.[300] Er weist jedoch einschränkend daraufhin, dass von diesen durch das MfS erfassten Zusammenschlüssen 23 sowohl Ziele der Umwelt- als auch der Friedensbewegung verfolgten.[301] Mühlen gibt differenzierter an, dass der kirchliche Teil der Umweltbewegung 1988 bereits 58 Zusammenschlüsse umfasste, in denen 640–670 Mitglieder aktiv waren. Auf der Grundlage einer Stasi-Übersicht nimmt er für das Jahr 1989 eine Zahl von 76 Gruppen mit bis zu 1500 Aktiven an.[302] Behrens schätzt konservativer, dass zwischen 1985 und 1989 etwa 60–65 Gruppen in 54 Orten der DDR entstanden sind, in denen sich 550–850 Umweltinteressierte engagierten.[303] Abweichend von diesen Schätzungen gehen lediglich Rösler,

297 *von zur Mühlen*, S. 74 ff.

298 *Knabe*, Umweltkonflikte, S. 313.

299 MfS, HA XX, Arbeitshinweise, o. D. [Oktober 1985]: MfS, ZKG, Nr. 1774, pag. 13, 15.

300 *Knabe*, Umweltkonflikte, S. 307, 312.

301 *Knabe*, Umweltbewegung, S. 357.

302 *von zur Mühlen*, S. 73 f.

303 *Behrens*, Umweltbewegung, S. 138.

Schwab und Lambrecht von einer Gruppenanzahl von etwa 150 im Jahr 1988 aus, wobei sie keine Quellenbelege für diese Annahme anführen.[304]

Eine Analyse der Sozialstruktur dieser Gruppen ist noch schwieriger und muss sich mangels alternativer Überlieferungen ebenfalls auf StaSi-Berichte stützen. Eine andere Quelle bilden Zeitzeugeninterviews, die allerdings subjektive, durch den zeitlichen Abstand stark verzerrte Schätzungen wiedergeben und daher nur unter Einschränkungen verwendbar sind.[305] Differenzierte Quellenangaben, die ausschließlich Informationen über kirchliche Umweltgruppen behandeln, liegen zudem nicht vor und können nur aus allgemeinen Aufstellungen für die Friedens-, Umwelt- und Bürgerrechtsbewegung unter dem Dach der Kirche abgeleitet werden. Demnach waren fast vierzig Prozent der Aktiven zwischen 21 und 30 Jahren alt, weitere 36 Prozent gehörten der Altersgruppe der 31–40-Jährigen an.[306] Der Anteil von Frauen betrug etwa 30 Prozent.[307] Zumindest in der Außendarstellung waren Umweltgruppen aber darauf bedacht, diesen Wert deutlich höher anzugeben.[308] Die in kirchlichen Initiativen engagierten Personen wiesen ein insgesamt sehr hohes Bildungsniveau auf.[309] Darüber hinaus muss berücksichtigt werden, dass vielen Aktivisten der Zugang zu einer höheren Ausbildung aufgrund ihres Engagements verwehrt blieb.[310] Fast ein Drittel aller unter dem Dach der Kirche gesellschaftspolitisch engagierten Ostdeutschen war 1989 auch in kirchlichen Berufen beschäftigt. Unter den übrigen Berufszweigen nahmen Akademiker, Facharbeiter, technische Berufe und Studenten einen hohen Anteil an.[311]

Damit wiesen die kirchlichen Umweltgruppen in der DDR große soziostrukturelle Ähnlichkeiten zu westdeutschen Umweltinitiativen der siebziger Jahre

304 *Rösler u. a.*, S. 227.

305 Solche Schätzungen sind aufgrund der relativ geringen Anzahl der geführten Interviews – bei Pollack etwa 31 Befragungen – überdies problematisch: *Pollack*, Politischer, S. 31, 139.

306 Pollack gibt die Altersstruktur abweichend, aber letztlich in der Tendenz übereinstimmend, mit knapp vierzig Prozent der Mitglieder zwischen 25 und 34 Jahren und etwa 27 Prozent zwischen 35 und 43 Jahren wieder. Vgl. *Choi*, S. 197; *Pollack*, Politischer, S. 139.

307 *Choi*, S. 199.

308 Ein Bericht über ein Vertretertreffen von Umweltgruppen im Oktober 1988 in Hirschluch verkündete stolz, dass »der Anteil von Frauen … – ohne Quotenregelung oder sonstige ›Maßnahmen‹ – 42 Prozent« betragen habe. Der Wert bezog sich jedoch nur auf die insgesamt fünfzig entsandten Vertreter aus der Führungsebene der Gruppen. Wie alt sind die Öko-Gruppen-Vertreter?, in: Die Pusteblume, Winter 1988/89 (KFH 10–88), 5: MfS, BV Dresden, Abt. XX, 10104, pag. 5.

309 *Choi*, S. 203.

310 Vgl. beispielsweise die Lebensläufe von Carlo Jordan und Christian Halbrock: Biographische Datenbanken, Jordan, Carlo: https://www.bundesstiftung-aufarbeitung.de/wer-war-wer-in-der-ddr-%2363 %3B-1424.html?ID=1595 [letzter Zugriff: 20.03.2017]; Biographische Datenbanken, Halbrock, Christian: https://www.bundesstiftung-aufarbeitung.de/wer-war-wer-in-der-ddr-%2363 %3B-1424.html?ID=1224 [letzter Zugriff: 20.03.2017].

311 Pollack gibt den Anteil von Kirchenmitarbeitern in den Gruppen sogar mit fast vierzig Prozent an. Choi, Dissidenz, 1999, 201; *Pollack*, Politischer, S. 140.

auf.[312] Die von ostdeutschen Gruppen selbst viel höher angenommen Mitgliederzahlen beziehen sich vermutlich auf das Mobilisierungspotential, das die Proteste punktuell entfalten konnten.[313] Wie bereits gezeigt wurde, geschah dies aber häufig in Interaktion mit anderen Formen des Umweltengagements und erfolgte fast immer nur dann, wenn zuvor bereits weite Teile der Bevölkerung in Eingaben gegen vorhandene Missstände opponiert hatten.[314] Der hohe Anteil von Kirchenmitarbeitern in den Gruppen und die relativ geringe Zahl der Aktiven – großzügig berechnet nicht einmal 0,01 Prozent der Gesamtbevölkerung – verweisen hingegen auf den innerkirchlich ausgerichteten Bezugsrahmen dieses Teils der ostdeutschen Umweltbewegung, der erst in den Monaten vor der friedlichen Revolution aufgebrochen wurde.

Für die Kommunikation zwischen den kirchlichen Umweltgruppen und die Koordination überregionaler Aktionen war das Wirken von Akteuren von großer Bedeutung, die sich selbst als Sprecher der Bewegung verstanden und zumindest zeitweise auch einen großen Teil der Basisgruppen repräsentierten. Bis etwa Mitte der achtziger bildete das KFH das einzige überregionale Zentrum und stellte innerhalb der kirchlichen Umweltbewegung die »verläßlichste Struktur« dar, wie Neubert hervorhebt.[315] Das Forschungsheim gab mit den »Briefen zur Orientierung im Konflikt Mensch-Erde« (seit 1980), der Schrift »Die Erde ist zu retten. Umweltkrise, christlicher Glaube, Handlungsmöglichkeiten« (Erstauflage 1980) und dem Kontaktblatt »Die Pusteblume« (1988–1992) eine Reihe von bedeutenden Periodika und Publikationen heraus. Darüber hinaus nahm das KFH mit Ausstellungen und Initiativen, wie etwa der 1981 erstmals durchgeführten Aktion »Mobil ohne Auto«, großen Einfluss auf das Handlungsrepertoire des kirchlichen Umweltengagements.[316] Die 1979 konzipierte Wanderausstellung »Mensch und Natürliche Umwelt« gab überdies wichtige Anstöße für die Gründung von Umweltgruppen, wie beispielsweise im Fall des Ökologischen Arbeitskreises der Dresdner Kirchenbezirke (ÖAK), der sich 1980 bildete und eine der bedeutendsten Umweltinitiativen unter dem Dach der Kirche war.[317] Zwischen 1983 und 1985 sowie 1988 und 1991 organisierte das Forschungsheim außerdem Vertretertreffen, an denen Delegierte von Umweltgruppen aus der ganzen DDR teilnahmen.[318]

Im Laufe der achtziger Jahre traten weitere Institutionen als wichtige Koordinationszentren und Impulsgeber hinzu: Die ab 1983 jährlich durchgeführten Berliner Ökologieseminare bildeten ebenso wie die drei Jahre darauf in den Kellerräumen der Zionskirchengemeinde eingerichtete Umweltbibliothek wichtige Kontakt- und Austauschmöglichkeiten für die Initiativen. Am dritten

312 *Engels*, S. 326 f.
313 Zur Selbstwahrnehmung der Gruppen vgl. *Pollack*, Politischer, S. 138.
314 Vgl. Kap. 3.3.1.
315 *Neubert*, Opposition, S. 449.
316 *Beleites*, Forschungsheim, S. 212 f.; *Gensichen*, Beiträge, S. 151 ff., 157 ff.
317 *Jacobi u. Jelitto*, S. 9.
318 *Gensichen*, Beiträge, S. 164 f.

Berliner Ökologieseminar im November 1986, das von Mitgliedern der Umweltbibliothek organisiert wurde und unter dem Thema »Atomkraft und Alternativenergien« stand, nahmen etwa 100 Vertreter von 36 Umweltgruppen teil.[319] Die Umweltbibliothek, die auf den ehemaligen Friedens- und Umweltkreis der Pfarr- und Glaubensgemeinde Berlin-Lichtenberg zurückging, wurde zum Vorbild für die Entstehung ähnlicher Einrichtungen in anderen Städten der DDR. Die von den Organisatoren herausgegebene Samisdatschrift »Umweltblätter« gehörte zu den einflussreichsten Periodika der alternativen ostdeutschen Öko-Szene und erreichte 1989 eine Auflage von 4.000 Exemplaren.[320] Die Umweltbibliothek e ntwickelte sich daher zeitweise »zu einem Kommunikationszentrum verschiedener Zusammenschlüsse, Gruppen und Kräfte mit Vertretern politischer Parteien der BRD und Westberlins«, wie die StaSi argwöhnisch festhielt.[321]

Die Gründung der Berliner Umweltbibliothek markierte einen wichtigen Wendepunkt in der Geschichte der kirchlichen Umweltbewegung: Erstmals trat eine landesweit einflussreiche Institution neben das Wittenberger Forschungsheim, die auch solchen politischen Strömungen ein Dach bot, die mit dem Herrschaftssystem der DDR offen haderten und bereit waren, nonkonforme Praktiken für die Verwirklichung ihrer Ziele zu wählen. Die Staatssicherheit reagierte auf diese Entwicklungen daher Ende des Jahres 1987 mit offener Härte: An Weihnachten führte das MfS unter dem Decknamen »Aktion Falle« eine Razzia in der Ost-Berliner Umweltbibliothek durch, um den Druck der nach DDR-Recht illegalen Zeitschrift »Grenzfall« zu verhindern. Das Samisdatblatt berichtete über Themen der Friedens- und Menschenrechtsbewegung, Repressionen gegenüber Oppositionellen sowie Konflikte zwischen Kirchenleitungen und Basisgruppen, so dass es auch bei führenden Akteuren der evangelischen Kirche auf Ablehnung gestoßen war.[322] Bereits kurz zuvor war es in der Umweltbibliothek zu internen Auseinandersetzungen gekommen, die durch die StaSi-Aktion verschärft wurden: Eine Gruppe um Carlo Jordan hatte sich auf dem vierten Berliner Ökologieseminar im November 1987 für die Bildung eines landesweiten Netzwerkes eingesetzt, das die Basisgruppen koordinieren und repräsentieren sollte. Dieser Vorstoß, der auf Ablehnung bei der anarchistisch-basisdemokratischen Mehrheit in der Umweltbibliothek stieß, erhielt durch die Maßnahmen gegen die Zeitschrift »Grenzfall« zusätzliche Brisanz. Der kurzzeitige Wegfall dieses Publikationsorganes erlaubte es den Gegnern der Vernetzungsbestrebungen, die »Umweltblätter« – für einige Zeit die einzige landesweit erscheinende Samisdatschrift der DDR – als Druckmittel gegen das geplante Netzwerk einzusetzen, in dem sie den Befürwortern eine wichtige Publikationsmöglichkeit verwehrten.[323] Die Stimmung unter den Umweltaktivisten im Umfeld der Umwelt-

319 *Rüddenklau u. Störenfried*, S. 63.

320 *Sello u. Rüddenklau*, S. 357 f., hier 358; *Beleites*, Umweltbewegung, S. 212 f.

321 MfS, Anlage zur Information Nr. 150/89, o. D.: MfS, BV Cottbus, BdL, 1517, pag. 86.

322 *Hirsch*, S. 162 ff.; vgl. auch *Beleites*, Umweltbewegung, S. 212 f.

323 *Kloth*, S. 53 f. Vgl. auch *Jordan*, Akteure, S. 37–70, hier 37 ff.

bibliothek war zu diesem Zeitpunkt bereits »vergiftet«, wie Ulrich Neumann, einer der Arche-Gründer, nach der Wiedervereinigung berichtete: »Beinhart waren die Diskussionen, gespickt mit Animositäten und Vorurteilen. Die einen schrien nur noch, die anderen – jahrelang hatten sie zusammengearbeitet – sagten einander nicht mehr Guten Tag. Dieser ›menschenfreundliche‹ Umgang war nur zum kleinsten Teil das Werk der Stasi.«[324]

Im Januar 1988 trafen sich 35 Vertreter verschiedener Umweltgruppen in Berlin, um ihre Arbeit stärker als bisher zu vernetzen und formal »Die Arche – das grüne Netzwerk in der Ev. Kirche«, wie sich der Zusammenschluss zunächst nannte, ins Leben zu rufen. Ziel war es, den Informationsaustausch zu verbessern, gemeinsame Aktivitäten abzustimmen und organisatorische Probleme, vor die sich oftmals die kleinen Initiativen vor Ort gestellt sahen, zu überwinden. Dennoch war man darum bemüht, die Wogen nach außen hin zu glätten und den von Basisdemokraten und Anarchisten gegen die Arche erhobenen Vorwurf, den Aufbau einer zentralistischen Struktur anzustreben, zu entkräften. Neben dem Vernetzungsgedanken hoben die Gründer daher insbesondere das Ziel einer sachlichen Umweltarbeit hervor.[325] Um die Publikationssperre durch die Umweltbibliothek zu umgehen, gab das Netzwerk zunächst die Samisdatschrift »Arche-Info« heraus. Kurz darauf folgte außerdem das Periodikum »Arche Nova«, das mit einer Auflage von bis zu 2.000 Exemplaren landesweit erschien.[326]

Die Gründung der Arche führte zu einer weiteren Spaltung der kirchlichen Umweltbewegung und verschärfte die Spannungen zwischen den einzelnen Strömungen. Im Mai 1988 erfolgte zunächst der Ausschluss der Gründergruppe um Carlo Jordan aus der Umweltbibliothek und ein förmlicher »Unvereinbarkeitsbeschluss«, der eine gleichzeitige Mitgliedschaft in beiden Organisationen untersagte.[327] Auf Vertretertreffen des KFH, die nach einer zweijährigen Pause seit Sommer 1988 wieder stattfanden, warb die Führungsspitze der Arche dennoch offensiv für das Netzwerk und positionierte sich sowohl als Konkurrenzmodell zum KFH in Wittenberg als auch zur Ost-Berliner Umweltbibliothek. Die Vernetzungsbstrebungen der Archevertreter stießen allerdings immer wieder auf Ablehnung, wie nicht nur Gensichen rückblickend hervorhebt.[328] Der ÖAK Dresden stellte etwa im November des Jahres in einem offenen Brief an Jordan fest, »weder eine Kontaktadresse noch eine Anlaufstelle für die Arche« zu sein und sprach dem Netzwerk das Recht ab, für den Arbeitskreis und die Landeskirche Sachsens zu sprechen. Zwar erkannte der ÖAK die Notwendigkeit fester »Verbindungen« zwischen den Gruppen an, eine Vereinnahmung durch die

324 *Neumann*, S. 81–92, hier 81.

325 Vgl. Arche-Info I/88, 8–10: BStU, MfS, BV Dresden, KD Großenhain, 10015, pag. 53–55.

326 Vgl. *Kloth*, S. 53 ff.; *Jordan*, Akteure, S. 40–45.

327 Vgl. *Kloth*, S. 54.

328 *Gensichen*, Beiträge, S. 164 f.

Arche lehnte man jedoch ab.[329] Der Machtkampf zwischen dem KFH und dem »Grün-ökologischen Netzwerk«, in dem 1988 noch Gensichen die Nase vorn zu haben schien, wurde auch in den »Umweltblättern« dokumentiert, dort jedoch in Ablehnung jedweder institutionalisierter Vernetzungsbestrebungen rundum veralbert. Die Samisdatschrift nahm in einem Bericht über ein Vertretertreffen im Oktober 1988 in Hirschluch beide Seiten gleichermaßen auf die Schippe und beklagte die Vernachlässigung der eigentlichen Umweltschutzarbeit, die durch das Gerangel um die Organisationsfrage in den Hintergrund zu geraten drohte.[330]

Die Frage nach den organisatorischen Strukturen prägte zunächst auch die Debatten innerhalb der Arche: Auf dem ersten Vertretertreffen in Halle im Februar 1989 stieß der Vorschlag für eine stärker zentralistisch ausgerichtete Organisation mit einem starken Führungsbüro bei den Vertretern der regionalen Gruppen mehrheitlich auf Ablehnung. Die Vollversammlung beschloss demgegenüber eine dezentrale Gliederung, in der den Regionen mehr Mitspracherecht eingeräumt wurde. Für die Koordinierungsgruppe Berlin-Brandenburg um Carlo Jordan, die sich auf der Versammlung einer Reihe von kritischen Fragen stellen musste, war dieser Beschluss eine Niederlage.[331] Die in der kirchlichen und alternativen Umweltszene der DDR tief verwurzelte Skepsis gegenüber jeder Form von zentraler Steuerung und parteilicher Vereinnahmung war sicherlich dem spezifischen Erfahrungshorizont des Lebens unter der SED-Herrschaft geschuldet. In der Phase der friedlichen Revolution verhinderte diese Haltung jedoch, dass die Umweltgruppen mit der politischen Dynamik Schritt halten konnten und trug somit auch zu ihrem rapiden Bedeutungsverlust nach der Wende bei, wie die Bemühungen um die Gründung einer grünen Partei veranschaulichen. Nach dem der Versuch der Arche, eine Grüne Liste im Neuen Forum zu platzieren, gescheitert war, einigten sich Vertreter von Umweltgruppen unter den Dächern des Kulturbundes und der Kirche im September 1989 darauf, eine mögliche Parteigründung auf dem sechsten Berliner Ökologieseminar vom 24.–26. November zu erörtern.[332] Eigenmächtige Vorstöße der Arche-Vertreter sowie inhaltliche Differenzen zwischen den Interessensgemeinschaf-

329 Alle Belege und Zitate aus: Die Pusteblume, Winter 1988/89 (KFH 10–88), 5: MfS, BV Dresden, Abt. XX, 10104, pag. 4.

330 So witzelte der Vertreter der Umweltbibliothek etwa mit sarkastischem Unterton, dass das von Gensichen organisierte Treffen mit einer »Vorstellung besonderer Art« begann: »Jeder Vertreter lief mit einem Schild vor der Brust herum, auf dem er seine Gruppe in Stichpunkten vorstellte. Die sich gegenseitig auf die Brust glotzenden Vertreter gaben ein herrliches Bild wirklicher Kommunikativität ab, und so war denn auch der erste ›Blick‹ zur Vernetzung getan.« Der Autor stachelte danach weiter: »Nach der Vorstellung der ›Arche‹ hätte man in die Luft springen mögen: So ein tolles Projekt, und ich bin noch nicht dabei?« Benjamin Blümchen, Vertretertreffen ’88 der Ökogruppen, in: Umweltblätter 12/88, 22: BStU, MfS, HA II, Nr. 30985, pag. 227.

331 Matthias Voigt, Halle. 1. Arche-Vollversammlung in Halle, in: Arche Nova 26.4.89, 68 f.: BStU, MfS, BV Berlin, Abt. XX, 3424, pag. 69 f.

332 Einladung zu einem DDR-weiten ökologischen Koordinierungstreffen, Berlin, den 11.10.1989: BStU, MfS, BV Berlin, Abt. XX, 3362, pag. 1a.

ten Stadtökologie der GNU und dem Arche-Sprecherrat machten aber schnell klar, dass die einmal aufgeworfenen Gräben nicht so einfach überwunden werden konnten. Gensichen sprach sich zudem grundsätzlich gegen die Gründung einer ökologischen Partei aus und schlug stattdessen die Etablierung eines »grünen Runden Tisches« vor, da er davon überzeugt war, dass die Ziele des Umweltschutzes nur mit Unterstützung aller gesellschaftlichen Kräfte verwirklicht werden könnten.[333] Ohne die vereinbarte Erörterung auf dem Ökologieseminar abzuwarten, trat daraufhin am 24. November eine Gruppe um Carlo Jordan in der Kirchengemeinde Friedrichsfelde zusammen, um »konspirativ« und »im engsten Kreis ohne Basis«, wie ein StaSi-Bericht hervorhob, eine »Grüne Partei in der DDR« ins Leben zu rufen.[334] Nach heftigen Diskussionen unter den Seminarteilnehmern bildete sich daraufhin zwei Tage später die »Grüne Liga«, die sich als ein unabhängiges Netzwerk von Umweltgruppen verstand und gegen bürgerliche Formen der Parteipolitik wandte.[335] Die »Grüne Partei« erhielt bei den Volkskammerwahlen im März 1990 nicht einmal 2 Prozent der Stimmen und lag mit acht Mandaten weit abgeschlagen. Die Grünen, wie sie sich fortan nannten, bildeten zusammen mit den 12 Abgeordneten von Bündnis 90 eine gemeinsame Fraktion.[336] Der verspätete und holprige Auftritt der Umweltgruppen auf der politischen Bühne der Herbstereignisse – an der Basis waren die Initiativen von Beginn an dabei – trug somit auch zu ihrem Niedergang bei und wirkt bis heute im Osten Deutschlands nach.

Obwohl der vorherrschende Habitus, die innere Verfasstheit und die politischen Ziele der kirchlichen Umweltgruppen sehr stark den westdeutschen Bürgerinitiativen der siebziger Jahre ähnelten, unterschieden sich die Handlungsbedingungen dieser Bewegungen doch grundlegend voneinander. Beiden gesellschaftlichen Strömungen ging es um eine Veränderung des Bewusstseins der Menschen und um mehr Partizipation an politischen Entscheidungsprozessen. Der Handlungsrahmen für die Durchsetzung dieser Forderungen war in der DDR jedoch durch zahlreiche Restriktionen beschränkt: Das sozialistische Strafrecht kannte ein ganzes Bündel von Paragraphen, vom Straftatbestand der Spionage bis hin zum Vorwurf der öffentlichen Herabwürdigung staatlicher Organe, mit denen Umweltengagement außerhalb des engen, von der Partei tolerierten Interaktionsrahmens kriminalisiert werden konnte. Auch die rigide Verfolgung von Ordnungswidrigkeiten, die Mitte der achtziger Jahre verschärft wurde, machte die öffentliche Zurschaustellung von politischem Engagement zu einem Risiko. Während die Behörden ökologisch motivierten Veranstaltungen, die als »feindlich-negativ« oder »provokativ« eingestuft wurden, die Genehmi-

333 Hauptabteilung XX, Information, Berlin, 13 November 1989: BStU, MfS, BV Berlin, Abt. XX, 3362, pag. 10; *Neubert*, Opposition, S. 862 f.

334 Abteilung XX/9, Operative Information, Berlin, 29. November 1989: BStU, MfS, BV Berlin, Abt. XX, 3362, pag. 24.

335 *Knabe*, Grüne, S. 164.

336 *Knabe*, S. 166 f.

gung verweigern konnten, ohne dass sie dabei eine Kontrolle durch Verwaltungsgerichte befürchten mussten, drohten Aktivisten, die etwa gegen die 1984 novellierte Verordnung zur Bekämpfung von Ordnungswidrigkeiten verstießen, hohe Geldstrafen. Darüber hinaus mussten sie davon ausgehen, dass sie früher oder später in das Visier der StaSi gerieten und durch Informanten im persönlichen Umfeld bespitzelt und schikaniert werden konnten.[337]

Nichtsdestotrotz bedienten sich die Umweltgruppen eines breiten Handlungsrepertoires, das von legalen bis hin zu illegalen Mitteln reichte. Sie profitierten dabei von einer zaghaften, von außen erzwungenen gesellschaftspolitischen Liberalisierung, die mit der internationalen Anerkennung der DDR einherging. Infolge der Unterzeichnung der KSZE-Schlussakte von Helsinki im Jahr 1975 verzichtete die SED-Führung weitestgehend auf die Anwendung harter Zwangsmaßnahmen und wählte stattdessen subtilere Formen der Unterdrückung. Der besondere Kontext der ostdeutschen Herrschafts- und Gesellschaftsordnung verhalf in vielen Fällen allerdings auch dazu, dass aus heutiger Sicht eher harmlose Aktionen eine größere politische Aufmerksamkeit erhielten als von den Akteuren ursprünglich beabsichtigt war.[338] Die von einigen Umweltgruppen verbreiteten Samisdat-Schriften, die gerade in der Anfangsphase einen sehr improvisierten Charakter aufwiesen und nur über relativ kleine Auflagen verfügten, wurden durch die Bekämpfung staatlicher Stellen mitunter größer gemacht als sie waren und für viele Leser erst dadurch interessant. Welche Wirkung die selbsthergestellten Schriften außerhalb des kirchlichen Kontextes tatsächlich entfalten konnte, ist hingegen unklar. Denn auch wenn man annimmt, dass einzelne Exemplare über Aktivistennetzwerke sowie Freundes- und Bekanntenkreise weite Verbreitung fanden, blieb die Leserschaft immer noch maximal auf wenige tausend Menschen beschränkt. Eine breite mediale Öffentlichkeit, wie sie etwa Bürgerinitiativen in der Bundesrepublik zur Verfügung stand, blieb der ostdeutschen Umweltbewegung verwehrt. Diese Funktion wurde allerdings teilweise von den Westmedien übernommen, die immer häufiger kritisch über die Umweltsituation in der DDR berichteten und in weiten Teilen Ostdeutschlands empfangen werden konnten.[339]

337 Zu den Möglichkeiten legaler Gängelung, nicht jedoch den daraus abgeleiteten, m. E. unzulässig verallgemeinernden Schlussfolgerungen in Bezug auf das Verhältnis des »Staates« zu den Umweltgruppen vgl. *Halbrock*, Freiheit, S. 237 ff. u. 259 f.

338 So zog etwa eine Flugblattaktion in der Herzbergstraße in Berlin, bei der im Januar 1986 handbedruckte Zettel mit Umweltparolen hinter die Scheibenwischer von zwei Trabant und einem Wartburg geklemmt wurden, eine Ermittlung der Kriminalpolizei Lichtenberg nach sich. Die Beamten durchsuchten die Umgebung der Fahrzeuge nach weiteren Handzetteln und protokollierten den Vorfall kleinlich, konnten jedoch keine Hinweise zu den Tätern ermitteln. VPI-Lichtenberg, Kriminalpolizei, Protokoll, Berlin, den 14.01.86: BStU, MfS, BV Berlin, Abt. XX, Nr. 5167, pag. 24.

339 Dazu das eingangs erwähnte Beispiel der Kontraste-Sendung aus dem Jahr 1988, in der Ausschnitte des Films »Bitteres aus Bitterfeld« gezeigt wurden. Vgl. den Abschnitt »Untersuchungsgegenstand« in der Einleitung.

Das Handeln der Gruppen verfolgte in den meisten Fällen aber nicht das Ziel, einen Konflikt mit dem SED-Staat zu provozieren. Die Aktivisten machten es sich zum Anliegen, ein kritisches Umweltbewusstsein in der Bevölkerung und bei staatlichen Verantwortungsträgern zu schaffen, Öffentlichkeit über Umweltprobleme herzustellen, einzelne Initiativen zu vernetzen und nach neuen Möglichkeiten der Partizipation zu suchen. Diese Ziele, die in der Forschung häufig unterschiedlichen Phasen zugeordnet werden, lassen sich bereits seit dem Auftauchen der ersten Umweltgruppen ausmachen, wurden aber nicht von allen Initiativen gleichermaßen verfolgt.[340] Die ebenfalls häufig anzutreffende These, das kirchliche Umweltengagement habe sich erst im Laufe der achtziger Jahre politisiert[341], ist demgegenüber irreführend. Denn diese Annahme geht von einem Begriffsverständnis aus, das politisches Handeln erst dann als solches begreift, wenn es außerhalb der von der SED sanktionierten Räume stattfand und gegen die Herrschafts- und Gesellschaftsordnung der DDR gerichtet war. Genau das war jedoch auch bei zahlreichen kirchlichen Grupppen nicht der Fall: Die meisten Initiativen verfolgten die Absicht, die Umweltsituation zu verbessern und die sozialistische Gesellschafts- und Wirtschaftsordnung, die sie für diese Probleme durchaus verantwortlich machten, zu reformieren. Politisch war ihr Handeln gerade deshalb, weil es über den privaten Rahmen hinaus auf Teilhabe, Einflussnahme und Wandel ausgerichtet war – ganz gleich, ob dies mit legalen oder illegalen Mitteln geschah.

Die praktische Umweltarbeit, die von Baumpflanzinitiativen über Patenschaften für Grünanlagen bis hin zu gemeinsamen Naturbeobachtungen reichte, ähnelte in vielerlei Hinsicht dem Wirken der Gruppen in der Gesellschaft für Natur und Umwelt. Andere Aktionen, wie etwa die Fasteninitiative »Verbrauch die Hälfte«, der Aufruf »Mobil ohne Auto« oder das vom ÖAK Dresden organisierte Austauschprogramm »Saubere Luft für Ferienkinder«, waren als »zeichenhaftes Handeln« gegen die politische Linie der Partei gerichtet, bewegten sich also im Bereich grenzkonformer Praktiken und wurden daher von der StaSi als »tendenziös« eingestuft.[342] Neben diesem immer noch formallegalen Handeln, waren die Initiativen aber auch darum bemüht, Umweltprobleme zu dokumentieren und einer breiteren Öffentlichkeit nahezubringen. Spätestens hier verließen sie den rechtlich noch relativ sicheren Raum und setzten sich der Gefahr einer politischen Verfolgung aus. Allerdings oblag es vielfach der Willkür der Behörden, ob Gruppen bzw. einzelne Aktivisten politisch verfolgt und auch juristisch belangt wurden, wie beispielsweise der Umgang mit Samisdat-Publikationen veranschaulicht: Zum einen waren diese Veröffentlichungen durch die besondere Rechtslage geschützt, die für das kirchliche Verlagswesen galt. Lücken im allgemeinen Genehmigungsverfahren für Druck- und Verviel-

340 So etwa bei *Beleites*, Dicke, S. 69–216.

341 Vgl. exemplarisch *Knabe*, Umweltbewegung, S. 356.

342 Vgl. exemplarisch Haupabteilung XX, Zusammenfassung von Erkenntnissen, Berlin, 2.9.1985: BStU, MfS, HA XVIII, Nr. 21540, pag. 93 f.

fältigungserzeugnisse, das seit 1959 durch eine Anordnung geregelt war, schufen ebenfalls Freiräume.[343] Zum anderen war die rechtliche Bewertung von Samisdat-Publikationen aufgrund fehlender Angaben zur Auflagenhöhe und des unregelmäßigen Erscheinens der Schriften schwierig, was sowohl für als auch gegen die Herausgeber ausgelegt werden konnte. Unabhängig davon setzten sich einzelne Artikel aber immer der Gefahr einer strafrechtlichen Verfolgung aus. Ein MfS-Gutachten über das dritte Heft der Zeitschrift »Arche Nova« aus dem Jahr 1989 kam etwa zu dem Schluss, dass fünf der darin veröffentlichten Beiträge dazu »geeignet sind, die staatliche und gesellschaftliche Ordnung der DDR verächtlich zu machen.« In den Augen des Rechtsgutachters verstießen diese Artikel gegen § 220, Absatz 2 des Strafgesetzbuches, jenen Paragraphen, mit dem die öffentliche Herabwürdigung staatlicher Organe geahndet wurde. Die übrigen 33 Beiträge waren hingegen strafrechtlich nicht auffällig. Das Gutachten empfahl daher zu überprüfen, ob eine Genehmigung für diese Ausgabe vorlag und durch die Abteilung Kultur des Berliner Stadtmagistrats auch ordnungsgemäß erteilt wurde.[344]

Die periodisch erscheinenden Samisdat-Schriften, deren Anzahl von zwanzig im Jahr 1987 auf fast vierzig bis zum Jahr 1989 anstieg, waren aber bei weitem nicht das einzige Instrument der Umweltgruppen, um Veränderungen in der DDR anzustoßen.[345] Das wichtigste und gleichzeitig effektivste Mittel im Kampf für ihre Anliegen blieb auch für kritische Initiativen unter dem Dach der Kirchen die Eingabe. Im Jahr 1988 richteten nachweislich mindestens 16 Arbeitskreise und Gruppen der evangelischen Kirchen Eingaben zu Umweltproblemen an das ZK, den Staatsrat, die Volkskammer, den Ministerrat und das Umweltministerium.[346] In Schreiben kirchlicher Umweltgruppen wurden lokale Themen ebenso wie allgemeine Anliegen des Umweltschutzes, etwa die Eindämmung des Treibhauseffektes, behandelt. Die Verfasser der Schreiben wussten sowohl das Eingaberecht als auch die Umweltgesetzgebung der DDR auf ihrer Seite und traten daher äußerst selbstbewusst auf. Auf diese Weise kamen Vertreter von Umweltgruppen zudem immer wieder mit Parteifunktionären oder staatlichen Verantwortungsträgern in Kontakt, um etwa in Gesprächen die An-

343 Anordnung über das Genehmigungsverfahren für die Herstellung von Druck- und Vervielfältigungserzeugnissen vom 20. Juli 1959, in: GBl. DDR, I, 1959, S. 640–642.

344 Hauptabteilung IX/2, Rechtliche Stellungnahme zum Druckerzeugnis »Arche Nova 3. 2/89«, Berlin, 6. April 1989: BStU, MfS, BV Berlin, Abt. XX, Nr. 4301, pag. 67–69.

345 Knabe vertritt beispielsweise die These, dass »die Herstellung von Öffentlichkeit ihr wichtigstes und im Grunde einziges Instrument war, Veränderungen in der DDR anzustoßen« und verweist in diesem Zusammenhang auf die Zunahme der Samisdat-Schriften. Huff behauptet, »wer über den Zustand der Umwelt besorgt war, aber nicht mehr auf die Regelungskompetenz des Staates vertraute, der schrieb auch keine Eingaben mehr.« Wie im Folgenden gezeigt wird, hatte das Verfassen von Eingaben aber auch für die Arbeit der Umweltgruppen einen hohen Stellenwert. *Knabe*, »Samisdat«, S. 307; *Huff*, Natur, S. 313.

346 MfS, Hauptabteilung XVIII, Information Nr. 64/89, Berlin, den 23.2.1989: BStU, MfS, ZAIG, Nr. 16388, pag. 7.

liegen von Eingaben zu klären.[347] Die ökologischen Arbeitskreise und Arbeitsgruppen der evangelischen Kirchen suchten in der zweiten Hälfte der achtziger Jahre außerdem gezielt das Bündnis mit Anwohnern, Gruppen der GNU und auch Staatsorganen, wie beispielsweise in der Auseinandersetzung um den geplanten Bau einer Autobahntrasse von Dresden in die CSSR.[348]

Mit ihren erweiterten Möglichkeiten veränderten die Gruppen das Eingabewesen der DDR. Während der nichtöffentliche Rahmen dieser Form der politischen Kommunikation bereits durch die Eingabenerlasse des Staatsrates und das Eingabengesetz aus dem Jahr 1975 aufgeweicht worden war, setzten die Umweltaktivisten im Umfeld der Kirchen diesen Weg fort. In Samisdat-Schriften riefen die Gruppen zum Verfassen von Eingaben auf, informierten über gescheiterte und erfolgreiche Eingabeninitiativen, klärten die Leser über Rechte und die richtige Vorgehensweise auf und berichteten über die Antwortschreiben der Staatsorgane. In der Zeitschrift »Blattwerk«, die von der ökologischen Arbeitsgruppe beim evangelischen Kirchenkreis Halle herausgegeben wurde, legte ein Petent im Jahr 1985 beispielsweise ausführlich und mit ironischem Unterton seine positiven Erfahrungen dar, um anderen Lesern Mut zu machen, »ebenfalls hier und da den verantwortlichen Leitern auf die Finger zu sehen und zu klopfen.«[349] Mit Berichten dieser Art durchbrachen die Umweltgruppen das nichtöffentliche Prinzip der Eingabenkommunikation. Gleichzeitig verdeutlichen diese Artikel, dass das Verfassen von Eingaben – trotz ihres großen politischen Stellenwertes in der DDR – für viele Ostdeutsche eine persönliche Überwindung darstellte und oftmals eines gewissen Lernprozesses bedurfte. Die Zeitschrift »Blattwerk« verfügte daher über eine eigene Rubrik »Eingabenarbeit« und berichtete, wie auch andere Samisdat-Schriften, regelmäßig über dieses Thema.[350]

347 So beispielsweise die Arche im Zusammenhang mit der Errichtung einer Sondermüllverbrennungsanlage in Schöneiche oder die Umweltgruppen der Dresdner Kirchenbezirke in der Auseinandersetzung um den Bau eines Reinstsiliziumwerkes in Dresden-Gittersee: Vgl. *Nölting*; Kap. 3.4.

348 Ökumenischer Arbeitskreis »Natur und Mensch – Leben für morgen« des Kirchenbezirkes Pirna an Ratsmitglied für Umweltschutz und Wasserwirtschaft beim Rat des Bezirkes Dresden, Eingabe, 24.6.89: BStU, MfS, BV Dresden, AKG, 8577, pag. 9–11, insbes. 11.

349 Eingabenarbeit – Eingabenarbeit – Eingabenarbeit – Eigabenarbeit, in: Blattwerk 1985/Heft 6, 2: Umweltbibliothek Großhennersdorf e. V., URL: www.ddr-samisdat.de [letzter Zugriff: 03.03.2014].

350 So z. B. in Blattwerk 1985/3 + 4, 3: Umweltbibliothek Großhennersdorf e. V., URL: www.ddr-samisdat.de. [letzter Zugriff: 29.04.2015]; Für das übrige Samisdat vgl. exemplarisch: Brundtland-Bericht öffentlich diskutieren!, in: Umweltblätter 6/88, 27 f.: BStU, MfS, HA II, Nr. 30985, pag. 283 f.; Eine Eingabe aus Stendal, in: Umweltblätter 8/88, 31–33: BStU, MfS, HA II, Nr. 30985, pag.195 ff.; Matthias Voigt, Giftschleuder Schöneiche, in: Arche Nova 2 10/88, aus: *Jordan u. Kloth*, S. 279 f.; Die Gruppen bzw. Redaktionen waren umgekehrt ebenfalls Adressaten für »Eingaben« in Form von Leserbriefen, die auch auszugsweise veröffentlicht wurden: Vgl. etwa Aus dem Leserbriefkasten, in: Umweltblätter 7/87, k.A.: BStU, BV Potsdam, AKG, 1351, pag. 42.

Eingaben waren darüber hinaus Initiationsmomente für die Bildung von Gruppen und die Verstetigung von individuellem Engagement.[351] Anlässlich der Reaktorkatastrophe von Tschernobyl verfassten etwa gleich mehrere Initiativen Kollektiveingaben, in denen die Unterzeichner nicht nur einen deutlich gestiegenen Grad an innerer Organisation zum Ausdruck brachten, sondern ebenso eine ökologische Ideenwelt entfalteten, die weit über die Kritik an punktuellen Umweltproblemen hinausging. Bereits am 1. Mai – fünf Tage nach der Katastrophe – wandte sich der Friedens- und Umweltkreis der Pfarr- und Glaubensgemeinde Berlin-Lichtenberg, aus dem später die Berliner Umweltbibliothek hervorging, in einer Eingabe an den Ministerrat und die Botschaft der UdSSR. Die Friedens- und Umweltaktivisten forderten darin die Abschaltung aller Kernkraftwerke und den Aufbau einer dezentral strukturierten, alternativen Energieversorgung.[352] Auch wenn die Mitglieder der Kirchengruppe zu diesem Zeitpunkt bereits den Aufbau einer Umweltbibliothek beschlossen hatten, waren das Reaktorunglück und der infolge dessen organisierte Protest wichtige Triebfedern für die Realisierung dieses Vorhabens, wie Christian Halbrock rückblickend betont.[353]

Halbrock, der selbst in den achtziger Jahren in der alternativen Umweltszene der DDR aktiv war und zum Gründungskreis der Berliner Umweltbibliothek gehörte, politisierte sich ebenfalls über Eingaben, wie ein Schreiben gegen das »Waldsterben im Erzgebirge« belegt, das er im Oktober 1983 zusammen mit 56 anderen Petenten unterzeichnet hatte. Die Verfasser, darunter auch Carlo Jordan, zitierten darin aus dem Landeskulturgesetz und forderten die Offenlegung aller vorhandenen Studien zu Waldschäden im Erzgebirge sowie eine öffentliche Diskussion der vorhandenen Probleme.[354] In der anschließenden Aussprache im Umweltministerium, zu der nur zwei von sechs der eingeladenen Unterzeichnern erschienen waren, trat Halbrock als Sprecher der Initiative auf. Die beiden anwesenden Petenten stellten eine Reihe von Fragen und kritisierten das sozialistische Wachstumsmodell, das sie für die Umweltprobleme verantwortlich machten. Die Funktionäre des Ministeriums wiesen diesen Einwand zwar zurück und lehnten auch die von den Verfassern geäußerte Forderung nach Konsumeinschränkungen ab, gaben aber anschließend zu Protokoll, dass

351 Der Gruppenformende Charakter von Eingaben wurde bereits an den Beispielen der Hausgemeinschaft Potsdam-Bornstedt und der IG »Am Waldrand Leuenberg« erläutert. In ähnlicher Weise gingen oftmals auch die Bildung von kirchlichen Umweltgruppen und das politische Engagement einzelner Aktivisten auf die Auseinandersetzung mit Problemen in Form von Eingaben zurück. Vgl. dazu etwa Kap. 3.3.1.

352 *Rüddenklau*, S. 61 f.

353 *Christian Halbrock – Die Umweltbibliothek als Informationsquelle.*

354 Die Unterzeichner an Ministerium für Umweltschutz und Wasserwirtschaft, Eingabe, Betrifft: Waldsterben im Erzgebirge, Berlin, den 12.10.1983: SAPMO, DY 3023/1148, pag. 122–124.

das Gespräch sehr sachlich und ohne Provokationen verlaufen sei.[355] Szenen wie diese veranschaulichen das langsame Auseinanderdriften des ostdeutschen Staates und eines alternativen, in seiner politischen Haltung zunehmend systemkritischen Milieus, belegen aber auch, dass beide Seite trotz fundamentaler Gegensätze weiterhin den Dialog suchten.[356] Dass unter den Unterzeichnern der Kollektiveingabe auch ein späterer IM war, warf allerdings einen dunklen Schatten auf diese Beziehungsebene voraus.[357]

Das Gefühl der Entmündigung war ein zentrales Motiv für gesellschaftliches Umweltengagement in der DDR. Ob im Zusammenhang mit der Geheimhaltung von Umweltdaten oder der Forderung nach einer stärkeren Einbeziehung in politische Entscheidungsprozesse – Mündigkeit war sowohl ein wichtiges Selbstverständigungsmerkmal als auch eine zentrale Forderung der Gruppen.[358] Allerdings sahen die Aktivisten die Verantwortung dafür nicht alleine bei Partei und Staat, sondern auch bei vielen Bürgern, die vorhandene Rechtsmittel nicht nutzten und sich in der Interaktion mit Staatsvertretern oftmals völlig grundlos passiv verhielten. Ein Artikel, der vermutlich in der Samisdat-Schrift »Das Erfurter Filterpapier« anlässlich des »2. Ökumenischen Luftseminars« 1989 erschienen ist, hielt mit Blick auf die Eingabenpraxis etwa fest: »Es ist auch unsere Schuld, wenn wir uns unmündig halten lassen, uns nicht einmischen auf der gesellschaftlichen Ebene, wo Entscheidungen fallen. Ach, wäre das schön, wenn hier und da der eine und die andere aus ihren Mäuselöchern und Schneckenhäusern herauskämen und ein Stück von der Macht für sich anfordern würden, die ja vom Volke ausgehen soll! Ich möchte wegkommen von einer unseren Zuständen unangemessenen Bittstellerhaltung.«[359] Der Wunsch nach Partizipation, der das Engagement der kirchlichen Gruppen leitete und zeitgleich auch in zahlrei-

355 Ministerium für Umweltschutz und Wasserwirtschaft, Zusammengefasste Information über die Eingabe von 56 Bürgern zum »Waldsterben im Erzgebirge« und zu deren Beantwortung, 5. Dezember 1983: SAPMO, DY 3023/1148, pag. 119–121.

356 Zum Begriff des alternativen Milieus vgl. Sven Reichardt, Detlef Siegfried, Das Alternative Milieu. Konturen einer Lebensform, in: Dies. (Hg.), Das Atlernative Milieu. Antibürgerlicher Lebensstil und linke Politik in der Bundesrepublik Deutschland und Europa 1968–1983, Göttingen 2010, 9–24, hier 9–23.

357 Unter den Unterzeichnern war auch der spätere IM Lutz Nagorski. Vgl. dazu Jens Gieseke, Andreas Bahr, Die Staatssicherheit und die Grünen. Zwischen SED-Westpolitik und Ost-West-Kontakten, Berlin 2016, 259, Anm. 34.

358 Der Ökumenisches Arbeitskreis »Natur und Mensch – Leben für morgen« aus Pirna forderte etwa: »Wenn wir als mündige Bürger im Mai 1989 an den Kommunalwahlen teilnehmen sollen, so erwarten wir von den staatlichen Partnern gerade auch Informationen über unsere Umweltqualität.« Ökumenischer Arbeitskreis »Mensch und Umwelt – Leben für morgen« an RdK Pirna, Eingabe, Pirna, 09.01.89: BStU, MfS, BV Dresden, KD Pirna, Nr. 70025, pag. 152.

359 Weiter forderte der Autor anhand eines konkreten Beispiels: »Nicht so: Ich möchte gern mal fragen, (ob) Gülle im Naturschutzgebiet bei Storkow abgelassen wird. Das Geht in Ordnung, der Rat der Stadt hat eine Sondergenehmigung erteilt. Achso, schönen Dank. Sondern so: Ich klage den Rat der Stadt Storkow wegen bewußter Zerstörung eines Natur-

chen Eingaben zu finden ist, wurde in den siebziger Jahren durch offizielle Verlautbarungen von SED und der Nationalen Front genährt. Die dahinterstehende Idee von politischer Partizipation wich allerdings stark von den Vorstellungen vieler Menschen ab. Der KSZE-Prozess und die zunehmenden Widersprüche zwischen offizieller Politik und alltäglicher Realität erodierten das Vertrauen in die SED und erzeugten eine veränderte Erwartungshaltung. Dennoch setzte auch die Mehrzahl der Mitglieder von kirchlichen Umweltgruppen, ganz entgegen ihrer späteren Selbstdarstellung, auf eine Zusammenarbeit mit dem Staat und suchte das Gespräch mit den Herrschenden.

Das Verhältnis zwischen dem SED-Staat und den kirchlichen Umweltgruppen blieb in den achtziger Jahren zwar weiterhin angespannt, der Gesprächsfaden zwischen diesen Akteuren riss jedoch bis zum Niedergang der DDR nicht ab. Die Kommunikation verlief auf mehreren Ebenen: Neben unzähligen Kontakten mit Behörden, die es beispielsweise im Zusammenhang mit lokalen Umweltkonflikten gab, waren auch offizielle Gesprächskanäle auf der Führungsebene vorhanden. Im Oktober 1984 und im Mai 1985 trafen sich etwa Vertreter des Umweltministeriums, des Staatssekretariates für Kirchenfragen und der Gesellschaft für Natur und Umwelt mit Amtsträgern der Evangelischen Kirchen, um Fragen des Umweltschutzes zu beraten.[360] Diese Form der Staat-Kirche-Gespräche setzte sich in den folgenden Jahren in unregelmäßigen Abständen fort. Das KFH nahm dabei eine wichtige Scharnierfunktion ein. Auf jährlichen Delegiertentreffen in Wittenberg formulierten die anwesenden Vertreter eines großen Teils der kirchlichen Umweltbewegung gemeinsame Positionen, die wiederum in die Gespräche mit Staatsfunktionären einflossen.

Auf dem dritten Wittenberger Umweltgruppentreffen im April 1985, an dem Delegierte von 27 ökologischen Arbeitskreisen der Kirchen aus 13 Bezirken teilnahmen, erarbeitete eine Arbeitsgruppe »Mitarbeit in der Gesellschaft« erstmals einen Forderungskatalog, den Gensichen wenige Tage darauf den Partei- und Staatsfunktionären überreichte.[361] Darin bekannten sich die Gruppen zu gesellschaftlicher Mitverantwortung, einem Abbau von Vorurteilen und einer Verbesserung des Vertrauensverhältnisses gegenüber dem ostdeutschen Staat. Gleichzeitig forderten sie Möglichkeiten der Zusammenarbeit mit staatlichen Organen und der Gesellschaft für Natur und Umwelt sowie eine stärkere Einbeziehung der Gruppen in Planungsfragen und politische Entscheidungsprozesse. Darüber hinaus luden die Umweltaktivisten Staats- und Parteifunktionäre dazu

schutzgebietes an und fordere sofortige Maßnahmen gegen das Ablassen von Gülle sowie die nachfolgende Behebung des eingetretenen Schadens.« O. A.: BStU, MfS, BV Dresden, Abt. XX, Nr. 10163, pag. 157.

360 MfS, HA XX, Arbeitshinweise, o. D. [Oktober 1985]: MfS, ZKG, Nr. 1774, pag. 23.

361 MfS, Information Nr. 209/85 über ein erneutes Treffen von Vertretern sogenannter Umweltgruppen evangelischer Kirchen in der DDR vom 26. bis 28. April 1985 im Kirchlichen Forschungsheim Wittenberg/Halle, Berlin, den 15.05.85: BStU, MfS, BV Berlin, AKG, 2006, pag. 5–12.

ein, als Referenten und Gesprächspartner an kirchlichen Umweltveranstaltungen teilzunehmen und verlangten einen Informationsaustausch »über territoriale Umweltprobleme«. Eine wichtige Bedingung der Gruppen war allerdings, dass das Entgegenkommen und die Zusammenarbeit nur »unter Wahrung der Identität der Arbeitskreise« erfolgen konnten. Ein Aufgehen der kirchlichen Initiativen in der GNU lehnten die Delegierten entschieden ab und forderten darüber hinaus, dass sich der Staat nachweisbar zu einem »Recht auf ökologische Mitverantwortung« bekennen sollte und den Gruppen legitime Möglichkeiten der »Selbstdarstellung des kirchlichen Umweltengagements in der nichtkirchlichen Öffentlichkeit« zugestehen müsse.[362]

Der Forderungskatalog der Umweltgruppen reagierte auf zuvor vorsichtig geäußerte Signale staatlicher Akteure: Schon die Tatsache, dass hochrangige Funktionäre in Staat-Kirche-Gesprächen die Anliegen der kirchlichen Umweltinitiativen aufgriffen, konnte als Entgegenkommen gewertet werden. Im November 1984 fasste der Beirat für Umweltschutz beim Ministerrat überdies einen Beschluss, der vorsah, »interessierte Bürger« und »Christen« verstärkt in die praktische Umweltarbeit einzubeziehen. Unter Anleitung der Bezirks- und Kreisvorstände der GNU sollten Umwelt- und Naturschutzprojekte ausgewählt werden, in denen sich Mitglieder kirchlicher Gruppen engagieren konnten. Die Staatssicherheit wertete dieses Entgegenkommen allerdings als politischen Fehler und schlug im darauffolgenden Jahr Alarm. Einerseits schien die Umsetzung dieses Vorhabens vielerorts nicht recht voranzukommen, so dass das Vertrauen in den Staat Schaden zu nehmen drohte. Andererseits registrierte das MfS Anzeichen, wonach das Kooperationsangebot von Seiten der Kirchengruppen missverstanden oder bewusst umgedeutet wurde: Aktivisten missbrauchten die Aufforderung zur Mitarbeit in der GNU nach Ansicht der StaSi-Analysten demnach, um die Arbeitsgemeinschaften zu infiltrieren und sich auf diese Weise Führungspositionen und »eine legale Organisationsbasis« zu verschaffen.[363]

Das MUW teilte die Einschätzung der Staatssicherheit, gab sich nach außen hin jedoch moderater und versuchte weiterhin jenen Kräften, die es für kooperationsbereit hielt, entgegenzukommen. Die Fortsetzung der Staat-Kirche-Gespräche, die Teilnahme von hochrangigen Funktionären an kirchlichen Umweltseminaren sowie die Einladung von Kirchenvertretern zu Informationsveranstaltungen, beispielsweise in das Kernkraftwerk (KKW) Lubmin, auf die Baustelle des KKW Stendal, in den StFB Wernigerode oder in Braunkohletagebaue im Bezirk Cottbus, sollten zeigen, dass der Staat zumindest in einigen Punkten bereit war, die Forderungen der Gruppen zu erfüllen. Auch neue Veranstaltungsformate, wie beispielsweise die erste Nationale Umweltkonferenz der DDR im März 1989, sowie sprachliche Formulierungen – in einem Posi-

362 Alle Belege und Zitate: MfS, Anlage zur Information Nr. 209/85: BStU, MfS, BV Berlin, AKG, 2006, pag. 13 f.

363 Das Protokoll der Beiratssitzung ist nicht als Original überliefert. Alle Belege und Zitate aus: MfS, HA XX, Arbeitshinweise, o. D. [Oktober 1985]: MfS, ZKG, Nr. 1774, pag. 23.

tionspapier des MUW war etwa analog zur kirchlichen Rhetorik von der »Gestaltung und Bewahrung der Umwelt« die Rede[364] – sollten Kooperationsbereitschaft signalisieren. Die Vorstellungen darüber, was die politische Teilhabe der Bürgerinnen und Bürger letztlich ausmachen sollte, gingen jedoch weiterhin deutlich auseinander. Noch im Sommer 1989 betonte das MUW in Vorbereitung eines Staat-Kirche-Gespräches, dass »eine konstruktive Zusammenarbeit mit kirchlich engagierten Bürgern, die in guter Weise in verschiedenen Orten fest in die Arbeit der Gesellschaft für Natur und Umwelt des Kulturbundes integriert sind,« immer möglich sei, »wo gemeinsam um konkrete Lösungen zur Klärung von Umweltproblemen gerungen wird, wo die Mitarbeit jedes einzelnen beispielsweise bei der Pflege und Säuberung von Wäldern, Gewässern oder Parkanlagen gebraucht wird und auch erfolgt.«[365] Partizipation beschränkte sich in dieser Lesart auf das Pflanzen von Bäumen und die Übernahme von Pflegepatenschaften. Auch die erwähnten Informationsveranstaltungen in Lubmin und Stendal waren letztlich nicht die von den Gruppen verlangten Plattformen für einen kontroversen Dialog auf Augenhöhe. Denn aus Sicht des Umweltministeriums sollten diese Formate lediglich dazu dienen, »unsere Umweltpolitik« zu erläutern – an ein echtes demokratisches Mitspracherecht bei Grundsatzentscheidungen dachte man jedoch nicht.[366] Partizipation im Sinne des sozialistischen Herrschaftsverständnisses war nur dann möglich, wenn die kirchlichen Umweltgruppen bereit waren, in den autoritär-korporatistischen Strukturen des ostdeutschen Staates aufzugehen.

3.4 Beharrlichkeit und Wandel: Der Protest gegen ein geplantes Reinstsiliziumwerk in DresdenGittersee und die Transformation etablierter Kommunikationsmuster

In seiner vielbeachteten Studie über die friedliche Revolution in der DDR konstatiert Kowalczuk, dass die SED-Diktatur 1989 zwar an ihr Ende gekommen war, den Todesstoß für das »Ancien Régime« der SED konnte jedoch nur die systemkritische Oppositionsbewegung setzen. »Die öffentliche Sprache wandelte sich innerhalb von Wochen. Die Sprachschablonen der SED-Herrscher waren verschlissen, die Menschen wollten sie nicht mehr hören.«[367] Kowalczuk beschreibt

364 Konzeption für Gespräche mit Vertretern von Kirchen zur Umweltpolitik der DDR, o.D. [Juli 1989]: BStU, MfS, BV Dresden, AKG, 10301, pag. 2–14, hier 14.

365 Ebd., pag. 12.

366 Anlage Nr. 1 zum Protokoll Nr. 101 vom 20.9.1989, Betr.: Konzeption zur weiteren Entwicklung der umweltpolitischen Arbeit des Kulturbundes der DDR und seiner Gesellschaft für Natur und Umwelt: BArch, DK 5/1830.

367 *Kowalczuk*, Endspiel, S. 435.

die kurze, aber intensive Phase, die im Oktober 1989 begann, als einen Lernprozess, der zuvor nur von wenigen Oppositionellen in einer »politischen Reifeprüfung« vorbereitet worden sei und am Ende dazu geführt habe, dass sich die Bürger der DDR mit der »Demonstration« einer für ostdeutsche Verhältnisse neuen Form des politischen Handelns bedienten.[368] Doch so beeindruckend die dichte und facettenreiche Darstellung der Ereignisse des Umbruchs bei Kowalczuk auch ist, die These von einer Bevölkerung, die erst aufbegehrte, als die Diktatur Schwäche zeigte, überzeugt aus Sicht der hier untersuchten Fallbeispiele nicht. Zwar stellten die Demonstrationen, Kundgebungen und öffentlichen Aussprachen zweifelsohne einen riesigen Sprung dar. Der Lernprozess, den Kowalczuk auf das Wirken einiger weniger Oppositioneller zurückführt und sehr eng auf die Ereignisse im Herbst 1989 bezieht, setzte aus umwelthistorischer Perspektive aber bereits deutlich früher ein und wurde auch von solchen Bürgerinnen und Bürgern getragen, die nicht der oppositionellen Szene – verstanden als systemkritische Bewegung – angehörten.

Die etablierten Formen von Protest und Bürgerengagement in der DDR, das haben die Eingabenbeispiele verdeutlicht, waren bereits seit Ende der siebziger Jahre im Wandel begriffen. Die an ihre Grenzen stoßende Praxis der politischen Kommunikation in Eingaben war nicht nur das Spiegelbild einer sich verschärfenden wirtschaftlichen und gesellschaftlichen Krise, sondern selbst ein Teil dieses Transformationsprozesses. Die Briefe, die immer häufiger von Kollektiven verfasst wurden und deren Inhalte in Teil- und Parallelöffentlichkeiten Verbreitung fanden, wirkten wie ein Katalysator und verstärkten die Erosion der ostdeutschen Gesellschaft. Viele Ostdeutsche hatte lange vor der Friedlichen Revolution damit begonnen, die etablierten, autoritären Kommunikations- und Partizipationsangebote der SED infrage zu stellen und innerhalb der Grenzen der Herrschaftsordnung – immer häufiger auch im grenzkonformen Graubereich – neue Formen des Protests auszuprobieren. Ende der achtziger Jahre entfaltete sich eine heterogene Umweltbewegung, die nicht länger nur von Eingabenprotesten, sondern auch von kritischen Initiativen unter den Dächern des Kulturbundes und der evangelischen Kirchen getragen wurde, und deren zentrales Kennzeichen eine Mischung verschiedener (Inter-)Aktionsformen war. In Forschung und Öffentlichkeit wurde bislang vornehmlich der konfrontative, auf politische Widerständigkeit ausgerichtete Charakter dieses Protests und demgegenüber als Reaktion die repressive Haltung eines monolithisch-totalitär erscheinenden SED-Staates betont. Tatsächlich spiegelt diese Interpretation aber nur eine Seite der in der Regel vielschichtigen Konflikte wieder. Der »SED-Staat« agierte in Umweltkonflikten keinesfalls homogen und stand auch Umweltproblemen nicht per se gleichgültig oder antagonistisch gegenüber. Ein anschauliches, aber in der historischen Erinnerung weniger präsentes Beispiel für die Heterogenität, die Umweltkonflikte in der DDR aufwiesen, ist die Auseinander-

368 Ebd., 233.

setzung um den Bau eines Reinstsiliziumwerkes in Dresden-Gittersee, das die hier angestellte Analyse der ostdeutschen Umweltbewegung abschließen soll.[369]

Im Mai 1987 fasste das Politbüro den Beschluss, auf dem Betriebsgelände der SDAG Wismut »Willi Agatz« in Dresden-Gittersee ein Werk für die Produktion von Reinstsilizium zu errichten.[370] Der Standort sollte zusammen mit Betrieben in Nünchritz und Freiberg eine zentrale Bedeutung bei der Verwirklichung des Mikroelektronikprogramms der DDR erhalten. Die Entscheidung für Gittersee war jedoch heikel und wurde von Anfang an von Widerständen begleitet, da sowohl stofftechnische Gründe als auch die wesentlich niedrigeren Investitionskosten eigentlich für einen Bau der Anlage in Nünchritz sprachen. Das Politbüro entschied aber aus sozialpolitischen Gründen sowie aufgrund der angespannten Arbeitsmarktlage, am Standort in Dresden-Gittersee zu planen. Denn die Werksgründung stellte aus Sicht der Planer eine gute Möglichkeit dar, um für die meisten der rund 850 Mitarbeiter des Bergbaubetriebes eine Anschlussbeschäftigung zu finden. Ein Vertrag mit der SDAG Wismut sah zudem vor, dass die DDR nach der Betriebsschließung über die vorhandenen technischen Infrastrukturen und die Sozialgebäude frei verfügen konnte. Das Chemiewerk Nünchritz (CWN) klagte zudem über einen chronischen Mitarbeitermangel. Der für die Reinstsiliziumproduktion errechnete Zusatzbedarf von 400–450 Arbeitskräften hätte daher nur auf Kosten der laufenden Produktion bereitgestellt werden können und die Schließung von drei Produktionslinien erforderlich gemacht – darunter die Silikonchemie, deren Erzeugnisse in das NSW exportiert wurden und dringend benötigte Devisen erwirtschafteten. Eine Umsiedlung der Stammbelegschaft des Bergbaubetriebes nach Nünchritz kam hingegen nicht in Frage, da die Kumpel bereits im Vorfeld mehrheitlich deutlich gemacht hatten, nicht aus der Elbmetropole in die sächsische Provinz ziehen zu wollen.[371]

Die Standortfrage war für die politische Führung ein Dilemma. Denn ökonomisch wie ökologisch war die Entscheidung für Gittersee nicht nachvollziehbar und stellte ein erhebliches Sicherheitsrisiko dar: Das für die Herstellung von Reinstsilizium benötigte Trichlorsilan (TCS) ist eine farblose, ätzende und leichtentzündliche Flüssigkeit, die eine hohe Reaktionsfreudigkeit mit Wasser aufweist. Schon feuchte Luft reicht aus, um eine explosionsartige Wärmefreisetzung auszulösen. Die infolge einer solchen chemischen Reaktion entstehende Chlorwasserstoffwolke ist stark toxisch und kann sich über weite Strecken unsichtbar ausbreiten. TCS-Brände waren nach dem damaligen »Stand der Technik« zudem nicht löschbar und hätten nur unter bestimmten Bedingungen, wie etwa innerhalb des relativ gut auf Havariesituationen abstimmbaren Anlagen-

369 Die wenigen Studien, die sich mit diesem Konflikt befassen, untersuchen die Geschichte des Widerstandes gegen die Anlage ausschließlich aus der Perspektive kirchlicher Gruppen: *Knabe*, Umweltkonflikte, S. 335 ff.; *Baum*, S. 137–157; Eine wesentlich differenziertere, im Tenor aber ähnliche Darstellung bei *Buthmann*, S. 28–38.

370 Sitzung des Politbüros am 12. Mai 1987, Protokoll Nr. 19/87: SAPMO, DY 30/JIV 2/2/2219.

371 Anlage 2, Teilexpertise volkswirtschaftlicher Standortvergleich: BStU, MfS, HA XVIII, Nr. 21372, pag. 64 ff.

aufbaus eines Chemiewerkes, eingedämmt werden. Auch einem sich ausbreitenden Chlorwasserstoffnebel hätte man technisch wenig entgegensetzen können, da sich eine solche Giftgaswolke lediglich teilweise durch Wasserschleier absorbieren lässt.[372] Der Leiter der Dresdener Inspektion des Staatlichen Amtes für Technische Überwachung schätzte daher anhand eines möglichen Havarieszenarios, dass »bei Aufriß eines Transportcontainers mit 20 Kubikmeter TCS – z. B. bei einem Verkehrsunfall – … eine Raumwolke in tödlicher Konzentration mit einem Volumen von ca. 18 Millionen Kubikmetern« entstehen würde.[373]

Die Planungen für das neue Reinstsiliziumwerk sahen vor, das für die Produktion benötigte TCS zunächst mit Lastkraftwagen aus dem etwa sechzig km entfernten Nünchritz nach Dresden zu bringen. Auch nach einer Umstellung des Transportes auf die Schiene sollte die gefährliche Chemikalie vom Bahnhof Dresden-Neustadt über die Straße – etwa 15 km durch dichtbesiedeltes Wohngebiet – in das Werk transportiert werden.[374] Ein Unfall hätte unter diesen Bedingungen katastrophale Folgen gehabt und wahrscheinlich tausende Todesopfer gefordert. Die verantwortlichen Planer und Techniker im VEB Kombinat Mikroelektronik Erfurt kannten diese Gefahren zwar, betrachteten sie jedoch als beherrschbar und verwiesen darauf, dass derartige Transporte bereits seit 1965 erfolgten und alleine im Jahr 1988 knapp 2.000 t TCS in etwa 100 Fahrten von Nünchritz nach Freiberg verbracht worden seien. Das Chemiewerk exportierte den chemischen Ausgangsstoff außerdem seit Jahren in die CSSR, die UdSSR, nach Rumänien, Polen und in die Bundesrepublik. Die Planer wussten zudem den »Stand der Technik« auf ihrer Seite: International war (und ist) es durchaus üblich, TCS und andere hochgefährliche Chemikalien über hunderte Kilometer in speziellen Flüssigkeitscontainern zu transportieren.[375] Die geplante Anlage wie auch der Transport sollten alle internationalen Standards erfüllen und außerdem über eine abgestimmte Umweltschutzkonzeption verfügen, die etwa das Recycling und die Entsorgung der anfallenden Reststoffe umfasste.[376]

372 Vgl. VEB Chemiewerke Nünchritz an VEB Spurenmetalle Freiberg, Artikel in der »Sächsischen Zeitung« 26./27.8.89 »Dialog Sachlichkeit und ein neues Dresdner Werk«, o. D.: BStU, MfS, BV Dresden, KD Riesa, Nr. 13338, pag. 5 f.

373 Arbeitsgruppe für Organisation und Inspektion beim Ministerrat, Abteilung Inspektion, Auskunftsbericht, Berlin, 07.12.88: BStU, MfS, HA XVIII, Nr. 21372, pag. 16 ff.

374 Ebd., pag. 17.

375 Wie der Betriebsdirektor des VEB Chemiewerkes Nünchritz bei einem Informationsbesuch erfuhr, planten die beiden westdeutschen Hersteller von TCS – die Firmen Wacker/Burghausen und Hüls/Rheinhausen – Transporte der Chemikalie über die Werksgrenzen hinaus künftig aus Sicherheitsgründen zu vermeiden. Vgl. Ebd., pag. 18.

376 Vgl. auch Anlage 2, Teilexpertise Transport und Umschlag sowie VEB Kombinat Mikroelektronik, Informationsmaterial zur Vorbereitung und Errichtung eines Reinstsiliziumwerkes Dresden-Gittersee, Erfurt, den 23.2.1989, beide in: BStU, MfS, HA XVIII, Nr. 21372, pag. 69 ff., 107 ff. Vgl. auch Rat des Bezirkes Dresden, Der Sekretär, Beschlußprotokoll der 72. Sitzung des Rates des Bezirkes am 08. März 1989 in der Zeit von 7.00 bis 15.15 Uhr im Zimmer 281, Dresden, den 10.03.89: SHStA, 11430, Bezirkstag/Rat des Bezirkes Dresden, Nr. 10713.

Der Transport der gefährlichen Chemikalie über die Straße und die Nähe des Werkes zur Stadt riefen daher früh Ablehnung hervor. Doch entgegen den bislang vorliegenden Darstellungen, die sich auf den Widerstand kirchlicher Umweltgruppen konzentrieren, formierte sich der Protest gegen die geplante Anlage zuerst in den Reihen der staatlichen Planer.[377] Der Beschluss des Politbüros war für die weiteren Planungen zwar bindend, stellte jedoch lediglich eine Richtungsentscheidung dar. Für die Umsetzung des gesetzlich vorgeschriebenen Standortgenehmigungsverfahrens war formal der Rat des Bezirkes Dresden zuständig. Das Verfahren zog sich in zwei Etappen über knapp anderthalb Jahre hin und sah die Konsultation einer ganzen Reihe von Behörden und Experten vor. Der Standortgenehmigung, die der RdB im April 1989 beschloss, lagen fast neunzig Gutachten zugrunde, in denen zum Teil erhebliche Bedenken gegen die Planungen erhoben wurden. Schon im Frühjahr 1988 zeigten sich die Kreishygieneinspektion Dresden, die Bezirksbehörde der Deutschen Volkspolizei (BDVP) und die Abteilung Umweltschutz und Wasserwirtschaft des Bezirksrates in ersten Stellungnahmen sehr kritisch und forderten Nachbesserungen in der Sicherheitskonzeption. Anfang November 1988 verwarfen die für Sicherheits- und Umweltschutzaspekte zuständigen Kontrollbehörden eine vorgelegte Gefährdungsanalyse als unzureichend und forderten eine Überarbeitung der gesamten Konzeption bis zum März 1989.[378]

Zu diesem Zeitpunkt waren bereits erste Eingaben von einzelnen, direkt an der Planung beteiligten Akteuren eingegangen, die ihre persönliche Ablehnung gegen den Standort Gittersee vortrugen. Im Juni 1988 – knapp ein halbes Jahr bevor sich der öffentliche Widerstand zu formieren begann – reichten Mitarbeiter der Akademie der Wissenschaften eine Eingabe ein, in der sie den Standort Gittersee ablehnten.[379] Drei Monate darauf wandte sich ein Mitarbeiter des VEB Bau- und Montagekombinates Kohle und Energie, der mit der Projektierung befasst war, an den Oberbürgermeister der Stadt Dresden und machte nochmals auf die Bedenken seitens der Volkspolizei, der Hygiene und des Umweltschutzes aufmerksam. »Aus Gesprächen mit Kollegen« sei ihm darüber hinaus bekannt, »daß sich sehr viele der Bearbeiter des Vorhabens … zu den o.g. Problemen ernsthaft Gedanken machen. Leider erhielten weder sie, noch die Bewohner der umliegenden Stadtteile zu dem Vorhaben und seinen Umweltbelastungen

377 *Knabe*, Umweltkonflikte, S. 335 ff.; *Baum*, S. 137–157; *Buthmann*, S. 28–38.

378 Fernschreiben an ODH MdI, Betreff: Information über den Aufbau eines Reinstsiliziumwerkes in Dresden-Gittersee und einer im Zusammenhang stattgefundenen Einwohnerversammlung, 13.02.89: SHStA, 11464, Bezirksbehörde der Deutschen Volkspolizei Dresden, 4223; Eingabe an Oberbürgermeister der Stadt Dresden, Eingabe zum Investitionsvorhaben »Reinstsiliziumwerk Dresden-Gittersee«, Dresden, d. 23.9.88: BStU, MfS, HA XVIII, Nr. 21372, pag. 1.

379 Vgl. Arbeitsgruppe für Organisation und Inspektion beim Ministerrat, Abteilung Inspektion, Auskunftsbericht, Berlin, 07.12.88: BStU, MfS, HA XVIII, Nr. 21372, pag. 16.

eine konkrete Information.«[380] Die Verfasser der Eingaben agierten in einem modernen Sinn als Whistleblower und verfolgten die Absicht, jenseits des formellen Verfahrensweges Allianzen gegen den Standort Gittersee zu schmieden, um so den Druck auf die Entscheidungsträger zu erhöhen. Im August 1988 wandte sich etwa der Giftstoffbeauftragte des VEB Chemiewerk Nünchritz »rat- und hilfesuchend« an den Prorektor für Gesellschaftswissenschaften der Berliner Humboldt-Universität, Dieter Klein. Der Betriebsingenieur berichtete dem Wirtschaftswissenschaftler von der Planung und den damit einhergehenden Gefahren und gewann in Klein einen einflussreichen Mitstreiter.[381] Der Prorektor konsultierte seinerseits wiederum Karlheinz Lohs, Toxikologe und DDR-weit anerkannter Experte für chemische Waffen, der »auf inoffiziellen Wegen auch von der geplanten Investition« erfahren hatte und die vorgetragenen Befürchtungen teilte. Klein nutzte seine einflussreiche Position und fasste die gesammelten Bedenken Anfang November 1988 in einer Eingabe an den Leiter der Arbeitsgruppe für Organisation und Inspektion beim Ministerrat zusammen. »Lieber Genosse Staatssekretär, ich bin mir dessen bewußt, daß der Anstoß zu diesem Brief eine einzelne Meinungsäußerung ist. Ich glaube aber, daß jeder von uns Verantwortung für das Aufmerksammachen auf Probleme trägt und daß wir ja auch mitten in einem Prozeß der Neubewertung des Gewichtes ökologischer Probleme sind und stets versuchen, unsere ökonomischen Entscheidungen im Einklang mit ökologischer Sicherheit zu treffen.«[382] Die Haltung des Prorektors, die verdeutlicht, dass politische Entscheidungen der SED-Führung auch von einflussreichen Funktionsträgern nicht vorbehaltlos mitgetragen wurden, dürfte stellvertretend für zahlreiche Staats- und Wirtschaftsfunktionäre gestanden haben, die sich – wie der Giftstoffbeauftragte aus Nünchritz – in Umweltkonflikten immer häufiger zwischen der Linie der Parteiführung und ihrer persönlichen Überzeugung wiederfanden.

Das Schreiben brachte neue Bewegung in die Standortplanung: Ein Untersuchungsbericht der Arbeitsgruppe für Organisation und Inspektion des Ministerrates bestätigte die vorgebrachten Einwände und empfahl zur endgültigen

380 Eingabe an Oberbürgermeister der Stadt Dresden, Eingabe zum Investitionsvorhaben »Reinstsiliziumwerk Dresden-Gittersee«, Dresden, d. 23.9.88: BStU, MfS, HA XVIII, Nr. 21372, pag. 1.

381 Nach Auskunft eines Lexikoneintrages war Klein infolge seines Engagements gegen das geplante Reinstsiliziumwerk der Kritik des »Revisionismus« an der HU ausgesetzt, was allerdings weder seiner Position noch seiner Karriere schadete. Der Wirtschaftswissenschaftler unterstützte spätestens seit 1988 auch in der Forschung einen reformorientierten Kurs, der sich vor dem Hintergrund der gesellschaftlichen Entwicklung mit der Frage befassen sollte, wie das politische System der DDR demokratischer gestaltet werden könne, ohne erhaltenswerte Institutionen und Werte aufzugeben. Vgl. Biographische Datenbanken, Klein, Dieter: https://www.bundesstiftung-aufarbeitung.de/wer-war-wer-in-der-ddr-%2363%3B-1424.html?ID=1730 [letzter Zugriff: 09.02.2017]; vgl. auch *Markovits*, S. 91–135, hier 119 f.

382 Alle Belege und Zitate: Humboldt-Universität zu Berlin, Prorektor für Gesellschaftswissenschaften an Ministerrat der DDR, Arbeitsgruppe für Organisation und Inspektion, 2.11.88: BStU, MfS, HA XVIII, Nr. 21372, pag. 4–7.

Klärung der Sicherheits- und Standortfrage, eine Expertenkommission einzusetzen. Günther Kleiber, innerhalb der Regierung für die Koordination des Projektes zuständig, folgte den Empfehlungen der Kontrollfruppe. Im Frühjahr 1989 befasste sich ein Gremium aus Vertretern verschiedener Ministerien, der SPK, der TÜ sowie einer Reihe wissenschaftlicher Experten nochmals mit den Sicherheitsaspekten der Planung und legte Anfang Februar eine abschließende Expertise vor. Doch obwohl die Überprüfung neue Mängel[383] aufzeigte und alle bis dahin vorgetragenen Bedenken bestätigte, sprachen sich die Experten dennoch für den Standort Gittersee aus. »Da keine realisierbare Möglichkeit gefunden wurde, ca. 400 bis 450 Arbeitskräfte nach Nünchritz zu bringen, dort existiert bereits ein Fehl von ca. 160 Arbeitskräften«, so die TÜ in einer Stellungnahme, käme nur das Gelände des Wismut-Betriebes für den Bau der Anlage in Frage.[384] Die Expertenkommission forderte allerdings im Gegenzug eine Sicherheitskonzeption, die alle Einwände gegen die Planung entkräften sollte. Das Gremium folgte damit wider besseren Wissens der SED-Linie, wonach arbeitsmarkt- und sozialpolitische Argumente schwerer wogen als konkrete Sicherheitsrisiken und ökologische Bedenken.

Die neuerliche Begutachtung zeigte wieder einmal, dass die SED-Führung zwar dazu bereit war, bei einzelnen Aspekten der Planung nachzubessern, im Kern jedoch von einer Grundsatzentscheidung keinen Millimeter abwich. Die Durchsetzung des Beschlusses erfolgte jedoch nicht im Stil einer totalitären Diktatur, sondern mit subtileren Mitteln und wahrte dabei formal den juristischen Rahmen der Rechtsstaatlichkeit.[385] Aus umweltpolitischer Sicht war allerdings schon die Zusammensetzung der Expertenkommission eine Farce: Zwar war

383 Die TÜ Dresden stellte beispielsweise fest, dass beim VEB Kraftverkehr Meißen, Betriebsteil Riesa, der bislang für die TCS-Transporte zuständig war, erhebliche Mängel bestanden. So fehlte es an einer klaren Arbeitsanweisung für die Kraftfahrer, wie mit gefährlichen Gütern umzugehen war und Kontrollpflichten wurden nur unzureichend eingehalten. Die Fahrstrecken und -zeiten wurden außerdem nicht dokumentiert, so dass die zuständigen Stellen in den Kreisen Riesa und Großenhain, durch die die Transporte verliefen, nicht informiert waren. Darüber hinaus war »die Schutzausrüstung der Kraftfahrer nicht sofort zugriffsbereit, die zugehörige Augenspülflasche ist ständig leer«, so dass die Fahrer im Unglücksfall auch nicht hätten reagieren können, wenn sie über das richtige Verhalten in Kenntnis gesetzt worden wären. Ministerium für Staatssicherheit, Bezirksverwaltung Dresden, Information über Sicherheitsprobleme beim Straßentransport von Trichlorsilan im Bezirk Dresden, o. D. [20.02.89]: BStU, MfS, HA XVIII, Nr. 21372, pag. 122–125.

384 Staatliche Amt für Technische Überwachung, Kontrollbeauftragter, Stellungnahme, Berlin, 14.02.1989: BStU, MfS, HA XVIII, Nr. 21372, pag. 116.

385 Im Jahr 1988 geriet die SED in dieser Frage sowohl innen- als auch außenpolitisch unter Druck: Eine interne Analyse des Justizministeriums ergab, dass Verwaltungsverfahren in der DDR häufig fehlerhaft und uneinheitlich verliefen und empfahl dringend eine Reform des Verwaltungsrechts. Das Abschlussdokument der Wiener KSZE-Folgekonferenz schrieb eine ebensolche Änderung vor und legte fest, dass Betroffenen in rechtlichen Verfahren ein Einspruchsrecht zustehen sollte. Als Konsequenz dieser Entwicklungen führte die SED-Führung im Folgejahr die Verwaltungsgerichtsbarkeit wieder ein und erließ eine neue Reiseverordnung. *Raschka*, S. 87–104, hier 95–99.

dort mit der TÜ eine fachlich kompetente und durchaus kritische Kontrollbehörde vertreten, die bei der Auflistung der Mängel kein Blatt vor den Mund nahm.[386] Insgesamt überwogen aber Akteure, die vornehmlich ökonomische Aspekte im Blick hatten. Während die Bezirkshygieneinspektion und der Giftstoffbeauftragte des VEB CWN, der sich zuvor hilfesuchend an Klein gewandt hatte, immerhin als »Konsultanten« gehört wurden, findet sich auf der Expertenliste weder ein Vertreter des Umweltministeriums noch der zuständigen Umweltschutzverwaltung beim Rat des Bezirkes Dresden. Die abschließende Begründung für die Wahl des Standortes Gittersee, der nach »Bewertung aller volkswirtschaftlichen Kriterien« die bestmöglichste Variante darstellte, stand zudem im eklatanten Widerspruch zu den Bestimmungen des Landeskulturgesetzes und jenem 1969 erkämpften Konsens, wonach bei der Abwägung solcher Entscheidungen gesamtgesellschaftliche und nicht volkswirtschaftliche Interessen ausschlaggebend sein sollten.[387]

Das sture Festhalten am Standort Gittersee stieß jedoch auf grundlegend veränderte gesellschaftliche Rahmenbedingungen: Nicht nur, dass die Eingabenproteste in Greppin und Dohna, im Erzgebirge und andernorts eine neue Kulisse für die Aushandlung von Umweltkonflikten erzeugt hatten. Mit den Stadtökologiegruppen der GNU und den kirchlichen Umweltgruppen mischten sich auch neue gesellschaftliche Akteure in Konflikte ein, die in der Lage waren, der von der SED kontrollierten Öffentlichkeit eigene Informations- und Mobilisierungsmechanismen entgegenzusetzen. Die ortsansässige Bevölkerung, die bis dahin von der Planung offiziell noch nicht in Kenntnis gesetzt war, wurde durch einen Whistleblower aus den Reihen der staatlichen Planer über die Vorbereitungen am Standort Gittersee informiert. Im Oktober 1988 hatten sich im Stadtteil bereits das Gerücht verbreitet, dass auf dem Gelände des Bergbaubetriebes ein neues Werk aufgebaut werden sollte. Im gleichen Monat wandte sich ein Ingenieur, der ebenfalls in die Planung involviert war, an den Pfarrer der Paul-Gerhard-Gemeinde, Wilfried Weißflog, und berichtete ausführlich über das Vorhaben. Der Pfarrer verfasste daraufhin Eingaben an den Oberbürgermeister der Stadt Dresden sowie die Kanzlei des Staatsratsvorsitzenden und unterrichtete seine Gemeinde sowie die benachbarten Kirchengemeinden über die Planungen. Zu Beginn des Jahres 1989 formierte sich dann der öffentliche Protest:

386 So bemängelte das Staatliche Amt für Technische Überwachung in seiner Stellungnahme offen »die Tatsache, daß eine Reihe von Ausrüstungen erst entwickelt und gebaut werden müssen, ohne daß sie bisher in entsprechende Bilanzen und Pläne eingeordnet sind. Das betrifft beispielsweise neue havariesichere Transportcontainer, Feuerlöschanlagen für das neu entwickelte Löschmittel für Trichlorsilan, Geräte zur HCL-Messung und Geräte zur Früherkennung von Wassereintritten in Leitungen mit Trichlorsilan.« Staatliche Amt für Technische Überwachung, Kontrollbeauftragter, Stellungnahme, Berlin, 14.02.1989: BStU, MfS, HA XVIII, Nr. 21372, pag. 117.

387 Zentrale Staatliche Inspektion für Investitionen, Expertise, Berlin, 02.02.1989 sowie Anlage 1, Expertengruppe, Konsultanten, beide in: BStU, MfS, HA XVIII, Nr. 21372, pag. 57–63. Zum Landeskulturgesetz vgl. Kapitel III.4.3.

Am 13. Januar veranstalte der »Ökologische Arbeitskreis der Dresdener Kirchbezirke« einen »offenen Abend«, an dem etwa 300 interessierte Bürgerinnen und Bürger teilnahmen. Ende Januar folgten zwei Informationsgespräche zwischen Vertretern der Paul-Gerhard-Gemeinde und dem Rat der Stadt Dresden. Aufgrund des großen Interesses entschieden die für die Projektplanung verantwortlichen Akteure, auf einer eigentlich anlässlich der Kommunalwahlen geplanten Versammlung des Wohnbezirksausschusses (WBA) der Nationalen Front am 9. Februar die Anwohner über das geplante Bauvorhaben zu informieren. Die Veranstaltung geriet jedoch außer Kontrolle: Vor dem Kulturraum der Gärtnerei »Floradres«, der siebzig Personen Platz bot, versammelten sich am Abend etwa 250–350 Menschen.[388] Während die anwesenden Funktionäre – der Aufbauleiter des Werkes, ein Stadtrat für Inneres und zwei Vertreter des WBA – eine Vertagung der Versammlung vorschlugen, bot Pfarrer Weißflog an, kurzfristig in einen nahegelegenen Raum der Kirchgemeinde umzuziehen. Die Mehrheit folgte diesem Vorschlag und überrumpelte damit die Vertreter der Staatsmacht.[389]

Die dann folgende, knapp dreistündige Versammlung war von hitzigen Diskussionen geprägt, verlief aber trotz der gegensätzlichen Positionen konsensorientiert: Nach Eingangsstatements des Aufbauleiters und des Pfarrers nutzten zahlreiche Bürger die Gelegenheit, um die Projektbefürworter mit Fragen zu überhäufen und ihre Ablehnung gegen die Werksplanung kundzutun. Insbesondere der Aufbauleiter – ein langjähriger Mitarbeiter des VEB Spurenmetalle Freiberg, der seit September 1987 die Planungen vor Ort koordinierte – wurde zur Projektionsfläche für die Wut der Bürger. Seine Ausführungen, die unterschiedlichen Berichten zufolge als arrogant und herablassend wahrgenommen wurden, heizten die Stimmung weiter an. Viele Bewohner drohten damit, sich in zahlreichen Bürgerinitiativen gegen die Planung wehren zu wollen, sollte am Standort festgehalten werden. Andere forderten, dass sich die Verantwortlichen des RdB Dresden der Diskussion stellen sollten. Nach dem Abbruch der Veranstaltung, die von zahlreichen »Buh«-Rufen und spontanem Beifall für die Projektgegner gekennzeichnet war, sicherten die Vertreter der Aufbauleitung und der Stadt Dresden zu, zeitnah eine weitere Einwohnerversammlung einzuberufen. Außerdem verwiesen die Funktionäre auf einen neu eingerichteten Konsultationsstützpunkt, an dem sich die Bürgerinnen und Bürger immer dienstags über die Planungen informieren und persönlich Fragen an die Aufbau-

388 Überprüfungen ergaben später, dass es sich dabei nicht nur um Bürgerinnen und Bürger des Wohnbezirkes, sondern aus dem Großraum Dresden handelte. Pfarrer Weißflog lud demnach vor der Versammlung gezielt weitere Personen und Vertreter kirchlicher Öko-Gruppen ein. Vgl. VEB Kombinat Mikroelektronik – Inspektion – Information, Erfurt, 7.3.89: BStU, MfS, HA XVIII, Nr. 21372, pag. 135.

389 MfS Berlin, ZAIG/Bereich 1 Gen. Oberst Hackenberg, Information, o. D. [13.2.89]: BStU, MfS, HA XVIII, Nr. 21372, pag. 94; Fernschreiben an ODH MdI, Betreff: Information über den Aufbau eines Reinstsiliziumwerkes in Dresden-Gittersee und einer im Zusammenhang stattgefundenen Einwohnerversammlung, 13.02.89: SHStA, 11464, Bezirksbehörde der Deutschen Volkspolizei Dresden, 4223.

leitung richten konnten. Der Aufbauleiter gab zudem bekannt, dass er Anfang Februar an einem Gespräch mit der Ökologiegruppe der Lucaskirchgemeinde teilnehmen werde. Pfarrer Weißflog erklärte sich als Sprecher des Bürgerprotests wiederum dazu bereit, auch an der kommenden Einwohnerversammlung mitzuwirken.[390]

Die Veranstaltung markierte den Beginn einer offensiven PR-Kampagne, von der sich die Verantwortlichen erhofften, den Protest der Projektgegner zu entkräften und die schweigende Mehrheit in der Bevölkerung für sich gewinnen zu können. Denn trotz des Andrangs handelte es sich immer noch um eine verhältnismäßig kleine Gruppe, die ihre Ablehnung öffentlich zum Ausdruck brachte. Die Bereitschaft der Plane weiterhin den Kontakt zu den Bürgern zu suchen, zeugte außerdem von einem Konsensbedürfnis, das insbesondere im Vorfeld der Kommunalwahlen im Mai 1989 große politische Relevanz erhielt. Die Einwohnerversammlung machte darüber hinaus noch einmal deutlich, dass die Reihen der staatlichen Akteure alles andere als geschlossen waren: Ein hochrangiger Mitarbeiter des VEB Kombinat Mikroelektronik beklagte im Nachhinein etwa, dass der unter Druck geratene Aufbauleiter keinerlei Unterstützung von den übrigen Funktionären erhalten habe.[391] Die Vertreter des Wohnbezirksausschusses hätten sich im Laufe der Diskussion sogar von der Aufbauleitung distanziert und betont, im Standortgenehmigungsverfahren bisher noch nicht gehört worden zu sein.[392] Einen Tag nach der Versammlung wandte sich zudem der Vorsitzende der Ständigen Kommission für Umweltschutz, Wasserwirtschaft und allgemeine Landwirtschaft der Stadtverordnetenversammlung Dresden in einem Schreiben an die Stadtplankommission und kritisierte, dass die kommunalen Volksvertreter im Standortgenehmigungsverfahren vom Bezirksrat übergangen worden seien. Die Kommission erklärte sich unter diesen Bedingungen »außerstande, dem Standort Dresden-Gittersee zuzustimmen« und erwartete »aus ihrer Verantwortung für die Bevölkerung der Stadt Dresden eine nochmalige Überprüfung aller Faktoren, bevor die endgültige Standortentscheidung gefällt wird.« Der Vorsitzende konnte sich dabei auf die Staatliche Umweltinspektion stützen, die bei einem gemeinsamen Treffen ebenfalls ihre ablehnende Haltung deutlich machte und die Stadtverordnetenversammlung in ihrem Protest bestärkte.[393]

In der SED betrachtete man die Entwicklung mit zunehmender Sorge: In einem Schreiben an Kleiber berichtete der Erste Sekretär der Dresdener Parteibezirksleitung, Hans Modrow, kurz darauf, dass »das Standortverfahren … bis-

390 Ebd.

391 VEB Kombinat Mikroelektronik – Inspektion – Information, Erfurt, 7.3.89: BStU, MfS, HA XVIII, Nr. 21372, pag. 135.

392 MfS Berlin, ZAIG/Bereich 1 Gen. Oberst Hackenberg, Information, o. D. [13.2.89]: BStU, MfS, HA XVIII, Nr. 21372, pag. 96.

393 Alle Belege und Zitate aus: Stadtverordnetenversammlung Dresden an den Rat der Stadt Dresden, Betr.: Standortentscheidung für das Reinstsiliziumwerk im Bezirk Dresden, Dresden, 10.2.1989: BStU, MfS, HA XVIII, Nr. 21372, pag. 88 f.

her nur bis zur Bestätigung der Baustelleneinrichtung geführt« wurde und »noch 42 Gutachter-Anfragen« vorlagen, die bis Anfang April 1989 abgearbeitet werden mussten, um den Zeitplan überhaupt noch einhalten zu können. Darüber hinaus hob Modrow hervor, dass die Hygiene bisher noch keine Zustimmung zum Standort erteilt habe.[394] Ende März beriet die Bezirksleitung daher mit Parteifunktionären und Vertretern vom MfS und der Bezirksstaatsanwaltschaft über das weitere Vorgehen. Man entschied sich dafür, die Öffentlichkeitsarbeit zu intensivieren: Mit Hilfe einer in 6.000facher Auflage gedruckten Informationsbroschüre und zahlreichen Veranstaltungen wollte man Vorbehalte gegen die Werksplanung aus dem Weg räumen und sowohl die Bevölkerung als auch die Stadtverordneten auf Linie bringen. Im Protokoll ist außerdem unverhohlen vermerkt, dass über die Art, wie in der Sächsischen Zeitung über die Wahlversammlungen und das Reinstsiliziumwerk zu berichten sei, noch die zuständigen Stellen in Berlin konsultiert werden müssten. Darüber hinaus bediente man sich bewährter Instrumente, um den Widerstand gegen das geplante Werk zu brechen: Mittels einer gezielten Eingabenbearbeitung und persönlichen Aussprachen hofften die Parteivertreter, einen Keil zwischen die Petenten treiben und so einer im Entstehen begriffenen Massenbewegung den Wind aus den Segeln nehmen zu können. Eingaben an zentrale Staatsorgane sollten künftig vom zuständigen Mitarbeiter für Kirchenfragen erfasst und gesondert bearbeitet werden. Auf einer geplanten Einwohnerversammlung im April wollte man zudem Kommunalverträge präsentieren, die »klare Antworten zur territorialen Entwicklung des Wohngebietes im Zusammenhang mit dem Bau des Reinstsiliziumwerkes … geben.«[395]

Die Bezirksleitung verschätzte sich jedoch in der Bewertung der Situation und der von der Werksplanung ausgehenden Symbolwirkung. Zwar war es zutreffend, dass sich zahlreiche Bürger mit der Zusicherung hoher Sicherheitsstandards und den zur Verfügung gestellten Informationen zufrieden erklärten. Die Eingabenflut hielt jedoch weiter an: Bis Anfang Mai 1989 gingen 223 Schreiben bei verschiedenen staatlichen Stellen ein. Die Eingabenproteste hatten sich zu diesem Zeitpunkt längst auf die gesamte Region ausgeweitet.[396] Unter den Eingaben finden sich sowohl Schreiben von einzelnen Bürgern als auch von Kirchengemeinden oder offiziell legitimierten Kollektiven, wie etwa Ortsgruppen der Nationalen Front.[397] Die persönlichen Aussprachen, die bis zu den Kommu-

394 Sozialistische Einheitspartei Deutschlands, Bezirksleitung Dresden an Ministerrat der DDR, Dresden, den 16. Februar 1989: BStU, MfS, HA XVIII, Nr. 21372, pag. 80.

395 Ministerium für Elektrotechnik und Elektronik – Der Staatssekretär, Information, Berlin, 28.03.1989: BStU, MfS, HA XVIII, Nr. 21372, pag. 141–143.

396 Vgl. Rat des Bezirkes, Bezirksplankommission, Analyse zur Eingabenbearbeitung »Reinstsiliziumwerk Dresden-Gittersee«, Dresden, den 11.05.89: BStU, MfS, HA XVIII, Nr. 21372, pag. 202 f.

397 Vgl. exemplarisch: Ev.-Luth. Zionskirche Dresden an den Vorsitzenden des Rates des Bezirkes Dresden, Herrn Günther Witteck, Dresden, den 28.1.1989; An den Rat der Stadt Dresden, Stadtplankommission, Eingabe, Dresden, den 02.02.89; Ev.-Luth. Kreuzkirch-

nalwahlen im Mai mit nahezu allen Verfassern geführt wurden, verdeutlichen, wie stark die Wahrnehmungen von SED und Bevölkerung auseinander klafften. Neben den bekannten Argumenten gegen den Standort kritisierten zahlreiche Bürger auch, dass die Entscheidung über das Bauvorhaben in Berlin und nicht vor Ort in Dresden getroffen wurde. Viele Petenten stellten »die Vertrauensfrage zum Staat«, fühlten sich von den örtlichen Behörden und den Volksvertretern nicht gut repräsentiert und verwiesen auf Artikel 21 der Verfassung, wonach den Bürgern unter dem Motto »Plane mit, arbeite mit, regiere mit« ein Mitentscheidungsrecht zustehen würde. Darüber hinaus zogen zahlreiche Verfasser Parallelen zu internationalen Ereignissen, wie etwa der Reaktorkatastrophe von Tschernobyl, um ihre Ängste vor den möglichen Gefahren des Werkes zu veranschaulichen. Die Behörden nahmen demgegenüber die Sorgen der Bürger nicht ernst, wie eine Eingabenanalyse anschaulich belegt: Die Staatsdiener sahen in den Bedenken nur »falsche« Argumente, die sich »hartnäckig« hielten und auf Gerüchte, Fehlinformationen oder den Einfluss kirchlicher Kreise zurückzuführen seien.[398] In der Vorstellungswelt vieler Partei- und Staatsfunktionäre gab es gegen wiederkehrende Einwände aus der Bevölkerung anscheinend nur ein probates Mittel: Auf die Eingabenführer so lange einzureden und die offizielle Position der Partei- und Staatsführung immer wieder gebetsmühlenartig zu wiederholen, bis die Petenten einknickten und ihre Eingabe als »erledigt« betrachteten. Während das Eingabewesen in zahlreichen Fällen sowohl für die Verfasser als auch die Behörden ein erfolgreiches Konfliktlösungsinstrument war, führten sie in verfahrenen Situationen, wie in Gittersee, dazu, dass sich die Fronten weiter verhärteten.

Unter den zahlreichen Eingaben nahm ein Schreiben eine besondere Bedeutung ein. Am 13. Februar wandte sich der Superintendent des Kirchenbezirkes Dresden West, Wolfgang Scheibner, an Kleiber um gegen die geplante Reinstsiliziumanlage zu protestieren. Das Datum war bewusst gewählt: Scheibner erinnerte an den Luftangriff britischer und amerikanischer Bomber vor 44 Jahren, der so viel Leid über die Stadt brachte, gleichzeitig aber auch zum Symbol eines langanhaltenden Friedens geworden sei. »Aber an diesem 13. Februar 1989 legt sich belastend auf die Menschen von Dresden ein Schatten äußerster Beunruhigung, schlimmer Enttäuschung und existentieller Bedrohung, ausgelöst durch dieses »Reinstsiliziumwerk«! Können Sie, sehr geehrter Herr Minister, das ver-

gemeinde Dresden an Herrn Oberbürgermeister Berghofer, Betr.: Eingabe wegen des Feinst-Silizium-Werkes Dresden-Gittersse, am 31.1.1989; alle in: BStU, MfS, HA XVIII, Nr. 21372, pag. 24, 46 u. 50; vgl. auch: Nationale Front der DDR, WBA 29 Freital an den Ministerrat der DDR, Betreff: Eingabe, Freital-Kleinnaundorf, 28.03.1989: BStU, MfS, BV Dresden, Abt. XVIII, Nr. 14802, pag. 18 f.

398 Vgl. Rat des Bezirkes, Bezirksplankommission, Analyse zur Eingabenbearbeitung »Reinstsiliziumwerk Dresden-Gittersee«, Dresden, den 11.05.89: BStU, MfS, HA XVIII, Nr. 21372, pag. 203 ff.

antworten?«[399] Das rhetorisch brillant verfasste Schreiben, das gleichzeitig auch an Modrow ging, leitete eine neue Phase des Protests ein und setzte die politische Führung in helle Aufregung. Kleiber sah sich dazu gezwungen Honecker zu informieren und das bisherige Vorgehen gegenüber dem SED-Generalsekretär zu rechtfertigen.[400] Scheibner, der auch an der Einwohnversammlung Anfang Februar teilnahm, kündigte wiederum an, das Evangelisch-Lutherische Landeskirchenamt Sachsen über die Vorgänge in Gittersee in Kenntnis zu setzen.[401] Der Superintendent sorgte mit Unterstützung von Pfarrer Weißflog und des ÖAK der Dresdener Kirchenbezirke dafür, dass das Bauvorhaben auf der Frühjahrssynode der Ev.-Luth. Landeskirche diskutiert wurde. Die Synode solidarisierte sich mit den Protesten und legte fest, am 16. April einen »Bittgottesdienst für die bedrohte Schöpfung« in der Dresdener Kreuzkirche abzuhalten, der sich gezielt gegen das geplante Reinstsiliziumwerk richten sollte. Der Gottesdienst stellte die Blaupause für alle weiteren Aktionen gegen das Werk dar. Knapp 3.000 Menschen folgten dem Beschluss der Synode und kamen im April in die Kreuzkirche.[402] Ein zuvor über die Pfarrämter verteiltes Informationspapier des ÖAK fasste die Position der Kirchenaktivisten zusammen. Neben den bereits bekannten Einwänden gegen den Standort kritisierten sie insbesondere das Sicherheitsdenken und die Geheimhaltungspolitik der staatlichen Akteure. Die Kirchenvertreter zweifelten außerdem daran, dass die rechtlichen Vorschriften der DDR die vom Werk ausgehenden Gefahren tatsächlich minimieren könnten, »denn Ausnahmegenehmigungen können Gesetze aufheben.« Der ÖAK hielt daher ein »Aussetzen des Investitionsvorhabens« sowie »die Suche nach einem neuen Standort« für erforderlich und verlangte grundsätzlich »die Strategie einer forcierten Entwicklung der Mikroelektronik noch einmal gründlich« zu überdenken.[403]

Der angekündigte Gottesdienst versetzte die Sicherheitsbehörden bereits im Vorfeld in Alarmbereitschaft, da Gerüchte kursierten, wonach die Veranstalter im Anschluss an die Messe einen Schweigemarsch zum Baugelände planen würden. Die Kirchenvertreter vermieden es jedoch geschickt, den rechtlichen Graubereich, in dem sie sich bewegten, zu verlassen. Die sachlich-peniblen In-

399 Der Superintendent des Kirchenbezirkes Dresden West an den Ministerrat der DDR, Betr.: Investitionsvorhaben »Reinstsiliziumwerk Dresden-Gittersee«, Dresden, den 13.2.1989: BStU, MfS, HA XVIII, Nr. 21372, pag. 86.

400 Ministerrat der DDR, Erster Stellvertreter des Vorsitzenden an Honecker, Berlin, 17.2.1989: BStU, MfS, HA XVIII, Nr. 21372, pag. 120 f.

401 Der Superintendent des Kirchenbezirkes Dresden West an den Ministerrat der DDR, Betr.: Investitionsvorhaben »Reinstsiliziumwerk Dresden-Gittersee«, Dresden, den 13.2.1989: BStU, MfS, HA XVIII, Nr. 21372, pag. 87.

402 MfS, BV Dresden, Information über die weitere Entwicklung der Lage im Zusammenhang mit dem geplanten Bau eines Reinstsiliziumwerkes (RSW) in Dresden-Gittersee, o. D. [25.4.1989]: BStU, MfS, HA XVIII, Nr. 21372, pag. 180 f.

403 Alle Belege und Zitate aus: Ökologischer Arbeitskreis der Dresdener Kirchenbezirke, Reinst-Silizium-Werk Dresden-Gittersee, Dresden, im März 1989: BStU, MfS, HA XVIII, Nr. 21372, pag. 165 f.

formationsberichte der Staatssicherheit, die seit Beginn des Jahres 1989 die Entwicklungen in Gittersee akribisch dokumentierten, vermerkten, dass sowohl Superintendent Scheibner als auch Pfarrer Weißflog sehr darum bemüht waren, beschwichtigend auf die Besucher einzuwirken und jede Provokation zu vermeiden.[404] Dass dies in den folgenden Monaten nicht immer gelang, belegen wiederum zahlreiche »illegale« Plakate und Flugblätter, die vom MfS konfisziert wurden.[405] Die Kirchenvertreter folgten bis zur Einstellung des Bauvorhabens allerdings beharrlich ihrer Strategie eines grenzkonformen Protests, der immer wieder Spielräume des sozialistischen Straf- und Ordnungsrechts auslotete. Infolge des Bittgottesdienstes im April stieg etwa die Zahl der Eingaben – darunter auch eine Kollektiveingabe mit 600 Unterschriften – nochmals stark an. Von Juni an veranstalteten die Kirchengemeinden zudem monatlich Fürbittengottesdienste, an denen regelmäßig und mit steigender Tendenz mehrere hundert Menschen teilnahmen. Auch die Umweltwoche Anfang des Monats stand in Dresden ganz im Zeichen des Widerstandes gegen das Reinstsiliziumwerk. Neben Weißflog und Scheibner engagierten sich insbesondere Superintendent Christof Ziemer und Maria Jacobi, Mitglied des ÖAK der Dresdener Kirchbezirke, gegen das Bauvorhaben.[406]

Es fiel den Organisatoren jedoch immer schwerer, die Protestierenden zu besännftigen und sogenannte »provokative Handlungen« zu vermeiden. Schon die Tatsache, dass sich die Kirchenvertreter ohne erkennbares politisches Mandat in die inneren Angelegenheiten des Staates einmischten, war in den Augen der Partei- und Staatsführung ein Affront.[407] Anfang August kam es im Anschluss an einen Fürbittengottesdienst zu einer Gewalteskalation: Eine kleine Gruppe von Teilnehmern zog vor das Baugelände und setzte sich vor das Eingangstor. Etwa sechzig weitere Personen – Gottesdienstteilnehmer und Schaulustige – kamen

404 MfS, BV Dresden, Information über die weitere Entwicklung der Lage im Zusammenhang mit dem geplanten Bau eines Reinstsiliziumwerkes (RSW) in Dresden-Gittersee, o.D. [25.4.1989]: BStU, MfS, HA XVIII, Nr. 21372, pag. 181 ff.

405 Vgl. BStU, MfS, BV Dresden, Abt. XVIII, Nr. 14196, Teil 2 v. 2, pag. 178 f.

406 Vgl. Hinweise zum Staatsplanvorhaben »Reinstsiliziumwerk Dresden-Gittersee« des VEB Spurenmetalle Freiberg und damit im Zusammenhang stehende Aktivitäten feindlicher oppositioneller und anderer negativer Kräfte, 11. September 1989: BStU, MfS, HA XVIII, Nr. 21372, pag. 268.

407 So erklärten Funktionäre in einem Gespräch mit den Superintendenten der Dresdener Kirchenbezirke etwa, dass die Synode der ev.-luth. Kirche »kein Mandat hat, sich mit staatlichen Angelegenheiten zu befassen.« Gegenüber Scheibner betonte man in einer anderen Aussprache, »daß sich unser sozialistischer Staat unter Führung der Sozialistischen Einheitspartei Deutschlands seit nunmehr vierzig Jahren für das Wohl seiner Bürger einsetzt und dabei auf große Erfolge zurückblicken kann.« Rat der Stadt Dresden, Aktenvermerk über ein Gespräch mit den 3 Superintendenten der Ev.-Luth. Kirchenbezirke der Stadt Dresden, Dresden, am 11,04.1989; Karl Nendel, Gesprächsnotiz über Aussprache mit dem Superintendenten Scheibner des Kirchenbezirkes Dresden-West der Evangelisch-Lutherischen Kirche, Berlin, 13.04.1989; beide in: BStU, MfS, HA XVIII, Nr. 21372, pag. 168 u. 170.

hinzu und beobachteten das Ereignis aus sicherer Distanz. Die sofort eingreifende Volkspolizei löste die Demonstration gewaltsam auf und ging dabei einem Augenzeugenbericht zufolge äußerst brutal vor.[408] Doch trotz der angespannten Lage, die sich in Dresden im Laufe des Jahres 1989 aufgebaut hatte, blieb es bei dieser einzelnen Gewalteskalation.[409] Auch die Vertreter der Staatsmacht folgten – analog zum grenzkonformen Protest der Kirchengruppen – ihrer autoritär-korporatistischen Linie, bei der sie die Anwendung von offener Gewalt weitestgehend vermieden und den Gesprächsfaden zu Projektgegnern und Kirchenvertretern nicht abreißen ließen. Die gezielte Informationspolitik der Projektplaner zeigte indes Wirkung. Auf Einwohnerversammlungen im April war es gelungen, einen großen Teil der Bevölkerung von der Notwendigkeit der Anlage und der Zuverlässigkeit der an die Planung angelegten Sicherheitsbestimmungen zu überzeugen. Die Anwesenheit ranghoher Funktionäre – darunter der zuständige Staatssekretär im Ministerium für Elektrotechnik und Elektronik, Karl Nendel, und der Bezirksratsvorsitzende Günther Witteck – wurde demnach von zahlreichen Bürgern positiv wahrgenommen. Eine wichtige Forderung der ersten Einwohnerversammlung war somit erfüllt. Viele Bewohner begrüßten außerdem das Versprechen des Staatssekretärs, im Zuge der bevorstehenden Baumaßnahmen auch die örtliche Infrastruktur zu verbessern und eine Reihe von kommunalen Problemen zu beheben.[410]

Nendel konnte daher im August berichten, dass das Investitionsvorhaben planmäßig verlief und die Eingabenproteste praktisch zum Erliegen gekommen waren. Da die Kirchenvertreter sich aber weiterhin nicht dazu bereit erklärten,

408 Das brutale Vorgehen, bei dem sogar eine Mutter, die ihr Kind vor dem Bauch trug, und ein Rollstuhlfahrer »verprügelt« worden sein sollen, ist in den Berichten der Staatssicherheit nicht vermerkt. Dass die Volkspolizei bei der Auflösung der Demonstration allerdings nicht zimperlich vorgegangen ist, belegt eine fast schon zynische Information vom 7. August an Egon Krenz an: »Auch diese Versammlung wurde durch taktisch kluges und ansprechendes Handeln aufgelöst. Westliche Medienvertreter wurden nicht festgestellt.« Abt. Parteiorgane des ZK, Information der Bezirksleitung Dresden über ein besonderes Vorkommnis, Berlin, den 7. August 1989: SAPMO, DY 30/IV 2/2.039/330, pag. 27 f. Zum Augenzeugenbericht vgl. *Buthmann*, S. 28.

409 Von den etwa 26 im Rahmen der Polizeiaktion verhängten Ordnungsstrafen wurden zehn bereits vor der Vollstreckung wieder aufgehoben. Nach dem ein Bürger Ende Oktober 1989 gegen seine Ordnungsstrafe protestierte, veranlasste die Bezirksstaatsanwaltschaft Dresden eine Überprüfung aller weiteren Ordnungsstrafverfahren, die daraufhin ebenfalls aufgehoben wurden. Vgl. Martin Groeger an Staatsanwalt der Stadt Dresden, Lothringer Str. 1, 8016, o. D. [eingegangen am 23.10.1989]; Bezirksbehörde der Deutschen Volkspolizei Dresden – Der Chef – an Staatsanwaltschaft des Bezirkes Dresden, Betreff: Die geforderte Prüfung aller Ordnungsstrafverfahren im Zusammenhang mit den Ereignissen in Dresden-Gittersee wurde über das VPKA veranlaßt, 26.01.1990; beide in: SHStA, 12916, Bezirksstaatsanwaltschaft Dresden, Nr. 3342. Zur allgemeinen Entwicklung in Dresden im Jahr 1989 vgl. *Richter*, Bde. 1–2.

410 MfS, BV Dresden, Information über die weitere Entwicklung der Lage im Zusammenhang mit dem geplanten Bau eines Reinstsiliziumwerkes (RSW) in Dresden-Gittersee, o. D. [25.4.1989]: BStU, MfS, HA XVIII, Nr. 21372, pag. 174 f.

die Fürbittengottesdienste gegen das Werk einzustellen, hielten die verantwortlichen Funktionäre an der Strategie einer intensiven Öffentlichkeitsarbeit fest und beraumten unter anderem eine Aussprache mit Landesbischof Johannes Hempel an.[411] Doch auch jenseits der kirchlichen Aktivitäten blieben Widerstände gegen die Werksplanung bestehen.[412] Die PR-Kampagne, für die sich die Sächsische Zeitung unverhohlen zum willfährigen Gehilfen der Herrschenden machte, rief ungeahnte Probleme hervor: Denn ein beschwichtigender Artikel vom 26./27. August unter der Überschrift »Dialog, Sachlichkeit und ein neues Dresdner Werk« löste Unruhe unter den Arbeitern und Anwohnern des Chemiewerkes in Nünchritz aus, das die Chemikalie Trichlorsilan herstellten.[413] In Diskussionen unter Kollegen sprach man offen von »Halbwahrheiten und Unwahrheiten«, die hier verbreitet würden, um die Bevölkerung von Gittersee zu beruhigen.[414] Viele Nünchritzer fragten nun außerdem, warum die im Artikel genannten Sicherheitssysteme nicht im VEB CWN zum Einsatz kämen und ob unter den gegenwärtigen Bedingungen die Sicherheit für die an den Betrieb grenzenden Wohngebiete überhaupt gewährleistet sei.[415] Der Betriebsdirektor sah sich vor diesem Hintergrund dazu gezwungen, »in Wahrnehmung unserer Verantwortung als Produzent von Trichlorsilan« eine Richtigstellung zu verfassen und darum zu bitten, dass in Zukunft »das Chemiewerk und seine Produkte betreffende Aussagen rechtzeitig vorher abgestimmt werden.«[416] Die Zugeständ-

411 K. Nendel, Information über den erreichten Stand bei der Vorbereitung und Durchführung des Aufbaues des Reinstsiliziumwerkes Dresden-Gittersee, Berlin, den 18.08.1989: BStU, MfS, HA XVIII, Nr. 21372, pag. 217–219.

412 So berichtet Buthmann etwa von einer Eingabe von Mitarbeitern des Projektierungsbetriebes, die im Oktober 1989 bei staatlichen Stellen einging. Die Tarifverhandlungen mit der Stammbelegschaft des Bergbaubetriebes »Willi Agatz« zogen sich zudem hin, so dass Anfang September 1989 erst 593 der 850 Kumpel einem Einsatz im künftigen Reinstsiliziumwerk zugestimmt hatten. Vgl. *Buthmann*, S. 36.

413 Dialog, Sachlichkeit und ein neues Dresdner Werk. Kompetente Partner waren im Gespräch mit dem Kirchenvorstand der Dresdner Annenkirchgemeinde, in: SZ vom 26./27. August 1989: SHStA, 12916, Bezirksstaatsanwaltschaft Dresden, Nr. 3336.

414 Die Stimmung im Werk war so aufgeheizt, dass sich viele Schicht- und Abteilungsleiter nervös an ihre Vorgesetzten gewandt hatten. Der Hauptenergetiker verlangte etwa wütend: »Meine Leute haben den Artikel gelesen. Sie fragen mich, wie sicher ist unsere Anlage? Komme zu mir und erkläre es den Leuten!« Und der Brandschutzinspektor drohte sogar: »Wenn der Betrieb nichts unternimmt, dann schreibe ich selbst an die ›SZ‹«. Alle Belege und Zitate in: [KD Riesa an] Bezirksverwaltung für Staatssicherheit, Riesa, 6.9.1989: BStU, MfS, BV Dresden, KD Riesa, Nr. 13338, pag. 2 f.

415 MfS, BV Dresden, Information über Reaktionen durch Beschäftigte des VEB Chemiewerkes Nünchritz und unter Einwohnern der Gemeinde Nünchritz zum Artikel »Dialog, Sachlichkeit und ein neues Dresdner Werk«, veröffentlicht in der »Sächsischen Zeitung« vom 26./27. August 1989, Seite 3, o. D. [5. Sep. 1989]: BStU, MfS, HA XVIII, Nr. 21372, pag. 253.

416 VEB Chemiewerk Nünchritz an VEB Spurenmetalle Freiberg, WIB im Kombinat Mikroelektronik, Artikel in der »Sächsischen Zeitung 26./27.8.89 »Dialog Sachlichkeit und ein neues Dresdner Werk«, o. D.: [KD Riesa an] Bezirksverwaltung für Staatssicherheit, Riesa, 6.9.1989: BStU, MfS, BV Dresden, KD Riesa, Nr. 13338, pag. 5 f.

nisse an eine veränderte Öffentlichkeitsarbeit, zu denen sich die verantwortlichen Planer durch die hartnäckigen Proteste gezwungen sahen, konnten in der aufgeheizten Stimmung des Jahres 1989 schnell zum Bumerang werden.

Im September 1989 traten die Proteste gegen das Reinstsiliziumwerk in eine neue Stufe ein. Superintendent Ziemer kritisierte offen, dass der »gegenwärtige Flüchtlingsstrom« eine Folge des Verhaltens der Staatsmacht sei und forderte dazu auf, »Kräfte zu sparen, da diese noch für größere Aufgaben gebraucht werden.«[417] Die Kirchenvertreter zeigten sich auch angesichts der Vorfälle vom 6. August und anderer Repressionen, etwa eine Reihe unverhältnismäßig harter Geld- und Haftstrafen, die das Kreisgericht Dresden-Ost gegen drei Männer der Gruppe »PAX« ausgesprochen hatte, unbeirrt und erhielten auch Rückendeckung von Landesbischof Hempel.[418] Zu den Fürbittengottesdiensten strömten nun bereits mehrere tausend Menschen, so dass die Dresdener Kirchen längst nicht mehr ausreichend Platz boten und sich Hunderte davor versammelten.[419] Aber erst nach dem Rücktritt Honeckers gab die neue politische Führung unter Egon Krenz dem Druck der Massen nach: Die SZ berichtete von stürmischem Beifall auf dem sechsten Bittgottesdienst am 5. November 1989, »nach dem eine Entscheidung des Ministerrates der DDR verkündet worden war: Das Reinstsiliziumwerk Dresden-Gittersee wird nicht gebaut!« Im Anschluss daran formierten sich etwa 15.000 Menschen zur ersten genehmigten Demonstration in Dresden.[420]

417 MfS, BV Dresden, Information über einen weiteren Fürbittengottesdienst in der Paul-Gerhardt-Kirche Dresden-Gittersee am 3.9.1989, Dresden, 3.9.1989; Information zum Reinstsiliziumwerk Dresden-Gittersee und zu feindlich-negativen Aktivitäten gegen die Errichtung des Werkes, Berlin, 5. September 1989; beide in: BStU, MfS, HA XVIII, Nr. 21372, pag. 230, 241.

418 Vgl. *Knabe*, Umweltkonflikte, S. 337 f.

419 *Buthmann*, S. 35 f.

420 Gläubige begrüßen Entscheidung zum Reinstsiliziumwerk Gittersee. Nach Gottesdienst friedliche Demonstration durch Dresdens Zentrum, in: SZ vom 6.11.89: SHStA, 12916, Bezirksstaatsanwaltschaft Dresden, Nr. 3336. Das Scheitern der Planungen in Gittersee begrub die Pläne für den Ausbau der ostdeutschen Reinstsiliziumproduktion – am Mikroelektronikprogramm hielt die politische Führung zunächst jedoch weiter fest. Im Ministerrat diskutierte man noch im Dezember 1989 mögliche Varianten, wie man den Siliziumbedarf für die Computerchipherstellung durch Importe aus der UdSSR oder dem NSW sichern könnte. Die politische Wende machte die Überlegungen jedoch zur Makulatur. Nach der Wiedervereinigung ging der Hersteller des in Dresden so heftig umstrittenen Trichlorsilans, der VEB Chemiewerk Nünchritz, in den Besitz der westdeutschen Hüls AG über und wurde 1998 von der Wacker Chemie AG übernommen. Vgl. dazu: Ministerrat, Beschluß über den weiteren Einsatz der Belegschaft des Bergbaubetriebes »Willi Agatz« Dresden und Vorschläge zur langfristigen Entwicklung des Aufkommens an Siliziumerzeugnissen für die Mikroelektronik vom 7. Dezember 1989: BArch, DC 20-I/3/2877, pag. 7 f.; *Menschen, Märkte, Moleküle*, S. 266 f.

Zusammenfassung

Am Anfang dieser Arbeit stand eine irritierende Diskrepanz: Der umweltpolitische Aufbruch, der in der DDR unverkennbar um 1970 eingesetzt hatte, und die schwere ökologische Krise des darauffolgenden Jahrzehnts mochten einfach nicht zusammenpassen. Irritierend daran war allerdings nicht nur die Schärfe des Gegensatzes, sondern auch die Beobachtung, dass sowohl in der öffentlichen Diskussion als auch in der historischen Aufarbeitung bislang nur eine der beiden Seiten in den Blick geraten ist. Dieser Umstand, so eine Ausgangsthese dieser Arbeit, hat zu dem geschichtspolitisch zwar opportunen, aber historiographisch unbefriedigenden Schluss geführt, dass die vorhandenen Umweltprobleme aufgrund »systemischer« Defizite der totalitären Diktatur und der Gleichgültigkeit der verantwortlichen Akteure vorherbestimmt gewesen wären. Die vorliegende Untersuchung hat dieses teleologische Geschichtsbild infrage gestellt und die Hintergründe sowohl des umweltpolitischen Aufbruchs als auch der ökologischen Krise auf einer breiten empirischen Grundlage untersucht und in Beziehung zueinander gesetzt. Im Kern ging es um die Frage, wie Umweltprobleme in der sozialistischen Diktatur verhandelt wurden und welchen Bedingungen staatliches und gesellschaftliches Umwelthandeln unterlag. Wie war es Akteuren innerhalb und außerhalb des zentralen Machtapparates der SED möglich, politische Legitimation und Ressourcen für die Anliegen des Natur- und Umweltschutzes zu mobilisieren? Wie veränderte die Aushandlung von Umweltfragen umgekehrt das Herrschafts- und Gesellschaftsgefüge der DDR? Und schließlich, warum war es in den achtziger Jahren ganz offensichtlich nicht mehr möglich, den um 1970 getroffenen Konsens über den Schutz der Umwelt aufrecht zu erhalten bzw. zu erneuern? Im Folgenden sollen die Antworten auf diese Fragen und die Ergebnisse der Untersuchung knapp zusammengefasst werden.

Die in der DDR vorhandenen Umweltprobleme waren typisch für eine moderne Industriegesellschaft und insofern durchaus vergleichbar mit denen anderer Industriestaaten, allen voran der Bundesrepublik. Der Aufbau des Sozialismus, eine auf die Bruttoproduktion ausgerichtete Planwirtschaft, spezifische technologische Entwicklungspfade und der fortdauernde Einfluss autoritär-korporatistischer Traditionen erschwerten bis in die sechziger Jahre hinein das staatliche und gesellschaftliche Umwelthandeln. Die Besatzungspolitik der UdSSR, deren harte Haltung in der Reparationsfrage den Wiederaufbau und die wirtschaftliche Modernisierung lange behinderte, sowie die erzwungene politische und ökonomische Einbindung in den Ostblock begünstigten außerdem eine Wirtschaftspolitik, die autarkistische Züge aufwies und sich auf eine aus ökologischer Perspektive äußerst problematische Energie- und Rohstoffbasis stützte.

Braunkohle blieb, wenn man die mehr als 40jährige Dauer ihres Bestehens betrachtet, letztlich das größte Umweltproblem der DDR. Ihr Einfluss war viel entscheidender als jeder noch so schwere Konstruktionsfehler der Planwirtschaft und hätte auch freiheitlich-demokratische bzw. marktwirtschaftlich verfasste Gesellschaften vor eine kaum lösbare ökologische Herausforderung gestellt. Darüber hinaus trugen in den darauffolgenden Jahrzehnten zweifelsohne auch politische Fehlentscheidungen, wie beispielsweise das Festhalten an einer nach heutigen Maßstäben überzogenen Sozialpolitik oder strukturpolitische Fehlentscheidungen, wie die Vernachlässigung des Reinigungsanlagenbaus, zur ökologischen Krise bei. Doch während man sich in der DDR zu Beginn der siebziger Jahre noch auf einem guten Weg wähnte, die aus der Braunkohleabhängigkeit resultierenden Umweltprobleme durch eine Energieträgerumstellung auf Erdöl und Erdgas in den Griff zu bekommen, machte die schwere ökonomische Krise, in die der gesamte Ostblock im Laufe des Jahrzehnts geriet, diese Hoffnungen zunichte. Die mühsam erkämpften Fortschritte im Umweltschutz waren binnen kürzester Zeit wieder verloren. Dieser Weg war allerdings ebenso wenig vorhergezeichnet wie die allgemeine gesellschaftliche Krise, die parallel zur Verschärfung der ökonomischen und ökologischen Problemlage in den achtziger Jahren an Schärfe gewann.

In den fünfziger Jahren befasste sich eine ganze Reihe staatlicher und gesellschaftlicher Akteure offen und relativ (selbst)kritisch mit den vielerorts wieder zunehmenden Umweltproblemen. Die »Zentrale Kommission für Staatliche Kontrolle« der SED musste zu Beginn des Jahrzehnts immer häufiger in Konflikten schlichten, die durch Umweltverschmutzung hervorgerufen wurden. Die Politik des »Neuen Kurses« stellte für die Bewertung dieser Probleme eine bedeutende Wende dar: Vor dem Hintergrund des Aufstandes vom 17. Juni 1953 erkannte die Parteikontrollkommission erstmals die gesellschaftspolitische Sprengkraft, die von Rauchschäden in der Landwirtschaft, Emissionen am Arbeitsplatz oder der Gewässerverschmutzung in Urlaubsregionen ausgehen konnte. Die SED zeigte sich durchaus sensibilisiert, betrachtete diese Probleme aber weiterhin als technische Fragen, die es mittels Verordnungen und einer verbesserten Zusammenarbeit von Industrie, Behörden und wissenschaftlichen Experten zu lösen galt. Ein Politikum war Umweltschutz in dieser Zeit noch nicht. Die SED-Führung verstand Umweltprobleme, wenn sie diese überhaupt als solche thematisierte, vielmehr als natürliche Begleiterscheinungen der industriellen Produktion. Dies bedeutete jedoch nicht, dass man den Folgen für die Gesundheit und die Lebensbedingungen der Menschen gleichgültig gegenüberstand.

In der Wasserwirtschaft setzten etwa parallel zu den Kontrollen der ZKSK intensive Bemühungen um eine Regelung der Abwasserproblematik ein. Wasserwirtschaftler und Experten aus den Industrieministerien diskutierten, wie die vorhandenen Missstände, die auch die Produktion einzelner Industriezweige bedrohten, am besten gelöst werden könnten. In der Debatte zwischen Vertretern eines stärker ökonomisch ausgerichteten Ansatzes, der in erster Linie die

Gewinnung von verwertbaren Ressourcen aus dem Abwasser zum Ziel hatte, und eines Ansatzes, der die Gewässergüte in den Vordergrund rückte, gewann der Reinigungsgedanke zeitweise sogar die Oberhand. Die zu erwartenden hohen Kosten und Widerstände, die sich aus dem in der Planwirtschaft geltenden Bruttoproduktionsprinzip ergaben, verhinderten jedoch die Etablierung einer nachhaltigen Lösung. Die 1956 verabschiedete Abwasserverordnung war letztlich ein Kompromiss zwischen beiden Positionen, der allerdings deutlich zugunsten kurzfristiger wirtschaftlicher Interessen ausfiel. Zwar wurde die Industrie dazu angehalten, künftig Anlagen zur Abwasserreinigung zu errichten. Eine ursprünglich geplante Gebührenverordnung, die Abwassereinleitungen sanktioniert hätte, konnte jedoch nicht auf den Weg gebracht werden. Es zeigte sich, dass Umweltschutz so lange das Nachsehen haben würde, bis den dazu erforderlichen Investitions- und Betriebskosten ein »produktiver Nutzen« zugewiesen werden könnte. Eine solche volkswirtschaftliche Neubewertung war aber nur mithilfe einer finanziellen Sanktionierung von Umweltverschmutzung möglich. Der Verabschiedung einer Gebührenordnung, die Abgaben und Strafgelder umfasste, standen jedoch die Interessen mächtiger Industriezweige entgegen, die auf ihre große Bedeutung für die Volkswirtschaft und den Außenhandel verweisen konnten. Die Wasserwirtschaft, die den Kampf für eine Reinhaltung der Gewässer weitestgehend alleine focht und außerdem aufgrund des ihr auferlegten Versorgungsauftrages in dieser Frage selbst befangen war, konnte diesen Widerständen in den fünfziger Jahren noch nichts entgegensetzen.

Die Hygiene war ein weiterer bedeutender Akteur im Kanon jener staatlichen Kräfte, die nach Lösungen für spezifische Umweltprobleme suchten. Die Staatliche Hygieneinspektion des Gesundheitsministeriums, die einflussreichen Hygieneinstitute der Industriebezirke und Hygienewissenschaftler an den Universitäten profilierten sich in den fünfziger und frühen sechziger Jahren auf dem Feld der Luftreinhaltung. Den Anstoß für eine von diesen Akteuren getragene, gesundheitspolitisch motivierte Reformdebatte lieferte die 1959 verabschiedete Standortgenehmigungsverordnung. Der Rechtstext sah vor, dass bei der Planung neuer Industrieanlagen künftig deren Umweltauswirkungen durch die Bezirks- und Kreisbehörden eingeschätzt werden mussten. Die Verordnung hatte weitreichende Folgen: Einerseits nahm die Hygiene als Begutachtungs- und Genehmigungsinstanz von nun an großen Einfluss auf die Industrieplanung. Andererseits sahen sich die Behörden vor die Aufgabe gestellt, neue Messmethoden zu entwickeln, Daten zu erheben und verbindliche Grenzwerte festzulegen, um diesem Auftrag überhaupt nachkommen zu können. Die Standortgenehmigungsverordnung setzte daher eine Dynamik in Gang, die die administrative und wissenschaftliche Auseinandersetzung mit Immissionen verstärkte. Flankiert wurden diese Entwicklungen durch Initiativen innerhalb des RGW, die etwa zeitgleich einsetzten und 1962 in einer ersten internationalen Konferenz über Fragen der Luftreinhaltung in Halle mündeten. Diese Aufmerksamkeit verschaffte den Forderungen der ostdeutschen Hygiene in den Augen der Staats- und Parteiführung eine besondere politische Legitimation. Der Aufbau neuer Strukturen und die Verankerung hygienischer Anforderungen in einem Luftreinhaltegesetz verliefen dennoch schleppend. Die Hygieneinspektionen hatten, wie andere Umweltbehörden auch, mit einer schlechten personellen und materiellen Ausstattung und Widerständen aus Teilen der Industrie zu kämpfen. Die Inspektoren und Hygieneärzte agierten allerdings trotz dieser Hemmnisse relativ erfolgreich, konnten unterschiedliche Interessen wirtschaftsleitender Behörden gegeneinander ausspielen und vorläufige sowjetische Grenzwerte durchsetzen, die 1968 durch eine Anordnung des Gesundheitsministeriums rechtlich verbindlich wurden. Grenzen zeigten sich immer dann, wenn die Forderungen der Hygiene einen Eingriff in die laufende Produktion darstellten, übergeordnete volkswirtschaftliche Interessen berührten oder der unzureichende »Stand der Technik«, wie beispielsweise im Fall der Schwefeldioxidproblematik, eine Lösung auf lange Sicht behinderte.

Ein weiterer Akteur, der die Umweltdebatte seit den fünfziger Jahren maßgeblich prägte, war der staatlich inkorporierte Naturschutz. Die nach 1949 unter das Dach des Kulturbundes gedrängten, zuvor mehrheitlich bürgerlich geprägten Naturschutzvereine wurden durch die erzwungene Anpassung jedoch keinesfalls zu einem ideologischen Instrument der SED degradiert, sondern vermochten es, die politischen Vereinnahmungsversuche geschickt zur Durchsetzung eigener Interessen zu nutzen. Insbesondere der wissenschaftliche Naturschutz, der sich in der Deutschen Akademie der Landwirtschaftswissenschaften und dem Institut für Landesforschung und Naturschutz in Halle konzentrierte, entfaltete ein umfangreiches Engagement und konnte durch eine naturpolitische Lobbyarbeit großen Einfluss ausüben. Hans Stubbe, Hermann Meusel, Ludwig Bauer, Hugo Weinitschke und andere progressive Führungsfiguren stießen eine Debatte über eine innere Erneuerung des Naturschutzes an, die an internationale Entwicklungen der dreißiger und vierziger Jahre anknüpfte. Mit der Abkehr von einer museal-konservierenden Naturschutzkonzeption und der Hinwendung zu gestalterischen Ansätzen, die auch die Pflege von Industrie- und Stadtlandschaften umfassten und Aspekte einer modernen Raumplanung in den Mittelpunkt rückten, reagierten die Naturschützer auf die veränderten Bedingungen der industriellen Moderne und machten Naturschutz mit den Zielen einer wachstumsorientierten Wirtschaftspolitik vereinbar. Das in der DAL entwickelte Konzept der »planmäßigen Gestaltung einer sozialistischen Landeskultur« war Ausdruck dieser Annäherung und funktionierte als Konsensformel, die es vermochte, bei Teilen der Staats- und Parteiführung die notwendige Zustimmung für die Anliegen des Naturschutzes zu erzeugen. Der innere Wandel barg allerdings umgekehrt auch die Gefahr einer schleichenden politischen Vereinnahmung und Ökonomisierung. Die Annäherung des Naturschutzes an die SED, die man mit den Begriffen Mary Fulbrooks auch als Ausdruck einer »Normalisierung« bezeichnen könnte, machte es erforderlich, die innere Balance zwischen dem naturpolitisch Notwendigen und dem ökonomisch Möglichen stetig zu überprüfen – ein Unterfangen, das den Protagonisten in den siebziger und achtziger Jahren immer schlechter gelang.

In den sechziger Jahren veränderten sich die historischen Rahmenbedingungen zugunsten des Umweltschutzes: Die gewaltsame Konsolidierung der SED-Herrschaft durch den Mauerbau und die Aufwertung wissenschaftlicher Expertise, die in der späten Ulbricht-Ära großen Einfluss auf politische Entscheidungen ausübte, ebneten den Weg für ökonomische Reformen. Der Forschungsrat bot führenden Vertretern aus Wasserwirtschaft, Hygiene und Naturschutz die Möglichkeit, in zeitweise einflussreichen Kommissionen neue Interessenskoalitionen für den Umweltschutz zu schmieden. Ausschlaggebend für den politischen Erfolg dieser Expertennetzwerke war wiederum der Aufstieg der Materialökonomie, eine wirtschaftswissenschaftliche Subdisziplin, die der Wiederverwertung von industriellen Abprodukten einen hohen volkswirtschaftlichen Stellenwert beimaß. Mit Hilfe der materialökonomischen Verwertungsidee, die im Forschungsrat mit einem ökologischen Bedeutungsgehalt aufgeladen wurde, war es möglich, den prognostizierten Kosten des Umweltschutzes umgekehrt die Kosten für die Sanierung von Umweltschäden und entgangene Einnahmen aus einer möglichen Verwertung von Abprodukten gegenüberzustellen. Die Materialökonomie lieferte somit die Blaupause für ein ressourcenorientiertes Kreislaufdenken, das der politischen Ökologie in der DDR – anders, als den durch die New Ecology beeinflussten westlichen Debatten – zugrunde lag.

Eine mindestens ebenso große Bedeutung für den umweltpolitischen Aufbruch hatten Eingabenproteste, die in den sechziger Jahren erstmals spürbar zunahmen. Einzelne Bürgerinnen und Bürger wandten sich ebenso wie Hausgemeinschaften, Arbeitsbrigaden oder Ortsgruppen der Nationalen Front und des Kulturbundes in Briefen an die Partei- und Staatsorgane, Staatsmedien, gesellschaftliche Organisationen und Betriebsleitungen, um auf Umweltprobleme aufmerksam zu machen. Diese zunächst noch vorwiegend lokal beschränkten Proteste wurden sowohl von individueller Betroffenheit als auch von Gemeinwohlinteresse getragen und richteten sich im Laufe der sechziger Jahre immer häufiger direkt an den Staatsrat, die Volkskammer oder den Ministerrat der DDR. Das Jahr 1967 wurde nicht zuletzt deshalb zu einem Schlüsseljahr des Aufbruchs: Nicht nur, dass mit dem Landeskulturbegriff und einem materialökonomischen, um umweltpolitische Ziele erweiterten Verwertungsansatz konsensfähige Konzepte bereitstanden, die es vermochten, unterschiedlich ausgerichtete Interessen miteinander zu vereinen. Die Häufung von Eingabenprotesten alarmierte zudem die politische Führung, so dass sich eine spontane Dynamik in Gang setzte, an deren Ende die Verabschiedung des Landeskulturgesetzes im Jahr 1970 und die Gründung des Ministeriums für Umweltschutz und Wasserwirtschaft zwei Jahre darauf standen. Die konzeptionellen Grundlagen für die neue Umweltpolitik legte eine 1967 vom Ministerrat in Auftrag gegebene Prognose fest, die unter dem Titel »Industrielle Abprodukte und die planmäßige Gestaltung einer sozialistischen Landeskultur« zentrale Eckpunkte für die Umweltpolitik in den Perspektivplänen der siebziger Jahre definieren sollte. Der für die Ausarbeitung des Dokumentes verantwortliche Sonderbeauftragte, Werner Titel, war designierter Umweltminister und galt bis zu seinem plötzlichen Tod im Dezember 1971 als neuer Hoffnungsträger des ostdeutschen Natur- und Umweltschutzes.

Der technokratische Ansatz der Prognose, der sich vornehmlich um Stoffkreisläufe, abproduktefreie Technologien, Investitionsziele und »ökonomische Hebel« drehte, wurde zu Beginn der siebziger Jahre institutionell in die Herrschaftsordnung der SED integriert. Die Bildung des Ministeriums für Umweltschutz und Wasserwirtschaft sowie der sukzessive Aufbau analoger Ratsbereiche auf der Bezirks- und Kommunalebene repräsentierten die Umweltpolitik nach außen hin sichtbar und brachten neue Akteure hervor, die sich in Umweltprobleme einmischten. Umweltpolitik wurde nun außerdem in die Ideologie der SED integriert und diente geradezu als idealtypisches Beispiel für konforme Wege einer gesellschaftspolitischen Teilhabe in der DDR, die konstitutiv für das Herrschaftsverständnis der SED war. Umweltschutz verkörperte zentrale Werte innerhalb der »sozialistischen Menschengemeinschaft« und nahm auch in der staatlich kontrollierten Öffentlichkeit einen wichtigen Stellenwert ein. In »Wochen der sozialistischen Landeskultur«, »Mach mit!«-Wettbewerben der Nationalen Front und zahllosen Medienbeiträgen wurde die Bevölkerung zur Teilnahme an sanktionierten »Bürgerinitiativen« animiert. Diese öffentlichkeitswirksame Inszenierung, die jetzt auch eine für die politische Führung wichtige außenpolitische Funktion erfüllte, symbolisierte einen gesellschaftspolitischen Konsens, auf den sich Bürgerinnen und Bürger sowie gesellschaftliche Organisationen berufen konnten, um die Legitimität ihrer Anliegen zu unterstreichen. Umgekehrt nutzte die SED diese Übereinkunft, um mithilfe der Umweltpolitik wiederum die Legitimation ihrer Herrschaft zu erweitern.

Das einseitige Abrücken der Partei- und Staatsführung vom Staatsziel »Umweltschutz«, das nach außen hin immer noch mit viel Pathos verkündet wurde, stellte einen Bruch dieses Konsenses dar. Zwar nahmen die Investitionen in den Umweltschutz in den folgenden Jahren, abgesehen von einer kurzen Phase der Stagnation und Regression zu Beginn der achtziger Jahre, kontinuierlich zu. Insgesamt blieben sie aber deutlich hinter den Erwartungen zurück, die Ende der sechziger Jahre in der Prognose »Industrielle Abprodukte« formuliert worden waren. Viele Vorhaben konnten nicht realisiert werden, weil sie von Komponenten abhängig waren, die gegen Devisen aus dem NSW importiert werden mussten, es an Baukapazitäten mangelte oder der ostdeutsche Umweltanlagenbau aufgrund struktureller Defizite außerstande war, der wachsenden Nachfrage nachzukommen. Nach dem die Werte für Staub- und Schwefeldioxidemissionen im Laufe der siebziger Jahre erstmals rückläufig waren bzw. konstant gehalten werden konnten, stiegen sie infolge der krisenbedingten Austeritätspolitik darauffolgenden Jahrzehnt wieder an. Die Bevölkerung reagierte auf diese neuerliche Verschärfung der Umweltsituation immer ungehaltener, so dass es Ende der siebziger Jahre zu einem Wiederanstieg von Eingabenprotesten kam, die jetzt noch häufiger von Kollektiven vorgetragen wurden, Forderungen aggressiver formulierten und selbstbewusst auf die veränderte Rechtslage, offizielle politische Verlautbarungen der Staatsführung oder internationale Vereinbarungen verweisen konnten. Die Langlebigkeit vieler Konflikte führte überdies zu einer Verstetigung des Umweltengagements und zur Entstehung neuer Initiativen, die alternative Formen der politischen Kommunikation und des Protests wählten. Die Strategie der Partei- und Staatsführung, auf diese Probleme mit einer zunehmenden Geheimhaltung von Umweltdaten zu reagieren, verschärfte einen Prozess der innergesellschaftlichen Divergenz. Doch während die psychologische Abschreckungswirkung des Geheimhaltungsbeschlusses zwar groß war, weil sie Unsicherheit unter den im Umweltschutz engagierten Akteuren auslöste, konnten viele Behörden und Betriebe den daraus resultierenden hohen Anforderungen kaum nachkommen. Die in erster Linie außenpolitisch motivierte Geheimhaltungspolitik wurde von Anfang an mehr schlecht als recht umgesetzt und bereits ab 1988 wieder sukzessive gelockert.

Die Rolle des Umweltministeriums in diesem Prozess war ambivalent: Einerseits verpasste es Umweltminister Reichelt, die sich ihm infolge der Unterzeichnung internationaler Umweltabkommen und eines Kompetenzgewinnes auf dem Feld der Luftreinhaltung auftuenden Chancen zu nutzen, um dringend notwendige Reformen im Umweltbereich zu realisieren. In der Öffentlichkeit wiederholte er immer wieder dieselben Durchhalteparolen und verwies auf vermeintlich heilsbringende Stoffkreisläufe und die Entwicklung abproduktefreier Technologien, mit denen man versuchen wollte die vorhandenen Umweltprobleme in den Griff zu bekommen. Angesichts des Ausmaßes der Umweltprobleme und der volkswirtschaftlichen Gesamtlage erschienen solche Lösungen aber immer unrealistischer, so dass weite Teile der Bevölkerung diesen Aussagen ohnehin keinen Glauben mehr schenkten. Eigenmächtigen Initiativen aus seinem Ministerium, die sich, wie im Fall des Kraftwerkes »Georg Klingenberg« in Berlin-Rummelsburg, an die Generalstaatsanwaltschaft wandten, um eine nach dem Landeskulturgesetz widerrechtliche Inbetriebnahme zu verhindern, verfolgte der Umweltminister hingegen rigoros. Andererseits waren dem Umweltministerium aufgrund der wirtschaftlichen Dauerkrise, in der sich die DDR in den achtziger Jahren befand, enge Grenzen des Machbaren gesetzt. Die Stimmung unter den Mitarbeitern des Ministeriums und der Umweltverwaltungen in den Bezirken und Kommunen schwankte daher zwischen nüchternem Pragmatismus und Resignation.

Die Ergebnisse der vorliegenden Untersuchung veranschaulichen aber auch, dass die an der Aushandlung von Umweltkonflikten beteiligten Akteure den Gesprächsfaden selbst auf dem Höhepunkt der Krise nicht abreißen ließen. Umweltprobleme konnten relativ offen thematisiert werden, so lange sich Petenten und Umweltaktivisten politisch konform verhielten und die sanktionierten Kanäle der politischen Kommunikation nutzten. Die Spielregeln der »partizipatorischen Dikatur« (Fulbrook) eröffneten jenen Akteuren einen Zugang zu politischer Legitimation, die sich angepasst hatten und die Eckpfeiler der SED-Herrschaft nicht infrage stellten. Wie gezeigt wurde, muss eine Umweltgeschichte, die der gesamten Bandbreite des gesellschaftlichen Umwelthandelns in der DDR auf die Spur kommen will, auch diese Stimmen berücksichtigen. Nur so kann die in der Einleitung kritisierte methodische Engführung teleologischer Erklärungsansätze überwunden werden. Eingaben erweisen sich dafür als eine geeignete Quelle, da sie gleichermaßen die Wurzel und den Kern der ostdeutschen Umweltbewegung ausmachten. Darüber hinaus dokumentieren sie die Entstehung von Encounters-Öffentlichkeiten und Umweltgruppen. Die in kollektiv verfassten Eingaben repräsentierten Episoden öffentlicher Kommunikation wiesen ein hohes Maß an Vernetzung und Organisation auf. Die Verfasser waren sich der politischen Tragweite ihrer Anliegen durchaus bewusst und dazu in der Lage, zwischen der offiziellen Rhetorik der Partei und anderweitig verfügbaren Informationen zu unterscheiden und diese differenziert zu gewichten. Eingaben von Urlaubern oder Personen, die innerhalb der DDR ihren Wohnort wechselten, verdeutlichen außerdem, dass die durch Encounters-Beziehungen zirkulierenden Informationen und Anschauungen auch lokale und regionale Grenzen überschreiten und andernorts wiederum Gegenstand neuer Encounters-Interaktionen werden konnten. Synergien zwischen einzelnen Kommunikationsflüssen waren also – wenn auch verglichen mit der massenmedialen Kommunikation westlicher Gesellschaften nur schwach ausgeprägt – durchaus vorhanden und lassen sich in Eingaben aufspüren.

Die institutionellen Rahmenbedingungen des Eingabewesens trugen überdies dazu bei, die eigentlich nichtöffentliche Wirkung dieser Form der politischen Kommunikation zu erweitern. Die gesetzliche Vorschrift, jede Eingabe bearbeiten zu müssen, brachte beispielsweise häufig langwierige Interaktionszusammenhänge hervor, mit der Konsequenz, dass die verhandelten Probleme weite Kreise ziehen konnten und der Kontakt unter den Petenten verstetigt wurde. Infolge solcher lokal oft äußerst emotional verhandelten Konflikte schalteten sich nicht selten Behördenmitarbeiter ein, die mit den Petenten sympathisierten, als Fürsprecher des Protests auftraten oder als »Whistleblower« interne Informationen an die Betroffenen weitergaben. Zur Klärung von Kollektiveingaben waren Behörden außerdem gesetzlich dazu angehalten, Einwohnerversammlungen anzuberaumen. Diese Veranstaltungsöffentlichkeiten waren zwar lokal begrenzt und auch formal stark reglementiert, entfalteten aber immer wieder ganz eigene Dynamiken. Häufig kamen zu den Treffen weit mehr Menschen als von den Staatsorganen eingeladen wurden, den Vertretern von Partei und Staat entglitt angesichts der Übermacht der Teilnehmer die Kontrolle über die Diskussionen oder eine wütende Menge erzwang von zufällig vor Ort anwesenden Funktionären spontan die Abhaltung solcher Versammlungen, um an Informationen zu gelangen. Die Eingabenkommunikation über Umweltfragen war weder monoton noch devot, sondern vielschichtig, kritisch und immer auch politisch. Die Schreiben dokumentieren sowohl die individuelle Betroffenheit der Petenten als auch ein darüber hinaus gehendes Gemeinwohlinteresse am Umweltschutz, dass häufig sogar explizit als Motivation angeführt wurde. Neben Umweltthemen wurden in Eingaben außerdem fast immer auch Fragen der Teilhabe verhandelt. Bereits in den sechziger Jahren und vermehrt im Laufe der beiden darauffolgenden Jahrzehnte gewannen Forderungen nach einer erweiterten politischen Partizipation an Bedeutung und wurden parallel zur Verschärfung der ökonomischen und ökologischen Krise immer lautstärker vorgetragen. Der darin dokumentierte gesellschaftliche Wandel war letztlich die Konsequenz einer Störung des etablierten autoritären Partizipationsmodells, das der SED-Herrschaft konstitutiv zugrunde lag und in den Jahrzehnten zuvor noch weitestgehend konfliktfrei funktioniert hatte.

Das vorherrschende Bild von der staatsnahen »Gesellschaft für Natur und Umwelt« muss angesichts der vorliegenden Forschungsergebnisse ebenfalls teilweise revidiert werden. Die Gründung galt bislang als der Versuch der Partei- und Staatsführung, einer im Entstehen begriffenen, kritischen Umweltbewegung unter dem »Schutzdach« der evangelischen Kirchen sowie der Herausforderung durch die westliche Umweltdebatte ein sozialistisches Pendant entgegenzustellen. Demgegenüber weist die Quellenlage darauf hin, dass die Bildung der GNU vielmehr das Ergebnis eines inneren Erneuerungsprozesses der »Natur- und Heimatfreunde« war, auf den Führungskräfte wie Hugo Weinitschke bereits seit Ende der sechziger Jahre hingewirkt hatten. Zwar soll nicht bestritten werden, dass einzelne Akteure in der SED mit der Gründung auch das Kalkül verbunden haben könnten, Protestpotentiale zu kanalisieren. Die unstete und mitunter chaotische Haltung, die der GNU-Vorstand und die Bezirksleitungen gegenüber den an der Basis aufstrebenden Umwelt- und Stadtökologiegruppen an den Tag legten, verweist aber vielmehr auf die innere Zerrissenheit einer Organisation, die zwischen einem zunehmend als überkommen wahrgenommenen naturpolitischen Traditionalismus und Impulsen einer progressiv-politischen Ökologie gefangen war. Für die Stadtökologie- und Umweltschutzgruppen, die sich in Habitus und Aktionsformen kaum von den kirchlichen Umweltgruppen unterschieden, galt umgekehrt gewissermaßen das Gleiche. Zwar kritisierten sie Verfehlungen der auf Wachstum und Konsum ausgerichteten Wirtschaftspolitik der SED und stellten mit neuen Aktionsformen und überregionalen Vernetzungsbestrebungen das etablierte Kommunikations- und Partizipationsmodell infrage. Letztlich suchten sie aber mehrheitlich die Nähe zum ostdeutschen Staat und zielten mit ihrem Engagement nicht auf dessen Abschaffung, sondern auf eine ökologische Erneuerung des Sozialismus ab.

Ähnlich verhielt es sich mit den Umweltgruppen unter dem Dach der evangelischen Kirchen, die sich als Zweig der ostdeutschen Umweltbewegung parallel zu den Kulturbundgruppen formierten. Die oft attestierte Unabhängigkeit dieser Bewegung muss bei näherem Hinsehen relativiert werden, zumal die von dieser Zuschreibung ausgehende Abgrenzung gegenüber anderen ostdeutschen Umweltschutzinitiativen in der Regel mehr oder weniger offen deren Herabwürdigung zum Ziel hat. Trotz spektakulärer Aktionen, wie beispielsweise des heimlichen Drehs der in der Einleitung erwähnten Dokumentation »Bitteres aus Bitterfeld«, sowie einer zunehmend systemkritischen Radikalisierung, die sich beispielsweise im Umfeld der Berliner Umweltbibliothek oder des »Grün-ökologischen Netzwerkes Arche« einsetzte, bedienten sich auch diese Akteure vornehmlich legaler Protestformen, suchten den Kontakt zu staatlichen Instanzen und waren um eine Neuaushandlung von politischer Teilhabe sowie um einen ökologischen Umbau des Sozialismus bemüht.

Der differenzierende Blick auf den »SED-Staat« und die ostdeutsche Gesellschaft verändert das bislang dominierende, umwelthistorische Bild der DDR und zwingt dazu, bestehende Pauschalurteile zu hinterfragen. Gleiches gilt für die Rolle der »Industrie«, die nicht einseitig auf die eines Antagonisten des Umweltschutzes reduziert werden darf. Außerdem veranschaulicht die Umweltgeschichte der DDR, dass trotz der unterschiedlichen politischen und strukturellen Rahmenbedingungen viele Entwicklungen in Ost- und Westdeutschland erstaunlich konvergent verliefen. Wirtschaftswachstum, das beiden deutschen Gesellschafts- und Wirtschaftsmodellen konstitutiv zugrunde lag und das in Umweltdebatten nur allzu schnell als Übeltäter entlarvt wird, erweist sich im Fall der DDR jedoch als ein ambivalenter Faktor und konnte sowohl Ursache als auch Lösung der vorhandenen Probleme sein. Die Sanierung der Umweltschäden in Ostdeutschland nach 1990 war schließlich nicht das Ergebnis eines ökologischen, sondern eines radikal marktwirtschaftlichen Umbaus, der durch die Schließung vieler Industriebetriebe zwar eine spürbare Verbesserung der Umweltsituation hervorbrachte, aber ebenso bis heute anhaltende soziale Konflikte erzeugt hat, die eine große Sprengkraft besitzen und aktuelle Umweltfragen überlagern. Der Blick auf die DDR verlangt daher nicht zuletzt auch nach einem Umdenken in der Umweltgeschichte, die immer noch zu sehr von Westen her blickt, und macht gespannt auf die umwelthistorische Aufarbeitung des ehemaligen Ostblocks, die gerade erst begonnen hat.

Dank

Die vorliegende Arbeit ist das Ergebnis von Recherchen und Gedankengängen, für die alleine ich die Verantwortung trage. Gleichwohl wäre diese Studie niemals ohne die Unterstützung zahlreicher Personen und Institutionen zustande gekommen, denen ich an dieser Stelle herzlich danken möchte.

Zuallererst gilt mein Dank meinem Doktorvater Joachim Radkau, der die vorliegende Arbeit nicht nur von Anfang an begleitet und immer mit gutem Rat unterstützt hat, sondern von dem ich auch darüber hinaus sehr viel über Umweltgeschichte lernen konnte. Danken möchte ich außerdem Frank Uekötter, der das Koreferat übernommen und die Entstehung dieser Arbeit ebenfalls gefördert hat. Auf den von beiden Betreuern veranstalteten Doktorandentreffen in München, Bielefeld und Birmingham habe ich überdies sehr viele wertvolle Anregungen erhalten.

Zu Dank verpflichtet bin ich auch der Johannes-Rau-Gesellschaft e. V., die mich zwischen 2011 und 2014 großzügig mit einem Promotionsstipendium gefördert und die Veröffentlichung der Arbeit mit einem Druckkostenzuschuss unterstützt hat. Das mehrsemestrige Studienprogramm, das ich an der Bielefeld Graduate School in History and Sociology absolviert habe, gab mir die Möglichkeit, meine Forschungsergebnisse in einem interdisziplinären und methodisch aufgeschlossenen Rahmen zu diskutieren. Den Arbeitsbereichen für Wirtschaftsgeschichte an den Universitäten Bielefeld und Düsseldorf, wo ich zuletzt von 2014 bis 2018 gearbeitet habe, möchte ich ebenfalls herzlich für die fachliche und kollegiale Unterstützung danken. Michael C. Schneider, Jan-Otmar Hesse und Christopher Kopper förderten das Forschungsprojekt und gaben mir viele wichtige Hinweise. Nina Kleinöder, Rouven Janneck, Lino Schneider-Bertenburg, Sebastian Teupe, Sebastian Knake und Tristan Gräfen danke ich für zahlreiche Anregungen, die Lektüre fertiger und halbfertiger Textpassagen sowie für viele schöne Gespräche außerhalb des fachlichen Rahmens.

Stellvertretend für alle dort tätigen Mitarbeiterinnen und Mitarbeiter danke ich auch den zahlreichen Archiven und Bibliotheken, die ich für Recherchen besucht oder über die Fernleihe genutzt habe. Im Besonderen möchte ich Regine Auster, Hermann Behrens und Katharina Squar nennen. Martin Stief von der Forschungsstelle des Bundesbeauftragten für die StaSi-Unterlagen war in Kaffeepausen ein angenehmer und kompetenter Gesprächspartner und hat mir freundlicherweise hilfreiches Quellenmaterial überlassen. Mein Dank gilt außerdem den Veranstaltern und Teilnehmern der zahlreichen Kolloquien, Workshops und Tagungen, auf denen ich mein Projekt vorstellen konnte. Miriam Bader-Gassner, Ulrike Heitholt, Astrid Kirchhof, Roman Köster, Matthias Mutz, Kevin Niebauer, Verena Schardinger, Sarah Waltenberger, Heike Weber, Sylvia

Wölfel und Amir Zelinger – um nur einige zu nennen – gaben mir wertvolles Feedback. Persönlich danken möchte ich darüber hinaus Jürgen Büschenfeld, Philip Knäble und Michael Rolfsen, die die Entstehung dieser Arbeit ebenfalls von Beginn an begleitet haben und immer ein offenes Ohr für Fragen und Probleme hatten.

Meinen Eltern Ilona und Heinrich sowie meinen Brüdern Sascha und Tobias, der Teile der Arbeit gelesen und kommentiert hat, sei ebenfalls herzlich für ihre große Unterstützung während der Dissertation und in allen Phasen meines Lebens gedankt. Der größte Dank gilt meiner Frau Katharina, die mir nicht nur stets ermunterndes Feedback auf meine Ideen gab und bei der Korrektur des Textes half, sondern auch immer dafür gesorgt hat, dass ich nicht in den (Un)Tiefen der ostdeutschen Umweltgeschichte versinke. In den Zeitraum der Anfertigung dieser Arbeit fiel die Geburt unseres Sohnes Justus und unserer Tochter Amelie. Allen dreien ist diese Arbeit gewidmet.

Abkürzungen

ABI	Arbeiter- und Bauerninspektion
AdW	Akademie der Wissenschaften der DDR (vor 1972: Deutsche Akademie der Wissenschaften zu Berlin)
AfW	Amt für Wasserwirtschaft
AKUS	Arbeitskreis Umweltschutz Halle
ARGUS	Arbeitsgemeinschaft für Umweltschutz und Stadtgestaltung Potsdam
ASanI	Arbeitssanitätsinspektionen
BArch	Bundesarchiv
BDVP	Bezirksbehörde der Deutschen Volkspolizei
BfU	Beirat für Umweltschutz
BGB	Bürgerliches Gesetzbuch
BHI	Bezirkshygieneinspektion
BLHA	Brandenburgisches Landeshauptarchiv
BPK	Bezirksplankommission
BStU	Der Bundesbeauftragte für die Unterlagen des Staatssicherheitsdienstes der ehemaligen Deutschen Demokratischen Republik
BT	Betriebsteil
BV	Bezirksverwaltung
BZ	Berliner Zeitung
CKB	Chemiekombinat Bitterfeld
CWN	Chemiewerk Nünchritz
CSSR	Tschechoslowakische Sozialistische Republik
DAL	Deutschen Akademie der Landwirtschaftswissenschaften (seit 1972: Akademie der Landwirtschaftswissenschaften der DDR)
DBD	Demokratische Bauernpartei Deutschlands
DIW	Deutsches Institut für Wirtschaftsforschung
DVO	Durchführungsverordnungen
DWK	Deutsche Wirtschaftskommission
EGW	Einwohnergleichwert
FDJ	Freie Deutsche Jugend
GI	Geheimer Informator
GNU	Gesellschaft für Natur und Umwelt
GVB	Gemeindeverband
HdN	Haus der Natur
IfE	Institut für Energetik
IfK	Institut für Kraftwerke
IfW	Instituts für Wasserwirtschaft
ILN	Institut für Landesforschung und Naturschutz
IM	Inoffizieller Mitarbeiter

IUCN	International Union for Conservation of Nature and Natural Resources
KA	Kreisarchiv
KdT	Kammer der Technik
KFH	Kirchliches Forschungsheim Wittenberg
KHI	Kreishygieneinspektion
KKW	Kernkraftwerk
KSZE	Konferenz über Sicherheit und Zusammenarbeit in Europa
LASA	Landesarchiv Sachsen-Anhalt
LDPD	Liberal-Demokratische Partei Deutschlands
LKG	Gesetz über die planmäßige Gestaltung einer sozialistischen Landeskultur – kurz Landeskulturgesetz –
LPG	Landwirtschaftliche Produktionsgenossenschaft
MfB	Ministerium für Bauwesen
MfLF	Ministerium für Land- und Forstwirtschaft
MfS	Ministerium für Staatssicherheit
MfWT	Ministerium für Wissenschaft und Technik
MHD	Meteorologischer und Hydrologischer Dienst der DDR (von 1950–1952 u. seit 1965 Meteorologischer Dienst der DDR)
MIK	Maximale Immissionskonzentration
MUW	Ministeriums für Umweltschutz und Wasserwirtschaft
NfD	Nur für den Dienstgebrauch
ND	Neues Deutschland
Nm^3	Normkubikmeter
NSW	Nichtsozialistisches Wirtschaftsgebiet
NuH	Natur und Heimat
NZ	Neue Zeit
ÖAK	Ökologischer Arbeitskreis
OibE	Offizier im besonderen Einsatz
OMR	Obermedizinalrat
PGH	Produktionsgenossenschaft Handwerk
RdB	Rat des Bezirkes
RdK	Rat des Kreises
RdL	Reinhaltung der Luft
RdS	Rat der Stadt
RGW	Rat für Gegenseitige Wirtschaftshilfe
RNG	Reichsnaturschutzgesetz (1935)
RSM	Programm zur Rationalisierung, Stabilisierung und Modernisierung der Grundfonds im VEB Chemiekombinat Bitterfeld – Stammbetrieb
RSW	Reinstsiliziumwerk
SAG	Sowjetische Aktiengesellschaft
StaSi	Staatssicherheit
SAPMO	Stiftung Archiv der Parteien und Massenorganisationen der DDR im Bundesarchiv
SBZ	Sowjetische Besatzungszone
SBBI	Staatliches Büro für Begutachtung der Investitionen
SHStA	Sächsisches Staatsarchiv, Hauptstaatsarchiv Dresden

SMAD	Sowjetische Militäradministration in Deutschland
StHI	Staatliche Hygieneinspektion
StUg	Studienarchiv Umweltgeschichte
StUI	Staatliche Umweltinspektion
SZ	Sächsische Zeitung
TBKE	Technische Beratungs- und Kontrollostelle für Emissionen
TCS	Trichlorsilan
TÜ	Technische Überwachung
VD	Vertrauliche Dienstsache
VEB	Volkseigener Betrieb
VHZ	Volkseigene Handelszentrale
VVB	Vereinigung Volkseigener Betriebe
VVS	Vertrauliche Verschlusssache
WAB	VEB Wasserversorgung und Abwasserbehandlung
WBA	Wohnbezirksausschuss
WTR	Wissenschaftlich-technische Revolution
WWD	Wasserwirtschaftsdirektion
ZBO	Zwischengenossenschaftliche Bauorganisation
ZFA	Zentraler Fachausschuss
ZK	Zentralkomitee
ZKSK	Zentrale Kommission für Staatliche Kontrolle
ZUG	Zentrum für Umweltgestaltung

Verzeichnis der Abbildungen und Tabellen

Quellen und Literaturverzeichnis

Quellen

Archivalien

Bundesarchiv (BArch)
DA 1, Volkskammer der DDR: 3066
DC 1, Zentrale Kommission Staatliche Kontrolle: 636, 678
DC 9, Presseamt beim Vorsitzenden des Ministerrates: 384, 385
DC 20, Ministerrat der DDR: 1818, 8334, 8426, 16110, 19119, 19121, 19122, 19132, 19317, 21188, 22573
DC 20-I/3/, Ministerrat der DDR. – Beschluss- und Sitzungsreihe. – Sitzungen des Plenums des MR: 626, 715, 780, 784, 844, 1066, 1118, 1243, 2188, 2423, 2432, 2863, 2877
DC 20-I/4/, Ministerrat der DDR, Regierungen bis November 1989, Teil 3: Sitzungen des Präsidiums des Ministerrates: 166, 1412, 1890, 2410, 3040, 5063
DE 1, Staatliche Plankommission: 53447
DF 4, Ministerium für Wissenschaft und Technik: 3007
DK 4, Amt für Wasserwirtschaft: 937
DK 5, Ministerium für Umweltschutz und Wasserwirtschaft: 68, 69, 70, 825, 1251, 1337, 1586, 1971, 1824, 1830, 1915, 2127, 2428, 2545, 3159, 3402, 3472, 3643, 3646, 3472, 4110, 4183, 4185, 4350, 4595, 5020, 5060, 5219, 5624
DK 107, Akademie der Landwirtschaftswissenschaften: 2967, 5397, 5398, 7657, 7658, 8434, 8340, 8380
DQ 1, Ministerium für Gesundheitswesen: 3003, 3490, 3492, 5800, 5801, 23593, 24303, 24371

Stiftung Archiv der Parteien und Massenorganisationen der DDR im Bundesarchiv (SAPMO)
DY 30, Büro Erich Honecker im ZK der SED: 3305, 3742
DY 3023, Büro Günter Mittag im ZK der SED: 450, 523, 548 1138, 1148, 1149, 2049
DY 27, Kulturbund: 9199, 9200, 10241, 10622, 10861, 10985
DY 30/J IV 2/2/, Protokolle des Politbüros des Zentralkomitees der Sozialistischen Einheitspartei Deutschlands: 433, 1639, 2235, 2094, 2063–2064, 2094, 2235, 2219
DY 30/IV 2/2.039, Büro Egon Krenz im ZK der SED: 330

Der Bundesbeauftragte für die Unterlagen des Staatssicherheitsdienstes der ehemaligen Deutschen Demokratischen Republik (BStU)
Unterlagen der Zentralstelle
AIM, Teilablagen von IM- u. a. Vorgängen: 9130/63
Auswertungs- und Kontrollgruppe (AKG): 2928, 3674

Hauptabteilung (HA) II (Spionageabwehr): 30985, 32713
HA XVIII (Volkswirtschaft): 21372, 21540
Mb: 156
Sekretariat des Stellvertreters des Ministers (Sekr.) Mittig: 235
Verwaltung Rückwärtige Dienste (VRD): 7462
Zentrale Auswertungs- und Informationsgruppe (ZAIG): 20654, 20645, 20628, 16388
Zentrale Kontrollgruppe (ZKG): 1774

Unterlagen der Außenstellen
Bezirksverwaltung (BV) Berlin: Abt. XX (Staatsapparat, Kultur, Kirchen, Untergrund): 3362, 3424, 4301, AKG: 371, 2006
BV Dresden: AKG: 8577, Abt. XVIII: 13940, 14802, 14196, Abt. XX: 10163, KD Dresden-Land: 15572, KD Großenhain: 10015, KD Pirna: 70025, 71485, 71488, KD Riesa: 13338
BV Halle: Abt. XVIII: 610
BV Potsdam: Arbeitsgruppe Geheimnisschutz (AGG): 91, AKG: 1351, Abt. XVIII: 503

Brandenburgisches Landeshauptarchiv (BLHA)
401 Bezirkstag und Rat des Bezirkes Potsdam: 20090
601 Bezirkstag und Rat des Bezirkes Frankfurt (Oder): 3821, 8015

Landesarchiv Sachsen-Anhalt (LASA), Abteilung Merseburg
M 501, Bezirkstag und Rat des Bezirkes Halle: 6489, 5292, 5440
P 516, SED-Bezirksleitung Halle: IV/B-2/6/533

Sächsisches Staatsarchiv, Hauptstaatsarchiv Dresden (SHStA)
11430, Bezirkstag/Rat des Bezirkes Dresden: 10513, 10713, 48658, 38637, 38638, 48658
11464, Bezirksbehörde der Deutschen Volkspolizei Dresden: 4223
12916, Bezirksstaatsanwaltschaft Dresden: 3336, 3342

Kreisarchiv (KA) Pirna
0773 LEG, Regal 21, Fach 32, VEB Chemiewerke Nünchritz

Haus der Natur (HdN)
N-Oehl, Kiste 11, Kommission Reinhaltung der Luft
N-Oehl, Kiste 12, Reinhaltung der Luft
N-Oehl, Kiste 13, Reinhaltung der Luft
N-Oehl, LKG, Briefe, 1–250
N-Oehl, LKG, Briefe, 251–450
LKG, Briefe, 450–650, Auswertung

Studienarchiv Umweltgeschichte (StUg)
130-1, Inge Klein
161-25, Ellenor Oehler
161-31, Ellenor Oehler
327-1, Ulrich Stottmeister

Interviews

Telefongespräch mit Dr. Gerhard Costa, 10.06.2014.
Telefongespräch mit Dr. Klaus Hammje, 25.9.2015.
Telefongespräch mit Dr. Uwe Zuppke, 24.7.2017.
Telefongespräche mit Prof. Dr. Erwin Zabel, 28.9.2016 und 18.5.2017.

Gedruckte Quellen und amtliche Veröffentlichungen

Anordnung über den Aufbau und die Aufgaben der Inspektionen für Arbeitsschutz und technische Sicherheit im Bereich des Ministeriums für Chemische Industrie vom 24. April 1957, in: GBl. DDR, II, 1957, S. 181–184.

Anordnung über das Genehmigungsverfahren für die Herstellung von Druck- und Vervielfältigungserzeugnissen vom 20. Juli 1959, in: GBl. DDR, I, 1959, S. 640–642.

Anordnung über die Erteilung von Standortgenehmigungen vom 20. Februar 1963, in: DDR GBl. DDR, II, 1963, S. 147–153.

Anordnung zur Begrenzung und Ermittlung von Luftverunreinigungen (Immissionen) vom 28. Juni 1968, in: GBl. DDR, II, 1968, S. 640–642.

Anordnung über die Anwendung der Grundsätze für ökonomische Regelungen zur Reinhaltung der Gewässer und der Luft sowie zur rationellen Nutzung des Grund- und Oberflächenwassers im Perspektivplanzeitraum 1971–1975, in: GBl. III, 1969, S. 17–18.

Autorenkollektiv unter der Leitung von C.-J. Strauß, Die Materialökonomie der Deutschen Demokratischen Republik, grundsätzlich überarbeitete Aufl., Berlin 1969[2].

Autorenkollektiv, Nutzung und Schutz der Umwelt, Berlin 1988[4].

Bauer, L. u. H. Weinitschke, Landschaftspflege und Naturschutz. Eine Einführung in ihre Grundlagen und Aufgaben, Jena 1967[2].

Bericht von dem internationalen Symposium über Fragen des Naturschutzes. Veranstaltet von der Sektion Landeskultur und Naturschutz in Zusammenarbeit mit dem Institut für Landesforschung und Naturschutz Halle der Deutschen Akademie der Landwirtschaftswissenschaften zu Berlin, 1. bis 5. Juli 1957, o.A.

Beschluß des Staatsrates vom 15.9.1967 über die Weiterentwicklung der Haushalts- und Finanzwirtschaft der Städte und Gemeinden, in: GBl. DDR, I, 1967, S. 111–118.

Brauer, F., Landschaftspflege – Lebensfrage unseres Volkes, Deutsche Akademie der Landwirtschaftswissenschaften zu Berlin, Institut für Gartenbau Dresden-Pillnitz 1953.

Costa, G., Die staatlichen und juristischen Maßnahmen zur Verhinderung und Ausgleichung von Rauschäden. Eine Studie zur Schaffung eines Luftreinhaltungsgesetzes, Jena 1962.

Däßler, H.-G. u. H. Lux, Zur Luftbelastung in der Umgebung von Flußsäurewerken – Ergebnisse luftanalytischer Untersuchungen im Bereich des VEB Fluorwerke Dohna, in: Luft- und Kältetechnik 3 (1967), S. 252–253

Deutscher Bundestag. 12. Wahlperiode, Bericht des Petitionsausschusses (2. Ausschuß): Bitten und Beschwerden an den Deutschen Bundestag. Die Tätigkeit des Petitionsausschusses des Deutschen Bundestages im Jahr 1990, Drucksache 12/683, 06.06.91.

–, 13. Wahlperiode, Schlußbericht der Enquete-Kommission »Überwindung der Folgen der SED-Diktatur im Prozeß der deutschen Einheit«, Drucksache 13/11000, 10.06.98.
Deutscher Kulturbund (Hg.), Sozialistische Landeskultur. Referate und Diskussionsbeiträge der Eröffnungsveranstaltung zur »Naturschutzwoche 1969« und »Woche des Waldes« am 11. Mai 1969 in Zwickau, o.A.
Dieckmann, J., Sozialistische Landeskultur – eine nationale Aufgabe, in: Naturschutzarbeit in Berlin und Brandenburg 2 (1966), Heft 3, S. 67–68.
Dienemann, H. Belegarbeit, Thema: Betriebswirtschaftliche Probleme der Reinhaltung der Luft unter besonderer Berücksichtigung einer Abgabenregelung, Eingereicht bei: Technische Hochschule für Chemie Leuna-Merseburg, Fakultät für Ingenieurökonomie, Sektion Sozialistische Betriebswirtschaft, Leuna 30.4.69.
Eckhardt, T., Vom Naturschutz der Sowjetunion, in: NuH 2 (1953), Heft 5, S. 137–143.
Eine der sozialistischen Gesellschaftsordnung würdige Umwelt schaffen. Abgeordneter Walter Kresse, Sprecher der Fraktion der Sozialistischen Einheitspartei Deutschlands, in: Gestaltung, 1970, S. 41–50.
Enders, K. u. P. Peklo, Analyse der Verunreinigungen der Luft im Raum Bitterfeld/Wolfen – Istzustand, Auswirkungen, Sanierungsmaßnahmen, Freiberg 1976.
Erlaß des Staatsrates der Deutschen Demokratischen Republik über die Eingaben der Bürger und die Bearbeitung durch die Staatsorgane vom 27. Februar 1961, in: Gbl. der DDR, Teil I, 1961, S. 7–9.
Erlaß des Staatsrates der Deutschen Demokratischen Republik über die Änderung des Erlasses vom 27. Februar 1961 über die Eingaben der Bürger und die Bearbeitung durch die Staatsorgane vom 18. Februar 1966, in: GBl. DDR, I, 1966, S. 69–70.
Erlaß des Staatsrates der Deutschen Demokratischen Republik über die Bearbeitung der Eingaben der Bürger vom 20. November 1969, in: GBl. DDR, I, 1969, S. 239–244.
Erste Durchführungsbestimmung zur Verordnung über die Erteilung von Standortgenehmigungen. Vom 12. Oktober 1959, in: DDR GBL. I, 1960, S. 797–800.
Erste Durchführungsverordnung zum Landeskulturgesetz – Schutz und Pflege der Pflanzen- und Tierwelt und der landschaftlichen Schönheiten – (Naturschutzverordnung) vom 14. Mai 1970, in: Gbl. DDR, II, 1970, S. 331–336.
Eschke, Annelies, Erfahrungen aus dem Bezirk Dresden in der Initiative »Gepflegte Landschaft – gepflegte Umwelt«, in: NuU 1 (1986), 31–32.
Fischer, M., Staubmessungen im VEB Fluorwerk Dohna/Sa. Inauguraldissertation zur Erlangung der Doktorwürde in der Medizin, Rathmannsdorf bei Bad Schandan 1966.
Franke, K., Rechtliche Grundlagen für die Tätigkeit der Hygieneinspektion, in: Autorenkollektiv, Taschenbuch der Hygiene, überarb. Aufl., Berlin 1972², S. 64–86.
Fülle, H. u. a., Die Materialversorgung der örtlichen Industrie und des Handwerks in der Deutschen Demokratischen Republik, Berlin 1956.
Fünfte Durchführungsverordnung zum Landeskulturgesetz – Reinhaltung der Luft – vom 17. Januar 1973, in: Gbl. DDR, I, 1973, S. 157–162.
Gepflegte Landschaft, gepflegte Umwelt. Bezirksgesellschaft für Natur und Umwelt Karl-Marx-Stadt konstituiert, in: Sächsische Heimatblätter 26 (1980), 6, S. 286.
Gesetz über die Beschränkung der Nachbarrechte gegenüber Betrieben, die für die Volksertüchtigung von besonderer Bedeutung sind vom 13. Dezember 1933, in: RGBl. Teil I (1933), S. 1058–1059.

Gesetz zur Erhaltung und Pflege der heimatlichen Natur (Naturschutzgesetz), in: GBl. DDR, I, 1954, S. 695–698.
Gesetz zur Änderung der Gewerbeordnung und des Bürgerlichen Gesetzbuchs. Vom 22. Dezember 1959, in: BGBL I, 1959, S. 781–783.
Gesetz über den Schutz, die Nutzung und die Instandhaltung der Gewässer und den Schutz vor Hochwassergefahren – Wassergesetz – vom 17. April 1963, in: GBl. 1, 1963, S. 77–87.
Gesetz über die planmäßige Gestaltung der sozialistischen Landeskultur in der Deutschen Demokratischen Republik – Landeskulturgesetz – vom 14. Mai 1970, in: GBl. DDR, I, S. 67–74.
Gesetz über die Bearbeitung der Eingaben der Bürger – Eingabengesetz – vom 19. Juni 1975, in: GBl. der DDR, Teil I, 1975, S. 461–462.
Gilsenbach, R., Über das Wasser aus den Werken Böhlen und Espenhain, in: NuH 7 (1958), Heft 10, S. 317–318.
–, Widerstreit von Wissenschaft und Praxis im Naturschutz?, in: NuH 8 (1959), Heft 4, S. 163–164.
–, Wohin gehst du, Naturschutz? 3. Teil, in: NuH 10 (1961), Heft 7, S. 350–353.
–, Die Erde dürstet. 6000 Jahre Kampf um Wasser, Leipzig 1961.
Grahneis, H. u. K. Horn, Taschenbuch der Hygiene, überarb. Aufl., Berlin 1972².
Gramann, W., Nationale Front und Bürgerinitiative. Die Rolle der Nationalen Front der DDR – das Zusammenwirken der Ausschüsse mit den Volksvertretungen bei der Organisierung des »Mach mit!«-Wettbewerbes in den Städten und Gemeinden, Berlin 1973.
Gruhl, H., Ein Planet wird geplündert. Die Schreckensbilanz unserer Politik, Frankfurt a. M. 1975.
Grimm, H., Natur- und Landschaftsschutz dient der Volksgesundheit, in NuH 8 (1959), Heft 1, S. 44–46.
Hammje, K., Messungen der Staubsedimentation in Halle (S.) und in umliegenden Industriegebieten, in: AM 4 (1963), 8–10, S. 310–312.
– u. a., Beiträge zum Aufbau eines Systems der Immissionskontrolle im Bezirk Halle, Halle, September 1979.
Harmsen, H. (Hg.), Zur Entwicklung und Organisation des Gesundheitswesens in Sovjetrussland, in osteuropäischen Volksdemokratien und in Mitteldeutschland, Hamburg 1955.
Heinze, K., Städte müssen grüne Lungen haben, in: NuH 6 (1961), Heft 6, S. 284–287.
Hönsch, F., Der Industriekomplex Böhlen. Eine ökonomisch-geographische Untersuchung unter Berücksichtigung der historisch-geographischen Entwicklung, Leipzig 2011.
Horn, K., Einige Bemerkungen zur Frage der Festlegung sog. »Hygienischer Schutzzonen« für Zwecke der Stadt- und Gebietsplanung, in: AM 4 (1963), Heft 8–10, S. 260–262.
–, Allgemeine und Kommunale Hygiene, Berlin 1964.
Hübner, H., Die Wasserversorgung Mitteldeutschlands – ein Verbundplan der Wasserwirtschaft, in: Wasserwirtschaft, Wassertechnik 5 (1955), Heft 4, S. 138–145
Jung, H., Luftverunreinigung und Industrielle Staubbekämpfung, Berlin (Ost) 1965.
Kahl, H. u. a., Lufthygienische Untersuchungen in der Hauptstadt der Deutschen Demokratischen Republik, in: AM 4 (1963), 8–10, S. 318–319.

Kalweit, H. u. a., Verunreinigung der Wasserläufe in der DDR, ihre Auswirkungen und Beseitigungsmöglichkeiten, (= Deutsche Akademie der Landwirtschaftswissenschaften zu Berlin, Sitzungsberichte 3 (1954), Heft 2), Leipzig 1954.
–, Die Verunreinigung der Gewässer in der Deutschen Demokratische Republik, in: Ders. u. a., Verunreinigung der Wasserläufe in der DDR, ihre Auswirkungen und Beseitigungsmöglichkeiten, (= Deutsche Akademie der Landwirtschaftswissenschaften zu Berlin, Sitzungsberichte 3 (1954), Heft 2), Leipzig 1954, S. 3–14.
Kirsch, H. u. a., Die Mitwirkung der Hygieneorgane bei Vertragsabschlüssen zwischen örtlichen Räten und Emittenten – ein wirksamer Beitrag zur Luftreinhaltung, in: Zeitschrift für die gesamte Hygiene und ihre Grenzgebiete 18 (1972), 12, S. 950–953.
Klausnitzer, B., Wirkungsmöglichkeiten der Gesellschaft für Natur und Umwelt in den Städten, in: Kulturbund der Deutschen Demokratischen Republik (Hg.), Natur und Umwelt. Beiträge von der Gründungsversammlung der Gesellschaft für Natur und Umwelt im Kulturbund der DDR, Berlin 1981, S. 29–32.
– u. R. Seiler (Red.), Ökologie urbaner Räume, (=Themenheft der Wissenschaftlichen Zeitschrift der Karl-Marx-Universität Leipzig), Leipzig 1986.
–, Ökologie der Großstadtfauna, Stuttgart 1987.
Kluge, W., Forschungsergebnisse des Instituts für Energetik zum Umweltschutz in der Energiewirtschaft, in: 35 Jahre Institut für Energetik 1953–1988, hg. vom Institut für Energetik, Leipzig 1989, S. 60–73.
Knauer, A., SO2-Messungen im Stadtgebiet von Halle, in: AM 4 (1963), 8–10, S. 305–310.
Kubasch, H., Nur Aufklärung und Überzeugung bringt uns weiter, in: Naturschutzarbeit und naturkundliche Heimatforschung in Sachsen 9 (1967), Heft 1–2, S. 2–6.
Kulturbund der Deutschen Demokratischen Republik (Hg.), Natur und Umwelt. Beiträge von der Gründungsversammlung der Gesellschaft für Natur und Umwelt im Kulturbund der DDR, Berlin 1981.
– (Hg.), Jugend forscht, pflegt und gestaltet. II. Zentrales Treffen von Jugendlichen der Gesellschaft für Natur und Umwelt im Kulturbund der DDR vom 12.–15. Dezember 1985 in Heiligendamm, Berlin 1986.
– (Hg.), Jugend forscht, pflegt und gestaltet. III. Zentrales Treffen von Jugendlichen der Gesellschaft für Natur und Umwelt im Kulturbund der DDR, Hohnstein, Dezember 1987, Berlin 1989.
Landeskulturelle Aufgaben im Wettbewerb »Schöner unsere Städte und Gemeinden – Mach mit!«. Gemeinsame Tagung des Ministeriums für Umweltschutz und Wasserwirtschaft und des Sekretariats des Nationalrats der Nationalen Front der DDR am 21. Juni 1974 in Bergen/Rügen, hg. vom Sekretariat des Nationalrates der Nationalen Front, o.A. [Suhl 1974].
Legler, B., 5. Landschaftstag des Bezirkes Leipzig, in: Naturschutzarbeit in Sachsen (1989), S. VI–VII.
Liebig, M., Zur Tätigkeit der Arbeitsgemeinschaft »Umweltschutz und sozialistische Landeskultur« an der EOS »Wilhelm Pieck« in Borna, in: Kulturbund der Deutschen Demokratischen Republik (Hg.), Natur und Umwelt. Beiträge von der Gründungsversammlung der Gesellschaft für Natur und Umwelt im Kulturbund der DDR, Berlin 1981, S. 36–39.
Lingner, R., Landschaftsgestaltung, Berlin 1952.
– u. Frank Erich Carl, Landschaftsdiagnose der DDR, Berlin 1957.

Lux, H., »Rauchschaden-Großraumdiagnose« – ein Verfahren zur großflächigen Erfassung und Abgrenzung von Rauchschäden in Kieferngebieten. Dargestellt am Beispiel der Dübener Heide im mitteldeutschen Industriegebiet, Dissertation, Tharandt 1965.
Lyssenko, T. D., Agrarbiologie. Arbeiten über Fragen der Genetik, der Züchtung und des Samenbaus, Berlin 1951.
Maron, M., Flugasche. Roman, Frankfurt a. M. 2012[21].
Marx, K., Der Gesamtprozeß der kapitalistischen Produktion, nach der ersten, von Friedrich Engels hg. Aufl., Hamburg 1972.
Mau, H., Grundstoffreserven stehen zur Verfügung. Zentrale Arbeitsgemeinschaft bereitet Ausnützung der Kraftwerksasche in großem Maßstab vor, in: Die Wirtschaft, 24. Juli 1961, S. 10.
–, Die Bedeutung des wissenschaftlich-technischen Fortschritts der Industrieentaschung und Ascheverwertung für die sozialistische Planwirtschaft, Inaugural-Dissertation zur Erlangung des Grades eines Doktors der Wirtschaftswissenschaften (Dr. rer. oec.), Berlin, im Juli 1965.
Hermann Meusel, Landeskultur und Naturschutz als nationale Aufgabe, in: NuH 1 (1953), Heft 11, S. 323–326.
–, Probleme der Landeskultur im Zeitalter der Technik, in: Berichte und Vorträge der Akademie der Landwirtschaftswissenschaften zu Berlin: Festsitzung und wissenschaftliche Tagung 3/1958, S. 87–100.
Meyer-Oschatz, W., Zur Organisation der Allgemeinen Hygiene in Mitteldeutschland. Gliederung, Aufgaben und Arbeitsweise der Organe der Hygieneinspektion nach dem Stand vom Sommer 1958, Hamburg 1960.
Mittag, G., Zur Wirtschaftspolitik der SED in der Periode des umfassenden Aufbaus des Sozialismus in der DDR unter den Bedingungen der technischen Revolution, Berlin 1966.
–, Um jeden Preis. Im Spannungsfeld zweier Systeme, Berlin 1991.
Mühling, R., Komplexer Kommunalvertrag zum Nutzen der Bürger. Rat der Stadt Regis Breitingen und Braunkohlenbetriebe verbessern gemeinsam Arbeits- und Lebensbedingungen, in: Forum der Schrittmacher 1969/Nr. 1, S. 13–23.
Musterle, T., Einflüsse des Wasservorkommens auf die langfristige Entwicklung von Wirtschaft und Leben, in: E. R. Welcker (Hg.), Das Wasser in seiner Bedeutung für Leben, Gesundheit und Krankheit des Menschen. Vorträge, gehalten auf der 4. Tagung der Medizinisch-Wissenschaftlichen Gesellschaft der DDR zum Studium der aktuellen Lebensbedingungen (13. Januar 1962 in Berlin), Jena 1963, S. 13–24.
Naturschutz im Sozialismus. Gedanken zur Naturschutzwoche vom 11. bis 17. Mai 1958, in: NuH 7 (1958), Heft 5, S. 134–135.
Neef, E. u. V. Neef (Hg.), Brockhaus Handbuch, Sozialistische Landeskultur. Umweltgestaltung – Umweltschutz. Mit einem ABC, Leipzig 1977.
Ortleb, W., Warum ist das Wasser unserer Flüsse so schmutzig?, Teil I., in: NuH 2 (1953), Heft 9, S. 268–271.
–, Warum ist das Wasser unserer Flüsse so schmutzig?, Teil II., in: NuH 2 (1953), Heft 10, S. 312–314.
–, Technische Möglichkeiten der Abwasserreinigung, in: H. Kalweit u. a., Verunreinigung der Wasserläufe in der DDR, ihre Auswirkungen und Beseitigungsmög-

lichkeiten, (=Deutsche Akademie der Landwirtschaftswissenschaften zu Berlin, Sitzungsberichte 3 (1954), Heft 2), Leipzig 1954, S. 22–32.
Planmäßige Gestaltung der sozialistischen Landeskultur – Verwirklichung eines Verfassungsauftrages. Materialien der 17. Tagung der Volkskammer der DDR am 14. Mai 1970 zum Tagesordnungspunkt: Gesetz über die planmäßige Gestaltung der sozialistischen Landeskultur in der Deutschen Demokratischen Republik – Landeskulturgesetz – (=Aus der Tätigkeit der Volkskammer und ihrer Ausschüsse, Heft 18, 5. Wahlperiode, 1970), hg. von der Abteilung Presse und Information des Staatsrates der DDR, o.A. 1970.
Pniower, G., Die Landwirtschaftlichen Produktionsgenossenschaften und die Aufgaben der Landeskultur, in: NuH 2 (1953), S.108–110.
Rat des Bezirkes Halle u. Gesellschaft für Natur und Umwelt im Kulturbund der DDR (Hg.), 1. Landschaftstag »Saaletal« vom 17. bis 18. Juni 1988 in Bernburg/Saale, Halle 1988.
Rat des Stadtbezirkes Berlin-Pankow u. Kreisleitung Berlin-Pankow des Kulturbundes der DDR (Hg.), 1. Pankower Landschaftstag 1987. Referat, Diskussionsbeiträge und Materialien der Veranstaltung am 4. Dezember 1987 im Rathaus Berlin-Pankow, Berlin o. D.
Reichelt, H., Die Umwelt zum Wohle der Menschen gestalten, in: Landeskulturelle Aufgaben im Wettbewerb »Schöner unsere Städte und Gemeinden – Mach mit!«. Gemeinsame Tagung des Ministeriums für Umweltschutz und Wasserwirtschaft und des Sekretariats des Nationalrats der Nationalen Front der DDR am 21. Juni 1974 in Bergen/Rügen, hg. vom Sekretariat des Nationalrates der Nationalen Front, o.A. [Suhl 1974], S. 38–47.
–, Schlußwort auf der Gründungsversammlung der Gesellschaft für Natur und Umwelt, in: Kulturbund, Natur, 1981, S. 44–50.
Reichhoff, L., Bericht über die Arbeit der Gesellschaft für Natur und Umwelt im Kulturbund der DDR, Kreisorganisation Dessau, in den Jahren 1987/1988, in: Naturwissenschaftliche Beiträge des Museums Dessau 5 (1990), 5, S. 112–115.
Kerstin Riemer, Die Entwicklung der Bezirks-Hygieneinspektion Rostock, Hygieneinstitut Greifswald von 1945 bis 1983, 2 Bde., Dissertation, Greifswald 1985.
Ritter, T., Eingabenarbeit – Grundsätze und Erfahrungen, Berlin 1972.
Rjasanow, V. A., Hygienisch zulässige Grenzkonzentrationen für Luftverunreinigungen, in: AM 4 (1963), Heft 8–10, S. 250–260.
Rochlitzer, J., Die Grundfragen der Wasserwirtschaft der Deutschen Demokratischen Republik im Siebenjahrplan unter Berücksichtigung des in den 10 Jahren des Bestehens der Arbeiter-und-Bauern-Macht erreichten Entwicklungsstandes, in: Wasserwirtschaft, Wassertechnik 9 (1959), Heft 9, S. 387–392.
–, Über die gemeinsamen Aufgaben der Chemieindustrie und der Wasserwirtschaft im Siebenjahrplan, in: Chemische Technik 12 (1960), Heft 11, S. 627–635.
Sändig, S. Über einige Messungen der Luftverunreinigungen im Stadtgebiet von Zwickau (Sachs.), in: AM 4 (1963), 8–10, S. 314–315.
Schmidt, C. W. u. J. Franke, Kasuistische Darstellung eines Falles von sogenannter »Nachbarschaftsfluorose«, in: Z. ges. Hyg. o.A., S. 611–615.
Schmidt-Renner, G. (Hg.) u. a., Das Wirtschaftsterritorium der Deutschen Demokratischen Republik. Ökonomisch-geographische Einführung und Übersicht, Berlin 1962[3].

Schönherr, H., Die Rohstoffbasis der Industrie der Deutschen Demokratischen Republik, Berlin 1957.
Schuld ist der Kapitalismus. Spiegel-Report über die Umweltverschmutzung in der DDR, in: Der SPIEGEL, Nr. 41 (1980), S. 73–80.
Schulmeister, K. H., Die Gründung der Gesellschaft für Natur und Umwelt im Kulturbund der DDR, in: Kulturbund der Deutschen Demokratischen Republik (Hg.), Natur und Umwelt. Beiträge von der Gründungsversammlung der Gesellschaft für Natur und Umwelt im Kulturbund der DDR, Berlin 1981, S. 3–9.
Schwarz, H., Prägungen aus acht Jahrzehnten. Bitterfelder Weg eines Generaldirektors, Schkeuditz 2004.
Sozialistische Volksbewegung. Handbuch, Berlin 1969.
Sozialistische Landeskultur – Bestandteil des entwickelten gesellschaftlichen Systems des Sozialismus, Bericht des Ausschusses für Landwirtschaft, Forstwirtschaft und Nahrungsgüterwirtschaft der Volkskammer der DDR, Berichterstatter: Abgeordneter Prof. Dr. Hans Stubbe, in: Gestaltung, 1970, S. 32–36.
Soldmann, A., Umweltgestaltung im Energiebezirk Cottbus, in: Kulturbund der Deutschen Demokratischen Republik (Hg.), Natur und Umwelt. Beiträge von der Gründungsversammlung der Gesellschaft für Natur und Umwelt im Kulturbund der DDR, Berlin 1981, S. 32–35.
Symon, K., Über den Einfluß von Luftverunreinigungen auf den Gesundheitszustand der Bevölkerung, in: AM 4 (1963), Heft 8–10, S. 225–234.
Technische Grundsätze zur Arbeitsschutzanordnung 800 – Dampfkessel – vom 3. Januar 1957, in: GBl. DDR, 1957, Sonderdruck Nr. 233.
Titel, W., Die Aufgaben der sozialistischen Landeskultur bei der Gestaltung des entwickelten Systems des Sozialismus in der DDR, in: Deutscher Kulturbund (Hg.), Sozialistische Landeskultur. Referate und Diskussionsbeiträge der Eröffnungsveranstaltung zur »Naturschutzwoche 1969« und »Woche des Waldes« am 11. Mai 1969 in Zwickau, o.A., S. 9–23.
Thomasius, H., Anliegen und Aufgaben der Gesellschaft für Natur und Umwelt, in: Kulturbund der Deutschen Demokratischen Republik (Hg.), Natur und Umwelt. Beiträge von der Gründungsversammlung der Gesellschaft für Natur und Umwelt im Kulturbund der DDR, Berlin 1981, S. 10–17.
Statistisches Jahrbuch der Deutschen Demokratischen Republik, 35/36 (1990/1991).
Statut des Ministeriums für Umweltschutz und Wasserwirtschaft. Beschluß des Ministerrates vom 23. Oktober 1975, in: GBl. DDR, I, 1975, S. 699–702.
Ulbricht, W., Zum ökonomischen System des Sozialismus in der DDR, 2 Bde., Berlin 1968.
Unkorrigiertes Material, »Die Mitarbeit der Bürger bei der Lösung der Aufgaben des Umweltschutzes, der sozialistischen Landeskultur und der Wasserwirtschaft im Mach mit!-Wettbewerb«, Rede des Stellvertreters des Ministers für Umweltschutz und Wasserwirtschaft, Guido Thoms, am 27. März 1973 in Magdeburg.
Verfassung der Deutschen Demokratischen Republik vom 7. Oktober 1949. Mit einer Einführung von Otto Grotewohl, Berlin 1949.
Verfassung der Deutschen Demokratischen Republik, Berlin 1968.
Verordnung über die Hygieneinspektion vom 4. Dezember 1952, in: GBl. DDR, I, 1952, S. 1271–1273.

Verordnung über die Errichtung und den Betrieb von Abwasserreinigungsanlagen vom 15. März 1956, in: GBl. DDR, I, 1956, S. 285–286.
Verordnung über die Bildung von Inspektionen für Arbeitsschutz und technische Sicherheit vom 22. Dezember 1955, in: GBl. DDR, I, 1956, S. 9–10.
Verordnung über die Erteilung von Standortgenehmigungen vom 6. August 1959, in: GBl. DDR, I, 1959, S. 795–797.
Volkskammer der DDR, Nationalrat der Nationalen Front des demokratischen Deutschlands (Hg.), Die Verfassung des sozialistischen Staates deutscher Nation. Bericht des Vorsitzenden der Kommission zur Ausarbeitung einer sozialistischen Verfassung der Deutschen Demokratischen Republik, Walter Ulbricht, Vorsitzender des Staatsrates, o. O. u. o. D. [Berlin 1968].
Weigel, K., Gesetzliche Maßnahmen der Staaten zur Reinhaltung der Luft, in: Jung, Luftverunreinigung, 1965, S. 383–410.
Weinitschke, H., Naturschutzprobleme vor der Volkskammer, in: Naturschutzarbeit und naturkundliche Forschung in Sachsen 5 (1963), Heft 2, S. 33–35.
–, Naturschutz gestern, heute, morgen, Leipzig 1980.
–, Die Gesellschaft für Natur und Umwelt knüpft an bewährte Traditionen des Natur- und Umweltschutzes im Kulturbund der DDR an, in: Kulturbund der Deutschen Demokratischen Republik (Hg.), Natur und Umwelt. Beiträge von der Gründungsversammlung der Gesellschaft für Natur und Umwelt im Kulturbund der DDR, Berlin 1981, S. 17–22.
Weißhaupt, F., Widerstreit von Wissenschaft und Praxis im Naturschutz. Erwiderung auf den Artikel von R. Gilsenbach, in NuH 8 (1959), Heft 7, S. 323–325.
Welcker, E. R. (Hg.), Das Wasser in seiner Bedeutung für Leben, Gesundheit und Krankheit des Menschen. Vorträge, gehalten auf der 4. Tagung der Medizinisch Wissenschaftlichen Gesellschaft der DDR zum Studium der aktuellen Lebensbedingungen (13. Januar 1962 in Berlin), Jena 1963.
Wessel, D.-C., Die Entwicklung der Kreis-Hygieneinspektion Anklam in der Zeit von 1945 bis 1989, Greifswald 1990.
Wetzel, H., Lufthygienische Überwachung im Raume Rostock, in: AM 4 (1963), 8–10, S. 312–313.
Wohin gehst du, Naturschutz? Auszüge aus Zuschriften an die Redaktion, in: NuH 10 (1961), Heft 11, S. 530.
Zweite Durchführungsverordnung zum Landeskulturgesetz – Erschließung, Pflege und Entwicklung der Landschaft für die Erholung – vom 14. Mai 1970, in: GBl. DDR, 1970, S. 336–339.
Zweite Durchführungsverordnung zum Wassergesetz – Anwendung ökonomischer Regelungen für die Reinhaltung der Gewässer und zur rationellen Nutzung des Grund- und Oberflächenwassers vom 16. Dezember 1970, in: Gesetzblatt DDR, II, 1971, S. 25–29.

Literatur

Abelshauser, W., Deutsche Wirtschaftsgeschichte seit 1945, Bonn 2005.
Abkürzungsverzeichnis. Häufig verwendete Abkürzungen und Begriffe des Ministeriums für Staatssicherheit, hg. BStU, Berlin 2015.
Ahrberg, E., Vorwort, in: W. Berg, Das Phantom. Die Aktivitäten der Ökologischen Arbeitsgruppe (ÖAG) Halle gegen die Asphaltierung der Heidewege 1988 und die Reaktionen des MfS, Halle 1999, S. 5–6.
Ahrens, R., Gegenseitige Wirtschaftshilfe? Die DDR im RGW. Strukturen und handelspolitische Strategien 1963–1976, Köln u. a. 2000.
Amberger, A., Bahro – Harich – Havemann. Marxistische Systemkritik und politische Utopie in der DDR, Paderborn 2014.
Amos, H., Die »nationale Front des demokratischen Deutschland«. »Sprachrohr« der SED Westpolitik (1948/49–1961), in: H. Timmermann (Hg.), Die DDR in Deutschland. Ein Rückblick auf 50 Jahre, Berlin 2001, S. 39–58.
–, Politik und Organisation der SED-Zentrale 1949–1963. Strukturen und Arbeitsweise von Politbüro, Sekretariat, Zentralkomitee und ZK-Apparat, Münster 2003.
Apolinarski, I, Die räumliche Organisation der Wasserwirtschaft in der DDR – eine frühe Form von Flussgebietsmanagement in Deutschland, in: T. Moss (Hg.), Das Flussgebiet als Handlungsraum. Institutionenwandel durch die EU Wasserrahmenrichtlinie aus raumwissenschaftlichen Perspektiven, Münster 2003, 47–87.
Arndt, M., Umweltgeschichte, Version: 3.0, in: Docupedia-Zeitgeschichte, 10.11.2015, URL: http://docupedia.de/zg/Arndt_umweltgeschichte_v3_de_2015?oldid=125492 Version: 3.0 [letzter Zugriff: 06.12.2017].
Auster, R., Landschaftstage. Kooperative Planungserfahrungen in der Landschaftsentwicklung – Erfahrungen aus der DDR, Marburg 1996.
Bär, J. u. D. Petzina (Hg.), Innovationsverhalten und Entscheidungsstrukturen. Vergleichende Studien zur wirtschaftlichen Entwicklung im geteilten Deutschland 1945–1990, Berlin 1996.
Balzk, R. u. J. Leibiger (Hg.), Industriegeschichte der Stadt Dresden 1945–1990. Beiträge zum 800. Stadtjubiläum, Schkeuditz 2007.
Barth, B.-R. u. a. (Hg.), Wer war wer in der DDR? Ein biographisches Handbuch, stark erw. u. akt. Ausg, Frankfurt a. M. 1995.
Barthel, H., Umweltpolitik in beiden deutschen Staaten. Literaturstudie, Berlin 2001.
Bauer, T., Blockpartei und Agrarrevolution von oben. Die Demokratische Bauernpartei Deutschlands 1948–1963, München 2003.
Bauerkämper, A., Das Ende des Agrarmodernismus. Die Folgen der Politik landwirtschaftlicher Industrialisierung für die natürliche Umwelt im deutsch-deutschen Vergleich, in: A. Dix, Grüne Revolutionen. Agrarsysteme und Umwelt im 19. und 20. Jahrhundert, Innsbruck 2006, S. 151–172.
–, Der Neue Mensch, Version: 1.0, in: Docupedia-Zeitgeschichte, 04.07.2017, URL: http://docupedia.de/zg/Bauerkaemper_neue_mensch_v1_de_2017 DOI: http://dx.doi.org/10.14765/zzf.dok.2.1002.v1 [letzter Zugriff: 31.10.2017].
Baum, C. U., Von resignativer Duldung zum aktiven Widerspruch: Die Entwicklung der Proteste um das Reinstsiliziumwerk Dresden-Gittersee, in: G. Heydemann u. a. (Hg.), Revolution und Transformation in der DDR 1989/90, Berlin 1999, S. 137–157.

Baumgartner, G u. D. Hebig, Biographisches Handbuch der SBZ/DDR 1945–1990, Bd. 1: Abendroth-Lyr, München 1996.
Bayerl, G. u. D. Maier (Hg.), Die Niederlausitz vom 18: Jahrhundert bis heute: Eine gestörte Kulturlandschaft?, Münster 2002.
– u. T. Meyer (Hg.), Die Veränderung der Kulturlandschaft. Nutzungen – Sichtweisen – Planungen, Münster 2003.
– (Hg.), Braunkohleveredelung im Niederlausitzer Revier. 50 Jahre Schwarze Pumpe, Münster 2009.
–, Schwarze Pumpe, das industrielle Erbe und die ökoindustrielle Zukunft der Niederlausitz, in: Ders. (Hg.), Braunkohleveredelung im Niederlausitzer Revier. 50 Jahre Schwarze Pumpe, Münster 2009, S. 271–326.
–, Technologie versus Ökologie? Wasserpolitik und Wassernutzung im 20. Jahrhundert in Deutschland, in: K. Kaiser u. a. (Hg.), Historische Perspektiven auf Wasserhaushalt und Wassernutzung in Mitteleuropa, Münster 2010, S. 9–27.
– u. a. (Hg.), 20 Jahre Brandenburgische Technische Universität Cottbus, Münster 2011.
Bechmann, A. u. a., Umweltpolitik in der DDR. Dokumente des Umbruchs, (=Werkstattberichte des Instituts für Landschaftsökonomie Heft Nr. 32), Berlin 1991.
Behrens, H. u. a., Wurzeln der Umweltbewegung. Die »Gesellschaft für Natur und Umwelt« (GNU) im Kulturbund der DDR, Marburg 1993.
–, Von der Landesplanung zur Territorialplanung. Zur Entwicklung der räumlichen Planung in der SBZ/DDR von 1945 bis Anfang der sechziger Jahre, Marburg 1997.
–, Die ersten Jahre – Naturschutz und Landschaftspflege in der SBZ/DDR von 1945 bis Anfang der sechziger Jahre, in: Naturschutz in den Neuen Bundesländern – Ein Rückblick, hg. vom Institut für Umweltgeschichte und Regionalentwicklung e. V. (IUGR), überarb. Aufl., Berlin 2001[2], S. 15–86.
–, Naturschutz und Landeskultur in der Sowjetischen Besatzungszone und in der DDR. Ein historischer Überblick, in: G. Bayerl u. T. Meyer (Hg.), Die Veränderung der Kulturlandschaft. Nutzungen – Sichtweisen – Planungen, Münster 2003, S. 213–271.
–, Landschaftstage in der Deutschen Demokratischen Republik – am Beispiel des Bezirks Neubrandenburg, in: Brüggemeier, F.-J. u. J. I. Engels, Natur- und Umweltschutz nach 1945. Konzepte, Konflikte, Kompetenzen, Frankfurt a. M. 2005, S. 62–86.
–, Jens Hoffmann (Bearb.), Umweltschutz in der DDR. Analysen und Zeitzeugenberichte, 3 Bde., München 2007.
–, Das Institut für Landesforschung und Naturschutz (ILN) und die biologischen Stationen, in: Ders. U. J. Hoffmann (Bearb.), Umweltschutz in der DDR. Analysen und Zeitzeugenberichte, Bd. 3: Beruflicher, ehrenamtlicher und freiwilliger Umweltschutz, 2007, S. 69–72.
–, Umweltbewegung, in: Ders., J. Hoffmann (Bearb.), Umweltschutz in der DDR. Analysen und Zeitzeugenberichte, Bd. 3: Beruflicher, ehrenamtlicher und freiwilliger Umweltschutz, 2007, S. 131–148.
–, Das Institut für Landesforschung und Naturschutz (ILN) Halle (S.) und die deutsche Naturschutzgeschichte – Zur Abwicklung des zentralen Naturschutzforschungsinstituts der DDR im Jahr 1991, in: Standpunkte 5 (2011), S. 1–18.
–, Die Umweltbewegung in der DDR. Begriffsbestimmung und Versuch einer um-

welthistorischen Einordnung, in: H. Förster u. a. (Hg.), Umweltgeschichte(n). Ostmitteleuropa von der Industrialisierung bis zum Postsozialismus, Göttingen 2013, S. 317–341.
Beleites, M., Untergrund. Ein Konflikt mit der STASI in der URAN-Provinz, erw. Aufl., Berlin 1992².
–, Pflanzzeit. Stationen der kirchlichen Umweltbewegung in der DDR – Bilder einer Ausstellung, Wittenberg 1999.
–, Kirchliches Forschungsheim Wittenberg, in: H.-J. Veen u. a. (Hg.), Lexikon Opposition und Widerstand in der SED-Diktatur, München 2000, S. 212–213.
–, Die unabhängige Umweltbewegung der DDR, in: H. Behrens u. J. Hoffmann (Bearb.), Umweltschutz in der DDR. Analysen und Zeitzeugenberichte, Bd. 3: Beruflicher, ehrenamtlicher und freiwilliger Umweltschutz, München 2007, S. 179–224.
–, Dicke Luft: Zwischen Ruß und Revolte. Die unabhängige Umweltbewegung in der DDR, Leipzig 2016.
Berg, W., Das Phantom. Die Aktivitäten der Ökologischen Arbeitsgruppe (ÖAG) Halle gegen die Asphaltierung der Heidewege 1988 und die Reaktionen des MfS, Halle 1999.
Berghoff, H. u. M. Mutz, Missing Links? Business History and Environmental Change, in: JbW 2 (2009), S. 9–22.
Bergien, R., Im »Generalstab der Partei«. Organisationsstruktur und Herrschaftspraxis in der SED-Zentrale (1946–1989), Berlin 2017.
Bernhardt, C., Von der »Mondlandschaft« zur sozialistischen »Erholungslandschaft«? Die Niederlausitz als Exerzierfeld der Regionalplanung in der DDR-Zeit, in: G. Bayerl u. D. Maier (Hg.), Die Niederlausitz vom 18: Jahrhundert bis heute: Eine gestörte Kulturlandschaft?, Münster 2002, S. 301–323.
–, Zwischen Industrialismus und sanitärer Wohlfahrt. Umweltprobleme im Sozialismus am Beispiel der Wasserfrage in der DDR, in: T. Meyer u. M. Popplow (Hg.), Technik, Arbeit und Umwelt in der Geschichte. Günter Bayerl zum 60. Geburtstag, Münster 2006, S. 367–380.
–, Towards the socialist sanitary city: Urban water problems in East German new towns, 1945–1970, in: D. Schott u. a. (Hg.), Resources of the city: Contributions to an environmental history of Modern Europe, London 2005, S. 185–202.
R. Bessel u. R. Jessen (Hg.), Die Grenzen der Diktatur. Staat und Gesellschaft in der DDR, Göttingen 1996.
Betts, P., Die Politik des Privaten. Eingaben in der DDR, in: D. Fulda u. a. (Hg.), Demokratie im Schatten der Gewalt. Geschichten des Privaten im deutschen Nachkrieg, Göttingen 2010, S. 286–309.
Bösch, F. (Hg.), Geteilte Geschichte. Ost- und Westdeutschland 1970–2000, Göttingen 2015.
–, Geteilt und verbunden. Perspektiven auf die deutsche Geschichte seit den 19siebziger Jahren, in: Ders. (Hg.), Geteilte Geschichte. Ost- und Westdeutschland 1970–2000, Göttingen 2015, S. 7–37.
Brand, K.-W., »Neue soziale Bewegungen« auch in der DDR? Zur Erklärungskraft eines Konzeptes, in: D. Pollack u. D. Rink (Hg.), Zwischen Verweigerung und Opposition. Politischer Protest in der DDR 1970–1989, Frankfurt a. M. 1997, S. 235–251.
– unter Mitarbeit von Henrik Stöver, Umweltbewegung (inkl. Tierschutz), in: R. Roth

u. D. Rucht (Hg.), Die Sozialen Bewegungen in Deutschland seit 1945. Ein Handbuch, Frankfurt a. M. 2008, 220–244.
Braun, J., Die Zentrale Kommission für Staatliche Kontrolle. Wirtschaftsstrafrecht und Enteignungspolitik in der Gründungs- und Frühphase der DDR, in: D. Hoffmann u. H. Wentker (Hg.), Das letzte Jahr der SBZ. Politische Weichenstellungen und Kontinuitäten im Prozeß der Gründung der DDR, München 2000, S. 169–184.
– u. P. U. Weiß (Hg.), Agonie und Aufbruch. Das Ende der SED-Herrschaft und die Friedliche Revolution in Brandenburg, Potsdam 2014.
Braungart, M. u. W. McDonough, Einfach intelligent produzieren. Cradle to Cradle: Die Natur zeigt, wie wir Dinge besser machen können, Berlin 2012[7].
Brednich, R. W. u. a. (Hg.), Natur – Kultur: volkskundliche Perspektiven auf Mensch und Umwelt, Münster 2001.
Brine, J., Comecon. The Rise and Fall of an International Socialist Organisation, New Brunswick 1992.
Brüggemeier, F. J. u. Thomas Rommelspacher, Blauer Himmel über der Ruhr. Geschichte der Umwelt im Ruhrgebiet 1840–1990, Essen 1992.
–, Das unendliche Meer der Lüfte. Luftverschmutzung, Industrialisierung und Risikodebatten im 19. Jahrhundert, Essen 1996.
– u. a. (Hg.), unter strom. Energie, Chemie und Alltag in Sachsen-Anhalt 1890–1990, Wittenberg 2000.
– u. J. I. Engels (Hg.), Natur- und Umweltschutz nach 1945. Konzepte, Konflikte, Kompetenzen, Frankfurt a. M. 2005.
–, Schranken der Natur. Umwelt, Gesellschaft, Experimente 1750 bis heute, Essen 2014.
Brunner, D. u. a. (Hg.), Asymmetrisch verflochten? Neue Forschungen zur gesamtdeutschen Nachkriegsgeschichte, Berlin 2013.
– u. a., Asymmetrisch verflochten? Einleitung, in: Dies. (Hg.), Asymmetrisch verflochten? Neue Forschungen zur gesamtdeutschen Nachkriegsgeschichte, Berlin 2013, S. 11–17.
Buchheim, C., Die Wirtschaftsordnung als Barriere des gesamtwirtschaftlichen Wachstums in der DDR, in: VSWG 82 (1995), 2, S. 194–210.
–, Die Achillesferse der DDR – der Außenhandel, in: A. Steiner (Hg.), Überholen ohne einzuholen. Die DDR als Fußnote der deutschen Geschichte?, Berlin 2006, S. 91–103.
Buck, H. F., Umwelt- und Bodenbelastungen durch eine ökologisch nicht abgesicherte industriemäßig organisierte Tier- und Pflanzenproduktion, in: E. Kuhrt, Die Endzeit der DDR-Wirtschaft – Analysen zur Wirtschafts-, Sozial- und Umweltpolitik, Opladen 1999, S. 425–449.
–, Umweltbelastungen durch Müllentsorgung und Industrieabfälle in der DDR, in: E. Kuhrt, Die Endzeit der DDR-Wirtschaft – Analysen zur Wirtschafts-, Sozial- und Umweltpolitik, Opladen 1999, S. 455–497.
Cain, F., Das US-Handelsembargo und Europa, in: B. Greiner u. a. (Hg.), Ökonomie im Kalten Krieg, Bonn 2010, S. 438–456.
Burrichter, C. u. G. Diesener (Hg.), Reformzeiten und Wissenschaft. Beiträge zur DDR-Wissenschaftsgeschichte, Reihe B/Bd. 2, Leipzig 2005.
– u. a. (Hg.), Deutsche Zeitgeschichte von 1945 bis 2000: Gesellschaft – Staat – Politik. Ein Handbuch, Berlin 2006.
Büschenfeld, J., Flüsse und Kloaken. Umweltfragen im Zeitalter der Industrialisierung (1870–1918), Stuttgart 1997.

Buthmann, R., »Den Bürger nie so mutig erlebt«. Eine Chronologie der Auseinandersetzungen um das Reinstsiliziumwerk Dresden-Gittersee, in: Horch und Guck 12 (2003), 3, S. 28–38.
Calließ, J. u. a. (Hg.), Mensch und Umwelt in der Geschichte, Pfaffenweiler 1989.
Choi, S.-W., Von der Dissidenz zur Opposition. Die politisch alternativen Gruppen in der DDR von 1978 bis 1989, Köln 1999.
Christ, C., Umweltschutz und Umweltprobleme in der mitteldeutschen Chemieindustrie der DDR, in: H.-J. Rupieper u. a. (Hg.), Die mitteldeutsche Chemieindustrie und ihre Arbeiter im 20. Jahrhundert, Halle a.S. 2005, S. 378–413.
Dangerfield, M., Sozialistische Ökonomische Integration. Der Rat für gegenseitige Wirtschaftshilfe (RGW), in: B. Greiner u. a. (Hg.), Ökonomie im Kalten Krieg, Bonn 2010, S. 348–369.
DDR-Handbuch, hg. vom Bundesministerium für innerdeutsche Beziehungen, Bd. 2: M-Z, überarb. u. erw. Aufl., Köln 1985^{3}.
Deutsches Institut für Wirtschaftsgeschichte (DIW), Handbuch DDR-Wirtschaft, erw. u. akt. Aufl., Reinbeck bei Hamburg 1984^{4}.
Deutsches Institut für Wirtschaftsforschung (DIW), Berlin, Entwicklung des Energieverbrauchs und seiner Determinanten in der ehemaligen DDR – Kurfassung – Untersuchung im Auftrage des Bundesministeriums für Wirtschaft, Bonn 1990.
Deutsche Wirtschaftsarchive, Bd. 1, hg. von der Gesellschaft für Unternehmensgeschichte, völlig neu bearb. Aufl., Stuttgart 1994^{3}.
Die Geschichte der Technischen Überwachung in Norddeutschland, Norderstedt 2003.
Die Nationale Front der DDR – ihre Rolle und Funktion, hg. von der Friedrich-Ebert-Stiftung, Bonn 1981.
Dittmann, F. u. R. Seising (Hg.), Kybernetik steckt den Osten an. Aufstieg und Schwierigkeiten einer interdisziplinären Wissenschaft in der DDR, Berlin 2007.
Dix, A. u. R. Gudermann, Naturschutz in der DDR: Idealisiert, ideologisiert, instrumentalisiert?, in: H.-W. Frohn u. F. Schmoll (Bearb.), Natur und Staat. Staatlicher Naturschutz in Deutschland 1906–2006, Bonn-Bad Godesberg 2006, S. 535–624.
Dix, A., Grüne Revolutionen. Agrarsysteme und Umwelt im 19. und 20. Jahrhundert, Innsbruck 2006.
Eckert, A. M., Geteilt, aber nicht unverbunden. Grenzgewässer als deutsch-deutsches Umweltproblem, in: VfZ 62 (2014), Heft 1, S. 69–99.
Eichholtz, D., Öl, Krieg, Politik: Deutscher Ölimperialismus (1933–1942/43), in: ZfG 51 (2003), Heft 6, S. 493–510.
Enders, K., Die Entwicklung der Verunreinigung der Luft im Raum Bitterfeld/Wolfen, in: Archiv für Naturschutz und Landschaftsforschung 46 (2007), Heft 3, S. 25–30.
Engels, J. I., Naturpolitik in der Bundesrepublik. Ideenwelt und politische Verhaltensstile in Naturschutz und Umweltbewegung 1950–1980, Paderborn 2006.
Erhardt, H., Stromkonflikte. Selbstverständnis und strategisches Handeln der Stromwirtschaft zwischen Politik, Industrie, Umwelt und Öffentlichkeit, Stuttgart 2017.
Fäßler, P. E. Durch den »Eisernen Vorhang«. Die deutsch-deutschen Wirtschaftsbeziehungen 1949–1969, Köln 2006.
–, Bonn und das strategische Embargo gegen die Sowjetunion und ihre Verbündeten 1949–1958, in: VfZ 54 (2006), Heft 4, S. 673–700.
Fansa, M. u. S. Wolfram (Hg.), Müll – Facetten von der Steinzeit bis zum gelben Sack. Begleitschrift zur Sonderausstellung, Mainz 2003.

Feshbach, M. u. A. Friendly, Ecocide in the USSR. Health and Nature Under Siege, New York 1992.
Fisch, S. u. W. Rudloff, Experten und Politik. Wissenschaftliche Politikberatung in geschichtlicher Perspektive, Berlin 2004.
Förster, H. u. a. (Hg.), Umweltgeschichte(n). Ostmitteleuropa von der Industrialisierung bis zum Postsozialismus, Göttingen 2013.
Frohn, H.-W. u. F. Schmoll (Bearb.), Natur und Staat. Staatlicher Naturschutz in Deutschland 1906–2006, Bonn-Bad Godesberg 2006.
Fuchsloch, N., Sehen, riechen, schmecken und messen als Bestandteile der gutachterlichen und wissenschaftlichen Tätigkeit der preußischen Landesanstalt für Wasser-, Boden- und Lufthygiene im Bereich der Luftreinhaltung zwischen 1920 und 1960, Freiberg 1999.
Fulbrook, M., Ein ganz normales Leben. Alltag und Gesellschaft in der DDR, Darmstadt 2008.
–, The Concept of »Normalisation« and the GDR in Comparative Perspective, in: Dies. (Hg.), Power and Society in the GDR, 1961–1979. The »Normalisation of Rule«?, New York 2009, S. 1–30.
– (Hg.), Power and Society in the GDR, 1961–1979. The »Normalisation of Rule«?, New York 2009.
–, Die Fehlende Mitte. Die DDR als postnazistischer Staat, in: U. Mählert (Hg.), Die DDR als Chance. Neue Perspektiven auf ein altes Thema, Berlin 2016, S. 89–97.
Fulda, D. u. a. (Hg.), Demokratie im Schatten der Gewalt. Geschichten des Privaten im deutschen Nachkrieg, Göttingen 2010.
Gassner, M., Lokale Umwelt oder transnationale Chance? ENIs Reaktion auf die Proteste gegen die CEL-Pipeline in den 19sechziger Jahren, in: ZUG 57 (2012), Heft 1, S. 31–46.
Gaus, G., Wo Deutschland liegt. Eine Ortsbestimmung, Hamburg 1983.
Gensichen, H.-P., Von der Kirche zur Gesellschaft. Die Bewegung des Wittenberger Forschungsheimes zwischen 1945 und 2000, in: J. Hüttmann u. P. Pasternack (Hg.), Wissensspuren. Bildung und Wissenschaft in Wittenberg nach 1945, Wittenberg 2004, S. 168–189.
–, Umweltverantwortung in einer betonierten Gesellschaft: Anmerkungen zur kirchlichen Umweltbewegung in der DDR 1970 bis 1990, in: F.-J. Brüggemeier u. J. I. Engels (Hg.), Natur- und Umweltschutz nach 1945. Konzepte, Konflikte, Kompetenzen, Frankfurt a. M. 2005, S. 287–304.
–, Die Beiträge des Wittenberger Forschungsheimes für die kritische Umweltbewegung in der DDR, in: H. Behrens u. J. Hoffmann (Bearb.), Umweltschutz in der DDR Analysen und Zeitzeugenberichte, Bd. 3: Beruflicher, ehrenamtlicher und freiwilliger Umweltschutz, München 2007, S. 149–177.
Gerhards, J. u. F. Neidhardt, Strukturen und Funktionen moderner Öffentlichkeit. Fragestellungen und Ansätze, WZB Diskussionspapier FS III 90–101, Berlin 1990.
Gestwa, K. Ökologischer Notstand und sozialer Protest. Ein umwelthistorischer Blick auf die Reformunfähigkeit und den Zerfall der Sowjetunion, in: AfS 43 (2003), 349–383.
–, Die Stalinschen Großbauten des Kommunismus. Sowjetische Technik- und Umweltgeschichte, 1948–1967, München 2010.

Gieseke, J. u. H. Wentker (Hg.), Die Geschichte der SED. Eine Bestandsaufnahme, Berlin 2011.
– u. H. Wentker, Die SED – Umrisse eines Forschungsfeldes. Zur Einleitung, in: Dies. (Hg.), Die Geschichte der SED. Eine Bestandsaufnahme, Berlin 2011, S. 7–15.
–, Andrea Bahr, Die Staatssicherheit und die Grünen, Berlin 2016.
Gille, Z., From the Cult of Waste to the Trash Heap of History. The Politics of Waste in Socialist and Postsocialist Hungary, Bloomington u. Indianapolis 2007.
Gilsenbach, R., Wer im Gleichschritt marschiert, geht in die falsche Richtung. Ein biografisches Selbstbildnis, hg. von Hannelore Gilsenbach und Harro Hess, Berlin 2004.
Giondomenico, B., Zur Entstehung der sozialistischen Verfassung der DDR von 1968, in: G.v. Sivers (Hg.), Wege zur politischen Philosophie. Festschrift für Martin Sattler, Würzburg 2005, S. 251–262.
Girnus, W. u. K. Meier (Hg.), Forschungsakademien in der DDR – Modelle und Wirklichkeit, Leipzig 2014.
Greiner, B. u. a. (Hg.), Ökonomie im Kalten Krieg, Bonn 2010.
Grewolls, G., Wer war wer in Mecklenburg-Vorpommern? Ein Personenlexikon, Bremen 1995.
Großbölting, T., Weder Schmuddelkind noch Prinzessin, oder: Warum die »alte« DDR Geschichte am Ende, aber die DDR nicht »ausgeforscht« ist, in: U. Mählert (Hg.), Die DDR als Chance. Neue Perspektiven auf ein altes Thema, Berlin 2016, S. 99–107.
Gudermann, R., »Natur nach Maß«. Hans Stubbe und das Verhältnis von Agrarwissenschaften und Umweltschutz in der DDR, in: A. Dix, Grüne Revolutionen. Agrarsysteme und Umwelt im 19. und 20. Jahrhundert, Innsbruck 2006, S. 173–198.
Güttler, M., Die Grenzen der Kontrolle. Das statistische Informationssystem und das Versagen zentralistischer Planwirtschaft in der DDR, in: R. Bessel, R. Jessen (Hg.), Die Grenzen der Diktatur. Staat und Gesellschaft in der DDR, Göttingen 1996, S. 253–273.
Hackenholz, D. u. R. Karlsch, Großchemie in Sachsen-Anhalt, in: F.-J. Brüggemeier u. a. (Hg.), unter strom. Energie, Chemie und Alltag in Sachsen-Anhalt 1890–1990, Wittenberg 2000, S. 97–124.
Hahn, J. u. a., 125 Jahre Hygiene-Institute an Berliner Universitäten. Eine Festschrift, Berlin 2010.
Halbrock, C:, Beginn einer eigenständigen Umweltbewegung in der DDR, in: W. Rüddenklau, Störenfried. DDR-Opposition 1986–1989. Mit Texten aus den Umweltblättern, überarb. Aufl., Berlin 1992², S. 43–54.
–, Störfaktor Jugend. Die Anfänge der unabhängigen Umweltbewegung in der DDR, in: C. Jordan u. H. M. Kloth (Hg.), Arche Nova: Opposition in der DDR. Das »Grün-ökologische Netzwerk Arche« 1988–90, Berlin 1995, S. 13–32.
–, Die unabhängigen Umweltgruppen der DDR. Forschungsstand und Überblick, in: DA 45 (2012), Heft 1, 24–32.
–, »Freiheit heißt, die Angst verlieren«. Verweigerung, Widerstand und Opposition in der DDR: Der Ostseebezirk Rostock, korr. Aufl., Göttingen 2015².
Hartard, S. u. M. Huhn, Strukturanalyse des SERO-Systems der DDR im Hinblick auf Effizienz und Eignung unter marktwirtschaftlichen Bedingungen. Abschlussbericht, Kassel 1992.
Hartmann, H. u. J. Vogel (Hg.), Zukunftswissen. Prognosen in Wirtschaft, Politik und Gesellschaft seit 1900, Frankfurt a. M. 2010.

Hasenöhrl, U. Zivilgesellschaft und Protest. Eine Geschichte der Naturschutz- und Umweltbewegung in Bayern 1945–1980, Göttingen 2011.
Haupt, H.-G. u. J. Requate (Hg.), Aufbruch in die Zukunft. Die 19sechziger Jahre zwischen Planungseuphorie und kulturellem Wandel. DDR, CSSR und Bundesrepublik Deutschland im Vergleich, Weilerswist 2004.
– u. Jörg Requate, Einleitung, in: Dies. (Hg.), Aufbruch in die Zukunft. Die 19sechziger Jahre zwischen Planungseuphorie und kulturellem Wandel. DDR, CSSR und Bundesrepublik Deutschland im Vergleich, Weilerswist 2004, S. 7–28.
Heim, S., Kalorien, Kautschuk, Karrieren. Pflanzenzüchtung und landwirtschaftliche Forschung in Kaiser-Wilhelm-Instituten 1933–1945, Göttingen 2003.
Heine, G. (Hg.), Umweltstrafrecht in osteuropäischen Ländern, Freiburg 1995.
Helbig, A., Zur Geschichte der Umweltmeteorologie, in: promet 30 (2003), Heft 1/2, S. 2–14.
Hermann, W., Umweltpolitik am Beispiel des Bezirkes Potsdam, in: H. Behrens u. J. Hoffmann (Bearb.), Umweltschutz in der DDR. Analysen und Zeitzeugenberichte, Bd. 1: Politische und umweltrechtliche Rahmenbedingungen, München 2007, S. 249–260.
Heske, G., Volkswirtschaftliche Gesamtrechnung DDR 1950–1989: Daten, Methoden, Vergleiche, in: Historical Social Research, Supplement 21 (2009).
Herrmann, B., Umweltgeschichte. Eine Einführung in Grundbegriffe, überarb. u. verb. Aufl., Berlin u. Heidelberg 2016².
Herzberg, J., Ostmitteleuropa im Blick. Umweltgeschichte zwischen Global- und Regionalgeschichte, in: H. Förster u. a. (Hg.), Umweltgeschichte(n). Ostmitteleuropa von der Industrialisierung bis zum Postsozialismus, München 2013, S. 7–29.
Heydemann, G. u. a. (Hg.), Revolution und Transformation in der DDR 1989/90, Berlin 1999.
Hiller, O. (Hg.), Die Landschaftsdiagnose der DDR. Zeitgeschichte und Wirkung eines Forschungsprojekts aus der Gründungsphase der DDR, Berlin 2002.
Hirsch, R., Grenzfall, in: H.-J. Veen u. a. (Hg.), Lexikon Opposition und Widerstand in der SED-Diktatur, München 2000, S. 162–164.
Hoeck, J., Verwaltung, Verwaltungsrecht und Verwaltungsrechtsschutz in der Deutschen Demokratischen Republik, Berlin 2003.
Hoffmann, D. u. H. Wentker (Hg.), Das letzte Jahr der SBZ. Politische Weichenstellungen und Kontinuitäten im Prozeß der Gründung der DDR, München 2000.
–, Ölpreisschock und Utopieverlust. Getrennte Krisenwahrnehmung und -bewältigung, in: U. Wengst u. H. Wentker (Hg.), Das doppelte Deutschland. 40 Jahre Systemkonkurrenz, Bonn 2008, S. 213–234.
–, Von Ulbricht zu Honecker. Die Geschichte der DDR 1949–1989, Berlin-Brandenburg 2013.
– u. a., Die DDR als Chance. Desiderate und Perspektiven künftiger Forschung, in: U. Mählert (Hg.), Die DDR als Chance. Neue Perspektiven auf ein altes Thema, Berlin 2016, S. 23–70.
Höhn, H.-H. u. a., Umweltschutz und ökonomisches System in Osteuropa. Drei Beispiele: Sowjetunion, DDR, Ungarn, Stuttgart 1973.
Hollenbach, F. u. Josef Anderle, Die Entwicklung der Technischen Überwachung in der DDR, in: Die Geschichte der Technischen Überwachung in Norddeutschland, Norderstedt 2003, S. 51–68.

Holz, U., Das Industriegebiet Bitterfeld-Wolfen – Eine Einführung in die Industriegeschichte der Region, in: Archiv für Naturschutz und Landschaftsforschung 46 (2007), Heft 3, S. 5–11.
Horstmann, T., Die Logik der Willkür. Die Zentrale Kommission für Staatliche Kontrolle in der SBZ/DDR von 1948 bis 1958, Köln 2002.
Huchting, F., Abfallwirtschaft im Dritten Reich, in: TG 48 (1981), S. 252–273.
Hübner, P. (Hg.), Niederlausitzer Industriearbeiter 1935 bis 1970. Studien zur Sozialgeschichte, Berlin 1995.
– u. a. (Hg.), Arbeiter im Staatssozialismus. Ideologischer Anspruch und soziale Wirklichkeit, Köln 2005.
Hünemörder, K. F., Vom Expertennetzwerk zur Umweltpolitik. Frühe Umweltkonferenzen und die Ausweitung der öffentlichen Aufmerksamkeit für Umweltfragen in Europa, 1959–1972, in: AfS 43 (2003), S. 275–296.
–, Die Frühgeschichte der globalen Umweltkrise und die Formierung der deutschen Umweltpolitik (1950–1973), Stuttgart 2004.
Hüntelmann, A. C., Hygiene im Namen des Staates. Das Reichsgesundheitsamt 1876–1933, Göttingen 2008.
Hürtgen, R., Zwischen Disziplinierung und Partizipation. Vertrauensleute des FDGB im DDR-Betrieb, Köln 2005.
Hüttmann, J. u. Peer Pasternack (Hg.), Wissensspuren. Bildung und Wissenschaft in Wittenberg nach 1945, Wittenberg 2004.
Huff, T., Natur und Industrie im Sozialismus, Göttingen 2015.
–, Über die Umweltpolitik der DDR. Konzepte, Strukturen, Versagen, in: Geschichte und Gesellschaft 40 (2014), S. 523–554.
In memoriam Prof. Dr. Hermann Meusel (2.11.1909–3.1.1997), in: Verh. Zool.-Bot. Ges. Österreich 135 (1998), S. 381–384.
Jacobi, M. u. U. Jelitto, Das Grüne Kreuz. Die Geschichte des Ökologischen Arbeitskreises der Dresdner Kirchenbezirke, 2 Teile: Der Ökologische Arbeitskreis der Dresdner Kirchenbezirke 1980 bis 1993, Dresden 1998.
Jäger, W. u. M. Walter, Die Demokratische Bauernpartei Deutschlands (DBD) im Transformationsprozess 1989/1990, in: Historisch-politische Mitteilungen 4 (1997), S. 141–168.
Jarausch, K. H. u. Martin Sabrow (Hg.), Weg in den Untergang. Der innere Zerfall der DDR, Göttingen 1999.
Jones, M. E., Greens under God and the Gun: The East German Environmental Movement, the Lutheran Church, and the East German State, Harvard College, March 1991.
–, Origins of the East German Environmental History, in: German Studies Review, 16 (1993), S. 235–264.
Jordan, C. u. H. M. Kloth (Hg.), Arche Nova: Opposition in der DDR. Das »Grün-ökologische Netzwerk Arche« 1988–90, Berlin 1995.
–, Akteure und Aktionen der Arche, in: C. Jordan u. H. M. Kloth, Arche Nova: Opposition in der DDR. Das »Grün-ökologische Netzwerk Arche« 1988–1990, Berlin 1995, S. 37–70.
–, Greenway – das osteuropäische Grüne Netzwerk (1985–1990), in: Europa braucht Vielfalt. Grünes Gedächtnis 2010, hg. von der Heinrich Böll Stiftung, Berlin 2010, S. 34–44.

Judt, M. (Hg.), DDR-Geschichte in Dokumenten. Beschlüsse, Berichte, interne Materialien und Alltagszeugnisse, Bonn 1998.
Kaelble, H. u. a. (Hg.), Sozialgeschichte der DDR, Stuttgart 1994.
Käding, E., Engagement und Verantwortung. Hans Stubbe, Genetiker und Züchtungsforscher. Eine Biographie, ZALF-Bericht Nr. 36, Müncheberg 1999.
Kaiser, M., Machtwechsel von Ulbricht zu Honecker. Funktionsmechanismen der SED Diktatur in Konfliktsituationen 1962 bis 1972, Berlin 1997.
Kaiser, K. u. a. (Hg.), Historische Perspektiven auf Wasserhaushalt und Wassernutzung in Mitteleuropa, Münster 2010.
Karlsch, R., Allein bezahlt? Die Reparationsleistungen der SBZ/DDR 1945–1953, Berlin 1993.
– u. R. Stokes, Die Chemie muss stimmen. Bilanz des Wandels 1990–2000, Leipzig 2000.
– u. R. Stokes, »Faktor Öl«. Die Mineralölwirtschaft in Deutschland 1859–1974, München 2003.
– u. M. Schäfer, Wirtschaftsgeschichte Sachsens im Industriezeitalter, Dresden u. Leipzig 2006.
–, Uran für Moskau. Die Wismut – eine populäre Geschichte, Berlin 2011.
Kessler, R., Politikberatung in DDR und CSSR der sechziger Jahre vor dem »Prager Frühling«, in: H.-G. Haupt u. J. Requate, Aufbruch in die Zukunft. Die 19sechziger Jahre zwischen Planungseuphorie und kulturellem Wandel. DDR, CSSR und Bundesrepublik im Vergleich, Weilerswist 2004, S. 233–248.
Kirchhof, A. M., Gelebte Überzeugung. Das Wirken von Erna und Kurt Kretschmann für den DDR-Umwelt- und Naturschutz, in: J. Braun u. P. U. Weiß (Hg.), Agonie und Aufbruch. Das Ende der SED-Herrschaft und die Friedliche Revolution in Brandenburg, Potsdam 2014, S. 190–211.
–, »Der freie Mensch fordert keine Freiheiten, er lebt einfach«. Die Nestoren des DDR Naturschutzes und die Herausbildung einer reformbewegten Gegenwelt, in: Geschichte und Gesellschaft 41 (2015), S. 87–91.
Kittel, M., Strauß' Milliardenkredit für die DDR. Leistung und Gegenleistung in den innerdeutschen Beziehungen, in: U. Wengst u. H. Wentker (Hg.), Das doppelte Deutschland. 40 Jahre Systemkonkurrenz, Bonn 2008, S. 307–331.
Kleinöder, N., Unternehmen und Sicherheit. Strukturen, Akteure und Verflechtungsprozesse im betrieblichen Arbeitsschutz der westdeutschen Eisen- und Stahlindustrie nach 1945, Stuttgart 2015.
Kleine-Brockhoff, T., Heiße Luft für Halle, in: Die Zeit, 9.2.1990.
Klemm, V., Korruption und Amtsmißbrauch in der DDR, Stuttgart 1991.
Kleßmann, C., Zwei Staaten, eine Nation. Deutsche Geschichte 1955–1970, Bonn 1988.
–, Die doppelte Staatsgründung. Deutsche Geschichte 1945–1955, überarb. u. erw. Aufl., Bonn 1991[5].
– u. P. Lautzas (Hg.), Teilung und Integration. Die doppelte deutsche Nachkriegsgeschichte, Bonn 2005.
–, Spaltung und Verflechtung – Ein Konzept zur integrierten Nachkriegsgeschichte 1945 bis 1990, in: Ders. U. P. Lautzas (Hg.), Teilung und Integration. Die doppelte deutsche Nachkriegsgeschichte, Bonn 2005, S. 20–37.
–, 1945 – welthistorische Zäsur und »Stunde Null«, Version: 1.0, in: Docupedia Zeitgeschichte, 15.10.2010, URL: http://docupedia.de/zg/1945.

Kloth, H. M., Arche, Grün-ökologisches Netzwerk, in: H.-J. Veen u. a.(Hg.), Lexikon Opposition und Widerstand in der SED-Diktatur, München 2000, S. 53–54.
Knabe, H., Neue Soziale Bewegungen im Sozialismus. Zur Genesis alternativer Orientierungen in der DDR, in: Kölner Zeitschrift für Soziologie und Sozialpsychologie 40 (1988), S. 551–569.
–, Umweltkonflikte im Sozialismus: Möglichkeiten und Grenzen gesellschaftlicher Problemartikulation in sozialistischen Systemen. Eine vergleichende Analyse der Umweltdiskussion in der DDR und Ungarn, Köln 1993.
–, »Samisdat« – Gegenöffentlichkeit in den achtziger Jahren, in: E. Kuhrt, Opposition in der DDR von den siebziger Jahren bis zum Zusammenbruch der SED-Herrschaft, Opladen 1999, S. 299–314.
–, Grüne Liga, in: H.-J. Veen u. a. (Hg.), Lexikon Opposition und Widerstand in der SED-Diktatur, München 2000, S. 164.
–, Umweltbewegung, in: H.-J. Veen u. a. (Hg.), Lexikon Opposition und Widerstand in der SED-Diktatur, München 2000, S. 355–357.
Knoth, N., Die Naturschutzgesetzgebung der DDR von 1954, in: ZfG 39 (1991), Heft 2, S. 163–172.
–, Umwelt. Auf den Spuren einer Erfahrung im sozialistischen Revier, in: J. Kocka, Historische DDR-Forschung. Aufsätze und Studien, Berlin 1993, S. 233–244.
–, K. Nowak, Eine »grüne« SED? Aus dem Protokoll einer ZK-Sekretariatssitzung, in: Beiträge zur Geschichte der Arbeiterbewegung 35 (1993), Heft 4, S. 72–79.
–, Landschaft auf Kohle. Sozialhistorische Perspektiven des Umweltproblems am Beispiel des Kreises Spremberg, in: P. Hübner (Hg.), Niederlausitzer Industriearbeiter 1935 bis 1970. Studien zur Sozialgeschichte, Berlin 1995, S. 61–93.
–, »Blümeli pflücken und Störche zählen …«? Der »andere« deutsche Naturschutz: Wurzeln, Ideen und Träger des frühen DDR-Naturschutzes, in: M. Freese u. M. Prinz, Politische Zäsuren und gesellschaftlicher Wandel im 20. Jahrhundert. Regionale und vergleichende Perspektiven, Paderborn 1996, S. 439–463.
Kocka, J., Die Geschichte der DDR als Forschungsproblem. Einleitung, in: Ders., Historische DDR-Forschung. Aufsätze und Studien, Berlin 1993, S. 9–26.
–, Historische DDR-Forschung. Aufsätze und Studien, Berlin 1993.
–, Eine durchherrschte Gesellschaft, in: H. Kaelble u. a. (Hg.), Sozialgeschichte der DDR, Stuttgart 1994, S. 547–553.
Köster, R., Abschied von der »verlorenen Verpackung«: Das Recycling von Hausmüll in Westdeutschland 1945–1990, in: TG 81 (2014), Heft 1, S. 33–60.
–, Hausmüll. Abfall und Gesellschaft in Westdeutschland 1945–1990, Göttingen 2017.
Köstering, S., »Millionen im Müll?« Altmaterialverwertung nach dem Vierjahrplan, in: Dies. u. R. Rüb (Hg.), Müll von gestern? Eine umweltgeschichtliche Erkundung in Berlin und Brandenburg, Münster 2003, S. 139–147.
Komar, W. u. a., Ursachen für das Versagen des Umweltschutzes in der DDR. Analyse des Gewässerschutzes und der Luftreinhaltung, Köln 1993.
Kott, S., Zur Geschichte des kulturellen Lebens in DDR-Betrieben. Konzepte und Praxis der betrieblichen Kulturarbeit, in: AfS 39 (1999), S. 167–195.
Kowalczuk, I.-S., Von der Freiheit, Ich zu sagen. Widerständiges Verhalten in der DDR, in: U. Poppe u. a. (Hg.), Zwischen Selbstbehauptung und Anpassung. Formen des Widerstandes und der Opposition in der DDR, Berlin 1995, S. 85–115.

–, Gegenkräfte: Opposition und Widerstand in der DDR – Begriffliche und methodische Probleme, in: Eberhard Kuhrt (Hg.), Opposition in der DDR von den siebziger Jahren bis zum Zusammenbruch der SED-Herrschaft, Opladen 1999, S. 47–80.
–, Endspiel. Die Revolution von 1989 in der DDR, Bonn 2009.
Koziolek, H., Das Scheitern eines Reformversuchs, in: H. Modrow (Hg.), Das große Haus von außen. Erfahrungen im Umgang mit der Machtzentrale in der DDR, Berlin 1996, S. 54–78.
Kreibich, H. u. a., Arbeitsmedizin im Osten Deutschlands (1945–1990), korr. u. erg. Aufl., Berlin 1999².
Krug, K. u. H.-W. Marquart, Zeitzeugenberichte – Chemische Industrie – Tagung »Industriekreis« der GDCH-Fachgruppe Geschichte der Chemie, 20.–22. November 1996 in Merseburg, Frankfurt a. M. 1998.
– u. H.-W. Marquart (Hg.), Zeitzeugenberichte IV – Chemische Industrie – Tagung »Industriekreis« der GDCh-Fachgruppe Geschichte der Chemie 07. bis 08. September 2000 in Wolfen und Bitterfeld, Frankfurt a. M. 2000.
Krummsdorf, A., Wiederurbarmachung und Rekultivierung im Braunkohletagebau, in: H. Behrens u. J. Hoffmann (Bearb.), Umweltschutz in der DDR. Analysen und Zeitzeugenberichte, Bd. 2: Mediale und sektorale Aspekte, München 2007, S. 395–425.
E. Kuhrt (Hg.), Opposition in der DDR von den siebziger Jahren bis zum Zusammenbruch der SED-Herrschaft, Opladen 1999.
– (Hg.), Die Endzeit der DDR-Wirtschaft – Analysen zur Wirtschafts-, Sozial- und Umweltpolitik, Opladen 1999.
Kuhn, C., »Inoffiziell wurde bekannt…«: Maßnahmen des Ministeriums für Staatssicherheit gegen die Ökologische Arbeitsgruppe beim Kirchenkreis Halle. Gutachten zum operativen Vorgang »Heide«, Magdeburg 1997².
Kuntsche, S., Die Akademie der Landwirtschaftswissenschaften als Zweigakademie, in: W. Girnus u. K. Meier (Hg.), Forschungsakademien in der DDR – Modelle und Wirklichkeit, Leipzig 2014, S. 335–379.
Laitko, H., Forschungsakademien: Prämissen und Orientierungsfragen. Eröffnungsbeitrag auf der zweitägigen Tagung am 1. und 2. November 2012, in: W. Girnus u. K. Meier (Hg.), Forschungsakademien in der DDR – Modelle und Wirklichkeit, Leipzig 2014, S. 15–36.
Lambrecht, R. u. U. Morgenstern (Hg.), »Kräftig vorangetriebene Detailforschungen«. Aufsätze für Ulrich von Hehl zum 65. Geburtstag, Leipzig 2012.
Lammich, S., Deutsche Demokratische Republik, in: G. Heine (Hg.), Umweltstrafrecht in osteuropäischen Ländern, Freiburg 1995, S. 1–74.
Lindenberger, T., Alltagsgeschichte und ihr möglicher Beitrag zu einer Gesellschaftsgeschichte der DDR, in: R. Besel u. R. Jessen (Hg.), Die Grenzen der Diktatur. Staat und Gesellschaft in der DDR, Göttingen 1996, S. 298–325.
– (Hg.), Herrschaft und Eigen-Sinn in der Diktatur. Studien zur Gesellschaftsgeschichte der DDR, Köln u. a. 1999.
–, Ist die DDR ausgeforscht? Phasen, Trends und ein optimistischer Ausblick, in: APuZ 64 (2014), Heft 24–26, S. 27–32.
–, Das Land der begrenzten Möglichkeiten. Machträume und Eigen-Sinn der DDR Gesellschaft, in: DA, 10.8.2016, Link: www.bpb.de/232099 [letzter Zugriff: 18.01.2018].
Liste, A., 15 Jahre seit Gründung des AKUS – was war er und was ist aus ihm geworden?, in: calendula (1998), Heft 1, S. 14–15.

Lubini, J., Die Verwaltungsgerichtsbarkeit in den Ländern der SBZ/DDR 1945–1952, Tübingen 2015.
Ludz, P.C., Parteielite im Wandel: Funktionsaufbau, Sozialstruktur und Ideologie der SED-Parteiführung: Eine empirisch-systematische Untersuchung, Köln 1970.
Mählert, U., Die Massenorganisationen, in: R. Eppelmann u. a. (Hg.), Bilanz und Perspektiven der DDR-Forschung, Paderborn u. a. 2003, S. 100–106.
– (Hg.), Die DDR als Chance. Neue Perspektiven auf ein altes Thema, Berlin 2016.
Maier, D., Zur Erfassung, Aufbereitung und Verwertung von Sekundärrohstoffen in der DDR. Kreislaufwirtschaft zwischen ökonomischen Sachzwängen und Umweltschutz, Magisterarbeit, TU Berlin, 1997.
Maier, C.S., Das Verschwinden der DDR und der Untergang des Kommunismus, Frankfurt a. M. 1999.
Malycha, A., Wissenschaft und Politik in der DDR 1945 bis 1990. Ansätze zu einer Gesamtsicht, in: C. Burrichter u. G. Diesener (Hg.), Reformzeiten und Wissenschaft. Beiträge zur DDR-Wissenschaftsgeschichte, Reihe B/Bd. 2, Leipzig 2005, S. 181–205.
–, P. J. Winters, Die Geschichte der SED. Von der Gründung bis zur Linkspartei, Bonn 2009.
–, Ulrike Thoms, Aufbruch in eine neue Zukunft? Biowissenschaftliche Prognosen in der DDR und der Bundesrepublik in den 1960er und 1970er Jahren, in: J. Vogel u. H. Hartmann, Zukunftwissen. Prognosen in Wirtschaft, Politik und Gesellschaft im 20. und 21. Jahrhundert, Frankfurt a. M. 2009, S. 107–137.
–, Die SED in der Ära Honecker. Machtstrukturen, Entscheidungsmechanismen und Konfliktfelder in der Staatspartei 1971–1989, München 2014.
Manser, R., Failed Transitions. The Eastern European Economy and Environment since the Fall of Communismen, New York 1993.
Markovits, I., Die Juristische Fakultät im Sozialismus, in: H.-E. Tenorth (Hg.), Geschichte der Universität unter den Linden 1810–1910. Selbstbehauptung einer Vision, Berlin 2010, S. 91–135.
Marr, H. u. H. Schmidt, Anwendung strafrechtlicher Bestimmungen über den Umweltschutz, in: Neue Justiz 44 (1990), Heft 1, S. 137–140.
van Melis, D., Entnazifizierung in Mecklenburg-Vorpommern. Herrschaft und Verwaltung 1945–1948, München 1999.
Meier, H., Der Kulturbund im politischen System der DDR in den siebziger Jahren, Berlin 2000.
Meißner, P., Die Stellung der Staatlichen Hygieneinspektion im Umweltschutz, in: H. Behrens u. J. Hoffmann (Bearb.), Umweltschutz in der DDR. Analysen und Zeitzeugenberichte, Bd. 3: Beruflicher, ehrenamtlicher und freiwilliger Umweltschutz, München 2007, 224–243.
Meyen, M. u. A. Fiedler, Totalitäre Vernichtung der politischen Öffentlichkeit? Tageszeitungen und Kommunikationsstrukturen in der DDR, in: S. Zahlmann (Hg.), Wie im Westen, nur anders. Medien in der DDR, Berlin 2010, S. 35–59.
Menschen, Märkte, Moleküle. Die Erfolgsformel Wacker Chemie 1914–2014, München 2014.
Merkel, I., (Hg.), »Wir sind doch nicht die Meckerecke der Nation«: Briefe an das DDR-Fernsehen. Mit einer Einführung von Ina Merkel und Felix Mühlberg, Berlin 1998.

–, Utopie und Bedürfnis. Die Geschichte der Konsumkultur in der DDR, Köln 1999.
Merl, S., Politische Kommunikation in der Diktatur. Deutschland und die Sowjetunion im Vergleich, Göttingen 2012.
Metzler, G., Konzeptionen politischen Handelns von Adenauer bis Brandt. Politische Planung in der pluralistischen Gesellschaft. Paderborn 2005.
Meuschel, S., Legitimation und Parteiherrschaft in der DDR. Zum Paradox von Stabilität und Revolution in der DDR 1945–1989, Frankfurt a.M. 1992.
–, Überlegungen zu einer Herrschafts- und Gesellschaftsgeschichte der DDR, in: Geschichte und Gesellschaft 19 (1993), Heft 1, S. 5–14.
Meyer, T. u. M. Popplow (Hg.), Technik, Arbeit und Umwelt in der Geschichte. Günter Bayerl zum 60. Geburtstag, Münster 2006.
Mittelsdorf, H., Die Geschichte der Saale-Talsperren (1890–1945), Jena 2007.
Mitzscherling, P. u.a., DDR-Wirtschaft. Eine Bestandsaufnahme, Frankfurt a.M. 1971.
Möbius, S., Die Cottbuser Hochschulen zur Ingenieurbildung in der DDR-Zeit, in: G. Bayerl u.a. (Hg.), 20 Jahre Brandenburgische Technische Universität Cottbus, Münster 2011, S. 80–89.
Möller, C., Der Traum vom ewigen Kreislauf? Abprodukte, Sekundärrohstoffe und Stoffkreisläufe im »Abfall-Regime« der DDR (1945–1990), in: TG 81 (2014), Heft 1, S. 61–89.
–, Zwischen Gestaltungseuphorie, Versagen und Ohnmacht: Umwelt, Staat und volkseigene Wirtschaft in der DDR (1967–1990), in: ZUG 60 (2015), Heft 2, S. 141–167.
–, Rezension zu: Tobias Huff, Natur und Industrie im Sozialismus. Eine Umweltgeschichte der DDR (Umwelt und Gesellschaft 13), Vandenhoeck & Ruprecht, Göttingen 2013, in: sehepunkte 15 (2015), Nr. 10 [15.10.2015], URL: http://www.sehepunkte.de/2015/10/27104.html [letzter Zugriff: 08.11.2015].
–, Wissen und Umwelt in der »partizipatorischen Diktatur«. Wissenschaftliche Umweltkonzepte und der umweltpolitische Aufbruch in der DDR, in: NTM 26 (2018), Heft 4, S. 367–403.
Möller, H., Demokratie und Diktatur, in: APuZ 57 (2007), Heft 3, S. 3–7.
Modrow, H. (Hg.), Das große Haus von außen. Erfahrungen im Umgang mit der Machtzentrale in der DDR, Berlin 1996.
Moss, T. (Hg.), Das Flussgebiet als Handlungsraum. Institutionenwandel durch die EU Wasserrahmenrichtlinie aus raumwissenschaftlichen Perspektiven, Münster 2003.
Mühlberg, F., Bürger, Bitten und Behörden. Geschichte der Eingabe in der DDR, Berlin 2004.
von zur Mühlen, P., Aufbruch und Umbruch in der DDR. Bürgerbewegungen, kritische Öffentlichkeit und Niedergang der SED-Herrschaft, Bonn 2000.
Mummert, H., Die Arbeiter- und Bauern-Inspektion in der DDR zwischen Anspruch und Wirklichkeit. Zur Geschichte eines Volkskontrollorgans, Berlin 1999.
Mutz, M., Naturale Infrastrukturen im Unternehmen. Die Papierfabrik Kübler & Niethammer zwischen Umweltabhängigkeit und Umweltgestaltung, in: Saeculum 1 (2007), S. 59–87.
Naturschutz in den Neuen Bundesländern – Ein Rückblick, hg. vom Institut für Umweltgeschichte und Regionalentwicklung e.V. (IUGR), überarb. Aufl., Berlin 2001[2].
Nehrig, C., Demokratische Bauernpartei Deutschlands (DBD), in: G.-R. Stephan u.a. (Hg.), Die Parteien und Organisationen der DDR. Ein Handbuch, Berlin, 2002, S. 343–365.

Neidhardt, F. (Hg.), Gruppensoziologie. Perspektiven und Materialien, Opladen 1983.
–, Themen und Thesen zur Gruppensoziologie, in: Ders. (Hg.), Gruppensoziologie. Perspektiven und Materialien, Opladen 1983, S. 12–34.
Neubert, E., Kirche und Gruppen, in: G. Heydemann u. a. (Hg.), Revolution und Transformation in der DDR 1989/90, Berlin 1999, S. 65–85
–, Geschichte der Opposition in der DDR 1949–1989, durchges. u. erw. sowie korr. Aufl., Bonn 2000².
Neumann, U., Was war, war wenig und viel: Die Anfänge der Arche, in: C. Jordan u. H. M. Kloth, Arche Nova: Opposition in der DDR. Das »Grün-ökologische Netzwerk Arche« 1988–1990, Berlin 1995, S. 81–92.
Niethammer, L., Erfahrungen und Strukturen. Prolegomena zu einer Geschichte der Gesellschaft der DDR, in: H. Kaelble u. a. (Hg.), Sozialgeschichte der DDR, Stuttgart 1994, S. 95–115.
Nölting, B., Strategien und Handlungsspielräume lokaler Umweltgruppen in Brandenburg und Ostberlin 1980–2000, Frankfurt a. M. 2002.
Nooke, M., Umweltverantwortung und Demokratisierung. Die Forster Oppositionsgruppe in der Auseinandersetzung mit Staat und Kirche, Berlin 2008.
Nützenadel, A., Die Vermessung der Zukunft: Empirische Wirtschaftsforschung und ökonomische Prognostik nach 1945, in: H. Hartmann u. J. Vogel (Hg.), Zukunftswissen. Prognosen in Wirtschaft, Politik und Gesellschaft seit 1900, Frankfurt a. M. 2010, S. 55–75.
Oberkrome, W., Heimatschutz und Naturschutz in Lippe und Thüringen 1930–1960. Strukturen und Entwicklungen, in: M. Freese u. M. Prinz, Politische Zäsuren und gesellschaftlicher Wandel im 20. Jahrhundert. Regionale und vergleichende Perspektiven, Paderborn 1996, S. 419–438.
–, »Deutsche Heimat«. Nationale Konzeption und regionale Praxis von Naturschutz, Landschaftsgestaltung und Kulturpolitik in Westfalen-Lippe und Thüringen (1900–1960), Paderborn 2004.
–, Kontinuität und Wandel im deutschen Naturschutz 1930 bis 1970: Bemerkungen und Thesen, in: F.-J. Brüggemeier u. J. I. Engels (Hg.), Natur- und Umweltschutz nach 1945. Konzepte, Konflikte, Kompetenzen, Frankfurt a. M. 2005, S. 23–37.
Obertreis, J., Von der Naturbeherrschung zum Ökozid? Aktuelle Fragen einer Umweltzeitgeschichte Ost- und Ostmitteleuropas, in: ZF/SCH 9 (2012), Heft 1, S. 115–122.
Oehler, E., Internationale Forschungskooperation der ehemaligen RGW-/COMECON Staaten zum Umweltrecht. Zwischen ihnen bzw. unter ihrer Beteiligung und auf dem Weg zur EU-Osterweiterung, Hamburg 2004.
–, Zur Funktion und Tätigkeit des Beirates für Umweltschutz beim Ministerrat, in: H. Behrens u. J. Hoffmann (Bearb.), Umweltschutz in der DDR. Analysen und Zeitzeugenberichte, Bd. 3: Beruflicher, ehrenamtlicher und freiwilliger Umweltschutz, München 2007, S. 1–44.
Ohse, M.-D. u. D. Pollack, Dissidente Gruppen in der DDR (1949–1989), in: R. Roth u. D. Rucht (Hg.), Die sozialen Bewegungen in Deutschland seit 1945. Ein Handbuch, Frankfurt a. M. 2008, S. 364–390.
Otto, W., Grundzüge der Entwicklung des politischen Systems in der DDR (1949 bis 1989/90), in: G.-R. Stephan u. a. (Hg.), Die Parteien und Organisationen der DDR. Ein Handbuch, Berlin 2002, S. 46–77.

Palmowski, J., Die Erfindung der sozialistischen Nation. Heimat und Politik im DDR-Alltag, Berlin 2016.
Panzig, C., Von der »Aschkeite« zur Mülldeponie. Umgang mit Müll in der DDR aus der Sicht einer Zeitzeugin, in: M. Fansa u. S. Wolfram (Hg.), Müll – Facetten von der Steinzeit bis zum gelben Sack. Begleitschrift zur Sonderausstellung, Mainz 2003, S. 141–146.
Passens, K., Der Zugriff des SED-Herrschaftsapparates auf die Wohnviertel, Berlin 2003.
Paucke, H., Chancen für Umweltpolitik und Umweltforschung. Zur Situation in der ehemaligen DDR, Marburg 1994.
–, Ökologisches Erbe und ökologische Hinterlassenschaft, Marburg 1996.
Petschow, U. u. a., Umweltreport DDR. Bilanz der Zerstörung, Kosten der Sanierung, Strategien für den ökologischen Umbau, Frankfurt a. M. 1990.
Pfister, C., Das 1950er Syndrom: Der Energieverbrauch unserer Zivilisation in historischer Perspektive, in: Natur und Mensch 34 (1992), Heft 1, S. 1–4.
–, Energiepreis und Umweltbelastung. Was die Geschichtswissenschaft zur umweltpolitischen Debatte beitragen könnte, in: Environmental History Newsletter, Special Issue No. 1 (1993), S. 13–28.
–, Energiepreis und Umweltbelastung. Zum Stand der Diskussion über das »1950er Syndrom«, in: W. Siemann (Hg.), Umweltgeschichte. Themen und Perspektiven, München 2003, S. 61–86.
– (Hg.), Das 1950er Syndrom. Der Weg in die Konsumgesellschaft, Bern 1995.
Pollack, D. u. D. Rink (Hg.), Zwischen Verweigerung und Opposition. Politischer Protest in der DDR 1970–1989, Frankfurt a. M. 1997.
– u. D. Rink (Hg.), Zwischen Verweigerung und Opposition. Politischer Protest in der DDR 1970–1989, Frankfurt a. M. 1997.
– u. D. Rink, Einleitung, in: Dies. (Hg.), Zwischen Verweigerung und Opposition. Politischer Protest in der DDR 1970–1989, Frankfurt a. M. 1997, S. 7–29.
–, Bedingungen der Möglichkeit politischen Protestes in der DDR. Der Volksaufstand von 1953 und die Massendemonstrationen 1989 im Vergleich, in: Ders. u. D. Rink (Hg.), Zwischen Verweigerung und Opposition. Politischer Protest in der DDR 1970–1989, Frankfurt a. M. 1997, S. 303–331.
–, Die konstitutive Widersprüchlichkeit der DDR. Oder: War die DDR-Gesellschaft homogen?, in: GuG 24 (1998), Heft 1, S. 110–131.
–, Politischer Protest. Politisch alternative Gruppen in der DDR, Opladen 2000.
Poppe, U. u. a. (Hg.), Zwischen Selbstbehauptung und Anpassung. Formen des Widerstandes und der Opposition in der DDR, Berlin 1995.
Port, A. I., Die rätselhafte Stabilität der DDR. Arbeit und Alltag im sozialistischen Deutschland, Bonn 2011.
Przybylski, P., Tatort Politbüro, Bd. 2: Honecker, Mittag und Schalck-Golodkowski, Berlin 1992.
Püttner, G. u. A. Rösler, Gemeinden und Gemeindereform in der ehemaligen DDR. Zur staatsrechtlichen Stellung und Aufgabenstruktur der DDR-Gemeinden seit Beginn der siebziger Jahre. Zugleich ein Beitrag zu den territorialen Veränderungen der Gemeinde- und Kreisgrenzen der DDR, Baden-Baden 1997.
Radkau, J., Wald- und Wasserzeiten, oder: Der Mensch als Makroparasit? Epochen und Handlungsimpulse einer humanen Umweltgeschichte, in: J. Calließ u. a. (Hg.), Mensch und Umwelt in der Geschichte, Pfaffenweiler 1989, S. 139–174.

–, Natur und Macht. Eine Weltgeschichte der Umwelt, München 2000.
– u. F. Uekötter (Hg.), Naturschutz und Nationalsozialismus, Frankfurt a. M. 2003.
–, unter Mitarbeit von Ingrid Schäfer, Holz – Wie ein Naturstoff Geschichte schreibt, München 2007.
–, Technik in Deutschland. Vom 18. Jahrhundert bis heute, Frankfurt a. M. 2008.
–, Die Ära der Ökologie. Eine Weltgeschichte, München 2011.
Rauh, H.-C. u. P. Ruben (Hg.), Denkversuche. DDR-Philosophie in den sechziger Jahren, Berlin 2005.
Regelmann, J.-P., Lyssenko und der Lyssenkoismus. Hintergründe, Ausbreitung und Verfall einer biologischen Irrlehre, in: Praxis der Naturwissenschaften 33 (1984), 1, S. 1–22.
Reichel, T., »Sozialistisch arbeiten, lernen und leben«. Die Brigadebewegung in der DDR (1959–1989), Köln 2011.
Reichelt, H., Umweltpolitik nur Alibi für »ökologische Katastrophe«?, in: H. Modrow (Hg.), Das Große Haus von außen. Erfahrungen im Umgang mit der Machtzentrale in der DDR, Berlin 1996, S. 137–167.
–, Blockflöten – oder was? Zur Geschichte der DBD, Berlin 1997.
Reichardt, S. u. D. Siegfried, Das Alternative Milieu. Konturen einer Lebensform, in: Dies. (Hg.), Das Atlernative Milieu. Antibürgerlicher Lebensstil und linke Politik in der Bundesrepublik Deutschland und Europa 1968–1983, Göttingen 2010, S. 9–24.
Reichhoff, L. u. U. Wegener (Hg.), ILN, Institut für Landschaftsforschung und Naturschutz Halle: Forschungsgeschichte des ersten deutschen Naturschutzinstituts, hg. IUGR – Institut für Umweltgeschichte und Regionalentwicklung e. V. an der Hochschule Neubrandenburg, Friedland 2011.
–, Kurze Geschichte der strukturellen Entwicklung des Instituts für Landschaftsforschung und Naturschutz Halle, in: Ders. u. U. Wegener (Hg.), ILN, Institut für Landschaftsforschung und Naturschutz Halle: Forschungsgeschichte des ersten deutschen Naturschutzinstituts, hg. IUGR – Institut für Umweltgeschichte und Regionalentwicklung e. V. an der Hochschule Neubrandenburg, Friedland 2011, S. 27–37.
Rieger, W., Emissionsentwicklung in der Chemieregion Halle, in: K. Krug u. H.-W. Marquart, Zeitzeugenberichte – Chemische Industrie – Tagung »Industriekreis« der GDCH-Fachgruppe Geschichte der Chemie, 20.–22. November 1996 in Merseburg, Frankfurt a. M. 1998, S. 163–178.
–, Stellenwert und Effekte der Umweltschutzarbeit in der Mitteldeutschen Chemieindustrie, in: K. Krug u. H.-W. Marquart (Hg.), Zeitzeugenberichte IV – Chemische Industrie – Tagung »Industriekreis« der GDCh-Fachgruppe Geschichte der Chemie 07. bis 08. September 2000 in Wolfen und Bitterfeld, Frankfurt a. M. 2000, S. 110–142.
Markus Rösler u. a., Naturschutz in der DDR, Bonn 1990.
Roesler, J., Zwischen Plan und Markt. Die Wirtschaftsreform 1963–1970 in der DDR, Berlin 1990.
–, Die Wirtschaft der DDR, Erfurt 2002.
–, Momente deutsch-deutscher Wirtschafts- und Sozialgeschichte 1945 bis 1990. Eine Analyse auf gleicher Augenhöhe, Leipzig 2006.
–, Umweltprobleme und Umweltpolitik in der DDR, Landeszentrale für politische Bildung Erfurt 2006.
–, System- oder konjunkturbedingte Unterschiede? Zur Umweltpolitik in der DDR

und der Bundesrepublik in den siebziger und achtziger Jahren, in: Deutschland Archiv 39 (2006), Heft 3 480–488.
–, Die Rolle des Bezirks Dresden im Rahmen der DDR-Wirtschaft, in: R. Balzk, J. Leibiger (Hg.), Industriegeschichte der Stadt Dresden 1945–1990. Beiträge zum 800. Stadtjubiläum, Schkeuditz 2007, S. 19–30.
–, Schwarze Pumpe – ein »Schlüsselbetrieb« der DDR-Wirtschaft?, in: G. Bayerl (Hg.), Braunkohleveredelung im Niederlausitzer Revier. 50 Jahre Schwarze Pumpe, Münster 2009, S. 105–118.
–, Geschichte der DDR, Köln 2012.
Roth, R. u. D. Rucht (Hg.), Die Sozialen Bewegungen in Deutschland seit 1945. Ein Handbuch, Frankfurt a. M. 2008.
Ruck, M., Westdeutsche Planungsdiskurse und Planungspraxis der 19sechziger Jahre im internationalen Kontext, in: H.-G. Haupt u. J. Requate, Aufbruch in die Zukunft. Die 19sechziger Jahre zwischen Planungseuphorie und kulturellem Wandel. DDR, CSSR und Bundesrepublik im Vergleich, Weilerswist 2004, S. 289–327.
Rüddenklau, W., Störenfried. DDR-Opposition 1986–1989. Mit Texten aus den Umweltblättern, überarb. Aufl., Berlin 1992².
Rühle, R., Entstehung von Öffentlichkeit in der DDR in den 19achtziger Jahren am Beispiel von Leipzig, Münster 2003.
Rupieper, H.-J. u. a. (Hg.), Die mitteldeutsche Chemieindustrie und ihre Arbeiter im 20. Jahrhundert, Halle a.S. 2005.
Sabrow, M., Der künstliche Konsens. Überlegungen zum Legitimationscharakter sozialistischer Herrschaftssysteme, in: JHK 1999, S. 191–224.
–, Zukunftspathos als Legitimationsressource. Zu Charakter und Wandel des Fortschrittsparadigmas in der DDR, in: H.-G. Haupt u. J. Requate, Aufbruch in die Zukunft: Die 19sechziger Jahre zwischen Planungseuphorie und kulturellem Wandel. DDR, CSSR und Bundesrepublik im Vergleich, Weilerswist 2004, S. 165–184.
–, Historisierung der Zweistaatlichkeit, in: APuZ 57 (2007), Heft 3, S. 19–24.
–, Der führende Repräsentant. Erich Honecker in generationsbiographischer Perspektive, in: ZF/SCH, Online-Ausgabe, 10 (2013), H. 1, URL: http://www.zeithistorische-forschungen.de/1-2013/id=4665 [letzter Zugriff: 26.09.2015], Druckausgabe: S. 61–88.
Sattler, F., Unternehmensstrategien und Politik. Zur Entwicklung der mitteldeutschen Chemieindustrie im 20. Jahrhundert, in: H.-J. Rupieper u. a. (Hg.), Die mitteldeutsche Chemieindustrie und ihre Arbeiter im 20. Jahrhundert, Halle a. S. 2005, S. 119–175.
Schanetzki, T., Die große Ernüchterung. Wirtschaftspolitik, Expertise und Gesellschaft in der Bundesrepublik 1966–1982, Berlin 2007.
Scheller, V., Die regionale Staatsmacht. Der Rat des Bezirkes Chemnitz/Karl-Marx-Stadt 1952–1990, Halle a.d.S. 2009.
Schiefer, M., Profiteur der Krise. Staatssicherheit und Planwirtschaft im Chemierevier der DDR 1971–1989, Göttingen 2018.
Schmidt-Gernig, A., »Futurologie« – Zukunftsforschung und ihre Kritiker in der Bundesrepublik der sechziger Jahre, in: Heinz-Gerhard Haupt, Jörg Requate, Aufbruch in die Zukunft. Die 19sechziger Jahre zwischen Planungseuphorie und kulturellem Wandel. DDR, CSSR und Bundesrepublik im Vergleich, Weilerswist 2004, S. 109–133.
Schneider, A., »Schützt die Natur…«. Die Themen Natur- und Umweltschutz in der

Schulbildung der DDR, in: R. W. Brednich u. a. (Hg.), Natur – Kultur: volkskundliche Perspektiven auf Mensch und Umwelt, Münster 2001, S. 365–374.
Schneider, K. u. D. Nakath, Demokratischer Block, Nationale Front und die Rolle und Funktion der Blockparteien, in: G.-R. Stephan u. a. (Hg.), Die Parteien und Organisationen der DDR. Ein Handbuch, Berlin 2002, S. 78–102.
Schöne, J., Frühling auf dem Lande? Die Kollektivierung der DDR-Landwirtschaft, durchges. Aufl., Berlin 2010[3].
Schönfelder, J., Mit Gott gegen Gülle: Die Umweltgruppe Knau/Dittersdorf 1986 bis 1991. Eine regionale Protestbewegung in der DDR, Rudolstadt 2000.
Schott, D. u. a. (Hg.), Resources of the city: Contributions to an environmental history of Modern Europe, London 2005.
Schrader, K., Das Cocom und die Reformen in den RGW-Ländern, in: Die Weltwirtschaft 1 (1990), S. 193–210.
Schroeder, K., Der SED-Staat. Geschichte und Strukturen der DDR 1949–1990, vollst. überarb. u. stark erw. Aufl., Köln 2013[3].
Schröter, H. G., Ölkrisen und Reaktionen in der chemischen Industrie beider deutscher Staaten. Ein Beitrag zur Erklärung wirtschaftlicher Leistungsdifferenzen, in: J. Bär u. D. Petzina (Hg.), Innovationsverhalten und Entscheidungsstrukturen. Vergleichende Studien zur wirtschaftlichen Entwicklung im geteilten Deutschland 1945–1990, Berlin 1996, S. 109–138.
Schröter, A., Eingaben im Umbruch. Ein politisches Partizipationselement im Verfassungsprozess der Arbeitsgruppe »Neue Verfassung der DDR« des zentralen Runden Tisches 1989/90, in: DA 45 (2012), Heft 1, 50–59.
Schuhmann, A., »Macht die Betriebe zu Zentren der Kulturarbeit«. Gewerkschaftlich organisierte Kulturarbeit in den Industriebetrieben der DDR in den fünfziger Jahren: Sozialhistorisches Novum oder Modifizierung betriebspolitischer Traditionen?, in: P. Hübner u. a. (Hg.), Arbeiter im Staatssozialismus. Ideologischer Anspruch und soziale Wirklichkeit, Köln 2005, S. 271–290.
Schwarz, R., Chancen und Illusionen wissenschaftlicher Politikberatung in der DDR, in: H.-C. Rauh u. P. Ruben (Hg.), Denkversuche. DDR-Philosophie in den sechziger Jahren, Berlin 2005, S. 379–398.
Seefried, E., Prognostik zwischen Boom und Krise: Die Prognos AG und ihre Prognosen für die Entwicklung der Bundesrepublik in den 1960er und 1970er Jahren, in: H. Hartmann u. J. Vogel (Hg.), Zukunftswissen. Prognosen in Wirtschaft, Politik und Gesellschaft seit 1900, Frankfurt a. M. 2010, S. 76–106.
Sello, T. u. W. Rüddenklau, Umwelt-Bibliothek Berlin (UB), in: H.-J. Veen u. a. (Hg.), Lexikon Opposition und Widerstand in der SED-Diktatur, München 2000, S. 357–358.
Siemann, W. (Hg.), Umweltgeschichte. Themen und Perspektiven, München 2003.
–, N. Freytag, Umwelt – eine geschichtswissenschaftliche Grundkategorie, in: Ders. (Hg.), Umweltgeschichte. Themen und Perspektiven, München 2003, S. 7–20.
Simon, M., Zur institutionellen Entwicklung der Wasserwirtschaft bis 1990 – Schwerpunkt: Aufgaben der Wasserbewirtschaftung, in: H. Behrens u. J. Hoffmann (Bearb.), Umweltschutz in der DDR, Bd. 2: Mediale und sektorale Aspekte, 2007, S. 187–213.
Simonis, U. E., Öko-Lexikon, München 2003.
Springer, P., Verbaute Träume. Herrschaft, Stadtentwicklung und Lebenswirklichkeit in der sozialistischen Industriestadt Schwedt, Berlin 2006.

Staadt, J., Eingaben: Die institutionalisierte Meckerkultur in der DDR. Goldbrokat, Kaffee-Mix, Büttenreden, Ausreiseanträge und andere Schwierigkeiten mit den Untertanen, (=Arbeitspapiere des Forschungsverbundes SED-Staat, Nr. 24/1996), Berlin 1996.

Staats, C., Die Entstehung des Bundesimmissionsschutzgesetzes vom 15. März 1974, Kiel 2009.

Štanzel, A., Wasserträume und Wasserräume im Staatssozialismus. Ein umwelthistorischer Vergleich anhand der tschechoslowakischen und rumänischen Wasserwirtschaft 1948–1989, Göttingen 2017.

Steinecke, J. (Hg.), Dokumente des Rates des Kreises Bitterfeld. Ausgewählte Berichte und Beschlüsse 1986–1989, Magdeburg 2013.

Steinitz, K. u. D. Walter, Plan – Markt – Demokratie. Prognose und langfristige Planung in der DDR – Schlussfolgerungen für morgen, Hamburg 2014.

Steinmetz, A., Mit ARGUS-Augen. Politisch-alternativer Umweltschutz im DDR Kulturbund am Beispiel Potsdams, in: J. Braun u. P. Ulrich Weiß (Hg.), Agonie und Aufbruch. Das Ende der SED-Herrschaft und die Friedliche Revolution in Brandenburg, Landeszentrale für politische Bildung Brandenburg, Potsdam 2014, S. 212–231.

Steiner, A., Beständigkeit oder Wandel? Zur Entwicklung der Industriestruktur der DDR in den sechziger Jahren, in: JbW (1995), 2, S. 101–118

–, Die DDR-Wirtschaftsreform der sechziger Jahre. Konflikt zwischen Effizienz- und Machtkalkül, Berlin 1999.

–, Zwischen Konsumversprechen und Innovationszwang. Zum wirtschaftlichen Niedergang der DDR, in: K.H. Jarausch u. M. Sabrow (Hg.), Weg in den Untergang. Der innere Zerfall der DDR, Göttingen 1999, S. 153–192.

–, Wissenschaft und Politik. Politikberatung in der DDR?, in: S. Fisch u. W. Rudloff, Experten und Politik. Wissenschaftliche Politikberatung in geschichtlicher Perspektive, Berlin 2004, S. 101–125.

– (Hg.), Überholen ohne einzuholen. Die DDR als Fußnote der deutschen Geschichte?, Berlin 2006.

–, Von Plan zu Plan. Eine Wirtschaftsgeschichte der DDR, Berlin 2007.

Stephan, G.-R. u. a. (Hg.), Die Parteien und Organisationen der DDR. Ein Handbuch, Berlin, 2002.

Stippak, M., Beharrliche Provisorien. Städtische Wasserversorgung und Abwasserentsorgung in Darmstadt und Dessau 1869–1989, Münster 2010.

Stöver, B., Der Kalte Krieg 1947–1991. Geschichte eines radikalen Zeitalters, Bonn 2007.

Stolzfus, N., Public Space and the Dynamics of Environmental Action: Green Protest in the German Democratic Republic, in: AfS 43 (2003), S. 385–403.

Stubbe, M. u. H. Stubbe – im Frieden für Wahrheit und Fortschritt – Engagement für Bewahrung und Nutzung von Naturressourcen, in: Beiträge zur Jagd- und Wildforschung 27 (2002), S. 79–124.

Tandler, A.C., Geplante Zukunft. Wissenschaftler und Wissenschaftspolitik in der DDR 1955–1971, Technische Universität Bergakademie Freiberg 2000.

Tenorth, H.-E. (Hg.), Geschichte der Universität unter den Linden 1810–1910. Selbstbehauptung einer Vision, Berlin 2010.

Thaysen, U. (Hg.), Der Zentrale Runde Tisch der DDR. Wortprotokoll und Dokumente, 3 Bde., Wiesbaden 2000.

Thürnagel, W., Trinkwasserversorgung und Abwasserbehandlung in der DDR: Die VEB Wasserversorgung und Abwasserbehandlung. Abriss der Entwicklung, der Organisation, des Leistungsstandes und der Schwächen und Hemmnisse, Friedland 2014.
Thüsing, A., Ökologie im Sozialismus. Staatlicher Umweltschutz in der DDR, in: R. Lambrecht u. U. Morgenstern (Hg.), »Kräftig vorangetriebene Detailforschungen«. Aufsätze für Ulrich von Hehl zum 65. Geburtstag, Leipzig 2012, S. 381–403.
–, Ökologie in der DDR. Staatlicher Umweltschutz in der Ära Honecker, in: Historisch politische Mitteilungen 20 (2103), S. 147–170.
Timmermann, H. (Hg.), Die DDR in Deutschland. Ein Rückblick auf 50 Jahre, Berlin 2001.
Trepl, L., Geschichte der Ökologie. Vom 17. Jahrhundert bis zur Gegenwart, Weinheim 1994².
Uekötter, F., Umweltschutz in den Händen der Industrie – eine Sackgasse? Die Geschichte des Hamburger Vereins für Feuerungsbetrieb und Rauchbekämpfung, in: ZUG 2 (2002), S. 198–216.
–, Von der Rauchplage zur ökologischen Revolution. Eine Geschichte der Luftverschmutzung in Deutschland und den USA 1880–1970, Essen 2003.
–, Umweltgeschichte im 19. und 20. Jahrhundert, München 2007.
–, Eine ökologische Ära? Perpektiven einer neuen Geschichte der Umweltbewegungen, in: ZF/SCH 9 (2012), Heft 1, S. 108–114.
–, Environmentalism, Eastern European Style. Some Exploratory Remarks, in: H. Förster u. a. (Hg.), Umweltgeschichte(n). Ostmitteleuropa von der Industrialisierung bis zum Postsozialismus, Göttingen 2013, S. 241–254.
–, Deutschland in Grün. Eine zwiespältige Erfolgsgeschichte, Göttingen 2015.
Umweltbibliothek Großhennersdorf e. V. (Hg.), Versuche, in der Wahrheit zu leben. Widerständiges Leben in der Oberlausitz 1978–1989, Großhennersdorf 1999.
Veen, H. J. u. a. (Hg.), Lexikon Opposition und Widerstand in der SED-Diktatur, München 2000.
Vogel, J. (Hg.), Zukunftswissen. Prognosen in Wirtschaft, Politik und Gesellschaft seit 1900, Frankfurt a. M. 2010, S. 107–134.
Wächter, A., In memoriam Reimar Gilsenbach, in: Sächsische Heimatblätter 48 (2002), Heft 1, S. 57–58.
Wagemann, H. (Hg.), Von der Deutschen Akademie der Landwirtschaftswissenschaften zu Berlin zur Akademie der Landwirtschaftswissenschaften der DDR. Ein Beitrag zur Geschichte 1951–1991, 3 Bde., Berlin 2006.
Wagner, M., Der Forschungsrat der DDR. Im Spannungsfeld von Sachkompetenz und Ideologieanspruch. 1954-April 1962, Dissertation zur Erlangung des akademischen Grades doctor oeconomiae vorgelegt dem Fachbereich Wirtschaftswissenschaften der Humboldt-Universität zu Berlin, Berlin, im Juli 1992.
van der Wall, H. u. R. A. Kraemer, Die Wasserwirtschaft in der DDR, FFU rep 91-1, Januar 1991.
Weber, H., Die DDR 1945–1990, überarb. u. erw. Aufl., München 2000³.
Weichold, J., Umweltpolitik, in: C. Burrichter u. a. (Hg.), Deutsche Zeitgeschichte von 1945 bis 2000: Gesellschaft – Staat – Politik. Ein Handbuch, Berlin 2006, S. 1137–1179.
Wengst, U. u. H. Wentker (Hg.), Das doppelte Deutschland. 40 Jahre Systemkonkurrenz, Bonn 2008.

– u. H. Wentker, Einleitung, in: Dies. (Hg.), Das doppelte Deutschland. 40 Jahre Systemkonkurrenz, Bonn 2008, S. 7–14.
Wensierski, P. u. W. Büscher (Hg.), Beton ist Beton. Zivilisationskritik aus der DDR, Hattingen 1981.
–, Von oben nach unten wächst gar nichts. Umweltzerstörung und Protest in der DDR, Frankfurt a. M. 1986.
Wentker, H., Die DDR in den Augen des BND (1985–1990). Ein Interview mit Dr. Hans Georg Wieck, in: VfZ 56 (2002), Heft 2, S. 323–358.
Wieczorek, H.-H. Umweltschäden in der DDR. Dargestellt an einer Analyse von Bekämpfungsaktionen gegen den Forstschädling Nonne (Lymantria monacha L.) in den Jahren 1980 bis 1984, Berlin 1992.
Wienhold, L., Arbeitsschutz in der DDR. Kommunistische Durchdringung fachlicher Konzepte, Hamburg 2014.
Wilke, A., Die chemische Industrie im Bezirk Potsdam: Der VEB Chemiefaserwerk »Friedrich Engels« in Premnitz, Potsdam 1962.
Wirsching, A., Für eine pragmatische Zeitgeschichtsforschung, in: Aus Politik und Zeitgeschichte 57 (2007), Heft 3, S. 13–18.
Wöbse, A.-K., Weltnaturschutz. Umweltdiplomatie in Völkerbund und Vereinten Nationen 1920–1950, Frankfurt a. M. 2012
Wolle, S., Die heile Welt der Diktatur. Alltag und Herrschaft in der DDR 1971–1989, durchges. Aufl., Bonn 1999².
–, Aufbruch nach Utopia. Alltag und Herrschaft in der DDR 1961–1971, Bonn 2011.
–, Der große Plan. Alltag und Herrschaft in der DDR 1949–1961, Berlin 2013.
Wolschke-Buhlman, J. u. P. Fibich, Vom Sonnenrund zur Beispiellandschaft. Entwicklungslinien in Deutschland, dargestellt am Werk von Georg Pniower (1896–1960), Hannover 2004.
Würth, G., Umweltschutz und Umweltzerstörung in der DDR, Frankfurt a. M. 1985.
Wulf, A., Der Sozialmediziner Ludwig Teleky (1872–1957) und die Entwicklung der Gewerbehygiene zur Arbeitsmedizin, Frankfurt a. M. 2001.
Wunnicke, C., Die Blockparteien der DDR. Kontinuitäten und Transformation 1945–1990, Berlin 2014.
Zabel, E., Beiträge zur Fachdidaktik Biologie aus drei Jahrzehnten (1965 bis 1997), Güstrow 1998.
Zahlmann, S. (Hg.), Wie im Westen, nur anders. Medien in der DDR, Berlin 2010.
–, Medien in der DDR. Medienproduktion und Medienzezeption als kulturelle Praktiken, in: Ders. (Hg.), Wie im Westen, nur anders. Medien in der DDR, Berlin 2010, S. 9–32.
Zatlin, J. R., Ausgaben und Eingaben. Das Petitionsrecht und der Untergang der DDR, in: ZfG 45 (1997), 10, S. 902–917.
Zeller, T., »Ganz Deutschland sein Garten«: Alwin Seifert und die Landschaft des Nationalsozialismus, in: J. Radkau u. F. Uekötter (Hg.), Naturschutz und Nationalsozialismus, Frankfurt a. M. 2003, S. 273–307.
Zuppke, U., Aus der Tätigkeit des Zentrums für Umweltgestaltung (ZUG), in: H. Behrens u. J. Hoffmann (Bearb.), Umweltschutz in der DDR. Analysen und Zeitzeugenberichte, Bd. 3: Beruflicher, ehrenamtlicher und freiwilliger Umweltschutz, München 2007, S. 73–81

Internetquellen, Filmmaterial und Hörfunk

Biographische Datenbanken: Verschiedene Einträge, http://www.bundesstiftung-aufarbeitung.de/wer-war-wer-in-der-ddr-%2363 %3B-1424.html?ID=3463 [letzter Zugriff: 17.12.2017].

Hällfritzsch, R. u. a., Das war Bitteres aus Bitterfeld, hg. von der Bundesstiftung zur Aufarbeitung der SED-Diktatur, 2009.

Christian Halbrock – Die Umweltbibliothek als Informationsquelle, in: »Christian Halbrock«, hg. v. Bundeszentrale für politische Bildung und Robert-Havemann-Gesellschaft e. V., letzte Änderung November 2016, www.jugendopposition.de/145510 [letzter Zugriff: 30.03.2017].

»Das Ganze hatte System«: Film »Mitgift« thematisiert die Umweltsünden der DDR. Roland Jahn im Gespräch mit Jörg Degenhardt, Deutschlandfunk Kultur – Interview, 05.03.2014, 08:40, URL: http://www.deutschlandfunkkultur.de/umwelt-das-ganze-hatte-system.1008.de.print?dram:article_id=279191 [letzter Zugriff: 20.12.2017].

Eintrag »Trachenau« in Digitales Historisches Ortsverzeichnis von Sachsen, URL: http://hov.isgv.de/Trachenau [letzter Zugriff: 27.08.2015].

Ockert, G. u. M. Borneff-Lipp, Zur Geschichte des Institutes für Hygiene der Universität Halle-Wittenberg, in: URL, http://www.uk-halle.de/index.php?id=2509 [letzter Zugriff: 27.09.2017].

Umweltbibliothek Großhennersdorf e. V., URL: www.ddr-samisdat.de [letzter Zugriff: 03.03.2014].

Zeitungsinformationssystem »ZEFYS«, URL: http://zefys.staatsbibliothek-berlin.de/ddr-presse/?no_cache=1 [letzter Zugriff: 25.3.2016].

Zelinger, A., Erinnerungsort »Bitterfeld«, URL: http://www.umweltunderinnerung.de/index.php/kapitelseiten/verschmutzte-natur/51-bitterfeld [letzter Zugriff: 07.12.2017].

Register

Sachregister

Personenregister